中国国家标准汇编

466

GB 25323～25357

（2010年制定）

中国标准出版社 编

中国质检出版社
中国标准出版社
北 京

图书在版编目（CIP）数据

中国国家标准汇编：2010 年制定. 466：GB 25323～25357/
中国标准出版社编. —北京：中国标准出版社，2011
ISBN 978-7-5066-6496-7

Ⅰ. ①中… Ⅱ. ①中… Ⅲ. ①国家标准-汇编-中国-2010
Ⅳ. ①T-652.1

中国版本图书馆 CIP 数据核字(2011)第 187811 号

中国质检出版社
中国标准出版社 出版发行
北京市朝阳区和平里西街甲 2 号(100013)
北京市西城区三里河北街 16 号(100045)
网址:www.spc.net.cn
总编室:(010)64275323 发行中心:(010)51780235
读者服务部:(010)68523946
中国标准出版社秦皇岛印刷厂印刷
各地新华书店经销
*
开本 880×1230 1/16 印张 37 字数 963 千字
2011 年 12 月第一版 2011 年 12 月第一次印刷
*
定价 220.00 元

出 版 说 明

1.《中国国家标准汇编》是一部大型综合性国家标准全集。自1983年起，按国家标准顺序号以精装本、平装本两种装帧形式陆续分册汇编出版。它在一定程度上反映了我国建国以来标准化事业发展的基本情况和主要成就，是各级标准化管理机构，工矿企事业单位，农林牧副渔系统，科研、设计、教学等部门必不可少的工具书。

2.《中国国家标准汇编》收入我国每年正式发布的全部国家标准，分为"制定"卷和"修订"卷两种编辑版本。

"制定"卷收入上一年度我国发布的、新制定的国家标准，顺延前年度标准编号分成若干分册，封面和书脊上注明"20××年制定"字样及分册号，分册号一直连续。各分册中的标准是按照标准编号顺序连续排列的，如有标准顺序号缺号的，除特殊情况注明外，暂为空号。

"修订"卷收入上一年度我国发布的、修订的国家标准，视篇幅分设若干分册，但与"制定"卷分册号无关联，仅在封面和书脊上注明"20××年修订-1,-2,-3,……"字样。"修订"卷各分册中的标准，仍按标准编号顺序排列(但不连续)；如有遗漏的，均在当年最后一分册中补齐。需提请读者注意的是，个别非顺延前年度标准编号的新制定的国家标准没有收入在"制定"卷中，而是收入在"修订"卷中。

读者配套购买《中国国家标准汇编》"制定"卷和"修订"卷则可收齐上一年度我国制定和修订的全部国家标准。

3.由于读者需求的变化，自1996年起，《中国国家标准汇编》仅出版精装本。

4.2010年我国制修订国家标准共2846项。本分册为"2010年制定"卷第466分册，收入国家标准GB 25323～25357的最新版本。

中国标准出版社

2011年8月

目　　录

ICS 27.010
F 01

中华人民共和国国家标准

GB 25323—2010

再生铅单位产品能源消耗限额

The norm of energy consumption per unit products of recycling lead

2010-11-10 发布　　　　2012-03-01 实施

中华人民共和国国家质量监督检验检疫总局
中国国家标准化管理委员会　发布

前言

本标准的4.1和4.2为强制性的，其余为推荐性的。

本标准按照GB/T 1.1—2009给出的规则起草。

本标准由全国能源基础与管理标准化技术委员会(SAC/TC 20)和全国有色金属标准化技术委员会(SAC/TC 243)归口。

本标准负责起草单位：湖北金洋冶金股份有限公司、江苏春兴合金集团有限公司、河南豫光金铅股份有限公司。

本标准主要起草人：李富元、王喜安、常银甫、张小国、杨大伟、赵波、马永刚、闫乃青、尤全仁。

再生铅单位产品能源消耗限额

1 范围

本标准规定了再生铅企业的单位产品能源消耗(以下简称能耗)限额的要求、计算原则、计算方法、计算范围及节能管理与措施。

本标准适用于以废铅酸蓄电池、金属态铅废料为原料的再生铅冶炼企业能耗的计算、考核,以及新建项目的能耗控制。

2 规范性引用文件

下列文件对于本文件的应用是必不可少的。凡是注日期的引用文件,仅注日期的版本适用于本文件。凡是不注日期的引用文件,其最新版本(包括所有的修改单)适用于本文件。

GB/T 2589 综合能耗计算通则

GB 17167 用能单位能源计量器具配备和管理通则

3 术语和定义

下列术语和定义适用于本文件。

3.1

再生铅 recycling lead

以含铅废料为原料,主要是废铅酸蓄电池、金属态铅废料等经过冶炼加工工艺而生产出来的铅产品。

3.2

铅膏 lead paste

废铅酸蓄电池经破碎分选产生的含铅化合物,如硫酸铅、氧化铅等。

3.3

铅屑 lead borings and turnings

废铅酸蓄电池破碎过程中产生的铅金属碎料,包括铅柱头、连接条、铅板栅及少量含铅化合物。

3.4

金属态铅废料 waste lead on metal condition

各种铅及铅合金块状废料,屑料等,包括报废的铅及铅合金板、管、棒、线、电缆护套、生产过程产生的边角料、残次品、屑料等。

3.5

工序能源单耗 unit energy consumption in working procedure

工序生产过程中生产每吨再生铅消耗的能源量。

3.6

工序实物单耗 unit object consumption in working procedure

工序生产过程中生产每吨再生铅消耗的某种能源实物量。

3.7

工艺能源单耗　unit energy consumption of technology

工艺生产过程中生产每吨再生铅消耗的能源量。

3.8

辅助能耗　assistant energy consumption

辅助生产系统用于再生铅生产的能源消耗。

3.9

综合能源单耗　unit consumption of integrate energy

工艺能源单耗与工艺产品辅助能耗及损耗分摊量之和。

4　要求

4.1　现有再生铅冶炼企业单位产品能耗限额限定值

现有再生铅冶炼企业单位产品能耗限额限定值应符合表1的要求。

表1　现有再生铅冶炼企业单位产品能耗限额限定值

工序、工艺		能耗限额限定值/(kgce/t)
废电池-再生铅	废电池-再生铅工艺	≤185
	废电池预处理工序(废电池-铅屑、铅膏)	≤4
	铅膏脱硫工序	≤1
	铅膏冶炼工序(铅膏-再生铅)	≤400
	铅屑冶炼工序(铅屑-再生铅)	≤40
金属态铅废料-再生铅工艺		≤20

4.2　新建再生铅冶炼企业单位产品能耗限额准入值

新建再生铅冶炼企业单位产品能耗限额准入值应符合表2的要求。

表2　新建再生铅冶炼企业单位产品能耗限额准入值

工艺、工序		能耗限额准入值/(kgce/t)
废电池-再生铅	废电池-再生铅工艺	≤130
	废电池破碎工序(废电池-铅屑、铅膏)	≤3.5
	铅膏脱硫工序	≤1
	铅膏冶炼工序(铅膏-再生铅)	≤280
	铅屑冶炼工序(铅屑-再生铅)	≤35
金属态铅废料-再生铅工艺		≤20

4.3　再生铅冶炼企业单位产品能耗限额先进值

再生铅冶炼企业单位产品能耗限额先进值应达到表3的要求。

表 3　再生铅冶炼企业单位产品能耗限额先进值

工艺、工序		能耗限额先进值/(kgce/t)
废电池-再生铅	废电池-再生铅工艺	≤120
	废电池破碎工序(废电池-铅屑、铅膏)	≤3
	铅膏脱硫工序	≤1
	铅膏冶炼工序(铅膏-再生铅)	≤220
	铅屑冶炼工序(铅屑-再生铅)	≤30
金属态铅废料-再生铅工艺		≤15

5　能耗计算原则、计算方法及计算范围

5.1　计算原则

5.1.1　企业实际(生产)消耗的各种能源

企业实际消耗的各种能源，系指用于生产活动的各种能源。它包括：一次能源(原煤、原油、天然气等)、二次能源(如电力、热力、石油制品、焦炭、煤气等)和生产使用的耗能工质(水、氧气、压缩空气等)所消耗的能源。其主要用于生产系统、辅助生产系统和附属生产系统；不包括生活用能和批准的基建项目用能。在企业实际消耗的能源中，用做原料的能源和余热利用装置用能也应包括在内。

生活用能指企业系统内的宿舍、学校、文化娱乐、医疗保健、商业服务和托儿幼教等方面用能。

5.1.2　企业报告期内的燃料实物消耗量和能源消耗量

5.1.2.1　企业报告期内的某种燃料实物消耗量的计算，应符合式(1)：

$$e_h = e_1 + e_2 - e_3 - e_4 - e_5 \quad \cdots\cdots(1)$$

式中：

e_h——企业的燃料实物消耗量；

e_1——企业购入燃料实物量；

e_2——期初库存燃料实物量；

e_3——外销燃料实物量；

e_4——生活用燃料实物量；

e_5——企业工程建设用能源量。

5.1.2.2　企业报告期内的能源消耗量的计算，应符合式(2)：

$$\begin{aligned} E &= E_1 + E_2 - E_3 - E_4 - E_5 \\ &= E_{ZG} + E_{ZF} \\ &= E_{ZZ} \end{aligned} \quad \cdots\cdots(2)$$

式中：

E　——企业报告期内能源消耗量；

E_1　——购入能源量；

E_2　——库存能源量；

E_3　——外销能源量；

E_4　——生活用能源量；

E_5 ——企业工程建设用能源量；

E_{ZG} ——诸产品工艺能源消耗量；

E_{ZF} ——间接辅助生产部门用能源量及损耗；

E_{ZZ} ——诸产品综合能源消耗量。

所消耗的各种能源不得重计或漏计。存在供需关系时，输入、输出双方在计算中量值上应保持一致。设备停炉大修的能源消耗也应计算在内，且按检修后设备的运行周期逐月平均分摊。企业综合能耗的计算按 GB/T 2589 的规定进行。

5.1.3 能源实物量的计量

能源实物量的计量应符合 GB 17167 的规定。

5.1.4 各种能源的计量单位

企业生产能耗量、产品工艺能耗量（或称产品直接综合能耗）、产品综合能耗量的单位：kgce、tce（千克标准煤、吨标准煤）。

煤、焦炭、重油的单位：kg、t、10^4 t（千克、吨、万吨）；

电的单位：kW・h、10^4 kW・h（千瓦时、万千瓦时）；

蒸汽的单位：kg、t 或 kJ、GJ（千克、吨或千焦、吉焦）；

煤气、压缩空气、氧气的单位：m^3、10^4 m^3（立方米、万立方米）；

水的单位：t、10^4 t（吨、万吨）。

5.1.5 各种能源（包括生产耗能工质消耗的能源）折算标煤量方法

应用基低（位）发热量等于 29.307 6 MJ 的燃料，称为 1 千克标准煤（kgce）。

外购燃料能源可取实测的低（位）发热量或供货单位提供的实测值为计算基础，或用国家统计部门的折算系数折算，参见附录 A。二次能源及耗能工质均按相应能源等价值折算：企业能源转换自产时，按实际投入的能源实物量折算标煤量；由集中生产单位外销供应时，其能源等价值应经主管部门规定；外购外销时，其能源等价值应相同；当未提供能源等价值时，可按国家统计部门的折算系数折算，参见附录 B。企业回收的余热按热力的折算系数，余热发电统一按电力的折算系数。

5.1.6 单位产品能耗的产品产量的规定

计算单位产品能耗，应采用同一报告期内产出的再生铅产量。

所有再生铅产量，均以企业计划统计部门正式上报的数据为准。

5.1.7 余热利用能耗的计算原则

企业回收的余热，属于节约能源循环利用，不属于外购能源，在计算能耗时，应避免和外购能源重复计算。余热利用装置用能计入能耗。回收能源自用部分，计入自用工序；转供其他工序时，在所用工序以正常消耗计入；回收的能源折标准煤后应在回收余热的工序、工艺中扣除。如是未扣除回收余热的能耗指标，应标明“未扣余热发电”（或“含余热发电”）、“未扣回收余热”等字样。

5.1.8 其他

间接的辅助、附属生产系统的能源消耗量和能源及耗能工质在企业内部贮存、转换与分配供应及外销中的损耗，即间接综合能耗，应根据各产品工艺能耗占企业生产工艺能耗量的比例，分摊给各个产品。

5.2 计算方法

5.2.1 工序(工艺)实物单耗的计算

工序(工艺)实物单耗按式(3)计算:

$$E_S = \frac{M_S}{P_Z} \qquad \cdots\cdots(3)$$

式中:

E_S ——某工序(工艺)的实物单耗,单位为千克每吨(kg/t)、千瓦时每吨(kW·h/t)、立方米每吨(m^3/t);

M_S ——某工序(工艺)直接消耗的某种能源实物总量,单位为千克(kg)、千瓦时(kW·h)、立方米(m^3);

P_Z ——某工序(工艺)产出的或者中间品最终转换为再生铅的总量,单位为吨(t)。

5.2.2 工序(工艺)能源单耗的计算

工序(工艺)能源单耗按式(4)计算:

$$E_I = \frac{E_H}{P_Z} \qquad \cdots\cdots(4)$$

式中:

E_I ——某工序(工艺)能源单耗,单位为千克标准煤每吨,(kgce/t);

E_H ——某工序(工艺)直接消耗的各种能源实物量折标煤之和,单位为千克标准煤(kgce);

P_Z ——某工序(工艺)产出的或者中间品最终转换为再生铅的总量,单位为吨(t)。

注:该工序直接消耗的各种能源实物量折标煤量之和为代数和,当含回收余热时,按5.1.7处理。以免回收余热和外购能源重复计算。

5.2.3 工序(工艺)综合能耗的计算

工序(工艺)综合能耗按式(5)计算:

$$E_Z = E_I + E_F \qquad \cdots\cdots(5)$$

式中:

E_Z——某产品综合能源单耗,单位为千克标准煤每吨(kgce/t);

E_I——某产品工艺(工序)能源单耗,单位为千克标准煤每吨(kgce/t);

E_F——某产品间接辅助能耗及损耗分摊量,单位为千克标准煤每吨(kgce/t)。

5.3 计算范围

5.3.1 再生铅工艺及工序划分

5.3.1.1 再生铅工艺

再生铅工艺主要是废电池-再生铅工艺,金属态铅废料-再生铅工艺,其他工艺可参照执行。

5.3.1.2 再生铅工序划分

再生铅工序划分为废铅蓄电池破碎分选工序、铅膏脱硫工序、铅膏冶炼工序、铅屑冶炼工序、金属态铅废料熔炼工序等。

5.3.2　废铅酸蓄电池-再生铅工艺能耗

5.3.2.1　废铅酸蓄电池-再生铅能耗计算范围

从整只废铅酸蓄电池开始到产出再生铅为止，包括预处理系统、熔炼系统及相关配套系统（风机、冶炼附属设备、余热回收、收尘……）等消耗的各种能源量。

5.3.2.2　废铅酸蓄电池-再生铅工艺实物单耗、能源单耗计算

废铅酸蓄电池-再生铅工艺实物单耗参照式(3)计算，能源单耗参照式(4)计算。

5.3.2.3　废铅酸蓄电池-再生铅工艺综合能耗计算

废铅酸蓄电池-再生铅工艺综合能耗参照式(5)计算。当含回收余热时，按 5.1.7 处理。其他工序、工艺能耗计算也按此原则处理。

5.3.3　废铅酸蓄电池破碎工序（废铅酸蓄电池-铅屑、铅膏）能耗

5.3.3.1　废蓄电池-铅屑、铅膏能耗计算范围

从整只废蓄电池破碎到分选出铅屑、铅膏为止，包括电池上料、传送、破碎、分选及相关配套系统等消耗的各种能源量。

5.3.3.2　废蓄电池-铅屑、铅膏工序实物单耗、能源单耗计算

废蓄电池-铅屑、铅膏工序实物单耗参照式(3)计算，能源单耗参照式(4)计算。

5.3.3.3　废蓄电池-铅屑、铅膏工序综合能耗计算

废蓄电池-铅屑、铅膏工序综合能耗参照式(5)计算。

5.3.4　铅膏脱硫工序能耗

5.3.4.1　铅膏脱硫能耗计算范围

从分选出的含硫铅膏开始到经过脱硫转化为无硫铅膏止，包括脱硫、铅膏压滤及相关配套系统等消耗的各种能源量。

5.3.4.2　铅膏脱硫工序实物单耗、能源单耗计算

铅膏脱硫工序实物单耗参照式(3)计算，能源单耗参照式(4)计算。

5.3.4.3　铅膏脱硫工序综合能耗计算

铅膏脱硫工序综合能耗参照式(5)计算。

5.3.5　铅膏冶炼工序（铅膏-再生铅）能耗

5.3.5.1　铅膏-再生铅产品能耗计算范围

从铅膏开始到产出再生铅为止。包括：熔炼及相关配套系统（风机、熔炼附属设备、余热回收、收尘……）等消耗的各种能源量。

5.3.5.2　铅膏-再生铅实物单耗、工序能耗计算

铅膏冶炼工序实物单耗参照式(3)计算，工序能耗参照式(4)计算。

5.3.5.3 **铅膏冶炼工序综合能耗计算**

铅膏冶炼工序综合能耗参照式(5)计算。

5.3.6 **铅屑冶炼工序(铅屑-再生铅)能耗**

5.3.6.1 **铅屑-再生铅产品能耗的计算范围**

从铅屑开始到产出再生铅为止。包括:熔炼及相关配套系统(风机、熔炼附属设备、余热回收、收尘、……)等消耗的各种能源量。

5.3.6.2 **铅屑-再生铅实物单耗、工序能耗计算**

铅屑冶炼工序实物单耗参照式(3)计算,工序能耗参照式(4)计算。

5.3.6.3 **铅屑冶炼工序综合能耗计算**

铅屑冶炼工序综合能耗参照式(5)计算。

5.3.7 **金属态铅废料熔炼工艺(金属态铅废料-再生铅)能耗**

5.3.7.1 **金属态铅废料-再生铅产品能耗的计算范围**

从块状金属态废铅块、粒、屑等直接加热熔炼产出再生铅为止。包括:熔炼及相关配套系统(风机、熔炼附属设备、余热回收、收尘、……)等消耗的各种能源量。

5.3.7.2 **金属态铅废料-再生铅实物单耗、工序能耗计算**

金属态铅废料熔炼工序实物单耗参照式(3)计算,工序能耗参照式(4)计算。

5.3.7.3 **金属态铅废料熔炼工序综合能耗计算**

金属态铅废料熔炼工序综合能耗参照式(5)计算。

6 节能管理与措施

6.1 节能基础管理

6.1.1 企业应建立节能考核制度,定期对再生铅企业的各生产工序能耗情况进行考核,并把考核指标分解落实到各基层单位。

6.1.2 企业应按要求建立能耗统计体系,建立能耗计算和统计结果的文件档案,并对文件进行受控管理。

6.1.3 企业应按照 GB 17167 的要求配备相应的能源计量器具并建立能源计量管理制度。

6.2 节能技术管理

6.2.1 企业应配备余热回收等节能设备,最大限度地回收工序产生的能源。

6.2.2 合理组织生产,减少中间环境,提高生产能力。

6.2.3 大力发展循环经济,利用现有技术,有效利用再生资源。

附　录　A
（资料性附录）
各种能源折标准煤参考系数

表 A.1　常用能源品种现行折标煤系数

能源名称		平均低位发热量	折标准煤系数
原煤		20 908 kJ/kg(5 000 kcal/kg)	0.714 3 kgce/kg
洗精煤		26 344 kJ/kg(6 300 kcal/kg)	0.900 0 kgce/kg
其他洗煤	洗中煤	8 363 kJ/kg(2 000 kcal/kg)	0.285 7 kgce/kg
	煤泥	8 363 kJ/kg～12 545 kJ/kg 2 000 kcal/kg～ 3 000 kcal/kg	0.285 7 kgce/kg～0.428 6 kgce/kg
焦炭		28 435 kJ/kg(6 800 kcal/kg)	0.971 4 kgce/kg
原油		41 816 kJ/kg(10 000 kcal/kg)	1.428 6 kgce/kg
燃料油		41 816 kJ/kg(10 000 kcal/kg)	1.428 6 kgce/kg
汽油		43 070 kJ/kg(10 300 kcal/kg)	1.471 4 kgce/kg
煤油		43 070 kJ/kg(10 300 kcal/kg)	1.471 4 kgce/kg
柴油		42 652 kJ/kg(10 200 kcal/kg)	1.457 1 kgce/kg
煤焦油		33 453 kJ/kg(8 000 kcal/kg)	1.142 9 kgce/kg
渣油		41 816 kJ/kg(10 000 kcal/kg)	1 428 6 kgce/kg
液化石油气		50 179 kJ/kg(12 000 kcal/kg)	1.714 3 kgce/kg
炼厂干气		46 055 kJ/kg(11 000 kcal/kg)	1.571 4 kgce/kg
油田天然气		38 931 kJ/kg(9 310 kcal/m^3)	1.330 0 kgce/m^3
气田天然气		35 544 kJ/m^3(8 500 kcal/m^3)	1.214 3 kgce/m^3
煤矿瓦斯气		14 636 kJ/m^3(16 726 kcal/m^3) (3 500 kcal/kg～ 4 000 kcal/m^3)	0.500 0 kgce/m^3～0.571 4 kgce/m^3
焦炉煤气		16 726 kJ/m^3(17 981 kcal/m^3) (4 000 kcal/kg～ 4 300 kcal/m^3)	0.571 4 kgce/m^3～0.614 3 kgce/m^3
高炉煤气		3 763 kJ/m^3	0.128 6 kgce/m^3
其他煤气	a) 发生炉煤气	5 227 kJ/m^3(1 250 kcal/m^3)	0.178 6 kgce/m^3
	b) 重油催化裂解煤气	19 235 kJ/m^3(4 600 kcal/m^3)	0.657 1 kgce/m^3
	c) 重油热裂解煤气	35 544 kJ/m^3(8 500 kcal/m^3)	1.214 3 kgce/m^3
	d) 焦炭制气	16 308 kJ/m^3(3 900 kcal/m^3)	0.557 1 kgce/m^3
	e) 压力气化煤气	15 054 kJ/m^3(3 600 kcal/m^3)	0.514 3 kgce/m^3
	f) 水煤气	10 454 kJ/m^3(2 500 kcal/m^3)	0.357 1 kgce/m^3
粗苯		41 816 kJ/kg(10 000 kcal/kg)	1.428 6 kgce/kg
热力(当量值)		—	0.034 12 kgce/MJ
电力(当量值)		3 600 kJ/(kW·h)[860 kcal/(kW·h)]	0.122 9 kgce/(kW·h)
电力(等价值)		按当年火电发电标准煤耗计算	
蒸汽(低压)		3 763 MJ/t(900 Mcal/t)	0.128 6 kgce/kg

附 录 B
（资料性附录）
耗能工质能源等价值

表 B.1 常用耗能工质能源等价值

品　　种	单位耗能工质耗能量	折标准煤系数
新水	2.51 MJ/t(600 kcal/t)	0.257 1 kgce/t
软水	14.23 MJ/t(3 400 kcal/t)	0.485 7 kgce/t
除氧水	28.45 MJ/t(6 800 kcal/t)	0.971 4 kgce/t
压缩空气	1.17 MJ/m^3(280 $kcal/m^3$)	0.040 0 $kgce/m^3$
鼓风	0.88 MJ/m^3(210 $kcal/m^3$)	0.030 0 $kgce/m^3$
氧气	11.72 MJ/m^3(2 800 $kcal/m^3$)	0.400 0 $kgce/m^3$
氮气(做副产品时)	11.72 MJ/m^3(2 800 $kcal/m^3$)	0.400 0 $kgce/m^3$
氮气(做主产品时)	19.66 MJ/m^3(4 700 $kcal/m^3$)	0.671 4 $kgce/m^3$
二氧化碳气	6.28 MJ/m^3(1 500 $kcal/m^3$)	0.214 3 $kgce/m^3$
乙炔	243.67 MJ/m^3	8.314 3 $kgce/m^3$
电石	60.92 MJ/kg	2.078 6 kgce/kg

ICS 27.010
F 01

中华人民共和国国家标准

GB 25324—2010

铝电解用石墨质阴极炭块单位产品能源消耗限额

The norm of energy consumption for cathode carbon block for aluminium eletrolyzation

2010-11-10 发布　　2012-03-01 实施

中华人民共和国国家质量监督检验检疫总局
中国国家标准化管理委员会　发布

前　言

本标准4.1和4.2是强制性的，其余为推荐性的。

本标准按照GB/T 1.1—2009给出的规则起草。

本标准由全国能源基础与管理标准化技术委员会(SAC/TC 20)和全国有色金属标准化技术委员会(SAC/TC 243)归口。

本标准负责起草单位：中国铝业股份有限公司贵州分公司、中国有色金属工业标准计量质量研究所、中电投宁夏能源铝业青鑫炭素有限公司。

本标准参加起草单位：郑州浩宇炭素材料有限公司、山东兖矿炭素制品有限公司、宁夏宁平炭素有限责任公司、山东南山铝业股份有限公司。

本标准起草人：王开付、张志宏、狄贵华、刘四清、曾萍、席兆阳、陈泓均。

铝电解用石墨质阴极炭块
单位产品能源消耗限额

1 范围

本标准规定了铝电解用石墨质阴极炭块(简称阴极炭块)企业生产能源消耗(简称能耗)限额的要求、计算原则、计算方法。

本标准适用于铝电解用阴极炭块企业生产能耗的计算、考核,以及新建项目能耗的控制。

2 规范性引用文件

下列文件对于本文件的应用是必不可少的。凡是注日期的引用文件,仅注日期的版本适用于本文件。凡是不注日期的引用文件。其最新版本(包括所有的修改单)适用于本文件。

GB 17167 用能单位能源计量器具配备和管理通则

3 术语和定义

下列术语和定义适用于本文件。

3.1

单位产品工序能耗 unit energy consumption in working procedure

工序生产过程中生产每吨合格产品消耗的能源量。

3.2

煅烧工序综合能耗 comprehensive energy consumption of calcining working procedure

煅烧工序生产过程中生产每吨合格煅后煤实际消耗的能源量(包括生无烟煤)与分摊辅助、附属生产系统消耗的能源量总和,并扣除回收的余热量。

3.3

成型焙烧加工工序综合能耗 comprehensive energy consumption of mouding & baking working procedure

成型、焙烧、加工工序生产过程中生产每吨合格加工块实际消耗的能源量与分摊辅助、附属生产系统消耗的能源量总和。

3.4

单位产品间接综合能耗 unit consumption of indirect integrate energy

企业的辅助生产系统和附属生产系统在产品生产的时间内实际消耗的各种能源以及耗能工质在企业内部进行贮存、转换及计量供应(包括转供)中的损耗,分摊到该产品上的综合能耗量。

3.5

单位产品综合能耗 unit consumption of integrate energy

产品单位产量直接综合能耗与产品单位产量间接综合能耗之和。

4 要求

4.1 现有铝电解用阴极炭块企业单位产品能耗限额限定值

铝电解用阴极炭块企业煅烧工序综合能耗、成型和焙烧及加工工序综合能耗限额限定值应符合表1的规定。

表1 现有铝电解用阴极炭块企业单位产品能耗限额限定值

工序名称	能耗限额限定值 kgce/t
煅烧工序综合能耗 E_{ds}	≤1 460
成型和焙烧及加工工序综合能耗 E_{cj}	≤860

4.2 新建铝电解用阴极炭块企业单位产品能耗限额准入值

铝电解用阴极炭块企业煅烧工序综合能耗、成型和焙烧及加工工序综合能耗限额准入值应符合表2的规定。

表2 新建铝电解用阴极炭块企业单位产品能耗限额准入值

工序名称	能耗限额准入值 kgce/t
煅烧工序综合能耗 E_{ds}	≤1 300
成型和焙烧及加工工序综合能耗 E_{cj}	≤720

4.3 铝电解用阴极炭块企业单位产品能耗限额先进值

铝电解用阴极炭块企业煅烧工序综合能耗、成型和焙烧及加工工序综合能耗限额先进值应达到表3的规定。

表3 铝电解用阴极炭块企业单位产品能耗限额先进值

工序名称	能耗限额先进值 kgce/t
煅烧工序综合能耗 E_{ds}	≤1 200
成型和焙烧及加工工序综合能耗 E_{cj}	≤580

4.4 阴极炭块单位产品综合能耗

阴极炭块单位产品综合能耗由各工序能耗计算得出，见式(9)。

5 阴极炭块产品能耗计算原则及计算方法

5.1 阴极炭块生产工艺流程

阴极炭块生产工艺流程见图1。

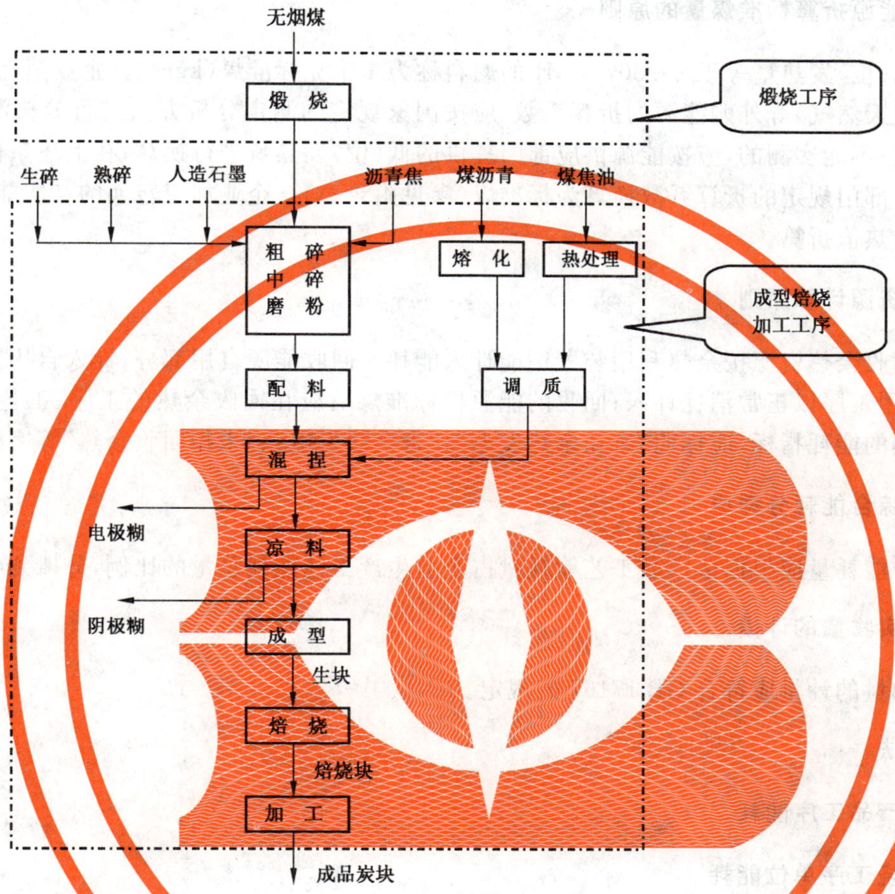

图1 阴极炭块生产工艺流程图

5.2 计算原则

5.2.1 铝电解用阴极炭块生产企业的能源消耗

铝电解用阴极生产企业的能源消耗包括:一次能源(原煤、天然气等)、二次能源(石油焦、电力、重油、煤气等)、耗能工质(水、蒸汽、压缩空气等)和余热资源。包括能源及耗能工质在企业内部进行贮存、转换及计量供应(包括转供)中的损耗,但不包括生活用能和批准的基建项目用能。

企业生活用能量是指企业系统内的宿舍、学校、文化娱乐、医疗保健、商业服务和托儿幼教等方面的用能量。不包括车间、管理部门的照明、取暖、降温、洗澡等用能。

5.2.2 报告期内的能源消耗量

报告期内企业生产消耗能源量有三种计算方法。

方法一:报告期内企业生产消耗能源量=企业购入能源量+期初库存能源量-企业转供能源量-企业基建项目耗能量-企业生活用能量-期末库存能源量。

方法二：报告期内企业生产消耗能源量＝企业诸产品工艺能耗量＋辅助和附属生产系统用能量＋企业内部能源转换损失量。

方法三：报告期内企业生产消耗能源量＝企业诸产品综合能耗量之和。

所消耗的各种能源不得重计或漏计。存在供需关系时，能源输入、输出双方在计算时量值上应保持一致。设备停炉大修的能源消耗也应计算在内。

5.2.3 常用能源折算标准煤量的原则

应用基低(位)发热量等于29.307 6 MJ的燃料称为1千克标准煤(kgce)。企业消耗的煤炭、焦炭、燃料油、煤气(天然气)等外购能源的折算系数，应按国家规定的测定分析方法进行分析测定，按实测值换算为标准煤；不能实测的，应按能源供应部门提供的低(位)发热量进行换算；在上述条件均不具备时，可用国家统计部门规定的折算系数换算为标准煤(参见附录A)。企业加工转换的二次能源及耗能工质按相应的等价热值折算。

5.2.4 余热资源计算原则

企业内回收余热资源按余热利用装置用能计入能耗。回收能源自用部分，计入自用工序；转供其他工序时，在所用工序以正常消耗计入；回收的能源折标准煤后应在回收余热的工序、工艺中扣除。如未扣除回收余热的能耗指标，应标明“未扣余热发电”、“含余热发电”、“未扣回收余热”等字样。

5.2.5 间接综合能耗分摊原则

间接综合能耗量应根据诸产品工艺能耗量占企业生产工艺能耗总量的比例，分摊到各个产品。

5.2.6 能源实物量的计量

能源实物量的计量应符合GB 17167的规定。

5.3 计算方法

5.3.1 单位产品工序能耗

5.3.1.1 煅烧工序单位能耗

报告期内，该工序消耗能源量包括完成对生无烟煤进行煅烧生产出符合工艺要求的煅后煤所消耗的各种能源量(含无烟煤)总和减去回收的余热量。按式(1)计算：

$$E_d = \frac{\sum_{i=1}^{n}(e_i \times \rho_i) - e_y}{P_d} = \frac{e_d - e_y}{P_d} \qquad \cdots\cdots(1)$$

式中：

E_d ——报告期内煅烧工序单位产品能耗，单位为千克标准煤每吨(kgce/t)；

n ——报告期内煅烧工序消耗的能源种数；

e_i ——报告期内煅烧工序消耗的第 i 种能源实物量，实物单位；

ρ_i ——报告期内第 i 种能源的折标准煤系数；

e_d ——报告期内煅烧工序消耗能源量，$e_d = \sum_{i=1}^{n}(e_i \times \rho_i)$，单位为千克标准煤(kgce)；

e_y ——报告期内回收的余热量，单位为千克标准煤(kgce)；

P_d ——报告期内实收合格煅后煤产量，单位为吨(t)。

5.3.1.2 成型工序单位能耗

报告期内，成型工序生产出每吨合格阴极生块实际消耗的各种能源折标准煤的总量。按式(2)计算：

$$E_c=\frac{\sum_{i=1}^{n}(e_i\times\rho_i)}{P_c}=\frac{e_c}{P_c} \qquad \cdots\cdots(2)$$

式中：

E_c ——报告期内成型工序单位产品能耗，单位为千克标准煤每吨(kgce/t)；

n ——报告期内成型工序消耗的能源种数；

e_i ——报告期内成型工序消耗的第 i 种能源实物量，实物单位；

ρ_i ——报告期内第 i 种能源的折标准煤系数；

e_c ——报告期内成型工序消耗能源量，$e_c=\sum_{i=1}^{n}(e_i\times\rho_i)$，单位为千克标准煤(kgce)；

P_c ——报告期内合格阴极生块产量，单位为吨(t)。

5.3.1.3 焙烧工序单位能耗

该工序消耗能源量包括焙烧生产过程消耗的各种能源量。按式(3)计算：

$$E_b=\frac{\sum_{i=1}^{n}(e_i\times\rho_i)}{P_b}=\frac{e_b}{P_b} \qquad \cdots\cdots(3)$$

式中：

E_b ——报告期内焙烧工序单位产品能耗，单位为千克标准煤每吨(kgce/t)；

n ——报告期内焙烧工序消耗的能源种数；

e_i ——报告期内焙烧工序消耗的第 i 种能源实物量，实物单位；

ρ_i ——报告期内第 i 种能源的折标准煤系数；

e_b ——报告期内焙烧工序消耗能源量，$e_b=\sum_{i=1}^{n}(e_i\times\rho_i)$，单位为千克标准煤(kgce)；

P_b ——报告期内合格焙烧块产量，单位为吨(t)。

5.3.1.4 加工工序单位能耗

该工序消耗能源量包括炭块加工生产过程消耗的各种能源量。按式(4)计算：

$$E_j=\frac{\sum_{i=1}^{n}(e_i\times\rho_i)}{P_j}=\frac{e_j}{P_j} \qquad \cdots\cdots(4)$$

式中：

E_j ——报告期内加工工序单位产品能耗，单位为千克标准煤每吨(kgce/t)；

n ——报告期内加工工序消耗的能源种数；

e_i ——报告期内加工工序消耗的能源实物量，实物单位；

ρ_i ——报告期内第 i 种能源的折标准煤系数；

e_j ——报告期内加工工序消耗能源量，$e_j=\sum_{i=1}^{n}(e_i\times\rho_i)$，单位为千克标准煤(kgce)；

P_j ——报告期内合格加工块产量，单位为吨(t)。

5.3.1.5 辅助附属部门能耗

该工序消耗能源量包括机修、检修、车队等辅助车间用能和主体车间、管理部门的照明、取暖、降温、洗澡等用能。按式(5)计算：

$$e_f=\sum_{i=1}^{n}(e_i\times\rho_i) \qquad \cdots\cdots(5)$$

式中：

e_f ——报告期内辅助附属部门消耗能源量，单位为千克标准煤(kgce)；

n ——报告期内辅助工序消耗的能源种数；

e_i ——报告期内辅助工序消耗的第 i 种能源实物量，实物单位；

ρ_i ——报告期内第 i 种能源的折标准煤系数。

5.3.1.6 分摊辅助附属部门能耗

计算工序综合能耗时，分摊的辅助附属部门能耗。按式(6)计算：

$$e_{ff}=\frac{e_{gi}}{e_{yj}}\times e_f \qquad \cdots\cdots(6)$$

式中：

e_{ff}——报告期内某工序分摊的辅助附属部门能耗量，单位为千克标准煤(kgce)；

e_{gi}——报告期内某工序消耗的能源量，单位为千克标准煤(kgce)；

e_{yj}——报告期内阴极炭块生产的各工序消耗的能源量总和，扣除回收的余热量，单位为千克标准煤(kgce)。

5.3.2 单位产品工序综合能耗

5.3.2.1 煅烧工序单位综合能耗

报告期内，该工序消耗能源量包括完成对生无烟煤进行煅烧生产出符合工艺要求的煅后煤所消耗的各种能源量(含无烟煤)总和减去回收的余热量，加分摊的辅助附属部门能耗。按式(7)计算：

$$E_{ds}=\frac{e_d-e_y+e_{ff}}{P_d} \qquad \cdots\cdots(7)$$

式中：

E_{ds}——报告期内煅烧工序单位产品综合能耗，单位为千克标准煤每吨(kgce/t)；

e_d ——报告期内煅烧工序消耗能源量，单位为千克标准煤(kgce)；

e_y ——报告期内回收的余热量，单位为千克标准煤(kgce)；

e_{ff} ——报告期内煅烧工序分摊的辅助附属部门能耗量，单位为千克标准煤(kgce)；

P_d ——报告期内实收合格煅后煤产量，单位为吨(t)。

5.3.2.2 成型、焙烧、加工工序单位综合能耗

报告期内，经成型、焙烧、加工工序生产出每吨合格阴极加工块实际消耗的各种能源折标准煤的总量，加分摊的辅助附属部门能耗。按式(8)计算：

$$E_{cj}=\frac{e_c+e_b+e_j+e_{ff}}{P_j} \qquad \cdots\cdots(8)$$

式中：

E_{cj}——报告期内成型焙烧加工工序单位产品综合能耗，单位为千克标准煤每吨(kgce/t)；

e_c ——报告期内成型工序消耗能源量，单位为千克标准煤(kgce)；

e_b ——报告期内焙烧工序消耗能源量，单位为千克标准煤(kgce)；

e_j ——报告期内加工工序消耗能源量，单位为千克标准煤(kgce)；

e_{ff} ——报告期内成型、焙烧、加工工序分摊的辅助附属部门能耗量，单位为千克标准煤(kgce)；

P_j ——报告期内合格加工块产量，单位为吨(t)。

5.3.3 单位产品综合能耗

阴极炭块单位产品综合能耗按式(9)计算：

$$E_{yj}=\frac{e_d+e_c+e_b+e_j+e_f-e_y}{P_j} \quad \cdots\cdots(9)$$

式中：

E_{yj}——报告期内阴极炭块单位产品综合能耗，单位为千克标准煤每吨(kgce/t)；

e_d——报告期内煅烧工序消耗能源量，单位为千克标准煤(kgce)；

e_c——报告期内成型工序消耗能源量，单位为千克标准煤(kgce)；

e_b——报告期内焙烧工序消耗能源量，单位为千克标准煤(kgce)；

e_j——报告期内加工工序消耗能源量，单位为千克标准煤(kgce)；

e_f——报告期内辅助附属部门消耗能源量，单位为千克标准煤(kgce)；

e_y——报告期内回收的余热量，单位为千克标准煤(kgce)；

P_j——报告期内合格加工块产量，单位为吨(t)。

附 录 A
（资料性附录）
常用能源品种现行折标准煤系数和耗能工质能源等价值

A.1 常用能源品种现行折标准煤系数

表 A.1 为常用能源品种现行折标准煤系数。

表 A.1 常用能源品种现行折标准煤系数

能源		折标准煤系数及单位	
品种	单位	系数	单位
原煤	吨	0.714 3	吨标准煤每吨(tce/t)
无烟煤	吨	0.900	吨标准煤每吨(tce/t)
洗精煤	吨	0.900	吨标准煤每吨(tce/t)
汽油	吨	1.471 4	吨标准煤每吨(tce/t)
重油	吨	1.428 6	吨标准煤每吨(tce/t)
柴油	吨	1.457 1	吨标准煤每吨(tce/t)
焦炭	吨	0.971 4	吨标准煤每吨(tce/t)
液化石油气	吨	1.714 3	吨标准煤每吨(tce/t)
电力	万千瓦时	1.229	吨标准煤每万千瓦时[tce/(10^4 kW·h)]
煤气(热值为 1 250×4.186 8 kJ/m^3)	万立方米	1.786	吨标准煤每万立方米(tce/10^4 m^3)
天然气	千立方米	1.330 0	吨标准煤每千立方米(tce/10^3 m^3)
蒸汽(98.1 kPa 饱和蒸汽)	千克	2 674.5	千焦每千克(kJ/kg)
注 1：原煤的热值按 5 000 kcal/kg 计。 注 2：蒸汽折标准煤系数按热值计。			

A.2 耗能工质能源等价值

表 A.2 为耗能工质能源等价值。

表 A.2 耗能工质能源等价值

能源		折标准煤系数及单位	
名称	单位	热值/MJ	折标准煤/kgce
新水	吨	7.535 0	0.257 1
软化水	吨	14.234 7	0.485 7
压缩空气	立方米	1.172 3	0.040 0

表 A.2 耗能工质能源等价值（续）

能源		折标准煤系数及单位	
名称	单位	热值/MJ	折标准煤/kgce
二氧化碳	立方米	6.280 6	0.214 3
氧气	立方米	11.723 0	0.400 0
氮气	立方米	11.723 0	0.400 0
		19.677 1	0.671 4
乙炔	立方米	243.672 2	8.314 3
电石	千克	60.918 8	2.078 6

注 1：新水指尚未使用的自来水。

注 2：除乙炔、电石外，均按平均耗电计算。

注 3：氮气作为副产品时，折标准煤系数取 0.400 0。作为主产品时，折标准煤系数取 0.671 4。

注 4：乙炔按耗电石计算。

注 5：电石按平均耗焦炭、电计算。

ICS 27.010
F 01

中华人民共和国国家标准

GB 25325—2010

铝电解用预焙阳极单位产品能源消耗限额

The norm of energy consumption for prebaked anode products for aluminium eletrolyzation

2010-11-10 发布 2012-03-01 实施

中华人民共和国国家质量监督检验检疫总局
中国国家标准化管理委员会 发布

前　言

本标准 4.1 和 4.2 是强制性的，其余为推荐性的。

本标准按照 GB/T 1.1—2009 给出的规则起草。

本标准由全国能源基础与管理标准化技术委员会(SAC/TC 20)和全国有色金属标准化技术委员会(SAC/TC 243)归口。

本标准负责起草单位：中国铝业股份有限公司贵州分公司、中国有色金属工业标准计量质量研究所、山东南山铝业股份有限公司、索通发展有限公司。

本标准参加起草单位：中电投宁夏青铜峡能源铝业集团有限公司、中国铝业股份有限公司河南分公司、山东晨阳碳素股份有限公司。

本标准主要起草人：刘四清、狄贵华、王开付、张志宏、曾萍、黄燕、郎光辉、陈泓均。

铝电解用预焙阳极单位产品能源消耗限额

1 范围

本标准规定了铝电解用预焙阳极(以下简称预焙阳极)企业生产能源消耗(简称能耗)限额的要求、计算原则及计算方法。

本标准适用于铝电解用预焙阳极企业生产能耗的计算、考核,以及新建项目能耗的控制。

2 规范性引用文件

下列文件对于本文件的应用是必不可少的。凡是注日期的引用文件,仅注日期的版本适用于本文件。凡是不注日期的引用文件,其最新版本(包括所有的修改单)适用于本文件。

GB 17167 用能单位能源计量器具配备和管理通则

3 术语和定义

下列术语和定义适用于本文件。

3.1

单位产品工序能耗 unit energy consumption in working procedure

工序生产过程中生产每吨合格产品消耗的能源量。

3.2

煅烧工序综合能耗 comprehensive energy consumption of calcining working procedure

煅烧工序生产过程中生产每吨合格煅后焦实际消耗的能源量(包括生石油焦)与分摊辅助、附属生产系统消耗的能源量总和,并扣除回收的余热量。

3.3

成型焙烧工序综合能耗 comprehensive energy consumption of mouding & baking working procedure

成型焙烧工序生产过程中生产每吨合格焙烧块实际消耗的能源量与分摊辅助、附属生产系统消耗的能源量总和。

3.4

组装工序综合能耗 comprehensive energy consumption of assembling working procedure

阳极组装工序生产过程中生产每吨合格阳极组装块实际消耗的能源量与分摊辅助、附属生产系统消耗的能源量总和。

3.5

单位产品间接综合能耗 unit consumption of indirect integrate energy

企业的辅助生产系统和附属生产系统在产品生产的时间内实际消耗的各种能源以及耗能工质在企业内部进行贮存、转换及计量供应(包括转供)中的损耗,分摊到该产品上的综合能耗量。

3.6

单位产品综合能耗 unit consumption of integrate energy

产品单位产量直接综合能耗与产品单位产量间接综合能耗之和。

4 要求

4.1 现有铝电解用预焙阳极企业单位产品工序综合能耗限额限定值

现有铝电解用预焙阳极企业煅烧工序综合能耗、成型和焙烧工序综合能耗、组装工序综合能耗限额限定值见表1。

4.2 新建铝电解用预焙阳极企业单位产品工序综合能耗限额准入值

新建铝电解用预焙阳极企业煅烧工序综合能耗、成型和焙烧工序综合能耗、组装工序综合能耗限额准入值见表2。

表1 现有铝电解用预焙阳极企业单位产品工序综合能耗限额限定值

工序名称	能耗限额限定值 kgce/t
煅烧工序综合能耗 E_{ds}	≤1 230
成型焙烧工序综合能耗 E_{cb}	≤180
组装工序综合能耗 E_{zz}	≤13

表2 新建铝电解用预焙阳极企业单位产品工序综合能耗限额准入值

工序名称	能耗限额准入值 kgce/t
煅烧工序综合能耗 E_{ds}	≤1 200
成型焙烧工序综合能耗 E_{cb}	≤160
组装工序综合能耗 E_{zz}	≤11

4.3 铝电解用预焙阳极企业单位产品工序综合能耗限额先进值

铝电解用预焙阳极企业煅烧工序综合能耗、成型和焙烧工序综合能耗、组装工序综合能耗限额先进值见表3。

表3 铝电解用预焙阳极企业单位产品工序综合能耗限额先进值

工序名称	能耗限额先进值 kgce/t
煅烧工序综合能耗 E_{ds}	≤1 140
成型焙烧工序综合能耗 E_{cb}	≤130
组装工序综合能耗 E_{zz}	≤9

4.4 焙烧(组装)块单位产品综合能耗

焙烧(组装)块单位产品综合能耗由各工序能耗计算得出,见式(10)、式(11)。

5 能耗计算原则及计算方法

5.1 铝电解用预焙阳极工艺流程

铝电解用预焙阳极生产工艺流程见图1。

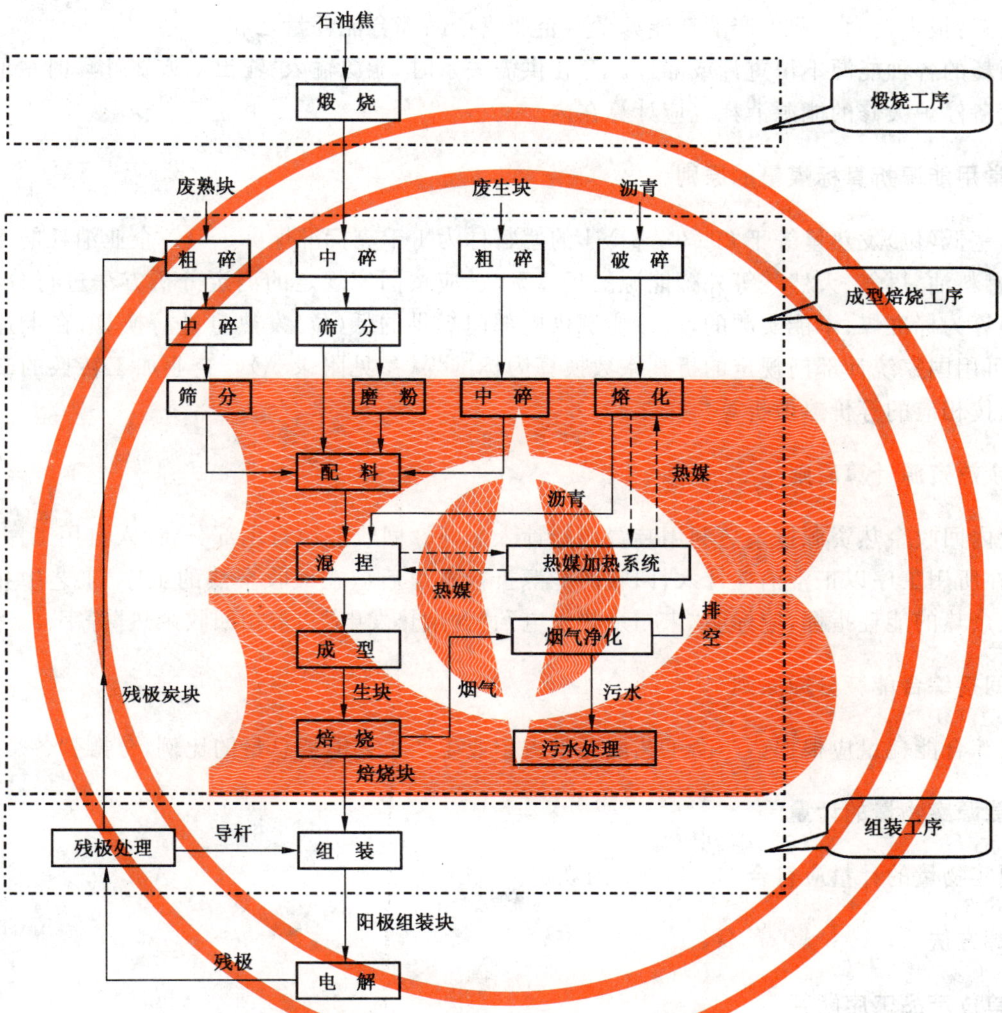

图1 铝电解用预焙阳极生产工艺流程图

5.2 计算原则

5.2.1 铝电解用预焙阳极生产企业的能源消耗

铝电解用预焙阳极生产企业的能源消耗包括：一次能源（原煤、天然气等）、二次能源（石油焦、电力、重油、煤气等）、耗能工质（水、蒸汽、压缩空气等）和余热资源。包括能源及耗能工质在企业内部进行贮存、转换及计量供应（包括转供）中的损耗，但不包括生活用能和批准的基建项目用能。

企业生活用能量是指企业系统内的宿舍、学校、文化娱乐、医疗保健、商业服务和托儿幼教等方面的用能量。不包括车间、管理部门的照明、取暖、降温、洗澡等用能。

5.2.2　报告期内的能源消耗量

报告期内企业生产消耗能源量有三种计算方法。

方法一：报告期内企业生产消耗能源量＝企业购入能源量＋期初库存能源量－企业转供能源量－企业基建项目耗能量－企业生活用能量—期末库存能源量

方法二：报告期内企业生产消耗能源量＝企业诸产品工艺能耗量＋辅助和附属生产系统用能量＋企业内部能源转换损失量

方法三：报告期内企业生产消耗能源量＝企业诸产品综合能耗量之和

所消耗的各种能源不得重计或漏计。存在供需关系时，能源输入、输出双方在计算时量值上应保持一致。设备停炉大修的能源消耗也应计算在内。

5.2.3　常用能源折算标煤量的原则

应用基低(位)发热量等于29.307 6 MJ的燃料称为1千克标准煤(kgce)。企业消耗的煤炭、焦炭、石油焦、燃料油、煤气、天然气等外购能源的折算系数，应按国家规定的测定分析方法进行分析测定，按实测值换算为标准煤；不能实测的，应按能源供应部门提供的低(位)发热量进行换算；在上述条件均不具备时，可用国家统计部门规定的折算系数换算为标准煤(参见附录A)。企业加工转换的二次能源及耗能工质按相应的等价热值折算。

5.2.4　余热资源计算原则

企业内回收余热资源按余热利用装置用能计入能耗。回收能源自用部分，计入自用工序；转供其他工序时，在所用工序以正常消耗计入；回收的能源折标准煤后应在回收余热的工序、工艺中扣除。如未扣除回收余热的能耗指标，应标明“未扣余热发电”、“含余热发电”、“未扣回收余热”等字样。

5.2.5　间接综合能耗分摊原则

间接综合能耗量应根据诸产品工艺能耗量占企业生产工艺能耗总量的比例，分摊到各个产品。

5.2.6　能源实物量的计量

能源实物量的计量应符合GB 17167的规定。

5.3　计算方法

5.3.1　单位产品工序能耗

5.3.1.1　煅烧工序单位能耗

报告期内，对生石油焦进行煅烧生产出合格煅后焦的过程中消耗的各种能源(含石油焦)，扣除回收的能源量后实际消耗的各种能源折标准煤的总量。按式(1)计算：

$$E_d = \frac{\sum_{i=1}^{n}(e_i \times \rho_i) - e_y}{P_d} = \frac{e_d - e_y}{P_d} \quad \cdots\cdots\cdots\cdots (1)$$

式中：

E_d ——报告期内煅烧工序单位产品能耗，单位为千克标准煤每吨(kgce/t)；

n ——报告期内煅烧工序消耗的能源种数；

e_i ——报告期内煅烧工序消耗的第i种能源实物量，实物单位；

ρ_i ——报告期内第i种能源的折标准煤系数；

e_d ——报告期内煅烧工序消耗能源量，$e_d=\sum_{i=1}^{n}(e_i\times\rho_i)$，单位为千克标准煤(kgce)；

e_y ——报告期内回收的余热量，单位为千克标准煤(kgce)；

P_d ——报告期内实收合格煅后焦产量，单位为吨(t)。

5.3.1.2 **成型工序单位能耗**

报告期内，对成型生产所需的原料经破碎、配料、混捏、成型等工序生产出每吨合格阳极生块实际消耗的各种能源折标准煤的总量。按式(2)计算：

$$E_c=\frac{\sum_{i=1}^{n}(e_i\times\rho_i)}{P_c}=\frac{e_c}{P_c} \quad \cdots\cdots(2)$$

式中：

E_c ——报告期内成型工序单位产品能耗，单位为千克标准煤每吨(kgce/t)；

n ——报告期内成型工序消耗的能源种数；

e_i ——报告期内成型工序消耗的第 i 种能源实物量，实物单位；

ρ_i ——报告期内第 i 种能源的折标系数；

e_c ——报告期内成型工序消耗能源量，$e_c=\sum_{i=1}^{n}(e_i\times\rho_i)$，单位为千克标准煤(kgce)；

P_c ——报告期内合格阳极生块产量，单位为吨(t)。

5.3.1.3 **焙烧工序单位能耗**

该工序消耗能源量包括焙烧生产过程消耗的各种能源量。按式(3)计算：

$$E_b=\frac{\sum_{i=1}^{n}(e_i\times\rho_i)}{P_b}=\frac{e_b}{P_b} \quad \cdots\cdots(3)$$

式中：

E_b ——报告期内焙烧工序单位产品能耗，单位为千克标准煤每吨(kgce/t)；

n ——报告期内焙烧工序消耗的能源种数；

e_i ——报告期内焙烧工序消耗的第 i 种能源实物量，实物单位；

ρ_i ——报告期内第 i 种能源的折标系数；

e_b ——报告期内焙烧工序消耗能源量，$e_b=\sum_{i=1}^{n}(e_i\times\rho_i)$，单位为千克标准煤(kgce)；

P_b ——报告期内合格焙烧块产量，单位为吨(t)。

5.3.1.4 **组装工序单位能耗**

该工序消耗能源量包括组装生产过程消耗的各种能源量。按式(4)计算：

$$E_z=\frac{\sum_{i=1}^{n}(e_i\times\rho_i)}{P_z}=\frac{e_z}{P_z} \quad \cdots\cdots(4)$$

式中：

E_z ——报告期内组装工序单位产品能耗，单位为千克标准煤每吨(kgce/t)；

n ——报告期内组装工序消耗的能源种数；

e_i ——报告期内组装工序消耗的能源实物量，实物单位；

ρ_i ——报告期内第 i 种能源的折标系数；

e_z ——报告期内组装工序消耗能源量，$e_z=\sum_{i=1}^{n}(e_i\times\rho_i)$，单位为千克标准煤(kgce)；

P_z ——报告期内合格组装块产量，单位为吨(t)。

5.3.1.5 **辅助附属部门能耗**

该工序消耗能源量包括机修、检修、车队等辅助车间用能和主体车间、管理部门的照明、取暖、降温、洗澡等用能。按式(5)计算：

$$e_f=\sum_{i=1}^{n}(e_i\times\rho_i) \quad\quad \cdots\cdots(5)$$

式中：

e_f ——报告期内辅助附属部门消耗能源量，单位为千克标准煤(kgce)；

n ——报告期内组装工序消耗的能源种数；

e_i ——报告期内组装工序消耗的第 i 种能源实物量，实物单位；

ρ_i ——报告期内第 i 种能源的折标系数。

5.3.1.6 **分摊辅助附属部门能耗**

计算工序综合能耗时，分摊的辅助附属部门能耗。按式(6)计算：

$$e_{ff}=\frac{e_{gi}}{e_{yj}}\times e_f \quad\quad \cdots\cdots(6)$$

式中：

e_{ff}——报告期内某工序分摊的辅助附属部门能耗量，单位为千克标准煤(kgce)；

e_{gi}——报告期内某工序消耗的能源量，单位为千克标准煤(kgce)；

e_{yj}——报告期内预焙阳极焙烧块(或组装块)生产的各工序消耗的能源量总和，扣除回收的余热量，单位为千克标准煤(kgce)。

5.3.2 **单位产品工序综合能耗**

5.3.2.1 **煅烧工序单位综合能耗**

报告期内，生产每吨符合工艺要求煅后焦在煅烧工序实际消耗的各种能源量(包括生石油焦)与分摊辅助、附属生产系统消耗的能源量总和，并扣除回收的余热量。按式(7)计算：

$$E_{ds}=\frac{e_d-e_y+e_{ff}}{P_d} \quad\quad \cdots\cdots(7)$$

式中：

E_{ds}——报告期内煅烧工序单位产品综合能耗，单位为千克标准煤每吨(kgce/t)；

e_d ——报告期内煅烧工序消耗能源量，单位为千克标准煤(kgce)；

e_y ——报告期内回收的余热量，单位为千克标准煤(kgce)；

e_{ff} ——报告期内煅烧工序分摊的辅助附属部门能耗量，单位为千克标准煤(kgce)；

P_d ——报告期内实收合格煅后焦产量，单位为吨(t)。

5.3.2.2 **成型、焙烧工序单位综合能耗**

报告期内，经成型、焙烧工序生产出每吨合格焙烧块实际消耗的各种能源折标准煤的总量，加分摊的辅助附属部门能耗。按式(8)计算：

$$E_{cb}=\frac{e_c+e_b+e_{ff}}{P_b} \quad\quad \cdots\cdots(8)$$

式中：

E_{cb}——报告期内成型、焙烧工序单位产品综合能耗，单位为千克标准煤每吨(kgce/t)；

e_c ——报告期内成型工序消耗能源量，单位为千克标准煤(kgce)；

e_b ——报告期内焙烧工序消耗能源量，单位为千克标准煤(kgce)；

e_{ff} ——报告期内成型、焙烧工序分摊的辅助附属部门能耗量，单位为千克标准煤(kgce)；

P_b ——报告期内合格焙烧块产量，单位为吨(t)。

5.3.2.3 组装工序单位综合能耗

该工序消耗能源量包括组装生产过程消耗的各种能源量，加分摊的辅助附属部门能耗。按式(9)计算：

$$E_{zz}=\frac{e_z+e_{ff}}{P_z} \qquad\cdots\cdots(9)$$

式中：

E_{zz}——报告期内组装工序单位产品综合能耗，单位为千克标准煤每吨(kgce/t)；

e_z ——报告期内组装工序消耗能源量，单位为千克标准煤(kgce)；

e_{ff} ——报告期组装工序分摊的辅助附属部门能耗量，单位为千克标准煤(kgce)；

P_z ——报告期内合格组装块产量，单位为吨(t)。

5.3.3 单位产品综合能耗

预焙阳极焙烧块单位产品综合能耗按式(10)计算：

$$E_{bq}=\frac{e_d+e_c+e_b+e_f-e_y}{P_b} \qquad\cdots\cdots(10)$$

式中：

E_{bq}——报告期内预焙阳极焙烧块单位产品综合能耗，单位为千克标准煤每吨(kgce/t)；

e_d ——报告期内煅烧工序消耗能源量，单位为千克标准煤(kgce)；

e_c ——报告期内成型工序消耗能源量，单位为千克标准煤(kgce)；

e_b ——报告期内焙烧工序消耗能源量，单位为千克标准煤(kgce)；

e_f ——报告期内辅助附属部门消耗能源量，单位为千克标准煤(kgce)；

e_y ——报告期内回收的余热量，单位为千克标准煤(kgce)；

P_b ——报告期内合格焙烧块产量，单位为吨(t)。

预焙阳极组装块单位产品综合能耗按式(11)计算：

$$E_{zq}=\frac{e_d+e_c+e_b+e_z+e_f-e_y}{P_z} \qquad\cdots\cdots(11)$$

式中：

E_{zq}——报告期内预焙阳极组装块单位产品综合能耗，单位为千克标准煤每吨(kgce/t)；

e_d ——报告期内煅烧工序消耗能源量，单位为千克标准煤(kgce)；

e_c ——报告期内成型工序消耗能源量，单位为千克标准煤(kgce)；

e_b ——报告期内焙烧工序消耗能源量，单位为千克标准煤(kgce)；

e_f ——报告期内辅助附属部门消耗能源量，单位为千克标准煤(kgce)；

e_y ——报告期内回收的余热量，单位为千克标准煤(kgce)；

e_z ——报告期内组装工序消耗能源量，单位为千克标准煤(kgce)；

P_z ——报告期内合格组装块产量，单位为吨(t)。

附 录 A
（资料性附录）
常用能源品种现行折标准煤系数和耗能工质能源等价值

A.1 常用能源品种现行折标准煤系数

表 A.1 为常用能源品种现行折标准煤系数。

表 A.1 常用能源品种现行折标准煤系数

能源		折标准煤系数及单位	
品种	单位	系数	单位
原煤	吨	0.714 3	吨标准煤每吨(tce/t)
无烟煤	吨	0.900	吨标准煤每吨(tce/t)
洗精煤	吨	0.900	吨标准煤每吨(tce/t)
汽油	吨	1.471 4	吨标准煤每吨(tce/t)
重油	吨	1.428 6	吨标准煤每吨(tce/t)
柴油	吨	1.457 1	吨标准煤每吨(tce/t)
焦炭	吨	0.971 4	吨标准煤每吨(tce/t)
液化石油气	吨	1.714 3	吨标准煤每吨(tce/t)
电力	万千瓦时	1.229	吨标准煤每万千瓦时[tce/(10^4 kW·h)]
煤气(热值为 1 250×4.186 8 kJ/m^3)	万立方米	1.786	吨标准煤每万立方米(tce/10^4 m^3)
天然气	千立方米	1.330 0	吨标准煤每千立方米(tce/10^3 m^3)
蒸汽(98.1 kPa 饱和蒸汽)	千克	2 674.5	千焦每千克(kJ/kg)

注 1：原煤的热值按 5 000 kcal/kg 计。

注 2：蒸汽折标准煤系数按热值计。

A.2 耗能工质能源等价值

表 A.2 为耗能工质能源等价值。

表 A.2 耗能工质能源等价值

能源		折标准煤系数及单位	
名称	单位	热值/MJ	折标准煤/kgce
新水	吨	7.535 0	0.257 1
软化水	吨	14.234 7	0.485 7
压缩空气	立方米	1.172 3	0.040 0

表 A.2 耗能工质能源等价值（续）

能源		折标准煤系数及单位	
名称	单位	热值/MJ	折标准煤/kgce
二氧化碳	立方米	6.280 6	0.214 3
氧气	立方米	11.723 0	0.400 0
氮气	立方米	11.723 0	0.400 0
		19.677 1	0.671 4
乙炔	立方米	243.672 2	8.314 3
电石	千克	60.918 8	2.078 6

注1：新水指尚未使用的自来水。

注2：除乙炔、电石外，均按平均耗电计算。

注3：氮气作为副产品时，折标准煤系数取0.400 0。作为主产品时，折标准煤系数取0.671 4。

注4：乙炔按耗电石计算。

注5：电石按平均耗焦炭、电计算。

ICS 27.010
F 01

中华人民共和国国家标准

GB 25326—2010

铝及铝合金轧、拉制管、棒材单位产品能源消耗限额

The norm of energy consumption per unit products of rolled or drawn aluminium and aluminium alloy tubes, bars

2010-11-10 发布　　2012-03-01 实施

中华人民共和国国家质量监督检验检疫总局
中国国家标准化管理委员会　发布

前　言

本标准的4.1、4.2为强制性的，其余为推荐性的。

本标准按照GB/T 1.1—2009给出的规则起草。

本标准由全国能源基础与管理标准化技术委员会(SAC/TC 20)和全国有色金属标准化技术委员会(SAC/TC 243)归口。

本标准负责起草单位：中国铝业西北铝加工分公司、中国有色金属工业标准计量质量研究所。

本标准参加起草单位：东北轻合金有限责任公司、西南铝业(集团)有限责任公司、广东凤铝铝业有限公司、上虞市东轻特种铝材厂。

本标准主要起草人：侯波、段瑞芬、葛立新、李建荣、司彦平、李树威、徐国英、李文武、胡常云、郑志荣。

铝及铝合金轧、拉制管、棒材单位产品能源消耗限额

1 范围

本标准规定了铝及铝合金轧、拉制管材和棒材单位产品能源消耗(以下简称能耗)限额的技术要求、计算原则、计算范围及计算方法和节能管理与措施。

本标准适用于铝及铝合金轧、拉制管材(以下简称轧、拉制管材)和铝及铝合金轧、拉制棒材(以下简称轧、拉制棒材)生产企业单位产品能耗的计算、考核[1)],以及新建项目的能耗控制。

2 规范性引用文件

下列文件对于本文件的应用是必不可少的。凡是注日期的引用文件,仅注日期的版本适用于本文件。凡是不注日期的引用文件,其最新版本(包括所有的修改单)适用于本文件。

GB 17167 用能单位能源计量器具配备和管理通则

YS/T 694.1—2009 变形铝及铝合金单位产品能源消耗限额 第1部分:铸造锭

3 术语和定义

YS/T 694.1—2009界定的术语和定义适用于本文件。

4 技术要求

4.1 现有轧、拉制管材和轧、拉制棒材生产企业单位产品能耗限额限定值

现有轧、拉制管材和轧、拉制棒材生产企业单位产品能耗限额限定值应符合表1的要求。企业位处长江以北时,表中能耗限额限定值应乘以修正系数 K(山海关以南,取 $K=1.1$;山海关以北,取 $K=1.2$);企业位处海拔高度超过1 500 m时,表中能耗限额限定值应乘以1.03进行修正。

表1 现有轧、拉制管材和轧、拉制棒材生产企业单位产品能耗限额限定值

产品名称	原 料	生产工艺流程	能耗限额限定值/(kgce/t),不大于	
			工艺能耗	综合能耗
轧、拉制管材 轧、拉制棒材	挤压坯料	图1	220	260

1) 企业产品能耗以报告期内企业生产的各类合格产品的产量与对应单位产品能耗限额的乘积之和为限额进行考核评定。

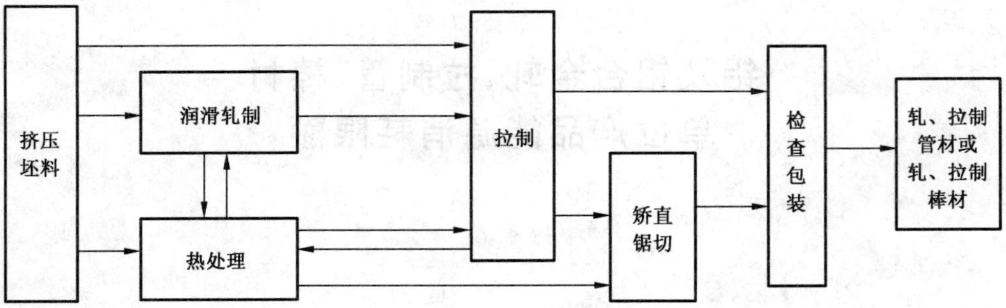

图 1 轧、拉制管材和轧、拉制棒材生产工艺流程简图

4.2 新建轧、拉制管材和轧、拉制棒材生产企业单位产品的能耗限额准入值

新建轧、拉制管材和轧、拉制棒材生产企业单位产品的能耗限额准入值应符合表 2 的要求，企业位处长江以北时，表中能耗限额准入值应乘以修正系数 K（山海关以南，取 $K=1.1$；山海关以北，取 $K=1.2$）；企业位处海拔高度超过 1 500 m 时，表中能耗限额准入值应乘以 1.03 进行修正。

表 2 新建轧、拉制管材和轧、拉制棒材生产企业单位产品能耗限额准入值

产品名称	原　料	生产工艺流程	能耗限额准入值/(kgce/t)，不大于	
			工艺能耗	综合能耗
轧、拉制管材 轧、拉制棒材	挤压坯料	图 1	185	215

4.3 轧、拉制管材和轧、拉制棒材生产企业单位产品的能耗限额先进值

轧、拉制管材和轧、拉制棒材生产企业单位产品的能耗限额先进值符合表 3 的要求。企业位处长江以北时，表中能耗限额先进值应乘以修正系数 K（山海关以南，取 $K=1.1$；山海关以北，取 $K=1.2$）；企业位处海拔高度超过 1 500 m 时，表中能耗限额先进值应乘以 1.03 进行修正。

表 3 轧、拉制管材和轧、拉制棒材生产企业单位产品能耗限额先进值

产品名称	原　料	生产工艺流程	能耗限额先进值/(kgce/t)，不大于	
			工艺能耗	综合能耗
轧、拉制管材 轧、拉制棒材	挤压坯料	图 1	155	180

5 能耗计算原则、计算范围及计算方法

5.1 能耗计算原则

能耗计算原则应符合 YS/T 694.1—2009 中 5.1 的规定。常用能源品种现行折标煤系数和耗能工质能源等价值应符合 YS/T 694.1—2009 附录 A 的规定。

5.2 能耗计算范围

本标准能耗计算范围如表4所示。

表4 能耗计算范围

产品分类		能耗分类	能耗计算范围	实物单耗	工艺能耗	综合能耗
产品名称	产品代号			能源单耗代号		
轧、拉制管材	D	工序能耗	热处理工序(工序代号:1)	E_{SD}^{1}	E_{GD}^{1}	E_{ZD}^{1}
			润滑轧制工序(工序代号:2)	E_{SD}^{2}	E_{GD}^{2}	E_{ZD}^{2}
			拉制工序(工序代号:3)	E_{SD}^{3}	E_{GD}^{3}	E_{ZD}^{3}
			矫直、锯切工序(工序代号:4)	E_{SD}^{4}	E_{GD}^{4}	E_{ZD}^{4}
			检查、包装工序(工序代号:5)	E_{SD}^{5}	E_{GD}^{5}	E_{ZD}^{5}
		产品生产能耗	轧、拉制管材生产过程中发生的能耗	E_{SD}	E_{GD}	E_{ZD}
轧、拉制棒材	R	工序能耗	热处理工序(工序代号:1)	E_{SR}^{1}	E_{GR}^{1}	E_{ZR}^{1}
			润滑轧制工序(工序代号:2)	E_{SR}^{2}	E_{GR}^{2}	E_{ZR}^{2}
			拉制工序(工序代号:3)	E_{SR}^{3}	E_{GR}^{3}	E_{ZR}^{3}
			矫直、锯切工序(工序代号:4)	E_{SR}^{4}	E_{GR}^{4}	E_{ZR}^{4}
			检查、包装工序(工序代号:5)	E_{SR}^{5}	E_{GR}^{5}	E_{ZR}^{5}
		产品生产能耗	轧、拉制棒材生产过程中发生的能耗	E_{SR}	E_{GR}	E_{ZR}

5.3 能耗计算方法

5.3.1 工序能耗

5.3.1.1 实物单耗

实物单耗按式(1)计算:

$$E_{SI}^{i}=\frac{M_{SI}^{i}}{P_{ZI}^{i}} \qquad \cdots\cdots(1)$$

式中:

i ——工序代号(1、2、3、4、5)。

I ——产品代号(D、R)。

E_{SI}^{i} ——I产品生产过程中,i工序报告期内的实物单耗,单位为吨每吨(t/t)。

M_{SI}^{i} ——I产品生产过程中,i工序报告期内直接消耗的某种能源实物总量,单位为吨(t)。

P_{ZI}^{i} ——I产品生产过程中,i工序报告期内产出的合格产品总量,单位为吨(t)。

5.3.1.2 工艺能耗

工艺能耗按式(2)计算:

$$E_{GI}^{i}=\frac{E_{HI}^{i}}{P_{ZI}^{i}} \qquad \cdots\cdots(2)$$

式中：

i ——工序代号(1、2、3、4、5)。

I ——产品代号(D、R)。

E_{GI}^{i} ——I 产品生产过程中，i 工序报告期内工艺能耗，单位为千克标准煤每吨(kgce/t)。

E_{HI}^{i} ——I 产品生产过程中，i 工序报告期内直接消耗的各种能源实物量折标煤之和，单位为千克标准煤(kgce)，当含回收余热时，按 YS/T 694.1—2009 中 5.1.7 规定。

P_{ZI}^{i} ——I 产品生产过程中，i 工序报告期内产出的合格产品总量，单位为吨(t)。

5.3.1.3 综合能耗

综合能耗按式(3)计算：

$$E_{ZI}^{i}=E_{GI}^{i}+E_{FI}^{i} \qquad \cdots\cdots(3)$$

式中：

i ——工序代号(1、2、3、4、5)。

I ——产品代号(D、R)。

E_{ZI}^{i} ——I 产品生产过程中，i 工序报告期内的综合能耗，单位为千克标准煤每吨(kgce/t)。

E_{GI}^{i} ——I 产品生产过程中，i 工序报告期内的工艺能耗，单位为千克标准煤每吨(kgce/t)。

E_{FI}^{i} ——I 产品生产过程中，i 工序报告期内产出的合格产品间接辅助能源单耗及损耗分摊量，单位为千克标准煤每吨(kgce/t)。

5.3.2 产品生产能耗

5.3.2.1 实物单耗

实物单耗按式(4)计算：

$$E_{SI}=\frac{M_{SI}}{P_{ZI}} \qquad \cdots\cdots(4)$$

式中：

I ——产品代号(D、R)。

E_{SI} ——报告期内，I 产品生产过程中发生的实物单耗，单位为吨每吨(t/t)。

M_{SI} ——报告期内，I 产品生产过程直接消耗的某种能源实物总量($M_{SI}=M_{SI}^{1}+M_{SI}^{2}+M_{SI}^{3}+M_{SI}^{4}+M_{SI}^{5}$)，单位为吨(t)。

P_{ZI} ——报告期内产出的 I 合格产品总量，单位为吨(t)。

5.3.2.2 工艺能耗

工艺能耗按式(5)计算：

$$E_{GI}=\frac{E_{HI}}{P_{ZI}} \qquad \cdots\cdots(5)$$

式中：

I ——产品代号(D、R)。

E_{GI} ——报告期内，I 产品生产过程中发生的工艺能耗，单位为千克标准煤每吨(kgce/t)。

E_{HI} ——报告期内，I 产品生产过程中直接消耗的各种能源实物量折标煤之和，单位为千克标准煤(kgce)，当含回收余热时，按 YS/T 694.1—2009 中 5.1.7 规定($E_{HI}=E_{HI}^{1}+E_{HI}^{2}+E_{HI}^{3}+E_{HI}^{4}+E_{HI}^{5}$)。

P_{ZI} ——报告期内产出的 I 合格产品总量，单位为吨(t)。

5.3.2.3 综合能耗

综合能耗按式(6)计算：

$$E_{ZI}=E_{GI}+E_{FI} \qquad \cdots\cdots(6)$$

式中：

I ——产品代号(D、R)。

E_{ZI} ——报告期内，I 产品生产过程中发生的综合能耗，单位为千克标准煤每吨(kgce/t)。

E_{GI} ——报告期内，I 产品生产过程中发生的工艺能耗，单位为千克标准煤每吨(kgce/t)。

E_{FI} ——报告期内，I 产品生产过程中发生的间接辅助能源单耗及损耗分摊量，单位为千克标准煤每吨(kgce/t)。

6 节能管理与措施

6.1 节能基础管理

6.1.1 企业应定期对轧、拉制管材和轧、拉制棒材生产的主要工序能耗情况进行考核，把考核指标分解落实到各基层单位，建立用能责任制度。

6.1.2 企业应根据 GB 17167 的要求配备能源计量器具并建立能源计量管理制度。

6.1.3 通过制定本标准，推动轧、拉制管材和轧、拉制棒材生产企业积极响应国家节能号召，开展科学节能管理。特别是电力资源、水资源及燃料等能源的管理，共享节能技术，达到行业节能的目的。

6.2 节能技术措施

6.2.1 大力推行节能燃烧技术和余热回收技术，最大限度地提高热效率。

6.2.2 引进节能新技术，鼓励企业使用变频节能装置、使用节能型变压器和节能型电机。

6.2.3 推广使用绿色节能环保照明，搞好无功功率补偿。

6.2.4 加强能源转换管理，提高能源转换效率，通过减少转换损失实现系统节能。

6.2.5 加强工艺控制，使产品做到既满足国家标准又不过度生产，减少浪费能源和资源的现象。

ICS 27.010
F 01

中华人民共和国国家标准

GB 25327—2010

氧化铝企业单位产品能源消耗限额

The norm of energy consumption per unit products of alumina enterprise

2010-11-10 发布　　　　2012-03-01 实施

中华人民共和国国家质量监督检验检疫总局
中国国家标准化管理委员会　发布

前　言

本标准4.1和4.2是强制性的，其余为推荐性的。

本标准按照GB/T 1.1—2009给出的规则起草。

本标准由全国能源基础与管理标准化技术委员会(SAC/TC 20)和全国有色金属标准化技术委员会(SAC/TC 243)归口。

本标准负责起草单位：中国铝业股份有限公司河南分公司、中国铝业股份有限公司贵州分公司、中国有色金属工业标准计量质量研究所。

本标准参加起草单位：山东南山铝业股份有限公司、洛阳香江万基铝业有限公司、中国铝业股份有限公司广西分公司。

本标准主要起草人：吴红应、张玲仙、狄贵华、牛利民、肖钊铝、石亚飞、罗梅、陈泓钧、蒋炜、董放战、杨越。

氧化铝企业单位产品能源消耗限额

1 范围

本标准规定了氧化铝企业生产能源消耗限额的要求、计算原则、计算范围及计算方法。

本标准适用于氧化铝企业生产能耗的计算与考核评定。

2 规范性引用文件

下列文件对于本文件的应用是必不可少的。凡是注日期的引用文件，仅注日期的版本适用于本文件。凡是不注日期的引用文件，其最新版本(包括所有的修改单)适用于本文件。

GB 17167 用能单位能源计量器具配备和管理通则

3 术语和定义

下列术语和定义适用于本文件。

3.1

单位产品工序能耗 unit energy consumption in working procedure

工序生产过程中生产每吨合格产品消耗的能源量。

3.2

单位产品工艺能耗 unit energy consumption of technology

即产品单位产量直接综合能耗，是指报告期内生产某种产品时主要生产系统的综合能耗与报告期内产出的合格品总量的比值。

3.3

单位产品间接综合能耗 unit consumption of indirect integrate energy

企业的辅助生产系统和附属生产系统在产品生产的时间内实际消耗的各种能源以及耗能工质在企业内部进行贮存、转换及计量供应(包括外销)中的损耗，分摊到该产品上的综合能耗量。

3.4

单位产品综合能耗 unit consumption of integrate energy

产品单位产量直接综合能耗与产品单位产量间接综合能耗之和。

3.5

企业综合能耗 enterprise integrate energy consumption

报告期内企业的主要生产系统、辅助生产系统和附属生产系统的综合能耗总和。

4 要求

4.1 现有氧化铝企业单位产品能耗限额限定值

现有氧化铝企业单位产品能耗限额限定值见表1。表中指标基于拜耳法矿石入磨铝硅比大于8.5，其他工艺入磨铝硅比大于7的条件下提出。

表 1　现有氧化铝企业单位产品能耗限额限定值

工艺分类		能耗限额限定值 kgce/t
拜耳法	工艺能耗	≤490
	综合能耗	≤520
其他工艺	工艺能耗	≤850
	综合能耗	≤900

4.2　新建氧化铝企业单位产品能耗限额准入值

新建氧化铝企业单位产品能耗限额准入值见表 2。表中指标基于拜耳法矿石入磨铝硅比大于 8.5，其他工艺入磨铝硅比大于 7 的条件下提出。

表 2　新建氧化铝企业单位产品能耗限额准入值

工艺分类		能耗限额准入值 kgce/t
拜耳法	工艺能耗	≤470
	综合能耗	≤500
其他工艺	工艺能耗	≤750
	综合能耗	≤800

4.3　氧化铝企业单位产品能耗限额先进值

氧化铝企业单位产品能耗限额先进值见表 3。表中指标基于拜耳法矿石入磨铝硅比大于 8.5，其他工艺入磨铝硅比大于 7 的条件下提出。

表 3　氧化铝企业单位产品能耗限额先进值

工艺分类		能耗限额先进值 kgce/t
拜耳法	工艺能耗	≤450
	综合能耗	≤480
其他工艺	工艺能耗	≤700
	综合能耗	≤750

5　计算原则、计算范围及计算方法

5.1　计算原则

5.1.1　企业生产的能源消耗

企业消耗的能源指用于生产活动的各种能源。包括：一次能源（原煤、原油、天然气等）、二次能源

(如电力、热力、石油制品、焦炭、煤气等)、耗能工质(水、氧气、压缩空气等)和余热资源。包括能源及耗能工质在企业内部进行贮存、转换及计量供应(包括外销)中的损耗,包括用做原料的能源,不包括生活用能和批准的基建项目用能。

5.1.2 报告期内企业生产消耗能源量

报告期内企业生产消耗能源量有三种计算方法。

方法一:报告期内企业生产消耗能源量=企业购入能源量+期初库存能源量-企业外销能源量-企业基建项目耗能量-企业生活用能量-期末库存能源量。

方法二:报告期内企业生产消耗能源量=企业诸产品工艺能耗量+辅助和附属生产系统用能量+企业内部能源转换损失量。

方法三:报告期内企业生产消耗能源量=企业诸产品综合能耗量之和。

5.1.3 能源实物量的计量

能源实物量的计量应符合 GB 17167 的规定。

5.1.4 常用能源(包括生产耗能工质消耗的能源)折算的原则及计量单位

5.1.4.1 单位产品能耗用千克标准煤(kgce)表示,应用基低(位)发热量等于 29.307 6 MJ 称为 1 千克标准煤(kgce)。

5.1.4.2 企业消耗的煤炭、焦炭、燃料油、煤气等外购能源的折算系数,应按国家规定的测定分析方法进行分析测定,按实测值换算为标准煤;不能实测的,应按能源供应部门提供的低(位)发热量进行换算;在上述条件均不具备时,可用国家统计部门规定的折算系数换算为标准煤(参见附录 A)。

5.1.4.3 电力按国家统计部门规定的折算系数换算(参见附录 A 中表 A.1)。

5.1.4.4 在计算工序能耗、工艺能耗和综合能耗时企业加工转换的二次能源及耗能工质按相应的等价热值折算。

5.1.4.5 能源及耗能工质实物消耗量计算单位:

煤、焦炭、重油的单位:kg、t、10^4 t(千克、吨、万吨);

电的单位:kW·h、10^4 kW·h(千瓦时、万千瓦时);

煤气、天然气、压缩空气、氧气的单位:m^3、10^4 m^3(立方米、万立方米);

蒸汽的单位:kg、t(千克、吨);

水的单位:t、10^4 t(吨、万吨)。

5.1.5 余热资源计算原则

企业内回收余热资源按余热利用装置用能计入能耗。回收能源自用部分,计入自用工序;转供其他工序时,在所用工序以正常消耗计入;回收的能源折标准煤后应在回收余热的工序、工艺中扣除。如未扣除回收余热的能耗指标,应标明“未扣余热发电”、“含余热发电”、“未扣回收余热”等字样。

5.1.6 间接综合能耗量

间接综合能耗量应根据诸产品工艺能耗量占企业生产工艺能耗总量的比例,分摊到各个产品。

5.2 计算范围

本标准计算范围包括:氧化铝产品实物单耗、单位产品工序能耗、单位产品工艺能耗和单位产品综合能耗。

5.3 计算方法

5.3.1 实物单耗

5.3.1.1 烧成煤单耗按式(1)计算：

$$D_1 = \frac{e_1}{M} \qquad \cdots\cdots(1)$$

式中：

D_1 ——报告期内烧成煤单耗，单位为千克每吨(kg/t)；

e_1 ——报告期内氧化铝生产活动中烧成煤消耗量，单位为千克(kg)；

M ——报告期内氧化铝实产量，单位为吨(t)。

5.3.1.2 生料煤单耗按式(2)计算：

$$D_2 = \frac{e_2}{M_{Sl}} \times \frac{Q_{Sl}}{M} \qquad \cdots\cdots(2)$$

式中：

D_2 ——报告期内生料煤单耗，单位为千克每吨(kg/t)；

e_2 ——报告期内氧化铝生产活动中生料煤消耗量，单位为千克(kg)；

Q_{Sl} ——报告期内熟料耗用量，单位为吨(t)；

M_{Sl} ——报告期内熟料产量，单位为吨(t)；

M ——报告期内氧化铝实产量，单位为吨(t)。

5.3.1.3 蒸汽单耗按式(3)计算：

$$D_3 = \frac{e_3}{M} \qquad \cdots\cdots(3)$$

式中：

D_3 ——报告期内蒸汽单耗，单位为吨每吨(t/t)；

e_3 ——报告期内氧化铝生产活动中蒸汽消耗量，单位为吨(t)；

M ——报告期内氧化铝实产量，单位为吨(t)。

5.3.1.4 焦炭单耗按式(4)计算：

$$D_4 = \frac{e_4}{M} \qquad \cdots\cdots(4)$$

式中：

D_4 ——报告期内焦炭单耗，单位为千克每吨(kg/t)；

e_4 ——报告期内氧化铝生产活动中焦炭消耗量，单位为千克(kg)；

M ——报告期内氧化铝实产量，单位为吨(t)。

5.3.1.5 电力单耗按式(5)计算：

$$D_5 = \frac{e_5}{M} \qquad \cdots\cdots(5)$$

式中：

D_5 ——报告期内电力单耗，单位为千瓦时每吨(kW·h/t)；

e_5 ——报告期内氧化铝生产活动中电力消耗量，单位为千瓦时(kW·h)；

M ——报告期内氧化铝实产量，单位为吨(t)。

5.3.1.6 焙烧用燃料油(煤气、天然气)单耗按式(6)计算：

$$D_6 = \frac{e_6}{M'} \qquad \cdots\cdots(6)$$

式中：

D_6 ——报告期内焙烧用燃料油(煤气、天然气)单耗，单位为千克每吨或立方米每吨(kg/t、m^3/t)；

e_6 ——报告期内氧化铝焙烧过程中燃料油(煤气、天然气)实际消耗量，单位为千克或立方米(kg、m^3)；

M' ——报告期内焙烧氧化铝产量，单位为吨(t)。

5.3.1.7 管道化溶出燃料油(天然气、煤气、煤等)单耗按式(7)计算：

$$D_7 = \frac{e_7}{M} \qquad \cdots\cdots(7)$$

式中：

D_7 ——报告期内焙烧用燃料油(天然气、煤气、煤等)单耗，单位为千克每吨或立方米每吨(kg/t、m^3/t)；

e_7 ——报告期内管道化溶出过程中燃料油(天然气、煤气、煤等)消耗量，单位为千克或立方米(kg、m^3)；

M ——报告期内氧化铝实产量，单位为吨(t)。

5.3.1.8 新水单耗按式(8)计算：

$$D_8 = \frac{e_8}{M} \qquad \cdots\cdots(8)$$

式中：

D_8 ——报告期内新水单耗，单位为吨每吨(t/t)；

e_8 ——报告期内氧化铝生产活动中新水消耗量，单位为吨(t)；

M ——报告期内氧化铝实产量，单位为吨(t)。

5.3.1.9 循环水单耗按式(9)计算：

$$D_9 = \frac{e_9}{M} \qquad \cdots\cdots(9)$$

式中：

D_9 ——报告期内循环水单耗，单位为吨每吨(t/t)；

e_9 ——报告期内氧化铝生产活动中循环水消耗量，单位为吨(t)；

M ——报告期内氧化铝实产量，单位为吨(t)。

5.3.1.10 压缩空气单耗按式(10)计算：

$$D_{10} = \frac{e_{10}}{M} \qquad \cdots\cdots(10)$$

式中：

D_{10} ——报告期内压缩空气单耗，单位为立方米每吨(m^3/t)；

e_{10} ——报告期内氧化铝生产活动中压缩空气消耗量，单位为立方米(m^3)；

M ——报告期内氧化铝实产量，单位为吨(t)。

5.3.1.11 单位蒸汽冷凝回水量按式(11)计算：

$$D_{11} = \frac{e_{11}}{M} \qquad \cdots\cdots(11)$$

式中：

D_{11} ——报告期内单位蒸汽冷凝回水量，单位为吨每吨(t/t)；

e_{11} ——报告期内氧化铝生产中蒸汽冷凝回水量(包括蒸发、溶出过程中冷凝回水)，单位为吨(t)；

M ——报告期内氧化铝实产量，单位为吨(t)。

5.3.2 氧化铝单位产品工序能耗

5.3.2.1 原料制备工序

包括拜耳法和烧结法两部分，从铝矿石、石灰石、生料煤等原料的投入到各种矿浆的制成，单位产品工序能耗按原矿浆、生料浆、管道化矿浆分别计算。其工序能耗按式(12)计算：

$$E_{D1}=\frac{E_1}{M_1} \qquad \cdots\cdots(12)$$

式中：

E_{D1} ——单位产品工序能耗，单位为千克标准煤每立方米(kgce/m^3)；

E_1 ——报告期内该工序消耗的各种能源量，单位为千克标准煤(kgce)；

M_1 ——报告期内该工序产出的原矿浆(生料浆、管道化矿浆量)，单位为立方米(m^3)。

5.3.2.2 石灰煅烧工序

包括从破碎石灰石到石灰和二氧化碳制成的全过程。其工序能耗按式(13)计算：

$$E_{D2}=\frac{E_2}{M_2} \qquad \cdots\cdots(13)$$

式中：

E_{D2} ——单位产品工序能耗，单位为千克标准煤每吨(kgce/t)；

E_2 ——报告期内该工序消耗的各种能源量，单位为千克标准煤(kgce)；

M_2 ——报告期内该工序入炉石灰石量，单位为吨(t)。

5.3.2.3 熟料烧成工序

包括熟料烧结的全过程，工序能耗按式(14)计算：

$$E_{D3}=\frac{E_3}{M_3} \qquad \cdots\cdots(14)$$

式中：

E_{D3} ——单位产品工序能耗；单位为千克标准煤每吨(kgce/t)；

E_3 ——报告期内该工序消耗的各种能源量，单位为千克标准煤(kgce)；

M_3 ——报告期内该工序生产熟料量，单位为吨(t)。

5.3.2.4 溶出工序

5.3.2.4.1 拜耳法溶出工序

包括从原矿浆投入到溶出精液产出的全过程。此工序送出合格的蒸汽冷凝水以其热焓折算为标准煤从能耗中扣除。工序能耗按式(15)计算：

$$E_{D4}=\frac{E_4}{M_4} \qquad \cdots\cdots(15)$$

式中：

E_{D4} ——单位产品工序能耗，单位为千克标准煤每立方米(kgce/m^3)；

E_4 ——报告期内该工序消耗的各种能源量，单位为千克标准煤(kgce)；

M_4 ——报告期内该工序溶出精液量，单位为立方米(m^3)。

5.3.2.4.2 烧结法溶出工序

包括从熟料溶出到烧结法精液制成全过程。此工序为间接加热连续脱硅的，送出合格的蒸汽冷凝水以其热焓折算为标准煤从能耗中扣除。工序能耗按式(16)计算：

$$E_{D5}=\frac{E_5}{M_5} \qquad \cdots\cdots(16)$$

式中：

E_{D5} ——单位产品工序能耗，单位为千克标准煤每立方米($kgce/m^3$)；

E_5 ——报告期内该工序消耗的各种能源量，单位为千克标准煤(kgce)；

M_5 ——报告期内该工序生产烧结法精液量，单位为立方米(m^3)。

5.3.2.5 分解工序

包括从分解原液到氢氧化铝析出的全过程，单位产品工序能耗按种分和碳分分别计算。工序能耗按式(17)计算：

$$E_{D6}=\frac{E_6}{M_6} \qquad \cdots\cdots(17)$$

式中：

E_{D6} ——单位产品工序能耗，单位为千克标准煤每吨(kgce/t)；

E_6 ——报告期内该工序消耗的各种能源量，单位为千克标准煤(kgce)；

M_6 ——报告期内该工序生产氢氧化铝量，单位为吨(t)。

5.3.2.6 蒸发工序

包括从母液到蒸发母液的全过程，其单位产品工序能耗按种分和碳分分别计算。此工序回锅炉的合格的蒸汽冷凝水，以其热焓折算为标准煤从该工序能耗中扣除。工序能耗按式(18)计算：

$$E_{D7}=\frac{E_7}{M_7} \qquad \cdots\cdots(18)$$

式中：

E_{D7} ——单位产品工序能耗，单位为千克标准煤每吨(kgce/t)；

E_7 ——报告期内该工序消耗的各种能源量，单位为千克标准煤(kgce)；

M_7 ——报告期内该工序蒸水量，单位为吨(t)。

5.3.2.7 焙烧工序

包括从氢氧化铝到氧化铝焙烧、包装的全过程。工序能耗按式(19)计算：

$$E_{D8}=\frac{E_8}{M_8} \qquad \cdots\cdots(19)$$

式中：

E_{D8} ——单位产品工序能耗，单位为千克标准煤每吨(kgce/t)；

E_8 ——报告期内该工序消耗的各种能源量，单位为千克标准煤(kgce)；

M_8 ——报告期内该工序焙烧氧化铝量，单位为吨(t)。

5.3.2.8 辅助附属系统

未列入上述工序，但直接为生产提供服务的辅助系统耗能量。联合企业指氧化铝厂所属的辅助附属系统用能量。如空压站、供排水泵房、化验室、检修车间等。工序能耗按式(20)计算：

$$E_{D9}=\frac{E_9}{M_{AO}} \qquad \cdots\cdots(20)$$

式中：

E_{D9} ——单位产品工序能耗，单位为千克标准煤每吨(kgce/t)；

E_9 ——报告期内该工序消耗的各种能源量，单位为千克标准煤(kgce)；
M_{AO} ——报告期内氧化铝实产量，单位为吨(t)。

5.3.3 氧化铝单位产品工艺能耗

氧化铝单位产品工艺能耗按式(21)计算：

$$E_Z = \sum_{s=1}^{n} (D_s \times \rho_s) - D_{11} \times \rho_{11} \quad \cdots\cdots(21)$$

式中：

E_Z ——报告期内氧化铝工艺能耗，单位为千克标准煤每吨(kgce/t)；
D_s ——报告期内第 s 种能源实物单耗；
ρ_s ——报告期内第 s 种能源的折标准煤系数；
n ——报告期内该产品消耗的能源种数；
D_{11} ——报告期内氧化铝生产单位蒸汽冷凝回水量，单位为吨每吨(t/t)；
ρ_{11} ——报告期内蒸汽冷凝回水折标准煤系数。

5.3.4 氧化铝单位产品综合能耗

氧化铝单位产品综合能耗指氧化铝单位产品工艺能耗与单位产品辅助系统能耗分摊量之和。按式(22)计算：

$$E_D = E_Z + \frac{E_J}{M} \quad \cdots\cdots(22)$$

式中：

E_D ——报告期内氧化铝单位产品综合能耗，单位为千克标准煤每吨(kgce/t)；
E_Z ——报告期内氧化铝单位产品工艺能耗，单位为千克标准煤每吨(kgce/t)；
E_J ——报告期内产品辅助附属能耗分摊量，单位为千克标准煤(kgce)；
M ——报告期内氧化铝实产量，单位为吨(t)。

附录 A
（资料性附录）
常用能源品种现行折标准煤系数和耗能工质能源等价值

A.1 常用能源品种现行折标准煤系数

表 A.1 为常用能源品种现行折标准煤系数。

表 A.1 常用能源品种现行折标准煤系数

能源		折标准煤系数及单位	
品种	单位	系数	单位
原煤	吨	0.714 3	吨标准煤每吨(tce/t)
无烟煤	吨	0.900	吨标准煤每吨(tce/t)
洗精煤	吨	0.900	吨标准煤每吨(tce/t)
汽油	吨	1.471 4	吨标准煤每吨(tce/t)
重油	吨	1.428 6	吨标准煤每吨(tce/t)
柴油	吨	1.457 1	吨标准煤每吨(tce/t)
焦炭	吨	0.971 4	吨标准煤每吨(tce/t)
液化石油气	吨	1.714 3	吨标准煤每吨(tce/t)
电力	万千瓦时	1.229	吨标准煤每万千瓦时[tce/(10^4 kW·h)]
煤气(热值为 1 250×4.186 8 kJ/m^3)	万立方米	1.786	吨标准煤每万立方米(tce/10^4 m^3)
天然气	千立方米	1.330 0	吨标准煤每千立方米(tce/10^3 m^3)
蒸汽(98.1 kPa 饱和蒸汽)	千克	2 674.5	千焦每千克(kJ/kg)

注 1：原煤的热值按 5 000 千卡/千克计。
注 2：蒸汽折标准煤系数按热值计。

A.2 耗能工质能源等价值

表 A.2 为耗能工质能源等价值。

表 A.2 耗能工质能源等价值

能源		折标准煤系数及单位	
名称	单位	热值/MJ	折标准煤/kgce
新水	吨	7.535 0	0.257 1
软化水	吨	14.234 7	0.485 7
压缩空气	立方米	1.172 3	0.040 0

表 A.2 耗能工质能源等价值(续)

能源		折标准煤系数及单位	
名称	单位	热值/MJ	折标准煤/kgce
二氧化碳	立方米	6.280 6	0.214 3
氧气	立方米	11.723 0	0.400 0
氮气	立方米	11.723 0	0.400 0
		19.677 1	0.671 4
乙炔	立方米	243.672 2	8.314 3
电石	千克	60.918 8	2.078 6

注 1:新水指尚未使用的自来水。

注 2:除乙炔、电石外,均按平均耗电计算。

注 3:氮气作为副产品时,折标准煤系数取 0.400 0。作为主产品时,折标准煤系数取 0.671 4。

注 4:乙炔按耗电石计算。

注 5:电石按平均耗焦炭、电计算。

ICS 27.010
F 01

GB

中华人民共和国国家标准

GB/T 25328—2010

玻璃窑炉节能监测

Monitoring and testing for energy saving of glass kiln

2010-11-10 发布　　2011-02-01 实施

中华人民共和国国家质量监督检验检疫总局
中国国家标准化管理委员会　发布

前　言

本标准的附录A为规范性附录。

本标准由全国能源基础与管理标准化技术委员会提出并归口。

本标准起草单位:天津市节能监测四站、天津市能源技术研究所、天津市赛洋工业炉有限公司。

本标准主要起草人:张温习、任长青、尚克武、朱天利、王金祥、贾军、杨颖、刘峰、霍全兰、陈杉、宋伟。

玻璃窑炉节能监测

1 范围

本标准规定了玻璃窑炉的节能监测项目、监测方法和考核指标。

本标准适用于燃煤、燃油和燃气的玻璃窑炉。

2 规范性引用文件

下列文件中的条款通过本标准的引用而成为本标准的条款。凡是注日期的引用文件，其随后所有的修改单(不包括勘误的内容)或修订版均不适用于本标准，然而，鼓励根据本标准达成协议的各方研究是否可使用这些文件的最新版本。凡是不注日期的引用文件，其最新版本适用于本标准。

GB/T 4272 设备及管道绝热技术通则

3 术语和定义

下列术语和定义适用于本标准。

3.1

窑体表面温升 temperature rising of kiln surface

玻璃窑炉表面温度与环境温度之差。

4 玻璃窑炉节能监测项目

4.1 检查项目

4.1.1 窑体应严密，油管网保温完好，并符合 GB/T 4272 的有关规定。

4.1.2 燃烧装置与辅助设施配置合理、齐全。燃油炉的燃油加热温度应能满足良好雾化要求。

4.1.3 计量仪器配置齐全、合理，并在检定周期内。

4.1.4 排烟系统的烟道、烟道闸门、烟囱等设置应合理，工作正常。

4.2 测试项目

4.2.1 排烟温度。

4.2.2 空气系数。

4.2.3 窑体表面温升。

4.2.4 排烟气体中可燃物成分：CO、H_2、CH_4。

5 节能监测方法

5.1 监测条件与时间

测试时要求设备生产运行正常，热工况相对稳定、窑炉内玻璃液温度波动不超过±10 ℃，监测时间不少于 2 h。

5.2 监测仪器

监测用仪器应完好，其测量范围和分辨力应与被测量项目相适应，其准确度应不低于表 1 的要求，并在检定周期内。仪器准确度不低于表 1 规定值的新型仪器，适用于本标准。

表 1　监测仪器

序号	监测项目	仪器仪表名称	准确度
1	排烟温度	铠装热电偶	1.5 级
2	烟气成分	燃烧效率仪或奥氏气体分析仪	1.5 级
3	表面温度	红外测温仪、表面温度计	2.0 级
4	—	在线仪表	1.5 级

5.3　排烟温度

排烟温度的测点应设在蓄热室或换热器后烟气出口 1 m 处的总烟道直管段上，测温探头应插入烟道的中心位置，并保持插入处密封，每 30 min 记录一次，取算术平均值作为监测结果。

5.4　空气系数

烟气成分取样点应与排烟温度测点在同一位置且同步进行，每 30 min 取样一次，分析烟气成分，取算术平均值，空气系数按式(1)计算：

$$\alpha=\frac{21}{21-79\times\dfrac{\varphi(O_2)-0.5\varphi(CO)-0.5\varphi(H_2)-2\varphi(CH_4)}{100-\varphi(RO_2)-\varphi(O_2)-\varphi(CO)-\varphi(H_2)-\varphi(CH_4)}} \quad\cdots\cdots\cdots\cdots(1)$$

式中：

α——空气系数；

$\varphi(O_2)$、$\varphi(CO)$、$\varphi(H_2)$、$\varphi(CH_4)$、$\varphi(RO_2)$——干烟气成分的体积分数，用百分数(%)表示，对于固体和液体燃料允许略去分析 $\varphi(H_2)$ 和 $\varphi(CH_4)$；

其中 $\varphi(RO_2)=\varphi(CO_2)+\varphi(SO_2)$。

5.5　窑体表面温升

玻璃窑炉表面温度在监测中测试两次，测量表面温度和环境温度，其测点设置如下：

熔化部窑顶以窑炉胀缝为起点向前推移，每隔 1 m 设一断面，每个断面均分 3 个测点，工作部窑顶和小炉顶，以中心为测点，各部分侧墙每平方米设 1 个测点。距加料口 1 m 内、辐射孔 0.5 m 内不设测点。按部位取算术平均值。

环境温度测点应设在距被测点垂直距离 1 m 处。

窑体表面温升按式(2)计算：

$$\Delta t=t-t_a \quad\cdots\cdots\cdots\cdots\cdots\cdots\cdots\cdots\cdots(2)$$

式中：

Δt——表面温升，单位为摄氏度(℃)；

t——表面温度，单位为摄氏度(℃)；

t_a——环境温度，单位为摄氏度(℃)。

5.6　排烟气体中可燃物成分：CO、H_2、CH_4。

测试方法同 5.4，取 $\varphi(CO)$、$\varphi(H_2)$、$\varphi(CH_4)$各自的算术平均值作为监测结果。

6　考核指标

6.1　排烟温度

排烟温度考核指标见表 2。

表 2　排烟温度考核指标

监测项目	考核指标 ℃
排烟温度	≤380
注：设计窑龄(年)2/3 以后，实测平均值乘以 1.1 作为考核指标。	

6.2 空气系数

空气系数考核指标见表 3。

表 3 空气系数考核指标

监测项目	考核指标		
	燃煤	燃油	燃气
空气系数	1.35～1.55	1.10～1.25	1.02～1.15
注：设计窑龄(年)2/3 以后，实测平均值乘以 1.1 作为考核指标。			

6.3 窑体表面温升

窑体表面温升考核指标见表 4。

表 4 窑体表面温升考核指标

监测项目	监测部位		考核指标 ℃
表面温升	熔化部	窑顶	≤160
		胸墙	≤100
		池墙	≤100(160)
		窑底	≤140
		流液洞	≤220
	小炉	窑顶	≤140
		侧墙	≤120
	蓄热室(换热器)	侧墙	≤100
	工作部	窑顶	≤160
		侧墙	≤120(160)
注 1：以上指标适用于强制冷却的窑炉，不进行强制冷却的窑炉按括号内指标进行考核。 注 2：窑龄(年)2/3 以后，实测平均值乘以 1.1 作为考核指标。			

6.4 排烟气体中可燃物成分 CO、H_2、CH_4

排烟气体中可燃物成分 CO、H_2、CH_4 考核指标见表 5。

表 5 排烟气体中可燃物成分 CO、H_2、CH_4 考核指标

监测项目	考核指标 %	
	燃煤、燃油	燃气
一氧化碳 CO	≤0.10	≤0.10
氢气 H_2	—	≤0.05
甲烷 CH_4	—	≤0.05
注：窑龄(年)2/3 以后，实测平均值乘以 1.1 作为考核指标。		

7 监测结果评价

7.1 监测单位应依据监测结果，按照本标准规定的检查项目要求和测试项目考核指标，对被监测的玻璃窑炉做出监测合格与不合格的评价，并出具正式监测报告，监测结果格式见附录 A。

7.2 玻璃窑炉的全部监测指标合格，方可视为节能监测合格。

7.3 对于监测不合格设备，监测单位应提出改进建议。

附 录 A
（规范性附录）
玻璃窑炉节能监测结果

表 A.1 玻璃窑炉节能监测结果 节监字第________号

<table>
<tr><td colspan="2">单位名称</td><td></td><td>监测日期</td><td></td><td>环境温度</td><td></td></tr>
<tr><td colspan="2">设备名称</td><td></td><td>设备编号</td><td colspan="3"></td></tr>
<tr><td colspan="2">规格型号</td><td></td><td>监测标准</td><td colspan="3"></td></tr>
<tr><td colspan="7"></td></tr>
<tr><td colspan="3">监测检查项目</td><td colspan="2">检查结果</td><td colspan="2">结果评价</td></tr>
<tr><td colspan="3">窑体应严密、油管网保温完好，并符合 GB/T 4272 的有关规定</td><td colspan="2"></td><td colspan="2"></td></tr>
<tr><td colspan="3">燃烧装置与辅助设施配置合理、齐全，燃油炉的燃油加热温度应能满足良好雾化要求</td><td colspan="2"></td><td colspan="2"></td></tr>
<tr><td colspan="3">计量仪器配置齐全、合理并在检定周期内</td><td colspan="2"></td><td colspan="2"></td></tr>
<tr><td colspan="3">检查排烟系统的烟道、烟道闸门、烟囱等设置是否合理，工作正常</td><td colspan="2"></td><td colspan="2"></td></tr>
<tr><td colspan="7"></td></tr>
<tr><td colspan="3">监测测试项目</td><td>测试结果</td><td>考核指标</td><td colspan="2">结果评价</td></tr>
<tr><td colspan="3">排烟温度/℃</td><td></td><td></td><td colspan="2"></td></tr>
<tr><td colspan="3">空气系数</td><td></td><td></td><td colspan="2"></td></tr>
<tr><td rowspan="10">表面温升
℃</td><td rowspan="5">熔化部</td><td>窑顶</td><td></td><td></td><td colspan="2"></td></tr>
<tr><td>胸墙</td><td></td><td></td><td colspan="2"></td></tr>
<tr><td>池墙</td><td></td><td></td><td colspan="2"></td></tr>
<tr><td>窑底</td><td></td><td></td><td colspan="2"></td></tr>
<tr><td>流液洞</td><td></td><td></td><td colspan="2"></td></tr>
<tr><td rowspan="2">小炉</td><td>窑顶</td><td></td><td></td><td colspan="2"></td></tr>
<tr><td>侧墙</td><td></td><td></td><td colspan="2"></td></tr>
<tr><td>蓄热室（换热器）</td><td>侧墙</td><td></td><td></td><td colspan="2"></td></tr>
<tr><td rowspan="2">工作部</td><td>窑顶</td><td></td><td></td><td colspan="2"></td></tr>
<tr><td>侧墙</td><td></td><td></td><td colspan="2"></td></tr>
<tr><td rowspan="3">烟气中可燃物
成分/%</td><td colspan="2">一氧化碳 CO</td><td></td><td></td><td colspan="2"></td></tr>
<tr><td colspan="2">氢气 H_2</td><td></td><td></td><td colspan="2"></td></tr>
<tr><td colspan="2">甲烷 CH_4</td><td></td><td></td><td colspan="2"></td></tr>
<tr><td colspan="7">监测结果评价：

单位名称（节能监测专用章）
年 月 日</td></tr>
<tr><td colspan="3">编制：</td><td colspan="2">审核：</td><td colspan="2">批准：</td></tr>
</table>

ICS 27.010
F 01

中华人民共和国国家标准

GB/T 25329—2010

企业节能规划编制通则

General principles for stipulation of enterprise energy conservation plan

2010-11-10 发布 2011-02-01 实施

中华人民共和国国家质量监督检验检疫总局
中国国家标准化管理委员会 发布

前　言

本标准由全国能源基础与管理标准化技术委员会提出。

本标准由全国能源基础与管理标准化技术委员会能源管理分委员会归口。

本标准的起草单位：莱芜钢铁集团有限公司、北京科技大学、中国节能监察信息网、中国标准化研究院。

本标准主要起草人：梁凯丽、冯俊小、辛定国、陈海红、贾洪玉、李桂田。

企业节能规划编制通则

1 范围

本标准规定了编制企业节能规划应遵循的步骤、方法和规划的内容。

本标准适用于工业企业节能规划的编制，其他用能单位可参照执行。

2 规范性引用文件

下列文件中的条款通过本标准的引用而成为本标准的条款。凡是注日期的引用文件，其随后所有的修改单(不包括勘误的内容)或修订版均不适用于本标准，然而，鼓励根据本标准达成协议的各方研究是否可使用这些文件的最新版本。凡是不注日期的引用文件，其最新版本适用于本标准。

GB/T 2589　综合能耗计算通则

GB/T 13234　企业节能量计算方法

3 术语和定义

GB/T 2589、GB/T 13234 确定的以及下列术语和定义适用于本标准。

3.1

企业节能规划　energy conservation plan of enterprise

为实现企业节能目标所编制的中长期行动方案。

3.2

基期　base period

编制节能规划时作为基准的年份。

3.3

规划期　planning period

节能规划覆盖的时间段。

3.4

节能潜力　energy conservation potential

企业(用能系统、用能单元、用能设备)基期能耗与在当前国内外先进技术和管理条件下能够实现的最低能耗的差值。

3.5

节能措施评估　evaluation for energy conservation measurement and projects

对节能措施的先进性、适应性、经济性和节能效果的分析评价。

4 企业节能规划编制步骤

4.1 分析现状

4.1.1 了解掌握国家和行业现行的节能方针政策、法律法规、标准规范。

4.1.2 了解企业外部发展环境，包括所在行业的发展方向、产业政策、所处地位等。

4.1.3 收集整理企业基期基本情况等基础资料。

4.2 分析节能潜力

4.2.1 可采用对标、类比等分析方法，对企业能源消耗现状进行分析评价，找出企业能源利用中存在的问题及节能方向。

4.2.2 对照能源利用存在的差距和问题提出节能措施,包括管理节能措施、结构节能措施和技术节能措施,每项措施应提出措施要点、实施方案等,测算节能潜力。综合能耗和节能量计算按 GB/T 2589 和 GB/T 13234 执行。

4.2.3 应充分考虑企业发展规划中已明确的工艺流程、产品结构、产品产量、工艺装备水平、能源结构等基本要素及经济、环保和政策约束等因素。

4.2.4 应注意大宗物料、原料、燃料、各类耗能工质的平衡及质量控制措施,能流、物流体系是否科学、合理。

4.3 比选节能措施

4.3.1 节能措施的比选应与国家节能要求和企业发展规划相适应。

4.3.2 节能措施的比选应与企业节能潜力分析相对应。

4.3.3 节能措施的节能效果应保证节能规划目标的实现。

4.3.4 节能措施的评估:

a) 应对技术方案的先进性、可行性、适应性、经济性进行评估;

b) 应对项目的环境影响情况进行评估;

c) 应对项目实施后实现节能目标的情况进行评估,确定项目对能耗指标影响的贡献率。

4.3.5 根据企业发展规划和资金情况,合理安排节能措施的实施计划。

4.4 确定节能规划目标

4.4.1 节能规划目标应包括总体目标和分阶段目标,分阶段目标应与总体目标协调一致。

4.4.2 规划目标应包括综合性指标和单项指标。单项指标应与综合指标相吻合。

4.4.3 规划目标应符合国家标准、行业准入条件和企业承担社会责任的要求。

4.4.4 企业节能规划目标值应能测算和核查。

4.5 形成规划文本

节能规划文本应包括正文和附件。

5 企业节能规划的内容

5.1 总论

5.1.1 企业基本情况

a) 企业概况,包括企业性质、所属行业、行业地位等;

b) 企业规模及经营范围;

c) 生产经营业绩等,包括主要产品产量、产值等;

d) 按照工艺流程描述主要工艺装备情况;

e) 企业节能工作基本情况和取得的成绩。

5.1.2 企业发展规划中有关节能的要求

a) 企业发展规划的总体目标;

b) 企业发展规划所确定的生产规模、产品结构、工艺流程、技术装备、原燃料条件、物料平衡等基础条件;

c) 装备改造方案及新技术应用情况。

5.1.3 企业的能源消耗情况

a) 企业能源消耗情况综述,包括总量、构成、流向、分布及能耗重点等;

b) 主要能源消耗指标水平,包括单位产值能耗指标、单位产品(或工作量)综合能耗指标、主要耗能设备和生产工序能耗指标等;

c) 企业能源结构与企业能源平衡情况。

5.1.4 规划的范围

本规划覆盖的用能单位、时间段等。

5.2 发展环境

5.2.1 外部环境

企业节能面临的国内外外部发展机遇与挑战。

5.2.2 内部条件

企业内部具有的节能优势和劣势。

5.2.3 综合分析

综述企业如何抓住机遇，发挥优势、扭转劣势，应对挑战、规避风险，提出规划期总体节能基本设想。

5.3 节能潜力分析

5.3.1 结构节能分析

a) 分析产品结构、原料结构变化对节能的影响；

b) 分析能源结构变化对节能的影响。

5.3.2 技术节能分析

a) 与国内外同类工艺流程企业产品(或工作量)综合能耗及主要生产工序能耗差距的节能潜力分析。

b) 按能源介质(系统)进行购入、储存、加工转换、输送分配环节的节能潜力分析。

c) 按工序(单元)进行使用环节的节能潜力分析。应分析每个工序(单元)能源的种类、流向、用途、能源利用效率及热平衡情况和主要用能设备(装置)节能情况。

d) 在工序(单元)分析的基础上，分析工序(单元)间能源消耗的互相影响及其节能的潜力。

e) 对可能的技术创新以及淘汰落后产能的节能潜力分析等。

5.3.3 管理节能分析

a) 企业节能管理存在的问题及对策；

b) 通过分析提出改进企业能源管理可实现的节能效果。

5.3.4 分析结果

汇总结构节能、技术节能和管理节能的效果，进行综合经济技术性分析，并归纳存在的主要问题。

5.4 指导思想、遵循原则和规划目标

5.4.1 指导思想

体现实践科学发展观，落实节约优先方针，立足当前实际，着眼长远发展，推进节能技术进步，加强节能管理，提高能源利用效率，实现节能减排目标的总体思路。

5.4.2 遵循原则

体现执行国家产业发展政策和节能技术政策，优化产品结构、工艺流程、能源结构，合理利用能源、节能从源头做起，持续改进节能管理的总体做法。

5.4.3 规划目标

a) 应包括单位价值量综合能耗、单位产品(或工作量)综合能耗、企业节能量及节能率；

b) 上述指标应分解到工序(系统、单元)和规划期的各个阶段。

5.5 重点项目

5.5.1 结构节能重点项目

简述项目在流程优化、原料结构优化、产品结构调整、能源结构优化等方面的方案、投资、实施时间、实施效果等。

5.5.2 技术节能重点项目

简述项目在技术装备水平、设备大型化、能源系统优化、先进节能技术、余能回收、新能源替代等方面的方案、投资、实施时间、实施效果等。

5.5.3 管理节能重点项目

简述项目在完善能源计量检测、能源管理信息化等方面的方案、投资、实施时间、实施效果等。

5.5.4 重点项目汇总

对上述重点项目按照表1的格式进行汇总，表1各项目节能量的和应不低于节能规划目标值。

表1 重点节能项目汇总表

类别	项目名称	项目内容	节能量/tce	投资/亿元	效益/亿元	实施时间安排	备注
结构节能	项目1						
	项目2						
	项目……						
技术节能	项目1						
	项目2						
	项目……						
管理节能	项目1						
	项目2						
	项目……						
合计							

5.6 保障措施

表述建立健全节能管理体系、组织机构、管理机制、监督检查和考核制度，加强节能宣传、培训和交流，确保资金投入等方面的具体做法。

5.7 附件

正文中不宜详细描述，并且与正文关系密切又较为独立的资料列为附件。

ICS 45.120
S 22

中华人民共和国国家标准

GB/T 25330—2010

道砟清筛机通用技术条件

General technical specifications for ballast cleaning machinery

2010-11-10 发布　　2011-03-01 实施

中华人民共和国国家质量监督检验检疫总局
中国国家标准化管理委员会　发布

前　言

本标准由中华人民共和国铁道部提出。

本标准由铁道部标准计量研究所归口。

本标准起草单位：中国铁道科学研究院铁道建筑研究所、昆明中铁铁路大型养路机械集团有限公司、襄樊金鹰轨道车辆有限责任公司。

本标准主要起草人：何姗、宋慧京、毛志华、古兴华、李海昆、杨林勇、易红。

道砟清筛机通用技术条件

1 范围

本标准规定了道砟清筛机械的基本参数、要求、检验规则、试验方法及整机的标志、包装和运输等。

本标准适用于道砟清筛机械的设计、生产、调试和验收。

2 规范性引用文件

下列文件中的条款通过本标准的引用而成为本标准的条款。凡是注日期的引用文件，其随后所有的修改单(不包括勘误的内容)或修订版均不适用于本标准，然而，鼓励根据本标准达成协议的各方研究是否可使用这些文件的最新版本。凡是不注日期的引用文件，其最新版本适用于本标准。

GB 146.1 标准轨距铁路机车车辆限界

GB/T 17426—1998 铁道特种车辆和轨行机械动力学性能评定及试验方法

GB/T 25336—2010 铁路大型线路机械检验与试验方法

GB/T 25337—2010 铁路大型线路机械通用技术条件

TB/T 1854 铁路线路机械产品型号编制方法

TB/T 2879.5—1998 铁路机车车辆 涂料及涂装 第5部分：客车和牵引动力车的防护和涂装技术条件(neq UIC 842.5—1975)

TB/T 3164—2007 柴油机车车内设备机械振动烈度评定方法

UIC 642—2001 国际联运机车、动车及控制拖车的防火消防特殊规定

3 术语和定义

GB/T 25336—2010 和 GB/T 25337—2010 确立的术语和定义适用于本标准。

4 使用条件

4.1 环境条件

4.1.1 在海拔 2 000 m 以下使用时，柴油机应能输出额定功率。

4.1.2 相对湿度不大于 85%。

4.1.3 应能在环境温度 −10 ℃～+50 ℃条件下使用。

4.1.4 应能承受自然环境如风、沙、雨、雪的侵袭。

4.1.5 能满足昼夜作业的要求。

4.2 线路条件

4.2.1 最大超高：150 mm。

4.2.2 线路最大坡度：30‰。

4.2.3 钢轨类型：50 kg/m、60 kg/m、75 kg/m。

4.2.4 轨枕：木枕及Ⅱ型、Ⅲ型混凝土轨枕等。

4.2.5 线间距：不小于 4 m。

5 技术要求

5.1 一般要求

5.1.1 运行状态下，整车轮廓尺寸应符合 GB 146.1 的规定。

5.1.2 作业状态下，整车轮廓应符合GB/T 25337—2010中4.3.2的规定。

5.1.3 车轮直径优先采用ϕ840 mm。

5.1.4 车钩中心距轨面高度为880 mm±10 mm，同车前后车钩中心线高度差不大于10 mm。

5.1.5 轴重应小于或等于23 t。

5.1.6 选用的柴油机排放污染限值应符合有关规定。

5.1.7 运行状态下，司机室内噪声不超过80 dB；作业状态下，司机室内噪声不超过95 dB。

5.1.8 整车防火及消防应符合UIC 642—2001的规定。

5.1.9 产品型号编制应符合TB/T 1854的规定。

5.1.10 具备区间运行功能的道砟清筛机应安装运行安全监控设备的接口。

5.1.11 车内设备振动性能应符合TB/T 3164—2007的规定。

5.1.12 车内各种设备应能承受相当于整车纵向加速度$3g$的冲击。

5.2 作业性能

5.2.1 作业效率（一般道床）：

a) 线路清筛机：≥450 m^3/h；

b) 边坡清筛机：≥500 m^3/h；

c) 隧道清筛机：≥300 m^3/h；

d) 道岔清筛机：≥300 m^3/h。

5.2.2 挖掘深度：≥枕下300 mm。

5.2.3 挖掘宽度：

a) 线路清筛机：≥3 900 mm；

b) 边坡清筛机：单侧距轨枕端挖掘宽度不小于1 200 mm；

c) 隧道清筛机：≥3 500 mm；

d) 道岔清筛机：≥7 000 mm（总挖掘宽度）。

5.2.4 清筛洁度：≥97%。

5.2.5 最大起道量：≥100 mm。

5.2.6 最大拨道量：±300 mm。

5.2.7 应能向线路任意一侧或向与之连挂的物料运输车抛出污土。向线路一侧抛出污土时，抛出污土距线路中心距离应大于或等于5 m。

5.2.8 连续作业时间应大于或等于6 h。在隧道（3 km）内应能正常连续工作2 h。

5.2.9 最小作业曲线半径应小于或等于250 m。

5.3 运行性能

5.3.1 具有区间高速自行功能，最高自行速度应大于或等于80 km/h。

5.3.2 最大连挂速度应大于或等于100 km/h。

5.3.3 最小运行曲线半径应小于或等于180 m。

5.4 制动性能

以最高自行速度运行于平直道上时单纯施行紧急制动或辅助制动，应在如下规定的距离内停车，且不擦伤轮轨：

a) 运行速度v=80 km/h：≤400 m；

b) 80 km/h<v≤90 km/h：≤500 m；

c) 90 km/h<v≤100 km/h：≤650 m。

5.5 编组运行

与大型线路机械编组运行，或与货物列车连挂以最大允许连挂速度运行时，各部件无异常，各保护装置和监视仪表显示正常、灵敏可靠，制动与缓解动作正常。

5.6 动力学性能

整车动力学性能试验内容、试验项目、试验结果应符合 GB/T 17426—1998 的要求。

6 整车和系统要求

6.1 整车要求

6.1.1 清筛机内各种设备、零部件应按经规定程序批准的图样和技术文件制造、采购和组装，并应符合有关规定，经检验合格后方能装车。

6.1.2 清筛机内各种设备的配置应有良好的可接近性，便于检修和吊装。

6.1.3 清筛机应便于救援起吊。

6.1.4 同型号清筛机的相同零部件应能互换。

6.1.5 人体易碰到的锐边锐角应倒钝。

6.1.6 清筛机选用的材料、标准件和通用件均应符合有关规定。

6.1.7 清筛机的锻件、铸件、热处理件、焊接件及铆接件等工艺性能的要求均应符合有关规定。

6.1.8 车内设备以及周围的材料应采用环保的阻燃材料和防火材料。

6.1.9 整车油管、风管、水管、电缆等分布、排列整齐，固定可靠。各系统无渗漏油、漏气、漏水、漏电现象。

6.1.10 各安全保险及紧固零部件，均应齐全有效。

6.1.11 各传动部件之间的联结应可靠。

6.1.12 整车油漆颜色、指示铭牌的位置应符合有关规定。其涂装及检查验收应符合 TB/T 2879.5—1998 的规定。

6.1.13 新设计的道砟清筛机应有降尘措施。

6.2 各系统(部件)要求

6.2.1 动力传动系统

应符合 GB/T 25337—2010 中 6.1 的规定。

6.2.2 走行系统

应符合 GB/T 25337—2010 中 6.2 的规定。

6.2.3 液压系统

6.2.3.1 应符合 GB/T 25337—2010 中 6.3 的规定。

6.2.3.2 液压系统应至少具备以下作业控制功能：

a) 挖掘装置上升、下降、横移；

b) 振动筛驱动(采用电驱动除外)；

c) 振动筛调平、分砟控制；

d) 道砟输送(采用电驱动除外)。

6.2.3.3 系统采用的液压油洁度、液压油的牌号和规格应符合设计要求。

6.2.3.4 系统中各回路中的压力应有监控和显示。各仪表、报警装置、手动换向阀、卸荷阀等应设置在操作司机便于观察和操纵的位置并有明确的指示标牌。各仪表精度应满足系统监控和显示要求。监控报警装置工作准确、可靠。

6.2.4 空气制动系统

应符合 GB/T 25337—2010 中 6.4 的规定。

6.2.5 气动系统

应符合 GB/T 25337—2010 中 6.5 的规定。

6.2.6 电气系统

应符合 GB/T 25337—2010 中 6.6 的规定。

6.2.7 车体

应符合 GB/T 25337—2010 中 6.7 的规定。

6.2.8 司机室

应符合 GB/T 25337—2010 中 6.8 的规定。

6.2.9 车钩缓冲装置

应符合 GB/T 25337—2010 中 6.9 的规定。

6.2.10 照明装置

应符合 GB/T 25337—2010 中 6.10 的规定。

6.2.11 安全、报警

应符合 GB/T 25337—2010 中 6.11 的规定。

6.3 作业装置

6.3.1 挖掘机构

6.3.1.1 作业时应能达到设计的挖掘宽度和深度，并能显示挖掘深度。

6.3.1.2 挖掘链、挖掘斗铲齿连接方便、牢靠。

6.3.1.3 挖掘装置起动应1次完成。正向运转及反向点动应正常，运转过程稳定可靠、无脱链、无异常声响。

6.3.1.4 挖掘链张紧和运转、挖掘装置上下升降和左右横移动作灵活准确。

6.3.1.5 在额定生产率工况下挖掘装置入口处不得有涌砟、堵砟现象。

6.3.1.6 系统保护装置反应灵敏、可靠。具有超载保护功能。

6.3.1.7 挖掘机构设功能可靠的多重安全锁定装置。

6.3.1.8 作业 2 h 后，挖掘减速箱各轴承部位最高温度不得超过 105 ℃。

6.3.2 筛分机构

6.3.2.1 设有调平机构，在曲线区段作业时，可将振动筛调整到水平状态。

6.3.2.2 设有机械锁定机构，在高速运行时，保证筛分装置固定牢靠。

6.3.2.3 振动筛应起动平稳，无前后左右摆动现象；停机时应尽快通过共振区。

6.3.2.4 在出砟口设分砟装置，满足左右股轨道砟回填分配要求。

6.3.2.5 作业 2 h 后，驱动轴轴承处温度最高不超过 120 ℃。

6.3.3 道砟输送机构

6.3.3.1 道砟输送机构应采用皮带输送机。

6.3.3.2 宜设置补砟功能，实现从与之连挂的物料运输车传送新道砟至道床。

6.3.3.3 道砟回填输送机应具有左右摆动功能，能满足将新砟和清筛后的干净道砟回填至所需的道床位置的要求。

6.3.3.4 各个皮带输送机均应1次起动，起动后运行平稳，无跑偏、跳动。设有托辊时，输送带边缘不得超出托辊辊子的端缘，且托辊应转动灵活。

6.3.3.5 皮带输送机张紧装置应调整方便、移动灵活，输送机起动和运行过程中输送带不得打滑。

6.3.3.6 输送带清扫器性能稳定，清扫效果良好。

6.3.3.7 在行车状态下，能锁定活动的道砟输送机。

6.3.3.8 作业中意外停车时，出砟口处线路无严重堆砟。

6.3.4 起拨道机构

6.3.4.1 清筛机作业走行时，应能始终将轨排提起，并保持起道状态不变。

6.3.4.2 应设功能可靠的多重安全锁定装置。

6.3.4.3 应能显示提轨极限位置警示值。

6.3.5 排砟装置

应设有排砟装置，作业时能清除轨面上的道砟，并设多重安全锁定装置。

6.4 机器颜色及机身上的各类标志

6.4.1 清筛机主体颜色应为工程机械通用的黄色。车架、工作装置、气锁、安全提示处等允许采用其他颜色。

6.4.2 机器铭牌和与运输安全有关的标志应符合 GB/T 25337—2010 中 9.1 的规定。

6.4.3 机身上应至少具有下列操作指示标志：

a) 清筛作业区域危险警示标志；

b) 作业方向标志；

c) 其他作业安全警示标志。

7 检验规则

7.1 出厂检验

按表1中带“S”符号的项目进行出厂检验。

7.2 型式检验

有GB/T 25337—2010中8.2条情况之一时，按表1中带“T”符号的项目进行型式检验。

表1 试验项目

序号	项目		检验类别		检查方法和技术要求
			型式检验	出厂检验	
1	外观检查	涂装质量检查	T	S	8.1
		铭牌、警示标志、标识检查	T	S	
2	结构检查	整车外形尺寸检查	T	—	8.2
		间距检查	T	—	
		限界检查	T	S	
		称重检查	T	—	
		车钩检查	T	S	
		曲线通过检查	T	—	
		轮对尺寸检查	T	S	
		排障器检查	T	S	
		起吊性能检查	T	—	
		车体漏雨试验	T	S	
3	各系统和主要结构件性能检查	柴油机检查	T	S	8.3.1
		主车架静强度试验	T	—	
		转向架构架静强度试验	T	—	
		车轴齿轮箱及轮对台架试验	T	S	
		齿轮箱台架试验	T	S	
		电气系统试验	T	S	
		液压系统试验	T	S	
		制动系统试验	T	S	
		气动系统试验	T	S	
		噪声检查	T	—	
		司机室操作条件检查	T	S	
		空调和取暖器检查	T	S	
		报警装置和安全装置检查	T	S	
		前照灯检查	T	—	

表 1（续）

序号	项　　目		检验类别		检查方法和技术要求
			型式检验	出厂检验	
4	工作装置性能检查	挖掘机构	T	S	8.3.2.1.1
					8.3.2.1.2
			T	—	8.3.2.1.3
					8.3.2.1.4
					8.3.2.1.5
		筛分机构	T	—	8.3.2.2.1
					8.3.2.2.3
			T	S	8.3.2.2.2
		道砟输送机构	T	S	8.3.2.3.1
					8.3.2.3.2
					8.3.2.3.3
			T	—	8.3.2.3.4
		起拨道机构	T	S	8.3.2.4
		作业装置在紧急情况下复位	T	—	8.3.2.5
5	运行性能试验	自运行试验	T	S	8.4
		连挂运行试验	T	S	
		动力学性能试验	T	—	
6	作业性能试验		T	—	8.5
7	工业性考核试验		T	—	8.6

8　试验方法

8.1　外观检查

应符合 GB/T 25336—2010 中第 5 章的规定。

8.2　结构检查

应符合 GB/T 25336—2010 中第 6 章的规定。

8.3　性能检查

8.3.1　各系统、重要部件(除工作装置)性能检查

应符合 GB/T 25336—2010 中第 7 章的规定。

8.3.2　工作装置性能检查

8.3.2.1　挖掘机构

8.3.2.1.1　检查挖掘装置起动性能和运转应符合 6.3.1.3 的规定。

8.3.2.1.2　检查挖掘链张紧、挖掘装置上下升降和左右横移动作应符合 6.3.1.4 的规定。

8.3.2.1.3　在额定生产率工况下，检查挖掘装置入口处的道砟情况，应符合 6.3.1.5 的规定。

8.3.2.1.4　检查系统过载保护装置反应灵敏、可靠，符合 6.3.1.6 的规定和设计要求。

8.3.2.1.5　作业 2 h 后，用测温仪测量挖掘减速箱各轴承温升应符合 6.3.1.8 的规定。

8.3.2.2　筛分机构

8.3.2.2.1　检查调平机构功能应符合 6.3.2.1 的规定。

8.3.2.2.2 检查振动筛起动和停机应符合 6.3.2.3 的规定。

8.3.2.2.3 作业试验 2 h 后，用测温仪测量轴承处温度应符合 6.3.2.5 的规定。

8.3.2.3 道砟输送机构

8.3.2.3.1 检查各输送机起动及运转情况应符合 6.3.3.4 的规定。

8.3.2.3.2 检查输送带清扫器性能应符合 6.3.3.6 的规定。

8.3.2.3.3 目视检查道砟回填输送机性能应符合 6.3.3.3 的规定，必要时测量左右摆动宽度。

8.3.2.3.4 作业状态下人为停车，检查出砟口处线路堆砟情况应符合 6.3.3.8 的规定。

8.3.2.4 起拨道机构

检查起拨道机构功能应符合 6.3.4 的规定。

8.3.2.5 安全装置

作业装置在作业状态下人为停机，安全装置应能在 15 min 内实现作业装置的人工复位及锁定。

8.4 运行性能试验

应符合 GB/T 25336—2010 中第 8 章的规定。

8.5 作业性能试验

8.5.1 作业性能试验应在额定载荷工况下进行。试验线路为标准碎石道床，道床含污率约 30%。

8.5.2 测量挖掘深度和挖掘宽度，应分别符合 5.2.2 和 5.2.3 的规定。

8.5.3 在线路超高 150 mm 的曲线上，检查振动筛应处于水平状态。

8.5.4 测量污土抛射距离，应符合 5.2.7 的规定。

8.5.5 测量最大起道量和最大拨道量应符合 5.2.5 和 5.2.6 的规定。

8.5.6 在保证清筛洁度、纯作业时间不小于 30 min 和一般道床的条件下，进行作业效率测算应符合 5.2.1 的规定。

8.5.7 清筛洁度应符合 5.2.4 的规定，测算方法如下：

取清筛后的清洁道砟约 100 kg，采用符合级配要求的分析筛将样砟筛分、称重，按公式(1)计算清筛洁度。

$$E=\frac{W_1-W_2}{W_1}\times 100\% \qquad \cdots\cdots(1)$$

式中：

W_1——清筛后取样道砟总质量，单位为千克(kg)；

W_2——取样道砟中所含废弃物质量，单位为千克(kg)；

E——清筛洁度。

8.6 工业性考核试验

应符合 GB/T 25336—2010 中第 10 章的规定。

9 整机的标志、包装和运输

应符合 GB/T 25336—2010 中第 9 章的规定。

10 质量保证期

应符合 GB/T 25336—2010 中第 10 章的规定。

ICS 29.280
S 41

GB

中华人民共和国国家标准

GB/T 25331—2010

电力机车、电力动车组主变流器用水散热器

Radiator for converter of electric locomotive and electric motor units

2010-11-10 发布　　　　2011-03-01 实施

中华人民共和国国家质量监督检验检疫总局
中国国家标准化管理委员会　发布

前　言

本标准的附录A和附录B为规范性附录。

本标准由中华人民共和国铁道部提出。

本标准由铁道行业内燃机车标准化技术委员会归口。

本标准负责起草单位：中国北车集团大连机车研究所有限公司。

本标准参加起草单位：南车株洲电力机车研究所有限公司、中国北车集团大连机车车辆有限公司、中国北车集团大同电力机车有限责任公司、南车株洲电力机车有限公司、永济新时速电机电器有限公司。

本标准主要起草人：孔丽君、刘俊杰、吴平、何多昌、姜新生、王肃清。

电力机车、电力动车组主变流器用水散热器

1 范围

本标准规定了电力机车、电力动车组主变流器用水散热器的技术要求、试验方法、检验规则以及标志、包装、贮存等要求。

本标准适用于电力机车、电力动车组主变流器用新造水散热器的设计、制造和验收。

2 规范性引用文件

下列文件中的条款通过本标准的引用而成为本标准的条款。凡是注日期的引用文件，其随后所有的修改单(不包括勘误的内容)或修订版均不适用于本标准，然而，鼓励根据本标准达成协议的各方研究是否可使用这些文件的最新版本。凡是不注日期的引用文件，其最新版本适用于本标准。

GB/T 191—2008 包装储运图示标志(ISO 780:1997,MOD)

GB/T 2423.17—2008 电工电子产品环境试验 第2部分:试验方法 试验Ka:盐雾(IEC 60068-2-11:1981,IDT)

GB/T 2423.18—2000 电工电子产品环境试验 第2部分:试验方法 试验Kb:盐雾,交变(氯化钠溶液)(idt IEC 60068-2-52:1996)

GB/T 3190 变形铝及铝合金化学成分(GB/T 3190—2008,ISO 209:2007,MOD)

GB/T 3198 铝及铝合金箔

GB/T 3880.1 一般工业用铝及铝合金板、带材 第1部分:一般要求

GB/T 3880.2 一般工业用铝及铝合金板、带材 第2部分:力学性能

GB/T 3880.3 一般工业用铝及铝合金板、带材 第3部分:尺寸偏差

GB/T 4436 铝及铝合金管材外形尺寸及允许偏差

GB/T 4437.1 铝及铝合金热挤压管 第1部分:无缝圆管

GB/T 6892 一般工业用铝及铝合金挤压型材

GB/T 10858 铝及铝合金焊丝(GB/T 10858—2008,ISO 18273:2004,MOD)

GB/T 13306—1991 标牌

GB/T 14846 铝及铝合金挤压型材尺寸偏差

GB/T 21563—2008 轨道交通 机车车辆设备 冲击和振动试验(IEC 61373:1999,IDT)

YS/T 69 钎焊用铝合金复合板

EN 12487:2000 金属的腐蚀防护 经清洗和没有清洗的铝及铝合金上的铬酸盐转化涂层

3 术语和定义

下列术语和定义适用于本标准。

3.1

冷却介质 cooling medium

将主变流器半导体器件发热部分的热能传递至散热器或从散热器移走热量的液体或气体。液体指由防冻液和纯净水按一定比例组成的混合液(简称“水”),气体指空气。

3.2

一次散热器 primary radiator

将半导体器件发热部件的热量传递给水冷却介质的设备。

3.3

二次散热器　secondary radiator

将水冷却介质的热量传递给空气的设备。

3.4

水散热器　water cooling radiator

利用水冷却介质传递热量的散热器。

4　散热器构成

4.1　一次散热器

一次散热器一般由主板、副板、进出水管等零部件组成。图1给出其结构示意图。

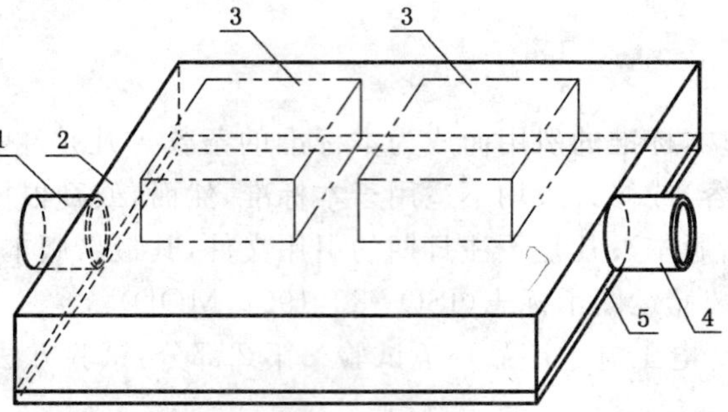

1——进水管；
2——主板；
3——半导体器件；
4——出水管；
5——副板。

图1　一次散热器结构示意图

4.2　二次散热器

二次散热器一般由进出水法兰、进出水管、水室和芯体等零部件组成。按芯体结构划分,可分为板翅式结构或管带式结构等。其中板翅式芯体由翅片、封条和隔板等零件组成;管带式芯体由翅片、封条和管子等零件组成。图2给出二次散热器结构示意图。

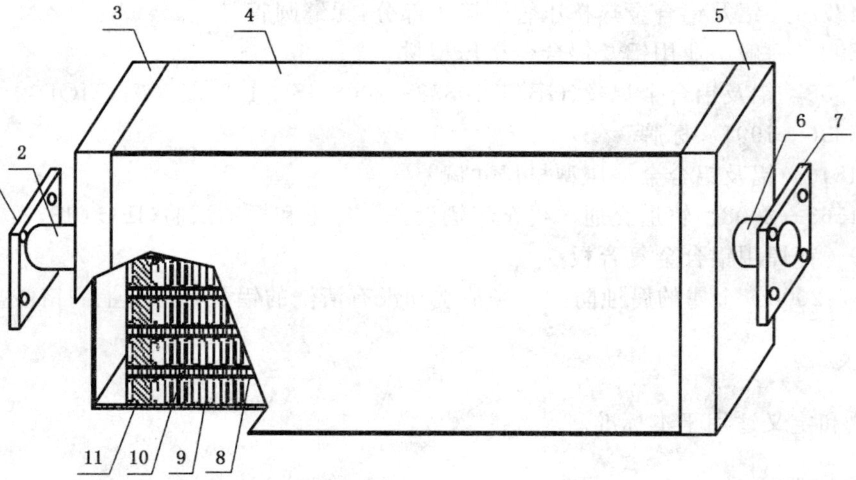

1——进水法兰；
2——进水管；
3——进水室；
4——芯体；
5——出水室；
6——出水管；
7——出水法兰；
8——隔板；
9——空气翅片；
10——水翅片；
11——封条。

a) 板翅式结构

图2　二次散热器结构示意图

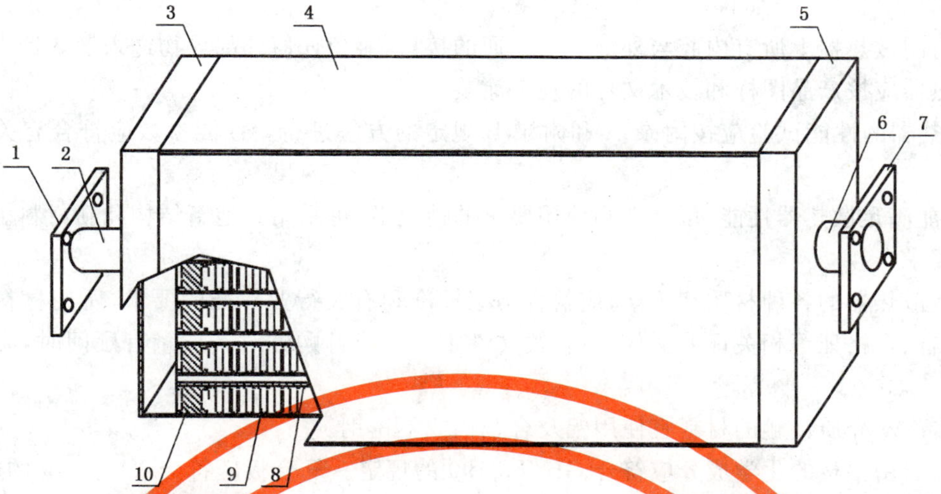

1——进水法兰；
2——进水管；
3——进水室；
4——芯体；
5——出水室；
6——出水管；
7——出水法兰；
8——水管；
9——空气翅片；
10——封条。

b) 管带式结构

图 2（续）

5 技术要求

5.1 环境要求

5.1.1 散热器应在下列环境条件下正常工作：

a) 海拔不超过 1 400 m；

b) 大气环境温度：−40 ℃～+40 ℃；

c) 最湿月月平均最大相对湿度小于 95%（该月月平均最低温度为+25 ℃）；

d) 用户规定的其他环境条件。

5.1.2 当散热器使用于海拔 1 400 m 以上地区时，应考虑该地区的大气环境温度和海拔的影响。

5.1.3 散热器应在−40 ℃～+80 ℃之间存放。

5.2 一般要求

5.2.1 散热器应按照经规定程序批准的产品图样和技术文件制造，并符合本标准的规定。

5.2.2 一次散热器上安装半导体器件的表面，其平面度、粗糙度等应符合产品图样的要求。

5.2.3 二次散热器芯体的主要零件、部件应满足下述要求：

a) 成型后的翅片应保持平整，波距应均匀，不应被挤压、拉伸、歪斜和扭曲。

b) 隔板应符合 YS/T 69 的要求。板面应平整，不应出现弯曲、拱起、小角翘起，不应有无包覆层的白边存在。板面上的局部凹印深度不应超过 0.10 mm。

c) 封条应符合 GB/T 6892 的要求。应去除切口毛刺，其表面不应有磕、划和碰伤。

d) 管子的尺寸偏差应符合 GB/T 14846 的要求，力学性能和表面质量应符合 GB/T 6892 的要求。

5.2.4 二次散热器芯体焊缝应均匀、饱满、平滑；翅片形状应保持完好，不应有烧损、变形、咬边等焊接缺陷。不应采用盐浴焊焊接芯体。

5.2.5 二次散热器进出水室内外表面应平整、光滑，不应有影响性能的缺陷。

5.2.6 散热器外表面不应有伤痕、裂纹、变形和焊接缺陷，焊缝应符合相关标准的规定。

5.2.7 散热器水腔应进行密封性试验，试验方法按 6.3 的规定执行，不应泄漏。试验后应彻底清除其外表面积水。

5.2.8 应封闭散热器上所有内腔与外部空气相通的接口，避免任何外部异物进入散热器内腔。

5.2.9 散热器应按产品图样和技术文件的规定涂装。

5.2.10 散热器的性能试验应按附录A和附录B规定的方法进行。性能参数应符合有关技术文件的规定。

5.2.11 在能满足散热器性能、可靠性和使用要求的情况下，可采用其他新结构和新材料。

5.3 材料要求

5.3.1 制造散热器的各种材质和规格，应符合国家标准和有关行业标准的要求；所用材料应具有生产厂的检验报告、合格证等相关证明文件；对相关文件不齐备或订购方对其质量有疑问时，应按相应标准进行复验。

5.3.2 与水冷却介质接触的材料宜使用铝及合金铝或不锈钢。

5.3.3 散热器用铝材的化学成分应符合GB/T 3190的规定。复合板应符合YS/T 69的规定，其他板材应符合GB/T 3880.1～GB/T 3880.3的规定。管材和型材应符合GB/T 4436、GB/T 4437.1、GB/T 6892的规定。带材应符合GB/T 3198的规定。焊丝应符合GB/T 10858的规定。

5.3.4 散热器材料应具有足够的强度，其力学性能应符合相关标准和有关技术文件的规定。

5.3.5 散热器所用材料的防火性能应符合相关标准的规定。

5.3.6 散热器关键零件使用的材料宜具有可追溯性。

5.4 表面处理要求

5.4.1 散热器中与水冷却介质接触的内表面应进行防腐处理。涂层应符合EN 12487:2000或其他相关标准的规定。

5.4.2 散热器内表面处理后，应使用纯净水对散热器内腔进行彻底的清洗。散热器内腔中所含杂质的直径与数量应符合有关技术文件的规定。

5.4.3 散热器外表面应具有耐腐蚀能力。

6 试验方法

6.1 外观和安装尺寸检查

按产品图样、技术文件和第5章的规定，对产品进行外观及安装尺寸检查。按8.1的规定，对产品标志进行检查。

6.2 性能试验

6.2.1 一次散热器性能试验的试验设备、测量用仪器仪表、测试参数、试验方法、数据计算、检验规则等见附录A。

6.2.2 二次散热器性能试验的试验设备、测量用仪器仪表、测试参数、试验方法、数据计算、检验规则等见附录B。

6.3 密封性试验

散热器水腔的密封性试验可采用水浸气压试验或水压试验两种方式进行，试验压力为工作压力的1.5倍或有关技术文件的规定值。保压时间：一次散热器应大于或等于10 min；二次散热器应大于或等于20 min。

6.4 冲击和振动试验

6.4.1 根据散热器在车上的安装位置，按GB/T 21563—2008规定的1类A级或B级进行冲击试验。试验时，应加工作载荷。

6.4.2 根据散热器在车上的安装位置，按GB/T 21563—2008规定的1类A级或B级进行模拟长寿命试验。试验时，应加工作载荷。

6.4.3 在冲击和振动试验之后，散热器外观不应出现机械性损坏和紧固件松动的现象，散热器安装尺寸应符合产品图样要求；按 6.3 的规定进行密封性验证试验，应符合 5.2.7 的规定。

6.5 爆破压力试验[1)]

6.5.1 试验装置

爆破压力试验用装置由水压机、压力表、连接管路等组成。整个试验系统应密封并能承受足够的压力。

6.5.2 试验步骤

在试验系统中注满水，逐渐增加系统压力，压力增加值以每次 100 kPa 为宜。注意观察散热器的外形。一旦散热器外形发生变化，或散热器发生泄漏，记录相应的压力值。该压力值即为散热器的爆破压力。

6.6 脉冲压力试验[1)]

6.6.1 试验设备

设备要求：

a) 脉冲压力试验设备应具有产生规定的压力波的能力；

b) 脉冲压力试验设备应具有长时间连续正常运行的能力。

6.6.2 试验步骤

脉冲压力波形、频率、循环次数等应按有关技术文件的规定执行。

6.6.3 试验后的检查

在脉冲压力试验之后，散热器外观不应出现机械性损坏和紧固件松动的现象，散热器安装尺寸应符合产品图样要求；按 6.3 的规定进行密封性验证试验，应符合 5.2.7 的规定。

6.7 盐雾试验[1)]

6.7.1 盐雾试验的试验设备、试验严酷等级、试验条件、试验程序按 GB/T 2423.17—2008、GB/T 2423.18—2000 的规定。

6.7.2 在盐雾试验后，目视检查散热器外观，表面不应有明显的腐蚀痕迹。

7 检验规则

7.1 检验分类与检验项目

散热器检验分为型式检验和出厂检验。检验项目见表 1。

表 1 检验项目

检验项目	型式检验						出厂检验		
	一次散热器			二次散热器			一次散热器/二次散热器		
	选择	试验方法	要求	选择	试验方法	要求	选择	试验方法	要求
外观和安装尺寸检查	▲	6.1	符合产品图样、技术文件和第 5 章的规定	▲	6.1	符合产品图样、技术文件和第 5 章的规定	▲	6.1	符合产品图样、技术文件和第 5 章的规定
密封性试验	▲	6.3	5.2.7	▲	6.3	5.2.7	▲	6.3	5.2.7
性能试验	▲	附录 A	5.2.10	▲	附录 B	5.2.10	—		
冲击和振动试验	▲	6.4	6.4.3	▲	6.4	6.4.3	—		
爆破压力试验	△	6.5	符合技术文件的规定	△	6.5	符合技术文件的规定	—		

1) 研究性试验。

表 1（续）

检验项目	型式检验						出厂检验		
	一次散热器			二次散热器			一次散热器/二次散热器		
	选择	试验方法	要求	选择	试验方法	要求	选择	试验方法	要求
脉冲压力试验	△	6.6	6.6.3	△	6.6	6.6.3	—		
盐雾试验	△	6.7	6.7.2	—			—		
注：▲ 必做此项试验。 △ 研究性试验。									

7.2 出厂检验

应对每台散热器进行出厂检验，散热器经质量检验部门检验合格并出具合格证后方可出厂。

7.3 型式检验

属于下列情况之一者，应进行型式检验：

a) 新产品鉴定时；
b) 产品异地生产时；
c) 产品停产两年及以上恢复生产时；
d) 当改变产品的设计、工艺、材料等对产品性能有较大影响时；
e) 连续生产五年或累计生产 1 000 台时；
f) 用户要求时。

7.4 检验程序

试验件应经出厂检验合格后，再进行型式检验。型式检验应按以下次序进行：首先进行性能试验，其次进行冲击和振动试验。爆破压力试验、脉冲压力试验和盐雾试验可采用不同的试验件进行。

7.5 抽样

型式试验时应任意抽取一台产品进行试验。

注：供需双方对型式试验样品数量有特殊约定的，按双方协议执行。

8 标志、包装和贮存

8.1 每个散热器都应在易于观察的位置，设置能在整个使用期内保持清晰的标牌，标牌的型式与尺寸应符合 GB/T 13306—1991 的规定，其内容至少包括：

a) 产品名称；
b) 产品型号；
c) 产品编号；
d) 生产日期；
e) 供货商工厂名称(或商标代号)；
f) 用户要求的产品其他信息。

8.2 散热器应装入衬有防水材料的干燥、结实的专用包装箱内。散热器内腔防护方式由供需双方确定。

8.3 包装箱内应附有包装者签章的装箱单，装箱单应注明产品名称、型号、数量、产品编号和生产日期。

8.4 包装箱内应附有检验员签章的产品合格证及使用维护说明书。

8.5 散热器应存放在通风干燥清洁的库房内。

附 录 A
（规范性附录）
一次散热器性能试验

A.1 试验内容

一次散热器性能试验包括散热器热阻和水压力损失试验。

A.2 试验设备

A.2.1 试验装置构成

为了模拟散热器的实际运用工况，满足对流体流量和温度调控以及对各有关参数进行测量的需要，一次散热器性能试验设备应由热源、水系统和测量用仪器仪表等部分组成。

A.2.2 热源

热源应由加热部件、电流调节测量装置及测量电流、电压、温度的仪器仪表等组成。热源应能提供稳定、均匀的热流密度。

热源应能模拟半导体器件传热台面。

A.2.3 水系统

水系统应由水泵、水恒温控制装置、水流量调节装置、储水箱、排气装置和管路以及测量水流量、水温度和水压力的仪器仪表等组成。

应对散热器进出口水温度测点到散热器用的一段水管路，采取严格的隔热保温措施。

测量散热器进出口水压力用的测压孔，设置于距散热器进出口4倍管径距离的等径管段处；测压孔直径应为 $\phi1$ mm～$\phi2$ mm；测压孔应垂直于管壁；管壁应光滑平整、无毛刺。

A.3 测量用仪器仪表

测量用仪器仪表见表A.1。

表 A.1 测量用仪器仪表

测量参数	单位	测量用仪器仪表	准确度	备 注
散热器水流量	m^3/h	量箱或流量变送器及频率计	0.5级	或准确度相当的其他仪器仪表
散热器进出口水温度	℃	玻璃温度计	0.1刻度	
散热器台面温度	℃	热电偶	1级	
散热器水侧压力损失	Pa	差压力变送器	0.5级	
大气压力	Pa	压力变送器	0.5级	
环境空气温度	℃	玻璃温度计	0.1刻度	
电流	A	电流表	0.5级	
电压	V	电压表	0.5级	
功率	kW	功率表	0.5级	

A.4 测试参数

性能试验的测试参数见表A.2。

表 A.2 散热器性能试验计算表

大气温度 t__________℃　　　　试验日期____

热源接触面积 F_______m^2　　　　水流横截面积 f_w____________m^2

序号	参数名称	符号	单位	计算公式	工况
1	电流	I	A	测量得	
2	电压	U	V	测量得	
3	功率	W	kW	测量得	
4	散热器台面温度	t_s	℃	测量得	
5	散热器进口水温度	t_{w1}	℃	测量得	
6	散热器出口水温度	t_{w2}	℃	测量得	
7	散热器内水平均温度	t_o	℃	$t_o=(t_{w1}+t_{w2})/2$	
8	水流量	V_w	m^3/h	测量得	
9	散热器热阻	R_s	℃/kW	$R_s=(t_s-t_o)/W$	
10	散热器水压力损失	Δp_w	Pa	测量得	

计算人：____________　　　　校核人：__________

A.5 试验方法

A.5.1 传热性能试验方法

试验方法如下：

a) 散热器的传热性能试验应以实物在专用散热器试验装置上进行。

b) 散热器的传热性能试验应是调节热源，使其发热部分的发热量满足规定值。此时，调节并固定散热器的水流量 V_w、进口水温度 t_{w1} 于规定值，当水流量 V_w、进口水温度 t_{w1} 稳定之后，应同时采集表 A.2 所列的各有关参数。对每一个试验工况点均应重复采集数据三次或以上，以各参数的平均值作为试验结果。

c) 散热器台面温度是指距元件安装面 2 mm 周围台面温度较高处的温度。

d) 散热器进口水温度 t_{w1} 与规定值的允差为±0.2 ℃。

e) 根据需要，可选取其他不同的水流量 V_w，按 A.5.1b)至 d)的要求，对散热器进行不同工况下的传热性能试验。

A.5.2 水压力损失性能试验方法

在规定的散热器水流量 V_w 附近范围内，应选取不少于六个不同的水流量 V_w，每两个相邻水流量之间的间隔应均匀适中，逐一进行试验。当水流量 V_w 稳定之后，同时采集散热器进出口的水压力 p_{w1} 和 p_{w2}，然后通过计算得到散热器的水压力损失 Δp_w；或通过采集散热器进出口水的压力差，直接得到散热器的水侧压力损失 Δp_w。如果散热器进出口水压力的测试点不在同一高度，应对水侧压力损失 Δp_w 进行修正。

A.6 数据计算

A.6.1 按表 A.2 散热器性能试验计算表的计算方法，计算散热器热阻等各项参数值。

A.6.2 根据试验数据计算结果，绘制 $R_s=f(V_w)$ 和 $\Delta p_w=f(V_w)$ 的关系曲线。

A.7 检验规则

按规定工况进行的散热器性能试验，各项性能参数的试验结果应符合有关技术文件的规定。

附　录　B
（规范性附录）
二次散热器性能试验

B.1　试验内容

二次散热器性能试验包括散热量、空气压力损失和水压力损失试验。

B.2　试验设备

B.2.1　试验装置构成

二次散热器性能试验设备为散热器试验台。为了模拟散热器的实际运用工况，满足对流体流量和温度调控以及对各有关参数进行测量的需要，散热器试验台应由空气系统和水系统两部分组成。

B.2.2　空气系统

空气系统应由风机组、风洞、风量调节装置、风温调节装置以及测量空气容积流量、温度和压力用的仪器仪表等组成。

风洞应由入口段、整流段、过渡段、测量段和试验段等部分组成。

应对风洞测量段和试验段采取严格的隔热保温措施。

风洞测量段的流场系数 ε 不应低于 0.95。

测量散热器进出口空气静压用的测压孔，宜设置于距散热器进出口 100 mm～150 mm 处；沿压力测量横截面四周应均匀地设置数个(不少于 5 个)直径为 ϕ1 mm～ϕ2 mm 的测压孔；测压孔应垂直于风洞壁面；壁面应光滑平整、无毛刺。在测压孔上焊接的测压管，其内孔与测压孔应在同一中心线上；用测压环将数个测压管连通在一起。

B.2.3　水系统

水系统应由水泵组、水加热装置、水温调节装置、水流量调节装置、水流量测量装置、储水箱、排气装置和管路以及测量水流量、水温度和水压力的仪器仪表等组成。

应对测量散热器进出口水温度用的一段水管路，采取严格的隔热保温措施。

测量散热器进出口水温度用的仪器仪表，设置于距散热器进出口一段距离的等径管段处。

测量散热器进出口水压力用的测压孔，设置于距散热器进出口一段距离的等径管段处；测压孔直径应为 ϕ1 mm～ϕ2 mm；测压孔应垂直于管壁；管壁应光滑平整、无毛刺。

B.3　测量用仪器仪表

测量用仪器仪表见表 B.1。

表 B.1　测量用仪器仪表

测量参数	单位	测量用仪器仪表	准确度	数量	备注
空气动压	Pa	皮托——静压管及差压力变送器	0.5 级	至少 2 套	或准确度相当的其他仪器仪表
散热器水流量	m^3/h	量箱或流量变送器及频率计	0.5 级	1 套	
散热器进出口空气温度	℃	温度传感器	B 级	至少各 9 支	
散热器进出口水温度	℃	玻璃温度计	0.1 刻度	各 1 支	
散热器前空气静压	Pa	差压力变送器	0.5 级	1 支	
散热器空气侧压力损失	Pa	差压力变送器	0.5 级	1 支	
散热器水侧压力损失	Pa	差压力变送器	0.5 级	1 支	
大气压力	Pa	压力变送器	0.5 级	1 支	

B.4 测试参数

性能试验的测试参数见表 B.2。

表 B.2 ______型散热器性能试验计算表

大气压力 B______Pa 大气温度 t______℃ 传热面积 F_a______m^2 气流横截面积 f_a______m^2

水流横截面积 f_w______m^2 风洞测量段横截面积 f______m^2 试验日期______

序号	参数名称	符号	单位	计算公式	工况
1	散热器进口空气温度	t_{a1}	℃	测量得	
2	散热器出口空气温度	t_{a2}	℃	测量得	
3	散热器进出口空气温差	Δt_a	K	$\Delta t_a = t_{a2} - t_{a1}$	
4	散热器内平均空气温度	t_{am}	℃	$t_{am} = (t_{a1} + t_{a2})/2$	
5	散热器进口空气静压	h_{st}	Pa	测量得	
6	散热器进口空气密度	ρ_{a1}	kg/m^3	$\rho_{a1} = (B + h_{st})/[287 \times (273 + t_{a1})]$	
7	散热器空气压力损失	Δp_a	Pa	测量得	
8	散热器内平均空气压力	p_{am}	Pa	$P_{am} = (B + h_{st}) - \Delta p_a/2$	
9	空气定压比热	C_{pa}	kJ/(kg·K)	查表得(按平均温度)	
10	散热器内空气平均密度	ρ_a	kg/m^3	$\rho_a = p_{am}/[287 \times (273 + t_{am})]$	
11	空气平均动压	$\bar{h}_d$	Pa	测量得	
12	空气容积流量	V_a	m^3/h	$V_a = 3\,600 \times f \times (2\bar{h}_d/\rho_{a1})^{0.5}$	
13	空气质量流速	u_a	$kg/(s \cdot m^2)$	$u_a = V_a \times \rho_{a1}/3\,600/f_a$	
14	空气吸热量	Q_a	kW	$Q_a = u_a \times f_a \times C_{pa} \times \Delta t_a$	
15	散热器进口水温度	t_{w1}	℃	测量得	
16	散热器出口水温度	t_{w2}	℃	测量得	
17	散热器进出口水温差	Δt_o	K	$\Delta t_w = t_{w1} - t_{w2}$	
18	散热器内水平均温度	t_{wm}	℃	$t_{wm} = (t_{w1} + t_{w2})/2$	
19	水比热	C_{po}	kJ/(kg·K)	查表得(按平均温度)	
20	水密度	ρ_w	kg/m^3	查表得(按平均温度)	
21	水流量	V_w	m^3/h	测量得	
22	水流速	v_w	m/s	$v_w = V_w/3\,600/f_w$	
23	水散热量	Q_w	kW	$Q_w = V_w \times \rho_w \times C_{pw} \times \Delta t_w/3\,600$	
24	热平衡误差	δ	%	$\delta = 100 \times [(Q_w - Q_a)/Q_w]$	
25	散热器冷却效率	η	%	$\eta = 100 \times [(t_{w1} - t_{w2})/(t_{w1} - t_{a1})]$	
26	散热器水压力损失	Δp_w	Pa	测量得	
27	对数平均温差	ΔT	K	$\Delta T = [(t_{w1} - t_{a2}) - (t_{w2} - t_{a1})]/\ln[(t_{w1} - t_{a2})/(t_{w2} - t_{a1})]$	
28	传热系数	K	$W/(m^2 \cdot K)$	$K = 1\,000 \times (Q_w/F_a/\Delta T)$	
29	额定工况下散热器的散热量	Q_n	kW	按试验值折算	

计算人:______ 校核人:______

B.5 试验方法

B.5.1 传热和空气压力损失性能试验方法

试验方法如下：

a) 散热器的传热和空气压力损失性能试验是应以实物在专用的散热器试验台上进行。

b) 散热器的传热和空气压力损失性能试验，是将散热器的水流量 V_w、进口水温度 t_{w1} 和进口空气温度 t_{a1} 调节并固定于规定值，对选定的空气容积流量 V_a 进行试验的。当水流量 V_w、进口水温度 t_{w1} 和进口空气温度 t_{a1} 均稳定后，应同时采集表 B.1 所列的各有关参数。对每一个试验工况点均应重复采集数据三次或以上，以各参数的平均值作为试验结果。

c) 在保持散热器的水流量 V_w、进口水温度 t_{w1} 和进口空气温度 t_{a1} 于规定值不变的情况下，在规定的空气容积流量 V_a 附近范围内，应选取不少于六个不同的空气容积流量 V_a，每两个相邻空气容积流量之间的间隔应均匀适中，对不同的空气容积流量 V_a 逐一进行试验。

d) 散热器进口空气温度 t_{a1} 与规定值的允差为±2 ℃。

e) 散热器进口水温度 t_{w1} 与规定值的允差为±0.2 ℃。

f) 散热器各测点热平衡误差 δ 的允差为±5%。

g) 根据需要，可选取其他不同的水流量 V_w，按 B.5.1b)至 f)的要求，对散热器进行不同工况下的传热和空气压力损失试验。

B.5.2 水压力损失性能试验方法

在规定的散热器水流量 V_w 附近范围内，应选取不少于六个不同的水流量 V_w，每两个相邻水流量之间的间隔应均匀适中，逐一进行试验。当水流量 V_w 稳定之后，同时采集散热器进出口的水压力 p_{w1} 和 p_{w2}，然后通过计算得到散热器的水压力损失 Δp_w；或通过采集散热器进出口水的压力差，直接得到散热器的水侧压力损失 Δp_w。如果散热器进出口水压力的测试点不在同一高度，应对水侧压力损失 Δp_w 进行修正。

B.6 数据计算

B.6.1 按表 B.2 散热器性能试验计算表的计算方法，计算散热器的散热量等各项参数值。

B.6.2 根据试验数据计算结果，绘制 $Q_w=f(V_a)$、$\Delta p_a=f(V_a)$、$\Delta p_w=f(V_w)$ 和 $K=f(u_a)$ 的关系曲线。

B.7 检验规则

按规定工况进行的散热器性能试验，各项性能参数的试验结果应符合有关技术文件的规定。

ICS 45.060.01
S 33

中华人民共和国国家标准

GB/T 25332—2010

机车转向架技术条件

Technical specification of bogie for locomotive

2010-11-10 发布　　2011-03-01 实施

中华人民共和国国家质量监督检验检疫总局
中国国家标准化管理委员会 发布

前言

本标准是在铁标 TB/T 1997—2003《电力机车转向架技术条件》和 TB/T 2740—2003《内燃机车转向架技术条件》的基础上制定为国家标准。

本标准由中华人民共和国铁道部提出。

本标准由铁道行业内燃机车标准化技术委员会归口。

本标准起草单位：中国北车集团大连机车车辆有限公司、中国北车集团大同电力机车有限责任公司、中国南车集团株洲电力机车有限公司、中国南车集团戚墅堰机车有限公司、中国南车集团资阳机车有限公司、中国北车集团大连机车研究所机车有限公司。

本标准主要起草人：石永生、曲天威、张亚光、缑智勇、李刚、魏春阳、陈国胜、董于美。

机车转向架技术条件

1 范围

本标准规定了内燃、电力机车转向架使用环境、技术要求、试验与验收、标志、包装运输和贮存。

本标准适用于1 435 mm标准轨距、轴重公称值不大于25 t、最高运行速度不大于200 km/h的新造机车转向架。

其他类型转向架可参照使用。

2 规范性引用文件

下列文件中的条款通过本标准的引用而成为本标准的条款。凡是注日期的引用文件，其随后所有的修改单(不包括勘误的内容)或修订版均不适用于本标准，然而，鼓励根据本标准达成协议的各方研究是否可使用这些文件的最新版本。凡是不注日期的引用文件，其最新版本适用于本标准。

GB 146.1 标准轨距铁路机车车辆限界

GB 2893 安全色(GB 2893—2008,ISO 3846:2002,MOD)

GB/T 3314 内燃机车通用技术条件

GB/T 3317 电力机车通用技术条件

GB 5068 铁路机车、车辆车轴用钢(GB 5068—1999,neq ГОСТ 4728:1996)

TB/T 449 机车车辆车轮轮缘踏面外形

TB/T 1025 机车车辆用热卷螺旋压缩弹簧供货技术条件

TB/T 1027 机车车轴技术条件

TB/T 1400 机车用铸钢轮心技术条件

TB/T 1463 机车轮对组装技术条件

TB/T 1580 新造机车车辆焊接技术条件

TB/T 1882 铁路机车用粗制轮箍订货技术条件

TB/T 1983 电力机车转向架焊接技术条件

TB/T 2072 50钢车轴技术条件

TB/T 2207 内燃、电力机车牵引电动机抱轴瓦技术条件

TB/T 2211 机车车辆圆柱螺旋弹簧疲劳试验

TB/T 2247 机车牵引齿轮磁粉探伤验收条件

TB/T 2248 机车牵引齿轮磁粉探伤方法

TB/T 2254 机车牵引用渗碳淬硬齿轮金相检验标准

TB/T 2360 铁道机车动力学性能试验鉴定方法及评定标准

TB/T 2368 动力转向架构架强度试验方法

TB/T 2395 铁道机车车辆动力车轴设计方法

TB/T 2843 机车车辆橡胶弹性元件通用技术条件

TB/T 2983 铁道车轮磁粉检验

TB/T 2995 铁道车轮和轮箍超声波检验

TB/T 3005 机车用粉末冶金闸瓦

TB/T 3093 铁路机车用合金钢车轴轴坯订货技术条件

TB/T 3104 机车用铸铁闸瓦

TB/T 3196　机车用合成闸瓦

TB/T 3134　机车、动车用驱动齿轮箱

3　运用环境

3.1　环境温度：−40 ℃～+50 ℃；

3.2　能适用于风、沙、雨、雪天气。

4　技术要求

4.1　转向架及其零部件应符合有关标准的规定，并应按本标准和经规定程序批准的产品图样和技术文件制造、检查、验收。

4.2　在机车计算重量状态下，转向架应能顺利地通过 GB 146.1 规定的限界及相关技术文件要求的最小曲线半径。

4.3　在机车计算重量状态下，转向架的各有关尺寸及参数应符合 GB/T 3314、GB/T 3317 的规定或相关技术文件的要求。

4.4　构架应按设计和工艺要求进行组焊，并应符合 TB/T 1580、TB/T 1983 的规定。对已进行消除应力处理的构架不应再施焊其他部件。

4.5　构架应采用整体加工，以保证设计尺寸的准确性。

4.6　构架受力部位加工后应进行探伤检查，不应有裂纹。

4.7　构架应进行强度计算验证设计的可行性和可靠性。

4.8　轴箱装配应按产品图样和技术文件进行加工、组装。

4.9　同一轴箱中两套轴承的径向游隙差不大于 0.02 mm。

4.10　轴箱弹簧应符合 TB/T 1025 及产品图样的技术条件的规定，同时应符合以下的要求：

a)　成组使用的弹簧，同组弹簧的工作高度差不大于 2 mm；

b)　同一轴箱及同一转向架工作高度差均不大于 2 mm；

c)　同一机车工作高度差不大于 4 mm。

4.11　设计速度超过 120 km/h 的机车，轴箱应设温度传感器。

4.12　电力机车转向架应设置接地装置，内燃机车转向架电动机应有防止漏电措施。

4.13　轮对组装时，应符合 TB/T 1463 的规定。

4.14　采用优质碳素钢的车轴轴坯应符合 GB 5068 的规定，采用合金钢的车轴轴坯应符合 TB/T 3093 的规定。车轴的加工制造应分别符合 TB/T 1027、TB/T 2072 和产品图样及技术文件的规定。车轴应按 TB/T 2395 的要求进行设计。

4.15　车轮可以是轮箍车轮或整体车轮，但速度超过 100 km/h 时应采用整体轮。轮心及轮箍应分别符合 TB/T 1400 和 TB/T 1882 的规定。轮心与轮箍的组装应符合 TB/T 1463 的规定。轮缘踏面加工后应按 TB/T 2983 和 TB/T 2995 进行磁粉探伤和超声波探伤，轮心应进行磁粉探伤。

4.16　轮对组装后的内侧距公差应保证落车后的内侧距为 1 353 mm±3 mm 的要求。

4.17　车轮轮缘踏面外形应符合 TB/T 449 的规定，或按相关技术规定加工。

4.18　当车轮采用 JM_3 型踏面时，同一轴轮径差为：速度不大于 160 km/h 时，不大于 0.5 mm，同一转向架不大于 1 mm；速度大于 160 km/h 至小于或等于 200 km/h 时，为不大于 0.3 mm，同一转向架不大于 0.6 mm。

用样板测量踏面间隙时，速度不大于 160 km/h 时，间隙不大于 0.5 mm；速度大于 160 km/h 时，在距车轮内侧面 30 mm～100 mm 范围内，间隙不大于 0.2 mm，其余部分不大于 0.5 mm。

其他型号的车轮踏面可参考执行。

4.19　轮对或车轮需作静平衡或动平衡试验的，应按设计要求和技术文件执行。

4.20 牵引齿轮应符合有关技术文件的规定。金相组织、探伤方法和验收要求应分别符合TB/T 2254、TB/T 2248、TB/T 2247 的规定。牵引齿轮应啮合良好，齿轮箱(罩)内加入的润滑油型号及数量应符合设计要求，齿轮箱的结构应合理，密封可靠，不产生漏裂，并应符合 TB/T 3134 的规定。

4.21 牵引齿轮与轴的装配工艺及过盈量应按设计和技术文件的要求。

4.22 牵引装置应有足够的强度和可靠性，能有效的传递牵引力或制动力，并保证转向架在设计范围内可横向移动或转动。

4.23 二系支承位置应该准确，弹簧工作高度差应为：

a) 高圆簧同一组工作高度差不大于 1 mm，同一转向架工作高度差不大于 2 mm，同一机车工作高度差不大于 4 mm。

b) 橡胶堆弹簧：同一转向架工作高度差不大于 1 mm，同一机车工作高度差不大于 2 mm。

c) 新设计的机车二系弹簧均应进行疲劳试验。制造中应符合有关标准、产品图样、技术文件等规定。

4.24 电机悬挂应根据速度、轴重、轴式综合考虑，但速度小于 140 km/h 的宜采用半悬挂，大于 140 km/h～200 km/h 的宜采用全悬挂。电机的布置形式应优先采用轴重转移最小的布置形式。

4.25 抱轴承采用抱轴瓦时，应符合 TB/T 2207 的规定，吸油器应具有良好的吸油润滑性能。润滑油应使用规定的型号，性能应符合有关标准的要求。如采用滚动抱轴承时，应符合有关标准、产品图样、技术文件等要求，速度超过 120 km/h 时应安装温度传感器。

4.26 制动可采用踏面制动或盘形制动，但基础制动装置应符合有关标准、产品图样、技术文件等的规定，并要安全可靠，运用灵活无卡滞现象，缓解后能保证鞲鞴回位到零，闸瓦(闸片)与踏面(轮盘)具有规定的间隙。

4.27 闸瓦间隙自动或手动调整器应灵活无卡滞，能保证闸瓦间隙自动或手动调整。

4.28 采用合成闸瓦、粉末冶金闸瓦和铸铁闸瓦时，应分别符合 TB/T 3196、TB/T 3005、TB/T 3104 和产品图样、技术文件规定；采用闸片时应符合有关标准、产品图样、技术文件的规定。

4.29 停车制动装置应动作灵活安全可靠，并保证在规定的坡度上安全停车。

4.30 转向架应设撒砂装置。

4.31 转向架与车体间应有横向止挡，其间隙应按机车动力学要求设定。止挡应具有一定弹性。

4.32 转向架构架与轴箱之间应设横向止挡，其间隙应根据轴箱定位形式和动力学要求设定。

4.33 转向架应设整体起吊装置。

4.34 转向架宜设轮缘润滑装置。

4.35 转向架应按机车动力学要求增设减振装置。

5 试验和验收

5.1 转向架经质量检验和验收部门确认质量合格后，可装车或出厂。

5.2 新设计制造的构架或批量生产的构架经重大技术改进后，应按 TB/T 2368 进行静强度和疲劳强度试验。

5.3 新设计制造的转向架或批量生产的转向架经重大技术改进后，应按 TB/T 2360 进行动力学试验。

5.4 新设计制造的和批量生产的一、二系悬挂钢圆弹簧应按 TB/T 1025 和产品图样及技术文件的规定进行弹簧的各参数及刚度检验，并按要求打印标牌。首批二系高圆簧应按 TB/T 2211 规定进行疲劳试验。一系钢圆簧是否进行疲劳试验，应根据机车设计参数和运用条件，由设计师确定。

5.5 新设计制造的橡胶堆旁承、轴箱橡胶定位器、轴箱拉杆橡胶圈、牵引杆橡胶关节、空心轴传动橡胶关节等首批产品均应按有关标准、产品图样、技术文件进行力学性能试验和疲劳试验，并符合 TB/T 2843 的规定。批量生产后每个橡胶旁承、轴箱橡胶定位器均应按图样要求进行性能试验，并作好标记。其他橡胶制品应符合图样要求，并定期进行抽验或按相应的技术文件规定执行。

5.6 齿轮箱组装后应在专用试验台上按 TB/T 3134 的规定进行试验。

5.7 新设计制造的轴箱、轮对与牵引电机、齿轮箱组装后应在台架上进行运转试验。试验的最高速度应超过机车最高运行速度的10%,试验的具体内容应按机车的用途和参数编制试验大纲。试验中不应有异常温升、异音和漏油等现象。批量生产后是否试验应按实际情况确定。

5.8 转向架组装落成后,轴重和轮重应在规定范围内。

6 标志、包装运输和贮存

6.1 标志

6.1.1 标牌

转向架构架上应有包括制造单位名称、车型、出厂序号、制造日期等内容的标牌。标牌应固定在构架的外侧。

6.1.2 标记

转向架的构架、车轴、车轮、传动齿轮、悬挂弹簧等关键部件应有可追溯并符合有关标准和图样规定的标记。

整体轮不应涂腻子、油漆。轮箍车轮不涂腻子,轮缘侧面涂白色油漆,在轮箍外侧与轮心间涂黄色条状防缓标记三处(约均分圆周)。轮心与车轴结合处涂白色油漆后,再沿圆周等分涂三条红色油漆防缓标记。防缓标记尺寸为 60 mm×25 mm。油漆色样标准按 GB 2893 的规定。除标牌外,转向架裸露的非工作面应按产品图样或设计文件要求涂漆。

6.2 包装运输

6.2.1 转向架交货时应随带技术履历簿、轮对履历簿和合格证。合格证应有转向架制造编号、日期、检查员印章和制造厂名称。

6.2.2 总装后的转向架应存放在防雨防潮的平道上,车轮踏面处安置楔铁。

6.2.3 牵引电动机进风口应封闭防护,防止异物和灰尘进入。

6.2.4 暂不装车或整体发货的转向架,除密封各口外,还应对万向轴及法兰等连接面或工作面涂防锈油并加防护设施,避免锈蚀和损伤。防锈有效期不应少于 12 个月。

6.2.5 在运输时,吊装前应将轮对轴箱与构架或其他活动件固定牢靠,防止脱落事故和其他伤害。

6.2.6 在运输中车轮踏面的前后应加楔块固定,构架四角用绳索等物妥善固定,并以篷布等覆盖,防止雨淋和水浸。

6.3 贮存

转向架应存放在防雨、防水、通风、无腐蚀环境的轨道平台或库房内,并采取止动措施,防止自动溜逸。并随时查看,若发现油封失效痕迹,应彻底清理后,重新油封。

转向架存放 6 个月以上时,应在轨道上推动几次,防止轴箱轴承某个滚子长期受力。

ICS 45.060.10
S 40

中华人民共和国国家标准

GB/T 25333—2010

内燃、电力机车标记

Labels of diesel locomotive & electric locomotive

2010-11-10 发布　　2011-03-01 实施

中华人民共和国国家质量监督检验检疫总局
中国国家标准化管理委员会　发布

前　言

本标准是在 TB/T 1737—1996《内燃、电力机车标记》基础上制定的。

本标准的附录 A 是资料性附录。

本标准由中华人民共和国铁道部提出。

本标准由铁道行业内燃机车标准化技术委员会归口。

本标准起草单位:中国北车集团大连机车车辆有限公司、中国北车集团大连机车研究所有限公司、南车集团资阳机车有限公司。

本标准主要起草人:邸新元、缤智勇、董于美、朱冰。

内燃、电力机车标记

1 范围

本标准规定了内燃、电力机车标记的内容、涂装的位置、采用文字的字体及尺寸。

本标准适用于铁道部所属各型内燃、电力机车(以下简称“机车”)的标记的设置。

2 规范性引用文件

下列文件中的条款通过在本标准的引用而成为本标准的条款。凡是注日期的引用文件,其随后所有的修订单(不包括勘误的内容)或修订版均不适用于本标准,然而,鼓励根据本标准达成协议的各方研究是否可使用这些文件的最新版本。凡是不注日期的引用文件,其最新版本适用于本标准。

TB/T 1.1 铁道车辆标记 一般规则

TB/T 1.2—1995 铁道车辆标记 文字与字体

TB/T 1838 铁道车辆用路徽标记

3 术语和定义

下列术语和定义适用于本标准。

3.1

最高速度 maximum speed

机车运行时所允许的最高速度。

[GB/T 3367.6—2000,定义 5.17]

3.2

定位标记 locating mark

用来表示机车前后端的标记。

4 总则

4.1 机车应有便于识别的下列标记:路徽、最高速度、车号、车号灯、定位标记、配属标记、制造商、顶车标记、救援标记、吊装标记等。标记位置示意图参见附录 A。

4.2 机车标记的具体位置和相互距离尺寸按经规定程序批准的图样的规定设置,当采用涂装方式时,应美观、整齐、清晰,并应符合本标准的规定。

4.3 机车标记如以其他材料制作时,其字体、尺寸和位置应与涂装标记的规定相同。

4.4 机车标记中采用的汉字、汉语拼音字母、拉丁字母、阿拉伯数字和罗马数字的各种字体的字号,即字体的高度,应符合本标准的规定,受现车结构限制时,可根据具体情况按比例放大或缩小。

4.5 具有两个司机室的机车,两侧壁外部及两端面上的各种标记(定位标记除外)应相同。只有一个司机室的机车或按一台机车编定车号的双节机车的每单节的两侧壁外部标记亦应相同。

4.6 机车上主要零部件本身要求的各种标记均按各项零部件图样的技术要求或有关标准规定。

4.7 机车标记中的汉字除车型基本名称外,均采用直体宋体,并应采用国家正式公布执行的简化字。各号字的尺寸字体高度应符合 TB/T 1.2—1995 中表 1 的规定。

4.8 机车标记中的汉语拼音字母采用大写直体,各号字尺寸应符合 TB/T 1.2—1995 中表 2 的规定。

4.9 机车标记中的阿拉伯数字采用直体,各号字的尺寸应符合 TB/T 1.2—1995 表 3 的规定。

4.10 机车标记中的法定计量单位制单位符号采用直体拉丁字母,各号字的高度应符合 TB/T 1.2—1995 中表 4 的规定。

5 路徽标记

5.1 路徽的图形和尺寸应符合 TB/T 1838 的规定。

5.2 机车在前部端面或两侧壁外部应有路徽标志,可采用 1 号或 2 号路徽。亦可根据需要按比例放大、缩小。

5.3 机车前部端面路徽标志的位置应处在端面中间。

5.4 机车两侧壁外部如有路徽标志,其位置和相互距离尺寸均应符合产品图样的规定。

6 最高速度标记

6.1 最高速度标记包括最高速度值及速度单位,速度以 km/h 为计量单位。

6.2 最高速度名称采用 70 号汉字,最高速度值采用 70 号阿拉伯数字,速度单位采用 70 号小写拉丁字母,三项内容顺序排列,也可不喷涂最高速度四个汉字。

6.3 最高速度标记可涂装在机车制造单位铭牌附近的位置。

7 车号标记

7.1 车号内应包括机车车型和车号。按一台机车编定车号的双节机车,其车号后所缀以节号的字号可与车号的字号相同。

7.2 车号内的基本型号以基本代号表示时,可采用 150 号汉语拼音字母。

7.3 车号内的基本型号如以基本名称表示时,可采用 150 号汉字。

7.4 车号的辅助型号可采用 100 号字。

7.5 车号内的机车车号可采用 150 号阿拉伯数字。

7.6 机车的前部端面上或司机室两侧窗下方处应设置车号。无后司机室的机车,在后部端面上可涂装与车号同样内容的标记。

8 车号灯标记

8.1 机车两侧壁外部不涂装车号时,可安装车号灯,其位置应在司机室两侧窗下方。

8.2 机车车号灯的面板上涂装的内容按 7.1 的规定。

8.3 车号灯上的基本型号以基本代号表示时,可采用 100 号汉语拼音字母。

8.4 车号灯上的辅助型号可采用 70 号字。

8.5 车号灯上的机车车号可采用 100 号阿拉伯数字。

8.6 车号灯标记允许用反光或夜光材料。

9 定位标记

9.1 具有前后两个司机室的机车应有定位标记,定位标记示例参见图 1。

单位为毫米

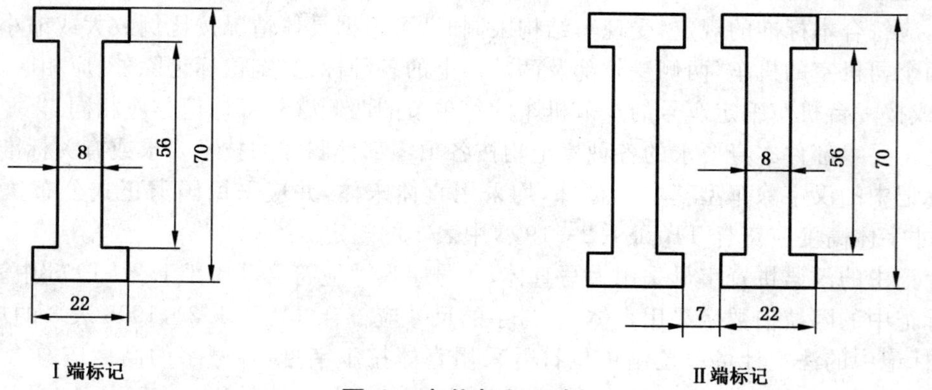

图 1 定位标记示例

9.2 定位标记符号可采用字体高度 70 mm 的罗马数字表示。

9.3 定位标记涂装在机车侧门附近的侧壁外部以便于识别，亦可和车号标记放一起。

10 配属标记

10.1 经指定铁路局机务段代管及指定配属的机车均应涂装配属标记。

10.2 配属标记系表明负责管理或使用机车的铁路局和机务段的单位简称，单位简称应符合铁道部的有关规定。

10.3 配属标记采用 150 号汉字表示，配属标记示例参见图 2。

单位为毫米

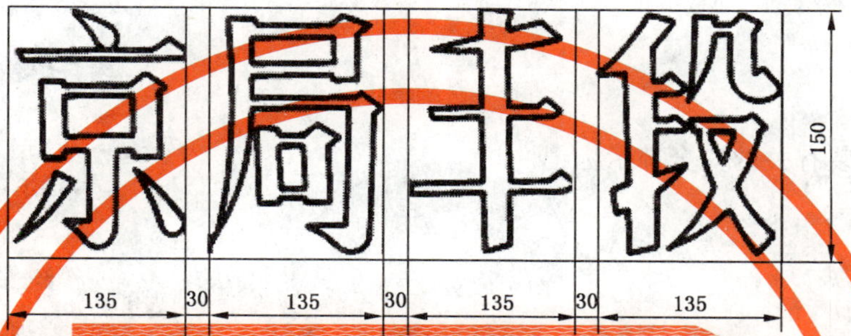

图 2 配属标记示例

10.4 配属标记涂装在司机室外两侧面车号或车号灯下方，或在机车两侧壁中部适当的位置。

11 制造商标记

11.1 新造各型机车应有以金属制作的制造商铭牌，其型式尺寸由各制造商确定，其内容至少应有制造商和制造年份。

11.2 铭牌内的汉字和阿拉伯数字的字样和尺寸，可由各制造商自行设计。

11.3 铭牌安装在机车两侧面，其位置由各制造商自行规定。

12 顶车标记

在指定部位顶车作业时，应在机车两侧壁外部的相应部位涂装顶车标记，其型式和尺寸见 TB/T 1.1 的相关规定。

13 救援标记

在指定部位对机车实施救援作业时，应在机车两侧壁外部的相应部位涂装救援标记。

14 吊装标记

在指定部位吊装作业时，应在机车两侧壁外部的相应部位涂装吊装标记，其型式和尺寸见TB/T 1.1 的相关规定。

15 其他标记

15.1 机车的其他标记应按各型机车产品图样的规定涂装。

15.2 在机车上指明各油、水、砂加入口或排出口的相应部位可分别涂下列汉字标记：

a) 燃油加入口；

b) 机油加入口；

c) 冷却水加入口；

d) 污油排放口；

e） 加砂口。

15.3 在机车上指明各种插座吊座等处所的相应部位可分别涂装下列汉字标记：

a） 充电插座；

b） 预热锅炉外电源插座；

c） 动车插座；

d） 救援吊座；

e） 重联插座；

f） 主电路(辅助电路、控制电路)入库插座。

15.4 在机车端部指明各种制动管路等处所的相应部位可分别涂装下列汉字标记：

a） 总风管；

b） 列车管；

c） 平均管。

15.5 机车上应涂装有关的安全警示标记。

附　录　A
（资料性附录）
机车标记位置示例

A.1　内燃机车标记位置示例见图 A.1。

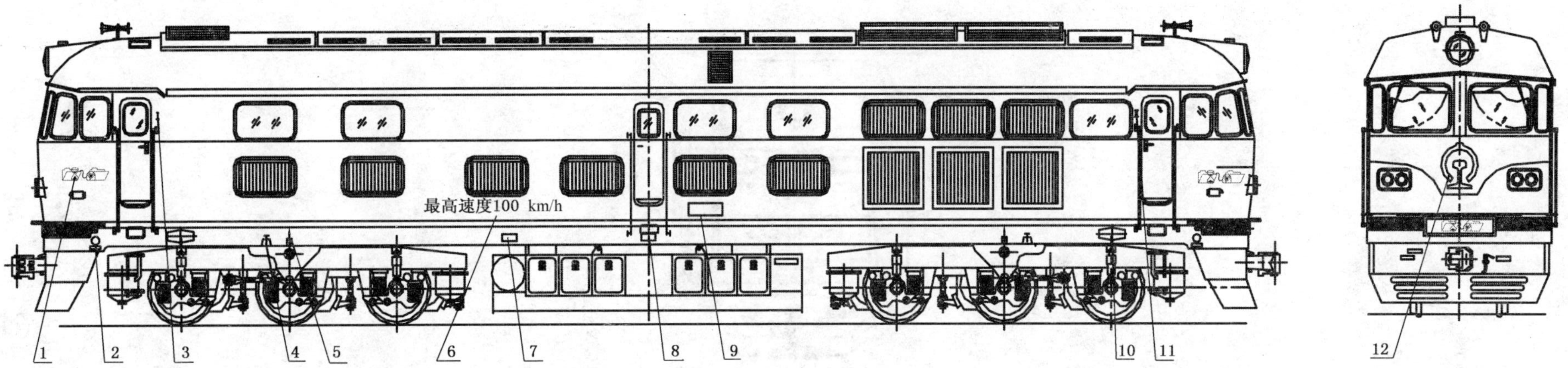

1——车号牌标记；
2——救援标记；
3——Ⅰ端标记；
4——顶车标记；
5——吊车标记；
6——最高速度标记；
7——机油加入口标记；
8——燃油加入口标记；
9——配属标记；
10——制造商标记；
11——Ⅱ端标记；
12——路徽标记。

图 A.1　内燃机车标记示意图

A.2 电力机车标记位置示例见图 A.2。

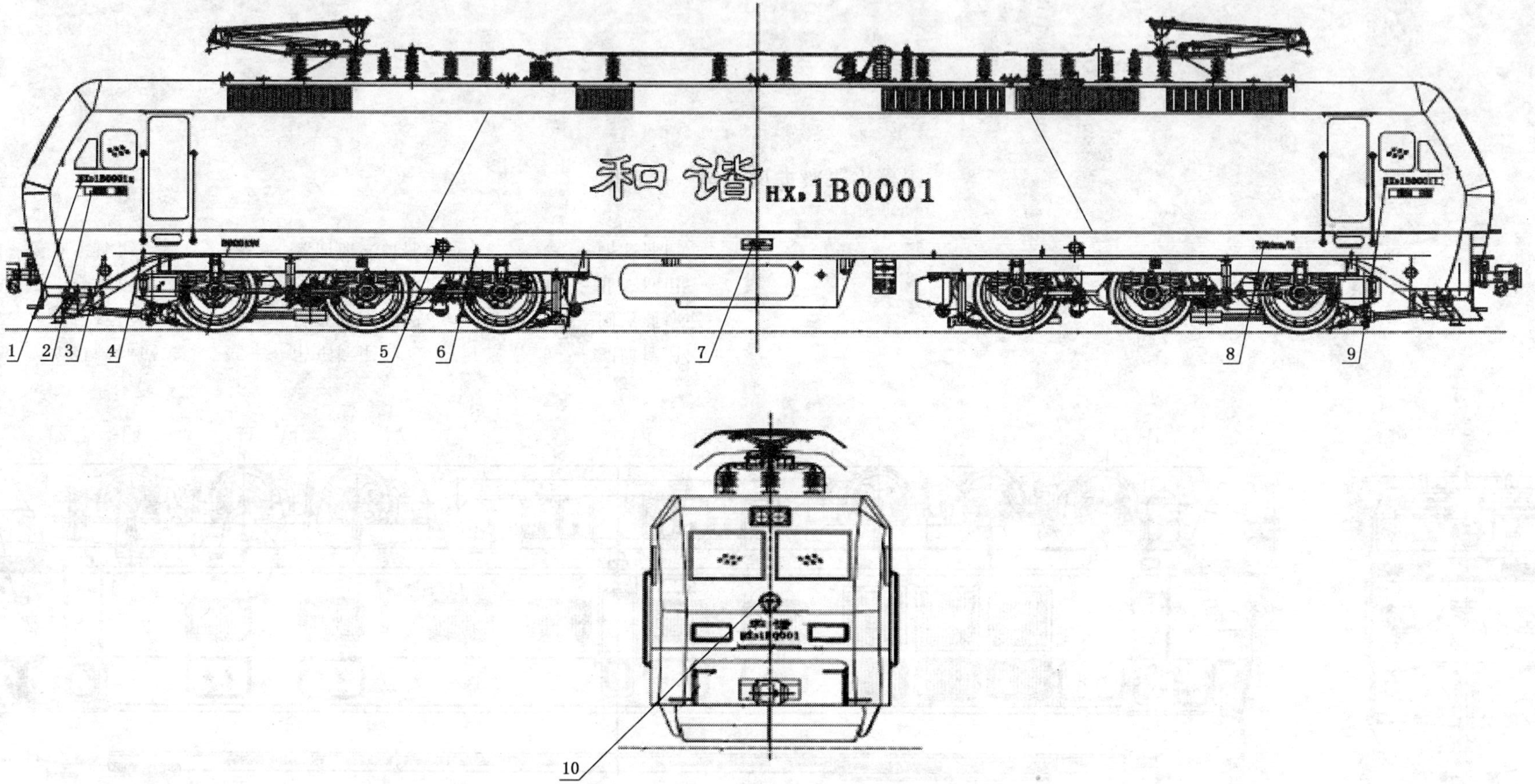

1——Ⅰ端车号牌标记；
2——配属标记；
3——救援标记；
4——加砂口标记；
5——吊车标记；
6——顶车标记；
7——制造商标记；
8——最高速度标记；
9——Ⅱ端车号牌标记；
10——路徽标记。

图 A.2 电力机车标记示意图

参 考 文 献

［1］ GB/T 3367.6—2000 铁道机车名词术语 内燃机车术语.

ICS 45.060.10
S 42

中华人民共和国国家标准

GB/T 25334.1—2010

铁道机车车体技术条件
第1部分:内燃机车车体

**Technical specification for railway locomotive car body—
Part 1:Diesel locomotive car body**

2010-11-10 发布　　2011-03-01 实施

中华人民共和国国家质量监督检验检疫总局
中国国家标准化管理委员会　发布

前　言

GB/T 25334《铁道机车车体技术条件》分为两个部分：

——第1部分：内燃机车车体；

——第2部分：电力机车车体。

本部分是GB/T 25334的第1部分。

本部分是在TB/T 2730—1996《内燃机车车体技术条件》基础上制定的。

本部分由中华人民共和国铁道部提出。

本部分由铁道行业内燃机车标准化技术委员会归口。

本部分起草单位：中国北车集团大连机车车辆有限公司、南车戚墅堰机车有限公司、南车资阳机车有限公司。

本部分主要起草人：王松、吴平、王龙。

铁道机车车体技术条件
第1部分：内燃机车车体

1 范围

GB/T 25334的本部分规定了内燃机车车体的技术要求、检查、验收、运输和贮存。

本部分适用于轨距为1 435 mm，以柴油机为动力的电力传动、液力传动的新造内燃机车车体（以下简称“车体”）的设计、制造和验收。其他类型内燃机车车体可参照本部分执行。

2 规范性引用文件

下列文件中的条款通过GB 25334的本部分引用而成为本部分的条款。凡是注日期的引用文件，其随后所有的修改单（不包括勘误的内容）或修订版均不适用于本部分，然而，鼓励根据本部分达成协议的各方研究是否可使用这些文件的最新版本。凡是不注日期的引用文件，其最新版本适用于本部分。

GB 146.1 标准轨距铁路机车车辆限界

GB/T 3314 内燃机车通用技术条件

GB/T 3315 内燃机车制成后投入使用前的试验方法

GB/T 3450 铁道机车和动车组司机室噪声限值及测量方法

GB 6770 机车司机室特殊安全规则(GB 6770—2000,idt UIC 617-5 OR:1977)

GB/T 9438 铝合金铸件(GB/T 9438—1999,neq ASTM B26/B26M:1992)

GB/T 13819 铜合金铸件

TB/T 456 机车车辆用车钩、钩尾框

TB/T 1465 铁道机车车辆用球墨铸铁件通用技术条件

TB/T 1580 新造机车车辆焊接技术条件

TB/T 1891 机车用门锁

TB/T 1961 机车车辆缓冲器

TB/T 2054 铁路机车漏雨试验方法

TB/T 2541 机车车体静强度试验规范

TB/T 2879.3 铁路机车车辆 涂料及涂装 第3部分：金属和非金属材料表面处理技术条件(TB/T 2879.3—1998,neq UIC 842.3:1979)

TB/T 2879.5 铁路机车车辆 涂料及涂装 第5部分：客车和牵引动力车的防护和涂装技术条件(TB/T 2879.5—1998,neq UIC 842.5:1979)

TB/T 2942 铁路用铸钢件采购与验收技术条件

TB/T 2944 铁道用碳素钢锻件

TB/T 3014 铁道用合金钢锻件

UIC 642—2001 国际联运机车和动车以及带司机室拖车的防火消防特殊规定

3 术语和定义

下列术语和定义适用于本部分。

3.1

车体 car body

安置及保护动力、传动、冷却、辅助等设备，并为乘务人员提供良好工作条件的机车上部结构的总称。按车体承载方式，可分为承载式车体与非承载式车体。按车体外形，可分为罩式车体和棚式车体。

a) 承载式车体（整体承载式） load-bearing body

b) 非承载式车体（车架承载式） not-load-bearing body

c) 罩式车体（外走廊式） cover body

d) 棚式车体（内走廊式） shed body

[GB/T 3367.4—2000，定义 2]

3.2

车体钢结构 steel structure

位于机车走行部上方的主承载结构，它包括所有固定在该结构上、直接有助于其强度、刚度和稳定性的零部件。

注：改写 GB/T 3367.4—2000，定义 2.1。

3.3

车体内层结构 lining structure

固定于车体内部，用于机车防寒、隔热、隔声、消音、设备支撑紧固以及用于机车内部装饰等的填料和构件。

4 技术要求

4.1 使用环境要求

4.1.1 车体应能在环境空气温度为－40 ℃～＋40 ℃，相对湿度小于或等于 95％的条件下使用。

4.1.2 车体应能承受自然环境如风、沙、雨、雪的侵袭。

4.2 基本要求

4.2.1 车体应按经规定程序批准的产品图样和技术文件制造，并符合本部分的规定。

4.2.2 车体钢结构强度应符合 GB/T 3314 的有关规定和有关标准的要求。必要时可对关键部位如主要焊缝、设备连接点、车门和车窗边角等部位的疲劳强度进行计算评估。

4.2.3 在机车整备状态下，车体刚度应满足车体钢结构上挠值在 0～10 mm 之间。

4.2.4 在机车整备状态下，车体弯曲自振频率与转向架点头和浮沉振动频率的比值应大于或等于 1.4。整备状态车体最低弯曲自振频率大于或等于 10 Hz。

4.2.5 车体钢结构的焊接质量在满足设计要求的条件下，主要焊缝应能满足循环次数为 10^7 时的疲劳强度要求。

4.2.6 车体钢结构材料的许用应力应根据工况、使用条件的不同按 TB/T 2541 的规定选取。对于偶尔出现的较恶劣的工况，考虑最小安全系数为 1；对于正常运行的工况，考虑较大的安全系数；对于间断出现的工况，考虑较小的安全系数。

4.2.7 车体外形尺寸应符合 GB 146.1 的有关规定。

4.2.8 机车应设高度可调整的排障器，排障器中央低部承受的冲击力应符合 GB/T 3314 的规定。排障器距轨面高度（在踏面允许磨耗范围内可调）为 110^{+10}_{0} mm。

4.2.9 脚蹬板应防滑，两侧设止挡。

4.2.10 车体应设置用于机车整体起吊和救援起吊的吊座（孔）及用于将机车整体架起的具有防滑功能的架车座（板）。

4.2.11 走台板或通道地板上应有防滑措施。走台板护栏应牢固。

4.2.12 车钩及钩尾框应符合 TB/T 456 的规定。

4.2.13 缓冲器的性能应符合 GB/T 3314 和 TB/T 1961 的有关规定。

4.2.14 车体的焊接应符合 TB/T 1580 及有关技术文件的规定。

4.2.15 缓冲座、缓冲器与从板贴合面间的局部间隙应小于或等于 1 mm，且不能贯通。

4.2.16 车体的防火及消防要求应符合 UIC 642—2001 的规定。

4.2.17 车体上的各车门应开启灵活，关闭可靠，密封良好。

4.2.18 车体应设有便于车内设备装卸的孔盖。

4.2.19 司机室的结构应符合 GB/T 3314 的相关规定。有关的特殊安全规则应符合 GB 6770 的规定。

4.2.20 司机室内层结构应装有防寒、隔热、隔声、消音的填料和构件，使乘务员有舒适的工作条件。在隔声、消音性能方面，应符合 GB/T 3450 的规定。

4.2.21 机车门锁应符合 TB/T 1891 的规定。

4.3 材料要求

4.3.1 车体所使用的材料应符合产品图样的规定，其力学性能和化学成分应符合有关标准的规定。

4.3.2 使用的钢材在下料前应进行除锈等预处理。

4.4 零部件制造要求

4.4.1 焊接件应符合 TB/T 1580 及有关技术文件的规定。

4.4.2 铝合金铸件应符合 GB/T 9438 的规定。

4.4.3 铜合金铸件应符合 GB/T 13819 的规定。

4.4.4 球墨铸铁件应符合 TB/T 1465 的规定。

4.4.5 铸钢件应符合 TB/T 2942 的规定。

4.4.6 锻件应符合 TB/T 2944 和 TB/T 3014 的规定。

4.5 承载式车体组装要求

4.5.1 车体组成后的挠度值应符合产品图样和技术文件的规定，挠度应圆滑过渡，前后对称，不应有突变点。

4.5.2 车架应符合以下要求：

a) 两承载纵梁对角线长度之差及四角高低之差应符合产品图样和技术文件的规定。

b) 车架组焊后侧梁外侧面平面度公差为 4 mm。

c) 牵引梁中心线对车架纵向中心线在水平方向上的位置度公差为 2 mm。

d) 通风道组焊后，内表面应清洁，无飞溅、毛刺、熔渣。所有焊缝不应有缝隙或漏风。通风道组焊后，其内外表面均应涂防锈底漆。

4.5.3 侧壁与间壁应符合以下要求：

a) 侧壁蒙皮外表面每平方米范围内的平面度公差为 2 mm；

b) 各间壁组装后，其平面度公差为 4 mm；

c) 车门与门框装配时周边间隙应均匀。

4.5.4 顶棚应符合以下要求：

a) 顶棚蒙皮平面部分每平方米范围内的平面度公差为 3 mm，曲面部分应过渡圆滑，用样板检查间隙应小于或等于 2 mm；

b) 顶盖采用可拆卸方式与车体钢结构固定，并采取适当的密封方式，保证密封可靠。

4.5.5 百页窗装配后活动页片应能灵活转动，关闭可靠，密封良好，无卡滞现象。

4.5.6 司机室应符合以下要求：

a) 司机室内装饰板应平整美观，各压条对接处的间隙应小于或等于 0.5 mm，边缘错位应小于或等于 0.5 mm；

b) 司机室地板应平整防滑；

c) 司机室各窗口与玻璃的配合尺寸应符合产品图样和技术文件的规定，确保其互换性能。

4.6 非承载式车体组装要求

4.6.1 车架应符合以下要求：

a) 车体组成后车架挠度值应符合经规定程序批准的产品图样和技术文件的规定，挠度应圆滑过渡，不应有突变点；

b) 两承载纵梁对角线长度之差及四角高低之差应符合产品图样和技术文件的规定；

c) 牵引梁中心线对于车架纵向中心线在水平方向上的位置度公差为 2 mm。

4.6.2 顶棚应符合以下要求：

a) 顶棚侧板部分每平方米范围内的平面度公差为 3 mm；

b) 顶棚顶板每平方米范围内的平面度公差为 3 mm，车顶板曲面部分沿车长方向每米范围内的直线度公差为 3 mm。

4.6.3 侧壁与间壁应符合以下要求：

a) 侧壁端壁外表面及门板每平方米范围内的平面度公差为 3 mm；

b) 各间壁组装后，其平面度公差为 4 mm。

4.6.4 司机室的组装要求应符合 4.5.6 的规定。

4.7 车体表面涂装要求

车体表面的除锈应符合 TB/T 2879.3 的规定，涂装应符合 TB/T 2879.5 的规定。

5 检验方法和检验规则

5.1 检验部门应按产品图样、有关技术文件及本部分的相关规定进行检验(检验项目见表1)，并符合 GB/T 3315、TB/T 2054 的相关规定。

表 1 检验项目

序号	检验项目	检验方法及要求	型式检验	出厂检验
1	车体钢结构强度及模态	4.2.3～4.2.6	√	×
2	车体外形尺寸	4.2.7	√	√
3	排障器性能	4.2.8	√	×
4	车钩及尾框	4.2.12	√	√
5	车体的防火性能	4.2.16	√	×
6	司机室隔热、隔声	4.2.20	√	×
7	司机室门锁	4.2.21	√	×
8	车体材料	4.3	√	√
9	车体零部件	4.4	√	√
10	车体组装	4.5～4.6	√	√
11	车体密封	TB/T 2054	√	√
注：符号“√”表示必做该项检验；符号“×”表示不做该项检验。				

5.2 车体检验合格后，应有检验记录备查。

5.3 新设计的车体、转厂生产的车体或所用零部件的材料发生重大变化时，应按 5.1 的规定重新进行型式检验。

6 运输和贮存

6.1 车体贮存时，应正置，应在通风良好，有防雨、防潮、防腐、防尘措施的室内存储。

6.2 车体如需外运时，所有门、窗等开口要用木板封闭，应对车体实施整体包装，防止雨水等的侵入。车体应固定牢靠。

参 考 文 献

[1] GB/T 3367.4—2000 铁道机车名词术语 内燃机车车体和转向架零部件名词.

ICS 29.280,45.060.10
S 41

中华人民共和国国家标准

GB/T 25334.2—2010

铁道机车车体技术条件
第2部分：电力机车车体

Technical specification for railway locomotive car body—
Part 2: Electric locomotive car body

2010-11-10 发布　　2011-03-01 实施

中华人民共和国国家质量监督检验检疫总局
中国国家标准化管理委员会　发布

前　言

GB/T 25334《铁道机车车体技术条件》分为两个部分：

——第1部分：内燃机车车体；

——第2部分：电力机车车体。

本部分是GB/T 25334的第2部分。

本部分是在TB/T 1982—1987《电力机车车体焊接技术条件》基础上制定的。

本部分由中华人民共和国铁道部提出。

本部分由铁道行业内燃机车标准化技术委员会归口。

本部分负责起草单位：中国北车集团大同电力机车有限责任公司。

本部分参加起草单位：中国北车集团大连机车车辆有限公司、南车株洲电力机车有限公司。

本部分主要起草人：张江田、李幸人、杨俊杰、吴平、赵凤兰、杨相健。

铁道机车车体技术条件
第2部分:电力机车车体

1 范围

GB/T 25334的本部分规定了电力机车车体的结构性能、检查、验收、运输和贮存。

本部分适用于标准轨距1 435 mm的新造电力机车车体(以下简称“车体”)的设计、制造和验收。其他类型电力机车车体可参照本部分执行。

2 规范性引用文件

下列文件中的条款通过GB/T 25334的本部分引用而成为本部分的条款。凡是注日期的引用文件,其随后所有的修改单(不包括勘误的内容)或修订版均不适用于本部分,然而,鼓励根据本部分达成协议的各方研究是否可使用这些文件的最新版本。凡是不注日期的引用文件,其最新版本适用于本部分。

GB 146.1 标准轨距铁路机车车辆限界

GB/T 3317 电力机车通用技术条件

GB/T 3318 电力机车制成后投入使用前的试验方法

GB/T 3450 铁道机车和动车组司机室噪声限值及测量方法

GB 6770 机车司机室特殊安全规则(GB 6770—2000,idt UIC 617-5 OR:1977)

GB 6771 电力机车防火和消防措施的规程(GB 6771—2000,eqv UIC 617-1 OR:1979)

GB/T 9438 铝合金铸件(GB/T 9438—1999,neq ASTM B26/B26M:1992)

GB/T 13819 铜合金铸件

TB/T 456 机车车辆用车钩、钩尾框

TB/T 1465 铁道机车车辆用球墨铸铁件通用技术条件

TB/T 1580 新造机车车辆焊接技术条件

TB/T 1891 机车用门锁

TB/T 2879.3 铁路机车车辆 涂料及涂装 第3部分:金属和非金属材料表面处理技术条件(TB/T 2879.3—1998,neq UIC 842.3:1979)

TB/T 2879.5 铁路机车车辆 涂料及涂装 第5部分:客车和牵引动力车的防护和涂装技术条件(TB/T 2879.5—1998,neq UIC 842.5:1979)

TB/T 2942 铁路用铸钢件采购与验收技术条件

TB/T 2944 铁道用碳素钢锻件

TB/T 3014 铁道用合金钢锻件

3 术语和定义

下列术语和定义适用于本部分。

3.1

车体 car body

安置及保护机械、电气等设备,并为乘务人员提供良好工作条件的机车上部结构的总称。

注:改写GB/T 3367.4—2000,定义2。

3.2

车体钢结构　steel structure

位于机车走行部上方的主承载结构,它包括所有固定在该结构上,直接有助于其强度、刚度和稳定性的零部件。

[GB/T 25334.1—2010,定义 3.2]

3.3

车体内层结构　lining structure

固定于车体内部,用于机车防寒、隔热、隔声、消声、设备支撑紧固以及用于机车内部装饰等的填料和构件。

[GB/T 25334.1—2010,定义 3.3]

4　车体结构组成

车体由车体钢结构、车体内层结构、车顶盖装置、车体附属部件、牵引缓冲器装置组成。车体钢结构一般包括司机室、底架、侧墙、车顶连接横梁、后端墙(如有)等几部分;车体内层结构一般包含司机室隔热隔声保温材料、各类装饰墙板、车内设备安装骨架、走廊地板、司机室地板等;车体附属部件包括各类门、窗、排障器等。

5　技术要求

5.1　性能要求

5.1.1　车体应按经规定程序批准的产品图样和技术文件制造,并符合本部分的规定。

5.1.2　车体应能在环境空气温度为－40 ℃～＋40 ℃,相对湿度小于或等于 95%的条件下使用。

5.1.3　车体钢结构强度应符合 GB/T 3317 的有关规定。同时需要对关键部位如主要焊缝、设备连接点、车门和车窗边角等部位的疲劳强度进行校核。

5.1.4　在机车整备状态下,车体一阶垂向弯曲自振频率与转向架点头和浮沉振动频率的比值应大于或等于 1.4。机车整备状态车体一阶垂向弯曲自振频率大于或等于 10 Hz。

5.1.5　车体钢结构的焊缝的疲劳强度应能满足正常工作载荷循环次数至少为 10^7 的要求。

5.1.6　车体钢结构材料的许用应力应根据应用工况的不同进行适当选取。对于较恶劣的偶尔出现的工况,按照材料的屈服强度考虑最小安全系数为 1;对于间断出现的工况,考虑较小的安全系数为 1.1;对于正常运行的工况,考虑较大的安全系数为 1.5。

5.1.7　车体总组装完成后,车体的密封性能按 GB/T 3318 的有关规定进行检查。

5.1.8　车体的防火及消防要求应符合 GB 6771 的规定。

5.1.9　车体外形尺寸应符合 GB 146.1 的有关规定。

5.1.10　车体一般采用整体承载焊接结构。对于单司机室的车体,后端墙参加承载;司机室后墙可不承载;车体侧墙分为框架式、桁架式等结构形式。

5.1.11　司机室及其构件应符合 GB/T 3317 的相关规定。有关的特殊安全规则应符合 GB 6770 的规定。

5.1.12　司机室内层结构应装有防寒、隔热、隔声、消声的填料和构件。在隔声、消声性能方面,车体结构和设备布置应共同配合,以符合 GB/T 3450 的规定。

5.1.13　机车门锁应符合 TB/T 1891 的规定。

5.1.14　为保持司机室清洁和维修设备进出机械间方便,可在车体侧墙上设置维修门。

5.1.15　车顶盖装置应与钢结构密封良好,具有适当的强度和刚度。

5.1.16　机械室各门应开启灵活,关闭可靠,保证联锁作用良好可靠。

5.1.17　排障器应符合 GB/T 3317 的有关规定。排障器的固定方式及位置应便于排障器安装互换。

5.1.18　机车入口门脚蹬板应防滑,两侧设止挡。

5.1.19 车体应设有用于将机车复轨和整体起吊的吊销孔及用于将机车整体架起的具有防滑功能的架车垫板。

5.1.20 车钩及钩尾框应符合 TB/T 456 的规定。

5.2 材料要求

5.2.1 车体所使用的材料应符合产品图样和技术文件的规定。其力学性能、化学成分应符合有关标准的规定。

5.2.2 焊条及焊丝应符合 TB/T 1580 的有关规定。

5.2.3 使用的钢材在下料前应进行除锈等预处理。

5.3 零部件制造要求

5.3.1 焊接件应符合 TB/T 1580 及有关技术文件的规定。

5.3.2 铝合金铸件应符合 GB/T 9438 的规定。

5.3.3 铜合金铸件应符合 GB/T 13819 的规定。

5.3.4 球墨铸铁件应符合 TB/T 1465 的规定。

5.3.5 铸钢件应符合 TB/T 2942 的规定。

5.3.6 锻件应符合 TB/T 2944 和 TB/T 3014 的规定。

5.4 组装要求

5.4.1 底架

5.4.1.1 底架两侧的侧梁可分段焊接组成，其分段焊接的位置和接头型式应符合有关产品图样及技术文件的规定。

5.4.1.2 牵引梁左右从板座组装时，前后从板座工作面平行度公差为 1 mm，与车钩中心线垂直度公差为 1 mm。

5.4.1.3 底架组成应符合以下要求：

a） 牵引梁的中心线对车体底架纵向中心线在水平方向上的位置度公差为 2 mm。

b） 组焊后侧梁的旁弯应小于或等于 4 mm。

c） 位于底架同一平面的各梁，每平方米范围内的平面度公差为 3 mm。局部不影响组装的部分，其水平方向的直线度允差应按产品图样规定。

5.4.2 设备安装骨架

5.4.2.1 风道焊缝不应有缝隙或漏风。

5.4.2.2 设备安装骨架地板面每平方米范围内的平面度公差为 3 mm。

5.4.2.3 设备安装骨架内外应仔细清除杂物。

5.4.3 司机室和侧墙

5.4.3.1 前窗口板应用工艺样板检查，以保证尺寸公差在允差范围内。

5.4.3.2 前窗口板焊装后，应使左右两板的下窗边处在同一水平上。

5.4.3.3 墙板外表焊缝应打磨至与墙板表面平齐。

5.4.3.4 司机室两侧墙身的高度应与侧墙相接近，其允差小于或等于 3 mm。

5.4.3.5 侧墙上挠度应与底架上挠度一致。

5.4.4 顶盖装置

5.4.4.1 车体顶盖的表面每平方米范围内的平面度公差为 2 mm。

5.4.4.2 受电弓安装座的上平面应在同一水平位置，相差应小于或等于 1 mm。

5.4.4.3 为便于车内设备装卸，顶盖采用可拆卸的方式与车体钢结构固定，并采取适当的密封方式，保证密封可靠。

5.4.4.4 顶盖上部应设置防滑通道。

5.4.5 车体总组装

5.4.5.1 车体外墙板表面每平方米范围内的平面度公差为 3 mm。

5.4.5.2 车体上挠度在两端外侧枕梁间为 6 mm～15 mm，新设计有特殊要求除外。

5.4.5.3 入口门门框不应左右扭曲，门框与底架在全高范围内的垂直度公差为 5 mm。

5.4.5.4 走廊地板应平整防滑。

5.4.5.5 牵引缓冲装置组装后，各支架、托板、安全板的紧固件应紧固，无松动现象。车钩从板与从板座要求贴靠，局部间隙应小于或等于 1 mm。

5.4.5.6 车内各室隔墙板表面每平方米范围内的平面度公差为 4 mm。

5.4.6 车体涂装

5.4.6.1 车体钢结构组装完成后，应按 TB/T 2879.3 的规定进行表面除锈。各种螺口、管口、风道口不应有砂粒或铁丸进入，除锈后应清除全车杂物。

5.4.6.2 车体涂装应符合 TB/T 2879.5 的规定。

5.4.7 车体内层结构司机室内层（内墙、内顶、地板）按产品图样规定要求安装防寒、隔热、消声、隔声的填料。内墙板、内顶板的紧固件抽芯铆钉或螺钉要求钉距均匀、紧固可靠、横向压条在 1 m 以上者可以分段，但接口应平整。司机室地板及机械间走廊地板应平整、防滑，且拆装灵活。

6 检验方法和检验规则

6.1 检验部门应按产品图样、技术文件及本部分的相关规定对车体进行出厂检验和型式检验，检验项目见表 1。

表 1 检验项目

序 号	检验项目	检验方法及要求	型式检验	出厂检验
1	车体钢结构强度	5.1.3	√	×
2	车体密封	5.1.7	√	√
3	车体的防火性能	5.1.8	√	×
4	车体外形尺寸	5.1.9	√	×
5	司机室隔热、隔声	5.1.12	√	×
6	司机室门锁	5.1.13	√	×
7	排障器性能	5.1.17	√	×
8	车钩及尾框	5.1.20	√	√
9	车体材料	5.2	√	√
10	车体零部件	5.3	√	√
11	车体组装	5.4	√	√
注：符号“√”表示必做该项检验；符号“×”表示不做该项检验。				

6.2 属于下列情况之一者，应进行型式检验：

a) 新设计的机车车体；

b) 机车车体主要原材料和主要承载部件的结构（如底架等）发生改变时；

c) 转厂后生产的机车车体。

6.3 对重要构件施焊完毕，经检验后，施焊者应按技术文件要求在指定部位上打钢印代号。

7 运输和贮存

7.1 车体贮存时，应正置，在通风良好，有防雨、防潮、防腐、防尘措施的室内存储。

7.2 车体如需外运时，所有门、窗等开口要用木板封闭，应对车体实施整体包装，防止雨水等的侵入。车体应固定牢靠。

参 考 文 献

[1] GB/T 3367.4—2000 铁道机车名词术语 内燃机车车体和转向架零部件名词.
[2] GB/T 25334.1—2010 铁道机车车体技术条件 第1部分:内燃机车车体.

ICS 45.120
S 19

中华人民共和国国家标准

GB/T 25335—2010

铁路T梁架桥机

Railway T-girder erecting machine

2010-11-10 发布　　2011-03-01 实施

中华人民共和国国家质量监督检验检疫总局
中国国家标准化管理委员会　发布

前　言

本标准是在 TB/T 2939—1999《单臂式铁路架桥机　技术条件》的基础上进行制定的。

本标准是根据 GB/T 1.1—2000 给出的规则编写的。

本标准由中华人民共和国铁道部提出。

本标准由中铁科工集团有限公司和全国起重机械标准化技术委员会(SAC/TC 227)共同归口。

本标准起草单位：中铁科工集团有限公司、中铁重工有限公司、中铁五局集团有限公司。

本标准主要起草人：谢厚生、李玲、梁怿如、张莉、董平华、蒋建设。

铁路T梁架桥机

1 范围

本标准规定了铁路T梁架桥机的性能要求、工作环境要求、技术要求、检查内容、试验方法、检验规则、标志、包装、运输及存放等。

本标准适用于1 435 mm标准轨距、过轨运输的架设铁路T型混凝土梁的各种类型铁路T梁架桥机(以下简称架桥机)。本标准可供其他轨距的铁路T梁架桥机参照使用。

2 规范性引用文件

下列文件中的条款通过本标准的引用而成为本标准的条款。凡是注日期的引用文件,其随后所有的修改单(不包括勘误的内容)或修订版均不适用于本标准,然而,鼓励根据本标准达成协议的各方研究是否可使用这些文件的最新版本。凡是不注日期的引用文件,其最新版本适用于本标准。

GB/T 700 碳素结构钢(GB/T 700—2006,ISO 630:1995,Structural steels—Plates,wide flats,bars,sections and profiles,NEQ)

GB/T 985.1 气焊、焊条电弧焊、气体保护焊和高能束焊的推荐坡口(GB/T 985.1—2008,ISO 9692-1:2003,Welding and allied processes—Recommendations for joint preparation—Part 1:Manual metal arc welding,gas-shield arc welding,gas welding,TIG welding and beam welding of steels,MOD)

GB/T 985.2 埋弧焊的推荐坡口(GB/T 985.2—2008,ISO 9692-2:1998,Welding and allied processes—Joint preparation—Part 2:Submerged arc welding of steels,MOD)

GB/T 1591 低合金高强度结构钢

GB/T 3323—2005 金属熔化焊焊接接头射线照相(EN 1435:1997,MOD)

GB/T 3766 液压系统通用技术条件(GB/T 3766—2001,eqv ISO 4413:1998)

GB/T 3811 起重机设计规范

GB/T 5600 铁道货车通用技术条件

GB/T 5601 铁道货车检查与试验规则

GB/T 5905 起重机试验规范和程序(GB/T 5905—1986,idt ISO 4310:1981)

GB/T 6067 起重机械安全规程(GB/T 6067—1985,neq NF E52-122:1975)

GB/T 8923.3 涂覆涂料前钢材表面处理 表面清洁度的目视评定 第3部分:焊缝、边缘和其他区域的表面缺陷的处理等级

GB/T 9286 色漆和清漆 漆膜的划格试验(GB/T 9286—1998,eqv ISO 2409:1992)

GB/T 10095.1—2008 圆柱齿轮 精度制 第1部分:轮齿同侧齿面偏差的定义和允许值(ISO 1328-1:1995,IDT)

GB 15052 起重机械危险部位与标志

GB/T 17426 铁道特种车辆和轨行机械动力学性能评定及试验方法

GB/T 19418 钢的弧焊接头 缺陷质量分级指南(GB/T 19418—2003,ISO 5817:1992,IDT)

GB/T 20118 一般用途钢丝绳(GB/T 20118—2006,ISO/DIS 2408:2002,Steel wire ropes general purposes—Minimum Requirements,MOD)

JB/T 5000.10 重型机械通用技术条件 第10部分:装配

JB/T 9005 起重机用铸造滑轮

JB/T 9006.3　起重机用铸造卷筒　技术条件

JB/T 9737.3　汽车起重机和轮胎起重机液压油选择与更换

JB/T 10559—2006　起重机械无损检测　钢焊缝超声检测

TB/T 1.1　铁道车辆标记　一般规则

TB/T 1.2　铁道车辆标记　文字与字体

TB/T 1335　铁道车辆强度设计及试验鉴定规范

TB/T 1464　铁道机车车辆用碳钢铸件通用技术条件

TB/T 1492　铁道车辆制动机单车试验方法

TB 1560　货车安全技术的一般规定

TB/T 1580　新造机车车辆焊接技术条件

TB/T 2232　JZ-7 型机车空气制动机单机试验　验收技术条件

TB/T 2879.3　铁路机车车辆　涂料及涂装　第 3 部分:金属和非金属材料表面处理技术条件

TB/T 2879.4　铁路机车车辆　涂料及涂装　第 4 部分:货车防护和涂装技术条件

TB/T 2879.6　铁路机车车辆　涂料及涂装　第 6 部分:涂装质量检查和验收规程

TB/T 2911　车辆铆接通用技术条件

TSG Q7002　桥式起重机型式试验细则

3　架桥机性能及工作环境要求

3.1　性能要求

3.1.1　架桥机应可架设跨度 32 m 及以下各种规格的铁路混凝土 T 型梁。

3.1.2　架桥机应可在不大于 16‰的坡道上进行架梁作业。

3.1.3　架桥机架梁最小曲线半径不应大于 400 m。

3.1.4　架桥机通过最小曲线半径不应大于 180 m。

3.1.5　架桥机理论设计架梁速度不宜小于 3 孔每台班(每台班 8 h)。

3.1.6　架桥机宜兼有铺设 25 m 轨排的功能。

3.1.7　架桥机宜具有隧道内或隧道口架梁的功能。

3.2　工作环境要求

3.2.1　环境温度:－20 ℃～＋45 ℃。

3.2.2　最大风力:≤6 级(风速 10.8 m/s～13.8 m/s)。

3.2.3　海拔高度:≤2 000 m。

3.2.4　高原环境中使用的架桥机应满足用户提出的特殊要求。

4　技术要求

4.1　基本技术要求

4.1.1　架桥机的主机和辅机(机动平车)的设计和制造应符合本标准 GB/T 3811、GB/T 5905、GB/T 6067、GB/T 5600、TB 1560 等相关标准及按规定程序批准的图样和技术文件的规定。

4.1.2　架桥机所用的原材料、外购件、外协件、标准件应符合图样及现行有关标准规定,并具有出厂合格证。关键的和重要的原材料、外购件、外协件、标准件还应进厂复检,合格后方可使用。

4.1.3　架桥机横向及纵向稳定性计算应符合 GB/T 3811 的规定。

4.1.4　架桥机各施工工况下的爬坡能力、轴重、制动性能计算应符合设计和 TB/T 2232、TB/T 1492 的要求。

4.1.5　架桥机应按规范设置确保安全工作的机械、液压和电气安全保护装置。

4.1.6　架桥机所用的液压管道、空气制动管道、电线管道应布置整齐。

4.1.7 架桥机所用的减速机、轴承、钢丝绳等应有良好的润滑。

4.1.8 架桥机所用的压力容器及压力管道在规定压力下不应有漏水、漏油、漏气现象。

4.1.9 架桥机所用的装配件应符合 JB/T 5000.10 的要求。

4.1.10 架桥机所用的柴油机排放应符合有关规定。

4.1.11 架桥机各操作手柄、踏板和按钮均应安装在便于操作的位置。

4.1.12 高原、高寒地区使用的架桥机的设计,应对动力系统、电气系统、液压系统、制动系统等进行校核和适应性选型。

4.2 材料

4.2.1 架桥机主机车上部分金属结构件的材质,普通碳素结构钢应符合 GB/T 700 的规定,低合金高强度结构钢应符合 GB/T 1591 的规定,牌号的选用不应低于表 1 的规定。

表 1

构件类别	重要构件		一般构件
工作环境温度	≥−20 ℃	−25 ℃～−20 ℃<	≥−25 ℃
钢材牌号	Q235C	Q235D	Q235A
	Q345C	Q345D	
注:重要构件指承力较大的部件,如:机臂、起重小车、各支柱等。			

4.2.2 架桥机主机用平车及辅机用平车(以下简称"车辆部分")金属结构件的材质应符合 GB/T 5600 及现行技术文件要求。

4.3 主要零部件

4.3.1 通则

架桥机应采用符合或综合性能不低于下列标准的零部件:

钢丝绳　　GB/T 20118;

齿轮　　精度不低于 GB/T 10095.1—2008 规定的 887 级;

铸造滑轮　　JB/T 9005;

铸造卷筒　　JB/T 9006.3。

4.3.2 焊接

4.3.2.1 焊接坡口应符合 GB/T 985.1 和 GB/T 985.2 的规定,特殊接头应在图样上标明。

4.3.2.2 焊接外观应符合 GB/T 19418 的要求。

4.3.2.3 焊条、焊丝的选择应与母材相适应。

4.3.2.4 架桥机重要结构件,包括主机车上部分的机臂、立柱、扁担及小车架等对接焊缝应进行无损探伤,射线探伤时不应低于 GB/T 3323—2005 中规定的Ⅱ级,超声波探伤时不应低于 JB/T 10559—2006 中规定的 1 级,其他全焊透焊缝应进行超声波探伤,其焊缝等级不应低于 JB/T 10559—2006 中规定的 2 级。架桥机用车辆的车体、转向架构架等应符合按规定程序批准的该车技术条件的要求。

4.3.3 机臂

4.3.3.1 机臂落成后,长度允差为公称尺寸的 1‰,高度允差为±4 mm。

4.3.3.2 机臂全长范围内最大水平弯曲不应大于 12 mm,扭曲允差不应大于 8 mm。

4.3.3.3 机臂上的各轨道板应平整、光滑,平面度不应大于 3 mm。

4.3.3.4 机臂上下翼缘板宽度允差为±2 mm。

4.3.3.5 机臂腹板平面度允差不应大于 3 mm/m。两腹板外侧距离允差为±3 mm。

4.3.3.6 机臂翼缘板及腹板可以对接接长,但应错开对接,最小错开距离为 200 mm。

4.3.3.7 机臂翼缘板及腹板的对接焊缝需磨平,并进行消除内应力处理。

4.3.3.8 机臂在简支架梁区段内宜设置预拱,预拱值宜为 80 mm～100 mm,后支点外 3 m 范围内应平缓过渡。

4.3.4　**支柱**

4.3.4.1　1号支柱、2号支柱、3号支柱组装后升降应灵活,无卡滞现象。

4.3.4.2　承载机臂时,1号支柱机臂支承轮应平直,不应有明显的偏斜和蹩劲现象。

4.3.4.3　2号支柱曲梁或摆臂小车横移应灵活,无卡滞现象。

4.3.5　**0号支柱及0号支柱摘挂机构**

4.3.5.1　0号支柱活动节的数量和各节长度应满足设计坡道施工时增高或降低的需要。

4.3.5.2　0号支柱摘挂机构应运转灵活,无钢丝绳刮磨和异常声音。

4.3.6　**起重小车**

4.3.6.1　起重小车在机臂轨道上行走应顺畅,不应与机臂腹板有刮蹭现象。

4.3.6.2　横移小车居中状态时,纵移小车、横移小车和横移丝杆组合螺母的中线应在同一轴线上。

4.3.6.3　所有的均衡轮架应摆动灵活,无卡滞现象。

4.3.6.4　卷扬机运转应平稳正常,无卡滞、冲击和异常噪声,无渗漏油现象。

4.3.6.5　在额定负荷下制动时,梁片下滑量不应超过5 mm。

4.3.6.6　应调正排绳器与吊梁卷筒的相对位置。排绳器排绳应顺畅,密实,无损伤钢丝绳的现象。

4.3.6.7　吊梁钢丝绳在滑轮组中穿绕应正确;钢丝绳两端固定应符合规范要求。吊梁时,钢丝绳不应有非正常接触物体的现象。

4.3.7　**上拖拉机构和下拖拉机构**

4.3.7.1　架桥机机臂应伸缩灵活,起重小车、拖梁小车应走行顺畅,无卡滞、走偏现象。

4.3.7.2　拖拉卷筒钢丝绳应处于适度张紧可调状态,不应在卷筒上打滑。

4.3.7.3　拖拉卷筒轴线与电动机轴线装配允差不应大于0.2 mm。

4.3.7.4　拖拉卷筒及滑轮应转动灵活,无异常声响。

4.3.8　**摆头机构**

4.3.8.1　摆头机构应能平稳地实现机臂水平摆动,动作灵活。

4.3.8.2　摆头机构的摆头量应能满足最小曲线半径的架梁要求。

4.3.9　**走行轮、支承轮、导向轮、托绳轮等各种钢轮**

4.3.9.1　同一组轮子的滚面应在同一平面上,偏差不应大于1 mm。

4.3.9.2　轮子转动时不应有卡滞现象或异常响声。

4.3.9.3　轮子侧向摆动不应超过轮子名义直径的1‰。

4.3.9.4　所有轮子不应有裂纹或塑性变形。

4.3.10　**牵引走行机构**

4.3.10.1　驱动机构的安装应牢靠稳妥,最低处距轨面距离应符合铁路限界要求。

4.3.10.2　吊挂牵引电机和减速箱的螺栓、吊杆、销在转场前应进行探伤检查,不应有残缺和裂纹。

4.3.10.3　牵引减速箱与牵引电动机的轴线装配偏差不应大于0.2 mm。

4.3.10.4　减速箱在额定转速下正反两向运转时,应运转平稳,无冲击声和异常噪声,轴承和油温升不应大于40 ℃,最高温度不应超过80 ℃。

4.3.10.5　减速箱离合器应接合可靠,分离彻底,螺杆旁应有"离"、"合"方向的标记。

4.3.11　**动力系统**

4.3.11.1　柴油发电机组的安装应按产品使用说明书的要求进行。

4.3.11.2　柴油发电机组的输出电压、电流、频率应在正常范围内。

4.3.11.3　动力系统的油管及接头不应有渗漏现象。

4.3.11.4　动力系统的电路和仪表的接线应牢固可靠。

4.3.11.5　油门开关应灵活,拉线不应断裂。

4.3.11.6 蓄电池安放应牢固,防振、防雨。

4.3.12 **车辆**

4.3.12.1 架桥机车辆部分的强度和刚度,在过轨运输及施工状态下均应符合 TB/T 1335 的规定,其中,施工状态下的强度可按 GB/T 3811 的规定执行,动力学试验应符合 GB/T 17426 的要求。

4.3.12.2 车辆铆接应符合 TB/T 2911 的规定。

4.3.12.3 车辆焊接应符合 TB/T 1580 的规定。

4.3.12.4 车辆碳钢铸件应符合 TB/T 1464 的规定。

4.3.12.5 车辆防护和涂装质量按 TB/T 2879.6 进行检验。

4.3.12.6 JZ-7 型机车空气制动系统按 TB/T 2232 中无火检查的规定进行试验。

4.3.12.7 架桥机车辆落成后,车钩中心线距轨面高度应为 880 mm±10 mm。同一辆车 1、2 位车钩高度差不应大于 10 mm。

4.3.12.8 架桥机车轴轴重应满足下列要求:

a) 在施工作业各工况下最大轴重应小于 34 t;

b) 在过轨运输时轴重应符合现行技术政策的规定。

4.3.12.9 架桥机前后转向架主动车轴的数量和布置应满足设计粘着牵引力的要求。

4.3.12.10 架桥机过轨运输设计运行速度不宜小于 80 km/h。

4.3.13 **液压系统**

4.3.13.1 架桥机液压系统的设计、制造应符合 GB/T 3766 的规定。

4.3.13.2 液压系统宜选用标准件、通用件。所有元件应有合格证。

4.3.13.3 液压元件、管路应设计合理,安全可靠,易于安装、拆卸、调整、维修。当系统维修拆卸元件时,不应使工作液大量流失,不应要求油箱排油。

4.3.13.4 液压回路中,在液压执行元件启动、停车、空转、调整和液压故障处理等工况下,应具有防止执行元件失控的措施。

4.3.13.5 液压系统空载压力损失不应大于 3 MPa,操纵阀杆处于中位时压力损失不应大于 2 MPa。

4.3.13.6 动载试验时,液压油箱工作的最高温升不应大于 40 ℃,最高工作温度不应大于 80 ℃。

4.3.13.7 液压系统不应有外渗漏现象。正常压力下,油泵和马达运转不应有过热及异常响声,各种控制阀应操纵灵活,定位正确。

4.3.13.8 高原条件下使用的架桥机,液压系统应考虑风沙、紫外线、大温差等带来的影响。

4.3.13.9 液压系统滤清器的选择应满足下列要求:

a) 过滤精度和流量应符合所选液压元件的使用要求;

b) 在油箱不排油的情况下应易于清洗滤清器和更换滤芯;

c) 应设置滤清器堵塞报警装置。

4.3.13.10 液压油箱的容积应满足液压系统安全工作的要求,并有足够的空间以便热膨胀和分离空气。

4.3.13.11 液压油箱应设有清洗孔、油位指示器和油温指示器。

4.3.13.12 液压油的选择和更换应符合 JB/T 9737.3 的规定。

4.3.13.13 管路应满足下列要求:

a) 执行元件进口和出口处应设有测试口;

b) 在回路中,管路的最高处应设有排气口;

c) 液压泵进油管路真空度应满足液压泵技术要求的规定;

d) 管卡间距应适当,油管不应与车体接触;

e) 管子弯曲处应圆滑,不应有明显的凹痕和压扁现象(短长轴比不小于 0.75)。

4.3.13.14 可动元件之间应使用软管;抑制机械振动处和极不易使用钢管处,必要时可使用软管;其余部分不应使用软管。安装软管应满足下列要求：

a) 长度应尽可能短，安装及运行中软管不应发生严重弯曲和变形；

b) 软管故障会引起危险或软管易于磨损处应加以保护。

4.3.14 **电气系统**

4.3.14.1 电气系统的设计、制造应满足架桥机各部件传动性能和控制性能，满足安全、可靠、维修方便的要求。

4.3.14.2 架桥机电源为柴油发电机组时，应为三相交流，频率为 50 Hz，电压为 380 V；电机和电器允许电压波动范围为额定电压的±10%；对地绝缘电阻不应小于 1.0 MΩ。

4.3.14.3 架桥机牵引走行可以根据设计要求采用交流变频传动、直流传动或液压传动。

4.3.14.4 电气设备的最低防护等级应符合 GB/T 3811 的规定。

4.3.14.5 当环境温度、湿度不满足电气元件使用要求时，应采取相应措施。

4.3.14.6 电气设备应安装牢固；电线电缆应敷设在线槽或金属管中，线槽或金属管中的电线电缆不应有接头；固定敷设时，敷设弯曲半径不应小于 5 倍电缆直径；移动敷设时，敷设弯曲半径不应小于 8 倍电缆直径；外敷的电线应用线卡，扎线带应以适当间隔固定；在有油污和有可能发生机械损伤的地方应采取防护措施。

4.3.14.7 线路走向应符合设计要求。每根电线两端应有清晰的、与设计图纸一致的线号，线号应清晰、牢固、耐久。

4.3.14.8 滑线电缆应满足设计要求，滑动自如。

4.3.14.9 计算机监测系统应满足下列要求：

a) 计算机系统电压在 160 V～240 V 范围内波动时应能正常工作，在强磁场中应具有抗干扰能力；

b) 传感器应能防雨、防尘，引线不应受力，不应与机械部分摩擦，进入控制柜部分的接插件应加固处理；

c) 应用程序及联锁关系应符合设计要求，提示码、数据码显示应正确；

d) 遥感器的遥控距离应满足有效直线半径不应小于 100 m 的要求。

4.3.14.10 照明系统应满足下列要求：

a) 照明应设专用线路。电源应从主断电路(或主刀开关)进线端分接，主断电路(或主刀开关)断开时，照明电路不应断电；

b) 固定式照明的电压应为 220 V，便携式照明电压不应超过 50 V；

c) 照明灯电线布置应便于检修和更换；

d) 司机室操作台上照明灯照度不应低于 30 lx，仪表灯的照度不应低于 10 lx；

e) 架桥机车体前后和两侧的照明应满足车辆行走观察的要求；0 号支柱、1 号支柱、2 号支柱、起重小车及吊轨小车的照明应满足夜间安全施工作业的要求。

4.3.15 **安全装置**

4.3.15.1 起重小车应设置横移小车和纵移小车限位器，应标记横移小车和纵移小车对中线。

4.3.15.2 吊梁卷筒应设置起升高度限位器。

4.3.15.3 牵引电动机和减速箱应设置防脱落的安全装置。

4.3.15.4 架桥机上外露的、有可能伤人的旋转零部件，如链条、联轴器等均应有防护措施。

4.3.15.5 架桥机车辆前、后端均应按规定要求设置排障器。

4.3.15.6 液压油箱、燃油箱应设置油位显示装置。

4.3.15.7 柴油机应设置温度报警、油压报警、超速报警、超压报警。

4.3.15.8 0 号支柱应设置紧急断电开关。

4.3.15.9 电气控制应设置必要的自锁和互锁保护。

4.3.15.10 电气系统应设置确保安全的过流保护、短路保护、失压保护、零压保护、接地保护和漏电保护。

4.3.15.11 电机等忌水电气设备应设置防雨罩或采取其他防雨措施。

4.3.15.12 主机和机动平车应设置汽笛、电铃报警器。

4.3.15.13 车辆两侧应设置防护栏杆。

4.3.16 司机室

4.3.16.1 司机室应照明良好，视野开阔，便于瞭望。

4.3.16.2 司机室室内布置应合理，操作应方便。

4.3.16.3 司机室不应漏雨透风。

4.3.16.4 司机室室内噪声不应大于 78 dB(A)。

4.3.17 涂装

4.3.17.1 重要钢结构件在涂装前应进行表面喷(抛)丸除锈处理，达到 GB/T 8923.3 中规定的 Sa2 $\frac{1}{2}$ 级；采用手工除锈时，外露部分达到 St3 级，不外露部分达到 St2 级。

4.3.17.2 车辆涂装应符合 TB/T 2879.3、TB/T 2879.4 的要求，按 TB/T 2879.6 的要求进行检验。

4.3.17.3 主机车上部分涂装应满足图样或用户要求。面漆应均匀、细致、光亮、完整和色泽一致，不应有粗糙不平、漏漆、错漆、皱纹、针孔及流挂等缺陷。

4.3.17.4 涂漆厚度要求每层 25 μm～35 μm，总厚度为 75 μm～105 μm。漆膜附着力应符合 GB/T 9286 中的一级质量要求。

5 检查内容

5.1 资料检查

检查生产图纸、检测记录、原材料和配件的证书，应齐全、有效。

5.2 外观检查

5.2.1 检查架桥机各部件的结构、安装位置、油漆、配管、配线、标记等，应符合现行标准及设计要求。

5.2.2 检查各部螺栓、插销、销钉等的连接状态，应符合设计要求。

5.2.3 检查钢结构，不应有明显的变形，焊缝不应有明显的焊接缺陷。

5.2.4 检查各走行轮轨道，应平整光滑、无焊渣。

5.2.5 检查所有安全防护装置、梯台、钢丝绳、吊具，应符合现行标准及设计要求。

5.3 结构及性能检查

5.3.1 限界检查

5.3.1.1 架桥机自轮行走时应能满足设计限界要求。

5.3.1.2 架桥机解体过轨运输时，限界尺寸应符合认定的该机型过轨运输技术条件的规定。

5.3.2 通过性能检查

架桥机自轮行走时应能顺利通过设计规定的最小曲线，并检查下列内容：

a) 各部件的正常相对运动不应受到限制；

b) 车体与转向架连接装置(空气制动软管、制动拉杆、液压软管、牵引走行装置等)及其他各部分，不应发生碰撞及损伤；

c) 轨道不应发生永久变形及损伤。

5.3.3 液压系统检查

5.3.3.1 检查液压系统各管路、液压元件和辅件装置的安装和连接状态，应符合图样规定，各连接部位无渗漏。

5.3.3.2 检查各液压元件、辅件装置的型号、结构及参数，应符合技术要求。

5.3.3.3 检查液压系统功能、各动作,应符合设计要求。

5.3.4 电气系统检查

5.3.4.1 检查电气各回路的接线状态,各电气线路线号应清晰,符合设计要求。

5.3.4.2 检查各种电器仪表、灯具、开关、电气元件等,型号、结构及参数应符合设计要求。

5.3.4.3 电气设备的检查和试验应包括:

a) 对地绝缘电阻应大于 1 MΩ;

b) 架桥机进行各类性能试验时,电气设备主要性能应符合设计要求,执行元件动作应正确无误;

c) 进行各种性能试验时,整机仪表、信号显示应正常,各极限保护装置动作应可靠,报警信号应正常;

d) 蓄电池组充电完毕后应装在架桥机上试验,应满足柴油机启动、照明、安全控制和其他电气设备的用电要求。

5.3.5 车辆检查

5.3.5.1 车辆的各项检查与试验按 GB/T 5601 的规定进行。

5.3.5.2 检查手制动、基础制动、空气制动状态是否良好。

5.3.5.3 检查车钩的三态(开锁、闭锁、全开)作用和防跳作用的可靠性。

5.3.6 牵引走行机构检查

牵引走行机构检查项目按本标准 4.3.10 中提出的项目进行。

5.3.7 安全防护装置检查

架桥机安全防护装置的检查方法主要通过目测和手动测试。检查项目根据本标准 4.3.15 的要求项进行。

5.3.8 司机室检查

检查架桥机司机室,使用目测方法检查司机室视野、内部布置。使用分贝测试仪测试司机室内噪声值。

6 试验方法

6.1 载荷试验

6.1.1 载荷试验的一般规定

6.1.1.1 载荷试验包括空载试验、额定载荷试验、动载试验和静载试验。

6.1.1.2 空载试验的项目及方法见表 2,额定载荷试验、动载试验和静载试验的项目及方法见表 3。

表 2

序号	试验项目	试验方法
1	机臂升降与伸缩	1. 机臂由最低位升到最高架梁位置; 2. 机臂由半悬臂状态伸出至全悬臂状态,保持 5 min
2	立 0 号支柱	机臂在全悬臂状态上下翘头,左、右摆头或 0 号支柱伸缩
3	起重小车、吊轨小车走行和吊具升降	1. 在架桥状态,起重小车、吊轨小车以设计速度在机臂轨道上走行到前后端极限处; 2. 起重小车、吊轨小车以设计速度降下吊具至设计低位,再提升吊具至设计高位
4	横移	机臂在架梁状态,吊具向左、向右横移到设计极限吊梁位置
5	拖梁小车走行	拖梁小车以设计走行速度,从后端行至前端极限处
6	液压支腿	支立前、后液压支腿
7	顶梁扁担	升降顶梁扁担

表 2（续）

序号	试验项目	试验方法
8	主机走行	1. 机臂在最低位，半悬臂，机臂与1号支柱销接，架桥机自力走行工况，在额定速度时制动； 2. 机臂在最高位，半悬臂，机臂与1号支柱销接，架桥机在3 km/h速度时制动
9	机动平车走行	1. 走行速度从最小至最大； 2. 在空载和重载额定速度时制动
10	换装龙门吊	在龙门吊最大净空状态升降吊重扁担

表 3

序号	试验项目	静载 $1.25G_n$ 试验方法	额定载荷 $1.0G_n$、动载 $1.1G_n$ 试验方法
1	换装龙门吊换装梁片		1. 前后两龙门吊组立在梁片两吊点处； 2. 以设计速度将梁片起升至额定高度； 3. 保持10 min，测量下滑量，落下梁片
2	运梁		1. 机动平车（或运梁车）行至龙门吊下装载梁片，然后从低速到高速走行，行驶过程中进行制动试验； 2. 以低速与主机平稳对位； 3. 操纵机动平车顶梁扁担，将梁片顶起，保持5 min，测量下滑量； 4. 顶梁扁担落下
3	喂梁		1. 主机呈简支架梁状态； 2. 将梁片从机动平车（或运梁车）喂至主机的拖梁小车上，拖梁小车以设计拖拉速度往返至前后极限位置
4	主机吊梁、出梁、横移、落梁	1. 主机呈简支架梁状态； 2. 起重小车居中吊起梁片50 mm，横移小车横移至极限位置； 3. 在梁片上均衡无冲击地加载至 $1.25G_n$； 4. 保持10 min，下滑量不应大于5 mm； 5. 落下梁片	1. 起重小车吊起梁片后运梁至落梁位置，以设计速度下落再吊起梁片； 2. 梁片距支撑面50 mm高度时制动，保持10 min，测量下滑量； 3. 横移小车低位将梁片左右横移至极限位置，测量横移距离； 4. 落下梁片
5	吊轨小车吊重		1. 机臂呈半悬臂铺轨状态； 2. 吊轨小车吊起轨排或相当质量的重物，运行至前极限位置，制动后保持10 min，测量下滑量； 落下轨排或重物

6.1.1.3 辅机（机动平车）应模拟运梁状态进行额定载荷试验、动载试验和静载试验。

6.1.1.4 进行额定载荷试验时，应对架桥机主机（包括车上部分、车辆部分）和辅机（机动平车）进行结构测试。

6.1.1.5 进行各种试验时，架桥机的稳定性均应符合 GB/T 3811 的有关规定。

6.1.1.6 架桥机主机车上部分应按 GB/T 3811、GB/T 5905 的有关规定和方法进行试验，车辆部分应按 TB/T 1335 的有关规定和方法进行，强度要求可参照 GB/T 3811 执行。

6.1.2　空载试验

6.1.2.1　空载试验的目的是检查各机构动作的正常性以及排除试验架桥机在运转中的各种故障，所有部件应能完成其功能，且未出现变形、松动、过热、卡滞、干涉、打滑、渗漏油等现象。

6.1.2.2　试验过程循环次数不少于3次。

6.1.3　额定载荷试验

6.1.3.1　额定载荷试验的目的是检查架桥机的主要性能参数。试验载荷为1.0G_n，试验过程循环次数不少于3次。

6.1.3.2　架桥机在试验过程中，主要结构和机构性能参数实测值、车辆行走及制动应符合设计要求。

6.1.3.3　架桥机在进行额定载荷试验时，应按下列要求进行结构测试。

6.1.3.3.1　钢结构测试工况和测试点的选择

测试工况和测试点的选择原则如下：

a）在架桥机工作的各种工况中，以最恶劣工况测试强度和刚度；
b）在架桥机测试强度工况中，以各钢结构最大受力截面和点，作为测试截面和测试点；
c）以该机有限元计算结果的最大受力点作为测试点。

6.1.3.3.2　强度测试方法和要求

钢结构强度测试方法：采用电阻应变片测量，结构承受单向应力处，在应力集中区内贴单向应变片，应尽量可能贴在高应力点上；结构承受二向应力处，用双向应力片测出应变，然后计算出主应力。架桥机主机车上部分强度测试方法和测试出的应力值应符合GB/T 3811的有关规定，车辆部分应按TB/T 1335的规定进行强度测试，测试出的应力值也可符合GB/T 3811有关规定。

6.1.3.3.3　刚度测试方法和要求

6.1.3.3.3.1　试验过程中，应测量车体的预拱度、机臂简支状态的上拱度、全悬臂状态的机臂挠度。

6.1.3.3.3.2　架桥机简支架梁工作时机臂跨中和过孔作业时机臂悬臂端的静态刚性值应符合TSG Q7002的要求。

6.1.3.3.4　架桥机车辆部分结构测试

架桥机车辆部分的结构测试，除在各种工况下进行外，还应按考虑解体（或不解体）主机在过轨状态的强度模拟试验。

a）考虑在最高过轨运行速度下的动荷作用，参照TB/T 1335相关规定，对主机专用转向架进行垂向载荷、侧向力及垂向斜对称模拟试验；
b）考虑在最高过轨运行速度下的动荷作用，参照TB/T 1335相关规定，对主机车体进行载荷模拟试验。

6.1.4　动载试验

6.1.4.1　动载试验的目的是检查架桥机各机构功能。试验载荷为1.1G_n。

6.1.4.2　试验过程中检查能否完成架桥作业程序的所有动作。

6.1.4.3　如果各部件能完成其功能试验，并在随后进行的检查中没有发现机构和物件有损坏，连接处无松动或损坏，则认为动载试验合格。

6.1.5　静载试验

6.1.5.1　静载试验的目的是检查主机结构的承载能力。试验载荷为1.25G_n，加载载荷应均衡、对称分布，悬吊时间不应小于10 min。

6.1.5.2　试验后，如果未见到裂纹、永久变形、油漆剥落或对架桥机的性能与安全有影响的损坏，连接处未出现松动或损坏，则认为静载试验合格。

6.2　线路运行试验

6.2.1　自力行走试验

6.2.1.1　架桥机主机及机动平车应作空载状态下的自行试验。

6.2.1.2 自力行走试验在长度不小于100 m的直线线路上进行，前进、后退各不少于3次，检查速度能否达到设计要求的最小和最大自行速度。

6.2.1.3 在最小设计曲线的线路上，前进、后退各3次，检查通过性能及零部件之间是否有碰撞、摩擦现象。

6.2.1.4 在最大设计坡道线路上，应达到设计速度，检查制动性能。

6.2.1.5 运行中应注意观察各部状态；试验完毕，立即检查各零部件有无异样，若状态正常则认为试验合格。

6.2.2 动力学试验

架桥机应在过轨运输状态下按GB/T 17426的规定方法进行动力学试验。

7 检验规则

7.1 架桥机检验分出厂检验、型式检验、在役检验和转场检验。

7.2 出厂检验

7.2.1 出厂检验是对每台新造架桥机在出厂前，由制造单位的质量检验部门对产品结构性能进行检验。符合产品图样和本标准的要求并与型式检验结果相符的产品，签发产品合格证后才能出厂。

7.2.2 出厂检验的内容包括表4中所列“S”的项目。

7.3 型式检验

7.3.1 有下列情况之一时，应进行型式检验：

a) 架桥机新产品试制、定型时；

b) 架桥机转厂生产时；

c) 正常生产后，如结构、材料、工艺有较大改变，可能影响架桥机的性能时；

d) 产品长期停产后，重新恢复生产时；

e) 出厂检验结果与上次型式检验有较大差异时；

f) 国家质量技术监督检验机构提出进行型式检验的要求时。

7.3.2 型式检验的内容包括本标准规定的全部检查与试验项目。

7.3.3 如果型式检验中对某些项目在制造厂内无条件测试，可到使用现场进行测试。

7.4 在役检验

7.4.1 架桥机服役期间，每架设1 000孔梁后应对架桥机技术状态进行一次全面的检验，按检验结果进行整改，评定合格后才允许继续使用。

7.4.2 在役检验的内容包括表4中所列“Y”的项目。

7.5 转场检验

架桥机转场，组装前应按特种设备管理规定进行安装告知，并请当地质量技术监督局对组装过程按规定项目、内容和要求进行监督检验，发放安全使用证后，才可投入使用。

7.6 架桥机检验按表4所示项目进行，如果制造厂在某些试验项目上不具备试验条件，允许到用户使用现场进行测试。

表 4

序号	项　目	检验分类	与本项目有关的条文
1	资料检查	T、S	5.1
2	外观检查	T、S、Y	5.2
3	结构及性能检查		
3-1	限界检查	T、S	5.3.1

表 4（续）

序号	项　　目	检 验 分 类	与本项目有关的条文
3-2	通过性能检查	T、S	5.3.2
3-3	液压系统检查	T、S、Y	5.3.3
3-4	电气系统检查	T、S、Y	5.3.4
3-5	车辆检查	T、S、Y	5.3.5
3-6	牵引走行机构检查	T、S、Y	5.3.6
3-7	安全防护装置检查	T、S、Y	5.3.7
3-8	司机室检查	T、S	5.3.8
3-9	整机稳定性检查	T	4.1.3
4	载荷试验		
4-1	空载试验	T、S、Y	6.1.1、6.1.2
4-2	额定载荷试验	T、S、Y	6.1.1、6.1.3
4-3	动载试验	T	6.1.4
4-4	静载试验	T	6.1.5
4-5	结构试验	T	6.1.3.3
4-6	线路运行试验	T	6.2
4-7	自力行走试验	T、S	6.2.1
4-8	动力学性能试验	T	6.2.2
注：T——型式检验项目；S——出厂检验项目；Y——在役检验项目。			

8　标志、包装、运输及存放

8.1　标志

8.1.1　架桥机应在明显部位设置产品标牌。

标牌的内容应包括：

a)　产品名称、型号；

b)　架桥机主机自重、起重量；

c)　架桥机出厂编号、出厂日期及监检标记；

d)　研制单位名称。

8.1.2　架桥机主机用平车、辅机用平车上所作的标记应符合 TB/T 1.1 及 TB/T 1.2 的要求。

8.1.3　架桥机主机车上部分的标记应符合 GB 15052 的要求。

8.2　包装及交货文件

8.2.1　架桥机出厂时，需要防护的部分应采用局部包装，外露的加工面应涂防锈油脂并加以包扎。

8.2.2　随机备件、附件和工具等应进行包扎和装箱，应保证不受损和被腐蚀。

8.2.3　随机技术文件应用防湿材料包裹。随机文件应包括：

a)　装箱单。

b)　产品合格证。

c)　产品使用维护说明书(含配套件说明书)。

d)　主要外购件和易损件明细表。

e)　随机图纸。包括整机及各主要部件总图、车辆转向架、液压系统原理图，电气系统原理图、电气系统接线图、过轨运输图等。

8.3 运输及存放

8.3.1 架桥机应选择不解体方式运输，特殊情况下需解体运输时，应按铁路管理部门规定程序审批的该机型的过轨运输技术条件进行列车编组、捆绑加固和检查确认，拆解部件应选用专用装载加固器材加固，活动部件应选用专用装置固定牢靠；应按铁路管理部门有关规定对车辆部分进行检验，并对车轴进行探伤检查等，合格后方可过轨运输。

8.3.2 过轨运行速度应符合经规定程序审批的该机型的过轨运输技术条件的要求。

8.3.2.1 禁止通过8号道岔。

8.3.2.2 禁止溜放或过驼峰；禁止通过高站台。

8.3.3 架桥机发运时应达到下列要求：

a) 排净燃油和水；

b) 各操作手柄和开关置于非工作位置；

c) 制动机大小闸置于运转位，关闭重联塞门，开启无火回送装置；

d) 牵引减速箱离合器处于脱离状态。

8.3.4 架桥机贮存时，应排净燃油和水，存放前按说明书有关要求进行保养。

9 寿命和检修

9.1 架桥机整机设计使用寿命宜为20年，实际施工使用期限不应超过设计使用寿命。

9.2 主机用平车、辅机用平车应按相关管理规定进行检修。

9.3 架桥机每架设1 000孔梁应进行一次整机在役检验，对架桥机进行全面的检测、评定、修理，不能及时撤下修整的，需得到检测报告的确认。

ICS 45.120
S 22

中华人民共和国国家标准

GB/T 25336—2010

铁路大型线路机械检查与试验方法

Test and inspection method for rail heavy-duty permanent way machinery

2010-11-10 发布　　2011-03-01 实施

中华人民共和国国家质量监督检验检疫总局
中国国家标准化管理委员会　发布

前言

本标准由中华人民共和国铁道部提出。

本标准由铁道部标准计量研究所归口。

本标准起草单位:中国铁道科学研究院铁道建筑研究所、襄樊金鹰轨道车辆有限责任公司、昆明中铁大型养路机械集团有限公司。

本标准主要起草人:何姗、宋慧京、易红、陈斌、李海昆、向智萍。

铁路大型线路机械检查与试验方法

1 范围

本标准规定了铁路大型线路机械主要技术性能的检查要求与试验方法。

本标准适用于铁路大型线路机械整车及重要部件制成后投入使用前的检查与试验。

厂修铁路大型线路机械可参照执行。

2 规范性引用文件

下列文件中的条款通过本标准的引用而成为本标准的条款。凡是注日期的引用文件，其随后所有的修改单(不包括勘误的内容)或修订版均不适用于本标准，然而，鼓励根据本标准达成协议的各方研究是否可使用这些文件的最新版本。凡是不注日期的引用文件，其最新版本适用于本标准。

GB 146.1 标准轨距铁路机车车辆限界

GB/T 3315—2006 内燃机车制成后投入使用前的试验方法

GB/T 3450 铁道机车和动车组司机室噪声限值及测量方法

GB/T 5599—1985 铁道车辆动力学性能评定和试验鉴定规范

GB/T 14039 液压传动 油液 固体颗粒污染等级代号(GB/T 14039—2002,ISO 4406:1999,MOD)

GB/T 16904.1 标准轨距铁路机车车辆限界检查 第1部分:检查方法

GB/T 17426—1998 铁道特种车辆和轨行机械动力学性能评定及试验方法

GB/T 25337—2010 铁路大型线路机械通用技术条件

TB/T 449 机车车辆车轮轮缘踏面外形

TB/T 456—2008 机车车辆用车钩、钩尾框

TB/T 1335—1996 铁道车辆强度设计及试验鉴定规范

TB/T 1632.2 钢轨焊接 第2部分:闪光焊接

TB/T 2232—1991 JZ-7型机车空气制动机单机试验、验收技术条件

TB/T 2368 动力转向架构架强度试验方法(TB/T 2368—2005,UIC 615-4 OR:2003,MOD)

TB/T 2879.6 铁路机车车辆 涂料及涂装 第6部分:涂装质量检查和验收规程(TB/T 2879.6—1998,neq UIC 842.6—1979)

TB/T 3021 铁道机车车辆电子装置(TB/T 3021—2001,eqv IEC 60571:1998)

TB/T 3146.1—2007 DK-1型机车电空制动机 第1部分:单机性能试验

3 术语和定义

GB/T 25337—2010确立的以及下列术语和定义适用于本标准。

3.1

型式检验 type check

对整车的基本参数、结构、外观、运行性能、作业性能等所做的全面考核试验。

3.2

出厂检验 factory check

对供货商生产的每一辆整车，为检验其外观、结构、性能而做的常规性检查与试验。

3.3

外观检查　visual inspection

对整车整体及各系统(部件)进行的表面质量检查。

3.4

结构检查　construction check

对整车整体结构和组装结构的尺寸所做的检查。

3.5

性能检查　function check

对各系统、重要部件的性能的检查。

3.6

运行性能试验　running test

对整车高速运行性能、连挂运行性能和制动性能的试验。

3.7

作业性能试验　performance test

对整车综合作业性能的试验。

3.8

工业性考核试验　service test

通过一定期限的使用,对整车和系统(部件)综合性能的考核。

4　检验规则

4.1　出厂检验

按表1中带“S”符号的项目进行出厂检验(车型不具备的项目除外)。

4.2　型式检验

有GB/T 25337—2010中8.2的情况之一时,按表1中带“T”符号的项目进行型式检验:

表1　检验项目

序号	项目		检验类别		检查方法和技术要求
			型式检验	出厂检验	
1	外观检查	涂装质量检查	T	S	5.3
		铭牌、警示标志、标识检查	T	S	5.4
2	结构检查	整车外形尺寸检查	T	—	6.2
		间距检查	T	—	6.3
		限界检查	T	S	6.4
		称重检查	T	—	6.5
		车钩检查	T	S	6.6
		曲线通过检查	T	—	6.7
		轮对尺寸检查	T	S	6.8
		排障器检查	T	S	6.9
		起吊性能检查	T	—	6.10
		车体漏雨试验	T	S	6.11

表1(续)

序号	项目		检验类别		检查方法和技术要求
			型式检验	出厂检验	
3	性能检查	柴油机检查	T	S	7.1
		主车架静强度试验	T	—	7.2
		转向架构架静强度试验	T	—	7.3
		车轴齿轮箱及轮对台架试验	T	S	7.4
		齿轮箱台架试验	T	S	7.5
		电气系统试验	T	S	7.6
		液压系统试验	T	S	7.7
		制动系统试验	T	S	7.8、8.1
		气动系统试验	T	S	7.9
		噪声检查	T	—	7.10
		司机室操作条件检查	T	S	7.11
		空调和取暖器检查	T	S	7.12
		报警装置和安全装置检查	T	S	7.13
		前照灯检查	T	—	7.14
4	运行性能试验	制动距离试验	T	S	8.1
		自运行试验	T	S	8.2
		连挂运行试验	T	S	8.3
		动力学性能试验	T	—	8.4
5	作业性能试验	作业效率检查	T	—	9.1.5、9.3.6、9.4、9.5.8、9.6.3、9.7.5 9.8.1.3
		作业精度检查	T	S	9.1.4、9.2.4、9.3.7、9.4、9.6.4
6	工业性考核试验		T	—	10

5 外观检查

5.1 检查下列部件的结构型式、安装位置等是否符合GB/T 25337—2010及有关规定:

——车体;

——车门和车窗;

——车内设备及车体外部设备;

——车钩缓冲装置;

——作业装置和测量装置;

——转向架;

——制动装置;

——安全装置。

5.2 检查各零部件的连接状态是否正常。

5.3 检查表面涂装质量应符合 TB/T 2879.6 的有关规定。

5.4 检查机器上各种警示标志、标识是否齐全有效，重要部件铭牌是否齐全，参数应符合有关技术文件的规定。

6 结构检查

6.1 整车结构试验的载荷状态

整车结构试验的载荷状态应符合 GB/T 3315—2006 中 5.1 的规定。

6.2 整车外形尺寸检查

整车于平直线路上，缓解制动，检查整车外形尺寸应符合设计要求。

6.3 间距检查

整车于平直线路上全整备重量下，缓解制动，以轨面为基准，检查车底架高度、转向架高度差、车体与转向架间距（前后、左右、对角），各测量装置的安装位置、工作装置的安装位置等应符合产品技术条件和设计的要求。

6.4 限界检查

在平直线路上，缓解制动，机器缓行，使弹簧装置趋于稳定后进行限界检查。上部限界检查应在空重状态下进行，下部限界检查应在全整备状态下进行，侧向限界检查应在空重与全整备重量状态下分别进行。限界检查方法和结果应符合 GB/T 16904.1 和 GB 146.1 的规定。

6.5 称重检查

6.5.1 称重试验应在全整备重量和（或）计算重量状态下进行。应测量机器的重量和每根车轴作用于轨道的垂向载荷。

6.5.2 称重应在专用称重台上进行，专用称重台应经计量部门检验合格后方可使用，测量精度要求不低于±2%。

6.5.3 称重 3 次，取其算术平均值。

6.5.4 称重试验结果，包括机器的重量以及机器的轴重均应符合 GB/T 25337—2010 中 4.3.5 及设计要求。

6.6 车钩检查

机器停于平直线路上，缓解制动，检查车钩中心距轨面高度应符合 GB/T 25337—2010 中 4.3.4 的要求。检查车钩三态作用、防跳性能应符合 TB/T 456—2008 的相关规定。

6.7 曲线通过检查

6.7.1 单车缓行通过设计规定的最小半径曲线时，检查下列内容：

a) 各部件的正常相对运动不应受到限制；

b) 各跨接电缆、连接风管、液压软管、电动机连接线等应有合适的长度；

c) 传动装置不应受到损害；

d) 轨道不应因挤压而产生永久变形。

6.7.2 大型线路机械应能在半径为 250 m 的曲线线路上进行摘挂作业。

6.8 轮对尺寸检查

6.8.1 用专用的轮径卡尺测量车轮踏面滚动圆直径应符合下列规定：

a) 同轴左右轮径差不大于 1 mm；

b) 同车各轮轮径差不大于 2 mm。

6.8.2 用轮对内侧距尺测量轮对内侧距，测量值应符合 1 353 mm±2 mm。

6.8.3 轮位差不大于 2 mm。

6.8.4 轮缘踏面外形应符合 TB/T 449 的规定。

6.9 **排障器检查**

检查排障器距轨面高度为 75 mm～120 mm。

6.10 **起吊性能检查**

用吊车或架车机在起吊点提升整车，车体和转向架同时起吊时车体不应产生永久变形。

6.11 **车体漏雨试验**

车体漏雨试验按 GB/T 3315—2006 中 5.13.1 和 5.13.2 执行。

7 性能检查

7.1 **柴油机检查**

柴油机应具有供货商提供的磨合试验、起动性能试验、负荷性能试验等项试验报告。并对柴油机进行以下检查：

a) 柴油机磨合检查

磨合试验应分别在各工作转速下进行，总磨合时间不应少于 2 h。

b) 柴油机起动性能检查

起动性能试验中，进行下列测试：

1) 测试起动时间、起动转速和波动范围；

2) 将调速手柄降至最低位，稳定运转 5 min 以上，测试空载最低稳定转速及机油压力；

3) 将调速手柄增至最大位，测试空载最高转速及机油压力。

7.2 **主车架静强度试验**

主车架的静强度试验方法及试验结果应符合 TB/T 1335—1996 的有关规定。

7.3 **转向架构架静强度试验**

转向架构架静强度试验按照 TB/T 2368 进行。试验结果应符合 TB/T 1335—1996 的有关规定。

7.4 **车轴齿轮箱及轮对台架试验**

7.4.1 试验应在轮对、轴箱、车轴齿轮箱组装完后进行。

7.4.2 无车轴齿轮箱的台架试验：车轮转速分别按最高连挂速度的 25%、75%、100%进行正、反转试验，每个运转方向试验时间应大于或等于 45 min。以最高连挂速度的 110%进行正、反转试验，每个运转方向试验时间应大于或等于 10 min。

7.4.3 有车轴齿轮箱的台架试验如下：

a) 有脱挂挡机构的，挂挡状态下，车轮转速分别按最高自行速度的 25%、75%、100%进行正、反转试验，每个运转方向试验时间应大于或等于 75 min。脱挡状态下，以最高连挂速度进行正、反转试验，每个运转方向试验时间应大于或等于 15 min；以最高连挂速度的 110%进行正、反转试验，每个运转方向试验时间应大于或等于 10 min。

b) 无脱挂挡机构的，按 7.4.3a) 的试验转速和试验时间进行自运行速度和连挂运行速度台架试验。

7.4.4 最高转速时，距离齿轮箱 1 m 处测量的噪声不应大于 87 dB。

7.4.5 试验时无渗漏油和异常现象。

7.4.6 轴箱轴承部位温升不高于环境温度 45 ℃，最高温度不超过 85 ℃。

7.4.7 车轴齿轮箱箱体轴承部位最高温度不大于 105 ℃。

7.5 **齿轮箱台架试验**

7.5.1 齿轮箱组装后，正、反向盘动主动法兰盘，各轴应转动灵活、无卡滞。

7.5.2 齿轮箱台架试验：

——试验转速相当于发动机怠速时，正、反向试验时间各不少于 15 min；

——试验转速相当于发动机额定转速时，正、反向试验时间各不少于 30 min。

7.5.3 试验时箱体不得有泄漏油和异常响声，在与齿轮箱等高、距离齿轮箱 1 m 处测量噪声不应大于 87 dB。

7.5.4 箱体轴承部位最高温度不大于 105 ℃。

7.6 电气系统试验

7.6.1 检查电气系统，应符合 GB/T 25337—2010 中 6.6 的要求。

7.6.2 系统的绝缘电阻的试验方法，按照 GB/T 3315—2006 和 TB/T 3021 的相关规定执行。

7.6.3 电气系统部件试验应符合下列规定：

a) 工频耐压试验。系统机箱中相互绝缘的各电路间以及各电路对机壳间，应能承受 500 V 工频电压的 1 min 试验，并无击穿和闪络现象。

b) 系统中各功能控制板的高温、低温、湿热、振动和冲击试验的试验方法，按 TB/T 3021 的相关规定执行。

c) 功能试验。将功能检查必需的全部信号从机箱对外连接点处输入，然后检测各输出点参数变化。

7.6.4 准确性试验应符合下列规定：

a) 传感器准确性试验。试验时，将电源信号或信号发生器的信号输入到传感器待测功能的输入端，然后检测输出点的输出值。

b) 比例、伺服电流等准确性试验。利用假负载代替比例阀、伺服阀线圈，调整相应的给定电流，然后检测负载上的电流值。

c) 各操作台上的手动给定数值量，用数字显示表显示值与实际给定值进行比较来确定给定的精度。数字表的精度应按 0.1％的要求进行校准。

7.7 液压系统试验

7.7.1 检查液压系统应符合 GB/T 25337—2010 中 6.3 的要求。

7.7.2 液压油洁度应符合系统要求，洁度等级应按 GB/T 14039 的有关规定执行。

7.7.3 空载试验应在发动机怠速运转 10 min～20 min，排出系统内空气后进行，并符合下列要求：

a) 液压走行机构的操纵手柄应动作自如，定位准确可靠；

b) 液压工作机构的各工作循环，如往复、转动、摆动、升降等操作应灵活，全行程往复动作 5 次以上，运转应可靠。

7.7.4 额定载荷试验应符合下列要求：

a) 工作装置的液压缸沉降量：设有液压锁或单向阀装置的液压缸沉降量应小于 2 mm/h；无液压锁而只靠换向阀控制的液压缸沉降量应小于设计值。

b) 液压执行元件，液压马达、液压缸应满足作业要求，动作平稳、灵敏可靠，无异常声响。

c) 连续作业后，液压系统各连接处无松动。

d) 连续作业，油温达到稳定后，最高温度不应超过 80 ℃。液压油不应产生泡沫或乳化现象。

7.8 制动系统试验

7.8.1 检查制动系统应符合 GB/T 25337—2010 中 6.2.5 和 6.4 的要求。

7.8.2 压缩空气系统的检查应符合下列规定：

a) 总风缸空气压力由 0 升至额定压力所用时间应符合 GB/T 25337—2010 中 6.4.2.8 的规定；

b) 空气压力调节器开启压力值、闭合压力值、安全阀动作压力值符合系统设计要求；

c) 应对空气制动系统中的压力传感器和压力开关的动作进行检查。

7.8.3 空气制动系统的气密性检查应按照 GB/T 3315—2006 中 5.4 的要求进行。

7.8.4 制动机性能检查应按照 TB/T 3146.1—2007、TB/T 2232—1991 有关规定执行。

7.8.5 驻车制动装置检查应符合 GB/T 25337—2010 中 6.2.6 的要求。

7.9 气动系统试验

7.9.1 检查气动系统应符合 GB/T 25337—2010 中 6.5 的要求。

7.9.2 对气动机构的动作进行检查，操作动作循环 3 次，应动作灵活，无卡滞。

7.10 噪声检查

司机室内噪声按 GB/T 3450 进行检查，检查结果应符合 GB/T 25337—2010 中 4.3.16 的规定。

7.11 司机室操作条件检查

检查运行与作业司机室应符合 GB/T 25337—2010 中 6.8.1、6.8.2、6.8.3、6.8.5、6.8.6、6.8.7 和 6.8.8 的要求。

7.12 空调和取暖器检查

司机室门窗密闭，在司机位地板上方 1.0 m 处检查空调和取暖器的性能应符合 GB/T 25337—2010 中 6.8.4 的规定。

7.13 报警装置和安全装置检查

7.13.1 安全预防措施按照 GB/T 3315—2006 中 5.17 进行检查。

7.13.2 安全设备按照 GB/T 3315—2006 中 5.18 进行检查。

7.13.3 检查安全、报警应符合 GB/T 25337—2010 中 6.11 的要求。

7.13.4 对作业机构的机械锁定、安全保险措施和起复设备进行检查和试验。

7.13.5 按动所有急停按钮、喇叭按钮检查功能。

7.14 前照灯检查

试验应在无月的晴夜，用准确度不低于 0.01 级的弱光照度计，在距离前照灯 400 m，距钢轨表面垂直距离 0 m、1.0 m、1.5 m 处的照度值不应低于 0.2 lx。

8 运行性能试验

8.1 制动距离试验

以最高自行速度运行于平直道上时施行紧急制动和辅助制动，制动距离应符合 GB/T 25337—2010 中 4.3.14 的要求，试验状态、方法应符合 GB/T 3315—2006 中 6.4.2、6.4.3 和 6.4.4 的规定。

8.2 自运行试验

8.2.1 具有高速自行功能的铁路大型线路机械，整车出厂前，应在干线上作试运行试验，运行单程不应少于 50 km，试运行时以最高速度运行不应少于试运里程的 1/4；如果条件不允许，仅能在区间内往返运行，则试运行的累计时间不应少于 120 min。试运行中，各部件应正常，平稳性应达到要求。

8.2.2 测试作业走行速度，应符合设计要求。

8.3 连挂运行试验

整车出厂前，应在干线上进行连挂运行试验，运行单程不少于 50 km。试验中应满足：

a) 各部件工作正常，性能良好；

b) 各保护装置和监视仪表灵敏可靠；

c) 机器的制动与缓解效果良好。

8.4 动力学性能试验

整车动力学性能试验内容、试验项目、试验结果应符合 GB/T 17426—1998 的要求。对于有载重要求的车辆，应按 GB/T 5599—1985 进行试验。

9 作业性能检查

9.1 捣固类

9.1.1 整机的检查、试验应在专用线路或规定线路上进行。型式检验线路应具有最小作业半径和反向曲线。

9.1.2 出厂作业性能试验连续作业时间不应少于 2 h。作业性能型式检验连续作业时间不应少于 6 h。

9.1.3 捣固功能试验应符合下列要求：

a) 分别用手动、半自动、自动方式进行起道、拨道及捣固作业试验。作业试验里程应达到 400 m～500 m。

b) 具有激光引导装置的捣固车，应进行激光引导长大直线起道、拨道及捣固作业试验，作业试验里程应达到 400 m～500 m。

9.1.4 作业精度试验应符合下列要求：

a) 选择带有反向曲线的线路。试验前将线路给定参数输入到计算机中，再进行捣固作业，并用记录仪记录作业结果。试验结果应满足下列要求：

1) 线路给定参数与记录仪记录参数应相符；

2) 核对试验后线路实测参数和记录仪记录参数，应符合作业精度的要求。

b) 长大直线段上，分别以左右轨为基准进行捣固作业，并用记录仪记录作业结果，试验后线路实测参数和记录仪记录参数，应符合作业精度的要求。

9.1.5 作业效率试验应符合下列要求：

a) 试验条件：

1) 平直线路；

2) 标准线路轨枕配置，轨枕间距均匀；

3) 起道量不大于 30 mm；

4) 拨道量不大于 20 mm；

5) 标准碎石道床，最大脏污程度小于 30%，道床不板结。

b) 道岔捣固车作业效率试验道岔为一组 12 号单开道岔。

c) 在保证作业精度的前提下进行效率检测。

9.2 稳定类

9.2.1 整车的检查、试验应在捣固车作业后的线路上进行。

9.2.2 用光电转速表测量振动频率，应符合 GB/T 25337—2010 中 7.2.2.1 的规定。

9.2.3 用压力折算法验算稳定装置的垂直下压力，应符合 GB/T 25337—2010 中 7.2.2.3 的规定。

9.2.4 核对稳定作业后与捣固作业后的轨道几何尺寸精度，应符合 GB/T 25337—2010 中 7.2.1.5 的规定。

9.3 清筛类

9.3.1 作业性能试验应在额定载荷工况下进行。试验线路为标准碎石道床，道床含污率小于或等于 30%。

9.3.2 测量挖掘深度和挖掘宽度，应分别符合 GB/T 25337—2010 中 7.3.2.2、7.3.2.3 的规定。

9.3.3 在线路超高 150 mm 的曲线上，检查振动筛应处于水平状态。

9.3.4 测量污土抛射距离，应符合 GB/T 25337—2010 中 7.3.2.7 的规定。

9.3.5 测量最大起道量和最大拨道量应符合 GB/T 25337—2010 中 7.3.2.5、7.3.2.6 的规定。

9.3.6 在保证清筛洁度、纯作业时间不小于 30 min 的前提下，进行作业效率测算。

9.3.7 清筛洁度应符合下列要求：

取清筛后的清洁道砟约 100 kg，采用符合级配要求的分析筛将样砟筛分、称重，按公式(1)计算清筛洁度不小于 97%。

$$E=\frac{W_1-W_2}{W_1}\times 100\% \qquad \cdots\cdots(1)$$

式中：

W_1——清筛后取样道砟总质量，单位为千克(kg)；

W_2——取样道砟中所含废弃物质量，单位为千克(kg)；

E——清筛洁度。

9.4 配砟类

9.4.1 试验线路应符合下列要求：

a) 作业性能试验线路长度大于或等于 50 m；

b) 线路两侧道砟应满足配砟整形作业的要求。

9.4.2 作业性能试验应按照设计的工作方向，进行配砟、整形、清扫、集砟、卸砟等作业。试验时间应大于或等于 1 h。

9.5 钢轨打磨类

9.5.1 检查打磨装置顺序越过障碍功能和自动记忆功能符合设计要求。

9.5.2 检查具有微增压装置的司机室、工作间的气压符合设计要求。

9.5.3 检查监视器功能符合设计要求。

9.5.4 检查吸尘装置和防火挡板功能符合设计要求。

9.5.5 检查灭火装置功能符合设计要求。

9.5.6 用横向轮廓测量仪检测打磨车作业后的钢轨轮廓，应符合 GB/T 25337—2010 中 7.5.2.1 的规定。

9.5.7 用粗糙度仪检查打磨作业后的钢轨表面粗糙度，应符合 GB/T 25337—2010 中 7.5.2.2 的规定。

9.5.8 检测打磨作业效率应符合 GB/T 25337—2010 中 7.5.2.4 的规定。

9.5.9 道岔打磨车试验线路应包含一组道岔及两端各 100 m 的直线线路。

9.6 线路大修列车类

9.6.1 试验条件为标准碎石道床，线路坡度不大于 12‰。

9.6.2 作业功能试验包括单独更换钢轨试验、单独更换轨枕试验、同时更换钢轨、轨枕试验。

9.6.3 完成作业切入，达到稳定作业后，检测连续换枕效率应符合 GB/T 25337—2010 中 7.6.2.3 的规定(测试时间不少于 10 min)。

9.6.4 作业精度检查应符合 GB/T 25337—2010 中 7.6.2.1 的要求。

9.7 焊轨车类

9.7.1 检查焊接工作电源应符合 GB/T 25337—2010 中 7.7.1.1 的要求。

9.7.2 检查起重设备应符合 GB/T 25337—2010 中 7.7.1.2 的要求。

9.7.3 检查液压支腿应符合 GB/T 25337—2010 中 7.7.1.3 的要求。

9.7.4 焊接质量应符合 TB/T 1632.2 的要求。

9.7.5 焊接效率：应符合 GB/T 25337—2010 中 7.7.2.2 的规定。

9.7.6 检验线上焊、锁定焊功能正常。

9.8 物料运输车类

9.8.1 带式物料运输车

9.8.1.1 物料输送速度

检查空载和满载工况各物料输送机的输送速度，应符合设计要求。

9.8.1.2 物料抛出功能

检测向线路两侧抛出物料的距离，应符合 GB/T 25337—2010 中 7.8.1.2.2 的规定。检测左右旋转角度，应符合 GB/T 25337—2010 中 7.8.1.2.3 的规定。

9.8.1.3 物料排空时间

检测满载的物料运输车排空时间，应符合 GB/T 25337—2010 中 7.8.1.2.1 的规定。

9.8.1.4 同步功能

试验用物料运输车和清筛机各一辆，两车车钩距离保持不小于 1.2 m 的间距（软连接）。操控清筛机起步、加速、匀速、减速、停止，其中清筛机的最大速度不大于 0.8 km/h，检测清筛机与物料运输车车钩之间的距离最大变化量不大于 1 m。试验距离不应小于 400 m。

9.8.1.5 防倾覆功能

物料运输车满载物料，将旋转抛带旋转至超高内侧至最大角(45°)，逐渐增加物料运输车的超高，当超高大于 150 mm 时，检测旋转抛带能否从最大转角处转回至安全角度范围内。

9.8.2 斗式物料运输车

9.8.2.1 检查物料的传送功能应符合设计要求。

9.8.2.2 检查料斗的锁定功能应符合设计要求。

9.8.2.3 检测物料输送带左右旋转角度，应符合 GB/T 25337—2010 中 7.8.2.2.2 的规定。

9.8.2.4 检测箱斗的翻转，应符合 GB/T 25337—2010 中 7.8.2.2.3 的规定。

10 工业性考核试验

10.1 进行工业性考核试验的整车，在试验期间，只应进行正常的保养和维修。

10.2 整车的工业性考核试验时限或工作量应根据机型确定。

10.3 工业性考核试验工况应相当于正式运用的条件，作业条件宜达到极限条件。

10.4 工业性考核试验期间，至少应记录下列事项：

a) 作业/运行区段；

b) 作业模式；

c) 作业/运行里程；

d) 天窗时间；

e) 纯作业时间；

f) 作业质量；

g) 作业中整车和各系统（部件）的问题。

10.5 整车工业性考核试验结束后，应对整车和系统（部件）进行全面的检查与测量，并提出工业性考核试验报告。

ICS 45.120
S 22

GB

中华人民共和国国家标准

GB/T 25337—2010

铁路大型线路机械通用技术条件

General technical specifications for rail heavy-duty permanent way machinery

2010-11-10 发布　　2011-03-01 实施

中华人民共和国国家质量监督检验检疫总局
中国国家标准化管理委员会　发布

前　言

本标准由中华人民共和国铁道部提出。

本标准由铁道部标准计量研究所归口。

本标准起草单位:中国铁道科学研究院铁道建筑研究所、昆明中铁大型线路机械集团有限公司、襄樊金鹰轨道车辆有限责任公司。

本标准主要起草人:宋慧京、何姗、李海昆、向智萍、易红、陈斌。

铁路大型线路机械通用技术条件

1 范围

本标准规定了铁路大型线路机械的使用条件、整车与各系统要求、产品要求、试验验收、标志、包装及运输等内容。

本标准适用于在 1 435 mm 轨距上使用的铁路大型线路机械。非标准轨距的铁路大型线路机械，可参照执行。

特殊要求的铁路大型线路机械可参照执行。

2 规范性引用文件

下列文件中的条款通过本标准的引用而成为本标准的条款。凡是注日期的引用文件，其随后所有的修改单(不包括勘误的内容)或修订版均不适用于本标准，然而，鼓励根据本标准达成协议的各方研究是否可使用这些文件的最新版本。凡是不注日期的引用文件，其最新版本适用于本标准。

GB 146.1　标准轨距铁路机车车辆限界

GB 146.2　标准轨距铁路建筑限界

GB/T 3315—2006　内燃机车制成后投入使用前的试验方法

GB/T 3766　液压系统通用技术条件(GB/T 3766—2001,eqv ISO 4413:1998)

GB 5226.1—2002　机械安全　机械电气设备　第1部分:通用技术条件(IEC 60204-1:2000,IDT)

GB 5914.1　机车司机室瞭望条件

GB 6770—2000　机车司机室特殊安全规则(idt UIC 617-5 OR:1977)

GB/T 7932—2003　气动系统通用技术条件(ISO 4414:1998,IDT)

GB/T 17426—1998　铁道特种车辆和轨行机械动力学性能评定及试验方法

GB/T 25336—2010　铁路大型线路机械检查与试验方法

TB/T 304—1995　机车用总风缸技术要求

TB/T 456—2008　机车车辆用车钩、钩尾框

TB/T 493—2004　铁道车辆车钩缓冲装置组装技术条件

TB/T 1025—2000　机车车辆用热卷螺旋压缩弹簧供货技术条件(eqv UIC 822 0:1974)

TB/T 1335—1996　铁道车辆强度设计及试验鉴定规范

TB/T 1463—2006　机车轮对组装技术条件

TB/T 1491—2004　机车车辆油压减振器技术条件

TB/T 1632.2—2005　钢轨焊接　第2部分:闪光焊接

TB/T 1854　铁路线路机械产品型号编制方法

TB/T 2232—1991　JZ-7型机车空气制动机单机试验、验收技术条件

TB/T 2247—1991　机车牵引齿轮磁粉探伤验收条件

TB/T 2248—1991　机车牵引齿轮磁粉探伤方法

TB/T 2817—1997　铁道车辆用辗钢整体车轮技术条件

TB/T 2879.5—1998　铁路机车车辆　涂料及涂装　第5部分:客车和牵引动力车的防护和涂装技术条件(neq UIC 842.5—1975)

TB/T 2945—1999　铁道车辆用LZ50钢车轴及钢坯技术条件

TB/T 2961—1999 机车司机室座椅

TB/T 3021—2001 铁道机车车辆电子装置(eqv IEC 60571:1998)

TB/T 3034—2002 机车车辆电气设备电磁兼容性试验及其限值

TB/T 3145—2007 机车单元制动器

TB/T 3146.1—2007 DK-1型机车电空制动机 第1部分 单机性能试验

TB/T 3164—2007 柴油机车车内设备机械振动烈度评定方法

铁路技术管理规程 中国铁道出版社2006年10月第10版

UIC 642—2001 国际联运机车、动车及控制拖车的防火消防特殊规定

3 术语和定义

下列术语和定义适用于本标准。

3.1

供货商 supplier

对供应的铁路大型线路机械整车负有技术责任和质量责任的机构。

3.2

用户 user

负责直接与供货商谈判订购铁路大型线路机械整车的机构。

3.3

辅助制动 auxiliary braking

在自动制动、单独制动和紧急制动失效的情况下使用的一种直接制动方式。

3.4

铁路大型线路机械 rail heavy-duty permanent way machinery

在封锁线路条件下,对线路进行大修和综合维修作业的轨行式大型线路机械。主要包括:道砟清筛机械、道砟捣固机械、轨道稳定机械、配砟整形机械、钢轨打磨机械、钢轨焊接机械、换轨换枕机械、路基处理设备、线路大修列车及物料运输设备等。

4 技术要求

4.1 使用环境条件

4.1.1 海拔2 000 m以下,柴油机应能输出额定功率。

4.1.2 相对湿度应不大于85%。

4.1.3 环境温度:钢轨打磨类:−20 ℃~+50 ℃;

其他类:−10 ℃~+50 ℃。

4.1.4 应能承受自然环境如风、沙、雨、雪的侵袭。

4.1.5 应能满足昼夜作业的要求。

4.2 使用线路条件

4.2.1 最大超高:≥150 mm。

4.2.2 线路最大坡度:30‰。

4.2.3 钢轨类型:50 kg/m、60 kg/m、75 kg/m。

4.2.4 轨枕:木枕及Ⅱ型、Ⅲ型混凝土轨枕。

4.2.5 线间距:不小于4 m。

4.3 基本要求

4.3.1 运行状态下,整车轮廓尺寸应符合GB 146.1的规定。

4.3.2 在双线和多线地段作业时(线间距4 m),应能满足整车的上部(距轨面1 100 mm以上)宽度不

超过机车车辆限界，特殊困难条件下，宽度不超过 1 950 mm(距线路中心)；距轨面 1 100 mm 以下部分不侵入 GB 146.2 规定的邻线建筑限界(建限-1)。

4.3.3 车轮直径优先采用 ϕ840 mm。

4.3.4 车钩中心距轨面高度为 880 mm±10 mm，同车前后车钩中心线高度差不大于 10 mm。

4.3.5 轴重应小于或等于 23 t。

4.3.6 具备区间运行功能的铁路大型线路机械应安装运行安全监控设备的接口。

4.3.7 车内设备振动性能应符合 TB/T 3164—2007 的规定。

4.3.8 车内各种设备应能承受相当于整车纵向加速度 3g 的冲击。

4.3.9 整车防火及消防应符合 UIC 642—2001 的规定。

4.3.10 具有区间高速自行功能的铁路大型线路机械，最高自行速度应大于或等于 80 km/h。

4.3.11 最大连挂速度应大于或等于 100 km/h。

4.3.12 整车动力学性能试验内容、试验项目、试验结果应符合 GB/T 17426—1998 的要求。

4.3.13 铁路大型线路机械编组运行，或与货物列车连挂以最大允许连挂速度运行时，各部件无异常，各保护装置和监视仪表显示正常、灵敏可靠，制动与缓解动作正常。

4.3.14 铁路大型线路机械以最高自行速度运行于平直道上时单纯施行紧急制动或辅助制动，应在如下规定的距离内停车，且不擦伤轮轨：

a) 运行速度 v=80 km/h：　　　　≤400 m；

b) 80 km/h<v≤90 km/h：　　　　≤500 m；

c) 90 km/h<v≤100 km/h：　　　≤650 m；

d) 总重大于 500 t，具有固定编组的大型线路机械制动距离应符合《铁路技术管理规程》的规定。

4.3.15 选用的柴油机排放污染限值应符合国家或国际有关标准规定。

4.3.16 运行状态下，司机室内稳态噪声不超过 80 dB；作业状态下，司机室内噪声不超过 87 dB(清筛类除外)。

4.3.17 连续作业时间应大于或等于 6 h。在隧道(3 km)内应能正常连续工作 2 h。

4.3.18 最小作业曲线半径应小于或等于 250 m。

4.3.19 最小运行曲线半径应小于或等于 180 m。

4.3.20 铁路大型线路机械型号编制应符合 TB/T 1854 的规定。

5 整车一般要求

5.1 各种设备、零部件应按经规定程序批准的图样和技术文件制造、采购和组装，并应符合有关标准的规定，经检验合格后方能装车。

5.2 各种设备的配置应有良好的可接近性，便于检修和吊装。

5.3 应便于救援起吊。

5.4 人体易碰到的锐边锐角应倒钝。

5.5 选用的材料、标准件和通用件均应符合有关规定。

5.6 锻件、铸件、热处理件、焊接件及铆接件等工艺性能的要求均应符合有关规定。

5.7 车内设备以及周围的材料应采用环保的阻燃材料和防火材料。

5.8 整车油管、风管、水管、电缆等分布、排列整齐，固定可靠。各系统无渗漏油、漏气、漏水、漏电现象。

5.9 各安全保险及紧固零部件，均应齐全有效。

5.10 各传动部件之间的联结应可靠。

5.11 整车油漆颜色、指示标牌的位置应符合有关规定。其涂装及检查验收应符合 TB/T 2879.5—1998 的规定。

5.12 应设高度可调整的排障器。

6 各系统(部件)要求

6.1 动力传动系统

6.1.1 动力传动系统应能满足整车区间运行和作业走行动力的要求,连挂或自运行时的动力转换应操纵方便。

6.1.2 动力传动系统应能为整车的电源、液压源和气源等提供动力。

6.1.3 柴油机应符合下列各项规定:

a) 柴油机最大运用功率相对其标定功率应留有必要的功率储备;

b) 柴油机安装应具有良好的减振性能;

c) 柴油机机罩应具有良好的隔音、隔热功能;

d) 发电机组应符合相关标准的技术要求。

6.1.4 传动轴应经过探伤合格后方可装车,并设有安全保护装置。

6.1.5 变速箱应有自动换挡装置和换向机构以及有关保护装置。

6.1.6 齿轮箱组装后,各轴应转动灵活、无卡滞,并应进行台架试验,台架试验应符合 GB/T 25336—2010 中 7.5 的要求。

6.2 走行系统

6.2.1 总体要求

6.2.1.1 装车后的走行系统应能满足整车运行性能要求。

6.2.1.2 装车后的走行系统应能按允许速度通过该车最小运行曲线半径,整车及走行系统内部各零部件间不得相互碰擦。

6.2.2 转向架

6.2.2.1 在整车全整备或额定载荷状态下,转向架应能顺利地通过 GB 146.1 规定的限界及要求的最小半径曲线线路。

6.2.2.2 转向架构架总组焊后,对重要焊缝应进行超声波探伤并应进行整体消除应力处理(包括热处理或振动时效处理等)。

6.2.2.3 油压减震器性能应符合 TB/T 1491—2004 的规定。

6.2.2.4 金属橡胶减震器橡胶部位应无老化、龟裂现象,与金属板联结牢固,其性能应符合设计要求。

6.2.2.5 螺旋弹簧性能应符合 TB/T 1025—2000 的规定。

6.2.3 轮对

6.2.3.1 车轴的材料及技术要求应符合 TB/T 2945—1999 或有关规定;车轴必须经无损探伤检查,检验合格后方可使用。

6.2.3.2 车轮的材料及技术要求应符合 TB/T 2817—1997 或有关规定。

6.2.3.3 轴箱应设置轴温报警接口。

6.2.3.4 轴箱组装应符合有关设计文件的规定。

6.2.3.5 轮对组装应符合 TB/T 1463—2006 中注油压装的规定或有关规定。

6.2.3.6 组装后的轮对、轴箱台架磨合试验应符合 GB/T 25336—2010 中 7.4 的规定。

6.2.4 车轴齿轮箱

6.2.4.1 牵引齿轮应符合有关技术文件规定,其探伤方法和验收要求应符合 TB/T 2248 和 TB/T 2247 的规定。

6.2.4.2 车轴齿轮箱组装后,各轴应转动灵活、无卡滞。

6.2.4.3 车轴齿轮箱换挡准确、可靠。

6.2.4.4 车轴齿轮箱台架试验应符合 GB/T 25336—2010 中 7.4 的规定。

6.2.5 **基础制动装置**

6.2.5.1 基础制动装置组装后，各连杆动作应灵活、可靠。

6.2.5.2 基础制动装置的梁和杆件采用焊接结构时，应进行探伤检查和时效处理。

6.2.5.3 制动横梁应设有安全保护装置。

6.2.5.4 制动装置处于缓解状态时，闸瓦与车轮踏面间应有足够的间隙且应均匀。

6.2.6 **驻车制动装置**

驻车制动装置应保证整车在30‰的坡道上可靠停驻。

6.3 液压系统

6.3.1 液压系统应符合GB/T 3766的规定。

6.3.2 采用全液压驱动的机械，走行速度应能在规定范围内实现无级调速及速度锁定。

6.3.3 系统应设置油液滤清、回路保护及故障报警等装置。

6.3.4 对出厂日期超过一年半的重要元件，应重新确认其性能方可装车。

6.3.5 系统主要回路中的压力应有显示，仪表显示清晰、准确。

6.3.6 系统主要回路应设有液压压力检测接口。

6.3.7 液压软管两端应有清晰标记。

6.4 空气制动系统

6.4.1 **风源**

6.4.1.1 应设置冷却、干燥、过滤、压力控制和保护、储风缸等装置，应能满足制动和作业气动系统用风要求。

6.4.1.2 空气压力控制装置开启压力、闭合压力、安全阀压力应符合系统规定。

6.4.1.3 储风缸应符合TB/T 304—1995或有关规定。

6.4.2 **空气制动系统**

6.4.2.1 空气制动系统应采用DK-1型空气制动机、JZ-7型空气制动机及其他符合我国铁路技术标准的制动机，其性能应符合TB/T 3146.1—2007或TB/T 2232—1991及有关规定。

6.4.2.2 空气制动系统应有常用制动、单独制动、紧急制动、辅助制动和无动力回送转换等功能。

6.4.2.3 系统各仪表、报警装置、操作阀等装置应有明显的标识，应便于司机观测、监控和操纵。

6.4.2.4 系统各仪表显示应清晰、准确，报警装置工作正常可靠。

6.4.2.5 制动机及其主要部件装车前，应按产品技术条件，在试验台上逐件进行气压泄漏与单件性能试验；出厂期超过一年的主要阀类件，装车前应进行分解、除尘、组装和台架性能检验；出厂期超过一年的软管，在装车前应重新进行气压检验。

6.4.2.6 空气制动系统泄漏检查，应符合TB/T 3146.1—2007或TB/T 2232—1991中的有关规定。

6.4.2.7 具有液压制动的机械，液压制动和空气制动的转换应可靠。

6.4.2.8 总风缸压力由0上升至额定压力的时间应小于或等于5 min。

6.4.2.9 作业机组常用全制动后充风缓解时间应小于或等于35 s。

6.4.3 **单元制动器**

采用单元制动器应符合TB/T 3145—2007的有关技术要求。

6.5 气动系统

6.5.1 气动系统应符合GB/T 7932—2003的有关规定。

6.5.2 功能符合设计要求。

6.6 电气系统

6.6.1 系统应能根据整车用电设备的需要，提供直流24 V控制电源和相应的工作电源，并留有适量功率储备。

6.6.2 系统应具有以下控制功能：

a) 系统应设置各种必要的联锁保护和故障报警功能；

b) 系统具有对动力传动系统、走行系统、液压系统、制动及气动系统、作业系统等的控制功能；

c) 系统具有对制冷、采暖、照明、雨刮器等附属电器的控制功能。

6.6.3 操作台和控制箱的安装和布线应满足防尘、防水及散热要求。电器元件、操作指示标识应清晰、明确；仪表、显示器、指示灯等指示正确。

6.6.4 系统配线技术要求应符合 GB 5226.1—2002 的有关规定。

6.6.5 系统的电气控制线路的绝缘性能符合 GB/T 3315—2006 中 5.6 的规定，电子装置的绝缘性能应符合 TB/T 3021 的有关规定。

6.6.6 系统的电磁兼容性能应符合 TB/T 3034—2002 的有关规定。

6.7 车体

6.7.1 在车体上承受相当于结构载荷的重量时，沿主车架纵向中心线施加 1 180 kN 的静压力。在此作用力下，主车架应力不应超过允许值。

6.7.2 主车架重要焊缝应进行超声波探伤。

6.7.3 车体应设上车扶手。车体的第一级脚蹬距轨面应尽量接近限界允许的最低高度，脚蹬板应防滑。车体通道地板应有防滑措施，护栏牢固。

6.8 司机室

6.8.1 司机室视野宽广，保证能清楚方便地瞭望前方信号和线路，应符合 GB 5914.1 的规定。

6.8.2 司机室所有玻璃窗均采用双层安全玻璃，前窗应设有雨刮器、遮阳及除霜装置。

6.8.3 司机室如有管道或缆线过墙壁、地板，其通过孔应加以密封。

6.8.4 司机室应设风扇和空调装置，冬季司机室内的温度应大于或等于 16 ℃，夏季司机室内的温度应小于或等于 28 ℃。

6.8.5 在日光下和晚上关闭照明灯时，应能在 500 mm 处清楚看见控制台的显示值。

6.8.6 运行和作业操作位座椅应能调整高度和前后位置，并具有良好的减振性能。外观和强度检查应符合 TB/T 2961—1999 的相关规定。

6.8.7 司机室周边各墙填充及装饰材料具有良好的阻燃、隔音、隔热性能，并能满足环保要求。

6.8.8 司机室特殊安全要求应符合 GB 6770—2000 第 4 章、第 5 章的有关规定。

6.9 车钩缓冲装置

6.9.1 缓冲器的最低吸收容量，应能承受整车以 3.6 km/h 速度与一个无缓冲装置的高惯性静止阻挡碰撞，保证设备不损坏。

6.9.2 车钩缓冲装置的组装要求应符合 TB/T 493—2004 的有关规定。车钩、钩尾框技术条件应符合 TB/T 456—2008 的有关规定。

6.9.3 车辆通过最小曲线半径时，车钩相对于车辆纵向中心线偏移角应满足 TB/T 1335—1996 的要求。车钩钩肩与冲击座的水平间距应大于缓冲器的额定行程。

6.10 照明装置

6.10.1 应具有前照灯、警示灯、作业照明灯、前后标志灯、制动灯、司机室内照明灯、通道灯等。

6.10.2 照明装置应安装牢固，具有防雨、抗震功能。

6.10.3 前照灯照射方向可调，在雨、雪、风、沙的侵袭下，透明罩盖不应出现破损。前照灯应具有远近光功能，远光在距离前照灯 400 m 处的照度值应不低于 0.2 lx。

6.11 安全、报警

6.11.1 应具有监视和报警功能。

6.11.2 应设有各类警告标志，包括提示运行安全、作业安全、人身安全的各类警示说明标志。

6.11.3 报警装置应设置在便于观察和操纵的位置，并有明显的指示铭牌。报警装置工作准确、可靠。

6.11.4 车体四周应设紧急停机按钮。

6.11.5 应急装置应能在15 min内将工作装置收回至运行位。

6.11.6 应配备有效的起复设备，新设计的大型线路机械本车应加装起复自救装置。

7 产品要求

7.1 捣固类

7.1.1 基本要求

7.1.1.1 左、右捣固装置应能分别或同步对枕下道砟进行捣固，下插深度和夹持时间可调。

7.1.1.2 具有线路几何状态参数检测和记录功能。

7.1.1.3 捣固装置的捣镐应能方便拆卸和更换，并具有捣镐防松措施。

7.1.1.4 具有枕端夯实装置时，其作业动作应与捣固装置的下插动作协调、一致。

7.1.1.5 起拨道装置应能顺利地通过钢轨接头夹板。

7.1.2 技术要求

7.1.2.1 作业精度应符合设计要求。

7.1.2.2 捣镐工作振动频率：32 Hz～55 Hz。

7.1.2.3 捣固深度：10 mm～15 mm（镐肩距轨枕底面）。

7.1.2.4 起道装置最大起道量：≥150 mm。

7.1.2.5 拨道装置最大拨道量：±150 mm。

7.1.2.6 枕端夯实装置夯实振动频率：30 Hz～45Hz。

7.1.2.7 作业效率应符合下列要求：

a） 正线捣固车：不小于1.1 km/h；

b） 道岔捣固车：捣固一组12号单开整组道岔不大于35 min。

7.2 稳定类

7.2.1 基本要求

7.2.1.1 轨道稳定作业时，应在水平方向产生同步振动，在垂直方向具有加载能力。

7.2.1.2 稳定装置启振前，应能对钢轨施加垂直预加载力，确保稳定装置不脱轨。

7.2.1.3 稳定装置与车体之间应安装减振、缓冲装置。

7.2.1.4 在最小作业半径处作业时，稳定装置应能正常收放。

7.2.1.5 轨道稳定作业后，应能保持捣固后线路的精度，并使线路按给定的下沉量均匀下沉。

7.2.1.6 稳定车应设置测量系统。该系统应具有对稳定作业后的轨道几何尺寸进行测量、记录及打印的功能。

7.2.2 技术要求

7.2.2.1 激振频率：0～50 Hz。

7.2.2.2 水平激振力：0～500 kN。

7.2.2.3 垂直下压力：0～400 kN。

7.2.2.4 作业走行速度：0～4 km/h。

7.3 清筛类

7.3.1 基本要求

7.3.1.1 挖掘装置应能满足清筛作业范围的要求，具有调速和过载保护功能。

7.3.1.2 振动筛具有调平功能。

7.3.1.3 道砟输送机构应实现污土输送、污土抛出、清洁后道砟的回填等功能。

7.3.1.4 起拨道装置应能顺利地通过钢轨接头夹板。

7.3.1.5 宜具备新砟补充功能。

7.3.2 技术要求

7.3.2.1 作业效率(一般道床)应符合下列要求：

a) 线路清筛机：≥450 m^3/h；

b) 边坡清筛机：≥500 m^3/h；

c) 隧道清筛机：≥300 m^3/h；

d) 道岔清筛机：≥300 m^3/h。

7.3.2.2 挖掘深度：≥枕下 300 mm。

7.3.2.3 挖掘宽度应符合下列要求：

a) 线路清筛机：≥3 900 mm；

b) 边坡清筛机：单侧距轨枕端清筛宽度不小于 1 200 mm；

c) 隧道清筛机：≥3 500 mm；

d) 道岔清筛机：≥7 000 mm(总挖掘宽度)。

7.3.2.4 清筛洁度：≥97%。

7.3.2.5 最大起道量：≥100 mm。

7.3.2.6 最大拨道量：±300 mm。

7.3.2.7 应能向线路任意一侧或向与之连挂的物料运输车抛出污土。向线路一侧抛出污土时，抛出污土距线路中心距离不小于 5 m。

7.4 配砟类

7.4.1 基本要求

7.4.1.1 左、右侧犁装置应能分别或同时对左右边坡进行整形作业。

7.4.1.2 中犁装置可进行配砟作业，翼犁板可根据线路砟肩要求进行调整。

7.4.1.3 清扫装置的刷棒应能方便拆卸和更换。

7.4.1.4 清扫装置应能有效清除枕面、钢轨两侧的道砟。

7.4.1.5 侧犁装置宜有安全避障功能。

7.4.1.6 宜具备储砟、输砟及分砟功能。

7.4.2 技术要求

7.4.2.1 作业后道床轮廓应符合相关标准的规定。

7.4.2.2 最大配砟宽度：≥3 600 mm。

7.4.2.3 最大整形宽度：≥6 600 mm。

7.4.2.4 最大整形深度：≥1 200 mm(以钢轨顶面为 0 点)。

7.4.2.5 最大清扫宽度：≥2 600 mm。

7.4.2.6 作业速度：0～15 km/h。

7.5 钢轨打磨类

7.5.1 基本要求

7.5.1.1 打磨装置具有顺序越过障碍和自动记忆功能。

7.5.1.2 有密封要求的司机室、工作间应密封良好并设有微增压装置。

7.5.1.3 打磨车应设有监视器，能监视作业时的走行速度和作业装置的工作状况。

7.5.1.4 液压系统应使用阻燃型液压油。

7.5.1.5 打磨车应设吸尘装置和防火挡板。

7.5.1.6 打磨车应设有水箱和灭火装置。

7.5.2 技术要求

7.5.2.1 打磨车作业后钢轨轨头轮廓应符合线路修理钢轨轮廓的要求。

7.5.2.2 打磨后钢轨表面粗糙度为 MRR *Ra*max 10，不得有连续或过度发蓝。

7.5.2.3 打磨精度应符合相关规范的要求。

7.5.2.4 作业效率应符合下列要求：

a) 线路打磨车：打磨速度为 7 km/h 时，轨顶面金属磨削量不少于 0.2 mm/遍。

b) 道岔打磨车：打磨整组 12 号道岔不大于 40 min。

7.5.2.5 最高作业速度：≥12 km/h。

7.6 线路大修列车类

7.6.1 基本要求

7.6.1.1 应具有单独更换钢轨、单独更换轨枕以及同时更换钢轨和轨枕的能力。

7.6.1.2 应能在换轨、换枕作业中同步完成松卸、收集和存放扣件，撤出旧轨、回收旧枕、平砟、输送和装运新旧轨枕等作业。

7.6.1.3 应装备有监视轨枕装、吊、卸过程的监视系统。

7.6.1.4 应设有道砟平整机构，作业中，能通过控制系统调整道砟平整深度和横向水平。

7.6.1.5 应设有轨枕计数器、连续工作和停机计时器、轨枕间距记录仪。

7.6.2 技术要求

7.6.2.1 作业精度应符合下列要求：

a) 新轨枕铺设间距精度：±10 mm；

b) 新、旧轨道结构中心线的偏差：±10 mm；

c) 轨面水平：±10 mm；

d) 线路高低：±10 mm；

e) 轨枕方正：±10 mm。

7.6.2.2 新枕铺设间距的调整范围为 500 mm～750 mm。

7.6.2.3 连续换枕效率每分钟不少于 16 根。

7.7 焊轨车类

7.7.1 基本要求

7.7.1.1 应配备工作电源，其电压范围，容量等应满足焊机正常作业需要。

7.7.1.2 起重设备的起重能力及工作范围应满足线上焊，线下焊的要求。

7.7.1.3 液压支腿能将整车顶起，使车轮离开被焊接钢轨。

7.7.1.4 宜设置钢轨线下焊拉轨对正装置。

7.7.1.5 能完成钢轨线上焊、线下焊，宜具有锁定焊作业功能。

7.7.1.6 具有保压推瘤功能。

7.7.1.7 应具有焊接过程监控系统和数据存、转储功能。

7.7.2 技术要求

7.7.2.1 焊接接头焊接质量符合 TB/T 1632.2—2005 要求。

7.7.2.2 作业效率每小时不少于 3 个焊接接头。

7.8 物料运输车类

7.8.1 带式物料运输车

7.8.1.1 基本要求

7.8.1.1.1 应能进行物料的存储、转送和抛出。

7.8.1.1.2 物料输送速度应可调，并能向前或向后双向移动物料。

7.8.1.1.3 应能承接清筛类机械抛入的物料，可以单车或多车组合方式与清筛类铁路大型线路机械配套作业。

7.8.1.1.4 组合作业时物料运输车抛送物料装置应具有随动功能。

7.8.1.1.5 应具有防倾覆功能。

7.8.1.1.6 带作业走行的物料运输车组在与清筛机进行联合作业时，各车之间应具有作业走行同步功能。

7.8.1.2 **技术要求**

7.8.1.2.1 物料排空时间不应大于 8 min。

7.8.1.2.2 应能向线路两侧抛送物料，抛出物料距线路中心的距离不小于 5 m。

7.8.1.2.3 左右旋转抛出角度不小于 45°。

7.8.1.2.4 出砟口下沿距离轨面作业高度：≥3 600 mm。

7.8.1.2.5 出砟口外沿距离车钩钩舌内侧的水平距离：≥3 600 mm。

7.8.2 **斗式物料运输车**

7.8.2.1 **基本要求**

7.8.2.1.1 应能进行物料的接收、存储、转送和卸料，并能与清筛机、带式物料运输车配合使用。

7.8.2.1.2 物料的传送可通过对箱斗的平移、升降、翻转等形式，间歇式地完成。

7.8.2.1.3 车组内的斗式车、接料车、卸料车、发电车等部分可用在平车上安装工作装置的方式构成，并能方便地从平车上卸下。

7.8.2.2 **技术要求**

7.8.2.2.1 应采用上下两层进行箱斗的传送，上层用于输送空箱斗，下层用于输送装满物料的箱斗（重箱斗）。当车组的走行速度大于 5 km/h 时，上层不应放置箱斗，且下层所放置的箱斗应进行锁定。

7.8.2.2.2 应配有能作左右 45°旋转的物料抛出带。

7.8.2.2.3 在电气化区段作业时，箱斗的翻转极限高度应符合《铁路技术管理规程》的有关规定。

8 试验、验收

8.1 整车组装后，应按 GB/T 25336—2010 进行检查与试验，并按有关规定验收。

8.2 在下列情况之一时，应进行型式试验：

a) 新设计制造的铁路大型线路机械整车；

b) 转厂后新生产的铁路大型线路机械整车；

c) 经重大技术改造，性能、结构、材料有较大变动时；

d) 停产五年以上重新制造时；

e) 有必要重新确认性能时。

8.3 批量生产的铁路大型线路机械整车，每台均应进行例行试验，试验结果应与型式试验相符。

8.4 提交验收的整车应有合格证书及例行试验记录。

8.5 制造商应向用户提供规定的有关技术文件及随机备品、随机工具。

9 整车的标志、包装、运输

9.1 标志

表示产品主要性能、技术参数的铭牌、操作指示标志及与运输相关的标志，如“禁过驼峰”、“禁止烟火”、“架车”、“禁止溜放”、“禁止攀登”等，应符合技术文件的规定。

9.2 包装

9.2.1 以下部件应进行防护：前照灯、标志灯、工作灯；各外露接近开关、行程开关、传感器、停机报警按钮等。

9.2.2 司机室侧窗玻璃应有保护措施。

9.2.3 工作装置应进行可靠的固定。

9.3 运输

9.3.1 运输前应：

a） 放尽燃油；

b） 更新蓄电池；

c） 按规定更换液压油，加装齿轮箱润滑油。

9.3.2 无动力附挂回送时，空气制动系统应做如下处理：

a） 取出前后司机室的自动制动阀和单独制动阀手柄；

b） 关闭中继阀的列车管塞门；

c） 开放无动力回送塞门；

d） 制动缸最高压力应按制动系统要求调整。

9.3.3 整车运输应连挂于列车尾部，连挂运行速度不得超过最高允许速度。

9.3.4 无动力附挂回送应有专人押运。

10 质量保证期

供货商应明确给出整车及主要部件的保修期，并按规定保修期执行。

ICS 45.020
S 61

中华人民共和国国家标准

GB/T 25338.1—2010

铁路道岔转辙机 第1部分：通用技术条件

Switch machine for railway—Part 1: General specification

2010-11-10 发布

2011-03-01 实施

中华人民共和国国家质量监督检验检疫总局
中国国家标准化管理委员会 发布

前　言

GB/T 25338《铁路道岔转辙机》分为两个部分：

——第1部分：通用技术条件；

——第2部分：试验方法。

本部分为GB/T 25338的第1部分。

本部分是在TB/T 2614—2005《转辙机通用技术条件》的基础上制定的。

本部分由中华人民共和国铁道部提出。

本部分由西安全路通号器材研究所归口。

本部分起草单位：西安全路通号器材研究所、西安铁路信号工厂、天津铁路信号工厂。

本部分主要起草人：杜元筹、华淑珍、张辉、郝丽娜、李斌、丁召荣。

铁路道岔转辙机
第1部分:通用技术条件

1 范围

GB/T 25338 的本部分规定了铁路道岔用电动、电液及电空转辙机(以下简称"转辙机")的术语,分类,技术要求,检验规则,标志、包装、运输、贮存。

本部分适用于转辙机及由转辙机传动的转换锁闭器的设计、生产及维修。

2 规范性引用文件

下列文件中的条款通过 GB/T 25338 的本部分的引用而成为本部分的条款。凡是注日期的引用文件,其随后所有的修改单(不包括勘误的内容)或修订版均不适用于本部分,然而,鼓励根据本部分达成协议的各方研究是否可使用这些文件的最新版本。凡是不注日期的引用文件,其最新版本适用于本部分。

GB/T 191 包装储运图示标志(GB/T 191—2008,ISO 780:1997,MOD)

GB 755—2008 旋转电机 定额和性能(IEC 60034-1:2004,IDT)

GB/T 2408—2008 塑料 燃烧性能的测定 水平法和垂直法(IEC 60695-11-10:1999,IDT)

GB/T 2423.16—2008 电工电子产品环境试验 第2部分:试验方法 试验J及导则:长霉(IEC 60068-2-10:2005,IDT)

GB/T 2828.1—2003 计数抽样检验程序 第1部分:按接收质量限(AQL)检索的逐批检验抽样计划(ISO 2859-1:1999,IDT)

GB/T 2829—2002 周期检验计数抽样程序及表(适应于对过程稳定性的检验)

GB 4208—2008 外壳防护等级(IP代码)(IEC 60529:2001,IDT)

GB/T 4942.1—2006 旋转电机整体结构的防护等级(IP代码) 分级(IEC 60034-5:2000, Rotating electrical machines—Part 5:Degrees of protection provided by the integral design of rotating electrical machines (IP code)—Classification,IDT)

GB/T 5171 小功率电动机通用技术条件

GB/T 13912—2002 金属覆盖层 钢铁制件热浸镀锌层技术要求及试验方法(ISO 1461:1999, MOD)

GB/T 18684—2002 锌铬涂层 技术条件

3 术语和定义

下列术语和定义适用于本部分。

3.1

内锁闭 internal locking

设在转辙机内部,锁闭转辙机动作杆于终端位置的机构。

3.2

外锁闭 external locking

设在转辙机外部,主要锁闭道岔可动部分于密贴位置的机构。

3.3

挤岔表示杆 detector of trailing movement

转辙机内能检查道岔状态的杆件。挤岔时，将道岔的可动部分从密贴位挤开一定距离后，该杆件能断开道岔的表示接点。

3.4

锁闭表示杆(简称锁闭杆) locking-and-detecting bar (locking bar)

转辙机内能检查道岔密贴状态并对道岔的可动部分具有第二锁闭功能的杆件。

3.5

动作次数 throwing movements

转辙机从动程的一个终端位置转换至另一终端位置的次数。

3.6

额定转换力 rated throwing force

转辙机动作杆或活塞杆伸出或拉入运动时规定的输出力。

3.7

额定电压 rated voltage

直流转辙机在给出额定转换力条件下转换时，电动机端的最低电压。

3.8

电源电压 supply voltage

电源屏输出给转辙机的电压。

3.9

动作时间 switching time

转辙机从电动机(电动、电液)或电磁换向阀(电空)通电开始，由一个终端位置转换至另一个终端位置及表示接点接通的时间。

4 分类

4.1 转辙机按动作时间分类

转辙机按动作时间分类见表1。

表 1

种 类	动作时间/s
低速转辙机	>6
中速转辙机	3～6
快速转辙机	≤0.8

4.2 转辙机按额定转换力分类

转辙机按额定转换力分类见表2。

表 2

种 类	额定转换力/N
大转换力转辙机	6 000
普通转换力转辙机	3 000、4 500
小转换力转辙机	2 500

4.3 转辙机按电源分类

转辙机按电源分类见表3。

表 3

单位为伏特

种　类	额定电压	电源电压
直流	24、160、180	—
三相交流 50 Hz	—	380

4.4　转辙机按动力源分类

转辙机按动力源分类见表 4。

表 4

种　类	内　　容
电动转辙机	以电动机为动力源，用机械传动、机械锁闭
电液转辙机	以电动机为动力源，用液压传动、机械锁闭
电空转辙机	以压缩空气为动力源，用电磁阀进行控制，压缩空气或机械锁闭

4.5　转辙机型号的含义

4.5.1　转辙机型号的含义如下：

Z □ J □-□ □/□

- □ —— 额定转换力，单位为牛顿(N)
- □ —— 动作杆动程，单位为毫米(mm)
- □ —— 派生类型
- □ —— 设计顺序号
- J —— 交流(直流不标)
- □ —— 类型(D—电动，Y—电液，K—电空)
- Z —— 转辙机

4.5.2　转辙机型号的示例如下：

示例 1：　Z D 9-A 220/2.5k

- 2.5k —— 额定转换力
- 220 —— 动作杆动程
- A —— 派生类型
- 9 —— 设计顺序号
- D —— 电动
- Z —— 转辙机

示例 2：　Z Y 6-A 170/4 000

- 4 000 —— 额定转换力
- 170 —— 动作杆动程
- A —— 派生类型
- 6 —— 设计顺序号
- Y —— 电液
- Z —— 转辙机

示例 3： Z K 3-A 170

- 170——动作杆动程
- A——派生类型
- 3——设计顺序号
- K——电空
- Z——转辙机

5 技术要求

5.1 转辙机的工作环境

转辙机应在下列环境条件下正常工作：

a） 大气压力：不低于 70.1 kPa（相当于海拔高度 3 000 m 以下）；

b） 周围空气温度：－40 ℃～＋70 ℃；

c） 空气相对湿度：不大于 90％（25 ℃时）；

d） 周围无引起爆炸危险的有害气体及腐蚀性气体。

5.2 转辙机动作程序

转辙机在接通电源后应按下列程序准确动作：

a） 断开原表示接点；

b） 转辙机解锁；

c） 转辙机转换；

d） 转辙机锁闭；

e） 接通新表示接点。

快速转辙机和有外锁闭的转辙机允许 d）和 e）同步实现。

5.3 转辙机的零部件

转辙机的所有零部件应经检验合格，标准件及外购件应符合相关的技术标准。

5.4 外观

5.4.1 镀层应光滑细致，无斑点，无突起和未镀上的地方，边缘和棱角不应有烧痕。

5.4.2 漆层应平整清洁，主要表面应光滑，具有良好的光泽，颜色一致，不应有皱纹、流痕、针孔、气泡等缺陷。

5.4.3 塑料零件应具有良好的光泽，不应有气泡、裂纹、缺料、肿胀、明显变形、擦伤和毛刺等缺陷。

5.4.4 导电零件的表面应光滑，不应有毛刺及腐蚀痕迹。

5.4.5 螺纹连接处及铆接处，不应有松动和自动松脱现象。

5.4.6 焊接应牢固，不应有夹渣、气泡、裂纹等缺陷。

5.4.7 铸件表面应平整，不应有有害变形、缺损、突起、毛刺、粘砂和裂纹。

5.4.8 锻件不应有夹层、裂纹和过烧等缺陷。

5.4.9 紧固件应有防松措施，不需调整的紧固螺纹处应涂以螺纹胶防松。

5.5 总体结构

5.5.1 结构上应设有吸收转动惯量和保护电动机的装置，该装置应具有大于额定转换力 1.5 倍的能力。

5.5.2 转辙机应设有手动安全机构，手动操作前，应可靠断开安全接点或接通安全阀，非经人工恢复不能接通电路或油路。

5.5.3 转辙机在线路外安装时，应适用于右侧安装或左侧安装（从道岔头部向道岔根部看），结构上应做到便于现场改装。

5.5.4 转辙机应满足 GB 4208—2008 防护等级为 IP54 级的规定，并应在机内设排油污水的结构；无维护密封型转辙机的防护等级应不低于 IP66 级的规定。

5.5.5 杆件(伸出机外动作部分)应有防腐措施；电空转辙机和电液转辙机在介质进入前应净化。在杆件伸出位的机外部分淋水后做动作试验，拉入伸出动作 3 次后，杆件上的水不应进入机内。

5.5.6 为方便转辙机维修和更换，不同厂家生产的同一型号的转辙机应采用统一的图纸，所有配件的安装尺寸应统一；转辙机需要维护保养的零部件应便于观察、拆装。

5.5.7 转辙机的轴承(包括电动机的轴承)内和滑动摩擦面以及转辙机内发黑、没有电镀和涂复的零件应涂以符合 5.1 规定的周围空气温度条件的润滑脂。

5.6 电动机

5.6.1 电动机设在机外并在没有其他设备防护时，应满足 GB/T 4942.1—2006 防护等级 IP55 级的规定。

5.6.2 电动机采用短时工作制，在 1.5 倍额定转换力条件下运转 15 min，其温升不应超过 GB/T 5171 规定的绝缘等级的温升，快速型允许缩短运转时间，但最短不小于 6 min。当试验地点的环境温度与运行地点指定的最高环境温度不同时，温升限值的修正应按 GB/T 5171 的有关规定进行。

5.6.3 直流电动机定子线圈应采用定反位绕组分开的方式。

5.6.4 换向器直流电动机在额定电压下应能承受 1.5 倍的额定电流，历时 60 s。运行中，换向器不应产生有害火花，且不应在换向器或电刷表面造成永久性损害。

5.6.5 电动机的绝缘等级不应低于 GB 755—2008 中 B 级绝缘的规定，试验寿命为 100 万次转辙机的电动机应符合 F 级绝缘的规定。

5.7 减速器

减速器应为一个整体密封结构，当特殊情况齿轮暴露在外时应有防护罩。

5.8 摩擦联接器

摩擦联接器正反方向摩擦时，直流型转辙机其摩擦电流相差应小于 0.3 A(快速型除外)；交流型转辙机其摩擦转换力相差不应大于额定转换力的 15%。摩擦联接器其第一次摩擦转换力和稳定摩擦转换力相差不应大于稳定摩擦转换力的 20%。摩擦联接器以摩擦转换力为标准，直流型的摩擦电流可以作为参考。

5.9 开闭器

5.9.1 开闭器的接点部分应设阻燃透明罩防护，阻燃等级应符合 GB/T 2408—2008 中 V-2 级的规定。

5.9.2 动接点和静接点间的接触压力和接触电阻应符合产品标准的规定，动接点和静接点间的接触压力和接触电阻在转辙机振动试验和寿命试验中应能使表示继电器保持在吸起位置。

5.9.3 接点允许通过的电流和接点间隙的断弧能力均应满足各自电路和寿命的要求，接点接触时应有扫程(全密封符合 IP65 的接点除外)。

5.10 转辙机试验寿命

5.10.1 转辙机试验寿命的动作次数分为 30 万次、100 万次两个等级。在额定转换力、额定电压(直流型)或电源电压(交流型)串单线电阻的条件下，动作杆伸出或拉入各为一次，每次间隔时间为 6 s～15 s。

5.10.2 寿命试验期内各零部件不应损坏，各受力的摩擦部分，在磨损后转辙机的电气特性仍应满足产品标准或技术条件的规定，接点压力不应小于原规定值的 90%。寿命试验后的动接点和静接点间的接触电阻不应大于 3 Ω。在寿命试验中易损件和正常的维护要求按产品标准的规定。

5.11 锁闭、表示和挤岔

5.11.1 不可挤型转辙机应为动作杆和锁闭杆将道岔尖轨尖端锁在终端位置的双重锁闭。动作杆锁闭时应能承受 90 kN 以上的轴向锁闭力，锁闭杆锁闭时应能承受 20 kN 以上的轴向锁闭力。

5.11.2 可挤型转辙机的动作杆应具有 26 kN 以上挤岔定力机构，配套外锁闭的可挤型转辙机可为 24 kN。

5.11.3 驼峰用的快速转辙机允许仅有动作杆锁闭，也可采用弹性力保持尖轨密贴的机构。

5.11.4 转辙机转换到终端位置锁闭后，当其挤岔表示杆或锁闭杆位置正确，方能接通该位置的表示接点。快速转辙机不设表示杆。

5.11.5 转辙机应有挤岔断表示功能，否则应另设密贴检查器来实现这一功能。

5.11.6 多点牵引道岔尖轨和心轨第一牵引点的转辙机应采用双重锁闭的转辙机；其余牵引点可以采用单锁闭转辙机。

5.11.7 转辙机应预留监测装置的安装位置。

5.12 绝缘电阻

5.12.1 导电零件之间及其与机壳之间的正常绝缘电阻应大于 25 MΩ。

5.12.2 导电零件之间及其与机壳之间的湿热试验后的潮湿绝缘电阻应大于 1.5 MΩ，其中电动机应符合 GB/T 5171 的规定。

5.13 绝缘耐压

转辙机的绝缘耐压试验的试验电压应为交流 50 Hz，试验电压值见表 5。施加电压时间为 1 min，泄漏电流为 5 mA。绝缘耐压试验，一般只进行一次，需要重复试验时，电压应为原试验值的 80%。其中电动机应符合 GB/T 5171 的规定。

表 5

产品额定电压 U/V	试验电压/V
$U \leqslant 60$	1 000
$60 < U \leqslant 220$	2 000
$220 < U \leqslant 380$	2 400

5.14 铁制品的热浸镀锌和锌铬涂层

5.14.1 转辙机热浸镀锌零件的镀层厚度、外观、修复和抽样要求应按 GB/T 13912—2002 的规定。

5.14.2 转辙机锌铬涂层零件的涂层厚度应按 GB/T 18684—2002 中 3 级的规定，螺纹连接的零件可按 GB/T 18684—2002 中 2 级的规定选用，其外观、附着强度、盐雾腐蚀性能、耐水性能和抽样要求应按 GB/T 18684—2002 的规定。

5.15 耐腐蚀性能

转辙机的防护层及塑料零件经交变湿热试验后应符合以下规定：

a) 镀层腐蚀区域的面积之和占该零件主要表面面积 5%～15%的零件数不应超过该台产品零件总数的 1/10，但允许：
   1) 个别零件的镀层腐蚀区域面积大于 15%；
   2) 个别零件的基体金属出现个别锈点。
b) 油漆层应符合以下规定：
   1) 允许有色泽变暗，少量起皱等缺陷；
   2) 样品主要表面任一平方分米正方形面积内直径为 0.5 mm～3 mm 的气泡不应超过 5 个，其中直径大于 1 mm 的气泡不应超过 2 个，直径大于 2 mm 的气泡不应超过 1 个，不应出现直径大于 3 mm 的气泡；
   3) 允许主要表面出现个别锈点。
c) 塑料件不应有变形、发粘、开裂等缺陷。
d) 在试验前转辙机内发黑、没有电镀和涂复的零件应涂以符合 5.1 规定的周围空气温度条件的润滑脂。

5.16 **耐长霉性能**

转辙机的绝缘零件经长霉试验后，长霉程度不应低于GB/T 2423.16—2008中12.3规定的2b级。

5.17 **耐盐雾性能**

转辙机的镀锌、镀镍零件经盐雾试验后，应符合以下规定：

a) 镀锌层的主要表面无白色或灰黑色腐蚀物；

b) 镀镍层的主要表面无灰色或浅绿色腐蚀物。

5.18 **耐高低温性能**

转辙机高低温试验结束恢复2 h后，电气特性应符合产品标准的规定。高低温试验中测试的动作时间、动作电流可比额定值增大5%。

5.19 **耐振性能**

扫频范围38 Hz～1 000 Hz；

振动耐久试验应按表6的规定进行，试验后对样品进行外观检查，零件不应损坏；电气特性应符合产品标准的规定。

表6

<table>
<tr><th colspan="4">试验种类</th><th>振动频率范围/Hz</th><th>加速度/(m/s²)</th><th>试验时间/min</th></tr>
<tr><td rowspan="4">振动耐久试验</td><td colspan="3">无共振场合</td><td>100</td><td rowspan="3">103
（相当于10.5g）</td><td>60</td></tr>
<tr><td rowspan="2">有共振场合</td><td rowspan="2">一个共振峰</td><td>共振峰</td><td>共振振动频率</td><td>15</td></tr>
<tr><td>非共振峰</td><td>100</td><td>45</td></tr>
<tr><td colspan="3">两个以上共振峰</td><td colspan="3">选其中大的一个共振峰值的位移全振幅或加速度值，按一个共振峰的试验进行。</td></tr>
</table>

6 检验规则

6.1 检验分类

检验分出厂检验和型式检验两种。出厂检验的检验项目为5.4、5.8、5.12.1、5.13，型式检验的检验项目为产品技术要求规定的全部项目。

6.2 出厂检验

6.2.1 每台转辙机应经制造厂技术检验部门检验合格，并附有产品合格证，才能出厂。

6.2.2 出厂检验合格的产品需要复验时，按GB/T 2828.1—2003的规定进行，其样品应在提交出厂检验合格的批中随机抽取，并应符合以下规定：

a) 一般检验水平：Ⅱ；

b) 接收质量限：AQL=2.5（或双方协商另作规定）；

c) 严格性：正常检验抽样方案；

d) 抽样方案类型：一次抽样方案。

检验不合格的批，订货单位可以拒收或由制造厂进行百分之百的挑选，挑选后可重新进行复验，但应按加严检验抽样方法进行。如果检验仍不合格，则整批产品判为不合格。

6.3 型式检验

6.3.1 型式检验的样品应从出厂检验合格的批中随机抽取，按GB/T 2829—2002的规定进行，并应符合以下规定：

a) 判别水平：Ⅰ；

b) 不合格质量水平：RQL=40；

c） 抽样方案类型：一次抽样方案；

d） 判定数组：合格判定数 Ac=0；不合格判定数 Re=1。

6.3.2 长霉、盐雾试验的样品应从出厂检验合格品的批中，按 GB/T 2829—2002 的规定随机抽取，并应符合以下规定：

a） 判别水平：Ⅱ；

b） 不合格质量水平：RQL=65；

c） 抽样方案类型：一次抽样方案；

d） 判定数组：合格判定数 Ac=1；不合格判定数 Re=2。

6.3.3 单台转辙机检验判定方法：

a） A类项点　判定组数：合格判定数 Ac=0；不合格判定数 Re=1；

b） B类项点　判别水平Ⅱ；不合格质量水平 RQL=65；

c） C类项点　判别水平Ⅱ；不合格质量水平 RQL=80。

6.3.4 若不合格样品数大于或等于不合格判定数，则型式检验不合格，制造厂应采取措施，解决存在的问题，直到型式检验合格为止。

6.3.5 凡属下列情况之一者，应进行型式检验：

a） 新产品试制及老产品转厂生产时；

b） 结构、材料、工艺有变化影响产品性能时；

c） 当产品停止生产超过二年，恢复生产时；

d） 成批生产的产品，每三年进行一次；

e） 出厂检验结果与上次型式检验有较大差异时；

f） 质量监督机构提出进行型式检验的要求时。

6.3.6 经过型式检验的样品，不应作为合格品出厂。

7 标志、包装、运输、贮存

7.1 产品标志

7.1.1 每台产品应在显著位置设置产品标牌，产品标牌的内容包括：

a） 制造厂名称；

b） 产品名称及型号；

c） 主要参数：额定电压或电源电压、工作电流、动作时间、动作杆动程等；

d） 制造日期及出厂编号。

7.1.2 在包装箱的侧板上标注以下内容：

a） 产品名称及产品型号、开向；

b） 制造厂名称；

c） 产品数量；

d） 发货地点；

e） 收货站名，收货单位；

f） 出厂日期。

7.1.3 主要的零部件应有可追溯性的标志。

7.2 包装和运输

7.2.1 转辙机内应附有产品质量合格证和产品说明书。

7.2.2 转辙机杆件伸出端应涂防护油封材料，并应加保护，以防运输贮存过程中损伤。

7.2.3 转辙机应有随机附件，具体内容由产品标准规定。

7.2.4 转辙机包装箱（架）上应按 GB/T 191 的规定标明"易碎物品"、"向上"等发货作业标志。

7.2.5　转辙机在运输过程中，应小心轻放，避免碰撞和敲击，严禁与酸碱等腐蚀物品放在一起。

7.3　贮存

转辙机应保存于通风良好，温度为－40 ℃～＋40 ℃，相对湿度不大于85％，周围无腐蚀性有害气体的库房中。

ICS 45.020
S 61

中华人民共和国国家标准

GB/T 25338.2—2010

铁路道岔转辙机 第2部分:试验方法

Switch machine for railway—
Part 2:Test methods

2010-11-10 发布　　2011-03-01 实施

中华人民共和国国家质量监督检验检疫总局
中国国家标准化管理委员会　发布

前　言

GB/T 25338《铁路道岔转辙机》分为两个部分：

——第1部分：通用技术条件；

——第2部分：试验方法。

本部分为 GB/T 25338 的第2部分。

本部分是在 TB/T 2613—2005《转辙机试验方法》的基础上制定的。

本部分由中华人民共和国铁道部提出。

本部分由西安全路通号器材研究所归口。

本部分起草单位：西安全路通号器材研究所、天津铁路信号工厂。

本部分主要起草人：侯勤宏、郝丽娜、米军志、徐辉、李来顺。

铁路道岔转辙机
第2部分:试验方法

1 范围

GB/T 25338的本部分规定了电动转辙机、电液转辙机和电空转辙机(以下简称"转辙机")的术语、试验条件、通用试验方法。

本部分适用于各种转辙机的试验。

2 规范性引用文件

下列文件中的条款通过GB/T 25338的本部分的引用而成为本部分的条款。凡是注日期的引用文件,其随后所有的修改单(不包括勘误的内容)或修订版均不适用于本部分,然而,鼓励根据本部分达成协议的各方研究是否可使用这些文件的最新版本。凡是不注日期的引用文件,其最新版本适用于本部分。

GB/T 2408—2008 塑料 燃烧性能的测定 水平法和垂直法(IEC 60695-11-10:1999,IDT)

GB/T 2423.1—2008 电工电子产品环境试验 第2部分:试验方法 试验A:低温(IEC 60068-2-1:2007,Environmental testing—Part 2-1:Tests—Test A:Cold,IDT)

GB/T 2423.2—2008 电工电子产品环境试验 第2部分:试验方法 试验B:高温(IEC 60068-2-2:2007,Environmental testing—Part 2-2:Tests—Test B:Dry heat,IDT)

GB/T 2423.4—2008 电工电子产品环境试验 第2部分:试验方法 试验Db:交变湿热(12h+12h循环)(IEC 60068-2-30:2005,Environmental testing—Part 2-30:Tests—Test Db:Damp heat,cyclic (12h+12h cycle),IDT)

GB/T 2423.16—2008 电工电子产品环境试验 第2部分:试验方法 试验J及导则:长霉(IEC 60068-2-10:2005,Environmental testing—Part 2-10:Tests—Test J and guidance:Mould growth,IDT)

GB/T 2423.17—2008 电工电子产品环境试验 第2部分:试验方法 试验Ka:盐雾(IEC 60068-2-11:1981,Basic environmental testing procedures—Part 2:Tests—Test Ka:Salt mist,IDT)

GB 4208—2008 外壳防护等级(IP代码)(IEC 60529:2001,IDT)

GB/T 4942.1—2006 旋转电机整体结构的防护等级(IP代码) 分级(IEC 60034-5:2000,Rotating electrical machines—Part 5:Degrees of protection provided by the integral design of rotating electrical machines (IP code)—Classification,IDT)

GB/T 5171—2002 小功率电动机通用技术条件

3 术语和定义

下列术语和定义适用于本部分。

3.1

电气特性 electrical character

转辙机在额定转换力、额定电压或电源电压(交流)串规定的单线电阻条件下的工作电流和动作时间;电空转辙机在额定转换力、额定风压、控制电压条件下的动作时间。

3.2

控制电压 control voltage

电空转辙机电磁阀线圈两端的电压。

3.3

额定风压 rated wind pressure

电空转辙机调压阀的出口风压。

3.4

单线电阻 single-line resistance

电源屏到转辙机电机端传输路径上的单根线电阻。

4 试验条件

4.1 试验用标准大气条件

本部分规定的测试(除特殊规定外)均在标准的试验大气条件下进行:

a) 温度:15 ℃~35 ℃;

b) 相对湿度:45%~75%;

c) 气压:86 kPa~106 kPa。

4.2 仲裁测量的试验用标准大气条件

仲裁测量的试验用标准大气条件如下:

a) 温度:20 ℃±2 ℃;

b) 相对湿度:60%~70%;

c) 气压:86 kPa~106 kPa。

5 通用试验方法

5.1 试验设备

5.1.1 测试转辙机用的电源:交流转辙机用交流稳压电源,直流转辙机用交流稳压桥式全波整流电源(不带滤波)。

5.1.2 转辙机额定转换力测力仪准确度不低于1%。

5.2 转辙机测试用仪表

电磁仪表	准确度为0.5级;
电秒表	准确度为0.006 s;
压力表	准确度为1.5级;
测力计	准确度为1%;
兆欧表	电压等级500 V、250 V;
拉压测力计	准确度1%;
数字直流低阻仪	准确度为0.2级;

绝缘耐压试验的闪络击穿装置为交流50 Hz正弦波,泄漏电流能力不应小于0.5 A。

5.3 外观检查

按产品标准或技术条件的规定目测或手动进行外观检查。

5.4 绝缘电阻及绝缘耐压试验

5.4.1 绝缘电阻

绝缘电阻试验用500 V的兆欧表,在导电零件之间及导电零件与机壳(地)之间进行测试,正常绝缘电阻、湿热后的绝缘电阻应符合产品标准的规定。

5.4.2 **绝缘耐压**

5.4.2.1 试验电压:直流转辙机为交流 50 Hz 2 000 V;交流转辙机为交流 50 Hz 2 400 V;电空转辙机为交流 50 Hz 1 000 V。

5.4.2.2 试验电压施加部位:导电零件之间及导电零件与机壳(地)之间。

5.4.2.3 施加电压时间为 1 min,如升高试验电压 25%,可缩短试验时间至 1 s。

5.4.2.4 试验电压应从试验电压值一半升至规定值,并在规定的试验时间内保持电压,然后递减至零。

5.4.2.5 绝缘耐压试验应在室温下进行;在型式试验时,应在交变湿热试验结束后恢复 2 h 再进行测试。

5.4.2.6 绝缘耐压试验时泄漏电流不应高于 5 mA。

5.4.2.7 绝缘耐压试验,一般进行一次,需要重复试验时,电压应为原试验值的 80%。

5.5 **接点压力测试**

在接点闭合位置上用测力计测量。测力计应在规定的作用点上,沿着接点接触面的法线方向施力,当接点串联电路中的指示器发出信号时,此时测力计的读数即为接点压力。

5.6 **接点接触电阻测试**

在接点闭合位置上用四线制引线低阻仪在接点相应的端子上进行测试,根据接点阻值大小的不同,应转换相应的测试档位。

5.7 **外壳防护试验**

5.7.1 转辙机外壳防护试验按 GB 4208—2008 的规定进行。

5.7.2 电动机外壳防护试验按 GB/T 4942.1—2006 的规定进行。

5.8 **直流电动机的温升试验**

5.8.1 用电阻法测定电动机绕组温升。

5.8.2 测取试验开始前的绕组电阻 R_1,测取时应在转子每旋转 120°时各取一次值,结果采用三次后的平均值。

5.8.3 试验在试验的标准大气条件下进行。施加额定电压,1.5 倍额定电流,连续通电时间应符合产品标准的规定。

5.8.4 测取试验结束时的绕组电阻 R_2,取值方法同 5.8.2,此过程应在断电后 15 s 内完成。

5.8.5 铜线绕组的温升 Δt(℃)由下式确定:

$$\Delta t=\frac{R_2-R_1}{R_1}\times(235+t_1)+(t_1-t_0)$$

式中:

R_2——试验结束时的绕组电阻,单位为欧姆(Ω);

R_1——试验开始前的绕组电阻,单位为欧姆(Ω);

t_1——试验开始前电动机环境温度,单位为摄氏度(℃);

t_0——试验结束时电动机环境温度,单位为摄氏度(℃);

t_1-t_0——试验前后电动机环境温度的变化差值,允许按差值等于零处理。

5.8.6 试验时环境温度与使用环境温度不同时温升限值的修正应按 GB/T 5171—2002 的规定进行。

5.9 **开闭器罩的塑料燃烧性能试验**

塑料燃烧性能试验应按 GB/T 2408—2008 中垂直法的规定进行,试验结果应符合产品标准的规定。

5.10 **低温试验**

转辙机低温试验应按 GB/T 2423.1—2008 中试验 Ab 的规定进行,并应符合以下规定:

a) 初始检测:对试验样品进行外观检查及电气和机械性能的检测;

b) 条件试验:将试验样品在不包装、不通电、"准备使用" 状态,按正常位置放于试验箱内;

c) 严酷等级:温度−40 ℃±3 ℃,持续时间 2 h;

d) 中间检测：在条件试验的最后 15 min 内，检查试验样品的电气特性应符合产品标准的规定；

e) 最后检测：将试验样品从试验箱取出，在室温下放置 2 h，检查试验样品的电气特性应符合产品标准的规定。

5.11 高温试验

转辙机高温试验应按 GB/T 2423.2—2008 中试验 Bb 的规定进行，并应符合以下规定：

a) 初始检测：对试验样品进行外观检查及电气和机械性能的检测；

b) 条件试验：将试验样品在不包装、不通电、“准备使用”状态，按正常位置放于试验箱内；

c) 严酷等级：温度＋70 ℃±2 ℃，持续时间 2 h；

d) 中间检测：在条件试验的最后 15 min 内，检查试验样品的电气特性应符合产品标准的规定；

e) 最后检测：将试验样品从试验箱取出，在室温下放置 2 h，检查试验样品的电气特性应符合产品标准的规定。

5.12 交变湿热试验

转辙机的交变湿热试验应按 GB/T 2423.4—2008 的有关规定进行，并应符合以下规定：

a) 初始检测：对试验样品进行外观检查，对其电气和机械性能进行检测；

b) 条件试验：将无包装、不通电的试验样品、在“准备使用”状态下，按其正常工作位置放于试验箱内；

c) 严酷程度：温度＋40 ℃，循环次数 12；

d) 温度按方法 2 进行降温；

e) 中间检测：在试验最后一周期的低温高湿阶段的最后 2 h 测试其潮湿绝缘电阻应符合产品标准的规定；

f) 最终检测：试验结束后，恢复 2 h 立即测试其绝缘电阻或绝缘耐压，测试结果应符合产品标准的规定。

5.13 振动试验

转辙机振动试验应按以下规定进行：

a) 样品的安装：转辙机按使用状态固定在振动台上；

b) 振动方向：垂直轴线和沿转辙机动作运动方向的水平运动；

c) 振动方法：对样品进行扫频试验查找共振频率；

d) 扫频试验：频率范围 38 Hz～1 000 Hz；加速度值 73.5 m/s^2（相当于 7.5g）；

e) 振动耐久试验：按表 1 的规定进行；

表 1

<table>
<tr><th colspan="4">试验种类</th><th>振动频率范围/Hz</th><th>加速度值/(m/s^2)</th><th>试验时间/min</th></tr>
<tr><td rowspan="4">振动耐久试验</td><td colspan="3">无共振场合</td><td>100</td><td rowspan="3">103
（相当于 10.5 g）</td><td>60</td></tr>
<tr><td rowspan="2">有共振场合</td><td rowspan="2">一个共振峰</td><td>共振峰</td><td>共振振动频率</td><td>15</td></tr>
<tr><td>非共振峰</td><td>100</td><td>45</td></tr>
<tr><td colspan="3">两个以上共振点</td><td colspan="3">选共振峰值的位移全振幅或加速度值大的，按一个共振峰的试验方法进行。</td></tr>
</table>

f) 最终检测：对样品进行外观及电气特性检查并应符合产品标准的规定。

5.14 长霉试验

转辙机的长霉试验应按 GB/T 2423.16—2008 的规定进行，并应符合以下规定：

a) 初始检测：试验前用蒸馏水对样品进行清洁处理并进行外观检查；

b) 严酷等级：试验持续时间 28 d；

c) 霉菌的生长程度不低于 2b 级；

d) 最后检测：经 28 d 暴露结束后，取出的样品应立即进行观察。

5.15 盐雾试验

转辙机的盐雾试验应按 GB/T 2423.17—2008 的规定进行，并应符合以下规定：

a) 初始检测：目测镀层无明显损伤或划痕；试验前试验样品表面应干净，无油污，无临时性的防护层和其他弊病；

b) 条件试验：试样应按正常使用状态进行试验，试样之间不应有接触，也不能与其他金属部件接触；

c) 试验周期：96 h；

d) 恢复：试验结束后，应在自来水下冲洗 5 min，然后用蒸馏水或者去离子水冲洗，然后晃动或者用气流干燥去掉水滴，清洗用水温不应超过 35 ℃；试样应在标准恢复条件下放置不少于 1 h，且不超过 2 h；

e) 最后检测：恢复后的试验样品其外观应满足以下要求：金属镀锌层的主要表面应无白色或灰黑色腐蚀物；金属镀镍层的主要表面应无灰色或浅绿色腐蚀物。

5.16 转辙机的寿命试验

5.16.1 转辙机的寿命试验按试验样品的产品标准或技术条件规定进行。

5.16.2 试验期间，允许电压波动±2%。额定输出力波动±3%，风压在规定风压的±5%范围波动。

5.16.3 转辙机的寿命试验次数，以推拉动作各为一次。试验期间，允许超过 10 万次对设备进行正常的维护，允许更换产品标准规定的易损件，但不允许拆修。

5.16.4 动作频率：每分钟 4 次～10 次。

5.16.5 最后检测按试验样品的产品标准规定的条件进行。

6 各种转辙机的测试

6.1 直流转辙机电气特性的测试

6.1.1 测试电路见图 1，驱动图中控制继电器的电路应符合该类型转辙机现场应用的驱动电路或其等效电路。

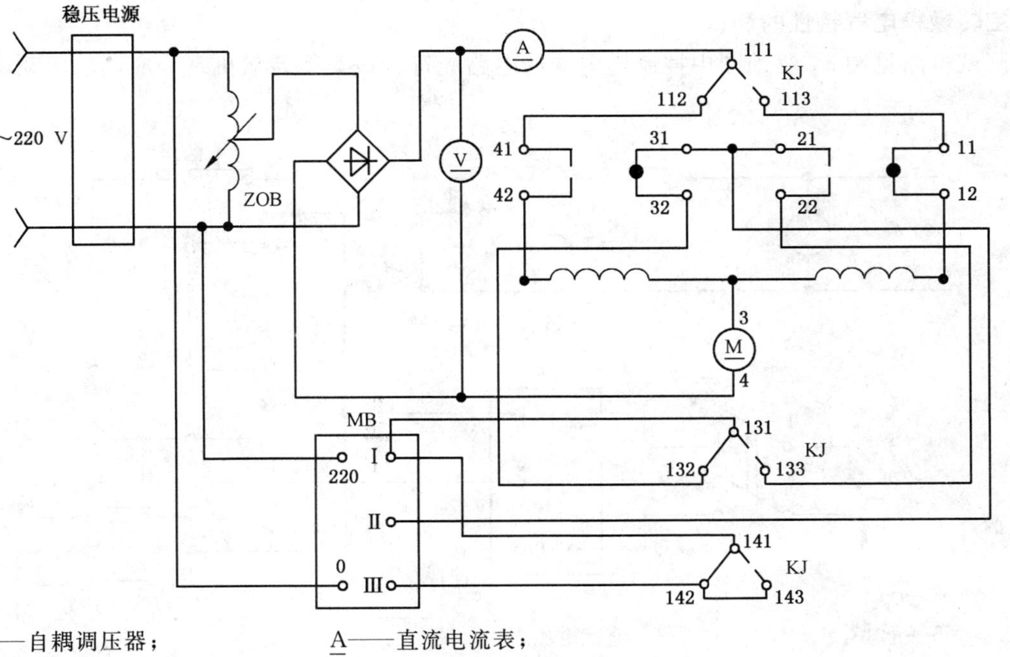

ZOB——自耦调压器；　　A——直流电流表；

KJ——控制继电器；　　V——直流电压表；

MB——电秒表；　　M——直流电动机。

图 1　直流转辙机测试电路

6.1.2 直流转辙机在额定电压±2%，额定转换力±3%条件下，连续动作数次，使其性能达到稳定后，开始记录测试数据，推拉各动作五次，五次均应合格，取其最大值。

6.2 三相交流转辙机电气特性的测试

6.2.1 测试电路见图2，驱动图中控制继电器的电路应符合该类型转辙机现场应用的驱动电路或其等效电路。

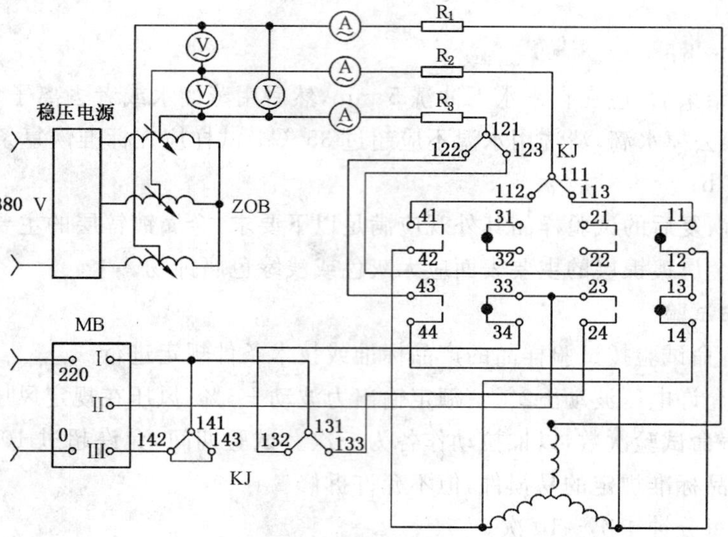

ZOB——自耦调压器；　　R——单线电阻；

KJ——控制继电器；　　A——交流电流表；

MB——电秒表；　　V——交流电压表。

单线电阻值按产品标准的规定。

图2 交流转辙机测试电路

6.2.2 交流转辙机在电源电压±2%(当三相电源电压不平衡时取平均值)、串规定的单线电阻、额定转换力±3%条件下，连续动作至性能稳定后，开始测试记录数据，推拉各动作五次，五次均应合格，取其最大值。

6.3 电空转辙机电气特性的测试

6.3.1 测试电路见图3，驱动图中控制继电器的电路应符合该类型转辙机现场应用的驱动电路或其等效电路。

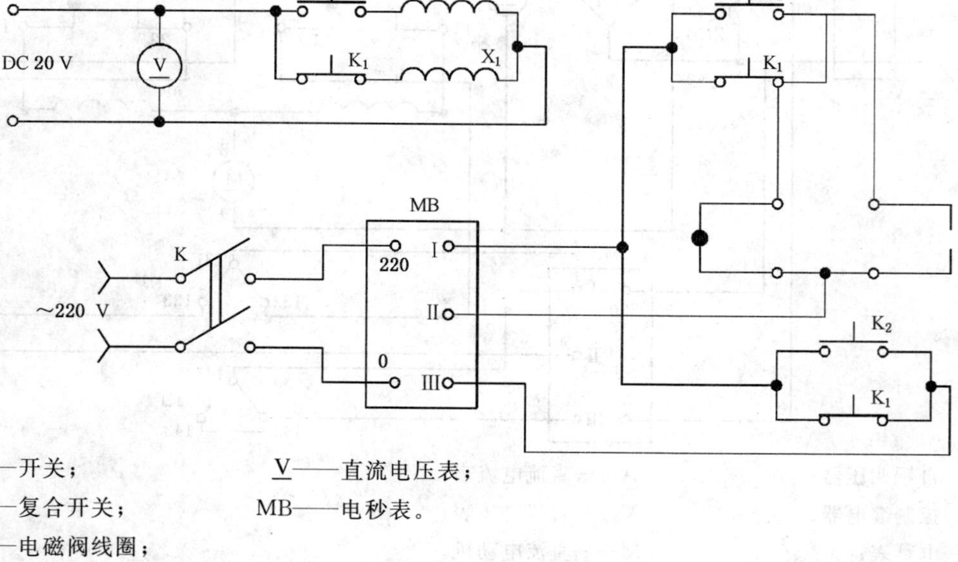

K——开关；　　V——直流电压表；

K_1、K_2——复合开关；　　MB——电秒表。

X_1、X_2——电磁阀线圈；

图3 电空转辙机测试电路

6.3.2 试验在额定转换力±3%，额定风压±5%，并配有 0.8 m^3 的储风缸的条件下测试；测试时风压范围为 0.6 MPa～0.8 MPa。

6.3.3 在额定风压，额定转换力条件下连续动作数次后，开始记录测试数据，推拉各动作五次，五次均应合格，取其最大值。

6.4 摩擦联接器稳定性能的测试

6.4.1 摩擦联接器连续摩擦 1 min 后，记录摩擦电流值或摩擦转换力；反向通电，摩擦联接器摩擦后，记录摩擦电流值或摩擦转换力。

6.4.2 摩擦联接器连续摩擦达到该类型转辙机产品标准规定的时间后，不经调整，应能在该类型转辙机规定的动作时间内推(拉)动额定负载，从一个终端位置转换到另一个终端位置。

6.5 切销、联结销、备用销抗剪切力测试

挤切销、联结销、备用销抗剪切力的测试，采用万能材料试验机，在静载条件下进行，试件和夹具按转辙机组件装配要求，直接由单个挤切销(联结销、备用销)、齿条块和动作杆组成。试验时沿动作杆的轴向施加外力，外力由零开始缓慢增加，直到被测件抗剪切力失效，并在试验机上显示最大外力值时为止，该值即为被测件的抗剪切力。

6.6 副锁闭销抗剪切力测试

副锁闭销抗剪切力的测试，采用万能材料试验机，在静载条件下进行，试验的胎具应按转辙机组装的要求进行设计，安装单个副锁闭销，试验时沿胎具相当于锁闭表示杆的轴向施加外力，外力由零开始缓慢增加，直到副锁闭销被抗剪切力失效，并在试验机上显示最大外力值时为止，该值即为被测副锁闭销的抗剪切力。

6.7 转辙机挤脱力测试

动作杆处于锁闭位置，沿转辙机动作方向施加外力，外力由零开始缓慢增加，直至全部解锁，此时的最大外力即为挤脱力。

6.8 转辙机表示杆断表示测试

转辙机动作杆、表示杆不应与任何外加杆相联，并处于伸出锁闭位置，同时自动开闭器表示接点接通表示电路，在检测中首先推动表示杆移动，使其检查块与检查柱相接触，再继续推动表示杆移动到规定距离时，切断表示电路。同理，当动作杆处于拉入锁闭位置时，应拉动表示杆进行测试。表示杆内有副锁闭销时应取下销后再测试。

6.9 挤岔表示杆的挤岔试验

转辙机处于锁闭位置，在挤岔表示杆上施加一个水平力，应可靠断开表示，且不应损坏接点座。

6.10 移位接触器的检查

6.10.1 在齿条块中的顶杆上加 1.5 mm 的垫片，手摇转辙机，使其通过移位接触器，移位接触器的接点应可靠接触，左右各做一次。

6.10.2 在齿条块中的顶杆上加 2.5 mm 的垫片，手摇转辙机，使其通过移位接触器，移位接触器的接点应可靠断开，非经人工恢复不应接通，当手动按钮杆进行复位时，其接点应立即闭合。左右各做一次。

6.11 电空转辙机的测试

6.11.1 气密性试验

电空转辙机做气密性试验时，其试验风压为 0.6 MPa，各气动元件及管路的接头处要保证密封良好，用浓度为 10%的肥皂液检查，有泄漏时，3 s 内不应将肥皂泡吹破。

6.11.2 滑阀试验

滑阀在装配好后，首先做气密性试验，其要求同 6.11.1，然后做动作试验，电磁阀的衔铁与滑阀芯均应动作灵活。

6.11.3 空载试验

通以规定压力的压缩空气，活塞应能起动，并能带动表示杆，使接点转换，活塞杆应能移动到底。

ICS 45.120
S 19

中华人民共和国国家标准

GB/T 25339—2010

铁路轨排铺轨机

Railway track-laying machine

2010-11-10 发布 2011-03-01 实施

中华人民共和国国家质量监督检验检疫总局
中国国家标准化管理委员会 发布

前　言

本标准是在TB/T 2186—1991《PG30重型铺轨机技术条件》和TB/T 2662—1995《重型铺轨机检查与试验规则》的基础上进行制定的。

本标准由中华人民共和国铁道部提出。

本标准由中铁科工集团有限公司归口。

本标准起草单位：中铁科工集团有限公司、中铁重工有限公司、中铁六局集团有限公司。

本标准主要起草人：尹卫、李玲、梁怿如、董平华、张莉、刘林周。

铁路轨排铺轨机

1 范围

本标准规定了铁路轨排铺轨机的工作环境、主要使用性能、技术要求、检查与试验方法、检验规则、标志、包装、运输、存放、寿命和检修等。

本标准适应于1 435 mm标准轨距铁路轨排铺轨机(以下简称"铺轨机")。本标准可供其他轨距的轨排铺轨机参照使用。

2 规范性引用文件

下列文件对于本文件的应用是必不可少的。凡是注日期的引用文件,仅注日期的版本适用于本文件。凡是不注日期的引用文件,其最新版本(包括所有的修改单)适用于本文件。

GB/T 700　碳素结构钢(GB/T 700—2006,ISO 630:1995,Structural steels—Plates,wide flats,bars,sections and profiles,NEQ)

GB/T 985.1　气焊、焊条电弧焊、气体保护焊和高能束焊的推荐坡口(GB/T 985.1—2008,ISO 9692-1:2003,Welding and allied processes—Recommendations for joint preparation—Part 1:Manual metal arc welding,gas-shield arc welding,gas welding,TIG welding and beam welding of steels,MOD)

GB/T 985.2　埋弧焊的推荐坡口(GB/T 985.2—2008,ISO 9692-2:1998,Welding and allied processes—Joint preparation—Part 2:Submerged arc welding of steels,MOD)

GB/T 1591　低合金高强度结构钢

GB/T 3323　金属熔化焊焊接接头射线照相(GB/T 3323—2005,EN 1435:1997,MOD)

GB/T 3766　液压系统通用技术条件(GB/T 3766—2001,eqv ISO 4413:1998)

GB/T 3811　起重机设计规范

GB/T 3847　车用压燃式发动机和压燃式发动机汽车排气烟度排放限值及测量方法

GB/T 5600　铁道货车通用技术条件

GB/T 5601　铁道货车检查与试验规则

GB/T 5905　起重机试验规范和程序(GB/T 5905—1986,idt ISO 4310:1981)

GB/T 6067　起重机械安全规程

GB/T 8923　涂装前钢材表面锈蚀等级和除锈等级(eqv ISO 8501-1:1988)

GB/T 9286　色漆和清漆　漆膜的划格试验(eqv ISO 2409:1992)

GB/T 10095.1—2008　圆柱齿轮　精度制　第1部分:轮齿同侧齿面偏差的定义和允许值(ISO 1328-1:1995,IDT)

GB 15052　起重机械危险部位与标志

GB/T 17426　铁道特种车辆和轨行机械动力学性能评定及试验方法

GB/T 19418　钢的弧焊接头　缺陷质量分级指南(GB/T 19418—2003,ISO 5817:1992,IDT)

GB/T 20118　一般用途钢丝绳(GB/T 20118—2006,ISO/DIS 2408:2002 Steel wire ropes general purposes—Minimum requirements,MOD)

JB/T 9005(所有部分)　起重机用铸造滑轮

JB/T 9006(所有部分)　起重机用铸造卷筒

JB/T 10559　起重机械无损检测　钢焊缝超声检测

TB/T 1.1　铁道车辆标记　一般规则

TB/T 1.2　铁道车辆标记　文字与字体

TB/T 1335　铁道车辆强度设计及试验鉴定规范

TB/T 1464　铁道机车车辆用碳钢铸件　通用技术条件

TB 1560　货车安全技术的一般规定

TB/T 1580　新造机车车辆焊接技术条件

TB/T 2232　JZ-7 型机车制动机单机试验　验收技术条件

TB/T 2879.3　铁路机车车辆　涂料及涂装　第 3 部分:金属和非金属材料表面处理技术条件

TB/T 2879.4　铁路机车车辆　涂料及涂装　第 4 部分:货车防护和涂装技术条件

TB/T 2879.6　铁路机车车辆　涂料及涂装　第 6 部分:涂装质量检查和验收规程

TB/T 2911　车辆铆接通用技术条件

3　工作环境

3.1　海拔高度:≤2 000 m。

3.2　环境温度:−20 ℃～+45 ℃。

3.3　设计抗风能力,应满足:

a)　非工作状态(可加临时固定措施):≤11 级(风速对应为:28.5 m/s～32.6 m/s);

b)　工作状态:≤6 级(风速对应为:10.8 m/s～13.8 m/s)。

3.4　不应有易燃、易爆及腐蚀性气体。

3.5　铺轨机的工作环境有特殊要求时,由用户(需方)与生产供应商(供方)进行协商,应对发动机、电动机、电气系统、液压系统及制动系统等进行校核或适应性设计。

4　主要使用性能

4.1　铺轨机应能铺设 25 m 的Ⅲ型轨枕轨排及此规格以下的轨排。

4.2　铺轨机宜能架设跨度 16 m 及此规格以下的各种钢筋混凝土 T 梁。

4.3　铺轨机通过最小曲线半径不应大于 180 m,铺轨最小曲线半径不应大于 350 m。

4.4　铺轨机自行爬坡能力不应小于 16‰。

4.5　铺轨机理论设计铺轨速度不应小于 1.5 千米每台班(每台班 8 h)。

4.6　铺轨机横向及纵向稳定性计算应符合 GB/T 3811 的规定;各施工工况下的爬坡能力、制动性能计算应符合 TB/T 2232 的规定要求,铺轨机运输状态下轴重不应大于 23 t,工作状态下轴重不应大于 34 t。

4.7　铺轨机铺轨或架梁作业时其机臂有效悬臂处的下挠度不应大于有效悬臂长度的 1/50。

4.8　铺轨机长途过轨运输不宜大解体。

5　技术要求

5.1　一般要求

铺轨机主机和辅机(机动平车)的设计和制造应符合本标准、GB/T 3811、GB/T 5905、GB/T 6067、GB/T 5600、TB 1560 等相关标准及按规定程序批准的图样和技术文件的规定。

5.2 材料

5.2.1 铺轨机主机车上部分金属结构件的材质，碳素结构钢按 GB/T 700、低合金结构钢按 GB/T 1591，牌号的选用不应低于表1的规定。

表1

构件类别	重要构件		一般构件
工作环境温度	≥−20 ℃	−25 ℃～−20 ℃＜	≥−25 ℃
钢材牌号	Q235C	Q235D	Q235A
	Q345C	Q345D	
注：重要构件指机臂、立柱、扁担及小车架等。			

5.2.2 重要构件的钢材在涂装前应进行表面喷（抛）丸的除锈处理，应达到 GB/T 8923 中规定的 Sa2 $\frac{1}{2}$级，其余构件应达到 Sa2 级或 St2 级（手工除锈）。

5.2.3 铺轨机主机用平车及辅机用平车（以下简称"车辆部分"）金属结构件的材质应符合 GB/T 5600 的有关规定。

5.3 主要零部件

5.3.1 铺轨机车辆用车轮、车轴、车钩等应符合 GB/T 5600 及现行技术文件要求。

5.3.2 其他主要零部件应采用符合或综合性能不低于下列标准的零部件：

钢丝绳	GB/T 20118
齿轮	精度不低于 GB/T 10095.1—2008 规定的 887 级
铸造滑轮	JB/T 9005
铸造卷筒	JB/T 9006

5.4 焊接

5.4.1 焊接坡口应符合 GB/T 985.1 和 GB/T 985.2 的规定，特殊接头应在图样上标明。

5.4.2 焊缝外部检查应无目测可见的明显缺陷，焊接外观应符合 GB/T 19418 的要求。

5.4.3 铺轨机重要结构件，包括主机车上部分的机臂、立柱、扁担及小车架等对接焊缝应进行无损探伤，射线探伤时不应低于 GB/T 3323 中规定的Ⅱ级，超声波探伤时不应低于 JB/T 10559 中规定的Ⅰ级，其他全焊透焊缝应进行超声波探伤，其焊缝等级不应低于 JB/T 10559 中规定的Ⅱ级；铺轨机用车辆的车体、转向架构架等应符合按规定程序批准的该车技术条件的要求。

5.4.4 车辆的焊接应符合 TB/T 1580 的规定，施焊时应避免轴颈、轴承受到损伤，应保证电流不通过轮对、轴箱、轴承及其附件。

5.5 车辆

5.5.1 铺轨机车辆强度和刚度，在过轨运输及施工状态下均应符合 TB/T 1335 的规定，动力学试验应符合 GB/T 17426 的要求。

5.5.2 车辆铆接应符合 TB/T 2911 的规定。

5.5.3 车辆碳钢铸件应符合 TB/T 1464 的规定。

5.5.4 车辆的各项检查与试验按 GB/T 5601 的规定进行。

5.5.5 JZ-7型机车空气制动系统按TB/T 2232中无火检查的规定进行试验。

5.5.6 铺轨机车辆落成后，车钩中心线距轨面高度应为880 mm±10 mm。同一辆车1、2位车钩高度差不应大于10 mm。

5.5.7 铺轨机前后转向架主动车轴的数量和布置应满足设计粘着牵引力的要求。

5.5.8 铺轨机过轨运输设计运行速度不宜小于80 km/h。

5.6 机臂

5.6.1 机臂两端悬臂应有上翘，有效悬臂处的上翘度应为有效悬臂长度的(2.5/350～3.5/350)；上翘度应在无日照温度影响的情况下进行测量。

5.6.2 机臂的长度允差不应大于15 mm，旁弯允差不应大于10 mm，扭曲允差不应大于6 mm。

5.6.3 机臂腹板的局部平面度，以1 m平尺检测，其允差为不应大于3 mm。

5.6.4 机臂上吊轨小车走行轨道波浪度不应大于1 mm/m；轨道侧向直线度允差不应大于1 mm/2 m，轨道全长侧向直线度允差不应大于6 mm。

5.6.5 双臂铺轨机的双臂门架的对角线差不应大于5 mm，桁架梁杆件的直线度允差不应大于2 mm。

5.7 支柱

5.7.1 前后支柱柱根纵向中心线与车体纵向中心线距离允差不应大于1.5 mm，横向中心线与枕梁中心线允差不应大于1.5 mm，车体两端柱的四柱孔中心对角线允差不应大于8 mm。

5.7.2 支柱与横梁组装后，前后高差和左右高差不应大于2 mm。

5.8 起重小车

5.8.1 起重小车在轨道上行走应顺畅，所有的均衡轮架应摆动灵活，无卡滞现象。

5.8.2 铺轨机在变换工作状态时，小车滑轮应拆装方便。

5.9 轨排拖拉机构

5.9.1 拖拉轨排时应运行顺畅，无卡滞、走偏现象。

5.9.2 拖拉卷筒钢丝绳应处于适度张紧可调状态，不应在卷筒上打滑。

5.9.3 拖拉卷筒轴线与电动机轴线装配偏差不应大于0.2 mm。

5.9.4 拖拉卷筒及滑轮应转动灵活，无异常声响。

5.10 摆头机构

5.10.1 摆头机构应能平稳地实现机臂水平摆动，动作灵活。

5.10.2 摆头机构的摆头量应能满足最小曲线半径的铺轨要求。

5.11 牵引走行机构

5.11.1 驱动机构的安装应牢靠稳妥，最低处距轨面距离应符合铁路限界要求。

5.11.2 吊挂牵引电机和减速箱的螺栓、吊杆、销轴应不定期探伤检查，不应有残缺和裂纹。

5.11.3 牵引减速箱与牵引电动机轴线偏差不应大于0.2 mm。

5.11.4 减速箱在额定转速下正反两向运转时，应运转平稳，无冲击声和异常噪声，轴承和油温升不应大于40 ℃，最高温度不应超过80 ℃。

5.11.5 减速箱离合器应接合可靠，分离彻底，螺杆旁应有“离”、“合”方向的标记。

5.12 装配

5.12.1 装配好的各机构和装置，应动作灵活，能正常工作。

5.12.2 传动链中各部件间的联接，同一轴线的偏斜角不应大于所用联轴器允许的安装误差。

5.13 液压系统

5.13.1 液压系统设计、制造应符合 GB/T 3766 的规定，应保证铺轨机作业安全、可靠、维修方便。

5.13.2 液压元件宜选用标准元件、通用件，应使元件易于安装、拆卸、维修和调整；系统维修、拆卸元件时，不应使工作液大量流失，不应要求油箱排油；所有元件应有合格证。

5.13.3 液压回路中，在液压元件启动、停车、空转、调整和液压故障处理等工况下，应具有防止执行元件失控的措施。

5.13.4 液压系统空载压力损失不应大于 3 MPa，操纵阀杆处于中位时压力损失不应大于 2 MPa。

5.13.5 铺轨机工作时，液压油箱内液压油的最高温升不应大于 40 ℃，最高工作温度不应大于 80 ℃。

5.13.6 液压系统不应有外漏现象。

5.13.7 液压系统滤清器的选择和使用应考虑：

a) 过滤精度和流量应符合所选液压元件的使用要求；

b) 在油箱不排油的情况下应易于清洗滤清器和更换滤芯；

c) 应设置滤清器阻塞报警系统。

5.13.8 液压油箱的容积应能保证液压系统安全工作，并有足够的空间以便热膨胀和分离空气；液压油箱上应设有清洗孔、油位指示器、油温指示器。

5.13.9 管路设计应安全、合理，便于调整、修理、更换。

5.13.10 泄油管路、先导控制回油管路应与主回油管路分开，直接通往油箱。

5.13.11 管子弯曲处应圆滑，不应有明显的凹痕和扁压现象（短长轴比不应小于 0.75）。

5.13.12 可动元件之间应使用软管；抑制机械振动处和极不易于使用钢管处，必要时可使用软管；其余部分不应使用软管。

5.13.13 安装软管应考虑：

a) 长度应尽可能短，安装及运行中软管不应发生严重弯曲和变形；

b) 对于软管故障会引起危险或软管易于磨损之处应加以保护。

5.13.14 管路设计中应考虑：

a) 执行元件进口、出口处应设测试口；

b) 在回路中，管路的最高处应设排气口；

c) 液压泵进油管路真空度应满足液压泵技术要求的规定。

5.14 电气设备

5.14.1 电气设备的选用原则

5.14.1.1 铺轨机电源宜为柴油发电机，应为三相交流、频率为 50 Hz，电压为 380 V。电机和电器允许电压波动为额定电压的±10%，采用直流传动时电压应为 0～500 V。

5.14.1.2 控制设备宜采用集中控制。

5.14.1.3 外购电气配套产品应符合相应的国家或行业标准要求；选用的新产品，应有经规定程序批准有效的技术标准、型式检验合格证、检验报告等。

5.14.1.4 电气设备的最低防护等级应符合 GB/T 3811 的规定。

5.14.2 电气设备的安装

5.14.2.1 电气设备安装应牢固可靠；在铺轨机工作过程中，不应发生相对于铺轨机的水平移动或垂直跳动。

5.14.2.2 铺轨机各部位安装的电气设备应考虑维修方便和安全。

5.14.2.3 铺轨机用电线应敷设在线槽或金属管中，电缆应直接敷设，在有机械损伤、化学腐蚀、油污的地方应有防护措施；敷设于线槽或金属管中的电线不应有接头；导线连接应用冷压接头，不应使用焊锡连接；电缆固定敷设时，敷设弯曲半径不应小于5倍电缆直径，移动敷设时，其弯曲半径不应小于8倍电缆直径。

5.14.2.4 电线用金属管应清除内壁锈渍和毛刺并涂以防锈涂料；金属管弯曲半径不应小于5倍金属管直径；金属管和线槽进出线口应有保护嘴或相应措施保护，金属管和线槽应能防止雨水浸入。

5.14.3 照明

5.14.3.1 司机室、电气室和通道都应有合适的照明，还应有铺轨机走行和作业用照明，其照明灯应考虑3个方向的防震措施，并便于检修和更换灯泡。

5.14.3.2 固定式照明装置的电压不应超过220 V，不应使用金属结构做照明线路的回路；可携式照明装置的电压不应超过50 V。

5.14.3.3 照明应设专用电路，电源应从主断路器（或主刀开关）进线端分接，主断路器（或主刀开关）断开时，照明、讯号电路不应断电，照明、讯号电路及其分支电路均应设置短路保护。

5.15 司机室

5.15.1 司机室应照明良好，视野开阔，便于瞭望。

5.15.2 室内布置应合理，操作应方便。

5.15.3 司机室不应漏雨透风。

5.15.4 司机室室内噪声不应大于78 dB(A)。

5.16 安全

5.16.1 铺轨机应设失压保护、零位保护和漏电保护，在司机室能方便操作的地方应设紧急断电开关。

5.16.2 每个机构应单独设置过流或过载保护。

5.16.3 铺轨机电控设备中回路的对地绝缘电阻不应小于1 MΩ。

5.16.4 铺轨机应按规定要求设排障器，排障器距轨面高度不应小于140 mm。

5.16.5 起重小车运行机构应设限位器及其止挡装置。

5.16.6 铺轨机上外露的、有伤人可能的旋转零部件，如开式齿轮、联轴器、传动轴、皮带传动、链传动等，均应装设防护罩。

5.16.7 司机维修及调整时应经过的通道，应设安全、方便的梯、凳。

5.16.8 铺轨机室外安装的电气设备应设防雨罩或采取其他防雨措施。

5.16.9 铺轨机铺轨作业时外形尺寸应满足在既有线多线区段作业的限界要求。

5.17 外观

5.17.1 铺轨机面漆应均匀、细致、光亮、完整和色泽一致，不应有粗糙不平、漏漆、错漆、皱纹、针孔及流挂等缺陷。

5.17.2 油漆漆膜厚度，每层应为25 μm～35 μm，总厚度应为75 μm～105 μm。

5.17.3 漆膜附着力应符合GB/T 9286中的Ⅰ级质量要求。

5.17.4 铺轨机车辆部分的防护和涂装应符合TB/T 2879.3、TB/T 2879.4的规定，涂装质量按TB/T 2879.6进行检验。

6 检查与试验方法

6.1 总则

铺轨机的检查与试验应符合本标准和GB/T 5905、GB/T 5601等有关标准的规定和程序。

6.2 目测检查

6.2.1 目测检查所有重要部分的规格和(或)状态是否符合要求,包括:

a) 起重小车、走行装置、电气设备、液压系统、制动器、控制器、照明和信号系统等各机构;

b) 铺轨机金属结构及其连接件、梯子、通道、司机室和走台;

c) 所有的防护装置、安全装置;

d) 吊具及其连接件;

e) 钢丝绳及其固定件;

f) 滑轮组及其轴向固定件。

6.2.2 检查时,不必拆开任何部件,但应打开在正常维护和检查时应打开的盖子,如限位开关盖。

6.2.3 目测检查还包括检查全部必备的证书是否已提出并经过审核,检查生产图纸、检测记录、原材料和配件的证件,应齐全、有效。

6.3 整体结构的一般性能检查和试验

6.3.1 限界检查

铺轨机过轨运输时,用通用量具测量铺轨机的外形尺寸,其结果应符合认定的该机型过轨运输技术条件的规定。

6.3.2 曲线通过检查

6.3.2.1 铺轨机缓行驶过半径180 m的曲线,或者侧向通过9号道岔,检查下列内容:

a) 各部件的正常相对运动不应受到限制;

b) 底架与转向架底连接装置(空气制动软管、制动拉杆、液压软管、牵引走行装置等)及其他各部分,不应发生碰撞及损伤;

c) 轨道不应发生永久变形及损伤。

6.3.2.2 条件不具备者可到施工现场进行检查。

6.3.3 液压系统检查

6.3.3.1 检查液压系统各管路、液压元件和辅件装置的安装和连接状态,应符合图样规定,各连接部位无渗漏。

6.3.3.2 检查各液压元件、辅件装置的型号、结构及参数,应符合技术要求。

6.3.4 电气设备检查和试验

6.3.4.1 检查电气各回路的接线状态,各电气线路号应清晰,符合设计要求。

6.3.4.2 检查各种电器仪表、灯具、开关、电气元件等,型号、结构及参数应符合设计要求。

6.3.4.3 电气设备的检查和试验应包括:

a) 对地绝缘电阻应大于1 MΩ;

b) 铺轨机进行各类性能试验时,电气设备主要性能应符合设计要求;

c) 蓄电池组充电完毕后应装在铺轨机上试验，应满足柴油机启动、照明、安全控制和其他电气设备的用电要求；

d) 进行铺轨机各种性能试验时，整机信号显示装置应正常，各极限保护装置动作应可靠，报警信号应正常。

6.4 制动性能、车钩缓冲装置检查

6.4.1 手制动装置检查

检查内容和要求如下：

a) 检查手制动装置的型式、安装位置，应符合设计要求；

b) 手制动装置动作应灵活，轴链紧余量应符合有关技术规定，制动和缓解作用应良好。

6.4.2 基础制动装置检查

基础制动装置的安装应符合设计要求，进行空气制动装置单车试验时，各基础制动部分应能准确进行工作。

6.4.3 空气制动系统检查与试验

6.4.3.1 检查空气制动系统各元件

检查空气制动系统的空气压缩机、各种阀类、管路、塞门等元件，型号、结构、参数、安装及连接应符合设计要求，作用良好；检查闸瓦间隙以及闸瓦和车轮的接触，应符合设计要求。

6.4.3.2 检查各仪表

各种仪表应在检验有效期内并指示正常。

6.4.3.3 单车试验

铺轨机落成后，应按照 TB/T 2232 的规定进行单车试验，试验结果应满足有关性能要求。

6.4.4 车钩缓冲装置检查

检查内容和要求如下：

a) 检查车钩及缓冲装置的型式与组装，应符合设计要求；

b) 检查车钩的三态(开锁、闭锁、全开)，应作用良好及防跳作用可靠。

6.5 噪声试验

噪声试验应按 GB/T 3449 的规定执行。

6.6 发动机排烟度检查

噪声检查应在铺轨机正常工作状态和使用地点正常环境噪声下进行，关闭司机室门窗后，铺轨机模拟铺轨作业工况，把声级计放在司机耳旁位置上进行测量，用声级计按 A 档读数测定噪声，测定时脉冲声峰值除外，测定 3 次，取其最大值为司机室内工作时的噪声，检查噪声是否不大于 78 dB(A)。

6.7 载荷试验

6.7.1 载荷试验的一般规定

6.7.1.1 载荷试验包括空载试验、额定载荷试验、动载试验和静载试验。

6.7.1.2 辅机(机动平车)应模拟运输和拖送轨排状态进行试验。

6.7.1.3 进行额定载荷试验时,应对铺轨机主机(包括车上部分、车辆部分)和辅机(机动平车)进行结构测试。

6.7.1.4 进行各种试验时,铺轨机的稳定性均应符合 GB/T 3811 的有关规定。

6.7.1.5 铺轨机主机车上部分应符合 GB/T 3811、GB/T 5905 的有关规定,车辆部分应符合 TB/T 1335 的规定。

6.7.2 空载试验

6.7.2.1 空载试验的目的是检查各机构动作的正常性以及排除试验铺轨机在运转中的各种故障。

6.7.2.2 空载试验不应少于 3 个工作循环。

6.7.3 额定载荷试验

6.7.3.1 额定载荷试验的目的是检查铺轨机的主要性能参数,试验载荷为 1.0 G_n。

6.7.3.2 铺轨机分别以额定载荷模拟铺轨和架梁工况,铺轨机在试验过程中,主要结构和机构性能参数实测值、车辆行走及制动等均应符合设计要求。

6.7.3.3 需做型式检验的铺轨机,在进行额定载荷试验时,应按下列要求进行结构测试。

a) 测试工况和测试点的选择原则如下:

1) 在铺轨机铺轨和架梁工作的各种工况中,以最恶劣工况测试强度和刚度;

2) 在铺轨机测试强度工况中,以各钢结构最大受力截面和点,作为测试截面和测试点;

3) 以该机有限元计算结果的最大受力点,选择为测试点。

b) 强度测试方法和要求如下:

1) 钢结构强度测试方法:采用电阻应变片测量,结构承受单向应力处,在应力集中区内贴单向应变片,应尽量可能贴在高应力点上;结构承受二向应力处,用双向应力片测出应变,然后计算出主应力。铺轨机主机车上部分测试出的应力值应符合 GB/T 3811 的有关规定,车辆部分测试出的应力值应符合 TB/T 1335 有关规定。

2) 钢结构强度测试要求:铺轨机分别以额定载荷模拟铺轨和架梁工况,其机臂有效悬臂处的下挠度不应大于有效悬臂长度的 1/50,车辆部分的刚度应符合 TB/T 1335 及设计任务书的有关要求。

c) 铺轨机车辆部分的结构测试,除在各种工作工况下进行外,还应考虑小解体(或不解体)主机在过轨状态的强度模拟试验。

1) 考虑在最高过轨运行速度下的动荷作用,参照 TB/T 1335 相关规定,对主机专用转向架进行垂向载荷、侧向力及垂向斜对称模拟试验;

2) 考虑在最高过轨运行速度下的动荷作用,参照 TB/T 1335 相关规定,对主机车体进行载荷模拟试验。

6.7.4 动载试验

6.7.4.1 动载试验的目的主要是验证铺轨机主机车上部分各机构的运行和制动功能,试验载荷为 1.1 G_n。

6.7.4.2 铺轨机以 1.1 G_n 试验载荷分别模拟铺轨和架梁工况,按铺轨、架梁作业程序完成动作,在其整个运动范围内作反复起动和制动,重复进行,不应少于 3 次。

6.7.4.3 如果各部件能完成其功能试验,并在随后进行的目测检查中没有发现机构和物件有损坏,连接处无松动或损坏,各动作速度符合设计要求,则认为这项试验结果合格。

6.7.5 **静载试验**

6.7.5.1 静载试验的目的是检验铺轨机及其部件的结构承载能力，试验载荷为1.25 G_n。

6.7.5.2 静载试验按铺轨和架梁工况进行。

6.7.5.3 铺轨机分别以额定载荷模拟铺轨和架梁工况，然后平稳加载到1.25 G_n，悬空时间不应小于10 min。卸去载荷后检查铺轨机机臂、立柱和车体等主要钢结构件。

6.7.5.4 试验后，如果未见到裂纹、永久变形、油漆剥落或对铺轨机的性能与安全有影响的损坏，连接处未出现松动或损坏，则认为静载试验合格。

6.8 **线路运行试验**

6.8.1 **自力行走试验**

6.8.1.1 铺轨机主机及机动平车应作空载状态下的自行试验。

6.8.1.2 自力行走试验在长度不小于100 m的直线线路上进行，前进、后退各不少于3次，速度应达到设计要求的最小和最大自行速度。

6.8.1.3 在最小设计曲线的线路上，前进、后退各3次，检查通过性能，零部件之间不应有碰撞、摩擦现象。

6.8.1.4 在最大设计坡道线路上，应达到设计速度，检查制动性能。

6.8.1.5 运行中应注意观察各部状态；试验完毕，应立即检查各零部件有无异样，若状态正常则认为试验合格。

6.8.2 **动力学性能试验**

铺轨机应在过轨运输状态下按GB/T 17426的要求进行动力学试验。

7 检验规则

7.1 出厂检验

7.1.1 出厂检验是对每台新造铺轨机在出厂前，由制造单位的质量检验部门对产品结构性能进行检验。

7.1.2 符合产品图样和本标准的要求并与型式检验结果相符的产品，签发产品合格证后才能出厂。

7.1.3 出厂检验的内容包括表2中所列“S”的项目。

表2 铺轨机检查与试验项目表

序号	项目名称	检查与试验分类	与本项目有关的条款
1	目测检查	T、S	6.1
2	整体结构的一般性能检查		
2-1	限界检查	T、S	6.3.1
2-2	曲线通过检查	T、S	6.3.2
2-3	液压系统检查	T、S、Y	6.3.3

表 2 铺轨机检查与试验项目表(续)

序号	项目名称	检查与试验分类	与本项目有关的条款
2-4	电气系统检查	T、S、Y	6.3.4
3	制动性能、车钩缓冲装置检查		
3-1	手制动装置检查	T、S	6.4.1
3-2	基础制动装置检查	T、S	6.4.2
3-3	空气制动系统检查与试验	T、S	6.4.3
3-4	车钩缓冲装置检查	T、S	6.4.4
4	噪声试验	T、S	6.5
5	发动机排烟度检查	T、S	6.6
6	载荷试验		
6-1	空载试验	T、S、Y	6.7.2
6-2	额定载荷试验	T、S、Y	6.7.3.1、6.7.3.2
6-3	结构测试	T	6.7.3.3
6-4	动载试验	T	6.7.4
6-5	静载试验	T	6.7.5
6-6	线路运行试验	T	6.8
6-7	自力行走试验	T	6.8.1
6-8	动力学性能试验	T	6.8.2

注 1:T——型式检验项目,S——出厂检验项目,Y——在役检验项目。

注 2:如果制造厂在某些试验项目上不具备试验条件,允许到用户使用现场进行测试。

7.2 型式检验

7.2.1 有下列情况之一时,应进行型式检验:

a) 铺轨机新产品试制、定型时;

b) 铺轨机转厂生产时;

c) 正常生产后,如结构、材料、工艺有较大改变,可能影响铺轨机的性能时;

d) 产品长期停产后,重新恢复生产时;

e) 出厂检验结果与上次型式检验有较大差异时;

f) 国家质量技术监督机构提出进行型式检验的要求时。

7.2.2 型式检验的内容包括本标准规定的全部检查与试验项目。

7.2.3 如果型式检验中对某些项目在制造厂内无条件测试,可到使用现场进行测试。

7.3 在役检验

7.3.1 铺轨机服役期间,每铺设 800 km 或不多于 800 km 轨排后应对铺轨机技术状态进行一次全面的检验,按检验结果进行整改,评定合格后才允许继续使用。

7.3.2 在役检验的内容包括表 2 中所列“Y”的项目。

8 标志、包装、运输、存放

8.1 标志

8.1.1 铺轨机应在明显的位置处,安装有产品标牌,其上应标明:

a) 铺轨机名称及型号;

b) 主要技术参数;

c) 出厂编号及日期;

d) 研制单位名称。

8.1.2 铺轨机主机用平车、辅机用平车上所作的标记应符合 TB/T 1.1 及 TB/T 1.2 的要求。

8.1.3 铺轨机主机车上部分的标记应符合 GB 15052 要求。

8.2 包装

8.2.1 铺轨机出厂时,需要防护的部分应采用局部包装,外露的加工面应涂防锈油脂并加以包扎。

8.2.2 随机备件、附件和工具等应进行包扎和装箱,应保证不受损和腐蚀。

8.2.3 随机技术文件应用防湿材料包裹,随机文件应包括:

a) 装箱单。

b) 产品合格证。

c) 使用维护说明书(包括配套件说明书)。

d) 随机图纸。包括整机及各主要部件总图、车辆转向架、液压系统原理图,电气系统原理图、电气系统接线图、过轨运输图等。

8.3 运输

8.3.1 铺轨机应选择不解体方式运输,特殊情况下需解体运输时,应按铁路管理部门规定程序审批的该机型的过轨运输技术条件进行列车编组、捆绑加固和检查确认,拆解部件应选用专用装载加固器材加固,活动部件应选用专用装置固定牢靠;应按铁路管理部门有关规定对车辆部分进行检验,并对车轴进行探伤检查等,合格后方可过轨运输。

8.3.2 禁止通过高于 500 mm 的高站台和驼峰及溜放、冲撞。

8.3.3 禁止侧向通过 8 号道岔和曲线小于 180 m 的线路。

8.3.4 铺轨机在发运时应达到下列要求:

a) 各操作手柄和开关置于非工作位置;

b) 铺轨机大小闸放在运转位,关闭重联塞门,开无火回送装置;

c) 牵引减速箱离合器处于脱离状态。

8.4 存放

铺轨机的存放应防腐防锈,并按说明书对存放的有关要求进行保养。

9 寿命和检修

9.1 铺轨机整机设计使用寿命宜为20年，实际施工使用期限不应超过设计使用寿命。

9.2 铺轨机车辆应按相关管理规定进行检修。

9.3 铺轨机每铺设800 km或不多于800 km轨排时，应进行一次整机的在役检验，对铺轨机进行全面的检测、评定、修理。

ICS 45.060.01
S 39

中华人民共和国国家标准

GB/T 25340—2010

铁路机车车辆自动识别设备技术条件

Technical regulations for automatic equipment identification of railway locomotive and vehicle

2010-11-10 发布　　2011-03-01 实施

中华人民共和国国家质量监督检验检疫总局
中国国家标准化管理委员会　发布

前言

本标准参考了美国北美铁路学会标准 AAR S918:1994《自动识别设备标准》。

本标准在 TB/T 3070—2002《铁路机车车辆自动识别设备技术条件》基础上制定。

本标准的附录 A、附录 B、附录 C 为规范性附录。

本标准由中华人民共和国铁道部提出。

本标准由铁道部经济规划研究院归口。

本标准起草单位:哈尔滨铁路局科学技术研究所、铁道部经济规划研究院。

本标准主要起草人:杨树春、李百泉、桑翠江、张军、马宏伟、张晓方、崔涛、王驰。

铁路机车车辆自动识别设备技术条件

1 范围

本标准规定了铁路机车车辆自动识别设备(包括地面自动识别设备、标签、车载编程器等)的技术要求和安装要求。

本标准适用于铁路机车车辆自动识别设备的设计、制造和检验。

2 规范性引用文件

下列文件中的条款通过在本标准的引用而成为本标准的条款。凡是注日期的引用文件,其随后所有的修改单(不包括勘误的内容)或修订版均不适用于本标准,然而,鼓励根据本标准达成协议的各方研究是否可使用这些文件的最新版本。凡不是注日期的引用文件,其最新版本适用于本标准。

GB 146.1 标准轨距铁路机车车辆限界

GB 146.2 标准轨距铁路建筑限界

GB 9254 信息技术设备的无线电骚扰极限值和测量方法(GB 9254—2008,IEC/CISPR 22:2006,IDT)

GB/T 17618—1998 信息技术设备抗扰度限值和测量方法(idt IEC/CISPR 24:1997)

GB/T 17626.1 电磁兼容 试验和测量技术 抗扰度试验总论(GB/T 17626.1—2006,IEC 61000-4-1:2000,IDT)

GB/T 17626.2 电磁兼容 试验和测量技术 静电放电抗扰度试验(GB/T 17626.2—2006,IEC 61000-4-2:2001,IDT)

GB/T 17626.3 电磁兼容 试验和测量技术 射频电磁场辐射抗扰度试验(GB/T 17626.3—2006,IEC 61000-4-3:2002,IDT)

GB/T 17626.4 电磁兼容 试验和测量技术 电快速瞬变脉冲群抗扰度试验(GB/T 17626.4—2008,IEC 61000-4-4:2004,IDT)

GB/T 17626.5 电磁兼容 试验和测量技术 浪涌(冲击)抗扰度试验(GB/T 17626.5—2008,IEC 61000-4-5:2005,IDT)

GB/T 17626.6 电磁兼容 试验和测量技术 射频场感应的传导骚扰抗扰度(GB/T 17626.6—2008,IEC 61000-4-6:2006,IDT)

GB/T 17626.8 电磁兼容 试验和测量技术 工频磁场抗扰度试验(GB/T 17626.8—2006,IEC 61000-4-8:2001,IDT)

GB/T 17626.9 电磁兼容 试验和测量技术 脉冲磁场抗扰度试验(GB/T 17626.9—1998,idt IEC 61000-4-9:1993)

GB/T 17626.11 电磁兼容 试验和测量技术 电压暂降、短时中断和电压变化的抗扰度试验(GB/T 17626.11—2008,IEC 61000-4-11:1994,IDT)

GB 50057—1994 建筑物防雷设计规范

GJB 150.16—1998 军用设备环境试验方法 振动试验

GJB 150.18—1998 军用设备环境试验方法 冲击试验

TB/T 1736—1996 内燃、电力机车车型及车号编制规则

TB/T 2435—1993 铁路货车车种车型车号编码

TB/T 3021 铁道机车车辆电子装置(TB/T 3021—2001,eqv IEC 60571:1998)

YD/T 944—2007 通信电源设备的防雷技术要求和测试方法

3 自动识别设备构成与功能

3.1 基本构成

机车车辆自动识别设备应由以下基本部分构成:

a) 安装在机车车辆车体底部的标签;

b) 安装在地面的自动识别设备;

c) 标签编程设备;

d) 数据信息集中管理、监控和复示设备。

3.2 标签基本功能

标签应具备下列基本功能:

a) 已安装标签的机车车辆经过地面自动识别设备时,标签信息通过微波反射调制方式可被识别;

b) 保存机车车辆被识别信息;

c) 标签的数据信息编码适于向地面自动识别设备传输;

d) 标签可由用户进行代码输入。

3.3 地面自动识别设备(AEI)基本功能

地面自动识别设备应具备下列基本功能:

a) 自动识别机车车辆标签;

b) 自动判别被识别和未被识别标签的机车或车辆在列车中的位置;

c) 自动识别列车车次;

d) 自动采集列车运行速度;

e) 自动计轴计辆,检测出通过每列车的机后车辆总数;

f) 自动识别机车类型及台数;

g) 自动判别客、货车辆及动车组;

h) 自动识别标签安装端位;

i) 具有设备状态在线检测功能;

j) 具有远程维护功能;

k) 将地面信息上传至机车标签。

3.4 标签编程设备的基本功能

3.4.1 机车标签编程器应具备下列功能:

a) 便携式机车标签编程器可对机车标签固定信息编程写入及读出校验;

b) 车载机车标签编程器应能通过电缆与机车标签连接写入机车标签动态信息。

3.4.2 车辆标签编程设备应具备下列功能:

a) 车辆标签编程设备可对车辆标签信息编程写入及读出校验;

b) 车辆标签编程应采用车号编程网络进行实施。

3.5 数据信息集中管理、监控和复示设备基本功能

3.5.1 数据信息集中管理设备(CPS)应能对AEI设备进行实时通信管理,接收列车信息报文,并对报文数据进行存储、分析、处理,同时将车号信息转发给各管理、监控和复示设备。

3.5.2 AEI监控设备应能对所管辖的AEI设备的运行情况进行实时监控,对设备状态进行实时显示,

对不可识别车辆情况进行统计，对 AEI 设备进行远程管理。CPS 监控设备应能对车站 CPS 的运行状态及 CPS 与铁路局间网络通讯状况进行监控。

3.5.3 复示设备应能对所管辖 AEI 设备识别的列车信息和故障信息进行复示，包括对标签及 AEI 设备的运用状态、设备故障进行管理。复示设备具备故障自动报警功能，对 AEI 设备运行状态、设备故障、未识别标签等情况进行自动报警。

4 地面自动识别设备技术要求

4.1 主要技术性能

自动识别设备主要技术性能应符合以下要求：

a) 当机车车辆运行速度不大于 350 km/h 时，地面自动识别设备应能正确读出在轨道上运行的列车电子标签信息；

b) 地面自动识别设备的识别准确率不应小于 99.99%；

c) 可维护性(系统故障恢复时间)：机械部分小于 10 min，电器部分小于 3 min；

d) 工作频率：经国家无线电频谱管理部门批准使用的频率；

e) 标签编码调制采用移频键控码(FSK 编码)和 FM0 编码；

f) 最大识别距离：无源标签 6 m，有源标签 13 m；

g) 工作环境温度：室外设备为－40 ℃～＋70 ℃；室内设备为－25 ℃～＋70 ℃；

h) 电磁兼容满足 GB 9254、GB/T 17618—1998、GB/T 17626.1～17626.6、GB/T 17626.8、GB/T 17626.9、GB/T 17626.11 的有关要求。

4.2 列车探测装置

4.2.1 列车探测装置应能正确探测每一车辆在列车中位置和移动方向。

4.2.2 列车探测装置应能适应车速不大于 350 km/h，并应具有测速、计轴、计辆功能。

4.2.3 列车探测装置应能使微波射频装置自动进行待机状态、工作状态、待机状态转换。

4.3 天线

4.3.1 天线应能发射微波信号和接收标签反射回来的调制信号(接收可与发射共用天线)，承受不大于 4.9 kN 荷载，抗振动冲击应符合 GJB 150.16—1998、GJB 150.18—1998 的有关规定。

4.3.2 天线技术性能应符合以下要求：

a) 增益：8.6 dB～9.6 dB；

b) 电压驻波比应不大于 1.5；

c) 半功率束宽：120°(沿钢轨方向)，45°(垂直钢轨方向)。

4.4 微波射频装置

4.4.1 微波射频装置发射和接收标签反射回来的频率应为同一频率。

4.4.2 微波射频装置技术性能应符合以下要求：

a) 微波射频装置端口输出功率(扣除电缆损耗)：0.5 W～1.6 W；

b) 工作频率符合 4.1d)的规定；

c) 频率稳定性：$\pm 5\times 10^{-6}$；

d) 谐波输出：≤－50 dBc；

e) 寄生输出：≤－60 dBc；

f) 发射器带宽：5 kHz；

g) 接收器带宽：130 kHz；

h) 标称阻抗：50 Ω。

4.5 读出装置

4.5.1 读出装置应能正确解码 FSK 和 FM0 格式的标签信息,并接收列车探测装置的信息,形成 CPS 可接受的标准格式的报文信息。

4.5.2 读出装置至数据信息集中管理设备的接口应采用计算机通用网络接口。

4.6 低速探测装置

低速探测装置应能自动判别列车停车或低速运行状态。

5 标签技术要求

5.1 标签分类

标签按供电方式分为有源标签和无源标签。

标签识别信息的设计内容应符合 TB/T 1736—1996、TB/T 2435—1993 有关编码的规定,数据格式见附录 A、附录 B,6 位 ASCII 码见附录 C。

5.2 环境要求

5.2.1 标签应密封,并应适用于雨、雪、烟雾、灰尘、油污、化学腐蚀、风、沙等环境。当在最大场强峰值为 100 V/m、持续时间不大于 60 s 时,标签应保持存储数据的完整性,并满足 GB 9254、GB/T 17618—1998、GB/T 17626.1～17626.6、GB/T 17626.8、GB/T 17626.9、GB/T 17626.11 有关电磁兼容的要求;

5.2.2 标签工作温度:－40 ℃～＋85 ℃;标签数据存储温度:－70 ℃～＋125 ℃,在规定的温度范围内标签应保持存储数据的完整性。

5.3 标签至读出装置的数据传输

5.3.1 货车标签应采用变形 FSK 码,机车、客车及动车组标签应采用 FM0 码。

5.3.2 变形 FSK 编码应采用 20 kHz 和 40 kHz 两个谐波相关频率,频率误差为±10%,一个用户位(bit)"0"由一个周期的 20 kHz 矩形波及紧随着两个周期的 40 kHz 的矩形波组成,一个用户位(bit)"1"是由两个周期的 40 kHz 矩形波及紧随着一个周期的 20 kHz 矩形波组成。所有转换相位应连续,标签产生的波形具有标称 1 μs 上升、下降时间,在一个循环周期内,20 kHz 和 40 kHz 的矩形波各占 50%(见图 1)。

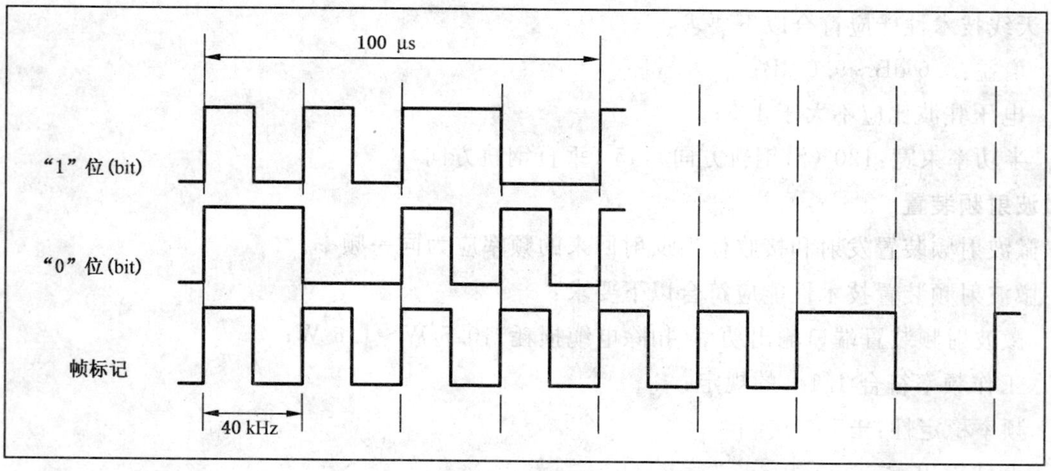

图 1 变形 FSK 编码

5.3.3 FM0 编码应为一种双相编码(Bi-Phase Space),FM0 编码用每个位时钟周期起始的电平变化携带信息,"1"定义为电平保持;"0"定义为电平变化。FM0 编码用两个电平位之间的保持和跳变来表示信息,FM0 编码在两个逻辑位之间必然有跳变,FM0 编码波形如图 2 所示:

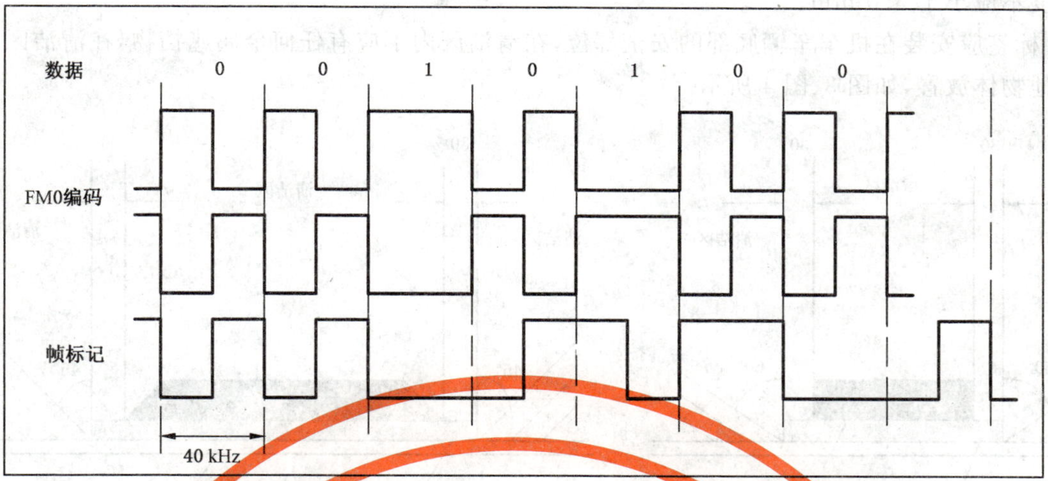

图 2 FM0 编码

5.3.4 标签信息应为一帧一帧重复连续循环输出,可通过帧标志来标识标签信息帧的起始位置。

5.3.5 地面自动识别设备应能通过天线向标签发射连续的射频载波信号,标签内存储的数据应按变形 FSK 编码或 FM0 编码对射频载波信号进行反射调制,并反射回地面天线,由地面自动识别设备接收并解调、译码和进行数据处理。

5.4 标签工作频率及灵敏度

5.4.1 当电场强度均方根值低于 2.0 V/m 时,无源标签不应工作,但当电场强度均方根值在 3.5 V/m 以上时应正常工作;当标签在任意平面旋转±25°时,无源标签工作的场强增加不超过 3 dB。有源标签的最小灵敏度,在查询信号为 150 mV/m 时,标签应能正常工作。

5.4.2 标签被读出设备发出查询信号激活时,应在 4 ms 内正常工作。

5.4.3 标签在表 1 给定的范围内被微波射频激活时,其不计载波的调制应答信号强度响应应符合表 1 的规定。

表 1 标签调制应答信号强度

标签类型	信号频率/MHz	参照范围/m	试验条件	信号强度均方根值/(μV/m)	
				下限值	上限值
无源	904~928	5	在标签处 3.5 V/m	19 600	56 800
有源	904~928	10	EIRP=1 W	1 400	4 100
注:EIRP 指天线等效全向辐射功率。					

标签在平面内与天线极性重合的平面转角差为±10°,或与天线极性垂直的平面转角差为±20°时,标签返回信号强度减弱不应大于 3 dB。

6 车载机车标签编程器技术要求

6.1 车载机车标签编程器应符合机车安全信息综合监测装置的相关技术规定。

6.2 车载机车标签编程器应能在 TB/T 3021 中规定的条件下正常工作。

6.3 车载编程器电源的工作电流不应大于 800 mA;工作电压应为+5 V,电压持续波动不大于±5%。

6.4 车载编程器应采用电源隔离和通讯接口隔离的故障安全措施,避免影响系统其他部分正常工作。

7 自动识别设备安装要求

7.1 标签的设置及安装

7.1.1 标签应首先安装在金属安装板上,标签安装板厚度不应小于 3.0 mm,安装板周边距离标签每边的宽度不应小于3.0 mm。

7.1.2　标签应安装在机车车辆底部的安全部位,在清洁区内不应有任何金属遮挡物,在清洁区以外,允许有其他物体放置,如图3、图4所示。

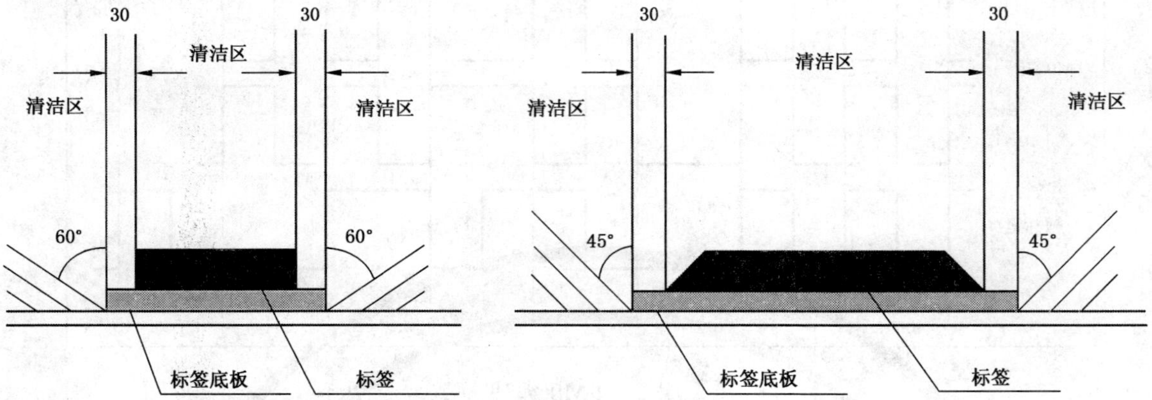

注:规定角度以外阴影部分为允许有遮挡物区域,单位:mm。

图3　标签安装清洁区技术要求示意图

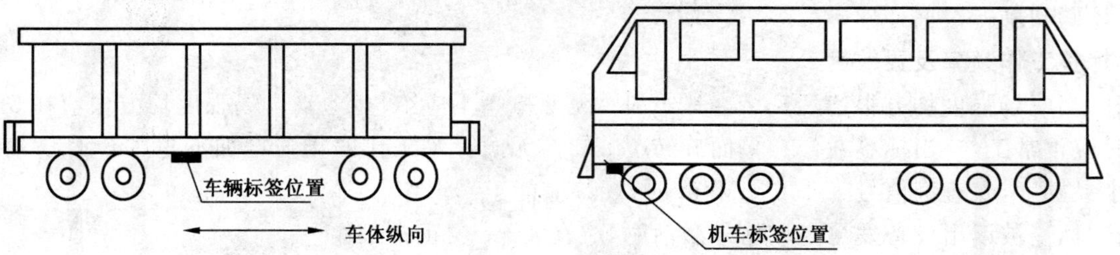

图4　机车车辆标签基本安装位置示意图

7.1.3　标签的安装应符合下列要求:

a)　正面向下朝向线路;

b)　标签较长方向与机车车辆纵向垂直,允许偏差±5°;

c)　标签安装位置距轨顶面高度不应小于0.6 m(以安装板水平面为基准);

d)　标签安装在机车车辆纵向中心线±30 mm的位置上;

e)　标签正面与钢轨面水平,允许最大偏差±5°;

f)　标签安装底板应具有防腐功能;

g)　标签安装在车辆底部,靠近一端的位置;

h)　标签安装端位应按车型固定,不得随意安装。

7.2　地面自动识别设备安装

地面自动识别设备安装应符合下列要求:

a)　微波射频装置应安装在室内,与天线之间的射频电缆长度不宜大于30 m;

b)　电源:AC176 V～253 V;

c)　接地电阻 $R \leqslant 4\ \Omega$;

d)　自动识别设备、电源及通信信号防雷应符合YD/T 944—2007、GB 50057—1994的有关规定。

7.3　安装限界要求

车上标签的安装应符合GB 146.1的规定,地面设备的安装应符合GB 146.2的规定。

附　录　A
（规范性附录）
车辆标签的数据格式

A.1　车辆标签的数据格式见表A.1。

表A.1　车辆标签的数据格式

项目	占位数 bit	标签数据顺序	编码取值范围	字符说明
属性代码	6	0～5	按属性代码表选取	大写字母
车种代码	6	6～11	按车种代码表选取	大写字母
车型码	30	12～41	按实际车型码选取	字母与数字组合
车号码	42	42～59 64～87	按实际7位车号选取	数字
第一校验和	2	60,61	—	—
保留帧标志	2	62,63	—	—
换长高位码	6	88～93	按实际换长小数点前一位取值	一位数字
换长低位码	6	94～99	按实际换长小数点后一位取值	一位数字
制造厂代码	6	100～105	按制造厂代码表选取	一位大写字母或数字
制造年高位代码	6	106～111	0～9	一位数字
制造年低位代码	6	112～117	0～9	一位数字
制造月代码	6	118～123	按月份代码表选取	一位大写字母或数字
第二校验和	2	124,125	—	—
帧标志	2	126,127	—	—
注：表中校验和、帧标志各占用2位(bit)，其余代码每一位字符转换成相应的二进制值，占用1个分段6位(bit)。				

附　录　B
（规范性附录）
机车标签的数据格式

B.1　机车标签的数据格式见表 B.1。

表 B.1　机车标签的数据格式

项目	FSK		FM0		编码取值范围	字符说明
	占位数 bit	标签数据顺序	占位数 bit	标签数据顺序		
帧标志	2	0～1	8	0～7	—	—
属性代码	6	2～7	6	8～13	按属性代码表选取	大写字母
机车型号	18	8～25	9	55～63	按机车代码表选取	字母与数字组合
机车车号	24	26～49	24	16～39	—	—
配属段代码	24	50～61 66～77	12	40～45 46～51	按配属段代码表选取	字母与数字组合
校验位	2	62～63	—	—	—	—
填充位	2	64～65	3	52～54	—	—
机车状态码（本/补）	6	78～83	2	64～65	从安全监控装置获取动态信息	一位字母
车次（含：客/货）	36	84～119	46	66～111	从安全监控装置获取动态信息	字母与数字组合
双节车状态	6	120～125	2	14～15	—	一位字母
校验位	2	126～127	16	112～127	—	—

附 录 C
（规范性附录）
6位ASCII码

C.1 6位ASCII码见表C.1所示。

表C.1 6位ASCII码表

字符	值	字符	值	字符	值	字符	值
SP	0	0	16	@	32	P	48
!	1	1	17	A	33	Q	49
”	2	2	18	B	34	R	50
#	3	3	19	C	35	S	51
$	4	4	20	D	36	T	52
%	5	5	21	E	37	U	53
&	6	6	22	F	38	V	54
’	7	7	23	G	39	W	55
(	8	8	24	H	40	X	56
)	9	9	25	I	41	Y	57
*	10	:	26	J	42	Z	58
+	11	;	27	K	43	[	59
`	12	<	28	L	44	\	60
—	13	=	29	M	45	]	61
.	14	>	30	N	46	^	62
/	15	?	31	O	47	_	63

ICS 03.220.30
S 92

中华人民共和国国家标准

GB/T 25341.1—2010

铁路旅客运输服务质量
第1部分:车站

Quality of railway passenger service—Part 1:Station

2010-11-10 发布

2011-03-01 实施

中华人民共和国国家质量监督检验检疫总局
中国国家标准化管理委员会 发布

前　言

GB/T 25341《铁路旅客运输服务质量》分为2个部分：

——第1部分：车站；

——第2部分：列车。

本部分为GB/T 25341的第1部分。

本部分是在TB/T 2967.1—2002《铁路旅客运输服务质量标准　第1部分：车站》基础上制定。

本部分由中华人民共和国铁道部提出。

本部分由铁道部标准计量研究所归口。

本部分起草单位：铁道部运输局。

本部分主要起草人：房生修、崔艳、陈滋顶、吉晶、汪吉林、卜再元、栾宁、陈伟国、从上芝、张锦。

铁路旅客运输服务质量
第1部分:车站

1 范围

GB/T 25341 的本部分规定了铁路车站运输旅客和行李、包裹(简称“行包”)服务质量的要求。

本部分适用于国家铁路、地方铁路、合资铁路。

2 规范性引用文件

下列文件中的条款通过 GB/T 25341 的本部分的引用而成为本部分的条款。凡是注日期的引用文件,其随后所有的修改单(不包括勘误的内容)或修订版均不适用于本部分,然而,鼓励根据本部分达成协议的各方研究是否可使用这些文件的最新版本。凡是不注日期的引用文件,其最新版本适用于本部分。

GB 9672 公共交通等候室卫生标准

GB/T 10001.1 标志用公共信息图形符号 第1部分:通用符号(GB/T 10001.1—2006,ISO 7001:1990,NEQ)

GB/T 10001.3 标志用公共信息图形符号 第3部分:客运与货运

GB/T 10001.10 标志用公共信息图形符号 第10部分:铁路客运符号

GB/T 13317—2010 铁路旅客运输词汇

GB/T 15566.1 公共信息导向系统 设置原则与要求 第1部分:总则

GB/T 15566.3 公共信息导向系统 设置原则与要求 第3部分:铁路旅客车站

GB 50226 铁路旅客车站建筑设计规范

TB 10083 铁路旅客车站无障碍设计规范(附条文说明)

3 术语和定义

GB/T 13317—2010 确立的以及下列术语和定义适用于 GB/T 25341 的本部分。

3.1

旅客运输服务质量 quality of passenger service

旅客运输服务工作完成的优劣程度。

[GB/T 13317—2010,定义 5.11]

3.2

重点旅客 passenger who needs care

老、幼、病、残、孕旅客。

[GB/T 13317—2010,定义 3.1.1]

3.3

照度(平面照度) luminosity

单位面积的光通量,单位为勒克斯(lx)。

4 总则

树立“以人为本,旅客至上”的服务理念,坚持“安全第一,方便快捷”的原则,实现“安全正点、设备良好、环境适宜、饮食卫生、服务文明”的质量目标。

5 安全

5.1 安全设备设施齐全，作用良好；安全通道、出口畅通；安全标志规范、明显。

5.2 安全管理制度健全，非正常情况下的应急处置预案完善。

5.3 做好安全宣传和防范，加强综合治理，维护站内秩序，无围车叫卖、拣拾、讨要等人员；供工作人员使用的进出口有专人管理。

5.4 对旅客携带品、小件寄存物品和承运的行包实施安全检查；对查没的危险品按规定处理。

5.5 严格控制进站车辆，在站台上行驶的车辆限速 10 km/h，无骑车穿越站台；各种装卸、搬运设备定位摆放，不堵塞通道，不影响旅客乘降和通行；行包、邮政拖挂车的辆数重车（含混编）不超过 4 辆，空车不超过 5 辆。

5.6 安全使用电源，规范使用电器设备；配电室（箱）锁闭，不应堆放物品。

5.7 掌握消防知识，对消防器材做到知位置、知性能、会使用。

5.8 发生人身伤害或突发疾病以及接收列车移交的伤、病人员，应积极采取措施，及时联系医疗机构救治。

6 设备设施

6.1 基础设备设施齐全，符合 GB 50226 和 TB 10083 的要求，无违规改造或改变用途；防寒、防暑、照明、通风、广播、供水、电梯、无障碍等设施作用良好，正常使用。

6.2 站房质量良好，地面平整，门窗完好，楼梯踏步无缺损，墙面、天花板无脱落，房屋、风雨棚、天桥、地道无渗漏。

6.3 图形标志符合 GB/T 10001.1、GB/T 10001.3、GB/T 10001.10 的规定，齐全醒目，使用规范。

6.4 各服务处所根据用途设置方便旅客、货主的揭示揭挂。

6.5 引导系统设置符合 GB/T 15566.1 和 GB/T 15566.3 的规定，位置恰当，安装牢固，内容规范、准确，美观醒目，方便旅客。

6.6 二等以上车站设服务台，配置相关的业务和服务资料及用品。

6.7 服务备品齐全，干净整洁、作用良好，定位摆放；软席候车室、贵宾室厕所配有卫生纸，洗手间有洗手液（皂）、擦手纸（干手器）。

6.8 候车室（厅）配备与候车面积相适应的候车座椅，三等以上车站有安全检查、问讯、小件寄存、饮用水等设备设施，二等以上车站有室内洗漱、厕所等设施，一等以上车站有重点旅客、军人候车室（区），有通风良好的吸烟室。

6.9 售票厅（室）根据客流量设置售票窗口，采用计算机联网售票，售票窗口有双向对讲设备；二等以上车站设售票信息动态显示系统，一等以上车站设置不同用途的售票窗口，可增设售票对外显示屏、自动售票机、POS 机、自助提款机等设备。

6.10 行包房配备衡器、搬运机具，有维修、包装工具和材料，提供办理行包托运的桌椅、笔等必要的服务设施；三等以上车站采用计算机制票，二等以上车站配备安全检查设备，有行包到达查询系统。

7 环境卫生

7.1 加强环境保护宣传，使用备品、材料等符合国家环保规定。

7.2 各服务处所空气质量符合 GB/T 9672 的规定；候车室、售票厅、行包房、站台、天桥、地道等处所保持清洁，无积水、积冰、积雪，股道无杂物，厕所干净、无异味。

7.3 站容整洁，环境绿化；清扫工具隐蔽存放。

7.4 广告设置规范安全，与车站环境相协调，不影响站容和车站应有的服务功能；不在车站主站房正面外立面设置固定商业广告。

7.5 各服务处所设置适量垃圾箱(桶),定期消毒,保持清洁,垃圾桶内配有垃圾袋,可在站台、站前广场的垃圾箱(桶)上设烟灰盒;列车投放的垃圾及时清运;垃圾隐蔽存放,日产日清,储运密闭化。

7.6 各服务处所定期进行“消、杀、灭”,蚊、蝇、蟑螂等病媒昆虫指数及鼠密度符合国家规定。

7.7 禁止吸烟的服务处所做好不吸烟宣传,及时制止吸烟行为。

8 服务

8.1 做到全面服务、重点照顾,帮助旅客解决旅行困难;尊重民族习俗和宗教信仰,不分种族、国籍、民族,一视同仁。

8.2 上岗着装统一、得体,仪容整洁,佩戴职务标志,不穿高跟鞋、尖跟(头)鞋、拖鞋,除婚戒外不戴其他饰物,不染彩色头发、指甲,男不留长发、胡须,女淡妆上岗,发不过肩。

8.3 行走、坐立姿态端正;立岗姿势规范、精神饱满;服务时,态度和蔼,表情自然,举止文明,庄重大方。应做到:

——使用普通话,用语文明,表达准确,口齿清晰;对旅客、货主称呼恰当;软席候车室及贵宾室客运员能使用简单英语为外籍旅客服务。

——旅客问讯时有问必答,回答准确;当面解答时应面向旅客站立(需坐着完成工作的人员除外),电话解答时应先通报单位和工号;对旅客提出的问题不能解决时应耐心解释。

——在旅客多的地方行走时要先示意后通行,与旅客走对面时要主动让路,不与旅客抢行;挪动旅客物品时,应征得旅客同意。

——为旅客服务遇有失误时,应向旅客表示歉意;对旅客的配合与支持应表示感谢。

8.4 熟知本岗位业务知识,执行规章、制度、作业标准;熟练操作设备设施,具备妥善处理突发情况的能力。

8.5 实行首问首诉负责制;各服务处所设旅客留言簿,及时关注旅客留言;在醒目位置向社会公布本单位投诉受理电话、通信地址、邮政编码,24 h 接受旅客投诉并及时处理。

8.6 广播以方便旅客旅行生活为主,覆盖各服务处所,及时通告列车运行情况,语音清晰,音量适宜;可根据需要做好专题宣传,增加英语、少数民族语言广播。

8.7 有空调的服务处所冬季室内温度 18 ℃～20 ℃,夏季 26 ℃～28 ℃;无空调的服务处所冬季不低于 14 ℃,夏季超过 28 ℃使用电风扇。

8.8 各服务处所有充足的照明和应急照明设备,无风雨棚站台、天桥照明照度不低于 10 lx,有风雨棚站台、天桥及进出站地道照明照度不低于 50 lx,候车室、行包营业厅照明照度不低于 100 lx,售票厅、问讯处、软席候车室、贵宾室照明照度不低于 150 lx。

8.9 列车晚点时及时向旅客通告晚点时间,超过 30 min 站长代表铁路向旅客道歉,并积极做好服务工作。

8.10 收费项目和标准公开,符合国家规定。

8.11 票据、现金妥善保管;票面完整、清晰,内容准确,填写规范。

8.12 对旅客遗失物品应及时公告,妥善保管,设法归还失主,无法归还时按规定处理。

8.13 信息发布及时,采取多种方式通告列车运行、票务、旅行须知等信息。

9 售票

9.1 根据客流量开设售票窗口,日常旅客排队不超过 20 人;向旅客公布窗口车票发售信息和售票时间。

9.2 开展预售、预订、流动售票,办理团体票、异地票及代售、送票等业务,方便旅客购票。

9.3 车站可设购票“一米线”。

9.4 售票、退票做到准确无误，唱收唱付，旅客退票时应提供报销凭证。

9.5 售票网点布局合理，管理规范，符合铁路售票相关规定。

10 候车乘降

10.1 旅客进站安全检查秩序良好，通道畅通，日常旅客等候不超过 5 min。

10.2 按方向、车次组织旅客有序候车，提醒旅客对超重、超大等物品办理托运。

10.3 在满足旅客候车条件下，开办的收费候车场所应提供相应服务，做到经营规范，不得提前进站、代办车票。

10.4 根据客流量和站场条件确定检票时间，始发列车开始检票一般不少于开车前 40 min；根据检票口到列车的距离合理确定停止检票时间，并向旅客公告。

10.5 引导旅客有序进出站，不产生对流；站台上应组织旅客在安全线内等候，先下后上。

10.6 出站快速畅通，按规定查验车票，正确为旅客办理补票业务和携带品超过规定补收运费的手续。

11 饮食供应

11.1 卫生管理制度健全，卫生许可证有效；个人卫生符合规定，持有效健康证上岗。

11.2 确保食品卫生，防止食物中毒；食品加工、储存场所符合卫生要求，各种用具清洁，消毒合格；不出售无生产单位、生产日期、保质期和过期、变质食品；销售无包装直接食用的食品时有防蝇、防尘措施，不徒手接触食品。

11.3 经营行为规范，明码标价，质价相符，文明售货，提供发票。经营场所设置合理，不影响旅客通行、购票、候车；站台售货车定位管理，数量适宜，不堵占车门、天桥、地道，不影响旅客乘降和通行。

11.4 给水设备设施作用良好，正常使用，冬季有防冻措施；始发、过往列车辆辆满水，水质符合国家生活饮用水卫生规定。三等以上车站为旅客免费提供饮用水，并确保安全。

12 行包运输

12.1 方便旅客、货主托运行包，及时准确运输，不逾期、不破损、不丢失；管理逐步信息化。

12.2 托运人自愿选择托运、保价运输方式，承运做到品名相符，正确检斤、制票、核收运杂费；易碎品、流质物品、放射性物品外包装上粘贴安全标志；限制运输的物品应有相关运输证明，需要押运的物品应办理押运手续。

12.3 装卸、搬运行包轻搬轻放，大不压小、重不压轻，箭头向上、标签向外，堆码整齐。非工作人员不应进入仓库。

12.4 运输过程中发生行包包装松散、破损应在车站及时修整，并有记录、有交接。

12.5 按规定期限保管行包，正确交付；及时通知收货人领取包裹；无法交付物品按规定处理。

12.6 认真处理行包差错，发生行包事故应先赔付、后定责。

12.7 行包代办点管理规范，符合铁路行包运输规定。

ICS 03.220.30
S 92

中华人民共和国国家标准

GB/T 25341.2—2010

铁路旅客运输服务质量 第2部分:列车

Quality of railway passenger service—
Part 2:On board

2010-11-10 发布　　　　2011-03-01 实施

中华人民共和国国家质量监督检验检疫总局
中国国家标准化管理委员会　发布

前　言

GB/T 25341《铁路旅客运输服务质量》分为2个部分：

——第1部分：车站；

——第2部分：列车。

本部分为GB/T 25341的第2部分。

本部分是在TB/T 2967.2—2002《铁路旅客运输服务质量标准　第2部分：列车》基础上制定。

本部分由中华人民共和国铁道部提出。

本部分由铁道部标准计量研究所归口。

本部分起草单位：铁道部运输局。

本部分主要起草人：房生修、崔艳、陈滋顶、陈伟国、文卫和、从上芝、吉晶、汪吉林、卜再元、张锦。

铁路旅客运输服务质量
第 2 部分:列车

1 范围

GB/T 25341 的本部分规定了旅客列车运输旅客和行李、包裹(简称“行包”)服务质量的要求。

本部分适用于国家铁路、地方铁路、合资铁路。

2 规范性引用文件

下列文件中的条款通过 GB/T 25341 的本部分的引用而成为本部分的条款。凡是注日期的引用文件,其随后所有的修改单(不包括勘误的内容)或修订版均不适用于本部分,然而,鼓励根据本部分达成协议的各方研究是否可使用这些文件的最新版本。凡是不注日期的引用文件,其最新版本适用于本部分。

GB 9673 公共交通工具卫生标准

GB/T 10001.1 标志用公共信息图形符号 第 1 部分:通用符号(GB/T 10001.1—2006,ISO 7001:1990,NEQ)

GB/T 10001.3 标志用公共信息图形符号 第 3 部分:客运与货运

GB/T 10001.10 标志用公共信息图形符号 第 10 部分:铁路客运符号

GB/T 13317—2010 铁路旅客运输词汇

铁路客车运用维修规程

3 术语和定义

GB/T 13317—2010 确立的以及下列术语和定义适用于 GB/T 25341 的本部分。

3.1

旅客运输服务质量 quality of passenger service

旅客运输服务工作完成的优劣程度。

[GB/T 13317—2010,定义 5.11]

3.2

临时停车 temporary stop

非本次列车办理客运业务的停车。

[GB/T 13317—2010,定义 5.9]

3.3

重点旅客 passenger who needs care

老、幼、病、残、孕旅客。

[GB/T 13317—2010,定义 3.1.1]

3.4

照度(平面照度) luminosity

单位面积上的光通量,单位为勒克斯(lx)。

4 总则

树立“以人为本,旅客至上”的服务理念,坚持“安全第一,方便快捷”的原则,实现“安全正点、设备良好、环境适宜、饮食卫生、服务文明”的质量目标。

5 安全

5.1 安全设备设施齐全，作用良好；安全标志规范、明显。

5.2 安全管理制度健全，非正常情况下的应急处置预案完善。

5.3 做好安全宣传和防范，加强巡视，维护车内秩序，无随车叫卖、拣拾、讨要等人员，保持良好的旅行环境。

5.4 对可疑携带品进行安全检查；对查没的危险品按规定处理。

5.5 安全使用电源，规范使用电器设备；配电室(箱)锁闭，不应堆放物品。

5.6 执行车门管理制度，停站锁闭卧车端门；车动锁闭侧门，无物品堵塞；临时停车时，未经列车长统一组织不准开启车门；列车首节车辆前部、尾节车辆后部端门锁闭，并设安全防护栏和安全提示。

5.7 锅炉、茶炉室内无杂物，工作人员离开时加锁(电茶炉室除外)，非取暖期间锅炉室门封闭；餐车灶台、排油烟罩、烟囱、排风扇无油垢，运行中油炸食物使用前进方向第一个炉灶，用油量不超过容器的1/3。

5.8 禁止吸烟的车厢做好不吸烟宣传，及时制止吸烟行为。

5.9 掌握消防知识，对消防器材、紧急制动阀、人力制动机做到知位置、知性能、会使用。

5.10 发生人身伤害或突发疾病时，应积极采取救助措施，并按规定处理。

5.11 车厢内应有安全乘车须知。

6 设备设施

6.1 车辆设备设施齐全，符合客车运用标准，无违规改造或改变用途；广播、照明、空调、电风扇、茶炉、冰箱、供水、供暖、供氧、集便器等设施作用良好，正常使用。

6.2 图形标志符合GB/T 10001.1、GB/T 10001.3、GB/T 10001.10的规定，齐全醒目，使用规范。

6.3 电子显示屏显示内容规范、准确，方便旅客。

6.4 列车设办公席(点)，配置相关的业务和服务资料，为旅客办理票务、咨询等服务。

6.5 列车配备急救药箱，备有常用非处方药品、器械，用药有登记。

6.6 服务备品齐全，干净整洁、作用良好，定位摆放，颜色、质地与车内环境相协调。应做到：

——贴身卧具(被套、床单、枕套)使用纯棉制品，干燥、清洁、平整，无污渍、无破损，折叠整齐，装袋保管，已使用与未使用的分别存放；做到一客一换，终点站收取；

——硬座车和硬卧车使用遮光帘，餐车、软卧(座)车使用遮光帘和纱帘；配备遮阳幕的客车可不使用遮光帘和纱帘；

——软、硬卧和软座车以及采用集便装置的厕所配有卫生纸、芳香球，坐式便器配有一次性垫圈；

——车厢有列车运行区间、内外顺号等标志以及摄氏温度计、送水壶、封闭式垃圾箱(桶)和垃圾袋，清扫工具定位隐蔽存放；

——软卧(含高级软卧)车包房和走廊有地毯，边座有套，包房内有被套、棉被、枕套、枕芯、床单、垫毯、卧铺套、靠背套、茶几布、一次性拖鞋、布艺衣架、不锈钢果皮盘和带盖垃圾桶、热水瓶及服务指南，洗脸间有洗手液(皂)、擦手纸；

——硬卧车有被套、棉被(毛巾被)、枕套、枕芯、床单、垫毯、服务指南及热水瓶，并有防倒架，每格有果皮盘；空调硬卧车还有卧铺套、茶几布，走廊有地毯，边座有套；

——软座车有座席套、头靠套(头枕片)、茶几布、不锈钢果皮盘(清洁袋)及服务指南；

——非空调硬座车有保温桶并加锁；空调硬座车有座席套、头靠套、果皮盘；

——餐车餐、茶、酒具等器皿齐全、完好，座椅有套，台面有台布、调味品、牙签盅、餐巾纸、压台酒(花)等，有清真炊具、餐具和席位牌，悬挂时钟。

7 环境卫生

7.1 加强环境保护宣传,使用备品、材料等符合国家环保规定。

7.2 列车车厢内空气质量符合 GB/T 9673 的规定;始发站车厢内外干净,物见本色,无灰尘,无积垢,无卫生死角;运行途中车厢内保持清洁,洗脸间、厕所、通过台、连接处干燥,面镜明亮,洗脸(手)盆畅通无污迹,厕所干净、无异味。

7.3 车容整洁,行李架物品摆放安全、整齐,衣帽钩仅限挂衣帽、服饰,镜框内容按规定配置。

7.4 广告设置规范安全,与车内环境相协调,不影响列车应有的服务功能;在餐车、软(硬)座车每侧板壁和卧铺车走廊一侧板壁设置广告时不应超过 2 处,软(硬)座车两端板壁各可设 1 处,车内其他位置和车体、运行区间牌、门窗玻璃不应设置广告;不应使用不干胶材料粘贴广告。

7.5 垃圾袋印有使用单位标志;垃圾装袋、封口,在指定站投放;不应向车外扫倒垃圾、抛扔杂物。

7.6 列车定期进行“消、杀、灭”,蚊、蝇、蟑螂等病媒昆虫指数及鼠密度符合国家规定。

8 服务

8.1 做到全面服务、重点照顾,帮助旅客解决旅行困难;尊重民族习俗和宗教信仰,不分种族、国籍、民族,一视同仁。

8.2 上岗着装统一、得体,仪容整洁,佩戴职务标志,不穿高跟鞋、尖跟(头)鞋、拖鞋,除婚戒外不戴其他饰物,不染彩色头发、指甲,男不留长发、胡须,女淡妆上岗,发不过肩。

8.3 行走、坐立姿态端正。立岗姿势规范,精神饱满;服务时,态度和蔼,表情自然,举止文明,庄重大方。应做到:

——使用普通话,用语文明,表达准确,口齿清晰;对旅客称呼恰当;软卧列车员能使用简单英语为外籍旅客服务;

——旅客问讯时应面向旅客站立(列车办公席办理业务时除外),有问必答,回答准确,对旅客提出的问题不能解决时应耐心解释;

——在旅客多的地方行走时要先示意后通行,与旅客走对面时要主动让路,不与旅客抢行;挪动旅客物品时,应征得旅客同意;

——为旅客服务遇有失误时,应向旅客表示歉意;对旅客的配合与支持应表示感谢;

——夜间作业、行走、交谈、开关门要轻;运行中,工作人员不应影响旅客使用洗脸间;餐车供餐时,工作人员不应在餐车逗留、闲谈、占用座席、陪客人就餐;及时提醒旅客做好下车准备,卧车到站前 30 min 为下车旅客换票,不干扰其他旅客。

8.4 熟知本岗位业务知识,执行规章、制度、作业标准;熟练操作设备设施,具备妥善处理突发情况的能力。

8.5 实行首问首诉负责制。各车厢设旅客留言簿,列车长及时关注旅客留言;在醒目位置公布列车担当单位投诉受理电话、通信地址、邮政编码,24 h 接受旅客投诉并及时处理。

8.6 广播以方便旅客旅行生活为主,内容丰富,形式多样,健康活泼,语音清晰,音量适宜,常播内容录音化;按时转、录播中央人民广播电台新闻节目;及时通报列车到站、到开时刻、中转车次;广播不干扰旅客正常休息,7:00 前终到的列车可在到站前 30 min 广播,22:00 后始发的列车可在开车后广播 30 min;可根据需要做好专题宣传,增加英语、少数民族语言广播。

8.7 空调列车始发前 40 min 和运行途中车内温度冬季 18 ℃~20 ℃,夏季 26 ℃~28 ℃;非空调列车冬季不低于 14 ℃,夏季超过 28℃使用电风扇。

8.8 车内有充足的灯光照明和应急照明设备,车厢照明照度不低于 75 lx,厕所不低于 50 lx,餐车供应时不低于 100 lx。夜间运行硬卧车关闭顶灯、开启地灯,软、硬座车关闭半夜灯(始发、终到站及客流量大的停站除外)。

8.9 做好乘降宣传，有序组织旅客上下车；开车后疏通通道，帮助重点旅客安置席位、放置物品；到站前疏通通道，帮助重点旅客到车门口准备下车；站停时扶老携幼，验票上车。

8.10 运行中按规定查验车票，及时、正确为旅客办理补票业务和携带品超过规定的手续，剩余铺位公开发售。

8.11 列车晚点及时向旅客通告晚点时间，超过 30 min 列车长代表铁路向旅客道歉，并积极做好服务工作。

8.12 列车渡海以及运行在市区、长大隧道、大桥和站停 3 min 以上的停车站应锁闭厕所；中途停车站提前 5 min、终到站提前 10 min 锁闭厕所，对特殊情况急需使用厕所的旅客，应提供方便；采用集便装置的列车应及时清理厕所废弃物，吸污时应锁闭厕所，其他时间不锁厕所。

8.13 行李车货仓保持干净，行包装载大不压小、重不压轻，平稳牢固，堆码整齐，不堵车门并留有不少于 50 cm 宽的通道，不应超载、偏载，货仓门、端门锁闭；查验押运人员车票，告知安全注意事项并登记。

8.14 收费项目和标准公开，符合国家规定。

8.15 票据、现金妥善保管；票面完整、清晰，内容准确，填写规范。

8.16 发现旅客遗失物品应妥善保管，设法归还失主，无法归还时编制客运记录交站处理。

9 饮食供应

9.1 卫生管理制度健全，卫生许可证有效；个人卫生符合规定，持有效健康证上岗。

9.2 确保食品卫生，防止食物中毒；餐料的采购、保管、加工、销售符合食品卫生规定；餐、酒、茶具清洁，消毒合格；食品加工用具(如刀、板、墩、盆)及冰箱保持清洁，生、熟分用并有标记，餐料、食品生熟分开存放；不出售无生产单位、生产日期、保质期和过期、变质食品；销售无包装直接食用的食品时有防蝇、防尘措施，不徒手接触食品。

9.3 餐车整洁美观，陈列柜布置艺术，与就餐环境相协调；厨房保持清洁，各种用具定位摆放。

9.4 经营行为规范，明码标价，质价相符，文明售货，提供发票。餐车供应品种多样，满足旅客不同需要；售货人员不在车内高声叫卖、频繁穿梭，夜间运行(22:00～7:00)时，不进入车厢销售。

9.5 保证饮用水供应，始发开车前 40 min 电茶炉水开，热水瓶、保温桶水满，途中不间断供水；非空调列车编组按座车每三辆、卧铺车每四辆编挂不少于一辆茶炉车，并保证正常使用。

ICS 45.120
S 19

中华人民共和国国家标准

GB/T 25342—2010

铁路铺轨机、架桥机词汇

Vocabulary for railway track-laying machine and girder-erecting machine

2010-11-10 发布 2011-03-01 实施

中华人民共和国国家质量监督检验检疫总局
中国国家标准化管理委员会 发布

前　言

本标准是在 TB/T 1728—1991《铁路铺轨机、架桥机　术语》的基础上进行制定。

本标准按照 GB/T 1.1—2000 给出的规则起草。

本标准由中华人民共和国铁道部提出。

本标准由中铁科工集团有限公司归口。

本标准起草单位：中铁科工集团有限公司、中铁重工有限公司、中铁十局集团有限公司。

本标准主要起草人：李晓钢、李玲、饶潇潇、程风、梁怿如、张莉、樊友洪、李燕刚。

铁路铺轨机、架桥机词汇

1 范围

本标准规定了铁路铺轨机、架桥机的术语和定义。

本标准适用于架设铁路 T 型和箱型梁、铺设或更换铁路轨排和轨条的各类架桥机和铺轨机。

2 基本术语和定义

2.1

铺轨机　track-laying machine

铺设铁路轨排和长轨轨条的专用成套施工设备。

2.2

架桥机　girder-erecting machine

架设铁路预制混凝土桥梁的专用成套施工设备。

2.3

主机　main working machine

能在铁路线上行驶的、并能进行铺轨或架桥作业的专用施工设备。

2.3.1

主机用平车　flat wagon of the main machine

用以安装支柱、柴油机等部件的铁路专用车辆。

2.3.2

主机车上部分　upper structure of the main machine

主机用平车之外的其他结构。

2.4

辅机(机动平车)　auxiliary machine (motorized flat wagon)

承托轨排垛、梁片,并能沿铁路线路自行的专用设备。

2.5

辅机用平车　flat wagon of the auxiliary machine

用以安装拖梁小车、柴油机组等部件的铁路专用车辆。

2.6

主梁(机臂)　beam

铺轨、架桥作业时,用以承受所吊轨排、桥梁荷载的纵向钢梁。

2.7

主梁(机臂)摆头机构　swinging mechanism for the beam

曲线作业时,能使主梁左右摆动的装置。

2.8

主梁(机臂)升降机构　lifting and lowering mechanism for the beam

用于调整机臂垂直方向高度的机械或液压装置。

2.9

牵引走行机构　running mechanism

驱动主机、机动平车在线路上走行的机构。

2.10

起重小车　crane carriage

在主梁上运行，铺轨或架桥作业时使轨排或梁片移动的小车。

2.10.1

起升机构　hoisting mechanism

用以起吊轨排、梁片等重物的卷扬装置。

2.10.2

起重小车运行(纵移)机构　running mechanism of the carriage

使起重小车能沿主梁纵向运行的机械传动装置。

2.10.3

起重小车横移机构　traversing mechanism of the carriage

使重物横向移动的传动装置。

2.11

拖(托)梁小车　girder-towing trolley on the wagon

喂梁、移梁时，用来托梁和使梁片从辅机过渡到主机上的小车。

2.12

拖拉机构　pulling mechanism

拖拉机构由上拖拉机构和下拖拉机构组成。

2.12.1

上拖拉机构　upper pulling mechanism

使起重小车在机臂上移动，或使机臂相对于支柱前后纵向移动的装置，如钢丝绳卷扬装置等。

2.12.2

下拖拉机构　lower pulling mechanism

牵引拖(托)梁小车前后纵向移动的装置，如钢丝绳卷扬装置等。

2.13

支柱　supporting mechanism

用于支撑主梁、传递荷载的机构。

2.14

换装龙门吊　gantry crane for transshipment

将轨排垛、梁片从运载平车上换装到辅机(机动平车)上的门式起重机。

2.15

换装龙门吊安装架　supporting stand for the gantry crane

用以拆运和安装换装龙门吊的附属装置。

2.16

夹轨钳　rail tongs

起吊轨排专用的夹持钢轨装置。

2.17

额定起重量　maximum hoisting capacity

铺轨机、架桥机正常工作条件下，允许吊起的最大起重量。包括取物装置以下所有物体的重量。

2.18

铺轨速度　track-laying speed

在正常生产条件下，每个台班所能完成的铺轨长度。

2.19

架梁速度　girder-erecting speed

在正常生产条件下，每个台班所能架设梁的孔数。

2.20

最大轮廓尺寸　overall dimensions

作业时，铺轨机、架桥机自轨面或路面以上所占有的最大空间尺寸，包括长、宽、高。

2.21

主机自行最大坡度　ruling gradient for the self-propelled main machine

铺轨机、架桥机在作业时依靠自身动力所能爬行的最大坡度。

2.22

主机自行速度　self-propelling speed of the main machine

铺轨机、架桥机依靠自身动力行驶时的最大速度。

2.23

起升速度　hoisting speed

铺轨机或架桥机作业时，轨排、桥梁在铅垂方向移动的速度。

2.24

净空长度　clearance in length

在工作状态下，机臂前、后端间，容许实体通过的最大长度尺寸。

2.25

净空宽度　clearance in width

在工作状态下，机身内侧间，容许实体通过的最大横向尺寸。

2.26

净空高度　clearance in height

在工作状态下，机身内侧间，容许实体通过的最大高度尺寸。

2.27

主梁重载下挠度　maximum down-deflection of the supported beam with full-load

主梁在加载后在铅垂面内的最大位移。

2.28

主梁摆头速度　swinging speed of the beam

曲线作业时，主梁在水平面内绕定轴转动的角速度。

2.29

主梁升降　lifting and lowering of the beam

机臂在铅垂面内上、下移动的过程。

2.30

最大摆头量　maximum limit of swinging

主梁左右摆头，主梁中心线上，架桥机 0 号柱中心或铺轨机主梁最前端相对于车体中心线的最大水平位移量。

2.31

过轨运输速度　speed in disassembling transportation

铺轨机、架桥机在解体运输时所允许机车牵引的最大速度。

2.32

运输状态外廓尺寸　overall dimensions in transportation

铺轨机、架桥机在解体运输时，机体所有突出部分与线路中心垂直的横断面内所占有的最大高度和宽度尺寸。

2.33

运输状态超限等级　out-of-gauge grade in transportation

铺轨机、架桥机在解体运输时,所有突出实体部分在与线路中心垂直的横断面内,超过机车车辆限界的级别。

2.34

起重小车运行速度　running speed of the carriage

起重小车吊起轨排、梁片后,在铺轨机、架桥机上纵向移动的速度。

2.35

辅机(机动平车)载重量　loading capacity of the motorized flat wagon

设计允许机动平车在自行时承托的最大物体重量。

2.36

辅机(机动平车)自行速度　self-moving speed of the motorized flat wagon

机动平车靠自身动力行驶的最大速度。

2.37

主梁悬臂轴重　axle-load without support for the beam

主机在主梁悬臂状态下的轴重。

2.38

简支轴重　axle-load with support for the beam

主梁在简支状态下的轴重。

2.39

吊重轴重　axle-load for operation

架梁或铺轨作业时的最大轴重。

2.40

过轨运输轴重　axle-load in disassembling transportation

过轨运输时的轴重。

2.41

解体　disassembling

为了长途运输,进行必要拆解的过程。

2.42

组装　assembling

为了作业所进行必要装配的过程。

3　铺轨机术语和定义

3.1

轨排铺轨机　track-laying machine

铺设铁路轨排的专用成套施工设备。

3.1.1

龙门式铺轨机　track-laying gantry

能够在走行轨道上自行的龙门架铺轨机。

3.1.2

高臂铺轨机　high-beam track-laying machine

作业时,轨排从主梁(机臂)平面下通过的铺轨机。

3.1.3

低臂铺轨机　low-beam track-laying machine

作业时,轨排在主梁(机臂)平面上通过的铺轨机。

3.1.4

轨排列车　track train

运输轨排垛的列车。

3.2

长轨条铺轨机　track-laying machine for long rail

铺设铁路长轨条的专用成套施工设备。

3.2.1

有砟轨道长轨条铺轨机组　long-rail track-laying unit for ballasted track

由履带式钢轨拖拉车、铺轨主机、辅助动力车、轨枕运输列车、轨枕转运龙门吊等组成的轨道铺设设备。

3.2.1.1

履带式钢轨拖拉车　track vehicle for rail-hauling

将长钢轨拖拉布设于底层道床上的设备。

3.2.1.2

铺轨主机　track-laying host machine

完成铺轨机组牵引、长钢轨抽拉推送、轨枕布设和钢轨就位等工作的设备。

3.2.1.3

轨枕运输列车　sleeper-transporting wagon

运输长钢轨和轨枕的专用车辆。

3.2.1.4

轨枕转运龙门吊　gantry crane for transporting stacked sleepers

将枕轨运输列车上的轨枕成组供给铺轨机的设备。

3.2.2

无砟轨道长轨条铺轨机组　long-rail track-laying unit for ballastless track

由长轨条拖拉车、长轨条推送车、辅助小车、分轨小车、长轨条运输车等组成的轨道铺设设备。

3.2.2.1

长轨条拖拉车　pulling vehicle for long rail

用以牵引方式将长轨条布设于承轨台附近的设备。

3.2.2.2

长轨条推送车　pushing vehicle for long rail

用以推送方式将长轨条布设于承轨台附近的设备。

3.2.2.3

辅助小车　auxiliary trolley

支承长轨条,使其在牵引与推送中从长轨条运输车平顺移动到承轨台的机具。

3.2.2.4

分轨小车　rail distance adjusting trolley

将长轨条运输车上的一对轨条间距调整到标准轨距的机具。

3.2.2.5

长轨条运输车　carrier vehicle for long rail

运输长轨条的专用车辆。

4 架桥机术语和定义

4.1

铁路T梁架桥机 T-girder erecting machine

架设铁路预制混凝土T型梁片的成套设备。

4.1.1

单臂(梁)式架桥机 single-beam girder-erecting machine

机臂为单梁结构,机臂处于简支状态作业的架桥机。

4.1.1.1

中心盘 centre disk

机臂摆动时的回转机构。

4.1.1.2

机臂安装托架 supporting stand for the beam

拆运或安装架桥机机臂的附属装置。

4.1.1.3

机臂支承轮 bearing roller for the beam

用来支承机臂的滚轮。

4.1.1.4

机臂伸缩 telescoping of the beam

机臂在主机纵向往复移动的过程。

4.1.1.5

机臂最大伸出量 maximum extension of the beam

机臂在主机纵向上伸出的最大长度尺寸。

4.1.1.6

翘头 raising of the front end

机臂前端向上方向位移的过程。

4.1.1.7

最大翘头量 maximum upward movement of the front end of the beam

机臂全悬状态翘头前后,前端最大垂直位移量。

4.1.1.8

换装龙门吊内部净空 clearance under the gantry crane

换装龙门吊组装后,内部容许实体通过的最大空间。

4.1.1.9

架设最大梁高度 maximum height of the girder that could be erected

架桥机所能架设梁片的最大高度。

4.1.1.10

架设最大梁长度 maximum length of the girder that could be erected

架桥机所能架设梁片的最大纵向尺寸。

4.1.1.11

顶梁装置 lifting mechanism for girder

位于机动平车前端,顶起预制梁片,以便过渡到主机上的升降装置。

4.1.1.12

喂梁 girder feeding

架桥作业时,梁片从机动平车上移至主机吊梁位置的过程。

4.1.1.13

架桥机的对位速度　positioning speed of the girder-erecting machine

架桥机在桥头对位时所允许的最大走行速度。

4.1.2

双臂(梁)式架桥机　double-beam girder-erecting machine

架桥时,前双臂支承在墩台上,后双臂支承在路基上或已架设的桥面上,用吊梁行车从运载平车上直接起吊梁或轨排,通过机腹前移,又可横移落位的架桥机。

4.2

箱型梁架桥机　box-girder erecting machine

架设铁路混凝土箱型桥梁的专用施工设备。

4.2.1

导梁定点起吊式架桥机　fixed point launching gantry with launching nose

起重小车定点起吊、落放箱梁就位,喂梁、架桥机过孔利用导梁完成。

4.2.2

导梁过孔式架桥机　launching gantry with launching nose for passing spans

起重小车起吊箱梁,纵移到位后再完成箱梁安装,导梁只用于过孔。

4.2.3

行走式架桥机　wheel girder-erecting machine

采用轮式行走方式过孔或短距离移动的架桥机。

4.2.4

无导梁步履式架桥机　step-moving launching gantry without launching nose

主梁采用三点支撑的连续体系,无导梁结构,过孔采用主梁悬臂、支腿倒换支撑的行走方式。

4.2.5

并置箱梁步履式架桥机　step-moving launching gantry for juxtaposing boxed beams

无导梁结构,采用四支腿受力体系,吊梁时主梁采取三点支撑,过孔采用主梁悬臂、支腿倒换支撑的行走方式。

4.2.6

运架一体式架桥机　girder-erecting machine integrated with girder-transporting, lifting and erecting

集吊梁、运梁、架梁一体化的架桥机。

4.2.7

三点平衡装置　three-point balancing device

箱梁吊运过程中为保证梁体平稳、不受扭力、设备受力均衡而采用的装置。

4.2.8

前支腿　front gantry

在架桥机前端,用于支撑主梁于桥梁墩台,形成简支架梁状态。

4.2.9

中支腿　middle gantry

在架桥机中间,用于支撑主梁,形成简支架梁状态。

4.2.10

后支腿　rear gantry

在架桥机后端,支撑主梁于桥面。

4.2.11

辅助支腿　assistant gantry

在架桥机前端或后端,用于架桥机作业时的辅助支撑。

4.2.12

支腿伸缩机构 telescoping mechanism for the gantry

用以调整支腿高度,改变支撑位置的传动装置。

4.2.13

支腿横移机构 traversing mechanism for the gantry

用以调整支腿横向位置的传动装置。

4.2.14

支腿挂轮机构 hanging roller mechanism for the gantry

驱动支腿或导梁沿主梁纵向移位的滚轮机械装置。

4.2.15

支腿托轮机构 supporting roller mechanism for the gantry

安装在支腿上用以支承主梁,可沿主梁纵向移位的滚轮机械装置。

4.2.16

导梁 guiding beam

用于架桥机过孔或喂梁的箱形钢梁。

4.2.17

驮运 transportation

采用运梁车短距离运输架桥机。

4.2.18

驮架 supporting stand for transportation

在驮运时用以支承架桥机的装置。

索　引

中 文 索 引

英 文 索 引

ICS 45.060.01
S 30

中华人民共和国国家标准

GB/T 25343.1—2010

铁路应用 轨道车辆及其零部件的焊接 第1部分:总则

Railway applications—Welding of railway vehicles and components—Part 1:General

2010-11-10 发布

2011-03-01 实施

中华人民共和国国家质量监督检验检疫总局
中国国家标准化管理委员会 发布

前　言

GB/T 25343《铁路应用　轨道车辆及其零部件的焊接》分为五个部分：

——第1部分：总则；

——第2部分：焊接制造商的质量要求及认证；

——第3部分：设计要求；

——第4部分：生产要求；

——第5部分：检验、试验及文件。

本部分为GB/T 25343的第1部分，对应于EN 15085-1：2007《铁路应用　轨道车辆及其零部件的焊接　第1部分：总则》。本部分修改采用EN 15085-1：2007，主要变化如下：

——删除了EN 15085-1：2007的“前言”和“引言”。

——对EN 15085-1：2007中引用的国际标准（ISO）和欧洲标准（EN），如果我国有对应国家标准的，一律引用相应的国家标准。

——删除了EN 15085-1：2007中3.7的“国家安全机构 national safety authority”术语和定义。

——删除了EN 15085-1：2007中附录A（资料性附录）的内容。

——增加了三个术语：焊接工艺规程、焊接工艺评定报告和焊接操作人员。

本部分由中华人民共和国铁道部提出。

本部分由南车戚墅堰机车车辆工艺研究所有限公司归口。

本部分起草单位：南车戚墅堰机车车辆工艺研究所有限公司、南车长江车辆有限公司、南车戚墅堰机车有限公司、北车长春轨道客车股份有限公司、南车株洲电力机车有限公司、南车四方机车车辆股份有限公司。

本部分主要起草人：李玉生、李加良、蒋田芳、方荣良、张海沧、胡立国、毛军明。

铁路应用　轨道车辆及其零部件的焊接
第1部分:总则

1　范围

本系列标准针对轨道车辆领域规定了承担新造和维修工作的焊接制造商的资质认证和质量要求。因而本系列标准将设计过程中的性能要求,生产过程中所达到的优质焊缝,以及通过检验展示出的满意的质量联系在一起。

这种联系是通过在设计过程中定义由安全性和载荷系数确定的焊缝质量等级而得到的。缺陷的质量分级是和焊缝质量等级相联系的,以保证达到设计预期的质量等级。根据焊缝质量等级,规定了企业认证等级、焊缝检验等级和焊接人员资格。

本系列标准适用于轨道车辆及其零部件制造和维护过程中金属材料的焊接。

GB/T 25343 的本部分对轨道车辆及其零部件的焊接给出了总体建议和相关术语的定义。除了合同规定的特殊条款外,本部分适用于所有的焊接方法,包括 GB/T 5185 中定义的手工焊接、半自动焊、全机械化焊接或全自动焊接。

本部分适用于钢及铝合金的焊接,也包括铸件的焊接。

注:本部分的原则也可适用于其他材料(如铜和镁)的焊接。

本系列标准不涉及产品认证。

本系列标准不适用于有特殊规定的设备部件,例如压力容器。

2　规范性引用文件

下列文件中的条款通过 GB/T 25343 的本部分的引用而成为本部分的条款。凡是注日期的引用文件,其随后所有的修改单(不包括勘误的内容)或修订版均不适用于本部分,然而,鼓励根据本部分达成协议的各方研究是否可使用这些文件的最新版本。凡是不注日期的引用文件,其最新版本适用于本部分。

GB/T 3375　焊接术语

ISO 17659　焊接　图示焊接接头的多语种术语

3　术语和定义

GB/T 3375、ISO 17659 确立的以及下列术语和定义适用于本部分。

3.1

制造商认证机构　manufacturer certification body

经国家主管部门在本系列标准范围内认可,并有能力根据 GB/T 25343.2 中的相关要求对制造商进行认证的授权机构。

3.2

认证等级　certification level

根据焊缝质量等级(CP)对轨道车辆或焊接部件进行分类的准则。

认证等级用“CL”表示。

3.3

焊缝质量等级　weld performance class

依据焊接接头应力等级和安全等级而确定的焊接接头的性能要求。

焊缝质量等级用“CP”表示。

3.4

焊缝检验等级　weld inspection class

根据焊缝质量等级而确定的焊缝检验级别。

焊缝检验等级用“CT”表示。

3.5

用户　customer

负责提出焊接产品技术要求、质量要求及验收程序的组织机构。

3.6

制造商　manufacturer

指以下两类组织机构：

——制造或维修轨道车辆或其零部件(含铸件的焊修)的组织机构。认证等级为CL 1、CL 2或CL 3(见GB/T 25343.2)；

——仅设计轨道车辆或其部件及采购或销售轨道车辆焊接件的组织机构。认证等级为CL 4(见GB/T 25343.2)。

3.7

技术资格　qualification

个人能够正确执行所要求任务而需具备的专业知识、培训经历、技能及经验的证明。

3.8

具有技术资格的人员　qualified

经过培训，由内部考核证明具备专业知识、技能和经验证明的人员(如符合GB/T 9445要求的外观检查人员及符合GB/T 15169要求的焊工)。

3.9

外聘的焊接责任人员　subcontracted welding coordinator

不隶属于焊接制造商但受其聘用的焊接责任人员。

3.10

接头静强度计算　joint static dimensioning

对需要达到静态力学性能要求的焊接接头尺寸的确定。

3.11

验收机构　acceptance authority

负责产品验收的组织机构。

注：该机构可以是客户组织机构中的一部分，或是由用户认可的一个独立机构。

3.12

有效焊缝截面　effective cross section

尺寸计算时应考虑的焊接接头截面。

3.13

接头疲劳强度计算　joint fatigue dimensioning

对需要达到疲劳性能要求的焊接接头尺寸的确定。

3.14

应力等级　stress category

由应力系数确定的等级。

注：应力等级分为低、中、高三级，见GB/T 25343.3。

3.15

应力系数　stress factor

焊接接头的计算疲劳应力与许用疲劳应力的比值，该比值可通过合适的安全系数对其进行调整。

3.16

许用疲劳应力　admissible fatigue stress

考虑到特定系数，焊接结构件能够承受的最大应力。

3.17

安全等级　safety category

定义某个焊接接头因失效对人员、设备及环境造成的后果。

注：安全等级分为低、中、高三级，见 GB/T 25343.3。

3.18

工作试件　production weld test

产品模拟试件　mock-up

用以证明焊工的操作技能或焊接可实施性的模拟焊接接头。

3.19

焊接工艺规程　welding procedure specification

与制造焊接件有关的加工和实施要求的细则文件，可保证由焊工或焊接操作人员操作时质量的再现性。

注：焊接工艺规程缩写为“WPS”。[根据 GB/T 3375—1994 中 2.5 修改]

3.20

焊接工艺评定报告　welding procedure qualification record

记录评定焊接工艺过程中，有关试验数据及结果的文件。

注：焊接工艺评定报告缩写为“WPQR”。

3.21

焊接操作人员　welding operator

操作机械化控制的或自动化焊接设备进行焊接作业的人员。

4　基本要求

通常用户只规定最终产品的性能，而不规定焊接方法。因此，制造商可以自由选择焊接方法、焊接材料、接头制备等。

反之，针对客户的要求，制造商应向用户证明其具有足够的质量控制能力，能够满足用户所要求达到的质量等级，特别应通过以下几方面进行证明：

——公司资质；

——焊工及焊接操作人员证书；

——焊接工艺评定及工作试件。

但是，用户可通过合同来限制使用某种焊接工艺方法。

对于本部分范围之外材料和焊接工艺方法，用户与制造商可以协商采用新条款，也可以就现有的规则的适用性进行协商并达成一致。这包括以下几方面：制造商的质量要求和认证、基于应力及安全等级确定的焊缝质量等级的应用、确保满足质量要求的缺欠分级定义，以及满足质量要求的生产与检验方面的规则。

参 考 文 献

[1] GB/T 5185—2005 焊接及相关工艺方法代号.
[2] GB/T 9445—2008 无损检测 人员资格鉴定与认证.
[3] GB/T 12467—2009(所有部分) 焊接质量要求 金属材料的熔化焊.
[4] GB/T 15169—2003 钢熔化焊焊工技能评定.
[5] GB/T 19866—2005 焊接工艺规程及评定的一般原则.
[6] GB/T 25343.2 铁路应用 轨道车辆及其零部件的焊接 第2部分:焊接制造商的质量要求及认证.
[7] GB/T 25343.3 铁路应用 轨道车辆及其零部件的焊接 第3部分:设计要求.
[8] ISO 3834:2005(所有部分) 金属材料熔化焊的质量要求.

ICS 45.060.01
S 30

中华人民共和国国家标准

GB/T 25343.2—2010

铁路应用　轨道车辆及其零部件的焊接 第2部分:焊接制造商的质量要求及认证

Railway applications—Welding of railway vehicles and components—Part 2:Quality requirements and certification of welding manufacturer

2010-11-10 发布　　　　2011-03-01 实施

中华人民共和国国家质量监督检验检疫总局
中国国家标准化管理委员会　发布

前　言

GB/T 25343《铁路应用　轨道车辆及其零部件的焊接》分为五个部分：

——第1部分：总则；

——第2部分：焊接制造商的质量要求及认证；

——第3部分：设计要求；

——第4部分：生产要求；

——第5部分：检验、试验及文件。

本部分为GB/T 25343的第2部分，对应于EN 15085-2：2007《铁路应用　轨道车辆及其零部件的焊接　第2部分：焊接制造商的质量要求及认证》。本部分修改采用EN 15085-2：2007，主要变化如下：

——删除了EN 15085-2：2007的"前言"和"引言"；

——对EN 15085-2：2007中引用的国际标准(ISO)和欧洲标准(EN)，如果我国有对应标准的，一律引用相应的国家标准或行业标准。

本部分的附录B、附录C为规范性附录，附录A、附录D为资料性附录。

本部分由中华人民共和国铁道部提出。

本部分由南车戚墅堰机车车辆工艺研究所有限公司归口。

本部分起草单位：北车长春轨道客车股份有限公司、南车长江车辆有限公司、南车戚墅堰机车车辆工艺研究所有限公司、南车株洲电力机车有限公司、南车戚墅堰机车有限公司、南车四方机车车辆股份有限公司。

本部分主要起草人：胡立国、张海沧、李加良、李玉生、蒋田芳、毛军明、方荣良。

铁路应用　轨道车辆及其零部件的焊接 第2部分：焊接制造商的质量要求及认证

1　范围

GB/T 25343 的本部分规定了焊接制造商认证等级和相关质量要求，同时还规定了焊接制造商的认证程序。

本部分适用于轨道车辆及其零部件制造和维修过程中金属材料的焊接。

2　规范性引用文件

下列文件中的条款通过 GB/T 25343 的本部分的引用而成为本部分的条款。凡是注日期的引用文件，其随后所有的修改单(不包括勘误的内容)或修订版均不适用于本部分，然而，鼓励根据本部分达成协议的各方研究是否可使用这些文件的最新版本。凡是不注日期的引用文件，其最新版本适用于本部分。

GB/T 9445　无损检测　人员资格鉴定与认证(GB/T 9445—2008,ISO 9712:2005,IDT)

GB/T 15169　钢熔化焊焊工技能评定(GB/T 15169—2003,ISO/DIS 9606-1:2002,IDT)

GB/T 19866　焊接工艺规程及评定的一般原则(GB/T 19866—2005,ISO 15607:2003,IDT)

GB/T 19867(所有部分)　焊接工艺规程[ISO 15609(所有部分),IDT]

GB/T 19868.1—2005　基于试验焊接材料的工艺评定(ISO 15610:2003,IDT)

GB/T 19868.2—2005　基于焊接经验的工艺评定(ISO 15611:2003,IDT)

GB/T 19868.3—2005　基于标准焊接规程的工艺评定(ISO 15612:2004,IDT)

GB/T 19868.4—2005　基于预生产焊接试验的工艺评定(ISO 15613:2004,IDT)

GB/T 25343.1—2010　铁路应用　轨道车辆及其零部件的焊接　第1部分：总则

GB/T 25343.3—2010　铁路应用　轨道车辆及其零部件的焊接　第3部分：设计要求

GB/T 25343.4—2010　铁路应用　轨道车辆及其零部件的焊接　第4部分：生产要求

GB/T 25343.5—2010　铁路应用　轨道车辆及其零部件的焊接　第5部分：检验、试验及文件

GB/T 27025　检测和校准实验室能力的通用要求(GB/T 27025—2008,ISO/IEC 17025:2005,IDT)

ISO 3834(所有部分)　金属材料的熔化焊质量要求

ISO 9606-2　焊工的认可试验　熔焊　第2部分：铝和铝合金

ISO 14555　焊接　金属材料的电弧螺栓焊

ISO 14731:2006　焊接管理　任务和职责

ISO 15614(所有部分)　金属材料焊接程序的规范和鉴定　焊接程序试验

ISO 15620　焊接　金属材料的摩擦焊接

EN 1418　焊接操作人员　金属材料全机械化和自动化焊接用熔焊和电阻焊设备操作人员的鉴定试验

3　术语和定义

GB/T 25343.1—2010 确立的术语和定义适用于本部分。

4 焊接制造商认证

ISO 3834 系列标准规定了从事轨道车辆及其零部件焊接工作的制造商的质量要求。根据认证等级的要求，原则上应满足 ISO 3834.2、ISO 3834.3 或 ISO 3834.4 的要求（参见附录 A）。

如果需要，应根据本部分对从事轨道车辆及其零部件焊接的制造商进行认证。

制造商认证机构应对其是否符合相应要求进行检查并加以证明（见第 6 章）。

对于焊接制造商的认证规定了四个认证等级（CL 1～CL 4 级）。CL 1～CL 3 根据 GB/T 25343.3—2010 表 2 中的焊缝质量等级 CP A 至 CP D 进行确定。

表 1 给出了认证等级和焊缝质量等级关系的说明。

认证等级应根据以下两点确定：

a) 表 1；

b) 部件及其组件为整体性焊接时的相关安全性要求（见表 1 说明）。

表 1 认证等级

认证等级(CL)	说　明
CL 1	本级别适用于焊缝质量等级为 CP A 至 CP D 的轨道车辆或其部件焊接的制造商。覆盖认证等级为 CL 2～CL 4
CL 2	本级别适用于焊缝质量等级为 CP C2 至 CP D 的轨道车辆部件焊接的制造商。如果焊接件根据 GB/T 25343.5—2010 中表 1 的焊缝检验等级 CT 1 进行检验，则包含焊缝质量等级 CP C1 的焊接件。对于认证等级 CL 2 或 CL 3，仅覆盖相应等级焊接部件的认证等级 CL 4。
CL 3	本级别适用于焊缝质量等级为 CP D 的轨道车辆部件的焊接制造商。
CL 4	本级别适用于对轨道车辆和部件进行设计、采购和装配、或销售，但不进行焊接的制造商。对于仅从事 CL 3 级部件焊接的制造商不需要进行认证。

考虑其安全性要求，以下部件和组件应由取得认证等级为 CL 1 资质的焊接制造商进行焊接：

——转向架构架和摇枕；

——车体部件（如底架，结构件）；

——缓冲器和牵引装置；

——轮对组成部件（如轮对组成支架、轴箱、弹簧支撑梁）；

——制动装置（如磁轨制动、制动杆、三角制动梁、制动缸与制动横梁）；

——重型部件的支撑框架（如牵引单元，受电弓）；

——用于转向架与车辆间传递牵引力的焊接件；

——转向架与车辆或车辆间的减震器及其连接件；

——上述部件范围内完成铸件的焊接；

——外部燃料箱。

附录 A 中提供了轨道车辆部件及组件与认证等级的对应关系。

根据 GB/T 25343.3—2010 要求，在工程技术文件（如图样）中应明确指出产品必要的认证等级CL 1～CL 3。

如果用户有要求，应在符合国家安全规定的情况下就认证等级与用户达成一致意见。

5 焊接制造商的质量要求

5.1 人员要求

5.1.1 焊工和焊接操作人员

焊接制造商应具有根据 GB/T 15169，或 ISO 9606-2 或 EN 1418 评定合格的焊工和焊接操作人员。

评定内容应覆盖生产中需要的每一种焊接工艺、材料组别、接头类型及焊接位置。

可由以下任何一方来开展上述评定：

——被认可的考试机构；

——由制造商认证机构按5.1.2的要求认可的制造商主管焊接责任人员。

如果生产过程中需采用角焊缝，则应对从事角焊缝的焊工进行考试。

5.1.2 焊接责任人员

焊接制造商应具备有合适经验且拥有ISO 14731中相关专业知识的焊接责任人员；同时制造商还应向其认证机构证明焊接责任人员的专业知识已满足相关标准要求。附录B中给出了焊接责任人员的任务和职责范围。

在该部分中将焊接责任人员分为三个等级：

a) 具有全面技术知识的焊接责任人员(A级)

具有三年或三年以上轨道车辆或其零部件生产焊接监督经验，且具有全面技术知识的证明。

具有以下资质或者持有可接受的国内资质的焊接责任人员也可被认为其满足上面提到的要求：

——具有国际焊接工程师(IWE)或欧洲焊接工程师(EWE)资质的人员；

——具有国际焊接技术员(IWT)或欧洲焊接技术员(EWT)资质、并在焊接监督方面有合适的经验及全面技术知识证明的人员。

b) 具有专业技术知识的焊接责任人员(B级)

具有三年或三年以上轨道车辆或其零件生产焊接监督经验，且具有专业技术知识的证明。

具有以下资质或者持有可接受的国内资质的焊接责任人员也可被认为其满足上面提到的要求：

——具有国际焊接技术员(IWT)或欧洲焊接技术员(EWT)资质的人员；

——具有国际焊接技师(IWS)或欧洲焊接技师(EWS)资质、并在焊接监督方面有合适的经验及专业技术知识证明的人员。

c) 具有基础技术知识的焊接责任人员(C级)

具有三年或三年以上轨道车辆或其零件生产焊接监督经验，且具有基本技术知识的证明。

具有以下资质或者持有可接受的国内资质的焊接责任人员也可被认为其满足上面提到的要求：

——具有国际焊接技师(IWS)或欧洲焊接技师(EWS)资质的人员；

——具有国际焊接技士(IWP)或欧洲焊接技士(EWP)资质、并在焊接监督方面有合适的经验及专业技术知识证明的人员。

根据认证等级，焊接制造商应根据附录C对每个场地配备焊接责任人员。焊接责任人员的数量应根据焊接生产的规模和对分承包商监督的需要而定。

通常情况下，焊接责任人员应属于焊接制造商。

公司所有者、管理层、经理层、生产经理层人员不能被任命为CL 1级别的主管焊接责任人员。对于小型焊接制造商来说，如果焊接责任人员具有可应用的全面技术知识，是允许被任命的，同时生产车间现场应有焊接责任人员代表(至少具有基础技术知识)。

上述人员可以被任命为主管焊接责任人员的代表，对认证等级为CL 2的焊接制造商，也可以被任命为主管焊接责任人员。

注：小型焊接制造商指拥有一个焊接车间的焊接制造商。

只有具备与主管焊接责任人员同等或更高资质的人才有资格不受限制的代表主管焊接责任人员。根据附录C脚注的规定，小型焊接制造商可以除外。

对于具有多个焊接车间的焊接制造商，每个焊接车间至少需要一名具有基础技术知识的代表。

5.1.3 外聘的焊接责任人员

在特殊情况下，如果符合以下所有条件，没有被焊接制造商雇佣的外聘的焊接责任人员可被任命为主管焊接责任人员：

a) 每个焊接场地只允许外聘 1 名焊接责任人员。

b) 在焊接场地中至少有一名属于该制造商的代表(见附录 C,对于 CL 3 和 CL 4 等级不需要)。

c) 外聘的焊接责任人员应与焊接制造商签订合同。

d) 其最少工作时间应根据焊接生产规模而定,并在合同中规定,工作时间应有相关记录加以证明。

e) 外聘的焊接责任人员允许为多个焊接制造商工作。如果其在两个以上的焊接制造商工作时,需要所有用户的同意。其他外聘的焊接责任人员也应被用户认可。对于认证等级为 CL 4,在和认证机构进行协商的情况下允许存在特例。

注:主管焊接责任人员不属于焊接制造商,而是受雇于同一个制造商的另外一个部门(例如控股者、总部、上级公司),同样被视为外聘的焊接责任人员。

对焊接制造商进行认证的认证机构人员不能被任命为外聘的焊接责任人员。

5.1.4 检验人员

焊接制造商应具有足够的有资质的检验人员从事以下工作:

——焊接生产中的质量检验。该检验人员应由主管焊接责任人员或其代表进行指导,例如,焊缝目测检验以确认符合 GB/T 25343.3—2010 中第 5 章的相关要求。

——根据设计或者焊缝质量等级的要求检验。由符合 GB/T 9445 的合格人员负责执行此类检验。PT、MT、ET、UT 及 RT 检验人员至少应具有一级检验资格,并且由主管焊接责任人员或者其代表根据 GB/T 25343.3—2010 中第 5 章的相关质量要求对其进行指导。检验评估人员至少应通过 GB/T 9445 中的 2 级认证。无损检测允许由符合 GB/T 9445 的外部检验人员进行。

焊缝检验和试验应在制造商的焊接责任人员的监督下进行,也可在通过 1 级的国际焊接质检人员(IWIP)或欧洲焊接质检师(EWI)或 GB/T 9445 认证的 3 级人员监督下进行。

5.2 技术要求

焊接制造商应根据 ISO 3834 配置合适的技术装备。此外,轨道车辆或其零部件焊接还应符合以下要求:

——有屋顶、干燥、通风、明亮的车间及工作场地;

——用于存放焊接填充材料及辅助必需品的干燥仓库;

——如果焊接不同的材料(如铝与不锈钢),对每种材料应使用不同的工具、加工设备及装备,或者在处理前应对这些材料、工具、工装设备进行清洁;

——合适的能源供应;

——如果没有合适的试验设备,应和外部检验机构(试验室应符合 GB/T 27025 相关要求)进行合同约定;

——运输及翻转部件的提升机械;

——工作平台;

——翻转装置或者机械手使其在便利的平位置施焊;

——焊接组件(如地板、侧墙、前墙及顶板、底架、转向架、容器及燃料箱)夹紧装置;

——矫正设备;

——对当以铝或不锈钢作为工作对象时需加以保护,避开可能降低母材防腐性或焊缝质量的灰尘、飞溅、各种气体和烟雾。

5.3 焊接管理组织

主管焊接责任人员只有被包含在焊接制造商组织机构中,且可以无限制地履行其根据 ISO 14731 及 5.1.2 中的任务和职责的情况下,才能被认证机构认可。对此,主管焊接责任人员应具有相应的权力,能够保证当出现技术问题时不受来自生产压力的影响,有权做出决定。

制造商的组织结构图中应给出所有从事焊接的管理、生产及检验人员的工作职责、资质要求及相互关系，特别应就以下事项进行详细的说明或叙述：

——焊接责任人员的任务（如果存在多个相同级别的焊接责任人员，他们的工作及职责范围应该被详细规定）；
——对焊接责任人员代表的规定（也适用于被任命的外聘的焊接责任人员）；
——需要主管焊接责任人员参加的各种工作；
——焊接责任人员缺席时需要采取的各种措施（对焊接责任人员代表的规定；仍被许可的焊接工作；需要终止的焊接工作）；
——主管焊接责任人员在内部工作流程中的有关事项（例如：准备报价表、设计、分包）。

5.4 焊接工艺规程（WPS）

对于焊缝质量等级为CP A～CP C3级别的焊缝，应根据GB/T 19866和GB/T 19867（所有部分）、ISO 14555或ISO 15620编制焊接工艺规程。对于焊缝质量等级为CP D级的焊缝仅当用户需要时才编制焊接工艺规程（见GB/T 25343.4—2010中4.1.4）。

5.5 认证等级规定的要求

在附录C中给出了对焊接制造商的相关要求及规定的认证等级。

6 认证程序

6.1 认证审核

根据焊接制造商的申请，制造商认证机构承担本标准要求的符合性的验证工作，特别是：

——对焊接人员的要求（焊接责任人员、焊工、焊接操作人员）；
——和焊接责任人员进行专业谈话，以证明其具备ISO 14731及本系列标准中必需的焊接技术知识；
——根据WPQR制定的焊接工艺规程（WPS）；
——根据GB/T 15169或ISO 9606-2进行焊工资格考试；
——根据EN 1418进行操作人员资格考试；
——根据GB/T 25343.4—2010制备工作试件；
——各种技术要求及焊接生产；

如果轨道车辆的维护和维修工作在不同的车间进行焊接时，它们的技术装备和焊接生产也应该被检验。

——根据ISO 3834中相关部分的焊接质量要求（见表B.1）。

6.2 证书

通过认证后，认证机构应出具焊接制造商焊接技术证明，以证明其符合本标准相关要求。参见附录D中的样本证书。

证书中应标明：

——经认证的焊接制造商名称和地址；
——焊接制造商有资格焊接的认证等级；
——适用领域（如新造、改造或者维修）；
——认证范围（焊接工艺、材料、板厚、备注）；
——焊接责任人员（姓名、出生日期、资质）；
——适用的备注；
——有效期；
——签发日期。

7 有效期

证书有效期最长为3年。

仅证书中所指定的焊接制造商(焊接制造商的地址)是根据本标准证明合格的焊接制造商。

如果发生了影响证书的有效性的变更,焊接制造商应立即通知制造商认证机构。制造商认证机构决定变更后证书是否仍然有效。

在该有效期内,制造商认证机构每年根据证书中的说明对标准要求的遵守情况加以监督。作为年度监督审核可替换的方法,制造商认证机构也可以考虑内部审核并出具报告的方式。

证书到期前,焊接制造商可向制造商认证机构请求更新该证书。

关于经过认证的焊接制造商在外面的场地进行焊接工作的许可适用范围:

——考虑运输因素:允许经过认证的焊接制造商在生产车间以外的场地进行焊接修复工作;

——在质保期或维修期间,在有关人员、技术及质量要求相同的条件下,允许经过认证的焊接制造商在别的车间对其轨道车辆进行焊接作业;

——仅从事焊修作业的并经过认证的制造商可在其他车间从事焊修作业,唯一条件是该车间已按照验证程序进行了审核,并在证书中列明。

附 录 A
（资料性附录）
轨道车辆部件及组件与认证等级的对应关系

轨道车辆部件及组件与认证等级的对应关系见表 A.1 所示。

表 A.1 轨道车辆部件及组件与认证等级的对应关系

认证等级	部件分类
CL 1 级	新造、改造及维修轨道车辆及其部件 部件示例： ——转向架（缓冲梁、纵梁、主横梁、转向架构架）； ——底架（中梁、纵梁、主横梁、组合部件）； ——车体（端墙、侧墙、车顶）； ——牵引及缓冲装置； ——外部设备（如箱、电气、空调及压缩空气罐）支撑框架； ——轮对组成支架，轴箱、弹簧支撑梁、缓冲器及减震器； ——制动装置（磁轨制动、制动杆、三角制动梁、制动缸与制动横梁）； ——重型职能车辆的支撑框架，包括公路/铁路两用车辆； ——用于转向架与车辆间传递牵引力的焊接件（摇枕）； ——车辆的燃料箱； ——上述部件范围内完成铸件的焊接； ——带有试验压力[a] 的轨道车辆高压气罐，槽和槽形容器； ——装载危险材料的容器[a]。
CL 1 级或 CL 2 级	根据焊缝质量等级（CL 1 级仅用于 CP A、CP B 或 CP C1）进行新造、改造及维修轨道车辆及其部件，如： ——上车门，端门； ——自承载的设备箱及车下容器（清水箱和废水箱）； ——外部机械设备零件（变压器、发动机及传动箱悬架）； ——车顶结构（受电弓，设备安装座）； ——机械室设备（变压器外壳、变压器吊装装置、发动机悬挂装置、传动箱悬架牵引电机附件、设备架）； ——牵引力传动部件（牵引联结器、万向轴）； ——移动式平台； ——旋转和翻转装置； ——排障器； ——支柱和围栏； ——用于轨道车辆的压缩空气容器[a]； ——压力管道。

表 A.1（续）

认证等级	部件分类
CL 2 级	新造、改造及维修无特殊压力试验的无压力容器，如： ——装载非危险材料的负载容器； ——其他运输集装箱。 新造、改造及维修的轨道车辆的结构件，如： ——旅客列车内饰件（间壁、墙、门、镶板）； ——内部装置（电气、空调及空压装置）的支撑框架； ——驾驶室设备； ——盥洗室部件及带整套设施的水箱； ——车辆拉门，含导轨； ——制动管固定件； ——底架下方非自承式设备箱（不带支撑框架）； ——用于手制动操作的齿轮箱及托架； ——车辆外部踏板、扶手（包括上车门区域扶手）及栏杆。
CL 3 级	新造、改造及其维修轨道车辆的简单附属零部件，如： ——各种操作的曲柄及手柄； ——挡板； ——轨道车辆内的设备箱及开关柜（包括手制动操作的齿轮箱及托架，不带支撑框架的）； ——铭牌支架； ——防滑铁鞋（止轮器）； ——货车厢的盖板（罐车热保护装置）； ——轨道车辆的踏板、扶手及栏杆。 新造、改造及其维修的零部件或商业供应给轨道车辆的零部件，如： ——座椅骨架； ——窗框架； ——通风格栅。
CL 4 级	本认证等级适用于不自行焊接生产，即： ——设计； ——采购和安装已经焊接的部件和组件的企业。
[a] 有特殊要求的产品除外。	

附 录 B
（规范性附录）
焊接责任人员的任务和职责范围

焊接责任人员的任务和职责范围见表 B.1 所示。

表 B.1 焊接责任人员的任务和职责范围

焊接责任人员的任务及职责范围		焊接责任人员		
ISO 14731:2006 附录 B 中的相关条款	对轨道车辆制造的任务和职责范围	A 级	B 级	C 级
B.1 要求评审	——采用的产品标准及所有附加要求。	X	(X)	(X)
B.2 技术评审	——母材技术要求及焊接接头性能； ——设计规定的接头位置； ——焊缝质量等级要求； ——焊缝位置、可达性(包括检查及无损检测时的可达性)和焊接顺序； ——其他焊接要求，如焊接材料的批量试验、焊缝金属的铁素体含量、时效、氢含量、永久衬垫、喷丸、表面处理及焊缝外形； ——接头制备及完成后焊缝的尺寸、细节。	X X X X X X	(X) X (X) X (X) X	(X) (X) (X) (X) — (X)
B.3 分承包	分承包商对焊接加工的适宜性。	X	(X)	(X)
B.4 焊接人员	焊工及焊接操作人员资质评定(含培训、指导、业绩及评估)。	X	X	(X)
B.5 设备	焊接及相关设备的适用性。	X	X	(X)
B.6 生产计划	——相应焊接工艺规程的参照； ——有资质人员的分派。	X X	X X	X X
B.7 焊接工艺评定	——焊接工艺评定方法及评定范围； ——焊接工艺评定的评审。	X X	(X) X	— —
B.8 焊接工艺规程(WPS)	确定焊接工艺规程的适用范围。	X	(X)	(X)
B.9 作业指导书	确定作业指导书的发布和使用。	X	(X)	(X)
B.10 焊接材料	——匹配性； ——交货条件； ——焊接材料采购技术规范中的所有补充要求，含焊材检查文件的类型； ——焊接材料的贮存及发放。	X X X X	X (X) (X) X	(X) (X) (X) (X)
B.11 原材料	——材料采购技术规范中的所有补充要求，含材料检验文件类型； ——母材的贮存及发放。	X X	(X) X	(X) X

表 B.1（续）

焊接责任人员的任务及职责范围		焊接责任人员		
ISO 14731:2006 附录 B 中的相关条款	对轨道车辆制造的任务和职责范围	A 级	B 级	C 级
B.12 焊前检查及试验	——焊工和焊接操作人员资格证书的适用性及有效性； ——焊接工艺规程的适用性及有效性； ——母材及焊接材料的标识； ——接头制备、组装、工装夹具及定位焊； ——焊接工艺规程中的特殊要求(如防止变形)； ——工作条件(包括环境)对焊接的适宜性； ——工作试件评定。	X X X X X X X	X (X) X X X X X	(X) (X) X X X X (X)
B.13 焊接过程中的检查及试验	——主要焊接参数； ——预热及道间温度； ——焊道清理及形状，焊缝金属的层数 ——清根； ——焊接顺序； ——焊接材料的正确使用和发放。	X X X X X X	X X X X X X	X X X X X X
B.14 和 B.15 焊后检验及试验	——外观检查的使用； ——无损检测的使用； ——破坏性检验的使用； ——焊后操作的结果及记录(如焊后热处理及时效等)。	X X X X	X (X) (X) (X)	(X) — — (X)
B.16 不合格项及纠正措施	对于不合格项，应确定采取必要的纠正措施(如焊修、返修焊缝的重新评定，纠正措施等)。	X	(X)	(X)
B.17 测量、试验及检验设备的校准	应确定必要的方法及措施。	X	X	(X)
B.18 标识及可追溯性	针对焊接作业的详细情况，确定合适的措施。	X	(X)	(X)
B.19 质量记录	编制和发放必要的焊接记录和文件。	X	(X)	(X)

注：X——全部授权；
(X)——对于 CL 2 和 CL 3 级别制造商为全部授权；对于 CL 1 级别制造商，与主管焊接责任人员协商一致后有限制性授权；
——未授权。

附 录 C
（规范性附录）
对焊接制造商的要求

对焊接制造商的要求见表 C.1 所示。

表 C.1 对焊接制造商的要求

项 目	认证等级			
	CL 1	CL 2	CL 3	CL 4
制造商认证	要求	要求	不要求	要求
焊缝质量等级	CP A～CP D	(CP C1)[a]，CP C2～CP D	CP D	CP A～CP D
质量要求[b]	ISO 3834.2	ISO 3834.3	ISO 3834.4	ISO 3834.3
焊接责任人员	A 级	B 级或 C 级	不要求	对于 CL 1 级焊接工作：A 级 对于 CL 2 级焊接工作：B 级或 C 级
焊接责任人员代表	代表：A[c] 级 其他代表：B 级或 C[d] 级	代表：C 级	不要求	不要求
焊工和操作人员	根据焊接方法及材料组别要求，按照 GB/T 15169、ISO 9606-2 或 EN 1418 中相关规定取得相应资质。			无关
检验人员	——焊接质量检验人员； ——焊接质量检验监督人员：主管焊接责任人员(CL 3 不需要)； ——无损检测人员：GB/T 9445 中的 1 级人员； ——无损检测评定人员：GB/T 9445 中的 2 级人员。			无关
焊接规程	按照 GB/T 19867 或 ISO 14555 或 ISO 15620 中相关部分编制 WPS。			无关
焊接规程	按照 GB/T 19868.1—2005、GB/T 19868.2—2005、GB/T 19868.3—2005、GB/T 19868.4—2005、ISO 15614[e] 或 ISO 14555 或 ISO 15620 (详见 GB/T 25343.4—2010)中的相关要求通过 WPQR 支持 WPS。对于 CP D，只是在合同中规定才需要评定。		合同有要求时，则应通过 WPQR 支持 WPS。	无关

a 见表 1。

b 满足 ISO 3834 中的相关要求，但并不要求根据 ISO 3834 进行认证。

c 对于仅有一个焊接车间的小型焊接制造商不需要 A 级焊接责任人员代表。

d 对于具有多个焊接车间的焊接制造商，每个生产车间至少需要一名 C 级的焊接责任人员代表。

e 与铁路应用有关的标准仅有：ISO 15614-1、ISO 15614-2、ISO 15614-3、ISO 15614-4、ISO 15614-7、ISO 15614-11、ISO 15614-12 及 ISO 15614-13。

附　录　D
（资料性附录）
按照GB/T 25343.2进行的轨道车辆及其零部件的焊接

公司名称：

公司的焊接制造商地址（焊接制造商邮寄地址）：

按照GB/T 25343.2—2010标准，通过了认证等级CL ______[1)]的认证，有资格进行焊接。

应用领域：

认证范围：

按照GB/T 5185中的焊接工艺	按照CEN ISO/TR 15608技术报告中的材料组别	尺寸	备注

主管焊接责任人员：
主管焊接责任人员的代表：
其他焊接责任人员：
备注[1)]

证书编号：
有效期至：
签发日期：

....
（认证机构负责人）

1)　根据实际完成。

参 考 文 献

[1] GB/T 5185—2005 焊接及相关工艺方法代号.
[2] ISO/TR 15608:2005 焊接 金属材料分类指南.
[3] EN 286(全部) 装有空气或氮气用的不近火的一般压力容器.
[4] EWF IAB-002-2000/EWF-409 文件,修订版 2—国际焊接工程师.
[5] EWF IAB-003-2000/EWF-410,修订版 1—国际焊接技术员.
[6] EWF IAB-004-2000/EWF-411,修订版 1—国际焊接技师.
[7] WF IAB-005-2000/EWF-451—国际焊接技士.

ICS 45.060.01
S 30

中华人民共和国国家标准

GB/T 25343.3—2010

铁路应用　轨道车辆及其零部件的焊接　第3部分：设计要求

Railway applications—Welding of railway vehicles and components—Part 3: Design requirements

2010-11-10 发布　　2011-03-01 实施

中华人民共和国国家质量监督检验检疫总局
中国国家标准化管理委员会　发布

前　言

GB/T 25343《铁路应用　轨道车辆及其零部件的焊接》分为五个部分：

——第1部分：总则；

——第2部分：焊接制造商的质量要求及认证；

——第3部分：设计要求；

——第4部分：生产要求；

——第5部分：检验、试验及文件。

本部分为GB/T 25343的第3部分，对应于EN 15085-3:2007《铁路应用　轨道车辆及其零部件的焊接　第3部分：设计要求》。本部分修改采用EN 15085-3:2007，主要差异如下：

——删除了EN 15085-3:2007的"前言"和"引言"；

——对EN 15085-3:2007中引用的国际标准(ISO)和欧洲标准(EN)，如果我国有对应标准的，一律引用相应的国家标准或行业标准。

本部分的附录F为规范性附录，附录A、附录B、附录C、附录D、附录E、附录G、附录H为资料性附录。

本部分由中华人民共和国铁道部提出。

本部分由南车戚墅堰机车车辆工艺研究所有限公司归口。

本部分起草单位：南车株洲电力机车有限公司、南车长江车辆有限公司、南车戚墅堰机车车辆工艺研究所有限公司、南车戚墅堰机车有限公司、北车长春轨道客车股份有限公司、南车四方机车车辆股份有限公司。

本部分主要起草人：毛军明、李加良、宁建国、李玉生、蒋田芳、方荣良、胡立国。

铁路应用　轨道车辆及其零部件的焊接
第3部分:设计要求

1　范围

GB/T 25343的本部分规定了轨道车辆及其零部件制造、维护的设计和分级规则。

本部分适用于轨道车辆及其零部件制造和维修过程中金属材料的焊接。

本部分没有定义计算的参数(可参考其他标准,如疲劳试验)。

2　规范性引用文件

下列文件中的条款通过GB/T 25343的本部分的引用而成为本部分的条款。凡是注日期的引用文件,其随后所有的修改单(不包括勘误的内容)或修订版均不适用于本部分,然而,鼓励根据本部分达成协议的各方研究是否可使用这些文件的最新版本。凡是不注日期的引用文件,其最新版本适用于本部分。

GB/T 700　碳素结构钢(GB/T 700—2006,ISO 630:1995,NEQ)

GB/T 5185—2005　焊接及相关工艺方法代号(ISO 4063:1998,IDT)

GB/T 6417.1　金属熔化焊接头缺欠分类及说明(GB/T 6417.1—2005,ISO 6520-1:1998,IDT)

GB/T 6417.2　金属压力焊接头缺欠分类及说明(GB/T 6417.2—2005,ISO 6520-2:2001,IDT)

GB/T 19804　焊接结构的一般尺寸公差和形位公差(GB/T 19804—2005,ISO 13920:1996,IDT)

GB/T 19869.1　钢、镍及镍合金的焊接工艺评定试验(GB/T 19869.1—2005,ISO 15614-1:2004,IDT)

GB/T 25343.1—2010　铁路应用　轨道车辆及其零部件的焊接　第1部分:总则

GB/T 25343.2—2010　铁路应用　轨道车辆及其零部件的焊接　第2部分:焊接制造商的质量要求及认证

GB/T 25343.4—2010　铁路应用　轨道车辆及其零部件的焊接　第4部分:生产要求

GB/T 25343.5—2010　铁路应用　轨道车辆及其零部件的焊接　第5部分:检验、试验及文件

ISO 2553　焊接、硬钎焊和软钎焊接头　图样上的符号表示法

ISO 5817　焊接　钢、镍、钛及其合金熔焊接头(束焊除外)　缺陷的质量分级

ISO 9692-1　焊接和相关工艺　接头制备的建议　第1部分:钢的手工电弧焊、气体保护焊、气焊、TIG焊接与束焊

ISO 9692-2　焊接和相关工艺　接头的制备　第2部分:钢的埋弧焊

ISO 9692-3　焊接和相关工艺　接头制备的建议　第3部分:铝及其合金的金属极惰性气体保护焊和钨极惰性气体保护焊

ISO 10042　焊接　铝和铝合金的弧焊接头　缺陷质量分级指南

ISO 10447　电阻焊接　电阻点焊、凸焊和缝焊的剥离和凿剥离试验

ISO 13919-1　焊接　电子束和激光束焊接接头　缺欠质量等级指南:第1部分:钢材

ISO 13919-2　焊接　电子束和激光束焊接接头　缺陷质量等级指南:第2部分:铝及其可焊合金

ISO 14555　焊接　金属材料的电弧螺栓焊

ISO/TR 15608　焊接　金属材料分类体系指南

ISO 15614-12　金属材料焊接程序的规范和鉴定　焊接程序试验　第12部分:点焊、缝焊和凸焊

ISO 17653　金属材料接头的破坏检验　电阻点焊的扭转试验

EN 1011-2　焊接　金属材料焊接推荐规范　第2部分：铁素体电弧焊

3　术语和定义

GB/T 25343.1—2010 确立的术语和定义适用于本部分。

4　设计要求

4.1　概述

除项目框架或产品技术规范特殊规定外，轨道车辆所有部件中的焊缝均应符合下述设计要求。

焊接接头清单的内容、接头准备、接头类型及接头有效性确认流程可参见附录A、附录B、附录C、附录D和附录E，电阻点焊见附录F。

4.2　接头静载强度计算

计算应力应小于或等于技术规范要求的许用应力或由制造商规定且被验收机构认可的许用应力。

静载强度计算举例：在附录B和附录C中给出"有效横截面积 a_R"。

应通过对局部区域的计算来保证焊缝横截面既满足要求又能够承受静载应力。

4.3　接头疲劳强度计算

接头设计应符合应力及安全等级要求。

许用疲劳强度是由标准、规范、方法及指导准则或根据应力/循环曲线定义的，应在技术规范中规定或由制造商提出并经过验收部门或国家主管部门的认可。

参考曲线应在技术规范中进行规定，或由制造商提出并经用户批准。通常该曲线适用于一定类型的接头(对接焊缝、角焊缝等)。

4.4　应力等级和应力系数

根据应力系数确定的应力等级见表1。应力系数为接头计算疲劳应力与接头类型的许用疲劳应力之比，可通过适当的安全系数进行调整。许用应力的标准和数据源应在用户与制造商之间通过协商达成一致。如有要求，还应得到国家主管部门的认可。在本部分中，也可采用有关轨道车辆制造的国家标准和铁道行业标准。

许用疲劳应力可以通过典型接头试样的疲劳试验得出。应根据与国家主管部门达成一致的标准或导则进行疲劳试验的统计评估，也可以采用轨道车辆结构要求的国家标准和铁道行业标准。

表1　应力等级

应力等级	应力系数(S)		
	计算标准中的疲劳强度	典型接头样品疲劳测试值	
		选项1	选项2[a]
高	$\geqslant 0.9$	$\geqslant 0.8$	$\geqslant 0.9$
中	$0.75 \leqslant S < 0.9$	$0.5 \leqslant S < 0.8$	$0.75 \leqslant S < 0.9$
低	< 0.75	< 0.5	< 0.75

[a] 关键的极限值应与用户或验收机构达成一致。

4.5　安全等级

——安全等级定义了单个焊接接头失效后对人员、设备和环境所造成的影响。

安全等级分为：

——低级：焊接接头的失效不会导致轨道车辆综合功能的直接损害，不可能造成人身伤害事件；

——中级：焊接接头的失效直接影响其整体功能的减损，或可能造成人身伤害事件；

——高级:焊接接头的失效会导致人身伤害事件和轨道车辆综合功能的下降。

如果合同有要求,由设计人员对各焊缝确定的安全等级必须经过用户或/和国家主管部门的认可。

安全等级的确定可参考附录G。

4.6 焊缝质量等级

在设计期间,应根据安全等级及应力等级规定焊缝质量等级。有关焊接实用性及可行性等问题宜向主管焊接责任人员咨询。

轨道车辆焊接接头的焊缝质量等级分为六级,见表2。

表2 焊缝质量等级

应力等级	安全等级		
	高	中	低
高	CP A[a]	CP B[c]	CP C2
中	CP B[b]	CP C2	CP C3
低	CP C1[d]	CP C3	CP D

[a] 焊缝质量等级CP A是一种特殊等级,仅适用于生产和维护时具有完全焊透及完全可检查的焊缝;

[b] 焊缝质量等级CP B:安全等级为“高”的CP B只对生产和维修时具有完全焊透及完全可检查的焊缝有效;

[c] 安全等级为“中”的CP B仅对不可能进行内部检验的焊缝有效;在这种情况下,图样上应增加一个特别的标注“安全等级为中/要求增加表面检验”,并按GB/T 25343.5—2010之表1进行检验;

[d] 焊缝质量等级CP C1:CP C1级对不能进行内部探伤的焊缝也有效,在这种情况下,图样上应增加一个特别的标注“需要表面检验”,并按GB/T 25343.5—2010中表1进行检验。

可以在制造过程中进行检查但不能在维护时检查和修理且焊缝质量等级为CP A、CP B及CP C1的接头,则根据表3的要求应将其划分至更高一级的检验等级或降低应力等级。

如果不能达到焊缝质量等级要求,设计人员应降低应力等级或更改设计,参见附录D和附录E。

焊缝整形是一个可以增加组件许用疲劳强度的方法,其结果可以降低焊缝质量等级。

焊缝质量等级与检验等级应在图样中或其他文件(如零件清单)中给出。

4.7 焊缝检验等级

根据焊缝质量等级可确定各焊接接头的检验等级,见表3。

检验等级用来辨识焊接接头所需进行检验的各种类别和最低等级。

表3 焊缝质量等级与检验等级对照表

焊缝质量等级	检验等级最低要求
CP A	CT 1
CP B	CT 2
CP C1	CT 2
CP C2	CT 3
CP C3	CT 4
CP D	CT 4

适用于检验等级的试验至少应与GB/T 25343.5—2010的规定相同。

4.8 应力等级、安全等级、焊缝质量等级、缺欠质量等级、焊缝检验等级与检验之间的关系

根据表1、表2、表3、表5、表6及GB/T 25343.5—2010中表1,表4给出了应力等级、安全等级、焊缝质量等级、缺欠质量等级、检验等级和检验之间的关系一览表。

表 4　应力等级、安全等级、焊缝质量等级、缺欠质量等级、焊缝检验等级与检验之间的关系

应力等级	安全等级	焊缝质量等级	缺欠质量等级 ISO 5817、ISO 10042	焊缝检验等级	内部检验 RT 或 UT	表面检验 MT 或 PT	外观检验 VT
高	高	CP A	见表 5 或表 6	CT 1	100%	100%	100%
高	中	CP B	B	CT 2	10%	10%	100%
高	低	CP C2	C	CT 3	没有要求	没有要求	100%
中	高	CP B	B	CT 2	10%	10%	100%
中	中	CP C2	C	CT 3	没有要求	没有要求	100%
中	低	CP C3	C	CT 4	没有要求	没有要求	100%
低	高	CP C1	C	CT 2	10%	10%	100%
低	中	CP C3	C	CT 4	没有要求	没有要求	100%
低	低	CP D	D	CT 4	没有要求	没有要求	100%

5　缺欠质量等级

5.1　概述

焊缝缺欠的定义应符合 GB/T 6417.1 和 GB/T 6417.2 的规定。

5.2　缺欠质量等级

与焊缝质量等级有关的缺欠质量等级见表 5 和表 6，并符合 ISO 5817 和 ISO 10042 的要求。

5.2.1　熔焊接头缺欠质量等级(不含高能束焊)

5.2.1.1　钢材

表 5 给出了符合 ISO 5817 的缺欠质量等级。

表 5　与焊缝质量等级相关的钢的缺欠质量等级

ISO 5817 规定的缺欠	焊缝质量等级			
	CP A	CP B	CP C1/CP C2/CP C3	CP D
1.1-1.6、1.13、1.15、1.18、1.19、1.22、2.1、2.7、2.8、2.11-2.13	B	B	C	D
1.7、1.8、1.9、1.11、1.14、1.17、1.23、2.2、2.3-2.6、2.9、2.10、3.1	不允许	B	C	D
1.10、1.16、1.20、1.21、3.2	不适用	B	C	D
1.12[a]、4.1 与 4.2	对这些缺欠不进行评定			

a　有关等级 CP A，见 7.3.15。

5.2.1.2　铝及其合金

表 6 给出了符合 ISO 10042 的缺欠质量等级。

表 6　与焊缝质量等级相关的铝及其合金的缺欠质量等级

ISO 10042 规定的缺欠	焊缝质量等级			
	CP A	CP B	CP C1/CP C2/CP C3	CP D
1.1、1.2、1.4、1.5、1.7、1.9、1.15、2.1、2.3、2.6、2.10	B	B	C	D
1.3	不允许	不允许	不允许	D
1.6、1.10、1.11、1.14、1.16、1.18、2.2、2.4、2.5、2.7、2.9及3.1	不允许	B	C	D
1.12、1.13、1.17、2.11、2.12 及 3.2	不适用	B	C	D
4.1	对这些缺欠不进行评定			

对于焊缝质量等级 CP A 的 T 型对接焊缝，焊趾处的半径应大于或等于 3 mm，见图 17。

5.2.2　与焊缝质量等级相关的激光束和电子束焊接缺欠质量等级

缺欠质量等级应符合 ISO 13919-1 和 ISO 13919-2 的相关要求，如表 7 和表 8 所示。

表 7　与焊缝质量等级相关的钢的激光束和电子束焊接缺欠质量等级

ISO 13919-1 规定的缺欠	焊缝质量等级			
	CP A	CP B	CP C1/CP C2/CP C3	CP D
1～4、6、7 及 18	B	B	C	D
5、8、10～16	不允许	B	C	D
9、17	不适用	B	C	D

表 8　与焊缝质量等级相关的铝及其合金的激光束和电子束焊接缺欠质量等级

ISO 13919-2 规定的缺欠	焊缝质量等级			
	CP A	CP B	CP C1/CP C2/CP C3	CP D
1～5、7、8 及 20	B	B	C	D
6、9、11～18	不允许	B	C	D
10、19	不适用	B	C	D

5.2.3　与焊缝质量等级相关的螺柱焊接缺欠质量等级

螺柱焊接接头仅允许采用 CP C3 和 CP D 焊缝质量等级，并应满足 ISO 14555 的相关要求。

5.2.4　与焊缝质量等级相关的电阻点焊、凸焊及电阻缝焊的质量要求

与焊缝质量等级相关的电阻点焊、凸焊及电阻缝焊的质量要求见表 F.2，表面质量见表 F.3。

电阻点焊、凸焊及电阻缝焊不允许使用 CP A 和 CP B 焊缝质量等级。

5.2.5　其他焊接方法质量要求

用户与制造商应就其他焊接方法质量要求达成一致意见。如有要求，还应征得国家主管部门的同意。

6　母材和焊材的选择

6.1　母材的选择

焊接母材应满足 ISO/TR 15608 规定的材料分组的要求并具有确定的可焊性。如果材料符合相关的国家或国际标准且被其确认为可焊，那么该材料被认可为具有符合 ISO/TR 581 的可焊性。

如果所用母材可焊性不确定，制造商应向用户提供焊接工艺评定报告（WPQR），向用户或操作人员证明使用该母材的接头性能符合设计或工程技术部门制定的要求（见 GB/T 25343.4—2010 中 5.4）。

对于具有中、高安全等级的焊接接头的轨道车辆零件，只能使用具有或得到认可的动载疲劳强度值的母材。

6.2 焊接材料的选择

如果对选取的焊接材料的特性存在怀疑，制造商应通过焊接工艺评定报告(WPQR)向用户或操作人员证明，使用该焊接材料的接头性能符合设计或工程技术部门制定的要求(见 GB/T 25343.4—2010 中 5.3.1)。

7 焊接接头的设计

7.1 概述

应避免具有锐边及截面突变的焊接接头，传力线应尽可能保持平缓过渡。

如果可能的话，各焊接部件的中心线应尽可能集中于一点。应避免焊缝处于高应力区，无法避免时，应策划采用更高一级的检验要求。

必要时，应在开发过程中通过焊接工作试件对焊缝计算厚度进行验证。

在母材和焊材的可焊性方面，应遵守制造商提出的要求和建议。

厚度方向承受应力的钢部件，应根据 EN 1011-2 采取适宜的设计措施，并选取在厚度方向有断面收缩率要求的材料。

计算过程中应考虑衬垫(熔池永久支撑)。铝结构的衬垫上宜增设一条槽。

在铝结构或钢结构的 T 型接头上，有必要使用开坡口的衬垫，例如半 V 型坡口的对接焊缝。

应通过合适的焊接设计来保证防腐问题，例如全焊透焊缝。对部分焊透焊缝或断续焊缝应采取相应的防腐蚀措施。

在图样上应标注打钢印位置。

为了减少变形，焊接接头应沿着组件中心线或对称于中心线的位置进行布置。

组件设计时应充分考虑焊接及检验时的可达性。

应避免接头的堆积。必要时，可采用锻件或铸件。

应避免在受拉梁翼上利用横向焊缝焊接附属零件。

在冷成型钢或铝及铝合金的热影响区，计算时应考虑强度的下降。

尽量避免在一个组件上既有焊接接头又有螺栓连接或铆接接头。

电阻点焊的要求见附录 F。

6000 系铝合金焊接的有关信息参见附录 H。

7.2 冷弯区域的焊接

在 ISO/TR 15608 之 1.1、1.2 和 1.4 类材料的冷弯部位(含 $5\times t$ 相关表面)内只允许认证等级为 CL 3 的结构进行焊接。对于认证等级为 CL 1 和 CL 2 的结构，只有在满足下列条件之一时才能进行焊接：

——弯曲后或焊接前已进行了热处理(正火)；

——按照表 9 中的条件要求(弯曲半径与钢板厚度比)。

表 9 冷弯区域的焊接(钢材)

最小 r/t	最大 t/mm
10	50
3	24
2	12
1.5	8
1	4[a]

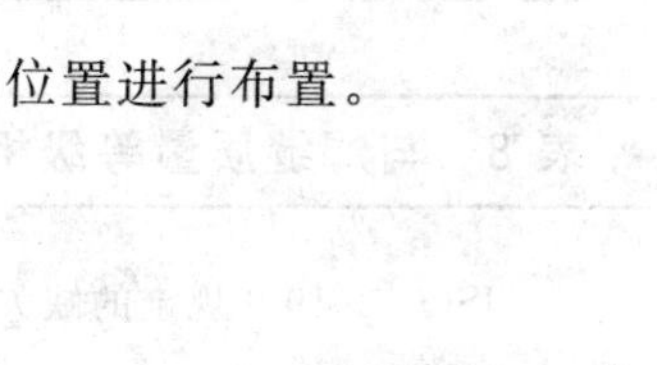

[a] 对于符合 GB/T 700 的 Q235D 材料允许最大到 6 mm。

7.3 制造要求

7.3.1 箱形梁

在箱形梁部件焊缝受弯曲拉应力的情况下，仅当通过强度计算证明梁腹板焊缝根部应力小于规定值时，才允许下翼板与腹板之间采用单侧角焊缝。图 1 所示为受拉梁翼内应力级别高的箱形梁。

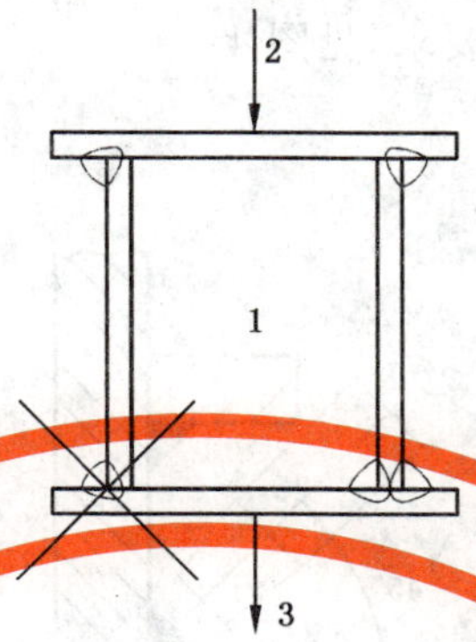

1——箱形承载梁；
2——受压梁翼板；
3——受拉梁翼板。

图 1 受拉梁翼内应力级别高的箱形梁示例

7.3.2 不等厚度部件的对接焊缝

不等厚度部件各截面间应平缓过渡，斜度应不超过图 2 中的给定值。如果焊缝厚度不足以覆盖过渡区，应对较厚部件进行相应的加工。

单位为毫米

注：CP C3 与 CP D 为 1∶1。

a)

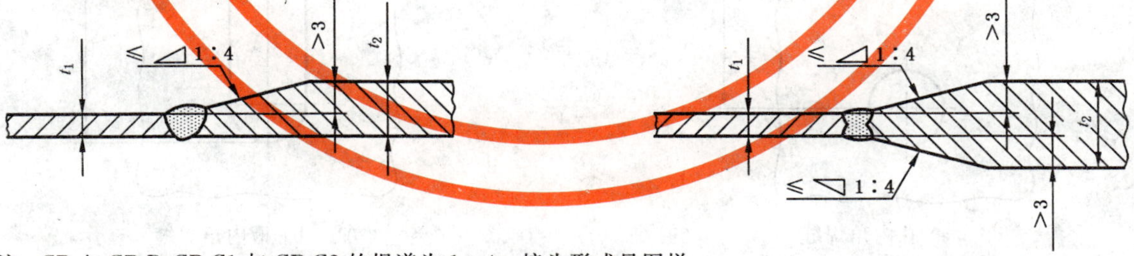

注：CP A、CP B、CP C1 与 CP C2 的焊道为 1∶4。接头形式见图样。
斜度＜1∶1 表示角度＜45°；斜度＜1∶4 表示角度＜14°。

b)

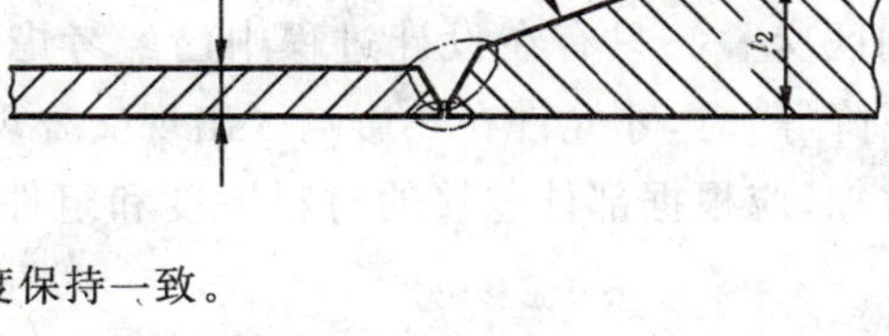

1——斜度。

斜面的加工应使焊缝外形与斜度保持一致。

c)

图 2 不等厚度部件的对接接头

7.3.3 塞焊和槽焊焊缝

仅承受剪切应力的塞焊和槽焊焊缝，只能用于焊接质量等级为 CP C2、CP C3 或 CP D 的焊缝。

圆形或椭圆形槽的尺寸应允许电焊条或焊炬以最小 45°的角接触到焊接处，见图 3。对于薄板，要求孔直径大于或等于部件厚度四倍或椭圆孔总长大于或等于孔径三倍。

孔内或槽内角焊缝应满足以下尺寸要求，见图 4：

——孔直径：$d>(3\sim4)\times t_2$；

——槽宽度：$c>3\times t_2$。

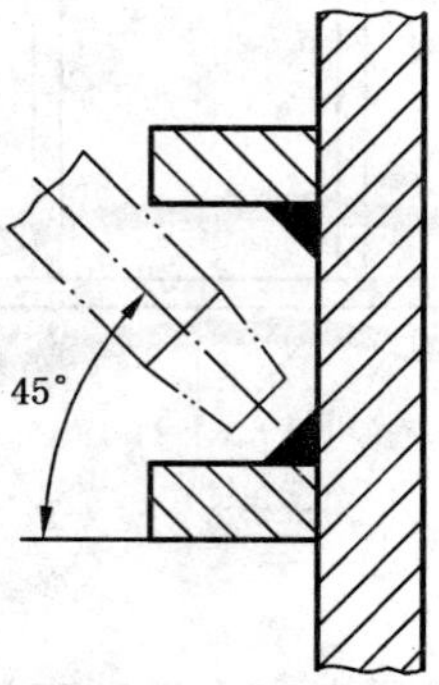

图 3 塞焊和槽焊孔的焊接可接近性

单位为毫米

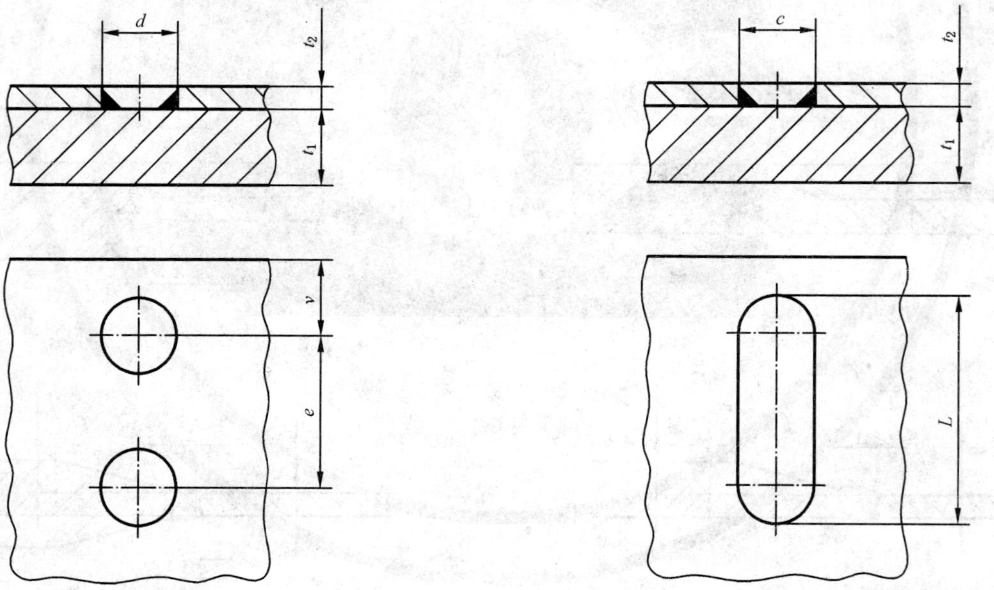

a) 孔内角焊缝

b) 槽内角焊缝

$D_{\min}=12$；$c_{\min}=12$；$v\geqslant d$；

$3\times d\leqslant e\leqslant 4\times d$；$L\geqslant 2c$。

图 4 塞焊和槽焊焊缝尺寸

7.3.4 两接头间的距离

焊缝间的距离应避免热影响区交叠。只有在设计过程中已经考虑到了热处理或硬化区域的影响（如残余应力、强度下降及硬度下降等）时，才允许在热影响区出现交叠现象。

为了减少角部变形及应力叠加，应根据部件连接的材料厚度和组件的夹具布置来决定两接头间的最小距离。

对于厚度小于 20 mm 的材料，特别对于铝及高强度钢，建议熔合区间隔至少为 50 mm，见图 5。

单位为毫米

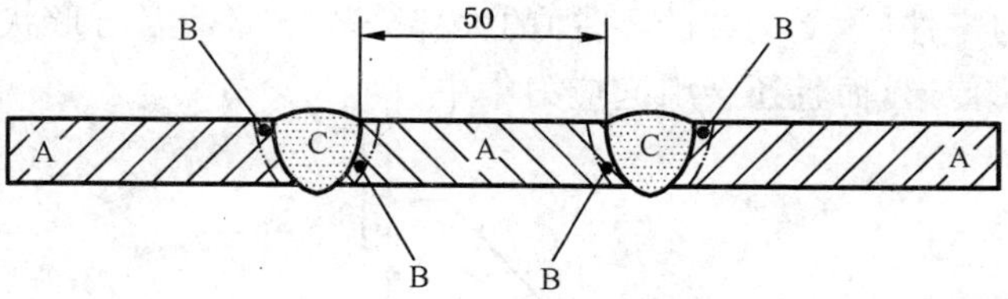

图 5 熔合区间的最小距离

7.3.5 纵向焊缝上的加强板

当一条角焊缝与一条对接焊缝交叉时，应避免部件上的开口。将该区域对接焊缝的余高磨平以确保交叉焊缝处实施连续的焊接，见图 6。

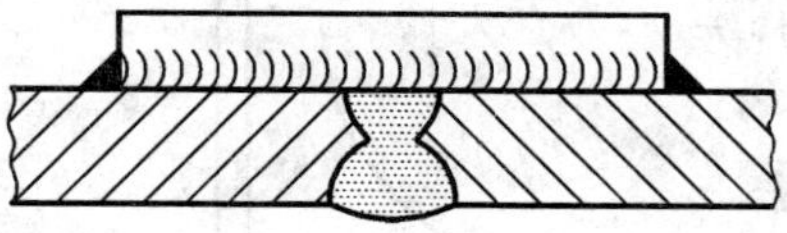

图 6 垂直纵向焊缝的加强板

7.3.6 填充金属及穿越孔

通常应避免出现穿越孔，需要有焊缝穿越孔时，开孔尺寸应足够大，以熔敷完好的焊缝金属，避免在连接焊缝热影响区出现应力集中，见图 7。

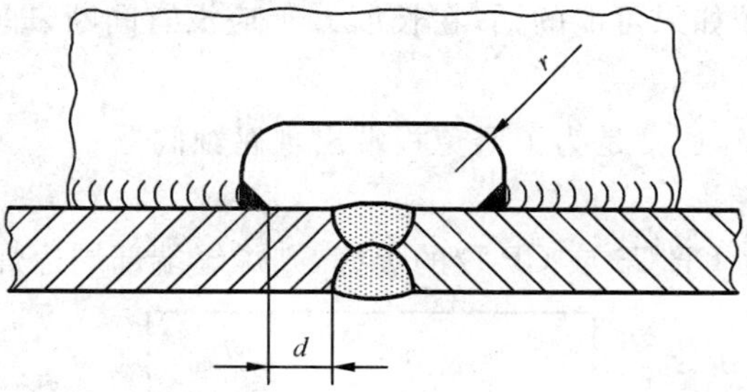

r 最小 30 mm；

$d \geqslant 20$ mm。

图 7 填充金属和穿越孔

7.3.7 角接板与加强板端部

图 8 和图 9 中给出了角接板端部与加强板端部的设计实例。为了确保在适当的条件下实施端部周边焊，角接板与加强板端部应符合图 8 中的相关要求。

单位为毫米

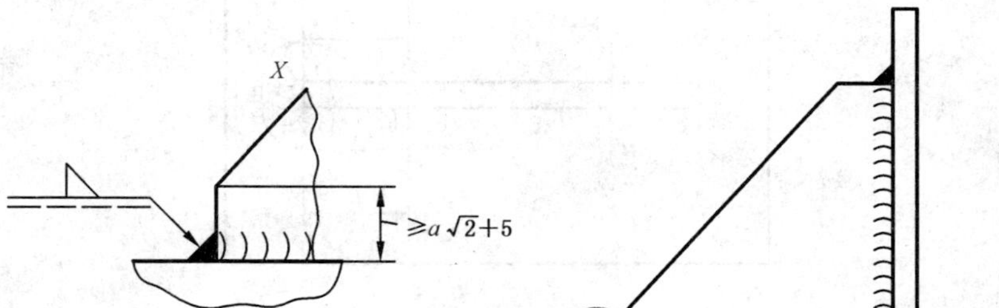

r 最小为 30 mm。

图 8 角接板与加强板端部的设计

承受高应力组件的角接板应进行连续焊接。

7.3.8　角接板的形状

影响承受疲劳载荷的零件(承受动载的零件)的大部分故障都是因与形状有关的问题引起的，这些问题不但具有不良的力线传递，而且还会引起应力集中。

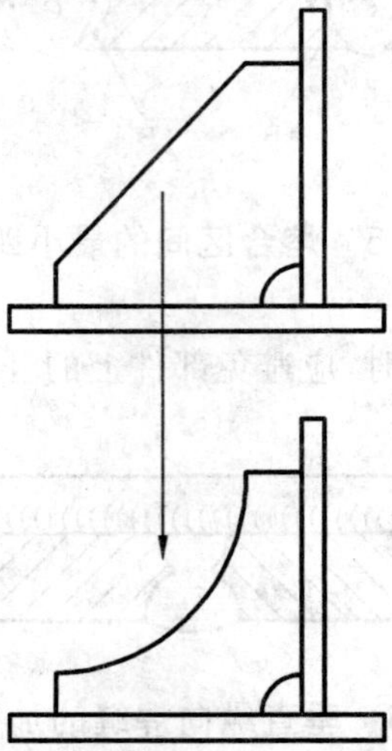

图 9　角接板形状

7.3.9　焊缝周边焊

应沿着角接板端部施焊。如果可能的话，在长度 L 上应没有间断，即 L 应至少等于 $2t$，见图 10。焊缝周边焊主要考虑下列问题：

a)　不考虑焊缝质量等级，通常是为了避免板端出现腐蚀问题；

b)　在承受高应力的边缘；

c)　如果焊缝质量等级为 CP C3 或 CP D 的焊缝，则焊缝端部周边焊不是必须的。

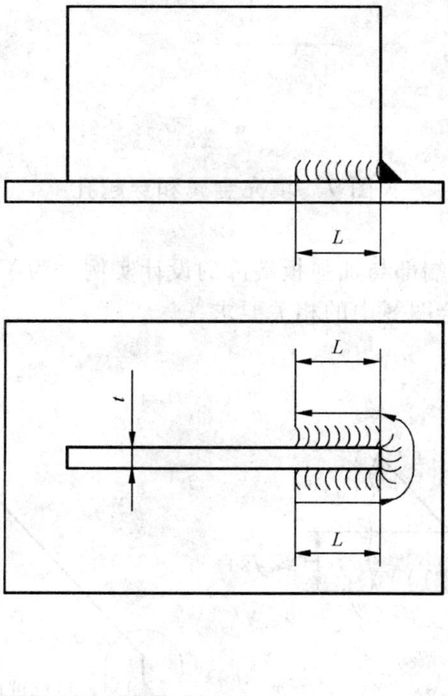

$L \geqslant 2t, L_{min} = 10$ mm；

t——钢板厚度；

L——连续长度。

如果可能的话，应不间断的实施焊缝周边焊。

图 10　焊缝周边焊

7.3.10 角焊缝

在设计角焊缝时应考虑下列要求：

——角焊缝通常应是等腰的，见图 11。如果因结构原因或更好的力线流，除焊缝厚度 a 以外，角焊缝焊脚长度 z 也应在图样中标注。

——角焊缝焊缝厚度 a 不应超过计算值。然而，因工艺或焊接工程的目的，这一值也可以增大。

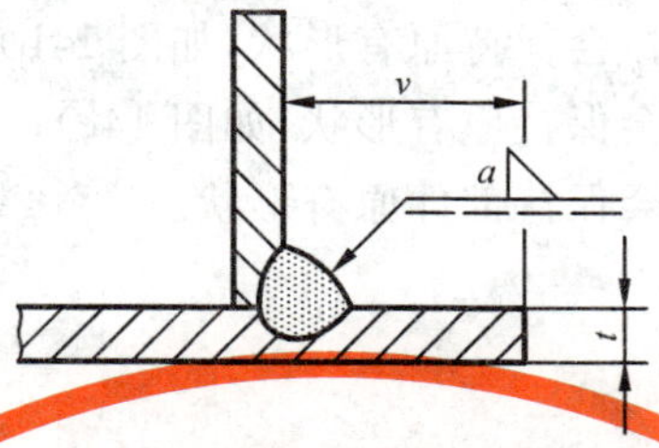

边缘距离 $v \geqslant 1.5a+t$。

图 11 角焊缝边缘距离

对于厚度小于 20 mm 的材料，特别对于铝及高强度钢，最小搭接尺寸应为 50 mm，见图 12。

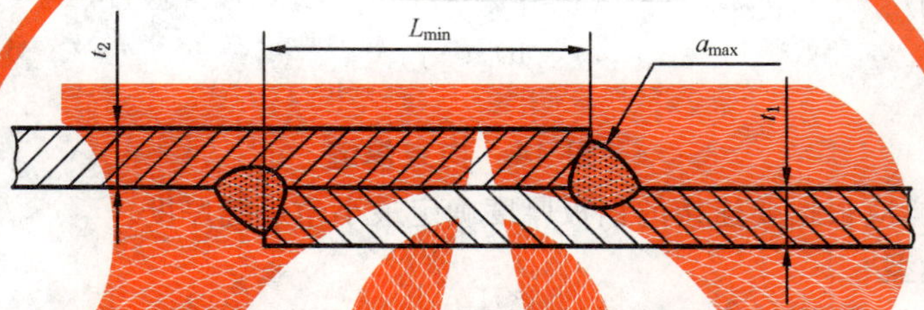

$t_2 \leqslant t_1$

$l_{min}=3\times t_2$（5 mm$\leqslant t_2 \leqslant$20 mm，最小 50 mm）

$a_{max}=\frac{t}{\sqrt{2}}-\frac{t}{10}$

截面规定的焊缝厚度 a 应小于或等于计算的最大厚度 a_{max}。

图 12 搭接焊缝最小搭接尺寸

7.3.11 对接焊缝

焊缝质量等级为 CP A 及 CP B 的焊缝，应在其始端和终端采用引弧板和收弧板，见图 13。对于其他对接焊缝，可以使用引弧板和收弧板以防止焊道开始处出现未焊透现象和在结束时出现焊接裂纹（见 GB/T 25343.4—2010 中 5.2.1）。引弧板和收弧板应在图样上进行标注。

引弧板和收弧板的安装应保证焊接能在其需要的长度以外开始和停止。

设计或焊接部件中引弧板和收弧板应与母材材质相同。

引弧板和收弧板的坡口形式应与要焊接的接头的坡口形式相同。

引弧板和收弧板既可以采用机械方法固定也可以采用磁力方法固定，也可以采用焊接的方法。

完成接头焊接后，可采用机械方式去除引弧和收弧板或采用火焰或等离子切割去除。去除后应沿纵向打磨。

严禁敲击造成破损。

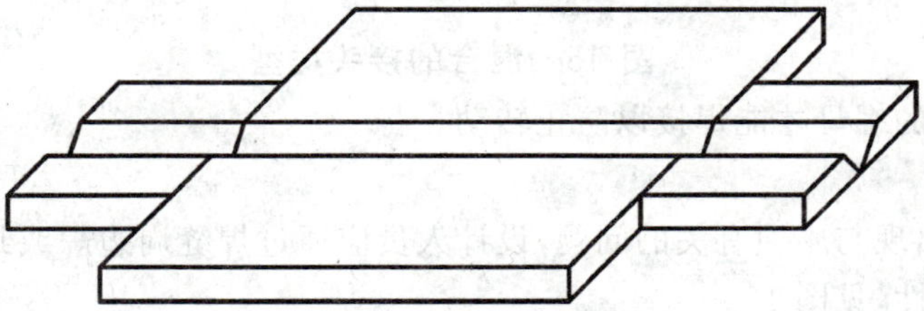

图 13 对接焊缝引弧板和收弧板示例

7.3.12 有拘束的接头

冷裂纹和热裂纹是造成很多故障的主要原因。设计人员应注意:拘束焊缝(残余应力)容易造成冷热两种裂纹的进一步扩大。由拘束引起的焊接接头残余应力增加会导致产生冷裂纹及热裂纹。

应避免下面几种特定的组件,因为其残余应力可导致这类问题的发生:

——在厚钢板上焊接圆钢或厚壁管材时,焊缝无法在某个方向上收缩,如图14a);

——焊接小型厚钢板(加强板)时,会保持原有形状,如图14b);

——焊接筋板到厚壁钢管内时,会保持原有形状,如图14c);

——焊接两个刚性连接部件时,会保持部件原有形状。

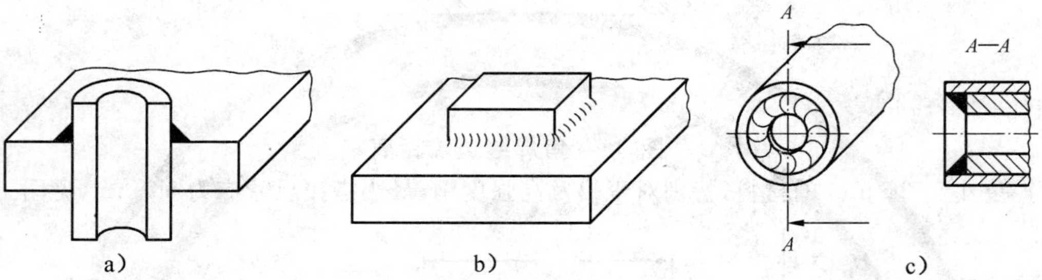

图14 拘束焊缝

为了避免出现裂纹,应根据要连接的钢板厚度确定最小角焊缝厚度。

7.3.13 混合的接头类型

当其中只有一个部件受力时,应尽量避免采用图15这种类型的组件。

焊接与螺栓连接的组合件不能叠加地传递载荷,也不能减小焊接收缩产生的应力。

此种情况下,只有焊缝承受应力。因此,焊缝可能是在承受周期性应力的混合组件上出现疲劳裂纹的原因。所以,计算应按照独立的焊缝进行。

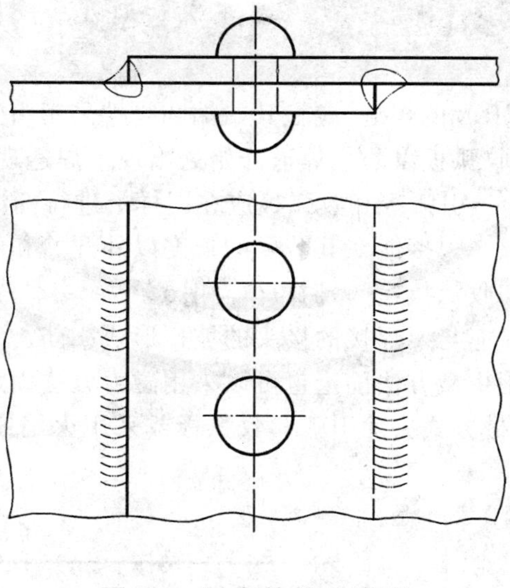

图15 混合的接头类型

只有证明了可焊性的螺母才能焊接以防止转动。

7.3.14 防腐

必要时,为了防止出现与腐蚀有关的问题,设计人员应通过焊缝周边焊或封底焊或密封复合材料确保焊缝背面的密封可靠性,见图16。

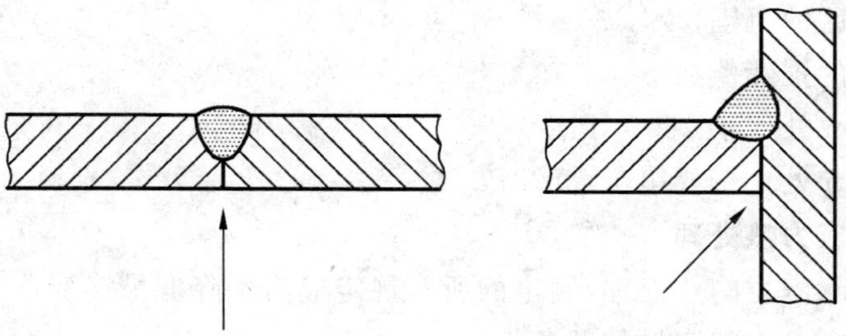

图 16　腐蚀位置

7.3.15　焊趾—焊缝形状的改善

组焊完成后，改善或改进焊缝形状以提高焊缝疲劳性能。

这种改进可能包括延长使用寿命（相对于给定的应力值）或疲劳极限等（相对于给定的使用寿命）。

减少焊道几何特征的应力集中（缺口效应）可以降低峰值应力，最典型的实例是角焊缝的焊趾处的改善。

对焊缝进行焊趾改善工作应在工艺中作出规定，许用应力的增加应经过设计人员的核实。

在对焊趾进行打磨的情况下，打磨深度 $k \leqslant 0.3$ mm，半径 $r \geqslant 3$ mm，见图 17。

打磨痕迹的方向应与主应力方向一致。

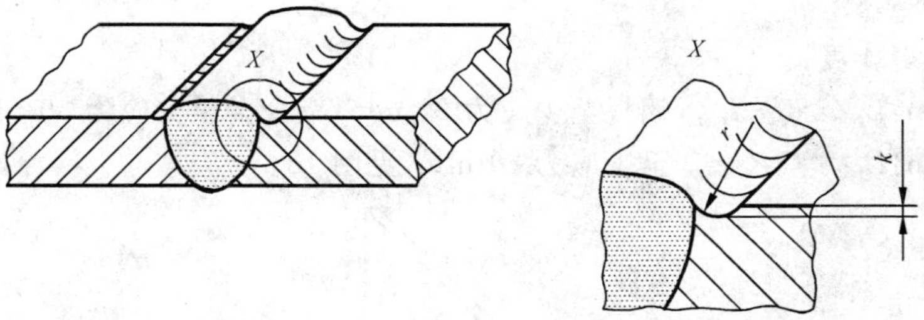

a）对接接头

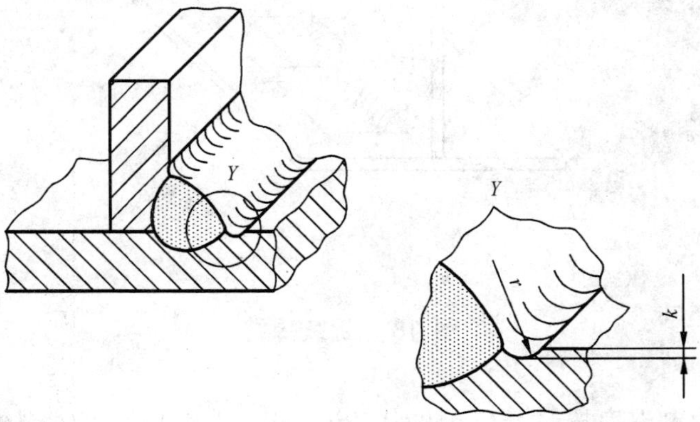

b）T 型接头

图 17　焊趾改善

7.3.16　降低残余拉应力的措施

7.3.16.1　概述

为了减少残余拉应力，可进行预应力处理，如喷丸或热处理消除应力等。

7.3.16.2　预应力喷丸参数及特性

喷丸参数及特性应事先征得用户的同意。

如果采用喷丸处理，应考虑以下事项：

——合适的钢丸材料（类型及尺寸）；

——焊缝及热影响区的范围。

钢材受压残余应力的推荐值如下：

——表面下 0.1 mm 处大于 260 MPa；

——表面下 0.5 mm 处大于或等于 50 MPa。

7.3.16.3 消除残余拉应力热处理

对于焊后正火或消除应力的热处理，制定的所有规定应为了降低最终变形或防止冷矫直。

在相关图样或文件中给出特定热处理条件。

该文件应列出：

——装炉时炉中的最高温度；

——温升平均速率；

——保温时间；

——处理温度；

——最大冷却速率；

——部件的出炉温度；

——部件出炉后的冷却条件。

应对温度进行记录，例如使用校准的高温计。

7.3.17 断续焊缝

断续焊缝最小焊缝长度：

——$t_{max}<10$ mm：$L_{min}>5\times t_{max}$，钢板至少应为 20 mm；铝合金至少应为 30 mm；

——$t_{max}>10$ mm：$L_{min}>3\times t_{max}$，至少应为 50 mm，见图 18。

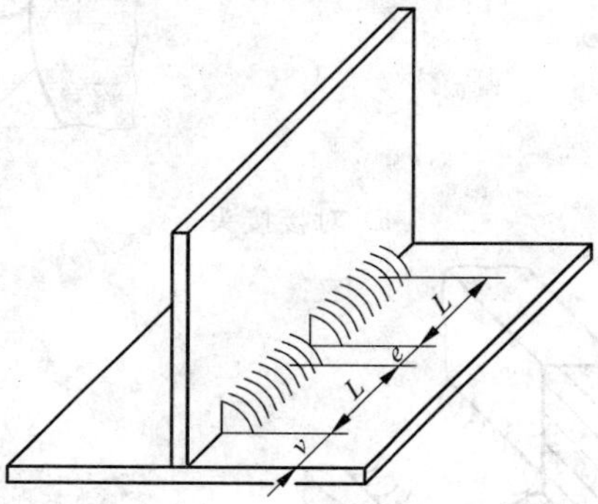

$e\leqslant 3\times L$；

$v\leqslant 0.5\times L$。

图 18 断续焊缝

7.4 接头制备

接头的坡口形式应由制造商按照 ISO 9692-1、ISO 9692-2 和 ISO 9692-3 作出规定。

接头制备方案，参见附录 B 和附录 C，焊接接头清单的内容参见附录 A 的内容。

图样中的焊缝标注应符合 ISO 2553 要求。另外，还应提供以下信息：

——图样中应给出符合本标准的焊缝质量等级。如果一张图内包括不同的焊缝质量等级，应在焊缝处标出这些焊缝质量等级。对于电阻点焊，还应标出符合表 F.3 的表面质量要求；

——图样中或零件清单中应指出各部件符合 GB/T 25343.2—2010 的 CL 1 至 CL 3 认证等级。认证等级取决于部件的最高焊缝质量等级。GB/T 25343.2—2010 的附录 A 给出了部件的认证等级实例；

——图样中应标出焊缝形式、厚度及其长度(参见附录 B)；

——图样中、零件清单或其他文件中应标出焊接材料。

所有焊缝都应采用序号并在图样、零件清单或其他文件中标出。

如果图中没有给出 GB/T 19804 规定的允许公差，则应采用以下例值：

a） 线性及角度尺寸公差等级为 B；

b） 垂直度、平面度及平行度公差等级为 F。

附　录　A
（资料性附录）
焊接接头清单

公司及部门名称：

焊接接头清单

项目：　　　　合同号：　　　　制造商的鉴定或认证等级：　　　　日期：

零件名称	图号	版本	坐标 X	坐标 Y	厚度 t_1	厚度 t_2	接头类型	接头制备形式	焊接质量等级	缺欠评定等级	检验等级	WPQR/WPS	焊接工艺	焊接填充材料	保护气体类型	备注

附　录　B
（资料性附录）
焊接接头准备

表 B.1 中给出了轨道车辆焊缝建议的接头准备及焊缝厚度，该轨道车辆采用 GB/T 5185—2005 中的焊接工艺 111、114、131、135、136、137、141、15 和 311。其他的坡口形式若通过 GB/T 25343.4—2010 的验证也允许采用。

焊接符号见 ISO 2553；接头的坡口形式见 ISO 9692 。

表 B.1　焊接接头的坡口形式和焊缝厚度

编号	标记	图示	符号	坡口形式剖面图	符号图	材料厚度 t mm		角度 α (°)		间隙 b mm		钝边厚度 c mm		坡口深度 h mm		设计焊缝厚度 a_R mm
						铝[a]	钢	铝[a]	钢	铝[a]	钢	铝[a]	钢	铝[a]	钢	
1a	单侧 I 形焊缝		||	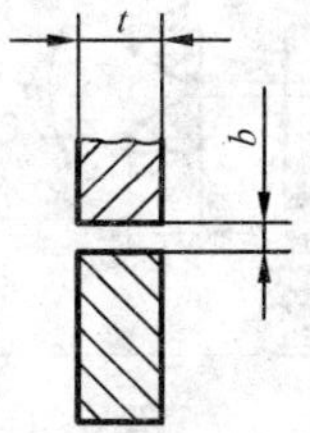	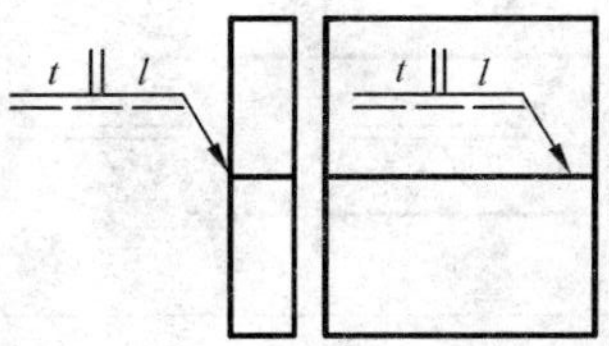	≤4	≤4	—	—	0～2	0～3	—	—	—	—	$a_R=t$
1b	带垫板的 I 形焊缝[a b]		||	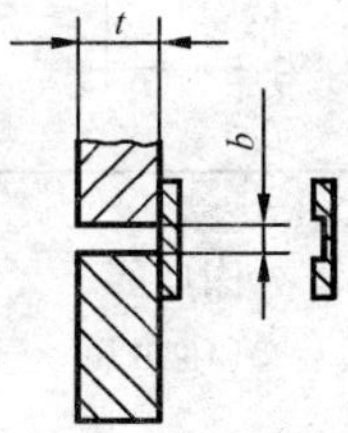	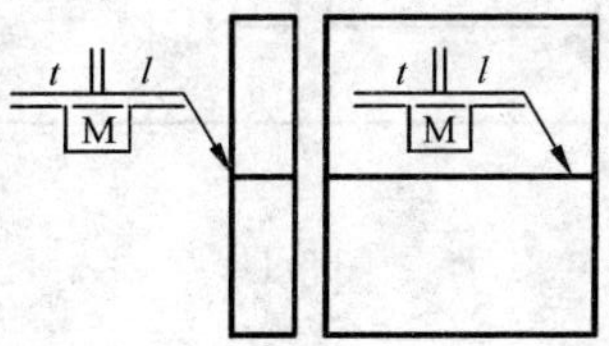	≤6	≤6	—	—	0～3	0～3	—	—	—	—	$a_R=t$

表 B.1（续）

编号	标记	图示	符号	坡口形式剖面图	符号图	材料厚度 t mm		角度 α (°)		间隙 b mm		钝边厚度 c mm		坡口深度 h mm		设计焊缝厚度 a_R mm
						铝[a]	钢	铝[a]	钢	铝[a]	钢	铝[a]	钢	铝[a]	钢	
1c	双侧 I 形焊缝		‖	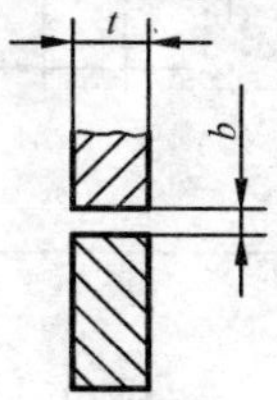	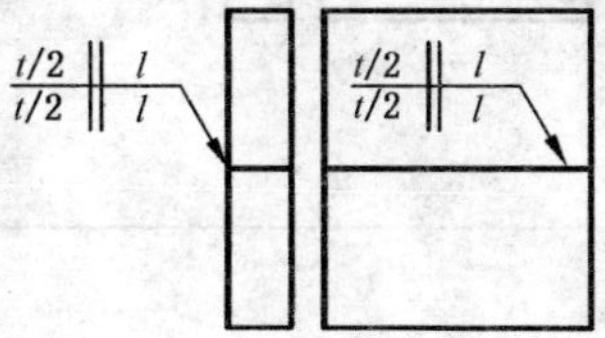	3～6	3～6	—	—	0～2	0～3	—	—	—	—	$a_R=t$
2a	V-型对接焊缝		V	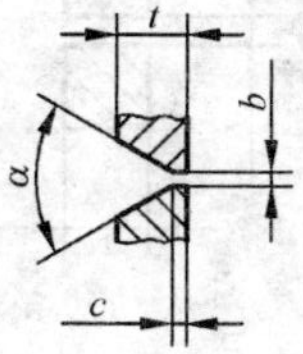	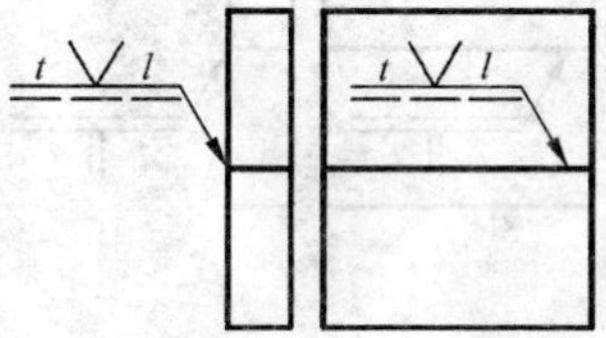	3～15	3～15	60～70	50～60	0～2	0～3	0～2	0～2	—	—	$a_R=t$
2b	带垫板的 V 型对接焊缝[b]		V	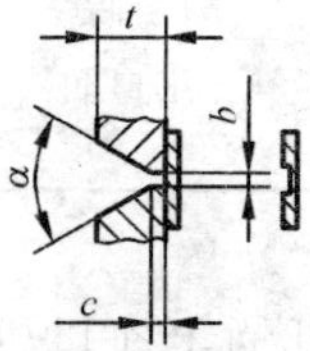	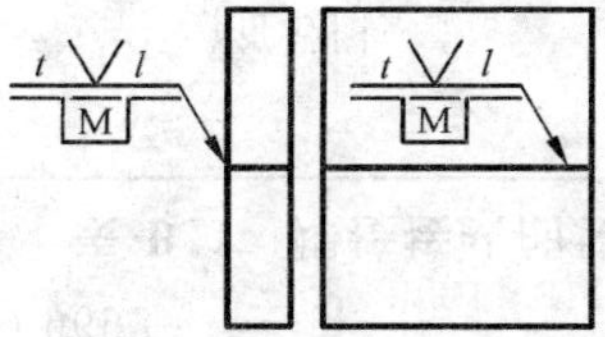	3～15	3～15	60～70	50～60	0～4	2～4	0～2	0～2	—	—	$a_R=t$
2c	带封底的 V 型对接焊缝[c]			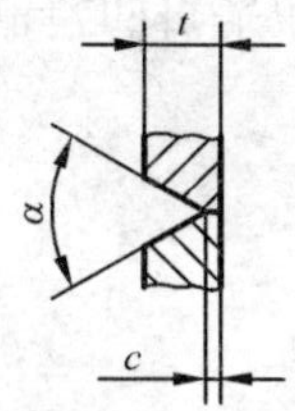	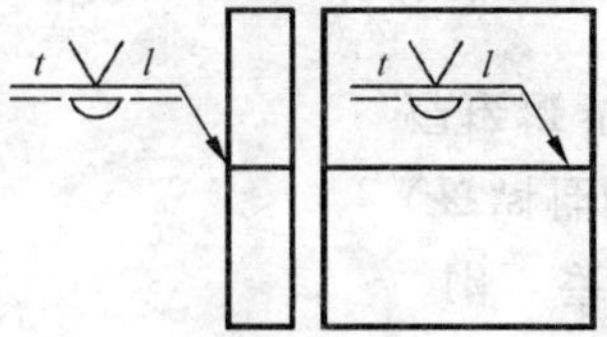	3～15	3～15	60～70	50～60	0～2	0～2	0～2	0～2	—	—	$a_R=t$

表 B.1（续）

编号	标记	图示	符号	坡口形式剖面图	符号图	材料厚度 t mm		角度 α (°)		间隙 b mm		钝边厚度 c mm		坡口深度 h mm		设计焊缝厚度 a_R mm
						铝[a]	钢	铝[a]	钢	铝[a]	钢	铝[a]	钢	铝[a]	钢	
2d	带垫板的陡坡焊缝[b]			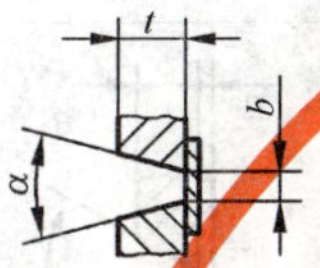	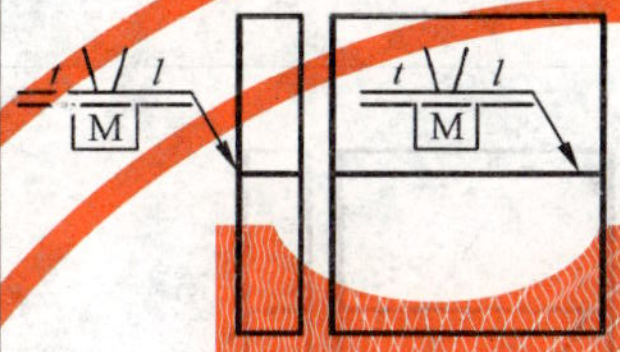	8～20	12～30	30～40	20～40	4～10	6～15	—	—	—	—	$a_R=t$
3a	HV 焊缝[d]			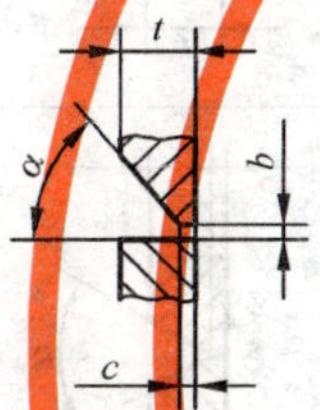		3～15	3～15	50～60	40～60	0～2	1～3	1～2	1～2	—	—	$a_R=t$
3b	带垫板的 HV 焊缝[b]			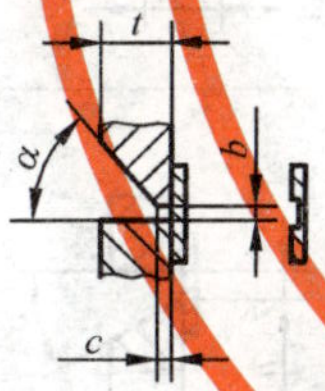	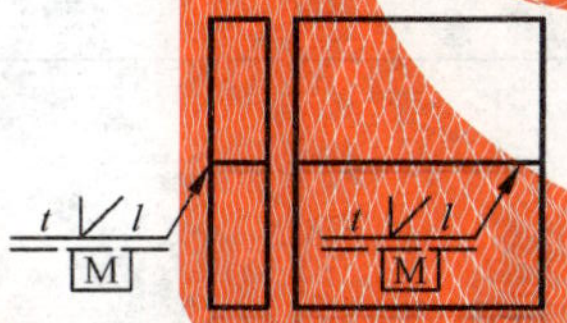	3～15	3～15	50～60	40～60	0～4	2～4	1～2	1～2	—	—	$a_R=t$
3c	带封底焊 HV 焊缝[c]			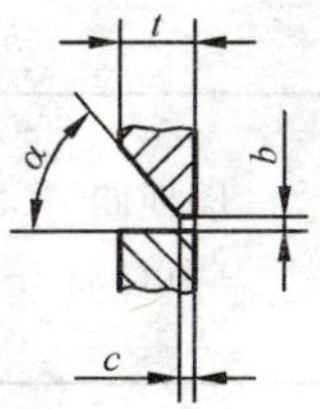	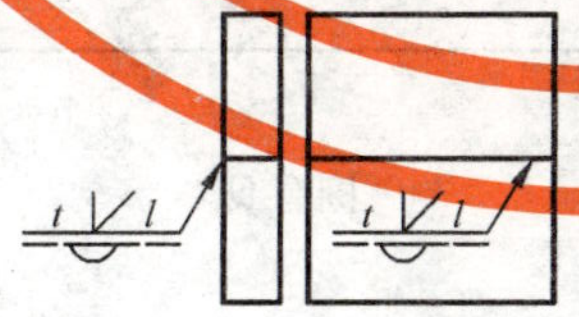	3～15	3～15	50～60	40～60	0～2	0～2	1～2	1～2	—	—	$a_R=t$

表 B.1（续）

<table>
<tr><th rowspan="2">编号</th><th rowspan="2">标记</th><th rowspan="2">图示</th><th rowspan="2">符号</th><th rowspan="2">坡口形式
剖面图</th><th rowspan="2">符号图</th><th colspan="2">材料厚度 t
mm</th><th colspan="2">角度 α
(°)</th><th colspan="2">间隙 b
mm</th><th colspan="2">钝边厚度 c
mm</th><th colspan="2">坡口深度 h
mm</th><th rowspan="2">设计焊缝
厚度 a_R
mm</th></tr>
<tr><th>铝[a]</th><th>钢</th><th>铝[a]</th><th>钢</th><th>铝[a]</th><th>钢</th><th>铝[a]</th><th>钢</th><th>铝[a]</th><th>钢</th></tr>
<tr><td>3d</td><td>带垫板的半陡坡焊缝[b]</td><td></td><td></td><td>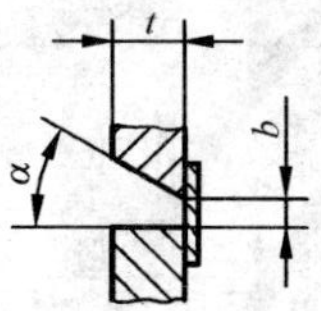</td><td>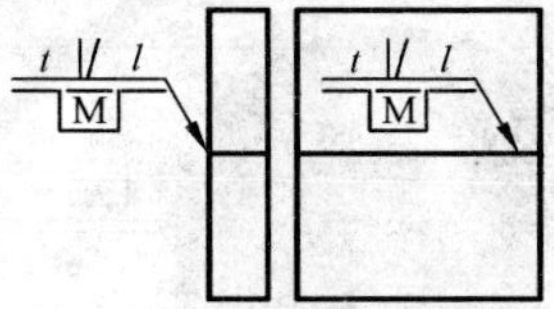</td><td>8～20</td><td>12～30</td><td>30～40</td><td>20～40</td><td>4～10</td><td>6～15</td><td>—</td><td>—</td><td>—</td><td>—</td><td>$a_R=t$</td></tr>
<tr><td>4a</td><td>Y 焊缝</td><td></td><td></td><td>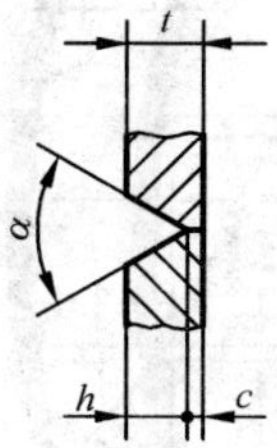</td><td>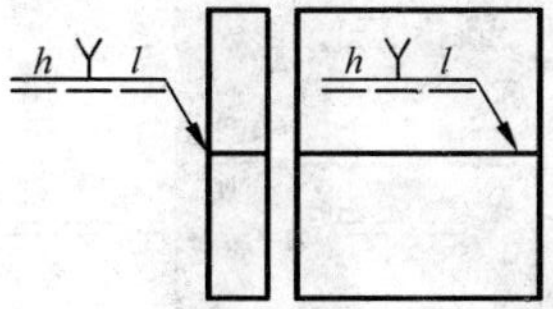</td><td>3～15</td><td>3～15</td><td>60～70</td><td>50～60</td><td>—</td><td>—</td><td>≤ 0,2t</td><td>≤ 0,2t</td><td>≥ 0,8t</td><td>≥ 0,8t</td><td>$a_R \leqslant t-c$</td></tr>
<tr><td>4b</td><td>带封底焊的 Y 焊缝[e]</td><td></td><td></td><td>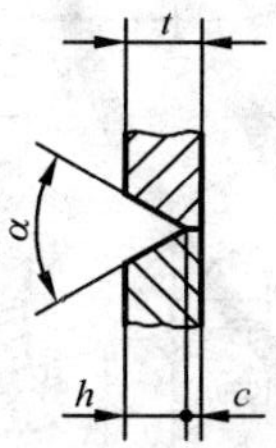</td><td>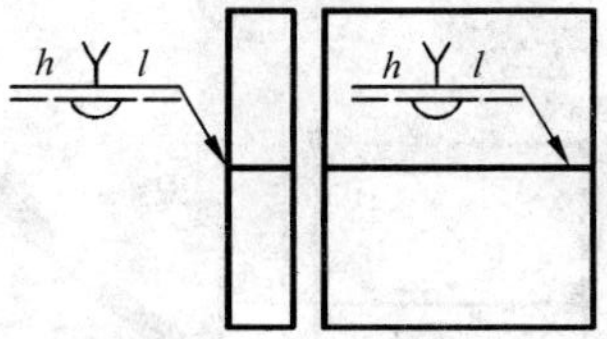</td><td>3～15</td><td>3～15</td><td>60～70</td><td>50～60</td><td>—</td><td>—</td><td>≤ 0,2t</td><td>≤ 0,2t</td><td>≥ 0,8t</td><td>≥ 0,8t</td><td>$a_R \leqslant t-c$</td></tr>
<tr><td>5a</td><td>HY 焊缝</td><td></td><td></td><td>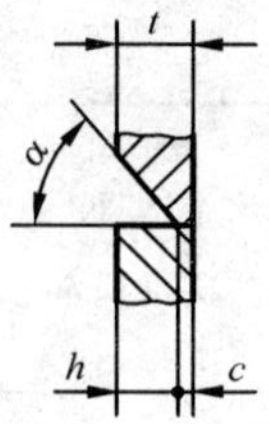</td><td>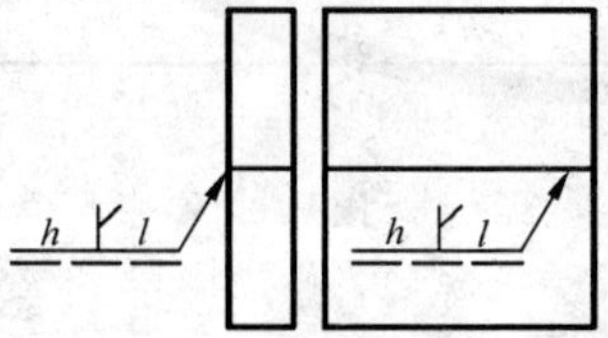</td><td>3～15</td><td>3～15</td><td>50～60</td><td>40～60</td><td>—</td><td>—</td><td>≤ 0,2t</td><td>≤ 0,2t</td><td>≥ 0,8t</td><td>≥ 0,8t</td><td>$a_R \leqslant t-c$</td></tr>
</table>

表 B.1（续）

编号	标记	图示	符号	坡口形式剖面图	符号图	材料厚度 t mm		角度 α (°)		间隙 b mm		钝边厚度 c mm		坡口深度 h mm		设计焊缝厚度 a_R mm
						铝[a]	钢	铝[a]	钢	铝[a]	钢	铝[a]	钢	铝[a]	钢	
5b	带封底焊的 HY 焊缝			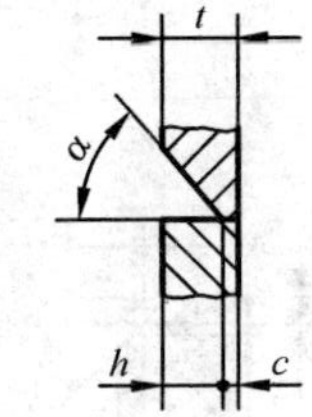	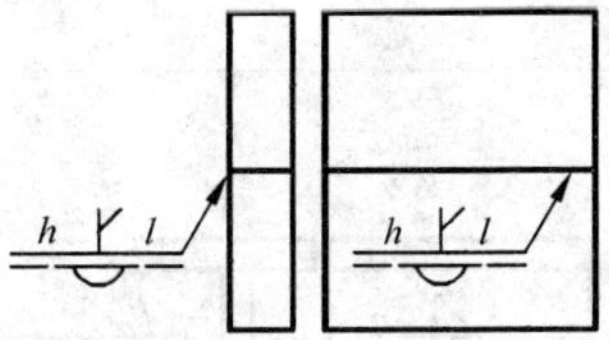	3～15	3～15	50～60	40～60	—	—	≤ 0,2t	≤ 0,2t	≥ 0,8t	≥ 0,8t	$a_R \leqslant t-c$
6	DV 焊缝（X 焊缝）[c]			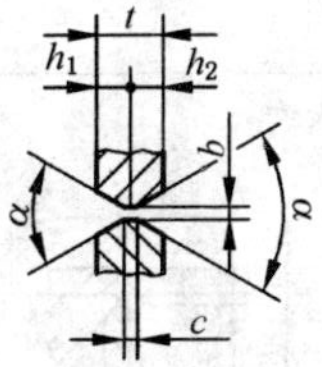	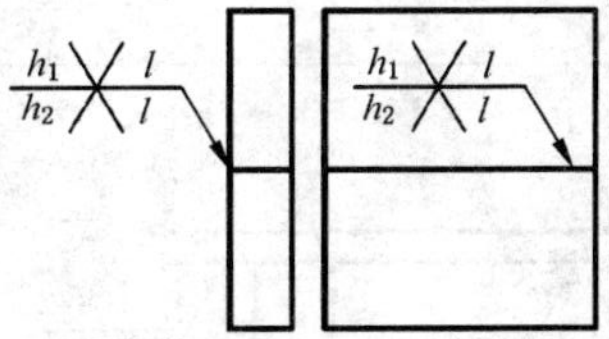	≥12	≥12	60～70	50～60	0～3	0～3	1～2	1～2	$h_{1/2}$ 1/3t～1/2t		$a_R = t$
7	DHV 焊缝（双 HV 焊缝）[c]		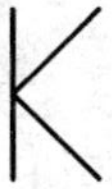	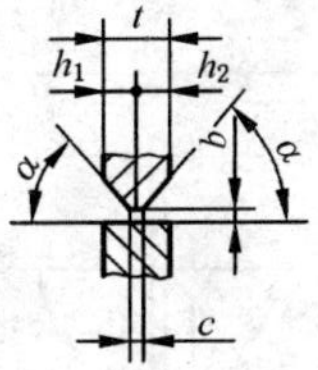	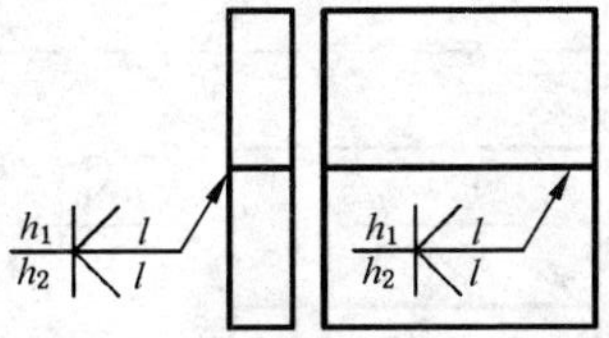	≥12	≥12	50～60	40～60	0～2	1～3	1～2	1～2	$h_{1/2}$ 1/3t～1/2t		$a_R = t$
8	DV 焊缝（双 Y 焊缝）			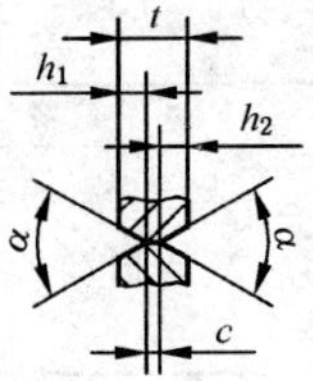	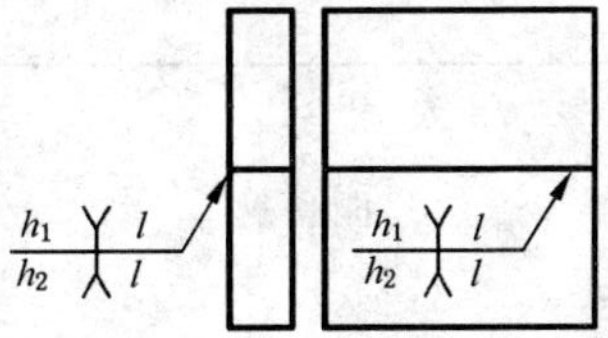	≥12	≥12	60～70	50～60	—	—	≤ 0,2t	≤ 0,2t	≥ 0,4t	≥ 0,4t	$a_R \leqslant t-c$

表 B.1（续）

编号	标记	图示	符号	坡口形式剖面图	符号图	材料厚度 t mm		角度 α (°)		间隙 b mm		钝边厚度 c mm		坡口深度 h mm		设计焊缝厚度 a_R mm
						铝[a]	钢	铝[a]	钢	铝[a]	钢	铝[a]	钢	铝[a]	钢	
9	DHV 焊缝（双 HY 焊缝）			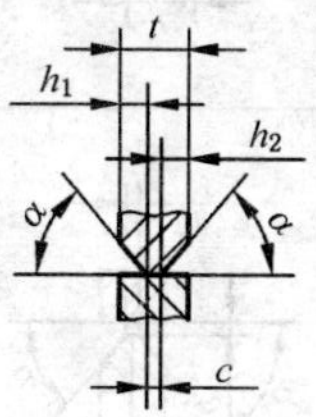	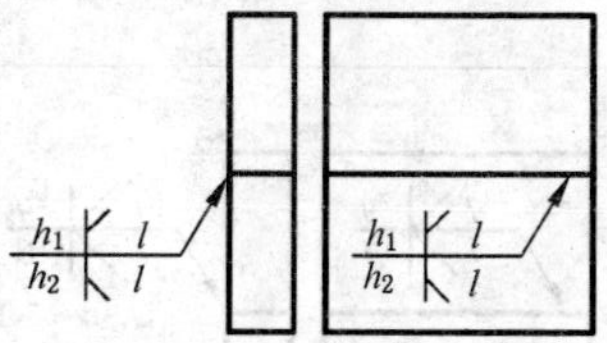	⩾ 12	⩾ 12	50～60	40～60	—	—	⩽ 0,2t	⩽ 0,2t	⩾ 0,4t	⩾ 0,4t	$a_R \leqslant t-c$
10a	HV 焊缝[d]			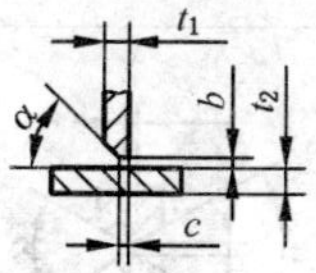	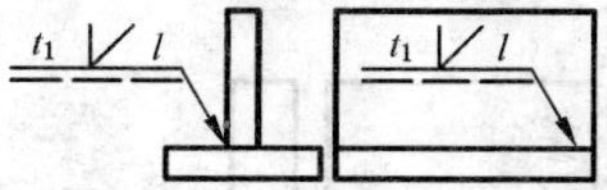	3～15	3～15	50～60	50～60	1～3	1～3	0～2	0～2	—	—	$a_R = t$
10b	以角焊做封底焊的 HV 焊缝[c]			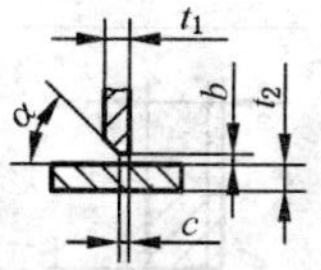	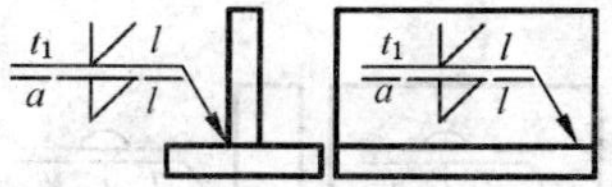	3～15	3～15	50～60	50～60	0～3	0～3	0～2	0～2	—	—	$a_R = t_1$
10c	附加角焊缝的 HV 焊缝[d]			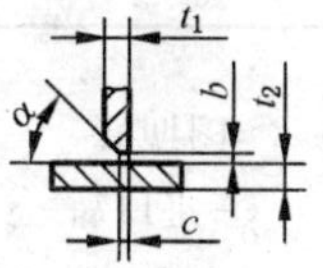	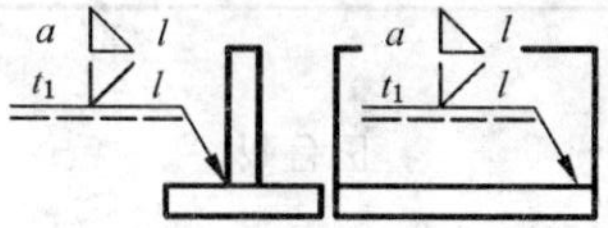	3～15	3～15	50～60	50～60	0～3	0～3	0～2	0～2	—	—	$a_R = t_1$

表 B.1（续）

编号	标记	图示	符号	坡口形式剖面图	符号图	材料厚度 t mm 铝[a]	材料厚度 t mm 钢	角度 α (°) 铝[a]	角度 α (°) 钢	间隙 b mm 铝[a]	间隙 b mm 钢	钝边厚度 c mm 铝[a]	钝边厚度 c mm 钢	坡口深度 h mm 铝[a]	坡口深度 h mm 钢	设计焊缝厚度 a_R mm
10d	带封底焊的 HV 焊缝[c]			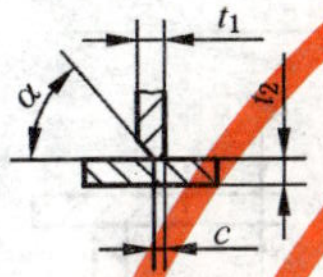		3～15	3～15	50～60	50～60	0～3	0～3	0～2	0～2	—	—	$a_R = t_1$
10e	带垫板的 HV 焊缝[b d]			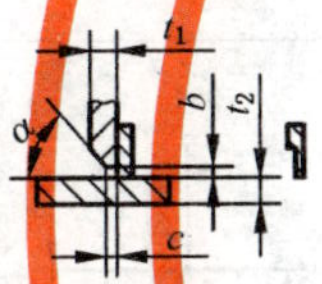		3～20	3～20	50～60	50～60	0～5	0～5	0～2	0～2	—	—	$a_R = t_1$
11a	HY 焊缝			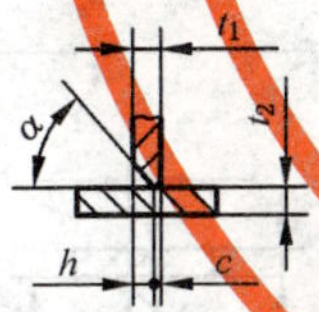	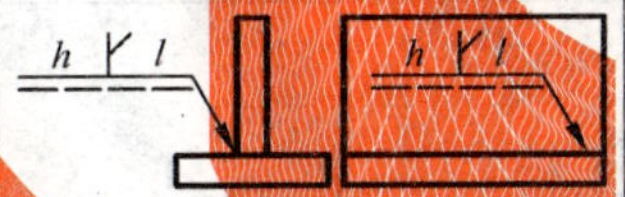	3～15	3～15	50～60	50～60	—	—	≤ 0,2t	≤ 0,2t	—	—	$a_R \leqslant t_1 - c$
11b	以角焊做封底焊的 HY 焊缝[e]			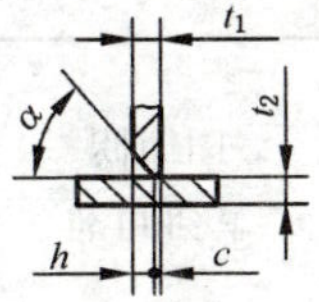		3～15	3～15	50～60	50～60	—	—	≤ 0,2t	≤ 0,2t	—	—	$a_R \leqslant h + a \leqslant t_1$

表 B.1（续）

编号	标记	图示	符号	坡口形式剖面图	符号图	材料厚度 t mm		角度 α (°)		间隙 b mm		钝边厚度 c mm		坡口深度 h mm		设计焊缝厚度 a_R mm
						铝[a]	钢	铝[a]	钢	铝[a]	钢	铝[a]	钢	铝[a]	钢	
11c	附加角焊缝的 HY 焊缝		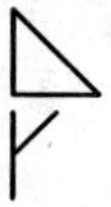	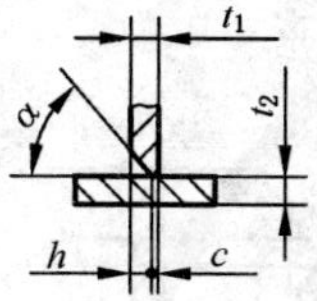	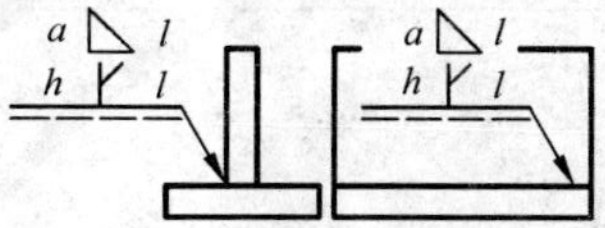	3～15	3～15	50～60	50～60	—	—	≤ 0,2t	≤ 0,2t	—	—	$a_R \leq h \leq t_1$ 在特别情况下：$a_R \leq h + a \leq t_1$
12	三件连接焊缝			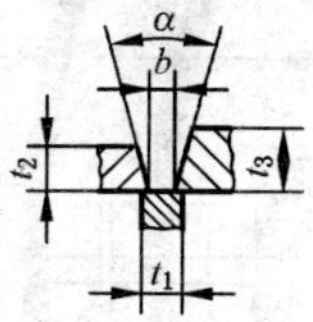	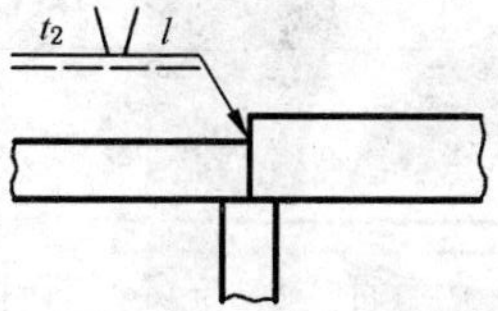	$t2$ 4～20	$t2$ 4～20	30～40	20～40	4～10	4～10	—	—	—	—	$a_R = b$[f] $a_R = t_2$[g]
13a	角焊缝			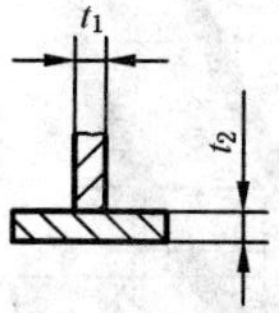	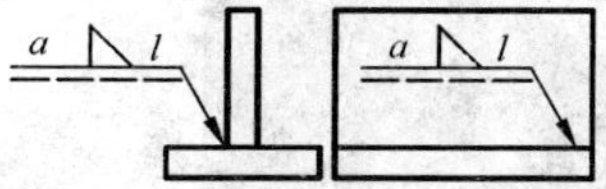	铝：a_{min} 3 mm，a_{max} 12 mm 钢：a_{min} 2 mm，a_{max} 12 mm										$a_R = a \leq \times 0,7 t_{min}$
13b	双角焊缝			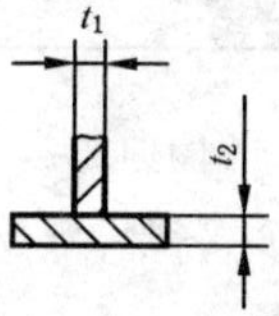	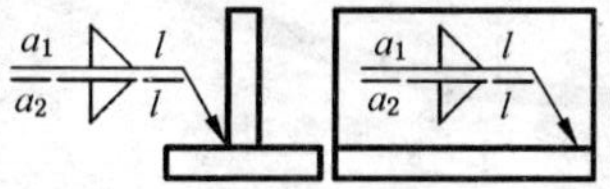	铝：a_{min} 3 mm，a_{max} 12 mm 钢：a_{min} 2 mm，a_{max} 12 mm										$a_R = a_1 + a_2 \leq t_{min}$ $a_{max} \leq 0,7 \times t_{min}$

表 B.1(续)

编号	标记	图示	符号	坡口形式剖面图	符号图	材料厚度 t mm		角度 α (°)		间隙 b mm		钝边厚度 c mm		坡口深度 h mm		设计焊缝厚度 a_R mm
						铝[a]	钢	铝[a]	钢	铝[a]	钢	铝[a]	钢	铝[a]	钢	
13c	拐角焊缝			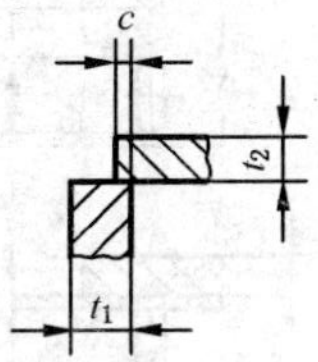	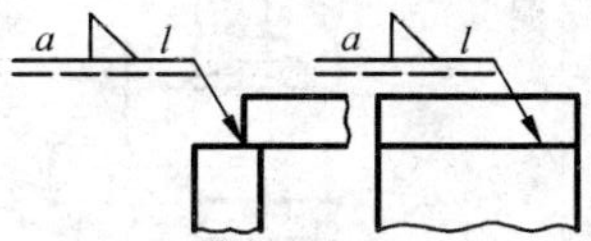	t_1 $\geqslant 1$	t_1 $\geqslant 1$	—	—	—	—	—	—	—	—	$a_R = a \leqslant 0,7 \times t_2$ $t_2 \leqslant t_1$
13d	拐角焊缝	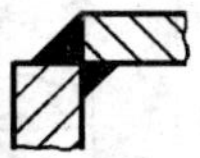		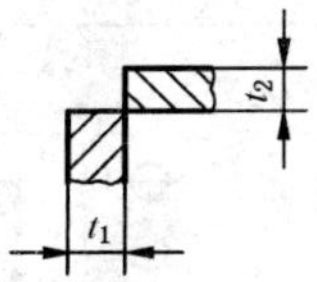	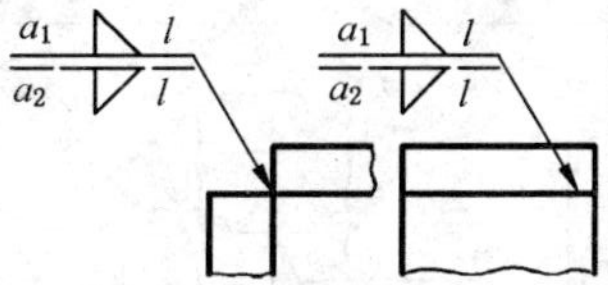	t_2 $\geqslant 3$	t_2 $\geqslant 3$	—	—	—	—	—	—	—	—	$a_R = a_1 + a_2$ $a_1 \leqslant \times 0,7 \times t_2$ $t_2 \leqslant t_1$
13e	搭接焊缝	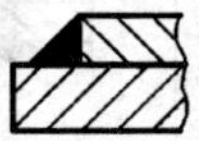		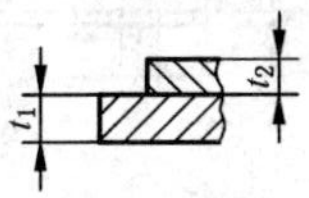	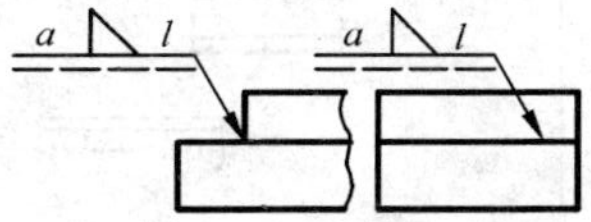	t_2 $\geqslant 1,5$ $t_1 \geqslant 3$	t_2 $\geqslant 1,5$ $t_1 \geqslant 2$	—	—	—	—	—	—	—	—	$a_R = a \leqslant 0,7 \times t_2$ $t_2 \leqslant t_1$

注：如果使用特殊的焊接工艺(例如:全机械化的焊接工艺),并且通过工作试件证明所需要的焊缝厚度,那么允许与本焊接坡口形式不同。

[a] 铝材与铝合金;

[b] M或者 MR(见 ISO 2553);

[c] 在焊接背部焊层前,根部要修磨出坡口;

[d] 对于不带垫板的 HV 焊缝为确保根部的熔合良好,应由设计、生产和试验采取措施(工作试件);

[e] 封底焊道用于间隙的防腐;

[f] 从 t_1 到 t_2 与 t_3 的力传递;在计算中要考虑厚度 t_2 与 t_3 以及接头间隔 b;

[g] 从 t_2 到 t_3 的力传递。

附 录 C
（资料性附录）
塞焊接头准备

表 C.1 中给出了轨道车辆上塞焊焊缝推荐的接头准备和焊缝厚度。

表 C.1 塞焊的接头准备和焊缝厚度

单位为毫米

编号	标记	图示	符号	坡口形式剖面图	符号图	工件厚度 t_1		工件厚度 t_2		孔宽 c 或 d		孔距 e		设计焊缝面积 a_R
						铝	钢	铝	钢	铝	钢	铝	钢	
1	塞焊	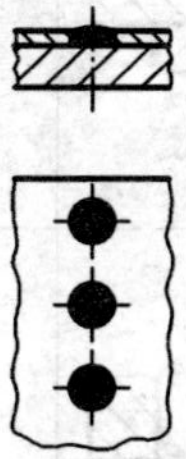		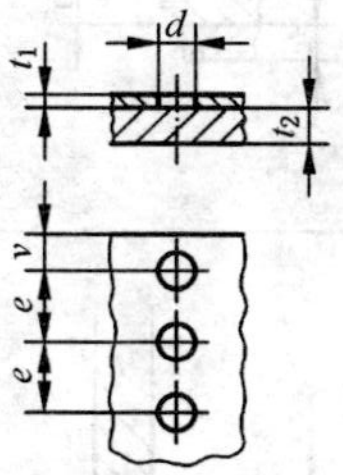	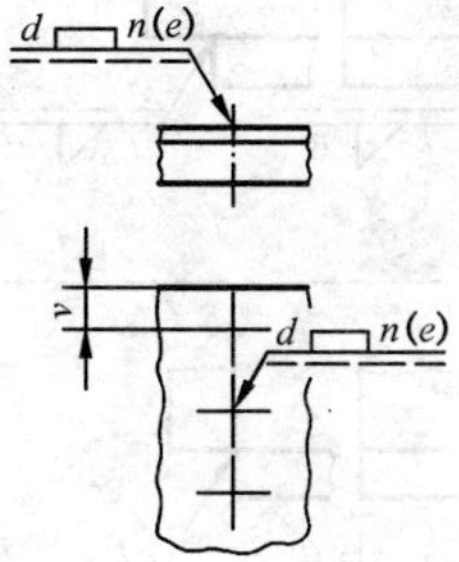	$\geqslant 3$	$\geqslant 2$	$\leqslant 4$	$\leqslant 4$	$3\times t_2\leqslant d\leqslant 4\times t_2$	$3\times t_2\leqslant d\leqslant 4\times t_2$	$3\times d\leqslant e\leqslant 4\times d$	$3\times d\leqslant e\leqslant 4\times d$	$A=\frac{\pi d^2}{4}$
2	长孔塞焊			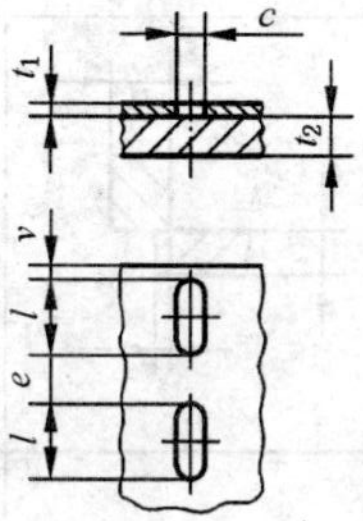	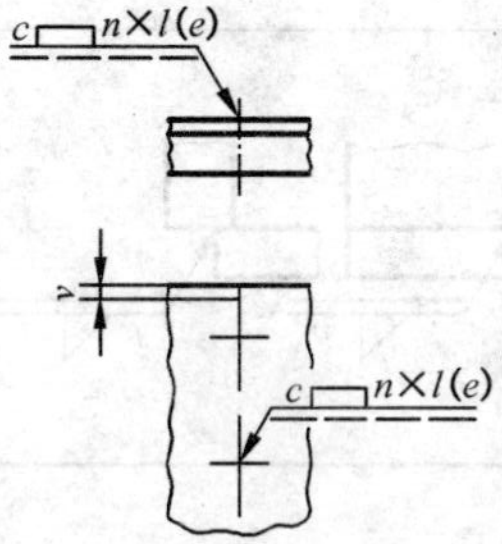	$\geqslant 3$	$\geqslant 2$	$\leqslant 6$	$\leqslant 6$	$3\times t_2\leqslant d\leqslant 4\times t_2$	$c\geqslant 3\times t_2$	$3\times c\leqslant e\leqslant 4\times c$	$3\times c\leqslant e\leqslant 4\times c$	$A_R=c(l-c)$
边距条件 v：$v\geqslant d$ 或 $v\geqslant c$。														

附 录 D
（资料性附录）
有关应力和检验等级的接头类型

图 D.1 是选择接头类型来降低应力和检验等级的各种可能性。箭头表示是适合降低焊缝质量等级和检验等级的接头类型。在各种情况下，均应考虑载荷大小及其方向。

1——只能从单面进行焊接；
2——可以从两面进行焊接；
3——只能从单面进行焊接；
4——可以从两面进行焊接；
5——铸件或锻件。
在每一阶段，可以对角焊的焊趾进行打磨，而对对接焊缝则可以进行磨平。

图 D.1 有关应力和检验等级的接头类型

附 录 E
（资料性附录）
焊接接头有效性确认流程图

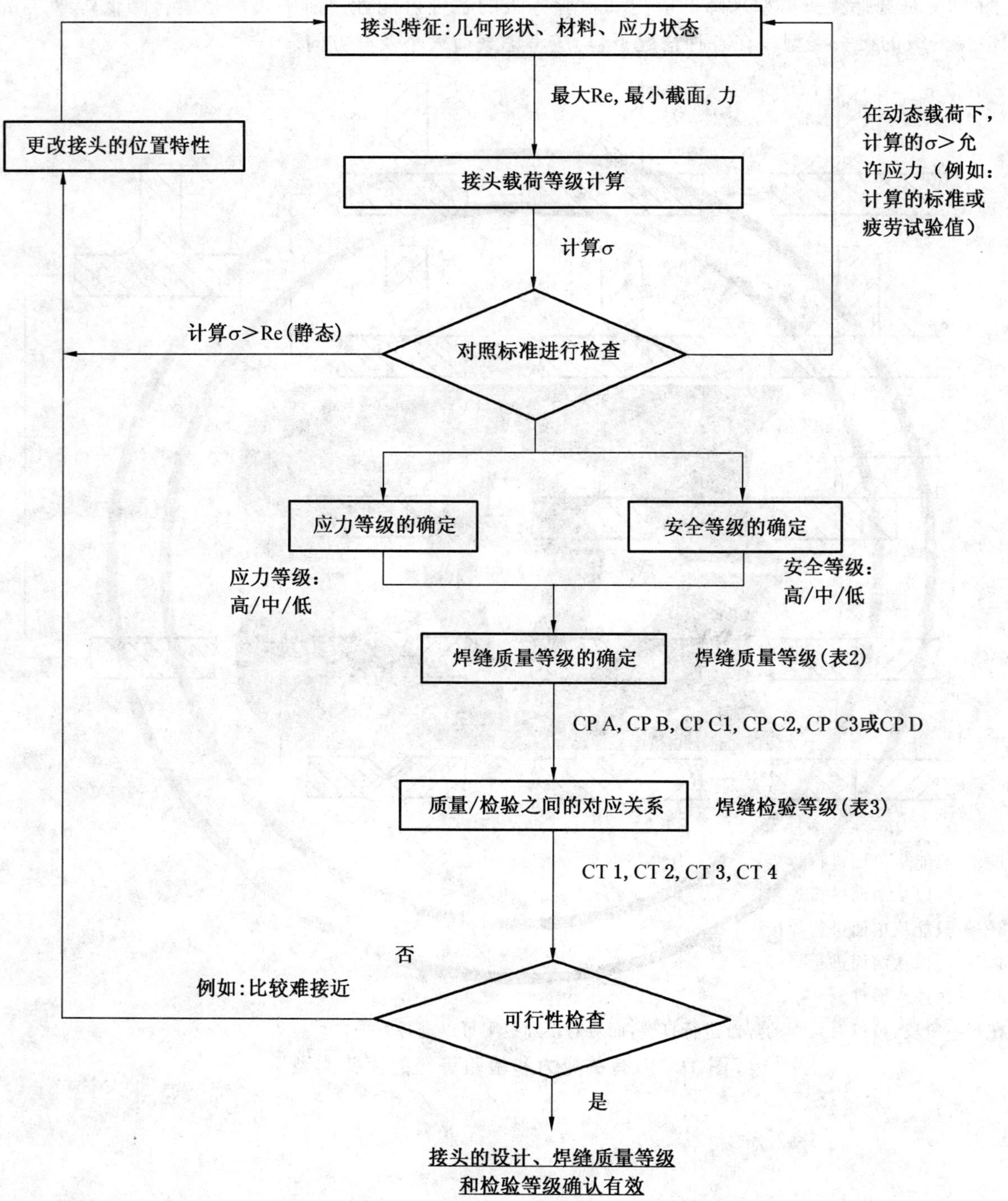

附 录 F
（规范性附录）
电 阻 点 焊

F.1 概述

表 F.1 提供了电阻点焊时根据工件厚度确定的焊点间距和到边缘距离的最低设计参数。

表 F.1 焊点间距和边距

单位为毫米

工件厚度 t_1	1	1.25	1.5	1.75	2	2.5	3
焊点间距 e_1	25	35	35	35	40	50	50
到边缘距离 v	≥10	≥10	≥10	≥10	≥15	≥15	≥15

最小剪切力和焊点直径见表 F.4 和表 F.5。

如果这些值因设计原因造成偏差，应用焊接工作试件验证设计是否正确，见图 F.1、F.2、F.3、F.4。

单位为毫米

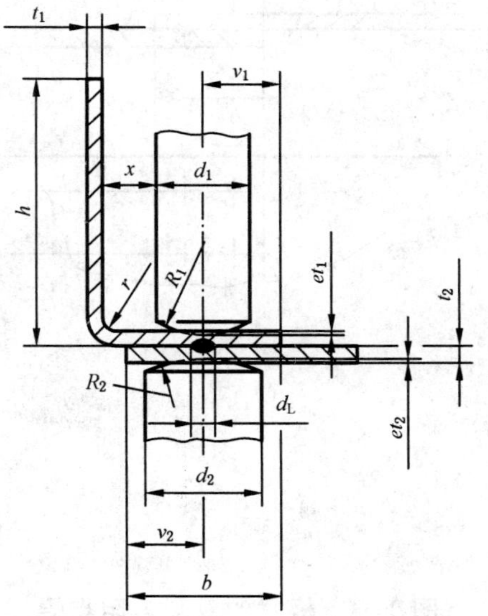

$x>5$ 且 $x>r$

X——侧面距离；

d_L——焊点直径；

$d_{1,2}$——电极直径；

r——弯曲半径；

t_1——较小板材厚度；

t_2——较大板材厚度；

et_1——上压痕深度；

et_2——下压痕深度；

R——电极圆角半径；

b——塔接宽度；

h——板折边的高度；

v_1——到边缘 1 的距离；

v_2——到边缘 2 的距离。

图 F.1 折弯的型材与板材的电阻点焊

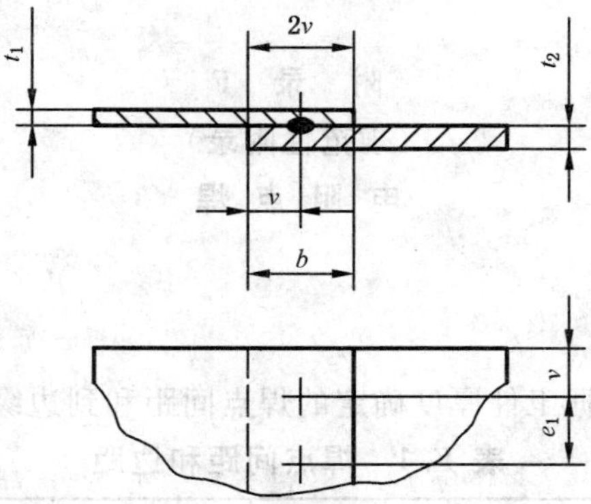

e_1——焊点间距；
v——到边缘距离；
t_1——较小板材厚度；
t_2——较大板材厚度；
b——搭接宽度。

图 F.2 板材的单列电阻点焊

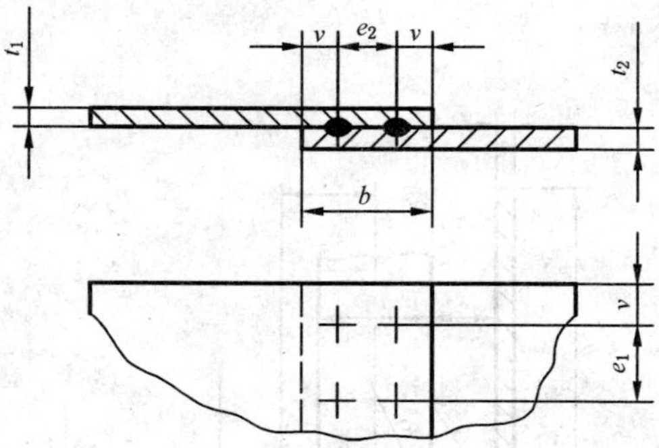

e_1——焊点间距；
e_2——焊点列间距；
v——到边缘的距离；
t_1——较小板材厚度；
t_2——较大板材厚度；
b——搭接宽度。

图 F.3 板材的双列电阻点焊

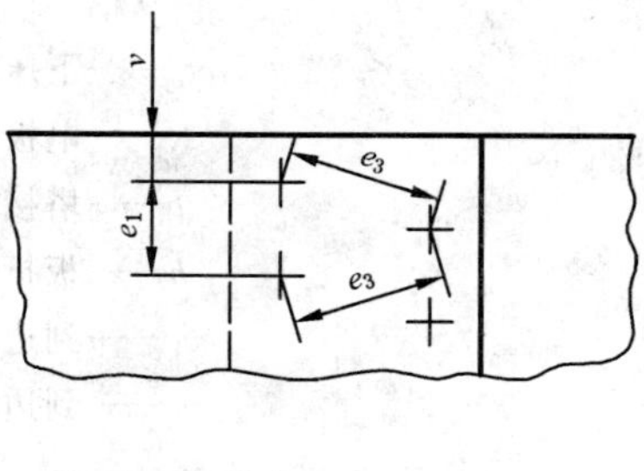

e_1——焊点间距；
e_3——焊点间距(双列、错位)；
v——到边缘的距离。

图 F.4 板材的双列错位电阻点焊

表 F.2 规定了生产焊缝的电阻点焊接头、凸焊接头和电阻缝焊接头的质量要求。

表 F.2 质量要求

序号	GB/T 6417.2 中缺欠代号	要求	焊缝质量等级 CP C1 与 CP C2	焊缝质量等级 CP C3	焊缝质量等级 CP D
质量要求,一般					
1		按 GB/T 5185—2005 对焊接工艺进行分类	21,22	21,22,23	
2		机器型号	有周期控制程序和过程检验的焊接设备。	有周期控制程序的焊接设备。	要求 CP C1、CP C2 及 CP C3 有效,对于 21,允许使用人工焊机、脚操纵台式焊机。
3		适用范围	轨道车辆的支撑部件(侧墙、端墙、地板及外部零件,如仪表箱、活动盖板、护栏挡板及车门等)。		附属零件(板、电缆管道、通风格栅)。
4		允许的板厚比	$t_2:t_1\leqslant3:1$ 其他的板厚比和两块以上板的焊接应征得用户的同意。		无要求
5		最小剪切拉力	对于 21,见表 F.4 与表 F.5; 对于 22 和 23,在连接部分方面这些表都有效。		CP C1、CP C2 与 CP C3 的 75%。
6		各种零件的外观	结合件表面的焊接处不应有氧化皮、锈蚀、涂料、灰尘、油脂及其他污垢等。 如果证明适合焊接,允许有附加的表面涂层、叠层、防腐保护层、密封材料、粘胶材料等。		
7		钢的最大硬度值	应按 ISO 15614.12 的一般要求,硬度值见 GB/T 19869.1。		无要求
质量要求,外观检查结果,外部情况					
9	P 100	裂纹	不允许		
10	P 2011 P 2012 P 2013	气孔 孔均布气孔 密集气孔	不允许		如缔约双方达成一致则允许。
11	P 602 P 612	飞溅 金属溢出	如缔约双方达成一致则允许。		如缔约双方达成一致则允许。
12	P 526	表面缺欠	表 F.3 中的表面质量 2 和 3 是允许的。		表 F.3 中的表面质量 2、3 和 4 是允许的。
13	P 522	一面烧穿	不允许		允许
14	P 5263	电极附着	不允许		如缔约双方达成一致则允许。

表 F.2（续）

序号	GB/T 6417.2 中缺欠代号	要求	焊缝质量等级 CP C1 与 CP C2	焊缝质量等级 CP C3	焊缝质量等级 CP D
质量要求，内部检查结果，内部情况					
15	P 5216	熔核厚度不满足	薄板总厚度的 30%(最小)至 90%(最大)。		无要求
16	P 100	裂纹	对于 21 和 23，在熔核中心部位允许(最大为熔核直径的一半)。 对于 22，则不允许。		
17	P 2011	气孔 固体金属夹渣	对于 21 和 23，在熔核中心部位的一半则允许。		
18	P 2012 P 2013	均布气孔 局部密集气孔	对于 22：$A\leqslant 2\%$ $d\leqslant 0.4t_1$ [a]		对于 22：$A\leqslant 4\%$ $d\leqslant 0.5t_1$
19	P 400 P 401	未熔合 无焊缝	不允许		
20	P 525	板间有空隙	紧邻焊点：$h\leqslant 0.1(t_1+t_2)$		允许
检测和文件					
21		目测[b]	100%		
22		简化工作试件(SWPT)[c]	—每天工作前； —在 WPS 改变时； —在工具更换时；		
23		标准工作试件(NWPT)[d]	—WPS 的确认； —生产中根据焊缝体积、焊接设备和焊缝质量等级，定期进行质量的验证。		不要求
24		文件	—NWPT，100% —100%过程监控。	—NWPT 必须	不要求

[a] A=缺欠面积，d=单个缺欠尺寸(如长度、宽度，直径)；

[b] 检测焊接的完整性并在无光学辅助器材下的外观评判；

[c] SWPT：根据 ISO 10447 进行滚动试验和凿剥离试验或按 ISO 17653 进行简化的扭转试验(工作试件)；

[d] NWPT：对 21 和 23：根据 ISO 15614-12 进行的按钮试验，一个金相检验；对于 22：无损检测，根据 ISO 15614-12 进行的按钮试验，一个金相检验。

表 F.3 规定了电阻点焊接头、多点凸焊焊接头和电阻缝焊接头的表面质量。

表 F.3　表面质量

表面质量	要　　求	应　　用
1	应由制造商与用户达成一致。	应由制造商与用户达成一致
2	焊接痕迹(电极压痕、环形加强斑痕、缺欠、热变形等)不能超过单侧板厚度 10%。 注：必要时，也可填满压痕。	有美观要求的表面(如侧墙、端墙和车顶)。
3	焊接痕迹不超过板厚度的 25%在这区域内，只要图样上没有要求不应有毛边和飞溅物，就允许有附着坚固的熔渣存在。	没有美观要求的表面(如货车车箱、运输集装箱、地板)。
4	没有质量要求。	没有美观要求的次要零部件。

F.2 最低拉剪力

表 F.4 和表 F.5 包含电阻点焊接头的最低拉剪力，这些拉剪力值取决于焊缝质量等级为 CP C1、CP C2 和 CP C3 的工件厚度，并应经过拉伸剪切试验进行验证。

——钢：表 F.4；

——铝及铝合金：表 F.5。

所列值是一组五个独立焊点的最低平均值。

合同双方一致同意并经过焊接工作试件批准，也可采用更高的拉剪力。

表 F.4 焊缝质量等级为 CP C1、CP C2 和 CP C3 的钢的电阻点焊接头的最低拉剪力

t_1/mm	d_L/mm	母材的抗拉强度 Rm/MPa		
		Rm≤360	360<Rm<510	510≤Rm<620
		每一点的最小拉剪力/kN		
0.8	4.5	3.5	4.5	6.0
1.0	5.0	4.7	6.0	8.0
1.25	5.5	5.9	7.5	10.0
1.5	6.0	7.1	9.0	12.0
1.75	6.5	8.5	10.9	14.5
2.0	7.0	10.0	12.8	17.0
2.5	8.0	12.9	16.5	22.0
3.0	8.5	16.5	21.0	28.0

上述值对非合金钢和合金钢都有效，对它们的组合也有效。如果是由几种不同抗拉强度的母材组成的组合，应选用值较小的材料。

表 F.5 焊缝质量等级为 CP C1、CP C2 和 CP C3 的铝和铝合金的电阻点焊接头的最低拉剪力

t_1/mm	d_L/mm	母材的抗拉强度 Rm/MPa		
		Rm≤240	240<Rm≤300	300<Rm≤350
		每一点的最小拉剪力/kN		
0.8	4.5	1.1	1.3	1.5
1.0	5.0	1.5	1.8	2.1
1.25	5.5	2.0	2.3	2.8
1.5	6.0	2.5	2.9	3.5
2.0	7.0	3.5	4.1	4.8
2.5	8.0	4.5	5.3	6.2
3.0	8.5	5.5	6.4	7.6

如果是抗拉强度不同的几种母材，应选用值较小的材料。

附 录 G
（资料性附录）
焊接接头安全等级的确定

焊接接头相关安全等级的确定应以4.5中的高、中和低级安全等级为基础。

此外，在确定安全等级时还应考虑计算标准或导则中疲劳强度评估与焊接接头失效的安全假定条件和要求。还应采用设计人员在轨道车辆焊接部件疲劳设计中收集积累的实践经验。

在确定高级和中级安全等级时，设计人员应对下列问题做出评估：

——疲劳故障出现前发出警报；

——定期检查能够发现裂纹的可能性；

——部件的设计提供了可供选择的承载方案（通过非静态载荷确定的方案或冗余零部件）；

——焊接部件的设计包含了抑制裂纹扩展的特性。

以下两项作为高级和中级安全等级的选择依据：

——高级：以上准则都不适用时；

——中级：以上有某一项适用时。

确定安全等级的焊接部件举例：

——高级：车体与转向架构架间的焊接连接；

——中级：转向架构架箱型梁的焊接接头及车体框架的焊接接头；

——低级：减振器、制动管和配电板的支撑的焊接接头。

附 录 H
（资料性附录）
6000系铝合金挤压型材的焊接——有关改进耐撞击性的建议

热处理强化型铝合金，如车体用6000系列铝合金型材，焊缝热影响区焊后强度减弱。焊接材料的强度也存在与母材特性欠匹配问题。

应当考虑到这些影响，尤其是在设计车辆耐撞性能时应避免热影响区和焊接金属局部出现的失稳断裂。如果加载荷过大，可能会造成整个车体的失稳断裂。

建议：

——沿车体整个长度进行主要结构的焊接时，挤压型材的几何形状应能保证热影响区的强度与母材强度相匹配。这通常需要焊缝和热影响区的厚度大于母材厚度。

——无法达到这一要求时，比如窗口主棂，如果其凸出部件与主厢体侧面的凸出部件相垂直时，焊接接头的强度设计至少应与相连接的基本零件强度相同。

——利用大角度角撑板加强焊缝或通过焊接加强板来实现这一要求。

6000系铝合金可以采用铝镁合金5型焊接材料(见EN 1011-4)或铝硅合金4型焊接材料进行焊接。

但是，如果是纵向焊缝，铝镁合金焊接材料具有更好的断裂韧性。这一点对于有几何影响的焊缝特别重要，如部分焊透焊缝，限制了焊接金属的断裂。

因此，使用6000系挤压铝合金型材的车身结构纵向焊缝中推荐使用5型焊接材料。

在这种特殊情况下，应在图中或零件清单中明确说明焊接材料的种类。

参 考 文 献

[1] ISO/TR 581,可焊性　金属材料　一般原则.
[2] ISO 3834(所有部分),金属材料的熔焊接质量要求.
[3] EN 1011-4,焊接　金属材料焊接推荐规范　第4部分:铝及其合金电弧焊.

ICS 45.060.01
S 30

中华人民共和国国家标准

GB/T 25343.4—2010

铁路应用　轨道车辆及其零部件的焊接
第4部分:生产要求

Railway applications—Welding of railway vehicles and components—
Part 4: Production requirements

2010-11-10 发布　　2011-03-01 实施

中华人民共和国国家质量监督检验检疫总局
中国国家标准化管理委员会　发布

前　言

GB/T 25343《铁路应用　轨道车辆及其零部件的焊接》分为五个部分：

——第1部分：总则；

——第2部分：焊接制造商的质量要求及认证；

——第3部分：设计要求；

——第4部分：生产要求；

——第5部分：检验、试验及文件。

本部分为GB/T 25343的第4部分，对应于EN 15085-4：2007《铁路应用　轨道车辆及其零部件的焊接　第4部分：生产要求》。本部分修改采用EN 15085-4：2007，主要变化如下：

——删除了EN 15085-4：2007的“前言”和“引言”；

——对EN 15085-4：2007中引用的国际标准（ISO）和欧洲标准（EN），如果我国有对应标准的，一律引用相应的国家标准或行业标准；

——将EN 15085-4：2007的5.2.2中的“当工件温度低于5 ℃时，在任何情况下应进行预热”改为：“当工件温度低于5 ℃时，一般情况下需要进行预热。”；

——关于“5.3.2　焊接材料的符合性”要求，EN 15085-4：2007要求所有焊接材料应通过EN 13479标准的认证，并获得认证机构颁发的证书。在本部分中将该条款修改为：“所有焊接材料应符合有关标准和技术文件的要求。焊接材料的符合性可通过材料证明书加以证明。有效证书的范围应包含已拟订的焊接工艺、材料、焊接位置及焊接电流类型的内容。如果用户要求，可以通过认可机构颁发的证书加以证明。”。

本部分由中华人民共和国铁道部提出。

本部分由南车戚墅堰机车车辆工艺研究所有限公司归口。

本部分起草单位：南车戚墅堰机车有限公司、南车戚墅堰机车车辆工艺研究所有限公司、南车长江车辆有限公司、南车株洲电力机车有限公司、北车长春轨道客车股份有限公司、南车四方机车车辆股份有限公司。

本部分主要起草人：方荣良、李玉生、蒋田芳、李加良、毛军明、胡立国、张海沧。

铁路应用　轨道车辆及其零部件的焊接　第4部分：生产要求

1　范围

GB/T 25343 的本部分规定了焊接的生产要求(例如：准备和实施等要求)。

本部分适用于轨道车辆及其零部件制造和维修过程中金属材料的焊接。

2　规范性引用文件

下列文件中的条款通过 GB/T 25343 的本部分的引用而成为本部分的条款。凡是注日期的引用文件，其随后所有的修改单(不包括勘误的内容)或修订版均不适用于本部分，然而，鼓励根据本部分达成协议的各方研究是否可使用这些文件的最新版本。凡是不注日期的引用文件，其最新版本适用于本部分。

GB/T 5185—2005　焊接及相关工艺方法代号(ISO 4063:1998,IDT)

GB/T 15169　钢熔化焊焊工技能评定(GB/T 15169—2003,ISO/DIS 9606-1:2002,IDT)

GB/T 19867(所有部分)　焊接工艺规程[ISO 15609(所有部分),IDT]

GB/T 19868.1　基于试验焊接材料的工艺评定(GB/T 19868.1—2005,ISO 15610:2003,IDT)

GB/T 19868.2　基于焊接经验的工艺评定(GB/T 19868.2—2005,ISO 15611:2003,IDT)

GB/T 19868.3　基于标准焊接规程的工艺评定(GB/T 19868.3—2005,ISO 15612:2004,IDT)

GB/T 19868.4　基于预生产焊接试验的工艺评定(GB/T 19868.4—2005,ISO 15613:2004,IDT)

GB/T 25343.1—2010　铁路应用　轨道车辆及其零部件的焊接　第1部分：总则

GB/T 25343.3—2010　铁路应用　轨道车辆及其零部件的焊接　第3部分：设计要求

ISO 9013:2002　热切割　热切割分类　产品几何量技术规范和质量公差

ISO 9606-2　焊工的认可试验　熔焊　第2部分：铝和铝合金

ISO 9606-3　焊工的认可试验　熔焊　第3部分：铜和铜合金

ISO 9606-4　焊工的认可试验　熔焊　第4部分：镍和镍合金

ISO 9606-5　焊工的认可试验　熔焊　第5部分：钛和钛合金、锆和锆合金

ISO 14555　焊接　金属材料的电弧螺柱焊

ISO 15614(所有部分)　金属材料焊接程序的规范和鉴定　焊接程序试验

ISO 15620　焊接　金属材料的摩擦焊接

ISO 17652-1　焊接　与焊接和相关工艺有关的工厂底漆的试验　第1部分：一般要求

ISO 17652-2　焊接　与焊接和相关工艺有关的工厂底漆的试验　第2部分：工厂底漆的焊接特性

ISO/TR 15608:2005　焊接　金属材料分类体系指南

EN 1011(所有部分)　焊接　金属材料焊接推荐规范

3　术语和定义

GB/T 25343.1—2010 确立的术语和定义适用于本部分。

4　焊前准备

4.1　焊接计划文件

4.1.1　概述

在新造、改造及维修轨道车辆时，制造商在认可的 A 级焊接责任人员的协助下编制焊接计划文件

(参见 GB/T 25343.2)。文件的类型、范围、提交及审查时间由用户和制造商进行约定。

焊接计划文件包括工作计划、焊接顺序计划、检验计划文件及焊接工艺规程(WPS)。

4.1.2 工作计划

轨道车辆制造过程中,对于以下部件应有工作计划:

——转向架(部件、总组装);

——底架(包括部件);

——车体(侧墙、端墙、车顶);

——其他具有较高安全和功能要求的部件(例如:万向轴、制动横梁、电机外壳、空心轴、传动装置、牵引杆、转向架中心销、横向支架)。

4.1.3 其他焊接计划文件

对于复杂组件需要焊接顺序计划,如:

——转向架(转向架摇枕及中心垫板,包括转向架中心销组件、纵梁、端梁、枕梁、牵引杆、纵梁和横梁组件);

——底架(包括横梁、底架纵梁、端梁、枕梁及牵引杆)。

允许使用标准的焊接顺序计划(适用于不同类型的轨道车辆)。

此外,可能需要其他焊接计划文件(如定位焊顺序计划、返修计划、检验计划、夹具及工具文件、劳动及健康保护说明、损坏部件的识别计划及电子元件特殊说明)。这些计划文件由主管焊接责任人员和/或用户来确定。

4.1.4 焊接工艺规程(WPS)

对于焊缝质量等级为 CP A、CP B、CP C1、CP C2 和 CP C3 的焊缝,应根据GB/T 19867.1～GB/T 19867.5、ISO 14555 或 ISO 15620 编制焊接工艺规程。对于焊缝质量等级为 CP D 的焊缝,只有当用户要求时才需要编制焊接工艺规程。

根据 GB/T 25343.3—2010 规定的焊缝质量等级,焊接工艺规程需要以下证明:

——焊缝质量等级 CP A:

根据以下标准证明:ISO 15614[1)]或 ISO 15620;在现有的根据 ISO 15614 的 WPQR 基础上:GB/T 19868.4;对于 R_{eh}＞500 MPa 的材料或完全机械化的焊接过程:ISO 15614。对于WPQR,应满足焊缝质量等级 CP A(GB/T 25343.3—2010 中表 5 和表 6)的验收要求。

——焊缝质量等级 CP B、CP C1 和 CP C2:

根据以下标准证明:GB/T 19868.4、ISO 14555 和 ISO 15620;如果部件或材料需要:ISO 15614。

——焊缝质量等级 CP C3:

根据以下标准证明:GB/T 19868.1、GB/T 19868.2、GB/T 19868.3、GB/T 19868.4、ISO 14555 和 ISO 15620;如果部件或材料需要:ISO 15614。

——焊缝质量等级 CP D:

根据用户要求。

总之,除焊缝质量等级 CP D(除非合同有规定)外,所有 WPS 均应在焊接工艺评定(WPQR)的覆盖范围内。

注:对于根据 ISO 15614-1 和 ISO 15614-2 的 WPS 和 WPQR 的有效性,见 ISO 15614-1:2004 和 ISO 15614-2:2005 的前言。

---

1) 与轨道车辆有关的标准:ISO 15614-1、ISO 15614-2、ISO 15614-3、ISO 15614-4、ISO 15614-7、ISO 15614-11、ISO 15614-12 和 ISO 15614-13。

4.2 工作试件

4.2.1 概述

4.2.1.1 工作试件的目的

如果需要，应制作工作试件。

工作试件的目的是：

——验证和确保设计符合 GB/T 25343.3—2010 规定的要求；

——验证焊接工艺；

——验证焊工技能；

——验证焊缝质量。

一个工作试件可适用于上述多个目的。

4.2.1.2 工作试件的实施和试验范围

应在与实际产品相同的制造条件下制备焊接工作试件，并在主管焊接责任人员的监督下实施并记录存档。

根据 GB/T 19868.4 制备工作试件。可单独制备试板、样品组件(样件)或与组件一起焊接，例如在焊缝的延长方向。

工作试件和试验范围应列入试验计划或由焊接责任人员确定。如果在试验计划中未规定工作试件的试验细节，则按 GB/T 19868.4 的规定。

4.2.2 验证和确保设计的工作试件

用于验证设计可焊接性的试样应在样品组件上焊接，需要证明：

——可操作性(适合焊接的设计)；

——材料的选择；

——可检验性；

——质量要求；

——力学性能数据(如强度，塑性)。

4.2.3 验证焊接工艺的工作试件

对于不能按照 ISO 15614 验证的特殊焊缝，需要工作试件以验证焊接工艺，这类焊缝可以是，例如：

——不完全焊透的对接和 T 型接头的焊缝；

——单侧可达的 T 型接头的 HV 焊缝。

该工作试件应达到所要求的焊缝质量等级。

4.2.4 验证焊工技能的工作试件

对于焊接时有特殊焊接技能要求的，且在 GB/T 15169 或 ISO 9606-2～9606-5 中未规定的焊缝，需要工作试件以验证焊工技能。工作试件的检验根据 GB/T 15169 或 ISO 9606-2～9606-5 进行。

如果工作试件的检验未根据这些标准进行，应由主管焊接责任人员确定。GB/T 15169 或 ISO 9606-2～9606-5 也适用于有效期及延长期。

在以下情况需要工作试件以验证焊工(取决其专门的任务)的技能：

——T 型接头的 HV 或 HY 焊缝；

——具有多种难度等级的焊缝，如三板对接焊缝、塞焊缝、交叉焊缝、挤压成型部位的复杂焊缝；

——复杂条件下的焊缝：如补焊；

——较差的焊接可达性；

——焊接性差的材料；

——支管及管套；

——薄板搭接接头及角接焊缝($t \leqslant 3$ mm)；

——特殊高质量要求的焊缝，如 GB/T 25343.3—2010 规定的焊缝质量等级 CP A 级；

——使用新焊工或焊接操作人员时，如外借人员。

工作试件应在计划文件中说明或由焊接责任人员加以确定。

4.2.5 验证焊缝质量的工作试件

焊缝质量可以通过工作试件加以验证。例如，应考虑以下条件(见 GB/T 25343.3—2010 的 4.7)：

——确保焊缝检验等级 CT 2 的焊缝质量，如果无法进行 X 射线或超声波检验，则需要工作试件；

——工作试件的种类及频次应在检验计划中说明；

——工作试件可从部件上提取，或从工件延长部分或类似工件上提取；

——工作试件应根据 GB/T 19868.4 进行检验，其检验应进行记录。

4.2.6 验证电子束焊和激光焊的工作试件

在开始生产前，应根据 GB/T 19868.4 制备和评定工作试件。在设计、材料、制造方式或生产过程发生变更时，如果该变更可能影响到焊缝质量，需要附加工作试件。

4.2.7 验证电阻点焊、缝焊和凸焊的工作试件

对于电阻点焊、缝焊和凸焊应根据 GB/T 25343.3—2010 的表 F.2 制备工作试件。简化工作试件应在每天生产开始前实施，并在检验记录簿中进行记录。应制备标准工作试件，以便定期根据焊缝内部质量、焊接设备和焊缝质量等级来验证产品质量。

4.2.8 验证闪光对焊的工作试件

对于闪光对焊而言，在开始新的生产或制造条件变更时(例如材料等)，通过根据 ISO 15614-13 的工作试件和缺口弯曲试验、断口分析或无损检验，验证焊接接头性能和焊接工艺。

4.2.9 验证螺柱焊的工作试件

对于螺柱焊，在生产开始前或生产条件变更时应根据 ISO 14555 制备简化工作试件，并在检验记录簿中进行记录。

5 焊接要求

5.1 概述

下面列出了轨道车辆及其部件焊接的技术规定。此外应遵守 EN 1011 系列标准推荐的内容。

5.2 基本要求

5.2.1 焊前准备

5.2.1.1 根据图样或其他工作文件进行焊前准备，应符合 GB/T 25343.3—2010 中的相关要求。

5.2.1.2 对于动态负载部件的切割表面应满足 ISO 9013:2002 中切割质量 33 的要求。对于剪切面或冲压表面应无缺口和裂纹，必要时这些缺陷应打磨去除。

5.2.1.3 引弧板和收弧板的使用应符合 GB/T 25343.3—2010 中 7.3.11 的要求。在 $t \geqslant 8$ mm 时，应具有与实际焊缝相同的接头形式准备。制作引弧板和收弧板应使得焊接在所需要长度以外开始和结束。引弧板和收弧板应与焊接部件材质相同。这些板的焊前准备应与焊接接头的焊前准备一致。板材可通过机械或磁性方式和焊接方法固定。完成接头焊接后，板材可通过机械方式去除，也可通过气割或等离子切割去除。板材去除后应进行纵向打磨。禁止敲击断裂去除。

5.2.1.4 如果需要进行临时附件的焊接，应经设计部门同意。

5.2.1.5 焊缝区域的表面应无潮湿和污染物，例如污垢、锈、氧化皮、焊渣、油污及油漆。在多道焊接时，应进行前道焊缝的表面清理，清除污染物、焊渣及其他不可接受的缺欠，以满足下一焊道的焊接要求。

5.2.1.6 对于焊接后无法达到的搭接接头和其他区域的腐蚀保护，如果满足以下条件，允许使用车间底漆或涂层：

——如果用户有要求，车间底漆或涂层应符合用户要求；

——设计中包含此要求；

——所使用的车间底漆，WPQR 证明合格；
——满足 ISO 17652-1 和 ISO 17652-2 要求。

5.2.1.7　应使焊工看到和容易接近焊接接头(见 4.2.4)。

5.2.1.8　焊接前，应将任何不符合项通知焊接责任人员，例如不正确的焊前准备、有缺陷或不合适的焊接材料、焊接设备。

5.2.2　**焊接施工**

5.2.2.1　应合理选择焊缝构成、焊接方向及焊接顺序，以便尽量减小焊接残余应力和变形，且满足焊接质量及力学性能要求。

5.2.2.2　在连接板和加强筋的端部，应围绕端部连续焊接。见 GB/T 25343.3—2010 的 7.3.9。

5.2.2.3　如果可能，应在 PA 或 PB 位置进行焊接并尽量使用转胎。

5.2.2.4　焊接车间在焊接时应防止不利气候的影响(如防风、雨、雪及车间内气流)。

5.2.2.5　焊接地线(工作夹钳)直接接至待焊工件上，以便形成低电阻的电气接触。建议焊接地线尽可能靠近焊接区域。

5.2.2.6　对轨道车辆进行焊接时，焊接地线应接至车辆焊接区域附近，由于电流通过可能造成轴承损坏，不允许将焊接回地线接在轨道上。

5.2.2.7　必要时，在焊接前脱开电池，并对车辆电子设备加以保护，例如，通过拆卸或断开电气连接。

5.2.2.8　应注意防火规定。

5.2.2.9　如果部件在焊接完成前需移动(翻转或运输)，则部件应能在无塑性变形的情况下承受该负荷。

5.2.2.10　必要时，应根据材料、厚度及焊接部件对焊接区域的预热温度和道间温度加以确定。需要的温度信息在 EN 1011-2 和 EN 1011-4 中作了说明，测量指南在 GB/T 18591 中作了说明。在定位焊接和焊接期间应将预热和道间温度控制在规定的范围内。

5.2.2.11　当工件温度低于 5 ℃时，一般情况下需要进行预热。

5.2.2.12　如果定位焊缝是最终焊缝的组成部分，则定位焊缝应满足与整条焊缝相同的要求。

5.2.2.13　如果定位焊缝不是最终焊缝的组成部分，则定位焊缝用机械或其他方法处理，应使其在焊接过程中合理地熔化。

5.2.2.14　如果焊缝质量等级为 CP A 及 CP B 或 CP C1 的焊缝由设计规定为封底全焊透焊缝(⊻)，在焊接另一侧的第一道焊缝前，应将根部焊道通过打磨或机械加工方式处理。另外应根据 GB/T 19868.4 和 ISO 15614 进行工艺评定试验或工作试件加以证明。

5.2.2.15　焊接区域以外的定位焊缝(例如永久衬垫)，仅当设计有所规定时才允许，则定位焊缝应满足与整条焊缝相同的要求。

5.2.3　**焊接质量**

5.2.3.1　不允许在工件表面出现电弧擦伤。如果出现电弧擦伤，应打磨消除。对于焊缝质量等级为 CP A 及 CP B 或 CP C1 的，应进行表面测试(表面测试应包括所有表面损坏缺陷，含裂纹)。

5.2.3.2　是否允许焊接飞溅存在，取决于材料和使用情况，由用户和制造商共同确定。

5.2.3.3　仅当图样纸有规定时，才允许保留永久垫板。

5.2.3.4　对于安装临时附件应征得设计部门的同意，有关临时附件的焊接和去除参见 EN 1011-1。

5.2.3.5　在加工去除凹槽、缺口后，剩余壁厚不低于公称壁厚的 95%。如果公称壁厚削薄超过 5%应进行修复加工(打磨、焊接、磨平、裂纹检测)。尺寸偏差应得到用户的认可。

5.2.3.6　如果由于设计的原因，图样规定了焊缝余高的机加工和打磨，允许存在质量要求范围内的咬边、弧坑或其他表面缺陷。

5.2.3.7　如果由于强度原因，图样中规定了去除凹槽、缺口打磨，应沿着焊缝负载方向进行打磨。

5.2.3.8　对于焊缝返修，应采用经过评定的和与焊缝质量等级合适的规程。

5.2.3.9 如果存在规律性损坏或图样偏差,应征得用户的同意。在焊接修复前应确认损坏或偏差的原因。

5.2.3.10 不允许在裂纹上焊接。

5.2.3.11 在裂纹焊接修复前应确定裂纹的准确位置。必要时在裂纹末端钻孔,然后对裂纹进行处理并重新焊接。在焊接前后均应进行表面检测。

5.2.3.12 火焰矫正应遵循以下原则:

——仅当材料和部件允许时,且不会导致强度降低,才可以使用火焰矫正,偏差应得到用户的认可。

——在进行火焰矫正过程中,应注意其专业技术规定。

——不能超过最高温度,并应通过合适的测量设备对高强度材料及铝材进行监控。不允许出现熔化。

5.3 焊接材料

5.3.1 焊接材料的选择

5.3.1.1 碳钢及低合金钢

对于碳钢或低合金钢部件,焊接材料的选择应符合焊缝金属的最低要求。焊接接头性能应符合母材的最低性能要求,同时符合焊接材料分类的有关标准。

对于不同等级钢材的焊接,应符合较低等级钢材的焊接金属最低要求。但是,也应考虑到较高等级钢材的冶金性能及焊接条件。

5.3.1.2 不锈钢

对于同相和异相不锈钢的焊接,应选择满足焊缝力学性能要求的焊接材料。

5.3.1.3 铝和铝合金

焊接材料根据 EN 1011-4 进行选择。

5.3.2 焊接材料的符合性

所有焊接材料应符合有关标准和技术文件的要求。

焊接材料的符合性可通过材料证明书加以证明。有效证书的范围应包含已拟订的焊接工艺、材料、焊接位置及焊接电流类型的内容。如果用户要求,可以通过认可机构颁发的证书加以证明。

5.3.3 储存和管理

焊接材料制造商提供的焊接材料储存和管理说明应加以考虑(见 EN 1011-1:1998 的 8.2)。

5.4 母材

5.4.1 母材的选择

见 GB/T 25343.3—2010 的 6.1。

5.4.2 母材的符合性

母材应符合焊接计划文件的规定。

母材的符合性通过材料证明书加以证明。对于认证等级 CL 1 或 CL 2 的焊接部件,需要由生产厂商授权的、并独立于生产部门的检验代表出具的产品检验报告来加以证明。

5.4.3 碳钢及细晶粒结构钢焊接的附加规定

碳钢及细晶粒结构钢的焊接应根据 EN 1011-2 确定预热温度和冷却速度。

细晶粒结构钢的热切割和焊接应遵循钢材制造商提供的导则及使用说明。

碳钢、细晶粒结构钢和铸钢的电弧焊,热影响区最大硬度值应符合 ISO 15614-1 的要求。

5.4.4 铸铁焊接的附加规定

铸铁焊接应考虑 EN 1011-8 的推荐内容。

5.4.5 不锈钢焊接的附加规定

除 EN 1011-3 的推荐以外,还适用以下规定:

对 ISO/TR 15608:2005 材料组 7、8 或 10 的钢材进行焊接或热处理时,形成的氧化层及回火色说明钝化材料表面发生损坏，通过消除回火颜色及钝化处理来克服这种现象。采用的方法如下：

——采用合适的砂轮进行打磨；

——采用不锈钢刷进行清理；

——采用不含铁的粗砂进行喷砂处理；

——化学制品，根据酸洗液制造商的说明。

5.4.6 碳钢或细晶粒结构钢和不锈钢焊接的附加规定

应用舍弗勒(Schaeffler)图选择焊接材料。焊缝金属的化学成分控制范围应使得焊缝不会出现脆化或热裂纹。

5.4.7 铝和铝合金焊接附加规定

除 EN 1011-4 中的推荐以外，其他要求规定如下：

不允许采用焊条电弧焊(根据 GB/T 5185—2005 中的 111)和气焊(根据 GB/T 5185—2005 中的 3)焊接方法。

对于铝和铝合金仅允许使用打磨盘和合适的工具。

5.5 焊接方法

表 1 规定了允许使用的焊接方法，并要符合 4.1.4 中的相关要求。

如果采用其他焊接方法，应征得用户的同意。

表 1 允许使用的焊接方法

焊接方法	根据 GB/T 5185—2005 参考编号	适用材料	
		钢材	铝和铝合金
气焊	3	×	—
埋弧焊	12	×	—
等离子弧焊	15	×	×
点焊	21	×	×
缝焊	22	×	×
凸焊	23	×	×
闪光焊	24	×	×
摩擦焊	42	×	×
电子束焊	51	×	×
激光焊	52	×	×
气电立焊	73	×	—
螺柱焊	78	×	×
焊条电弧焊	111	×	—
重力焊	112	×	—
自保护药芯焊丝电弧焊	114	×	—
熔化极惰性气体保护电弧焊(MIG)	131	×	×
熔化极非惰性气体保护电弧焊(MAG)	135	×	—
熔化极气体保护电弧点焊	(131) (135)	× ×	× —
非惰性气体保护的药芯焊丝电弧焊	136	×	—

表 1（续）

焊接方法	根据 GB/T 5185—2005 参考编号	适用材料	
		钢材	铝和铝合金
惰性气体保护的药芯焊丝电弧焊	137	×	—
钨极惰性气体保护电弧焊(TIG)	141	×	×
薄膜对接缝焊	225	×	—
高频电阻焊	291	×	×
带瓷箍或保护气体的电弧螺柱焊	783	×	×
短路电弧螺柱焊	784	×	×
电容放电螺柱焊	785	×	×
搅拌摩擦焊(FSW)		—	×
激光复合焊		×	×
注：“×”表示适用；“—”表示不适用。			

6 轨道车辆维修焊接的特殊要求

6.1 维修焊接一般规定

维修焊接包括返修焊接，但不含整修或改造焊接。

如果轨道运营商或有关安全部门没有其他要求，应满足以下要求：

——轨道运营商负责其车辆的维修。

——对于轨道车辆的维修焊接，所有关于车辆必要的资料应可供查询，例如车辆制造商的文件（图样，操作手册，制造商要求）以及轨道运营商的特殊指南和作业指导书。如果维修焊接的结果与图样不一致，应通知轨道运营商，轨道运营商应决定进一步的处理方法。

——如果在相同的部件上重复发生（连续损伤）裂纹和断裂（无明显的强力作用），应通知车辆制造商，车辆制造商和轨道运营商应决定进一步的处理方法。

——对于有热输入或温度限制材料的焊接（如可热处理铝合金热影响区）和经回火部件需要特殊加工，应取得轨道运营商或其代表的认可。

6.2 检验和记录

如果设计是根据 GB/T 25343.3—2010 进行的，检验和记录至少应满足 GB/T 25343.3—2010 的要求。

如果焊缝质量等级未确定或未根据 GB/T 25343.3—2010 规定，则检验和记录应根据 GB/T 25343.3—2010 的表 4 来确定。

如果焊缝的应力等级不明确，应采用焊缝安全等级最高的焊缝质量等级，见 GB/T 25343.3—2010 的表 4。

除 GB/T 25343.3—2010 的表 4 外，还应符合以下要求：

——在单一缺陷返修焊接时，对焊缝质量等级 CP C1 和 CP B 的焊缝应进行 100％的检验；

——所有焊缝应进行 100％的外观检测；

——所有无损探伤检验(NDT)应记录；

——应由主管焊接责任人员或其代表出具焊接报告。

参 考 文 献

［1］ GB/T 18591—2001 焊接 预热温度、道间温度及预热维持温度的测量指南（idt ISO 13916:1996）.

［2］ GB/T 25343.2—2010 铁路应用 轨道车辆及其零部件的焊接 第2部分:焊接制造商的质量要求及认证.

［3］ ISO 3834(所有部分) 金属材料的熔化焊质量要求.

［4］ EN 10204—2004 金属制品 检验文件的类型.

ICS 45.060.01
S 30

中华人民共和国国家标准

GB/T 25343.5—2010

铁路应用 轨道车辆及其零部件的焊接
第5部分：检验、试验及文件

Railway applications—Welding of railway vehicles and components—Part 5: Inspection, testing and documentation

2010-11-10 发布 2011-03-01 实施

中华人民共和国国家质量监督检验检疫总局
中国国家标准化管理委员会 发布

前　言

GB/T 25343《铁路应用　轨道车辆及其零部件的焊接》分为五个部分：

——第 1 部分：总则；

——第 2 部分：焊接制造商的质量要求及认证；

——第 3 部分：设计要求；

——第 4 部分：生产要求；

——第 5 部分：检验、试验及文件。

本部分为 GB/T 25343 的第 5 部分，对应于 EN 15085-5:2007《铁路应用　轨道车辆及其零部件的焊接　第 5 部分：检验、测试及文件》。本部分修改采用 EN 15085-5:2007，主要变化如下：

——删除了 EN 15085-5:2007 的“前言”和“引言”。

——对 EN 15085-5:2007 中引用的国际标准（ISO）和欧洲标准（EN），如果我国有对应标准的，一律引用相应的国家标准或行业标准。

本部分的附录 A 为资料性附录

本部分由中华人民共和国铁道部提出。

本部分由南车戚墅堰机车车辆工艺研究所有限公司归口。

本部分起草单位：南车戚墅堰机车车辆工艺研究所有限公司、南车长江车辆有限公司、南车戚墅堰机车有限公司、北车长春轨道客车股份有限公司、南车株洲电力机车有限公司、南车四方机车车辆股份有限公司。

本部分主要起草人：李玉生、蒋田芳、李加良、方荣良、张海沧、胡立国、毛军明。

铁路应用　轨道车辆及其零部件的焊接
第5部分：检验、试验及文件

1　范围

GB/T 25343 的本部分规定了以下内容：

——焊缝的检验及试验；

——破坏性试验和无损检测；

——表述产品符合性所需的文件。

本部分适用于轨道车辆及其零部件制造和维修过程中金属材料的焊接。

2　规范性引用文件

下列文件中的条款通过 GB/T 25343 的本部分的引用而成为本部分的条款。凡是注日期的引用文件，其随后所有的修改单(不包括勘误的内容)或修订版均不适用于本部分，然而，鼓励根据本部分达成协议的各方研究是否可使用这些文件的最新版本。凡是不注日期的引用文件，其最新版本适用于本部分。

GB/T 9445　无损检测　人员资格鉴定与认证(GB/T 9445—2008，ISO 9712:2005，IDT)

GB/T 19867(所有部分)　焊接工艺规程[ISO 15609(所有部分)，IDT]

GB/T 27050.1　合格评定　供方的符合性声明　第1部分：通用要求(GB/T 27050.1—2006，ISO/IEC 17050-1:2004，IDT)

GB/T 27050.2　合格评定　供方的符合性声明　第2部分：支持性文件(GB/T 27050.2—2006，ISO/IEC 17050-2:2004，IDT)

GB/T 25343.1—2010　轨道车辆及其零部件的焊接　第1部分：总则

GB/T 25343.2—2010　轨道车辆及其零部件的焊接　第2部分：焊接制造商的质量要求及认证

GB/T 25343.3—2010　轨道车辆及其零部件的焊接　第3部分：设计要求

GB/T 25343.4—2010　轨道车辆及其零部件的焊接　第4部分：生产要求

ISO 3834(所有部分)　金属材料的熔化焊质量要求

ISO 5817　焊接　钢、镍、钛及其合金熔焊接头(束焊除外)　缺陷的质量分级

ISO 10042　焊接　铝和铝合金的弧焊接头　缺陷质量分级指南

ISO 14731:2006　焊接管理　任务和职责

EN 12062　焊缝无损检测　金属材料一般要求

3　术语和定义

GB/T 25343.1—2010 确立的术语和定义适用于本部分。

4　焊接接头的检验和试验

4.1　总则

主管焊接责任人及其代表从事与焊接相关的基本任务和制造阶段之间的关系在附录 A 的表 A.1 中做了说明。

4.2 焊接前的检验和试验

除表 A.1 规定的内容以外，主管焊接责任人还应负责以下工作：

——清根与封底焊的计划；

——图样中与焊接相关的附加信息。

应对表 A.1 和上述工作的实施结果进行记录存档。

为完成上述任务，焊接责任人也可向公司其他部门寻求帮助或支持。职责的任务详细内容应在制造商的组织结构中予以明确。

焊工或焊接操作人员在进行任何焊接工作之前，应检查以下事项：

——焊接设备的工作能力及校准有效期；

——作业指导书的适用性；

——焊接坡口状况及定位焊是否正确(坡口的清洁度及零件的组装是否符合设计及(或)焊接工艺规程的要求)；

——待焊工件的标识；

——焊接材料是否符合焊接工艺规程的要求。

4.3 焊接过程中的检验和试验

焊工或焊接操作人员在焊接过程中应对以下事项进行检查和确定：

——中间焊道的清洁度及接头形状；

——预热温度及(或)道间温度是否符合要求；

——焊接是否符合 WPS 及(或)作业指导书要求；

——焊接顺序是否按照特定的操作指导书(如焊接顺序计划)的规定。

对于涉及到由主管焊接责任人或其代表监督的焊接作业的过程步骤和阶段，应在焊接计划文件中予以详细的说明(见 GB/T 25343.4—2010 中的 4.1)。

如果在焊接顺序计划或检验计划中要求在焊接过程中对焊缝进行检查，那么只有在对焊缝检查完成后，才能继续焊接。

4.4 焊后的检验和试验

4.4.1 由焊工或焊接操作人员进行的检查

焊接完成后，焊工或焊接操作人员应对以下事项进行检查：

——焊缝是否完整；

——焊缝是否清洁；

——焊缝形状及尺寸是否符合图样要求。

4.4.2 焊工或焊接操作人员的自检

如果采用自检方式，对于负责自检的人员，主管焊接责任人或其授权人员(代表或其他人员应是获得 GB/T 9445 中的 2 级证书的检验人员)应按照 GB/T 25343.3—2010 中第 5 章的要求进行培训或指导。

由焊工或焊接操作人员完成的检查，其要求(验收标准、尺寸要求等)应予以明确，并按表 1 中的相关要求进行记录。负责检查的焊工或焊接操作人员应在检查文件上签字，并将该文件与其他检查文件附在一起。所有在检验文件上签名的人员都应保留一份个人签名清晰的打印文本的副本。也可以选择电子系统实现可追溯性。

4.4.3 焊缝的合格控制

焊接完成后，由相应资质人员进行无损检测(不包含外观检查，见表 1)。

表 1 生产中的检验

检验等级	内部检验 RT 或 UT	表面检验 MT 或 PT	外观检查 VT
CT 1	100%[a]	100%	100%
CT 2	10%[a,b]	10%[b]	100%
CT 3	无要求	无要求	100%
CT 4	无要求	无要求	100%

注 1：百分比指的是对于给定的焊缝，被检验焊缝的长度与焊缝总长度的比值。因此：

——100%表示要求对所有焊接件的焊缝进行全检；

——10%表示对所有焊接件 10%长度的焊缝进行检验，或每 10 个焊接件选 1 件对其进行 100%的焊缝检验。

注 2：表 1 中给出的检验要求是保证焊接接头能够满足要求的最小限度，也可根据材料性能、设计要求或用户的要求增加检验。

注 3：所有无损检测(NDT)(RT、UT、MT 或 PT)，应由符合 GB/T 9445 要求的专业人员负责进行，并记录检验结果。

注 4：对于检验等级为 CT 1 和 CT 2 的焊缝的外观检查，应由符合相应资质要求的专业人员负责进行，并记录检验结果。

注 5：对于检验等级为 CT 3 的焊缝的外观检查，至少应由制造商认可的相关人员进行检验，并记录检验结果。

注 6：对于检验等级为 CT 4 的焊缝的外观检查，至少应由经过外观检查培训的焊工进行检验，不需要记录检验结果。

a 内部检验仅适用于对接焊缝及完全焊透 T 型接头的焊缝。

b 对于中等安全等级、质量等级为 CP B 的焊缝及质量等级为 CP C1 的焊缝，当无法进行内部检验时，则要求对焊缝进行 100%的表面检验。如果连续 5 件检验均合格，表面检验的数量可减少至 25%。对于每位焊工或焊接机器人的操作人员，在焊接生产前应按照 GB/T 25343.4—2010 中的相关要求焊制工作试件。工作试件的有效期为 6 个月，如果该焊工或操作人员一直从事该类焊接，可由主管焊接责任人延长其有效期(关于焊缝质量等级的信息，见 GB/T 25343.3—2010 中的表 2)。

表 1 规定了批量生产时焊接件检验的类型及频次，是根据设计师确定的焊接接头的焊缝质量等级与由此确定的焊缝检验等级的关系给出的(见 GB/T 25343.3—2010)。

生产开始时的检验：若产品需要实施表 1 中的检验，则应根据焊缝检验等级，对每批产品的首件进行 100%的焊缝检验。

批量生产期间的检验：对于批量生产的产品，应按照表 1 中注明的检验频次和设计师在图样上标明的焊缝质量等级，进行表 1 所述的检验。

如果按照表 1 中的要求，检验出不可接受的缺陷，应启用不合格品管理程序，并按第 7 章的要求扩大检验范围。

对于焊缝质量等级为 CP B 及 CP C1 的焊缝，如果采用具有过程控制的全机械化或自动化焊接工艺，可在征得主管焊接责任人的同意后，减少检验数量。必要时，也应获取用户的同意。

注：如果有要求的话，无论何种质量等级的焊缝，都应进行水密性试验检验。

5 检验计划和检验准则

5.1 检验计划

根据检验计划，对于每个焊接部件及其组件，为满足 GB/T 25343.3—2010 中第 5 章所规定的质量要求而需要的检验状态，应总是可识别的。

在制定生产计划时，应在检验计划中明确检验的方法、时间及数量(这取决于检验等级、焊缝形状及材料)。对于简单的焊接结构而言，其检验计划可以包括在工作计划中。但对于特别复杂或重要的结构而言，建议制定检验指导书来详细描述各阶段的检验内容。

5.2 检验准则

5.2.1 焊缝质量等级

根据技术文件(如图样)上标明的焊缝质量等级，对于由 ISO 5817 所定义的钢的焊接缺欠及由 ISO 10042 所定义的铝及铝合金的焊接缺欠的质量分级应按照 GB/T 25343.3—2010 中第 5 章的相关规定。对于电阻点焊，应按照 GB/T 25343.3—2010 中附录 F 的规定。

5.2.2 检验和验收等级

在 EN 12062 中给出了根据焊缝缺欠的质量分级来选择无损检测方法的检验等级和相应的允许极限值的指南。

注：EN 12062 中的验收等级未完全涵盖 CP A 级焊缝的要求(见 GB/T 25343.3—2010 中第 5 章相关要求)。

在特殊情况下，若有必要详细验证缺欠的严重程度和类型，即验证操作是否适当，那么也可以应用未被 EN 12062 中所涵盖的其他无损检测方法。

如果合同中已有规定，对这些情况下所采用的特定的检验方法，用户和制造商应在事先达成一致意见。

6 文件

为了与每个焊接部件确定对应关系，检验文件应包含产品识别数据(如产品类型、工作单、图号及版本、生产序列号或连续编号及 IT 识别码)，同时还应对这些文件进行版本标识，以确保使用正确的版本。

如果在检验计划中对检验文件有所要求，则检验文件应由检验人员填写并签名。

这样，检验文件应能够表明并记录产品制造过程中的生产作业的进展情况。

因此，上述文件可作为符合 ISO 3834 要求的质量报告，同时制造商应按照 ISO 3834 系列标准的相关条款要求，将这些文件与该系列标准要求的其他文件一起存档。

签名应可追溯到个人，即可在文件中增加印刷体姓名。

7 不合格项及纠正措施

7.1 总则

本条款将规定如何对焊接接头处发现的不合格项(例如，在焊接产品上所发现与设计要求不符的偏差)进行处理。

通常，在对不合格项进行分析、确定解决方案，并按照相关要求进行修复之前，不应在生产中使用不合格件。

此外，要采取必要的措施迅速地找出产品不符合的原因，并解决处理，避免同样的问题重复出现。

为清除表面缺欠而进行的焊修不被视为返修处理。如果在焊修内部缺欠时，使用的是原始的 WPS 或能够满足焊接质量的其他的 WPS，则该种焊修也不被视为返修处理。

但如果焊接责任人认为必要的焊修不宜采用生产初期所制定的常规操作，而需要专门的 WPS，则他应对所存在的问题进行分析，给出最适合的操作方法，并启动内部不合格项处理程序。

7.2 不合格项管理

7.2.1 基本要求

防止使用未修复产品。

对于所有超出原始 WPQR(或其他能达到相同焊接质量的 WPQR)适用范围或不符合设计要求的焊修，应提交不合格报告。

焊修若对以下几方面产生影响，应由设计部门批准，必要时还应由用户加以确认：

——产品的功能；

——工件的互换性；

——生产顺序；

——工件的维护。

用于焊修的 WPS 应符合 GB/T 19867 中的相关要求。

通常情况下，由公司内部质量控制部门相关人员负责不合格项的识别工作。但公司全体员工均有义务识别并报告产品及(或)生产过程中的不合格项。

对不合格项的管理，应由制造商按质量手册指定的相关部门进行；在任何情况下，对焊接产品的不合格处理，都应由主管焊接责任人参与进行。

如果需要对不合格项进行更多的分析或评估，主管焊接责任人有权要求公司其他部门或办公室(如设计部)进行配合。

如果合同有要求，制造商应将所有不合格情况告知用户，并等待对其进行确认。

7.2.2 不合格项处理(维修)

应将检验出的存在不合格项的产品进行标识，若可能的话，应将其隔离放在某一特定区域，以防止在对不合格项处理前将其用于生产。

如果可以对存在不合项的产品进行修复，制造商应采用适合在工作区域进行的、确定的工艺进行修复。

应采用先前使用的检验方法对完成修复的部件进行重新检验。焊接责任人也可以决定增加其他检验方法。

7.2.3 纠正措施

对于重复出现的不合格项或对安全性有影响的不合格项，制造商应采取必要的措施以确保找到导致不合格的原因并将其排除。

7.2.4 文件

不合格报告应包含偏差说明、形成原因、解决方案及纠正措施。

对于修理或返工的产品的检验，为了证明其符合产品质量要求，应提供一份检验报告(如无损检测报告、尺寸检查报告)，并附在相应的不合格报告上。

7.3 附加检验

7.3.1 基本要求

在按照表 1 的要求进行检验的过程中发现不可接受的缺欠，应遵循以下程序要求。

7.3.2 开始生产或重新开始生产

对具有不可接受的缺欠的焊缝的全长及完成该条焊缝之后焊接的产品，按照表 1 的检验类型进行检验，直到不再发现这样的缺欠为止。

在生产初期发现的不可接受的缺欠，应为详细检验的重点，目的在于确定技术上或实践中的不足，并启动恢复该工艺所需的纠正措施。

7.3.3 批量生产

对在发现焊缝不合格的工件前后(若完成生产)生产的两个工件，应采用同首件一样的检验方法，对焊缝全长进行检验。

在上述两件工件中，即使有一件被发现有不可接受的缺欠，也应扩大检验范围，即采用同样的检验方法在这两件工件之前及之后生产的各两个工件进行检验，直到全部合格为止。

在最后抽检四个工件中，即使有一件被发现有不可接受的缺欠，那么也要停止生产，直到找出缺欠的产生原因为止。应对整批产品进行检验。

8 分承包商

如果制造商将焊接部件交给分承包商完成，为了确保产品的质量，分承包商应遵守本系列标准的相关要求。

需要注意的是，分承包商应根据所生产的部件，按照 GB/T 25343.2—2010 的要求进行相应级别的认证。

负责将产品供给最终用户的制造商应定期对分承包商进行审核，以确保产品质量及生产过程满足合同的要求。审核的范围及频次视具体的产品而定。

对于 GB/T 25343.2—2010 中 CL 1 和 CL 2 类产品，制造商的主管焊接责任人或其代表应在分承包商开始生产时就对产品进行审核，即对分承包商完成的第一件焊接结构件进行审核(首件检查)，进一步的审核由主管焊接责任人确定。

如果向外分包 GB/T 25343.2—2010 中 CL 1 类产品，在生产开始前，制造商应将分包出去的焊接件及分承包商的详细信息告之用户。如果向外分包 CL 2 和 CL 3 类产品，仅当用户与制造商有约定时，才需要通知用户。

必要时，可将审核时的文件记录作为证明提供给用户。

9 符合性声明

轨道产品制造商应制定并提交一份符合性声明，证明产品满足合同、设计及技术规范的要求。在 GB/T 27050.1 和 GB/T 27050.2 中给出了符合性声明的起草指南。

用户和制造商应共同确定所需要的检验证书的类型。

10 可追溯性

按照 ISO 3834 的要求，如果合同中没有明确规定，并不要求产品具有可追溯性。然而对于轨道产品，为了防止生产过程中误用不良的材料，材料至少在切割下料前应具有可追溯性。

附 录 A
（资料性附录）
焊接接头检验及试验

焊接接头检验及试验见表A.1所示。

表A.1 与焊接相关的基本任务和制造阶段之间的关系

与焊接相关的基本任务		制造阶段				
ISO 14731:2006附录B中的相关条款	需考虑的基本内容	合同分析阶段	设计阶段	生产准备阶段	生产阶段	生产后期
B.1 要求评审	—采用的产品标准及所有附加要求。	×				
B.2 技术评审	—母材技术要求及焊接接头性能；		×			
	—设计规定的接头位置；		×			
	—焊缝质量等级要求；		×			
	—焊缝位置、可达性（包括检查及无损检测时的可达性）和焊接顺序；		×			
	—其他焊接要求，如焊接材料的批量试验、焊缝金属的铁素体含量、时效、氢含量、永久衬垫、喷丸、表面处理及焊缝外形；		×	×		
	—接头制备及完成后接头的尺寸、细节。		×			
B.3 分承包	分承包商对焊接加工的适宜性。	×	×	×		
B.4 焊接人员	焊工及焊接操作人员资质评定（含培训、指导、业绩及评估）。	×	×	×		
B.5 设备	焊接及相关设备的适用性。	×	×	×		
B.6 生产计划	—相应焊接工艺规程的参照；		×	×		
	—有资质人员的分派。			×		
B.7 焊接工艺评定	—焊接工艺评定方法及评定范围；		×			
	—焊接工艺评定的评审。		×	×		
B.8 焊接工艺规程	确定焊接工艺规程的适用范围。		×	×		
B.9 作业指导书	确定作业指导书的发布和使用。			×		
B.10 焊接材料	—匹配性；		×			
	—交货条件；		×	×		
	—焊接材料采购技术规范中的所有补充要求，含焊材检查文件的类型；		×	×		
	—焊接材料的贮存及保管。			×	×	
B.11 原材料	—材料采购技术规范中的所有补充要求，含材料检验文件类型；	×	×			
	—母材的贮存及保管。			×	×	

表 A.1（续）

与焊接相关的基本任务		制造阶段				
ISO 14731:2006 附录 B 中的相关条款	需考虑的基本内容	合同分析阶段	设计阶段	生产准备阶段	生产阶段	生产后期
B.12 焊前检查及试验	—焊工和焊接操作人员资格证书的适用性及有效性；		×	×	×	
	—焊接工艺规程的适用性及有效性；		×	×		
	—母材及焊接材料的标识；			×	×	
	—接头制备、组装、工装夹具及定位焊；		×	×	×	
	—焊接工艺规程中的特殊要求（如防止变形）；		×	×		
	—工作条件（包括环境）对焊接的适宜性；	×	×	×	×	
	—工作试件评定。		×	×	×	
B.13 焊接过程中的检查及试验	—主要焊接参数；				×	
	—预热及道间温度；			×	×	
	—焊道清理及形状，焊缝金属的层数；				×	
	—清根；				×	
	—焊接顺序；				×	
	—焊接材料的正确使用和保管。				×	
B.14 和 B.15 焊后检验及试验	—外观检查的使用；				×	×
	—无损检测的使用；				×	×
	—破坏性检验的使用；				×	×
	—焊后操作的结果及记录（如焊后热处理及时效等）。					×
B.16 不合格项及纠正措施	对于不合格项，应确定采取必要的纠正措施（如焊修、返修焊缝的重新评定，纠正措施等）。				×	×
B.17 测量、试验及检验设备的校准	应确定必要的方法及措施。			×	×	
B.18 标识及可追溯性	针对焊接作业的详细情况，确定合适的措施。	×	×	×	×	×
B.19 质量记录	编制和发放必要的焊接记录和文件。	×	×	×	×	×
注：×表明制造阶段需要考虑的与焊接相关的基本任务。						

ICS 35.240.60;45.020
S 07

中华人民共和国国家标准

GB/T 25344—2010

中华人民共和国铁路线路名称代码

Code for railway of the People's Republic of China

2010-11-10 发布　　2011-03-01 实施

中华人民共和国国家质量监督检验检疫总局
中国国家标准化管理委员会　发布

前　言

本标准是在原铁道行业标准 TB/T 1945—1987《中华人民共和国铁路线路名称代码》的基础上制定的。

本标准由中华人民共和国铁道部提出。

本标准由铁道部标准计量研究所归口。

本标准主要起草单位:铁道部运输局基础部、铁道部信息技术中心、铁道部标准计量研究所。

本标准主要起草人:杨桉、孙美、沈榕、孙法林。

中华人民共和国铁路线路名称代码

1 范围

1.1 本标准规定了全国铁路线路名称代码(线编号)的编制原则,并编制了全国铁路正线的线路名称代码(香港、澳门、台湾地区暂缺)。

1.2 本标准适用于测绘、国土资源管理、铁路基础设施管理等与铁路线路名称代码有关的信息处理和交换;不适用于有不同规则的领域,如铁路运输营业相关的信息处理和交换。

2 铁路线路代码编制原则

2.1 既有线路的已用线路名称代码保持不变,新增线路的线路名称代码按照本标准执行。

2.2 线路名称代码由四位全数字码组成,代码范围为0001～9999。

2.3 线路名称代码的第一位为线路类别,线路名称代码中后三位为线路顺序号,见图1。

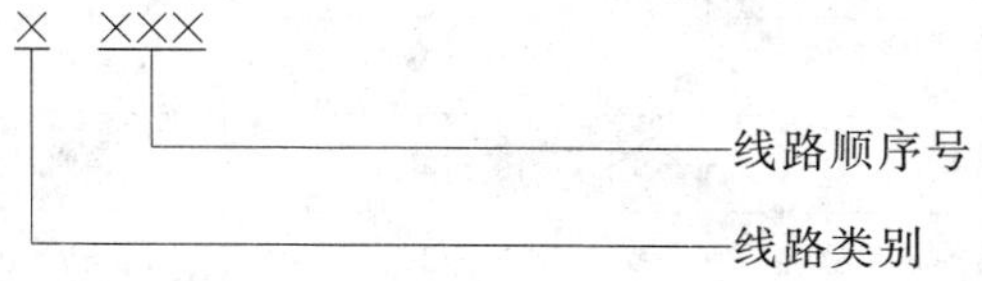

图 1

2.4 线路类别用一位数字表示,具体划分见表1:

表1 线路类别代码

第一位代码	线路类别	备 注
0	干支线	
1	联络线	
2	联络线	
3	客运专线	属于干支线
4	干支线	备用
5	干支线	备用
6	联络线	备用
7	联络线	备用
8	地方铁路、非路产专用线	
9	地方铁路、非路产专用线	

2.5 线路顺序号用三位数字表示,具体规定如下:

a) 跨铁路局正线(不含客运专线)的线路顺序号范围为001～099,跨铁路局干支线的线路名称代码分组见表2。

表 2 跨铁路局干支线的线路名称代码分组表

组　别	已使用代码	预留代码段 1	预留代码段 2	预留代码段 3
重要大通道	0001～0008	0009～0010	4001～4010	5001～5010
哈尔滨局、沈阳局	0011～0015	0016～0020	4011～4020	5011～5020
沈阳局、北京局	0021～0023	0024～0025	4021～4025	5021～5025
沈阳局、呼和浩特局		0026～0027	4026～4027	5026～5027
北京局、太原局、呼和浩特局	0028	0029～0030	4028～4030	5028～5030
北京局、郑州局、西安局、太原局	0031～0035		4031～4035	5031～5035
北京局、济南局		0036～0038	4036～4038	5036～5038
呼和浩特局、兰州局	0039	0040	4039～4040	5039～5040
郑州局、济南局	0041	0042～0045	4041～4045	5041～5045
武汉局、南昌局	0046～0047	0048	4046～4048	5046～5048
郑州局、上海局		0049～0050	4049～4050	5049～5050
郑州局、广铁集团		0051～0053	4051～4053	5051～5053
武汉局、广铁集团		0054～0055	4054～4055	5054～5055
西安局、武汉局、成都局	0056～0058	0059～0060	4056～4060	5056～5060
西安局、兰州局	0061	0062	4061～4062	5061～5062
济南局、上海局	0063	0064～0065	4063～4065	5063～5065
南昌局、广铁集团	0067	0068～0070	4067～4070	5067～5070
广铁集团、南宁局	0071	0072～0075	4071～4075	5071～5075
广铁集团、成都局		0076～0080	4076～4080	5076～5080
南宁局、成都局、昆明局	0081	0082～0085	4081～4085	5081～5085
兰州局、乌鲁木齐局	0086	0087～0090	4086～4090	5086～5090
上海局、南昌局		0091～0093	4091～4093	5091～5093
备用		0094～0099	4094～4099	5094～5099

b) 铁路局内正线(不含客运专线)的线路顺序号范围为 100～999,各铁路局内干支线的线路名称代码分组见表 3。

表 3 各铁路局内干支线的线路名称代码分组表

铁路局名	已使用代码	预留代码段 1	预留代码段 2	预留代码段 3
哈尔滨局	0101～0111,0115,0120～0135,0150～0154,0171～0175,0180	0112～0114, 0116～0119, 0136～0149, 0155～0170, 0176～0179, 0181～0199	4101～4199	5101～5199

表 3（续）

铁路局名	已使用代码	预留代码段 1	预留代码段 2	预留代码段 3
沈阳局	0201～0217,0231～0248,0261～0270,0275,0297～0299	0218～0230,0249～0260,0271～0274,0276～0296	4201～4299	5201～5299
北京局	0301～0303,0314,0320～0329,0330～0334,0336～0337,0339～0348,0350～0356,0358,0371～0378,0380～0388	0335,0349,0357,0359～0370,0379,0390～0399	4301～4360	5301～5360
太原局	0301～0313,0328,0331,0338,0389	0315～0319	4361～4399	5361～5399
呼和浩特局	0401～0409,0411～0413	0410,0414～0419	4401～4419	5401～5419
郑州局	0421～0427,0429	0460～0479	4421～4447	5421～5447
武汉局	0426,0430～0436,0450～0453	0437～0449	4448～4474	5448～5474
西安局	0428,0454～0459	0480～0499	4475～4499	5475～5499
济南局	0501～0514,0522～0535,0539	0515～0521,0536～0538,0540～0599	4501～4599	5501～5599
上海局	0601～0609,0612～0613,0615～0639,0643～0648,0681～0686,0680	0610～0611,0614,0649～0650,0660,0662～0665,0678～0679,0687～0689	4601～4650	5601～5650
南昌局	0621,0640～0642,0651～0659,0661,0666～0677,0680,0690～0691,0703～0704	0692～0699	4651～4699	5651～5699
广铁集团	0701～0723	0724～0749	4701～4749	5701～5749
南宁局	0751～0753	0754～0799	4751～4799	5751～5799
成都局	0801～0816,0822～0823,0834,0839～0841	0817～0821,0842～0862	4801～4849	5801～5849
昆明局	0824,0826,0828～0829,0831～0835,0839～0841,0881～0885,0891	0825,0827,0830,0863～0880,0886～0890,0892～0899	4850～4899	5850～5899
兰州局	0901～0905,0910～1913	0916～0933	4901～4933	5901～5933
青藏公司	0905～0909,0914～0915,0934	0935～0949	4934～4949	5934～5949
乌鲁木齐局	0951～0954	0955～0969	4951～4969	5951～5969

c) 各铁路局内联络线的线路名称代码分组见表 4。

表 4 铁路局内联络线的线路名称代码分组表

铁路局名	已使用代码	预留代码段 1	预留代码段 2	预留代码段 3	预留代码段 4
哈尔滨局	1101～1134	1135～1199	2101～2199	6101～6199	7101～7199
沈阳局	1201～1268	1269～1299	2201～2299	6201～6299	7201～7299
北京局	1301～1330,1332～1358,1364,1367～1368,1370～1372,1377～1378,1384～1386,1388～1396,1951～1957,2302～2316		2317～2360	6317～6360	7317～7360
太原局	1330～1331,1343,1357～1358,1360～1363,1365～1366,1369～1370,1373～1376,1379～1387,1389,1397～1399,1991～1995,2000～2005,2301,2304		2361～2399	6361～6399	7361～7399
呼和浩特局	1401～1407	1408～1419	2404～2419	6404～6419	7404～7419
郑州局	1421～1443,1445～1448,1468,1471～1472,1486,1488,1490～1491,1494～1499,1981～1983,1986～1987		2421～2447	6421～6447	7421～7447
武汉局	1420,1449～1458,1460～1462,1469,1478～1483,1485,1487,1984,2401～2403		2448～2474	6448～6474	7448～7474
西安局	1444,1463～1467,1470,1473～1475,1477,1492～1493,1985,2006,2030,2036,2475		2476～2499	6476～6499	7476～7499
济南局	1000,1501～1510,1512～1516,1519～1521,1523～1524,1554,1555,1557～1558,1581～1584,1586,1587,1999	1525～1553,1559～1580	2501～2599	6501～6599	7501～7599
上海局	1601～1611,1630～1635,1637～1641,1643～1649,1653,1656～1664,1680～1697,2601～2606		2607～2613,2615～2650	6607～6650	7607～7650
南昌局	1614～1616,1618～1629,1651～1652,1654,1666～1679,1698～1699,1702,2614		2651～2699	6651～6699	7651～7699
广铁集团	1703～1716,1718～1726,1728～1743,1745～1746,1749～1750,2701	1744,1747～1748	2702～2749	6702～6749	7702～7749
南宁局	1752,1754～1767,1769～1771,2751～2756	1772～1799	2757～2799	6757～6799	7757～7799
成都局	1801～1804,1806～1809,1811～1824,1827～1831,1833～1838,1881	1841～1870	2802～2849	6802～6849	7802～7849

表 4（续）

铁路局名	已使用代码	预留代码段 1	预留代码段 2	预留代码段 3	预留代码段 4
昆明局	1825,1826,1840,2801	1871～1880, 1882～1899	2850～2899	6850～6899	7850～7899
兰州局	1901～1906,1908～1910	1911～1933	2901～2933	6901～6933	7901～7933
青藏公司		1934～1949	2934～2949	6934～6949	7934～7949
乌鲁木齐局	1969	1951～1968	2951～2969	6951～6969	7951～7969

d) 地方铁路、非路产专用线的线路顺序号按照上述代码分组范围内编号。

e) 客运专线的线路顺序号统一命名，其中，重要大通道的线路顺序号范围是 001～009，其他客运专线的线路顺序号按照开通时间顺序编号。

2.6 每条线路的线路名称代码唯一。

3 线路名称代码表

已用的铁路线路名称代码见表 5。

表 5 已用的铁路线路名称代码表

线路代码	线路名称	线路代码	线路名称
0001	京广	0041	新兖
0002	京沪	0046	武九
0003	陇海	0047	麻武
0004	焦柳	0056	襄渝
0005	京九	0057	宝成
0006	宁西	0058	渝怀
0007	京哈	0061	宝中
0008	沪昆	0063	符夹
0011	图佳	0067	漳龙
0012	拉滨	0071	湘桂
0014	通让	0081	黔桂
0015	平齐	0082	南昆
0021	京通	0085	成昆
0022	锦承	0086	兰新
0023	津山	0101	齐北
0028	京包	0102	滨洲
0031	邯长	0103	富嫩
0032	太焦	0104	嫩林
0033	南同蒲	0105	林碧
0034	侯西	0106	伊加
0035	侯月	0107	牙林
0039	包兰	0108	朝乌

表 5（续）

线路代码	线路名称	线路代码	线路名称
0109	博林	0207	沟海
0110	塔韩	0208	朝开
0111	伊敏	0209	和龙
0115	滨绥宽	0210	龙舒
0120	滨洲宽	0211	龙丰
0121	滨北	0212	烟白
0122	北黑	0213	团杉
0123	绥佳	0214	梅集
0124	秋冷	0215	新通化
0125	鹤岗	0216	鸭大
0126	鹤北	0217	浑白
0127	佳富	0218	宇辉
0128	汤林	0219	长双烟
0129	翠峦	0231	长大
0130	勃七	0232	开丰
0131	林密	0233	铁法
0132	密东	0234	于虎
0133	恒山	0235	苏抚
0134	城鸡	0236	辽溪
0135	福前	0237	溪田
0150	苇亚	0238	沈丹
0151	滨绥	0239	丹大
0153	火龙沟	0240	浪石
0154	陶榆	0241	凤上
0172	图牡货	0242	营口
0173	滨绥货	0243	田五
0174	京哈货物	0244	白老
0175	牡佳货	0245	金城
0180	向哈	0246	南甘
0201	沈吉	0247	旅顺
0202	长图	0248	码头
0203	长白	0261	大郑
0204	白阿	0262	高新
0205	四梅	0263	新义
0206	沈山	0264	北票

表 5（续）

线路代码	线路名称	线路代码	线路名称
0265	叶赤	0332	丰沙
0266	南票	0333	大台
0267	葫支	0334	宣庞
0268	魏塔	0336	东北环
0269	朝马	0337	丰双
0270	通霍	0338	湖大
0275	田南	0339	大南
0297	城庄	0340	永丰
0298	长旅	0341	柳广
0299	沙鲅	0342	一零一
0301	北同蒲	0343	黄良
0302	京原	0344	周支
0303	石太	0345	保满
0304	口泉	0346	满神
0305	宁岢	0347	丰沙上行二
0306	忻河	0348	良陈
0307	兰村	0350	西北环
0308	太岚	0351	平定
0309	西山	0352	唐遵
0310	介西	0353	承隆
0311	二峰山	0354	房山
0312	礼垣	0355	南庄
0313	大秦	0356	阳简
0314	西长	0358	丰沙下行二
0320	津霸联	0371	石家庄直通
0321	南堡	0372	石太引入
0322	塘沽	0373	石德
0323	陈塘庄	0374	新井
0324	津蓟	0375	凤山
0325	天津北环	0376	白荫
0326	进港二	0377	阳泉矿正
0327	京承	0378	京广三
0328	柳山	0380	津山天津三
0330	七滦	0381	沙午
0331	秦皇岛进出港	0382	西矿

表 5（续）

线路代码	线路名称	线路代码	线路名称
0383	涉县二联	0450	长荆
0384	马磁	0451	鸦宜
0385	新峰	0452	荆东支
0386	邯郸京广Ⅲ	0453	南环
0387	邯长联	0454	西户
0388	坨王	0455	咸铜
0389	孝柳	0456	阳安
0401	集二	0457	太西
0402	郭查	0458	下桑
0403	包环	0459	梅七
0404	包石	0501	胶济
0405	包白	0502	蓝烟
0406	海公	0503	辛泰
0407	乌吉	0504	埠头支
0408	包神	0505	坊子
0409	呼准	0506	张东
0411	集通	0507	博小
0412	桑锡	0508	张博
0413	桑蓝	0509	博八
0421	安李	0510	南罗
0422	石林	0511	淄洪
0423	汤鹤	0512	东铁
0424	新焦	0513	铁南
0425	新密	0514	胶黄
0426	孟宝	0522	水白
0427	洛宜	0524	泰肥
0428	西康	0525	磁东
0429	朱李矿	0526	东莱
0430	汉丹	0528	兖石
0431	卫安	0529	薛枣
0432	京广附属	0530	前贾
0433	小厉	0531	夹孟
0434	铁黄	0534	盐东
0435	铁灵	0535	邯济
0436	铜大	0539	胶新

表 5（续）

线路代码	线路名称	线路代码	线路名称
0601	青阜	0642	乐德
0602	水蚌	0643	南何立交
0603	西张	0644	合九
0604	淮南	0645	安庆
0605	阜淮	0647	新长
0606	淮田	0648	江长
0607	轮北	0651	鹰厦
0608	林浦	0652	峰福
0609	永利	0653	南平东支
0612	宁启 A	0654	福马
0613	金温	0655	永嘉
0615	沪春	0657	龙东
0617	笕杭	0658	漳泉
0618	宁芜	0659	漳州
0619	轮南	0661	赣龙
0620	芜铜	0666	沙浔
0621	皖赣	0667	向乐
0622	尧栖	0668	张塘
0623	南何	0669	张建
0624	何杨	0670	洋坊
0625	淞沪	0671	上新
0626	上海西货	0672	分文
0628	新日	0673	泉高
0629	新闵	0674	塔七
0630	金山	0675	九炼
0631	吴泾	0676	发西
0633	镇大支	0677	西到
0634	宣杭	0680	铜九
0635	长牛	0681	京沪货
0636	萧甬	0682	浦东
0637	白沙	0683	南京客
0638	北仑	0684	北杨
0639	金千	0685	衢常
0640	弋樟	0686	南京货
0641	上饶联络	0690	天湖山

表 5（续）

线路代码	线路名称	线路代码	线路名称
0691	肖厝支	0814	开阳
0701	韶山	0815	贵阳南环
0702	娄邵	0816	达成
0703	醴茶	0822	湖林
0704	清潞	0823	水大
0705	资许	0824	羊场
0706	广深	0826	盘西 1
0707	黄埔	0828	东川
0708	广茂	0829	东王
0709	云支	0831	昆阳
0715	平南	0832	安宁
0716	畲汕	0833	罗茨支
0717	石长	0834	渡口支
0718	湛海	0835	威红
0719	洛湛益娄段	0839	达万
0720	洛湛邵永段	0840	遂渝
0721	西环	0841	襄遂联络
0722	昌八支	0881	昆河
0723	叉石支	0882	昆石
0751	屯秋	0883	昆小
0752	黎湛	0884	蒙宝
0753	河茂	0885	草官
0801	广旺	0891	鸡个
0802	德天	0901	石汝
0803	广岳	0902	敦煌
0804	成汶	0903	干武
0805	成渝	0904	红会
0806	资威	0905	兰青
0807	内六	0907	青藏
0808	宜珙	0908	柴达尔
0809	小梨	0909	宁大
0810	梨菜	0910	兰枢环行
0811	铜西	0911	嘉镜
0812	川黔	0912	玉门南
0813	三万	0913	银新

表 5（续）

线路代码	线路名称	线路代码	线路名称
0914	茶卡	1131	壮让联络
0915	青藏临管	1132	王岗疏解
0934	民和	1133	王万联络
0951	北疆	1134	拉滨客车
0952	六道湾	1201	九江
0953	小黄山	1202	小新
0954	南疆	1203	九棋
1000	客车联络	1204	新北
1101	榆树	1205	于马三
1102	榆红	1206	转西直通
1103	昂峰	1207	马西直通
1104	西昂	1208	于揽三
1105	红峰	1209	大于
1107	卓汇	1210	抚抚
1109	三榆	1211	抚将
1110	榆峰	1212	浑揽
1111	江北联络	1213	浑榆
1112	定一联络	1214	苏北联二
1113	定二	1215	长大进场
1114	滨江	1216	灵山下行到达
1115	江南	1217	葫西
1116	滨八联络	1218	二十广
1117	三间房南环	1219	南(夏)革
1118	香孙	1220	周甘
1119	香东	1222	大连连港
1120	东新	1223	大连连东
1121	兴莲联络	1224	平西联络
1122	公集联络	1225	金桥联
1123	三峰	1226	高孙联络
1124	西峰	1227	开孙联络
1126	孙新	1228	柳锦联络
1127	王孙	1229	魏塔联络
1128	哈屯	1230	义县回转
1129	屯黎	1231	锦承北票
1130	屯黎联络	1232	新立屯联络

表 5（续）

线路代码	线路名称	线路代码	线路名称
1233	大西进场	1306	京沪津山联
1234	于西进场	1308	石场间联络十二
1235	转西进场	1309	南北联
1236	马西进场	1310	京沪京哈联
1237	西马出发	1311	百东
1238	西转出发	1312	东星
1239	西永出发	1313	马广联
1240	西马联络	1314	丰西京广上联
1241	灵山上行到达	1315	京沪京广下联
1242	灵山上行出发	1316	丰双丰沙联
1243	张太三	1317	京沪京广联
1244	沈山 B	1318	机车出入库
1246	北皇联络	1319	Ⅴ—Ⅰ场联
1250	土城石矿	1320	军供联
1251	沈北联络一	1321	周琉联
1252	沈北联络二	1322	沙城-沙城西
1253	高疏	1323	百星
1255	龙北联络	1324	南曹
1256	Ⅲ场联络	1325	马沙联
1257	金窑	1326	Ⅲ—Ⅱ场联
1258	通霍二	1327	周良联络
1259	通辽南环	1328	津霸上行疏解
1260	盘五联络	1330	大秦津山上联
1262	苏北联三	1331	大秦四期煤码头
1263	长春进场	1332	石德联
1264	舒兰进场	1333	石家庄西北环
1265	西哈	1334	邯赵联
1266	长白联络	1335	沙联
1267	金城疏解	1336	张家口—张家口南
1268	蛟河进场	1337	怀联
1301	丰润唐遵	1338	沙岭子—张家口南
1302	沙河驿北	1339	京哈津蓟联
1303	沙河驿南	1340	大李
1304	京锦联络	1341	津山上进
1305	环清	1342	京沪上进

表5（续）

线路代码	线路名称	线路代码	线路名称
1343	秦东联络	1382	云岗大秦下联
1344	石家庄场间联络四	1383	汾皇联络
1345	石家庄场间联络五	1384	茶高联
1346	石家庄场间联络七	1385	大段上联
1348	石家庄场间联络八	1386	大段下联
1349	石家庄场间联络九	1387	大秦三期煤码头
1350	石家庄南站走行	1388	泰达
1351	石家庄西站联络	1389	柳龙联
1352	邢贡联	1390	七丰
1353	京广朔黄联	1391	丰胥
1355	邯郸南联	1392	贾联
1357	大秦津蓟上联	1393	崔联
1358	大秦津蓟下联	1394	银联
1360	义万联	1395	津山联络
1361	皇太联络	1396	北仓桥南联络
1362	汾太联络	1397	侯北南环
1363	榆联	1398	榆次联1
1364	衡水衡水西联络	1399	榆次联2
1365	介休洗选	1401	集葫联络
1366	洗选介西	1402	南北联络
1367	星双	1403	石环联络
1368	丰西京沪下联	1404	白环联络
1369	南联	1405	兰白联络
1370	龙联	1406	中蒙联络
1371	斜军	1407	万包联络
1372	长八	1420	鸡杨
1373	大包下发	1421	京下货
1374	大包上引	1422	京上货
1375	薛梅	1423	陇下货
1376	大同北环	1424	陇上货
1377	环沙	1425	北到
1378	涉县联	1426	南北发
1379	同蒲大秦上联	1427	南西发
1380	同蒲大秦下联	1428	郑州南环
1381	云岗大秦上联	1429	B7

表 5（续）

线路代码	线路名称	线路代码	线路名称
1430	B5	1466	惠八
1431	西到发	1467	关惠
1432	北北发	1468	B4
1433	北西发	1469	孟平西南联络
1434	郑北内通	1470	宝东Ⅲ
1435	郑北外通	1471	南联Ⅰ
1436	郑州北环	1472	南联Ⅱ
1437	郑州东北环	1473	安南引入
1438	郑州西北环	1474	安南联络
1439	7015	1475	宝成疏解
1440	洛阳东南西	1477	陇太联络
1441	洛阳东西北	1478	京下汉口插入段
1442	洛阳东南环	1479	京上汉口插入段
1443	水运村南北联络	1480	襄北环到
1444	田灞联络	1481	襄北环发
1445	洛阳东东南	1482	襄北发东
1446	京上外包	1483	襄北东到
1447	待焦联络	1484	北联
1448	新西联	1485	黄石联络
1449	大联	1486	太焦下联络
1450	汉丹联络	1487	麻武联络上行疏解
1451	新老江岸联络	1488	新乡南北场联络
1452	京南联络	1489	新焦上行外包
1453	京南下行联络	1490	洛阳东西南
1454	南环上下行联络	1491	洛阳东南东
1455	南环东二上行联络	1492	宝中联络
1456	南环东二下行联	1493	宝中疏解
1457	南环武钢下行联络	1494	商丘北东联
1458	何刘武钢上行联络	1495	商丘北西联
1460	鸦南联络	1496	商丘西北联
1461	清襄联	1497	商丘西南联
1462	荆东联络	1498	商丘南西联
1463	陇咸联络	1499	水运村北南联络
1464	宝东Ⅰ	1501	蓝烟联络
1465	宝阳联络	1502	胶辛联络

表 5（续）

线路代码	线路名称	线路代码	线路名称
1503	杜金联络	1608	宁芜出发
1504	京胶联络	1609	L13
1505	B1	1610	L12
1506	B2	1611	L11
1507	京辛联络	1614	来外Ⅱ
1508	兖南联络	1615	来舟外包Ⅲ
1509	兖石疏解	1616	来舟外包Ⅳ
1510	京陇联络	1618	向东 D
1512	发东	1619	向东 E
1513	夹孟疏解	1620	向东 F
1514	陇符联络	1621	向东 L3
1515	茅周联络	1622	向东 L2
1516	茅九联络	1623	向东 L4
1519	杨九联络	1624	向东 L5
1520	白兖联络	1625	向东 L6
1521	港南联络	1626	向东 L7
1523	东到	1627	向东 R 环发
1524	杨万	1628	吉井
1554	新日联络	1629	外南
1555	新阜联络	1630	淮望联络
1557	胶黄 D 联	1631	淮大联络
1558	新阜联络右	1632	宁启 C
1581	胶新疏解	1633	宁启 B
1582	临沭大北联络	1634	芜湖东联络 B
1583	临沭小北联络	1635	芜湖东联络 D
1584	新沂西疏解	1637	朱锡北
1586	烟大轮渡	1638	萧浙联络
1587	蓝烟疏解	1639	洪庄联络
1601	曹蚌客联	1640	萧萧联络
1602	蚌东联络	1641	金西联络
1603	水淮联络	1643	沪昆绕行
1604	京水联络	1644	京沪到达
1605	大田联络	1645	翔封联络
1606	宁东环到	1646	沪昆到达
1607	宁芜到达	1647	南翔环到

表 5（续）

线路代码	线路名称	线路代码	线路名称
1648	李莘联络	1685	合肥新客
1649	黄封	1686	裕溪口联络
1651	厦西联络 1	1687	合肥联络 2
1652	厦西联络 2	1688	合肥联络 3
1653	合九引入	1689	合肥联络 4
1654	横南联络	1690	艮东联络
1656	阜北联络	1691	宣杭联络
1657	京九下行客车联络	1692	合肥联络 5
1658	林浦三	1693	合肥联络 6
1659	海安西北联络	1694	阜青联络
1660	宣杭北环	1695	桃花店合肥西联络
1661	发宣	1696	青符联络
1662	杭北联络	1697	新龙华联络
1663	宣杭老	1698	贵溪疏解
1664	宣杭环到	1699	横峰疏解
1665	芦潮港	1702	醴茶联络
1666	向东 D2	1703	长沙客外
1667	向东 E2	1704	株北北西联
1668	向东 A1	1705	株北小运转联络
1669	向西 A2	1706	株北发北
1670	向西 A3	1707	株北发西
1671	皖赣联络	1708	株北上行直通
1672	鹰厦联络	1709	株北株出联络
1673	鹰潭反发	1710	株北东到
1674	鹰潭环到	1711	怀化东南
1675	萍乡联络乙	1712	怀化西北
1676	萍乡联络甲	1713	怀化西南
1677	向塘客车疏解	1714	广北联
1678	向塘Ⅺ道	1715	流北联
1679	向西 B3	1716	石三联
1680	京九货物联络	1718	坪乐
1681	阜北环到	1719	广茂联
1682	漯阜引入	1720	下客联
1683	漯阜发车	1721	长沙北货外
1684	合肥绕行	1722	株北南到

表 5（续）

线路代码	线路名称	线路代码	线路名称
1723	长南联络	1764	湘桂 A
1724	株北南环	1765	黎塘外包
1725	株洲客 A 线	1766	黎塘疏解 1
1726	三联	1767	黎塘疏解 2
1728	东莞上行疏解	1769	南宁南南环
1729	龙川北东联络	1770	南环联络
1730	东莞东南联络	1771	黔桂 A
1731	畲江联络	1801	成渝梨菜联洛
1732	娄底南到	1802	南疏 1
1733	衡北上行出发	1803	南疏 2
1734	衡北环发	1804	四梨
1735	衡北 D	1806	贵阳南西联络
1736	衡北上行进场	1807	襄渝东
1737	衡北 A	1808	贵阳西联
1738	衡北湘桂下联	1809	贵阳第二引入
1739	衡北湘桂上联	1811	后巢联络
1740	衡北 G	1812	成昆渡口联络
1741	衡北上行到达	1813	成昆引入
1742	衡北京上联	1814	川黔外绕
1743	京广货下 2	1815	襄达联络
1745	沪昆上行货车线	1816	贵阳货联
1746	石门北东南联络	1817	成都北环
1749	平南下行出发	1818	成都西环
1750	娄底货联	1819	宝成西环联络
1752	黎河联	1820	贵阳南客联络
1754	湘桂Ⅱ	1821	成昆西环联络
1755	湘桂Ⅲ	1822	六盘水南环
1756	黔桂延伸	1823	水柏引入
1757	西联	1824	成渝引入
1758	外环	1825	广大
1759	内环	1826	南昆出站线
1760	东联Ⅰ	1827	曹六联络
1761	东联Ⅲ	1828	六南联络
1762	货物正	1829	水柏客联
1763	桂海	1830	襄达疏解

表 5（续）

线路代码	线路名称	线路代码	线路名称
1831	大南货车联络	1993	沁沁
1833	成昆成都北联络	1994	宁静
1834	襄渝渝怀联络	1995	东港
1835	重庆西环到	1999	桃威
1836	北编疏解	2000	高曲联
1837	成昆达成联络	2001	迁曹
1838	成渝成都北联络	2002	京唐港
1840	水红	2003	滦蒌
1881	嘉普	2004	曹南
1901	兰新联络	2005	阜水
1902	嘉绿联络	2006	西安枢纽北环
1903	干武 1	2016	何零联络
1904	干武 3	2030	窑张联络
1905	武威南西联络	2036	常寨联络
1906	兰武 1	2301	曹港
1908	玉门疏解	2302	朔黄
1909	嘉峪关东客联	2303	黄万
1910	嘉峪关西客联	2304	神朔
1951	狼窝铺东联	2305	原唐联络
1952	狼窝铺西联	2306	阳涉
1953	南西联	2307	蓟港
1954	肃宁下联	2308	北京南城际东联
1955	肃宁上联	2309	天津城际上联
1956	王佐下联	2310	天津城际下联
1957	王佐上联	2311	南仓城际高速联
1969	阿境	2312	南仓城际普速上联
1981	南阳西西北	2313	南仓城际普速下联
1982	南阳西西南	2314	蓟港津山联
1983	南阳西东北	2315	康延
1984	彭信联络	2316	康延联络
1985	新丰镇环到	2401	大冶附属
1986	月山东南联络	2402	鄂州西附属
1987	商丘三线	2403	长江埠附属
1991	庄南联络	2475	包西
1992	武墨	2601	阜淮货上

表 5（续）

线路代码	线路名称	线路代码	线路名称
2602	京九客下	2753	钦北
2603	漯阜	2754	钦港
2604	合武绕行	2755	南防钦北联络
2605	宁西联络 1	2756	北海进港
2606	宁西联络 2	2801	昆玉
2614	铜九疏解	3005	合宁
2701	怀化南东	3010	京津城际
2751	南防	3011	胶济客专
2752	黎钦		

ICS 67.250
X 08

中华人民共和国国家标准

GB/T 25345—2010

食品金属探测器

Metal detector for food

2010-11-10 发布　　　　2011-05-01 实施

中华人民共和国国家质量监督检验检疫总局
中国国家标准化管理委员会　发布

前　言

本标准的附录 A 为规范性附录。

本标准由中国标准化研究院提出并归口。

本标准主要起草单位:青岛电子检测仪器厂。

本标准参与起草单位:青岛市产品质量监督检验所。

本标准主要起草人:于志强、沙衍波、邱心涛、辛玉芳、华宁。

食品金属探测器

1 范围

本标准规定了食品金属探测器的术语和定义、型号命名、技术要求、试验方法、检验规则、标志、包装、运输、储存等要求。

本标准适用于食品(不包括金属材质包装)金属探测器的设计、制造、检验。

2 规范性引用文件

下列文件中的条款通过本标准的引用而成为本标准的条款。凡是注日期的引用文件,其随后所有的修改单(不包括勘误的内容)或修订版均不适用于本标准,然而,鼓励根据本标准达成协议的各方研究是否可使用这些文件的最新版本。凡是不注日期的引用文件,其最新版本适用于本标准。

GB/T 308—2002 滚动轴承 钢球

GB/T 2423.1—2008 电工电子产品环境试验 第2部分:试验方法 试验A:低温

GB/T 2423.2—2008 电工电子产品环境试验 第2部分:试验方法 试验B:高温

GB/T 2423.3—2006 电工电子产品环境试验 第2部分:试验方法 试验Cab:恒定湿热试验

GB 4208—2008 外壳防护等级(IP代码)

GB 5226.1—2008 机械电气安全 机械电气设备 第1部分:通用技术条件

GB 15179 食品机械润滑脂

GB 16798—1997 食品机械安全卫生

GB/T 17626.4—2008 电磁兼容 试验和测量技术 电快速瞬变脉冲群抗扰度试验

GB/T 17626.5—2008 电磁兼容 试验和测量技术 浪涌(冲击)抗扰度试验

GB/T 17626.11—2008 电磁兼容 试验和测量技术 电压暂降、短时中断和电压变化的抗扰度试验

SB/T 228—2007 食品机械通用技术条件 表面涂漆

3 术语和定义

下列术语和定义适用于本标准。

3.1

食品金属探测器 metal detector for food

能检测并警示食品中金属杂质的装置。

3.2

灵敏度 sensitivity

能够可靠检出的最小金属物体的尺寸(用直径表示)。

3.3

探测孔 detecting hole

设计被测物体通过的截面尺寸。

3.4

检测位置 detecting position

探测孔的中心点。

4 型号命名

JTS-□ □-□ □

- 生产企业自定义序号(阿拉伯数字)
- 生产企业自定义代号(英文字母,大写)
- 探测孔几何尺寸,矩形:宽和高,圆形:直径
- 探测孔形状,R 矩形(rectangular),C 圆形(circle)
- 金属探测器,食品行业用

示例 1:JTS-R5020-A1

金属探测器,食品行业用

矩形探测孔,探测孔宽 500 mm,高 200 mm

生产企业自定义代号、序号(A1)

示例 2:JTS-C20-A1

金属探测器,食品行业用

圆形探测孔,探测孔直径 200 mm

生产企业自定义代号、序号(A1)

5 技术要求

5.1 一般要求

5.1.1 外观

探测器的输送带应无污染,探测器外表面应无破损和缺陷,各旋钮及开关应操控灵活,显示及指示部分应视觉清晰,涂层与电镀层应光洁均匀、无锈蚀、无脱落、无明显划痕、无起皱条纹及其他缺陷。

5.1.2 正常工作灵敏度

根据标准试样(见附录 A)材质和探测孔形状应分别达到表 1~表 4 的要求。

表 1 导磁性材质、矩形探测孔灵敏度 单位为毫米

高度	宽度						
	300	350	400	450	500	550	600
100	0.8	0.8	0.8	1.0	1.0	1.0	1.2
150	1.0	1.0	1.0	1.2	1.2	1.2	1.5
200	1.2	1.2	1.2	1.5	1.5	1.5	2.0
250	1.5	1.5	1.5	2.0	2.0	2.0	2.5
300	2.0	2.0	2.0	2.5	2.5	2.5	3.0
350	2.0	2.0	2.5	2.5	3.0	3.0	—
注:"—"表示该灵敏度不做确定数值规定。							

表 2 非磁性材质、矩形探测孔灵敏度 单位为毫米

高度	宽度						
	300	350	400	450	500	550	600
100	1.0	1.0	1.0	1.2	1.2	1.2	1.5
150	1.2	1.2	1.2	1.5	1.5	1.5	2.0

表 2（续）　　单位为毫米

高　度	宽　度						
	300	350	400	450	500	550	600
200	1.5	1.5	1.5	2.0	2.0	2.0	2.5
250	2.0	2.0	2.0	2.5	2.5	2.5	3.0
300	2.5	2.5	2.5	3.0	3.0	3.0	—
350	3.0	3.0	3.0	—	—	—	—
注：“—”表示该灵敏度不做确定数值规定。							

表 3　导磁性材质、圆形探测孔灵敏度　　单位为毫米

探测孔直径	100	150	200	250	300	350	400
灵敏度	0.8	1.0	1.2	1.5	2.0	2.5	3.0

表 4　非磁性材质、圆形探测孔灵敏度　　单位为毫米

探测孔直径	100	150	200	250	300	350	400
灵敏度	1.0	1.2	1.5	2.0	2.5	3.0	—
注：“—”表示该灵敏度不做确定数值规定。							

5.1.3　湿热环境灵敏度

根据标准试样材质和探测孔形状应分别达到表 5～表 8 的要求。

表 5　导磁性材质、矩形探测孔灵敏度　　单位为毫米

高　度	宽　度						
	300	350	400	450	500	550	600
100	1.0	1.0	1.0	1.2	1.2	1.2	1.5
150	1.2	1.2	1.2	1.5	1.5	1.5	2.0
200	1.5	1.5	1.5	2.0	2.0	2.0	2.5
250	2.0	2.0	2.0	2.5	2.5	2.5	3.0
300	2.5	2.5	2.5	3.0	3.0	3.0	—
350	3.0	3.0	3.0	—	—	—	—
注：“—”表示该灵敏度不做确定数值规定。							

表 6　非磁性材质、矩形探测孔灵敏度　　单位为毫米

高　度	宽　度						
	300	350	400	450	500	550	600
100	1.2	1.2	1.2	1.5	1.5	1.5	2.0
150	1.5	1.5	1.5	2.0	2.0	2.0	2.5
200	2.0	2.0	2.0	2.5	2.5	2.5	3.0
250	2.5	2.5	2.5	3.0	3.0	3.0	—
300	3.0	3.0	3.0	—	—	—	—
350	—	—	—	—	—	—	—
注：“—”表示该灵敏度不做确定数值规定。							

表 7　导磁性材质、圆形探测孔灵敏度

单位为毫米

探测孔直径	100	150	200	250	300	350	400
灵敏度	1.0	1.2	1.5	2.0	2.5	3.0	—
注："—"表示该灵敏度不做确定数值规定。							

表 8　非磁性材质、圆形探测孔灵敏度

单位为毫米

探测孔直径	100	150	200	250	300	350	400
灵敏度	1.2	1.5	2.0	2.5	3.0	—	—
注："—"表示该灵敏度不做确定数值规定。							

5.1.4　适应电源范围

探测器适用电压 187 V～242 V、适用频率 47.5 Hz～52.5 Hz。

5.1.5　连续工作时间

探测器连续稳定工作时间应不小于 4 h。

5.1.6　电磁兼容性

5.1.6.1　电快速瞬变脉冲群抗扰度性能

探测器的电快速瞬变脉冲群抗扰度性能符合 GB/T 17626.4—2008 中 2 级要求，允许基本功能暂时降低或丧失，但试验结束后应能自行恢复正常。测试后探测器内已贮存的数据不应丢失。

5.1.6.2　浪涌(冲击)抗扰度性能

探测器的浪涌(冲击)抗扰度性能符合 GB/T 17626.5—2008 中 2 级要求，允许基本功能暂时降低或丧失，但试验结束后应能自行恢复正常。测试后探测器内已贮存的数据不应丢失。

5.1.6.3　电压暂降、短时中断抗扰度性能

探测器的电压暂降、短时中断的抗扰度性能符合 GB/T 17626.11—2008 中 2 级要求，允许基本功能暂时降低或丧失，但试验结束后应能自行恢复正常。测试后不应出现电气故障，系统内已贮存的数据不应丢失。

5.1.7　输送带速度

速度可调，范围不小于 5 m/min～30 m/min。

5.1.8　警示信号与输出控制信号接口

探测器应具有声音警示或(和)灯光警示功能；探测器至少应有一路输出控制信号接口。

5.1.9　计数统计功能

探测器应具有对含有金属杂质食品的计数统计功能。

5.1.10　通讯接口

探测器应具备符合相关标准的通讯接口。

5.2　卫生要求

5.2.1　材料

5.2.1.1　探测器与食品直接接触部分的材料应符合 GB 16798—1997 第 4 章的相关规定。

5.2.1.2　探测器与食品非直接接触的材料不应对食品卫生间接造成危害。

5.2.2　喷涂

探测器采用表面喷涂时，应符合 SB/T 228—2007 的相关规定。

5.2.3　润滑

5.2.3.1　任何与产品接触的传动部件和轴承应采用非润滑型结构。

5.2.3.2　探测器选用的润滑脂应符合 GB 15179 的规定。

5.3 安全要求

5.3.1 机械部件

探测器的齿轮、皮带、链条、摩擦轮等运动部件应设置防护罩。探测器的零件及螺栓、螺母等紧固件应可靠固定,防止松动,不应因震动而脱落。

5.3.2 电气装置

探测器的电气装置应工作可靠、使用安全,应符合 GB 5226.1—2008 的相关规定。

5.3.3 绝缘电阻

5.3.3.1 在温度为 20 ℃±5 ℃、相对湿度不大于 75%时,探测器电源输入端与可触及的壳体金属部分绝缘电阻应不小于 20 MΩ。

5.3.3.2 湿热试验后,探测器电源输入端与可触及的壳体金属部分绝缘电阻应不小于 2 MΩ。

5.3.4 抗电强度

在探测器电源输入端与探测器金属壳体之间施加 50 Hz、有效值 1 500 V 正弦交流电压,历时 1 min,应无闪络、飞弧和击穿现象,试验后探测器应无电气故障,各项功能应正常。

5.3.5 接地电阻

在接地端子或接地触点与可触及金属件之间(不包括检测探头部分)电阻不应超过 0.5 Ω。

5.3.6 防护等级

探测器外壳防护等级应达到 GB 4208—2008 规定的 IP54 要求。

6 试验方法

6.1 试验条件

6.1.1 测试要求

除特别声明环境条件的试验外,其余试验应在下列环境条件下进行:

a) 温度:15 ℃~35 ℃;

b) 相对湿度:45%~75%;

c) 大气压力:86 kPa~106 kPa;

d) 运动金属物体:离探测器任一部位 2.0 m 以外;

e) 静止金属物体:离探测器任一部位 1.5 m 以外;

f) 无强电磁场干扰;

g) 输送带速度:20 m/min;

h) 工作方式:将探测器设置在连续运行方式;

i) 光电接近开关:如果有防止误报警功能的光电接近开关,应使其不发挥作用。

6.1.2 试验仪器仪表精度

试验使用的仪器仪表精度应满足以下要求:

a) 变频变压电源,频率分辨率 0.1 Hz,电压分辨率 0.1 V,电压总谐波失真≤3%;

b) 5-1/2 位数字电压/电流表精度不低于 0.5 级,出厂检验不低于 1 级;

c) 3-1/2 位数字温度计,误差不大于 0.5 ℃;

d) 3-1/2 位数字湿度计,误差不大于 2%;

e) 3-1/2 位数字转速表,误差不大于 2%;

f) 直流电压 500 V 兆欧表,精度不低于 1.0 级;

g) 计时器精度在 0.1 s 内。

6.1.3 试验要求

6.1.3.1 分别将导磁性材质、非磁性材质的标准试样通过检测位置各 10 次,标准试样每次通过检测位置的间隔时间为 10 s±2 s,以每次均能够可靠检出的最小直径的标准试样直径作为探测器的灵敏度参数。

推荐从最小直径标准试样开始试验，逐步增加标准试样直径，直至能够可靠检出。

6.1.3.2 以符合5.1.2要求的标准试样作为检测试样，分别将导磁性材质、非磁性材质的标准试样通过检测位置各5次，标准试样每次通过检测位置的间隔时间为10 s±2 s。

6.1.3.3 以符合5.1.3要求的标准试样作为检测试样，分别将导磁性材质、非磁性材质的标准试样通过检测位置各5次，标准试样每次通过检测位置的间隔时间为10 s±2 s。

6.1.4 外观检查

目测法检查。

6.1.5 正常工作灵敏度检测

6.1.5.1 高温环境检测

试验环境符合GB/T 2423.2—2008的Bb条款要求，严酷等级+40 ℃/2 h。变频变压电源输出频率设置在50 Hz，电压设置在242 V，按6.1.3.2要求检测。

6.1.5.2 高温储存检测

试验环境符合GB/T 2423.2—2008的Bb条款要求，严酷等级+70 ℃/2h。变频变压电源输出频率设置在50 Hz，电压设置在220 V，达到要求后，在正常大气条件下恢复2 h，按6.1.3.2要求检测。

6.1.5.3 低温环境检测

试验环境符合GB/T 2423.1—2008的Ab条款要求，严酷等级−5 ℃/2h。变频变压电源输出频率设置在50 Hz，电压设置在187 V，按6.1.3.2要求检测。

6.1.5.4 低温储存检测

试验环境符合GB/T 2423.1—2008的Ab条款要求，严酷等级−25 ℃/2h。变频变压电源输出频率设置在50 Hz，电压设置在220 V，达到要求后，在正常大气条件下恢复2 h，按6.1.3.2要求检测。

6.1.6 湿热环境灵敏度检测

试验环境符合GB/T 2423.3—2006条款要求，严酷等级(40±2)℃，(85±3)%RH，48 h。变频变压电源输出频率设置在50 Hz，电压设置在220 V，达到要求后保持24 h，接通电源使探测器处于工作状态，继续保持24 h，按6.1.3.3要求检测。在正常大气条件下恢复2 h，按6.1.3.2要求检测。

6.1.7 适应电源范围检测

6.1.7.1 变频变压电源输出频率设置在47.5 Hz，电压分别设置在187 V、242 V，按6.1.3.1要求检测。

6.1.7.2 变频变压电源输出频率设置在52.5 Hz，电压分别设置在187 V、242 V，按6.1.3.1要求检测。

6.1.8 连续工作时间检测

变频变压电源输出频率设置在50 Hz，电压设置在220 V，每隔30 min按照6.1.3.2要求进行一次检测。

6.1.9 电磁兼容性

6.1.9.1 电快速瞬变脉冲群抗扰度

电快速瞬变脉冲群抗扰度测试符合GB/T 17626.4—2008相应条款，按6.1.3.2要求测试。

6.1.9.2 浪涌(冲击)抗扰度

浪涌(冲击)抗扰度测试符合GB/T 17626.5—2008相应条款，按6.1.3.2要求测试。

6.1.9.3 电压暂降、短时中断抗扰度

电压暂降、短时中断抗扰度测试符合GB/T 17626.11—2008相应条款，按6.1.3.2要求测试。

6.1.10 输送带速度

使用转速表测试。

6.2 绝缘电阻

用兆欧表检测。

6.3 抗电强度

用容量不小于 0.5 kVA 的介电强度试验装置进行，试验时应从试验电压的半值开始，逐渐上升到 1 500 V保持 1 min。

6.4 接地电阻

将空载电压不大于 12 V，输出电流 10 A 的交流电源两端分别接在测量接地端子或接地触点与可触及金属之间，测量两者之间的电压降，并由电流和电压降计算出电阻。

6.5 防护等级

防尘按 GB 4208—2008 中 13.4 规定进行检验。

防水按 GB 4208—2008 中 14.2.4 规定进行检验。

6.6 警示信号与输出控制信号接口

外接排出设备并使其处于工作状态，使用适当的标准试样使探测器发出相应的警示信号与输出控制信号，应相应有声音警示或(和)灯光警示，排出设备应能可靠工作。

7 检验规则

7.1 出厂检验

每台产品应逐台进行检验，检验项目应符合表 9 的规定。

表 9 检验项目

序号	项　目	技术要求	检验方法	出厂检验	型式检验
1	外　观	5.1.1	6.1.4	√	√
2	绝缘电阻	5.3.3	6.2	√	√
3	接地电阻	5.3.5	6.4	√	√
4	适应电源范围	5.1.4	6.1.7	√	√
5	连续工作时间	5.1.5	6.1.8	√	√
6	电快速瞬变脉冲群	5.1.6.1	6.1.9.1		√
7	浪涌(冲击)	5.1.6.2	6.1.9.2		√
8	电压暂降、短时中断	5.1.6.3	6.1.9.3		√
9	正常工作灵敏度(高温环境)	5.1.2	6.1.5.1		√
10	正常工作灵敏度(高温储存)	5.1.2	6.1.5.2		√
11	正常工作灵敏度(低温环境)	5.1.2	6.1.5.3		√
12	正常工作灵敏度(低温储存)	5.1.2	6.1.5.4		√
13	湿热环境灵敏度	5.1.3	6.1.6		√
14	抗电强度	5.3.4	6.3	√	√
15	输送带速度	5.1.7	6.1.10	√	√
16	防护等级	5.3.6	6.5		√
17	警示信号与输出控制信号接口	5.1.8	6.6	√	√

7.2 型式检验

7.2.1 凡符合下列情况之一时应作型式检验：

a) 新产品或老产品转厂生产的试制、定型鉴定时；

b) 正式生产后，若结构、材料、工艺有较大改变，可能影响产品性能时；

c) 正常生产时，应周期性每年至少进行一次检验；

d) 产品连续停产一年后再恢复生产时；

e) 出厂检验结果与上次型式检验有较大差异时；

f) 国家质量监督机构提出进行型式检验的要求时。

7.2.2 型式检验应从出厂检验合格的产品中任意抽取一台进行。型式试验的项目为本标准的全部检验项目，其检验顺序应符合表9的规定。

8 判定规则

8.1 出厂检验

探测器在出厂检验中有一项不合格，即为不合格品，应退回生产部门进行检修，合格后方可出厂。

8.2 型式检验

型式检验中若有一项不合格，可加倍抽样，重新检测。仍然不合格时，则判整批产品不合格，型式试验不合格应停止生产和出厂，直到下次型式试验合格后方可恢复生产和出厂。

9 标志、包装、运输、储存

9.1 标志和标签

应在易于看到的位置标出生产厂商名称或注册商标、产品名称、型号、执行标准、制造日期和出厂编号、额定工作电压、额定功率、额定频率。

产品应按需要在相应的部件或部位上明确显示：安全警示、调节幅度、范围、运动与方向；开启、关闭、离合；料位、液位等标志，使用气动元件时，应在相应元件位置标明额定压力值和最大压力值。

需用文字表示的，应当用中文标出(出口产品除外)。

9.2 包装

包装所用的所有材料应符合国家规定的包装材料要求，材料应无毒、不发生降解或释放有毒物质。

应采取防潮、防压、防撞和减震等措施，确保正常装卸、运输和储存时不会对探测器结构和电路部件造成损伤。

包装标志应包括产品生产厂名、产品型号、数量、重量、体积、防潮、防震、包装储运指示标志和收发货标志。

9.3 运输

9.3.1 产品运输应符合铁路、公路、航空、水路运输和机械化装载的规定。对特殊要求的产品，应明确其运输要求。

9.3.2 产品的运输应符合下列要求：

a) 装运产品的车厢、船舱和集装箱等应保持清洁、干燥，无污染物；

b) 严禁将产品同污染物、有毒有害物、腐蚀性化学物品及潮湿性材料装在同一车厢、船舱、集装箱内运输。

9.4 储存

产品的储存环境应通风干燥，做好库房的防湿防潮工作，保证产品无锈蚀现象。

产品的储存应垫平放稳，不应码放过高，码放时应在产品下面用方木垫高，垫高高度应保证通风及铲车要求。

产品不应与有毒有害及有腐蚀性物品存放在一起。

产品露天存放时，应有防雨雪淋、日晒和积水的措施。

产品储存期间应注意包装箱上各项标志有无锈蚀及包装破裂等情况发生，当发生上述情况时应及时采取措施；定期检查包装箱内的产品情况，检查保护层是否失去防锈作用，必要时应更换新的保护层。

9.5 随机技术文件

每台产品都应配备下列文件：

a) 产品合格证；

b) 使用说明书；

c) 装箱单；

d) 产品保修单。

附 录 A
（规范性附录）
标 准 试 样

A.1 要求

标准试样的技术要求应符合 GB/T 308—2002 中 5.4 规定，形状误差和表面粗糙度等级 G200。

A.2 材质

导磁性材质 DT4C，非磁性材质 OCr18Ni9。

A.3 直径(mm)

优先采用以下规范尺寸：
0.6,0.7,0.8,1.0,1.2,1.5,2.0,2.5,3.0。

ICS 03.220.40
R 06

中华人民共和国国家标准

GB/T 25346—2010

船舶供受燃油程序及检测方法

Procedures and measuring methods for the transfer of bunker fuels to ships

2010-11-10 发布 2011-03-01 实施

中华人民共和国国家质量监督检验检疫总局
中国国家标准化管理委员会 发布

前 言

本标准附录 A、附录 B、附录 C 和附录 D 均为资料性附录。

本标准由中华人民共和国交通运输部提出。

本标准由交通部能源管理办公室归口。

本标准起草单位:交通部水运科学研究院、中国船舶燃料有限责任公司。

本标准主要起草人:李庆祥、张云鹏、付斌、曹莉、赫伟建、李静、胡晓微、张剑书。

船舶供受燃油程序及检测方法

1 范围

本标准规定了船舶供受燃油的程序及检测方法等。

本标准适用于在中华人民共和国水域内船舶供受燃油作业中的管理,水上固定加油站从事的船舶供受燃油作业除外。

2 规范性引用文件

下列文件中的条款通过本标准的引用而成为本标准的条款。凡是注日期的引用文件,其随后所有的修改单(不包括勘误的内容)或修订版均不适用于本标准,然而,鼓励根据本标准达成协议的各方研究是否可使用这些文件的最新版本。凡是不注日期的引用文件,其最新版本适用于本标准。

GB/T 1884 原油和液体石油产品密度实验室测定法(密度计法)

GB/T 1885 石油计量表

GB/T 25347 船舶油品供应术语

JT/T 38 石油及液体石油产品船舶油舱计量交接要求

3 术语和定义

下列术语和定义适用于本标准。

3.1

供油公司 bunker supplier

有经营资质的专业供油企业。

3.2

供油公证人员 bunker surveyor

从事第三方检验并具备相关资质的测试人员。

3.3

供油船 bunker barge

从事供应船舶油品的专用船舶。

3.4

受油船 vessel to be supplied

接受补给船用油品的船舶。

3.5

船用燃油 bunker oil

供船舶内燃机及其他船舶设备使用的各种燃油。

3.6

供油方代表 barge officer

受供油方委托或指派,全权代表供油方处理加油业务的人员。

3.7

受油方代表 ship officer

受受油方委托或指派,全权代表受油方处理加油业务的人员。

4 加油前的准备工作

4.1 受油方代表应派人检查本船加油管系、受油舱、受油柜的甲板透气管是否畅通，打开加油口盲板，并在透气管和盲板处放置盛油器和吸油物品以防溢油，装油管路中的相关阀件应处于正确的开启或关闭位置。堵塞甲板上的所有排水孔。检查透气管下部集油围井情况是否正常，受油前泄放孔堵头应安装到位。

4.2 供油船应对本船供油管系进行检查，保证供油计量真实、准确。

4.3 受油船应在受油区域设置醒目的“禁止烟火”警告牌，做好防火防爆布置。

4.4 供油船靠妥受油船后，受油船应在加油过程中悬挂“B”字旗，夜间显示对应的桅杆号灯。

4.5 受油船与供油船应在加油前备妥消防器材。

4.6 供受双方代表应在加油前备妥符合要求的无线通讯器材或明确通讯手势(参见附录A)，约定通讯联络方式，保证通讯畅通。

5 加油前的必备条件

5.1 供油船

5.1.1 供油方代表应向受油方代表递交：

——加油申请确认表(参见附录B)；

——油舱测量确认表(参见附录C)；

——加油签收单(参见附录D)；

——船舶供受油安全检查表。

5.1.2 船舶供受油安全检查表由国家相关主管部门提供。

5.1.3 油方代表应备妥油舱管路图、测量用温度计、量油尺、量水尺、舱容表或流量计等相关资料与设备，并向受油方代表出示温度计、量油尺、量水尺、舱容表或流量计的法定检定证书。受油方代表应核实供油船是否有具备法定油品计量员证书的计量员。

5.1.4 供油方代表应备妥取样用器具和盛装油样用的清洁油样容器及油样标签。

5.1.5 盛装油样用的油样容器及油样标签应准备四份，且油样容器应采用不可恢复的破坏性封签密封。

5.1.6 盛装油样用的油样容器容积不应小于600 mL。

5.2 受油船

5.2.1 加油前，受油船要注意油的不相溶性，尽可能清舱、并舱，并抽空燃油溢油柜的存油。

5.2.2 受油方代表有权检查供油船用于计量结算的温度计、量油尺、量水尺及舱容表或流量计的检定证书的有效性和合法性。

5.2.3 受油方代表有权在现场核查供油方油舱布置是否与舱容表一致，并与供油方代表一同检测供油船所有油舱(无论是否供油)的油位、油温或流量计读数。

5.2.4 供油方代表在受油方代表监督下填写“加油申请确认表”和“油舱测量确认表”，双方确认无误后在“加油申请确认表”和“油舱测量确认表”上签字盖章。

5.2.5 受油方代表应检查供油船所供燃油的质量化验单，以确认燃油质量参数是否符合合同要求。当燃油品质有偏差时，应立即通知供油方代表并报受油船公司协调处理，协调不成，经船公司同意后以书面形式通知供油方代表，取消加油。

5.3 其他

5.3.1 供油合同中应约定具体的燃油牌号或燃油指标。

5.3.2 供油方应保证所供船用燃油均质和稳定，符合供应合同内容。

5.3.3 测量供油船的轻油油舱油位时，均须测量舱底明水高度，测量部位和油面检尺相同。油舱测量按 JT/T 38 进行。经供受双方共同检测认可的供油船所有油舱的油位、油温等数据均应记录在“油舱测量确认表”中。使用流量计计量时，应现场核实其基准读数并记录在“油舱测量确认表”中。所使用的流量计应与油品的运动黏度、工作压力和温度相适应，其准确度应不低于±0.5%。

6 加油过程

6.1 加油过程的监督

6.1.1 经供受双方代表同意后，方可开始加油。在整个加油过程中，供油代表与受油代表应随时保持联系。当受油方给出停泵指令，供油方则应立即停泵。

6.1.2 供受油双方代表应指派专门人员共同对加油过程进行值班监控，并保持双方之间的通讯畅通。

6.2 加油过程中的燃油取样及油样存放规定

6.2.1 供受油双方代表分别指派人员在现场共同监督取样过程，受油方应拒绝接受供油方事先准备好的油样。

6.2.2 取样之前双方应共同检查样品容器的清洁性。

6.2.3 燃油取样应采取下列方法之一：

——时间比例取样；

——流量比例取样；

——全程连续滴样取样。

6.2.4 油样提取设备宜连接到供油船燃油总管出口法兰附近。

6.2.5 取样期间油样提取设备应能安全密封，取样过程中不得随意拆动、调整。

6.2.6 油样标签应有如下信息：

——提取位置；

——提取日期和时间；

——密封号；

——受油船名称或国际海事组织(IMO)编号；

——供油船名称；

——油品名称、牌号；

——供油方代表与受油方代表的签名。

6.2.7 共同提取签认并密封的油样是供油质量追溯的重要依据。加油过程中应提取四份油样，一份由受油方保存，两份由供油方保存，一份由公证方保存。

6.2.8 所有油样自取样日起至少保存 60 天，用于国际环保追溯的油样保存应按照 MARPOL 73/78 公约的附件 6 执行。

7 加油后的检测与签收

7.1 加油后的检测

7.1.1 每次加油完毕，油气稳定后供油方代表应与受油方代表对供油船各油舱的油温和油位进行测量并将结果填入“油舱测量确认表”中。

7.1.2 如以流量计计量加油数量时，供油方代表和受油方代表应当即共同核对确认流量计读数和燃油温度，并填写“油舱测量确认表”。

7.1.3 所供燃油密度以供油船提供的化验室测定密度(标准状况下)为准，如有争议应将油样送双方认可的实验室测定。

7.1.4 加油后的油舱油位和油温的测量方法与加油前相同。

7.1.5 供油方代表与受油方代表确认“油舱测量确认表”上内容无误后签字盖章。

7.2 实际加油数量的确认

7.2.1 供油方代表应根据所供油品温度、密度、油舱舱容表、油位或流量计读数，依据 JT/T 38、GB/T 1884 及 GB/T 1885 的要求，准确计算出加油数量。

7.2.2 受油方代表有权监督与核算加油数量。

7.3 加油后的签收

7.3.1 测量完整无误后，供油方代表应完成加油签收表，并签字盖章。

7.3.2 当受油方代表确认供油方代表在加油前后所有油舱的测量数据无误后，签收单上数据应以供油方的数据为准。并在供油方代表备妥的加油签收表上确认签字盖章。

8 加油公证

当供油方代表或受油方代表认为需要加油公证时，应按以下要求办理：

a) 供油方代表和受油方代表单独或共同申请加油公证时，公证人员应经双方书面认可确认。

b) 公证的提请宜在加油前安排；若加油后发生加油数量争议，再提请公证时，供、受油双方在加油前确认的相关数据有效。

c) 公证人员应是合法授权机构的在职人员，且应持有国家法定有效油品计量证书。

d) 公证人员应使用在检定有效期内的法定计量器具进行数据采集。

e) 公证人员应严格按照国家计量法规、国家及行业标准进行计量操作。

f) 公证人员应核对供油船油温，供油船油舱、油柜的油位或流量计计量数据，供油方代表应予以配合。

g) 公证人员应在测量、核对完供油数量后，提出明确的公证加油数量。

h) 申请加油公证时的加油数量，应以公证人员的测量数据或计算出的加油数量为准。

i) 公证费用由供受油双方协商解决。

附 录 A
(资料性附录)
加油作业通讯所用手势信号范例

加油作业通讯所用手势信号示例参见图 A.1。

图 A.1

附　录　B
（资料性附录）
加油申请确认表

加油申请确认表样式参见表 B.1。

表 B.1

受油船船名：＿＿＿＿＿
受油船加油日期：＿＿＿＿＿加油港口及泊位：＿＿＿＿＿

尊敬的先生：
　受公司指定，谨向贵船供应下述品种燃料油：
　　＿＿＿＿＿吨牌号为＿＿＿＿＿的船用残渣燃料油；
　　＿＿＿＿＿吨牌号为＿＿＿＿＿的船用馏份燃料油/柴油；
我船将首先供应＿＿＿＿＿，随后供应＿＿＿＿＿。
供油船额定泵速＿＿＿＿＿ t/h。
　　① 受油方代表要求泵速：
　　　牌号为＿＿＿＿＿的船用残渣燃料油泵速为＿＿＿＿＿ t/h；
　　　牌号为＿＿＿＿＿的船用馏份燃料油/柴油泵速为＿＿＿＿＿ t/h。
　　② 双方协商泵速＿＿＿＿＿ t/h。
　　③ 受油方代表是否需要检测供油船油舱油位？　　　是/否/不适用
　　④ 受油方代表是否需要监督取样过程？　　　是/否
　　⑤ 受油方代表是否要监督供油船流量计读数？　　　是/否/不适用
　　⑥ 受油方代表是否申请公证？　　　是/否

注 1：此表为加油前供油方代表和受油方代表共同签署的加油凭证，用于确认所供燃油品种、数量和燃油的基本参数以及输油泵速和输送顺序。

注 2：受油方代表必须认真核查表中要求供应的燃油质量、数量及泵速是否符合要求，以及油位测量、流量计检测、燃油取样监督等内容。

注 3：“加油申请确认表”中的所有栏目均须认真填写，空白栏须填写“不适用”。

注 4：本表不得涂改，填写有误时应重新填写。

注 5：加油申请确认表一式二份，正本由供油方代表保存，副本交受油方代表保存。

供油方代表（签字）：＿＿＿＿＿＿＿＿　　受油方代表（签字）：＿＿＿＿＿＿＿＿
供油船（盖章）：＿＿＿＿＿＿＿＿　　受油船（盖章）：＿＿＿＿＿＿＿＿
日期：＿＿＿年＿＿月＿＿日　　日期：＿＿＿年＿＿月＿＿日

附 录 C
（资料性附录）
油舱测量确认表

油舱测量确认表样式参见表C.1。

表C.1

序号：________

供油船名：　　　　　　　　　　　　　　　　受油船名：

<table>
<tr><td colspan="6">一、加油前舱位读数：</td></tr>
<tr><td colspan="3">前吃水：</td><td colspan="3">后吃水：</td></tr>
<tr><td colspan="2">进行纵倾修正？</td><td>是/否</td><td colspan="3">密度(20 ℃)/(kg/m³)：</td></tr>
<tr><td>油舱号</td><td>油品牌号</td><td>温度/℃</td><td>油位高度/mm</td><td>修正高度/mm</td><td>水位高度/mm</td></tr>
<tr><td></td><td></td><td></td><td></td><td></td><td></td></tr>
<tr><td></td><td></td><td></td><td></td><td></td><td></td></tr>
<tr><td></td><td></td><td></td><td></td><td></td><td></td></tr>
<tr><td colspan="6">二、加油后舱位读数：</td></tr>
<tr><td colspan="3">前吃水：</td><td colspan="3">后吃水：</td></tr>
<tr><td colspan="2">进行纵倾修正？</td><td>是/否</td><td colspan="3">密度(20 ℃)/(kg/m³)：</td></tr>
<tr><td>油舱号</td><td>油品牌号</td><td>温度/℃</td><td>油位高度/mm</td><td>修正高度/mm</td><td>水位高度/mm</td></tr>
<tr><td></td><td></td><td></td><td></td><td></td><td></td></tr>
<tr><td></td><td></td><td></td><td></td><td></td><td></td></tr>
<tr><td></td><td></td><td></td><td></td><td></td><td></td></tr>
<tr><td colspan="6">三、流量计读数：</td></tr>
<tr><td>舱室号</td><td>油品牌号</td><td>温度/℃</td><td>流量计开始读数/m³</td><td>流量计结束读数/m³</td><td>密度(20 ℃)/(kg/m³)</td></tr>
<tr><td></td><td></td><td></td><td></td><td></td><td></td></tr>
<tr><td></td><td></td><td></td><td></td><td></td><td></td></tr>
<tr><td></td><td></td><td></td><td></td><td></td><td></td></tr>
<tr><td colspan="6">四、供、受油双方代表签字盖章：</td></tr>
<tr><td colspan="3">供油前</td><td colspan="3">供油后</td></tr>
<tr><td colspan="3">受油方代表签字：</td><td colspan="3">受油方代表签字：</td></tr>
<tr><td colspan="3">日期/时间：</td><td colspan="3">日期/时间：</td></tr>
<tr><td colspan="3">受油船章：</td><td colspan="3">受油船章：</td></tr>
<tr><td colspan="3">供油方代表签字：</td><td colspan="3">供油方代表签字：</td></tr>
<tr><td colspan="3">供油船章：</td><td colspan="3">供油船章：</td></tr>
<tr><td colspan="3">日期/时间：</td><td colspan="3">日期/时间：</td></tr>
<tr><td colspan="6">注1：无论该舱室是否进行供油，都必须在监督下测量油位。
注2：此表应与供油船的舱容表一起使用，用以计算燃油的体积。
注3：此表中所有栏目均应填写，空白栏需填“不适用”。
注4：此表填写的内容不得随意涂改，如有改动时需由供受双方代表签字。
注5：此表一式二份，正本由供油方代表保存，副本交受油方代表保存。</td></tr>
</table>

附 录 D
（资料性附录）
加油签收单

加油签收单样式参见表 D.1。

表 D.1

序号：________

加油地点：		加油日期：	
供油船名：		受油船名：	
开泵时间：		IMO 编号：	
关泵时间：		船东或代理：	
油品质量	油品名称		
	密度(20 ℃)/(kg/m³)		
	运动黏度(15 ℃)/(mm²/s)		
	水含量/%(*V*/*V*)		
	闪点/℃		
	硫含量/%(*m*/*m*)		
	油样密封号		
供油数量	总标准体积(20 ℃)/m³		
	总供油质量/t		
供油方代表签字：		受油方代表签字：	
供油船章：		受油船章：	
日期：		日期：	

注 1：完成加油后，供油方代表须填写加油签收表交由受油方代表签署。

注 2：签收表所有相关与适用栏目均须填写，空白栏目须填写“不适用”。

注 3：取消或修正燃油签收表，须经供油方代表与受油方代表签字盖章之后方可生效。

注 4：至少需要填写两份签收表，须由供油方代表与受油方代表签字(字迹要清晰)并盖船章。正本由供油方代表保存，一份副本交受油方代表保存。

ICS 03.220.40;01.040.03
R 04

GB

中华人民共和国国家标准

GB/T 25347—2010

船舶油品供应术语

Marine petroleum oil & lubricant supply terms

2010-11-10 发布　　　　2011-03-01 实施

中华人民共和国国家质量监督检验检疫总局
中国国家标准化管理委员会　发布

前　言

本标准由中华人民共和国交通运输部提出。

本标准由交通部能源管理办公室归口。

本标准起草单位:长江航运科学研究所、交通部水运科学研究院、中国长江航运(集团)总公司、中石化长江燃料有限公司、中国船舶燃料有限责任公司。

本标准主要起草人:汪静、李庆祥、杨志强、诸凡、梁军、朱慧琼、付斌等。

船舶油品供应术语

1 范围

本标准规定了船舶油品供应的术语和定义。

本标准适用于船舶油品供应企业经营管理、质量认证、生产作业等。

2 船用油品

2.1

船用油品 petroleum oil & lubricant(POL)

船用燃油和润滑油。

2.2

船用燃油 bunker oil

供船舶内燃机及其他船舶设备使用的各种燃油。

2.3

船用润滑油 marine lubricants

用于船舶机械及装置使用的专用润滑油。

3 油源

3.1

油源 source of POL

油品供应企业获取油品的来源地、渠道和生产企业。

3.2

进口油 imported POL

从国外直接采购的油品，分为含税油和免税油。

3.2.1

进口含税油 imported POL with duty paid

缴纳海关关税后可在国内供应的进口油。

3.2.2

进口免税油 imported POL with duty free

按海关规定办理进口手续，免征税收，存入经海关批准和实施监管的保税库(罐)中的进口油。供应对象为外籍船舶或航行国际航线的船舶。

3.3

配额油 quota POL

经国家有关部门批准，可按一定额度进口的油品。

3.4

配置油 planned POL

国家分配的、由国内炼油企业直接供应，用于系统内部供应的油品。

3.5

经营油 planned marketing POL

国家分配的、由国内炼油企业直接供应，用于企业经营的油品。

3.6

自采油 market-purchased POL

供油企业自行采购的油品。

4 生产设施

4.1

供油船 bunker barge

从事供应船舶油品的专用船舶。

4.2

受油船 vessel to be supplied

接受补给船用油品的船舶。

4.3

油库 oil storage depot

用于储存、接卸和输转油品的场所。

4.4

供水船 fresh water supply barge

从事供应船舶淡水的专用船舶。

4.5

保税罐 bonded oil tanks

经海关批准,由海关监管的存放进口免税油的专用油罐。

4.6

保税仓库 bonded warehouse

经海关批准,由海关监管的存放进口免税油的专用仓库。

4.7

水上加油站 waterborne oil station

固定于某一水域,由具有储油、计量、供给功能,保障船舶油品供应的经营型水上设施。

5 作业方式

5.1

代提 agent for carrying POL

油品供应企业为客户提供代理油品提取服务的业务。

5.2

代储 agent for POL storage

油品供应企业为客户提供代理油品储存服务的业务。

5.3

代供 agent for delivery of POL

油品供应企业代存油企业所做的油品供应业务。

5.4

桶装 in drums

以桶为计量单位的油品盛装形式。

5.5

桶供 delivered in drums

以桶装方式供应油品。

5.6

散装 in bulk

桶装以外的油品盛装形式。

5.7

散供 delivered in bulk

由供油船、油库、油罐车等以散装形式供应油品。

5.8

桶装散供 delivered in bulk by pumping ex drums

以散供方式供应的桶装油品。

5.9

发油 distribution of POL

油库、车船对外输送油品的作业过程。

5.10

进油 receiving POL

油库、车船接受油品的作业过程。

5.11

装油 loading POL

车船接受油品的作业过程。

5.12

卸油 unloading POL

将车船上的油品卸入储油设施中的作业过程。

5.13

提油 pick-up POL

到供应商处提取油品。

5.14

水上供应 delivery in waterway

利用水上生产设施供应的作业过程。

5.15

陆地供应 delivery by land

利用陆地生产设施供应的作业过程。

6 作业过程

6.1

加油定单 bunkering nomination

加油前客户向供油企业提出的书面需求。

6.2

确认表 confirmation form

供油前后供受双方所确认的质量、数量等书面依据。

6.3

加油签收单 bunker delivery receipt(BDR)

供油结束后,双方签字确认的作为结算费用的单据。

6.4

供水签收单 fresh water delivery receipt

供水结束后,双方签字确认的作为结算费用的单据。

6.5

油样　oil sample

从需要检测的油品中采集的有代表性的一部分油品。

6.6

油样密封　seal of oil sample

油样经双方签字认可后进行封存的保存方式。

6.7

驳运费　barging charge

船舶供油、供水作业所收取的运输费用。

6.8

供应起码费　minimum delivery charge

供油驳运费的最低收费标准。

6.9

供水起码费　minimum delivery charge for fresh water

供水驳运费的最低收费标准。

6.10

供油公司　bunker suplier

有经营资质的专业供油企业。

6.11

供油方代表　barge officer

受供油方委托或指派，全权代表供油方处理加油业务的人员。

6.12

受油方代表　ship officer

受受油方委托或指派，全权代表受油方处理加油业务的人员。

6.13

供油公证人员　bunker surveyor

从事第三方检验并具备相关资质的测试人员。

7　油品检验

7.1

常规检验　oil analysis

对船用油品的主要理化性能进行的分析。

7.2

接收检验　acceptance test

船用油品接、卸前进行的质量检测化验。

7.3

入库检验　warehousing examines

船用油品被接收入库后进行的检测化验。

7.4

储存检验　routine test of warehouse storage

对储存油品定期进行的检测化验。

8 油品计量

8.1

油品计量 metrology of POL

测量油品量值的操作。

8.2

油品计量器具 POL measuring instruments and devices

用于测量油品量值的量具、测量仪器(仪表)和测量系统的统称。

8.3

罐容油品计量 tank oil measuring

通过测量、计算而得知的油罐内油品量值的操作。

8.4

舱容油品计量 tank oil measuring

通过测量、计算而得知的油舱内油品量值的操作。

8.5

油品静态计量 POL static measuring

收发作业前后处于稳定状态的油品储量的测量。

8.6

油品动态计量 POL dynamic measuring

在收发作业过程中,对储油容器储量的瞬时值及储量随时间变化的量值测量。

8.7

油品计量仲裁 POL measuring arbitration

由仲裁机构对油品计量争议作出的裁决。

中 文 索 引

英 文 索 引

A

B

C

D

F

I

参 考 文 献

[1] GB/T 4756—1998 石油液体手工取样法.

[2] GB/T 25346—2010 船舶供受燃油程序及检测方法.

[3] GJB 2576—1996 军用油品基本术语.

ICS 03.220.20
R 06

中华人民共和国国家标准

GB/T 25348—2010

汽车节油产品使用技术条件

Technical specification of fuel saving products for automobiles

2010-11-10 发布　　　　2011-03-01 实施

中华人民共和国国家质量监督检验检疫总局
中国国家标准化管理委员会　发布

前　言

本标准由中华人民共和国交通运输部提出。

本标准由全国汽车维修标准化技术委员会(SAC/TC 247)归口。

本标准起草单位:交通部公路科学研究院。

本标准主要起草人:冯桂芹、刘莉、焦健、何勇、王伟、王渌江、韩国庆、蔡凤田、张红卫。

汽车节油产品使用技术条件

1 范围

本标准规定了汽车节油产品使用后汽车或发动机经济性、动力性和排放性能的改善,以及添加剂类汽车节油产品的理化性能和电子类汽车节油产品的电器性能等技术指标。

本标准适用于以燃料油为动力的在用汽车上使用的汽车节油产品。

2 规范性引用文件

下列文件中的条款通过本标准的引用而成为本标准的条款。凡是注日期的引用文件,其随后所有的修改单(不包括勘误的内容)或修订版均不适用于本标准,然而,鼓励根据本标准达成协议的各方研究是否可使用这些文件的最新版本。凡是不注日期的引用文件,其最新版本适用于本标准。

GB/T 260 石油产品水分测定法

GB/T 265 石油产品运动粘度测定法和动力粘度计算法

GB/T 511 石油产品和添加剂机械杂质测定法(重量法)

GB/T 3142 润滑剂承载能力测定法(四球法)

GB/T 3535 石油产品倾点测定法(GB/T 3535—2006,ISO 3016:1994,MOD)

GB/T 3536 石油产品闪点和燃点测定法 克利夫兰开口杯法(GB/T 3536—2008,ISO 2592:2000,MOD)

GB/T 5096 石油产品铜片腐蚀试验法(GB/T 5096—1985,eqv ASTM D130:1985)

GB/T 6538 发动机油表观粘度测定法(冷启动模拟机法)(GB/T 6538—2000,eqv ASTM D5293:1998)

GB/T 8020 汽油铅含量测定法(原子吸收光谱法)(GB/T 8020—1987,eqv ASTM D32371:1979)

GB/T 14951 汽车节油技术评定方法

GB 17930 车用汽油

GB 19147 车用柴油

SH/T 0711 汽油中锰含量测定法(原子吸收光谱法)

SH/T 0712 汽油中铁含量测定法(原子吸收光谱法)

3 术语和定义

下列术语和定义适用于本标准。

3.1

汽车节油产品 fuel saving products for automobiles

能降低汽车燃料消耗并对汽车的其他使用性能无不良影响的产品。

3.2

节油率 rate of fuel saving

汽车使用节油产品后,燃油消耗降低的比率。计算公式为:

$$节油率=\frac{使用节油产品前的燃料消耗量-使用节油产品后的燃料消耗量}{使用节油产品前的燃料消耗量}\times 100\% \quad\cdots\cdots(1)$$

3.3

净化率 rate of pollution controlling

汽车使用节油产品后,汽车排气污染物降低的比率。计算公式为:

$$净化率=\frac{使用节油产品前的污染物测量值-使用节油产品后的污染物测量值}{使用节油产品前的污染物测量值}\times 100\% \quad \cdots\cdots(2)$$

3.4

动力性对比系数　rate of power contrasting

汽车使用节油产品后，汽车动力性增强的比率。计算公式为：

$$对比系数=\frac{使用节油产品后动力性参数测量值}{使用节油产品前动力性参数测量值}\times 100\% \quad \cdots\cdots(3)$$

4　技术条件

4.1　基本要求

汽车节油产品应进行发动机台架试验和汽车道路试验，评定其对车辆经济性、动力性、排放性能的改善程度。

4.2　经济性技术指标

4.2.1　汽车节油产品的燃料经济性按 GB/T 14951 规定的方法进行试验与评定。

4.2.2　发动机台架对比试验评价指标应满足：市区运行模式节油率 α_s、城间运行模式节油率 α_c 及快速车道运行模式节油率 α_q 三项指标之一不小于 1.5%，且其余两项指标均大于 0。

4.2.3　汽车道路对比试验评价指标应满足下列要求之一：

a)　α_s、α_c 及 α_q 三项指标之一不小于 3.0%，其余两项指标均大于 0；

b)　汽车运行百公里节油率 α_b 应不小于 3.0%，且 α_s、α_c 及 α_q 均大于 0；

c)　汽车多工况节油率 α_d 不小于 3.0%，且 α_s、α_c 及 α_q 均大于 0。

4.3　动力性技术指标

汽车节油产品的动力性技术指标应满足表 1 的要求。

表 1　动力性技术指标

项目		技术指标	试验方法
发动机台架试验	发动机转矩对比系数 K_M	≥0.99	GB/T 14951
	发动机功率对比系数 K_P	≥0.99	
汽车道路试验	汽车加速时间对比系数 K_t	≤1.01	
	汽车滑行距离对比系数 K_S[a]	≥0.99	
[a] 影响汽车润滑系性能的汽车节油产品需评定该项技术指标。			

4.4　排放性能技术指标

汽车节油产品的排放性能技术指标应满足表 2 的要求。

表 2　排放性能技术指标

项目	技术指标	试验方法
汽车排气污染物 CO 净化率 R_{CO}/%	≥0	GB/T 14951
汽车排气污染物 HC 净化率 R_{HC}/%		
汽车排气污染物 NO_X 净化率 R_{NO_X}/%		
汽车排气污染物 $HC+NO_X$ 净化率 R_{HC+NO_X}/%		
柴油车排气污染烟度净化率 R_{KJ}/%		
柴油车排气污染颗粒物净化率 R_{PM}/%		

4.5　添加剂类汽车节油产品的理化性能技术指标

4.5.1　添加剂类汽车节油产品还应进行理化性能试验与评定。

4.5.2 燃油添加剂类汽车节油产品加入燃油后的理化性能技术指标应满足表3的要求。

表3 燃油添加剂类汽车节油产品理化性能技术指标

项 目	技术指标	试验方法
铜片腐蚀	不低于参比油	GB/T 5096
相容性	不分层、不浑浊、无沉淀	GB/T 14951
铅含量[a]/(g/L)	不超出参比汽油	GB/T 8020
锰含量[a]/(g/L)	不超出参比汽油	SH/T 0711
铁含量[a]/(g/L)	不超出参比汽油	SH/T 0712
注1：参比汽油应满足 GB 17930 的要求。 注2：参比柴油应满足 GB/T 19147 的要求。		
[a] 此项目仅适用于汽油添加剂检测。		

4.5.3 发动机润滑油添加剂类汽车节油产品加入润滑油后的理化性能技术指标应满足表4的要求。

表4 发动机润滑油添加剂类汽车节油产品理化性能技术指标

项 目	技术指标	试验方法
水分(体积分数)/%	不大于痕迹	GB/T 260
运动黏度(100 ℃)/(mm^2/s)	不超出参比润滑油数值的±10%，并满足相关标准规定的范围	GB/T 265
低温动力黏度/(MPa·s)	不超出参比润滑油数值的±10%，并满足相关标准规定的范围	GB/T 6538
机械杂质(质量分数)/%	≤0.01	GB/T 511
闪点(开口)/℃	不低于参比润滑油	GB/T 3536
倾点/℃	不高于参比润滑油	GB/T 3535
铜片腐蚀(100 ℃,3 h)	不大于1级	GB/T 5096
最大无卡咬负荷 P_B/kg	不小于参比润滑油	GB/T 3142
稳定性	不分层，无沉淀	GB/T 14951
注：参比润滑油应满足相关标准的要求。		

4.6 电子类汽车节油产品的电器性能技术指标

电子类汽车节油产品还应满足汽车电器标准规定的电器性能技术指标。

ICS 03.220.20
R 16

中华人民共和国国家标准

GB/T 25349—2010

使用乙醇汽油车辆检查、维护技术规范

Technical specification for inspection and maintenance of vehicle using ethanol gasoline

2010-11-10 发布　　2011-03-01 实施

中华人民共和国国家质量监督检验检疫总局
中国国家标准化管理委员会　发布

前　言

本标准由中华人民共和国交通运输部提出。

本标准由全国汽车维修标准化技术委员会(SAC/TC 247)归口。

本标准负责起草单位:交通部公路科学研究院。

本标准参加起草单位:江苏省交通厅运输管理局、安徽省公路运输管理局、吉林大学。

本标准主要起草人:韩国庆、蔡凤田、范健、宁青、刘莉、田永生、李卫清、闫讽逸、赵猛、陈明、李科、殷国祥、李显生、赵志国。

使用乙醇汽油车辆检查、维护技术规范

1 范围

本标准规定了使用乙醇汽油车辆的燃料供给系统检查、维护的作业内容和技术要求。

本标准适用于使用乙醇汽油的所有在用汽车的检查与维护，其他机动车可参照执行。

2 规范性引用文件

下列文件中的条款通过本标准的引用而成为本标准的条款。凡是注日期的引用文件，其随后所有的修改单(不包括勘误的内容)或修订版均不适用于本标准，然而，鼓励根据本标准达成协议的各方研究是否可使用这些文件的最新版本。凡是不注日期的引用文件，其最新版本适用于本标准。

GB/T 18344　汽车维护、检测、诊断技术规范

3 术语和定义

GB/T 18344 所确立的以及下列术语和定义适用于本标准。

3.1

乙醇汽油车辆　ethanol gasoline vehicle

使用乙醇汽油的车辆。

4 作业内容与技术要求

4.1 基本作业项目要求

车辆的检查、维护按 GB/T 18344 规定执行。

4.2 日常维护

除 GB/T 18344 规定进行的作业外应重点检查燃料供给系统有无泄漏和燃油管路外观异常情况。

4.3 一级维护

4.3.1 一级维护基本作业项目和技术要求

除 GB/T 18344 规定的项目外，应增加进行的基本作业项目、作业内容和技术要求见表 1。

4.3.2 一级维护质量保证期

自签发维修竣工出厂合格证之日起计算，为车辆行驶 2 000 km 或者 10 d，以先达到者为准。

表 1　一级维护增加的基本作业项目、作业内容和技术要求

序号	项　目	作业内容	技术要求
1	燃油管路	检查、紧固	a)　管路畅通，接头无渗漏； b)　管路无变形、溶胀、裂损
2	燃油泵	检查	工作正常、符合规定
3	燃油滤清器	检查、清洗或更换	清洁、无污物
4	密封件	检查	无溶胀、裂痕

4.4 二级维护

4.4.1 二级维护作业一般要求

二级维护作业的实施主体、作业过程、检测项目及使用的仪器均应执行 GB/T 18344 的规定。

4.4.2　二级维护基本作业项目及技术要求

除 GB/T 18344 规定的项目外,应增加进行的基本作业项目、作业内容和技术要求见表 2。

表 2　二级维护增加的基本作业项目、作业内容和技术要求

序号	项　目	作业内容	技术要求
1	燃油管路	检查、紧固	a)　管路畅通,接头无渗漏; b)　管路无变形、溶胀、裂损
2	油箱	检查	a)　油箱内无污垢、铁锈、胶质颗粒、无积水、油箱胶垫完好、紧固可靠,无磨损、无漏油; b)　油箱呼吸阀阀门无污垢,进、排气通畅
3	电动燃油泵	检查	工作正常
4	机械式燃油泵	检查泵膜、进油口滤网	油泵内清洁、无污物,必要时更换泵膜
5	油水分离器	检查、清洗	油水分离器应清洁,无污物、积水
6	燃油蒸发控制装置	检查	a)　管路清洁通畅; b)　活性炭罐表面无损坏,活性炭有效
7	化油器	检查	化油器应内外清洁,无积垢,滤网、各量孔畅通

4.4.3　二级维护质量保证期

自签发维修竣工检验合格证之日起计算,为车辆行驶 5 000 km 或者 30 d,以先达到者为准。

ICS 03.220.20
R 16

中华人民共和国国家标准

GB/T 25350—2010

使用乙醇汽油车辆燃油供给系统清洗工艺规范

Technology specification for cleaning fuel supply system of ethanol gasoline vehicles

2010-11-10 发布　　2011-03-01 实施

中华人民共和国国家质量监督检验检疫总局
中国国家标准化管理委员会　发布

前　言

本标准由中华人民共和国交通运输部提出。

本标准由全国汽车维修标准化技术委员会(SAC/TC 247)归口。

本标准负责起草单位:交通部公路科学研究院。

本标准参加起草单位:安徽省公路运输管理局、江苏省交通厅运输管理局、吉林大学。

本标准主要起草人:韩国庆、蔡凤田、宁青、范健、刘莉、田永生、李卫清、赵猛、闫讽逸、陈明、李科、殷国祥、李显生、赵志国。

使用乙醇汽油车辆燃油供给系统清洗工艺规范

1 范围

本标准规定了汽油车首次使用乙醇汽油前的燃油供给系统清洗项目及技术要求、操作工艺、检验与调试、质量保证期等。

本标准适用于首次使用乙醇汽油前已行驶3万公里以上的汽油车燃油供给系统的清洗，其他机动车可参照执行。

2 清洗项目及技术要求

清洗项目及技术要求见表1，工艺流程如图1所示。

表1 清洗项目及技术要求

序号	项 目	技术要求
1	油箱	a) 油箱内无污垢、铁锈、胶质颗粒、积水； b) 油箱胶垫完好、紧固可靠，无磨损、漏油； c) 油箱呼吸阀阀门无污垢，进、排气通畅； d) 油量传感器浮子为耐醇材料
2	燃油泵	a) 燃油泵内、外清洁无杂质； b) 泵膜为耐醇材料； c) 燃油滤网清洁通畅无脏物
3	燃油滤清器	a) 更换一次性燃油滤清器； b) 可拆式燃油滤清器内、外清洁无脏物，滤芯为金属网架或陶瓷材料等耐醇滤芯
4	喷油器	无积炭、堵塞、滴油漏油现象
5	油管	a) 油管为耐醇材料； b) 管路清洁畅通； c) 无凹陷、裂损，接头无渗漏； d) 油管接头卡子为耐醇材料
6	燃油蒸发控制装置	a) 管路耐醇、清洁通畅； b) 活性炭罐表面无损坏； c) 活性炭有效
7	化油器	a) 化油器应内外清洁，无积垢，滤网、各量孔畅通； b) 油浮子等塑料件及橡胶件为耐醇材料
8	油水分离器	清洁，无脏物、积水

3 清洗操作工艺

3.1 安全作业要求

作业时应穿着防静电工作服装，禁止接打手机并严格控制电气、静电火花。作业现场严禁明火并应配备灭火器材。

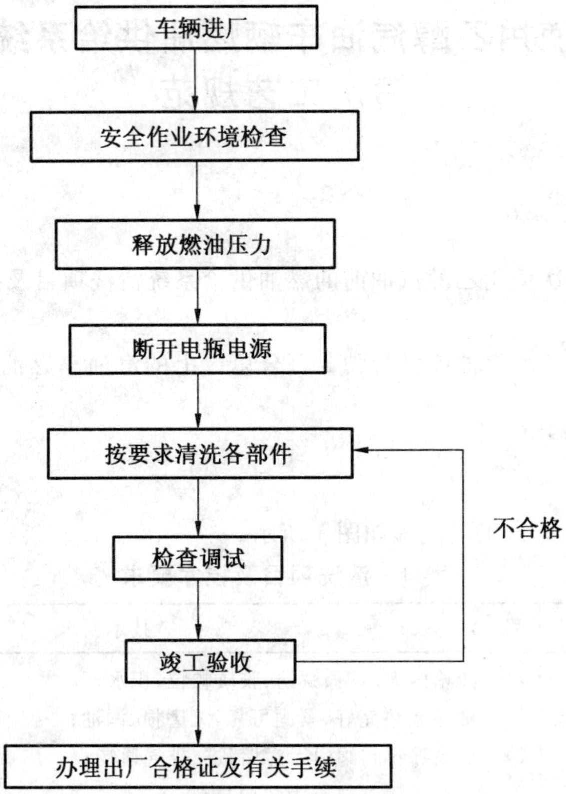

图 1 清洗工艺流程

3.2 清洗前准备

3.2.1 在清洗前应释放燃料供给系统压力。

3.2.2 采用运转法释放燃料供给系统压力，拔下电动燃油泵继电器或保险丝，起动发动机，使发动机运转直至自行熄火。

3.2.3 采用卸压法释放燃料供给系统压力，首先清洁高压燃油管路接头或卸压阀周围，然后用不掉纤维的棉布垫于油管接头或卸压阀下面，再缓慢松开油管接头或卸压阀，使燃油缓慢泄漏至停止。

3.3 清洗油箱

3.3.1 关闭电源，用专用工具拆除油量传感器及电动燃油泵。

3.3.2 打开油箱盖，取出滤网筒，抽出或放出油箱内大部分汽油，留下适量(约 100 mm～150 mm 深)的汽油。

3.3.3 将软管一端连接约 294 kPa(3 kg/cm^2)的压缩空气或惰性气源，另一端由油箱口插入油箱底部，并用干净布挡在油箱口，不断移动软管吹扫位置使油箱内部积存的各种杂质被翻腾的汽油清洗掉。

3.3.4 当确认积存在油箱内的杂质被清洗下来后，应立即放出油箱中的全部汽油。

3.3.5 若放出的汽油较脏时，应在油箱中加入适量(约 100 mm～150 mm 深)的汽油，再按 3.3.3 重复清洗，直到放出的汽油干净为止。

3.3.6 安装耐醇的油量传感器及清洗过的电动燃油泵，并将经过沉淀的燃油加入油箱。

3.3.7 检查清洁油箱呼吸阀，进、排气应通畅。如排气阀不通应予以排除故障或更换。

3.3.8 对于设有格栅的油箱，应将油箱拆下，留少许汽油在油箱中，稍稍用力晃动油箱，使沉积杂质尽可能地冲洗掉，视情况可反复进行，直至干净为止。

3.4 清洗燃油泵

3.4.1 电动燃油泵应使用专用清洗剂进行清洗，清除附着在电动燃油泵外及滤网中的污垢与杂质。

3.4.2　可拆式机械燃油泵应拆解清洗进、出油阀及油杯，检查、更换老化及不耐醇的泵膜。

3.4.3　免拆式机械燃油泵应根据泵膜老化及耐醇情况予以更换。

3.5　清洗燃油滤清器

3.5.1　一次性燃油滤清器应更换为耐醇的燃油滤清器。

3.5.2　可拆式燃油滤清器应拆解，用清洁燃油或专用清洗剂清洗油杯及滤芯，凡不耐醇的滤芯应更换为金属网架或陶瓷材料等耐醇滤芯。

3.6　清洗喷油器

3.6.1　分拆清洗：拆下喷油器，用专用设备清洗掉附着的积炭。

3.6.2　免拆清洗：用燃料供给系统免拆清洗设备连接供油管路，用专用清洗剂代替燃油使发动机运转清除喷油器积炭。

3.7　清洁油管

3.7.1　检查油管应为耐醇材料，无凹陷、裂损，接头无渗漏；油管接头卡子应为耐醇材料。

3.7.2　用压缩空气吹扫油管至清洁通畅。

3.7.3　拆洗油管路的滤网。

3.8　清洁燃油蒸发控制装置

3.8.1　检查燃油蒸发控制装置的软管应为耐醇材料，清洁通畅，无凹陷、裂损，无泄漏。

3.8.2　检查活性炭罐表面应无裂纹、损坏；活性炭罐内活性炭应有效。

3.8.3　用约 294 kPa（3 kg/cm^2）压缩空气吹入活性炭罐的油箱接口，堵住活性炭罐的排污接口，清洗活性炭罐滤清器。

3.9　清洗化油器

3.9.1　先清洗化油器外部，再分解化油器，清洗各部油道、量孔、油面室、雾化喷嘴、针阀及进油口滤网等。

3.9.2　查看油浮子及塑料件、橡胶件，若为易被乙醇腐蚀的材料制成，应更换为耐醇件。

3.9.3　装复化油器并连接好管路。

3.10　清洗油水分离器

3.10.1　检查油水分离器，若不能正常工作应予以更换。

3.10.2　清洗油水分离器使其无脏物、积水。

4　检验与调试

4.1　检查燃料供给系统，管路连接可靠，无渗漏，相关参数应符合原厂技术要求。

4.2　对化油器式发动机，应进行适应性调整。适当调浓混合气浓度及提前点火提前角。

4.3　加入车用乙醇汽油后，发动机应启动性能良好，怠速稳定，运转平稳，无断缸、回火、放炮和异响等现象。

5　质量保证期

从竣工出厂之日起计算，车辆行驶 2 000 km 或 10 d，以先达到者为准。

ICS 03.220.20
R 16

中华人民共和国国家标准

GB/T 25351—2010

使用乙醇汽油车辆性能技术要求

Technical specifications for performance of vehicle using ethanol gasoline

2010-11-10 发布　　2011-03-01 实施

中华人民共和国国家质量监督检验检疫总局
中国国家标准化管理委员会　发布

前 言

本标准由中华人民共和国交通运输部提出。

本标准由全国汽车维修标准化技术委员会(SAC/TC 247)归口。

本标准负责起草单位:交通部公路科学研究院。

本标准参加起草单位:安徽省公路运输管理局、江苏省交通厅运输管理局、吉林大学。

本标准主要起草人:韩国庆、蔡凤田、范健、宁青、刘莉、田永生、李卫清、闫讽逸、赵猛、陈明、李科、殷国祥、李显生、赵志国。

使用乙醇汽油车辆性能技术要求

1 范围

本标准规定了使用乙醇汽油车辆的起动性能、动力性、燃料经济性的技术要求和检测方法。

本标准适用于原使用汽油，现使用乙醇汽油的车辆。

2 规范性引用文件

下列文件中的条款通过本标准的引用而成为本标准的条款。凡是注日期的引用文件，其随后所有的修改单(不包括勘误的内容)或修订版均不适用于本标准，然而，鼓励根据本标准达成协议的各方研究是否可使用这些文件的最新版本。凡是不注日期的引用文件，其最新版本适用于本标准。

GB/T 3799.1 商用汽车发动机大修竣工出厂技术条件 第1部分:汽油发动机

GB 7258 机动车运行安全技术条件

GB/T 12545.1 乘用车燃料消耗量试验方法

GB/T 12545.2 商用车辆燃料消耗量试验方法

GB/T 18276 汽车动力性台架试验方法和评价指标

GB/T 18566 运输车辆能源利用检测评价方法

3 术语和定义

GB/T 18566 所确立的术语和定义适用于本标准。

4 发动机一般技术要求

4.1 发动机外观、装备应符合 GB/T 3799.1 的要求。

4.2 发动机燃料供给系统中装用的橡胶、塑料配件应采用耐醇材料。

5 起动性能

5.1 发动机应有良好的起动性能，车辆置于不低于 −5 ℃条件下，用起动机起动时，应在三次起动中至少有一次可在 5 s 内起动。在做重复起动试验时，每次间隔 2 min。

5.2 怠速运转平稳，其怠速转速应符合原厂规定。

6 动力性

6.1 汽车校正驱动轮输出功率应不低于使用汽油时的 95%。

6.2 汽车动力性检测方法按 GB/T 18276 的规定进行。

7 燃料经济性

7.1 汽车等速百公里燃料消耗量应不高于使用汽油时的 105%。

7.2 检测方法采用汽车底盘测功机检测或路试检测。

7.3 用底盘测功机检测汽车等速百公里燃料消耗量按 GB/T 18566 规定的方法进行。

7.4 路试检测汽车等速百公里燃料消耗量按 GB/T 12545.1 和 GB/T 12545.2 进行，车速按 GB/T 18566 的规定。

8 其他要求

其他性能应符合 GB 7258 的要求。

ICS 19
A 21

中华人民共和国国家标准

GB/T 25352—2010

隔热隔音材料耐烧穿试验方法

Test method to determine the burnthrough resistance of thermal/acoustic insulation materials

2010-11-10 发布　　2011-03-11 实施

中华人民共和国国家质量监督检验检疫总局
中国国家标准化管理委员会　发布

前　言

本标准在技术内容上和美国联邦航空条例 FAR25 部(25-111 修正案)附录 F 第Ⅶ部分《隔热隔音材料耐烧穿试验方法》(英文版)相同。

本标准由中国民用航空局提出并归口。

本标准起草单位:中国民用航空局第二研究所。

本标准主要起草人:夏祖西、于新华、朱雪峰、苏正良、杨智渊、李文艳。

隔热隔音材料耐烧穿试验方法

1 范围

本标准规定了隔热隔音材料在高强度开放式火焰下的耐烧穿特性的试验方法。

本标准适用于评估隔热隔音材料在高强度开放式火焰下的耐烧穿特性。

2 术语和定义

下列术语和定义适用于本标准。

2.1 烧穿时间 burnthrough time

燃烧器火焰穿透试样的时间，和(或)在燃烧器另一侧距离试验架受火面 305 mm 处热流达到 2.27 W/cm^2 时所需的时间。

注：烧穿时间以秒表示，两者取其较快者。

2.2 隔热隔音毯试样 insulation blanket specimen

位于试样架两侧，与垂直方向成 30°角的两个试样中的任何一个。

3 设备

3.1 试验装置

烧穿试验试样装置和烧穿试验仪如图 1 和图 2 所示，燃烧器在预热期间应能移离试样。

单位为毫米

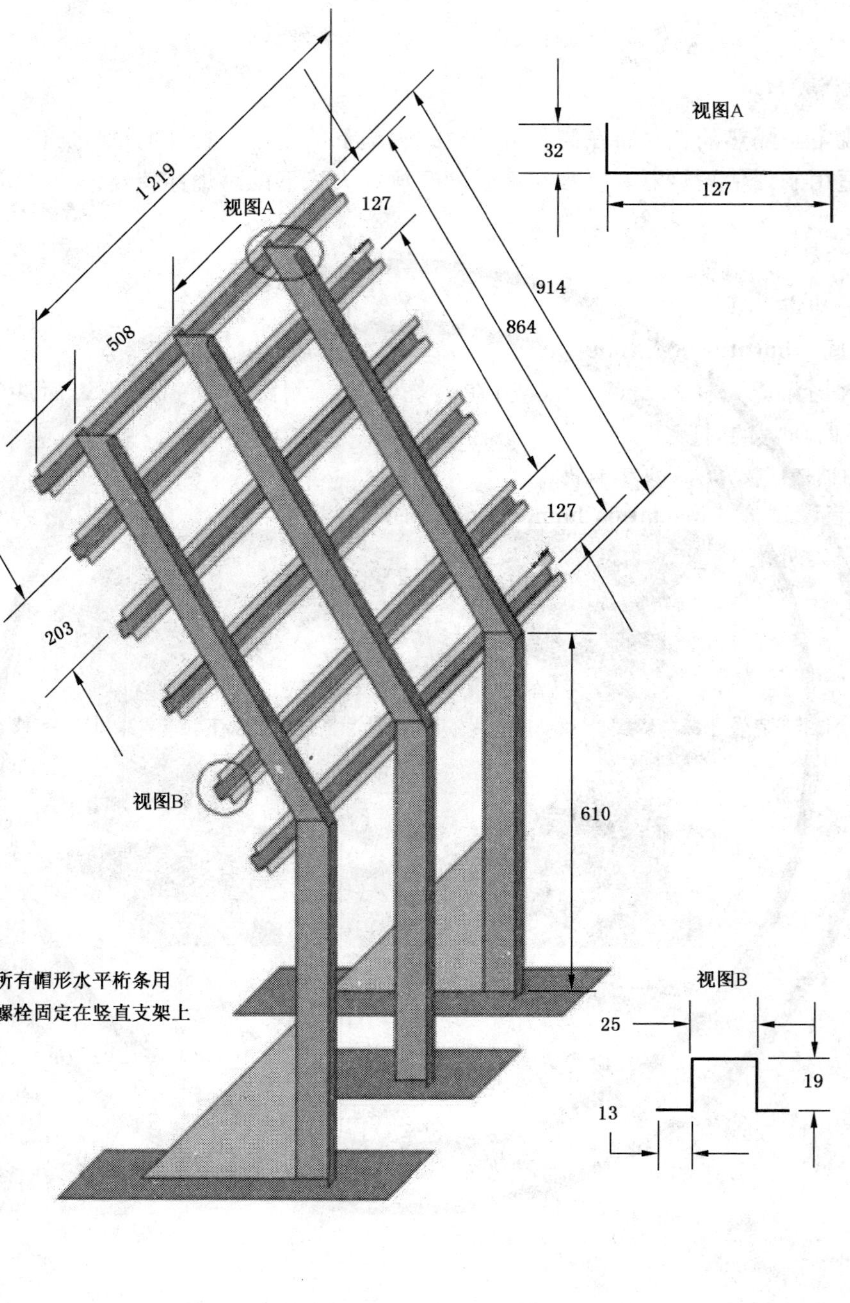

注 1：除了中央垂直支架所用材料的厚度为 6 mm 外，其余材料的厚度均为 3 mm。

注 2：试样安装框与垂直线成 30°角。

图 1 烧穿试验试样装置示意图

单位为毫米

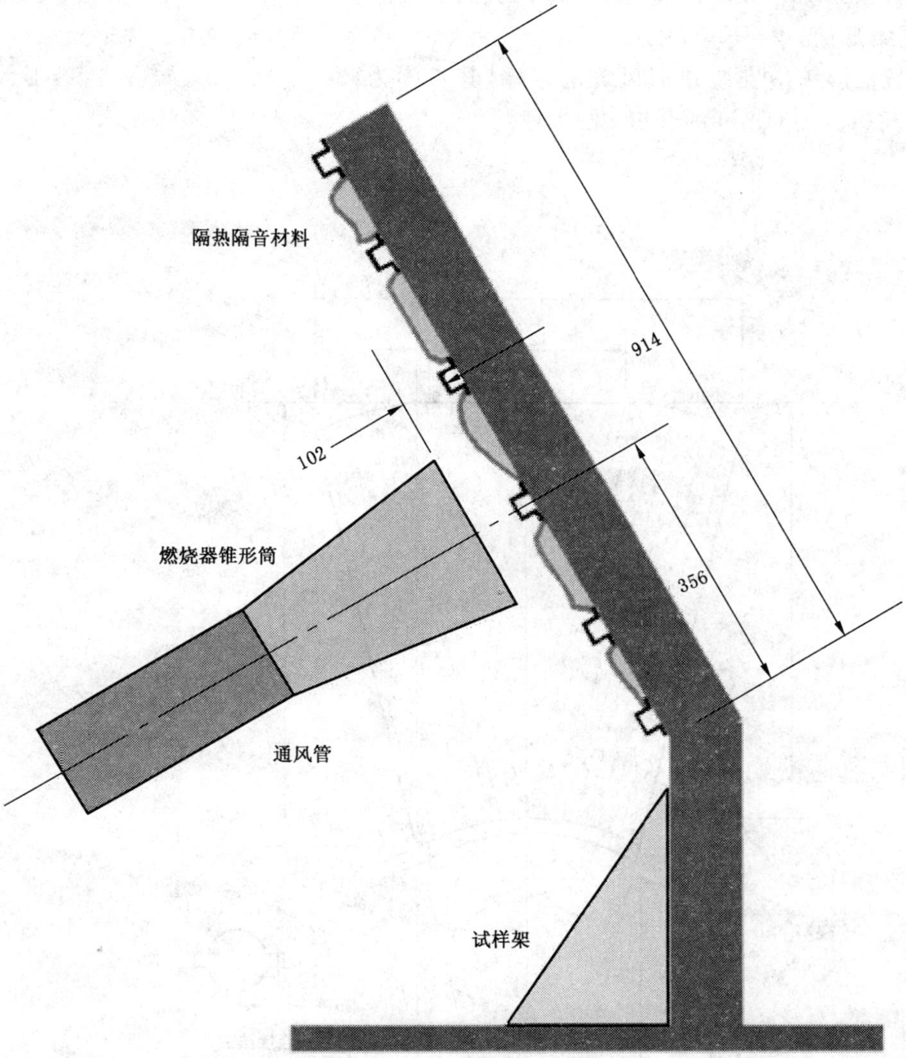

注：燃烧器的垂直面和试样安装框均与垂直线成30°角。

图2 烧穿试验仪示意图

3.2 燃烧器

3.2.1 总则

试验用燃烧器应为改进的枪型燃烧器，如Park DPL 3400型。燃烧器的设置决定了火焰特性，应适当地调节燃油压力、喷嘴深度、固定片位置和进口气流等参数以达到合适的火焰。

3.2.2 喷嘴

喷嘴应能保持燃油压力，以产生0.378 L/min的标称燃油流量。

3.2.3 燃油导轨

应调整燃油导轨，使燃油喷嘴位于距离出口固定片前端8 mm的位置。出口固定片应安装在通风管的端部。

3.2.4 内部固定片

内部固定片应位于通风管中间，距燃油喷嘴尖95 mm。应调整固定片，使得向通风管中看时，整个点火器位于10点到11点钟的中间位置。如果温度和热流量符合6.4和6.5的要求，允许点火器角度有小的偏差。

3.2.5 风机

风机应是直径为133 mm,高度为89 mm的圆柱形。

3.2.6 燃烧器锥形筒

燃烧器延长锥形筒应安装在通风管的末端,其长度为(305±3)mm。燃烧器锥形筒应有一个宽(280±3)mm、高(152±3)mm的开口(见图3)。

单位为毫米

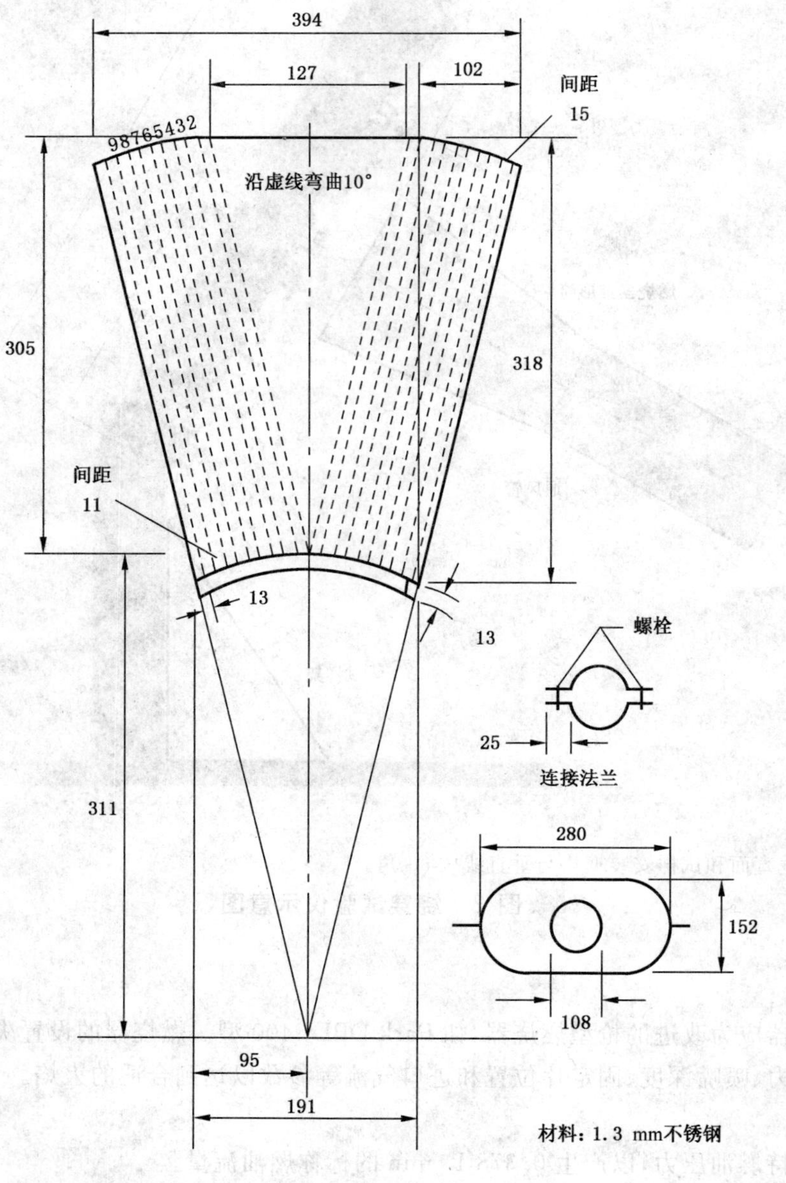

注：图中只画出锥形筒的一半,另一半在焊接点与之匹配。

图3 燃烧器锥形筒示意图

3.2.7 燃油

燃油宜为JP-8、Jet A或国际上等效的燃油。其流量应为(0.378 0±0.012 6)L/min。如果不能获得该燃油,当燃油标称流量、温度和热流量值符合6.4和6.5的要求时,可采用3号喷气燃料或其他等效的燃油。

3.2.8 燃油压力调节器

燃油压力调节器应能提供 0.378 L/min 的标称流量。标称流量为 0.378 L/min 80°喷射角的喷嘴，在 0.71 MPa 燃油压力下能够提供 0.378 L/min 的流量。

3.3 校准装置和设备

3.3.1 校准装置

测量热流和温度的校准装置应由热流计和热电偶梳组成。该装置应能定位，使燃烧器能够容易地从试验位置移动到热流或温度的校准位置。

3.3.2 热流计

热流计应为总热流密度型、箔式 Gardon 热流计，量程应为(0～22.7)W/cm²，精度为指示读数的±3%。

3.3.3 热流计安装

热流计应安装在长(305±3)mm、宽(152±3)mm、厚(19±3)mm 的隔热板上，该隔热板在校准过程中与热流校准架相连(见图 4)。应调整热流计固定架，以确保热流计的表面与试验燃烧器锥形筒的出口平面平行。

单位为毫米

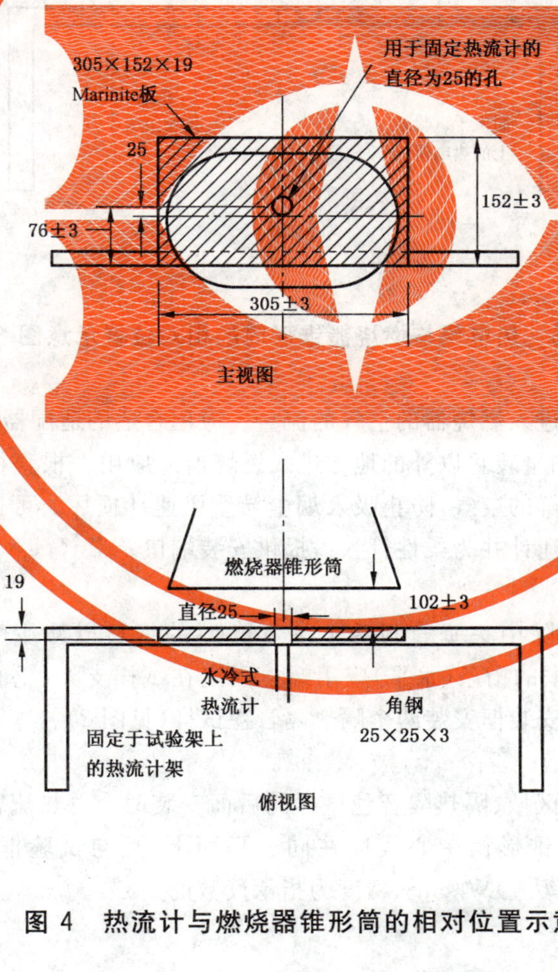

图 4 热流计与燃烧器锥形筒的相对位置示意图

3.3.4 热电偶

校准时应采用七根直径为 3.2 mm 的陶瓷包封、金属护套、接地式 K 型(镍铬-镍铝)热电偶，其金属丝直径应为 0.511 mm[美国线规(AWG)24 号]。应将热电偶固定在一个角钢支架上，形成一个热电偶梳，以便于校准时放置在试样架上(见图 5)。

单位为毫米

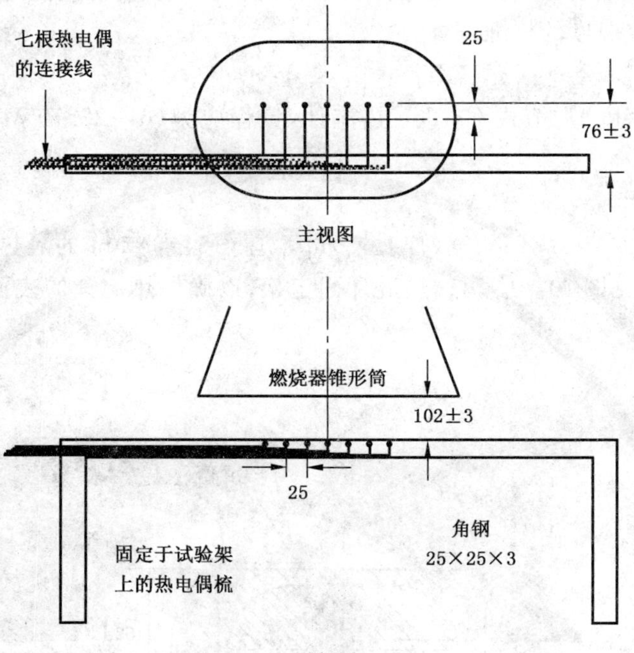

图 5　热电偶与燃烧器锥形筒的相对位置示意图

3.3.5　风速计

叶片型的风速计用于校准进入燃烧器的空气的流量。应用合适的适配器将测量装置连接在燃烧器的入口一侧，以防止空气通过测量装置以外的地方进入燃烧器。应用一根直径为 102 mm、长为 6.1 m 的柔性管向燃烧器入口供应新鲜的空气，防止吸入烟尘导致风速计损坏。可选用永久安装在燃烧器入口处的适配器来有效地遮护风速计并为柔性管入口提供安装端口。

3.4　试样安装框

试样安装框如图 1 所示，除中央垂直板为 6.4 mm 厚的钢材以减少变形外，其他部位均应为 3.2 mm 厚的钢材。试样安装框的桁条(水平)应用螺栓固定在试样支架(垂直)上，使得桁条的膨胀不会引起整个结构变形。应使用安装框安装两个隔热隔音毯试样(见图 2)。

3.5　背面热流计

在试样安装框的背面(冷)区域、隔热隔音毯试样的后面安装两个总热流密度型、箔式 Gardon 热流计(见图 6)。热流计与燃烧器锥形筒中心线应在同一平面上，且与试验框的垂直中心线的距离为 102 mm。热流计的量程为(0～5.7)W/cm^2，精度为指示读数的±3%。

单位为毫米

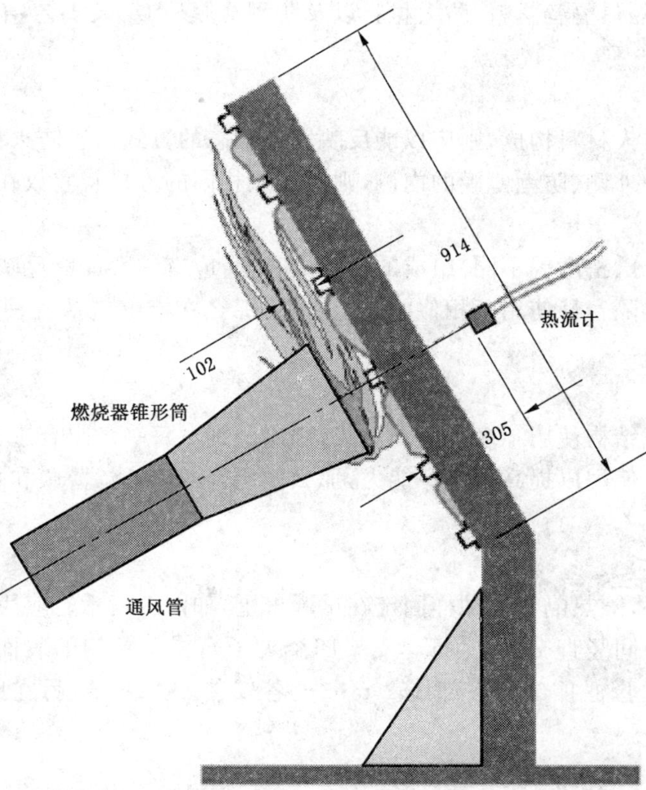

图6 背面热流计与试样架的相对位置示意图

3.6 仪表

应用一个量程合适的记录式电位计或其他经校准的适用仪表测量和记录热流计与热电偶的输出值。

3.7 计时装置

应用秒表或其他计时装置测量燃烧器火焰的作用时间和烧穿时间,其精确度为±1 s/h。

3.8 试验室

应在试验室中进行试验,以减少或消除因空气流动造成试验数据波动的可能性。试验室的地面长度与宽度均不应小于3.05 m。

3.9 排烟系统

应有一个能够在试验期间排除燃烧产物的排烟系统。

4 试样

4.1 试样制备

应至少制备三组相同结构和构型的试样。

4.2 隔热隔音毯试样

4.2.1 对于絮状材料,如玻璃纤维织物,最终的试样尺寸应为长914 mm、宽813 mm,不包括膜的热封边缘。

4.2.2 对于硬质和其他非变形类型的隔热隔音材料,应以能重现实际使用的安装方式将试样放到试验架上。

4.3 组成

4.3.1 一般要求

应用主要的组分(即隔热隔音材料、防火材料以及防潮薄膜)和组装工艺(有代表性的接缝和封口)制作每一个试样。

4.3.2 防火材料

如果隔热隔音毯由防火材料构成,则应以能反映安装状态的方式放置防火材料。例如,如果防火材料放置在隔热隔音材料的外侧、防潮薄膜的内侧,则应按照相同的方式将它放在试样中。

4.3.3 隔绝材料

由多种隔绝材料(成分、密度等不同)组成的隔热隔音毯,应有一套能够反映所用隔绝材料组合的试样。如果几种类型的隔热隔音毯使用了相似的隔绝材料,那么在能够概括各种组合的条件下不必试验每一种组合。

4.3.4 防潮薄膜

如果成品隔热隔音毯结构使用了多种防潮薄膜,则应分别对每一种组合进行试验。例如,如果聚酰亚胺薄膜和隔绝材料联合使用以提高耐烧穿能力,那么使用聚四氟乙烯薄膜和相同隔绝材料的组合时,也应进行试验。

4.4 试样的安装

应用12个钢弹簧夹将隔热隔音毯试样固定在试验框上,如图7所示。应用夹子将隔热隔音毯固定在两个外部竖直支架和中间竖直支架上(每个支架四个夹子),夹子单侧的表面尺寸宜为长51 mm、宽25 mm。应分别在距离试验框顶部和底部152 mm处各安装一个夹子,另在距离试验框顶部和底部203 mm处各安装一个夹子。

单位为毫米

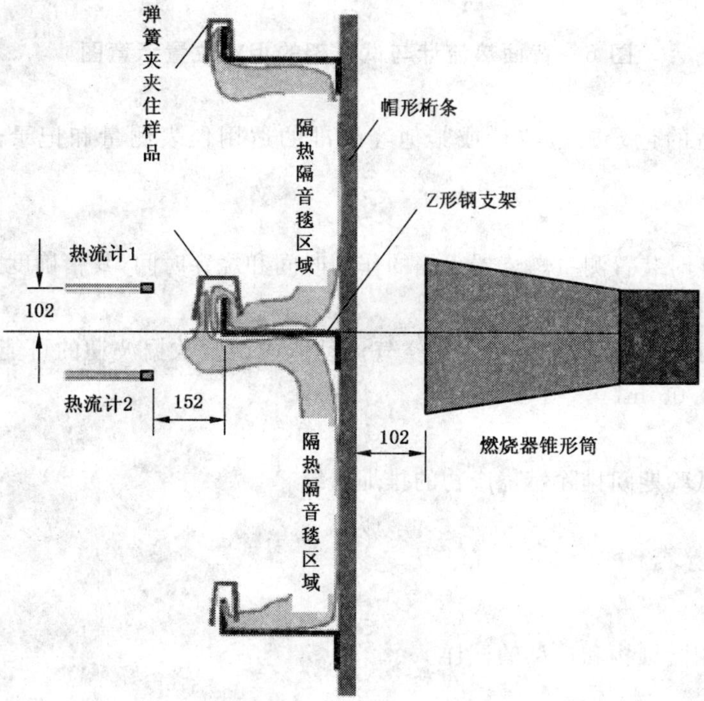

图7 试样在试样架上的安装示意图

4.5 试样预处理

试验前应将试样置于温度为(21±2)℃和相对湿度为(55±10)%的环境下至少24 h。

5 设备准备

5.1 应确保热流和(或)热电偶校准装置是水平的,且与燃烧器锥形筒处于合适的位置。

5.2 打开试验室的排烟系统但不打开燃烧器风机,用叶片型风速计或等效的设备测量试验室的风速。隔热隔音毯顶端后面的垂直风速应为(0.51±0.25)m/s,水平风速应小于0.25 m/s。

5.3 应用合适的量筒测量燃油流量。确保点火系统已关闭后,打开燃烧器风机、燃油。通过一个塑料或橡胶管将燃油收集进量筒中,时间为2 min,然后计算燃油流量。燃油流量应为(0.378 0±0.012 6)L/min。

6 校准

6.1 将燃烧器移到热流计前面并居中,使燃烧器锥形筒出口的垂直面距热流计表面(102±3)mm。确保燃烧器锥形筒的水平中心线在热流计的水平中心线下方25 mm,见图4。不移动热流计的位置,将燃烧器移至热电偶梳前,使中间的热电偶(七根热电偶中的第四根)位于燃烧器锥形筒的中心,见图5。

确保燃烧器锥形筒的水平中心线也在热电偶末端的水平中心线下方25 mm。通过将燃烧器旋转到各个位置来复核尺寸,确保锥形筒和热流计及热电偶梳之间能正确地对准。

6.2 在适配器中安放风速计,确保风速测量装置周围没有缝隙。在确保燃油和点火器是关闭的情况下打开风机;调节进气流量达到2.29 m^3/min,然后关闭风机。

6.3 将燃烧器从试验位置旋转到预热位置。点燃燃烧器前,应确保热流计表面没有烟灰沉积物,并且热流计内有冷却水流动。检查并清洁燃烧器锥形筒的燃烧产物,如烟灰等。

6.4 燃烧器在预热位置时,打开风机、点火器和燃油,点燃燃烧器,预热2 min。将燃烧器移到校准位置,保持1 min使热流稳定,然后在30 s内每秒记录一次热流。计算30 s内的平均热流,平均热流应为(18.2±0.9)W/cm^2。关闭燃烧器,旋转离开该位置,使之冷却。

6.5 将燃烧器旋转至热电偶梳前并检查位置,然后将燃烧器旋转到预热位置,打开风机、点火器和燃油,点燃燃烧器,预热2 min。将燃烧器移到校准位置保持1 min,使热电偶读数稳定。然后在30 s内每秒记录一次七根热电偶的温度,计算并记录30 s内每个热电偶的平均温度。七根热电偶的平均温度应为(1 038±56)℃。关闭燃烧器,旋转离开该位置,使之冷却。

6.6 如果热流或温度不在规定的范围内,应调节燃烧器的进气流量并重复6.4和6.5的程序以获得正确的值。应确保进气流量在(2.29±0.05)m^3/min的范围内。

7 试验程序

7.1 在试验框上固定两个隔热隔音毯试样,按4.4的要求用四个弹簧夹将两个隔热隔音毯固定在试验框中央垂直条上,如图7所示。

7.2 应确保燃烧器锥形筒的垂直面距试验框水平支撑条的外侧表面为(102±3)mm,并且都与垂直方向成30°角。

7.3 将燃烧器从试验位置移到预热位置,点燃燃烧器,稳定2 min。

7.4 开始试验,将燃烧器旋转到试验位置同时启动计时器。

7.5 将试样暴露在燃烧器火焰下4 min,然后关闭燃烧器,并立即将燃烧器移离试验位置。

7.6 记录烧穿时间,即火焰穿透试样的时间(如果有)或热流超过2.27 W/cm^2的时间。

8 报告

8.1 详细描述试样试验前的状态。

8.2 报告隔热隔音毯试样的数目。

8.3 报告烧穿时间、隔热隔音毯试样受火面的最大热流及最大热流发生的时间。

ICS 19
A 21

中华人民共和国国家标准

GB/T 25353—2010

隔热隔音材料燃烧及火焰蔓延特性试验方法

Test method to determine the flammability and flame propagation characteristics of thermal/acoustic insulation materials

2010-11-10 发布　　2011-03-01 实施

中华人民共和国国家质量监督检验检疫总局
中国国家标准化管理委员会　发布

前　言

本标准在技术内容上和美国联邦航空条例 FAR25 部（25-111 修正案）附录 F 第Ⅵ部分《隔热隔音材料燃烧及火焰蔓延特性试验方法》（英文版）相同。

本标准由中国民用航空局提出并归口。

本标准起草单位：中国民用航空局第二研究所。

本标准主要起草人：夏祖西、于新华、汪虹、苏正良、彭华乔、柳华。

隔热隔音材料燃烧及火焰蔓延特性试验方法

1 范围

本标准规定了隔热隔音材料暴露在辐射热源和火焰下的燃烧性及火焰蔓延特性的试验方法。

本标准适用于评估隔热隔音材料的燃烧性及火焰蔓延特性。

2 术语及定义

下列术语和定义适用于本标准。

2.1

火焰蔓延　flame propagation

可见火焰沿着试样长度方向蔓延的最远距离。

注：从燃烧源火焰的中心点开始测量。在初始点火之后，试样上所有火焰熄灭之前测量该距离，与试验后测量烧焦长度的方法不同。

2.2

隔热隔音材料　thermal/acoustic insulation material

阻隔热和(或)声音的材料或材料体系。

示例：泡沫以及用薄膜包覆的玻璃纤维或其他絮状材料。

2.3

零点　zero point

燃烧器火焰与试样的接触点。

3 试验设备

3.1 辐射板试验箱

辐射板试验箱如图1所示。辐射板试验箱应为长(1 397±3)mm、宽(495±3)mm，高于试样710 mm～762 mm的封闭设备。侧壁、底部和顶部应有纤维状陶瓷隔热板使其隔热。在前面板，应设有一个不通风的、耐高温的玻璃窗用于试验过程中观察试样。在窗口下设置一个门用于可移动的试样平台的进出。试验箱的底部应为可滑动的钢平台，能够确保试样夹持器处于固定和水平的位置。试验箱中与辐射热源相对的一端应有内置的烟囱，其外部尺寸为长(423±3)mm、宽(139±3)mm、高(330±3)mm，内部尺寸应为长(395±3)mm、宽(114±3)mm。烟囱应延伸到试验箱的顶部(见图2)。

单位为毫米

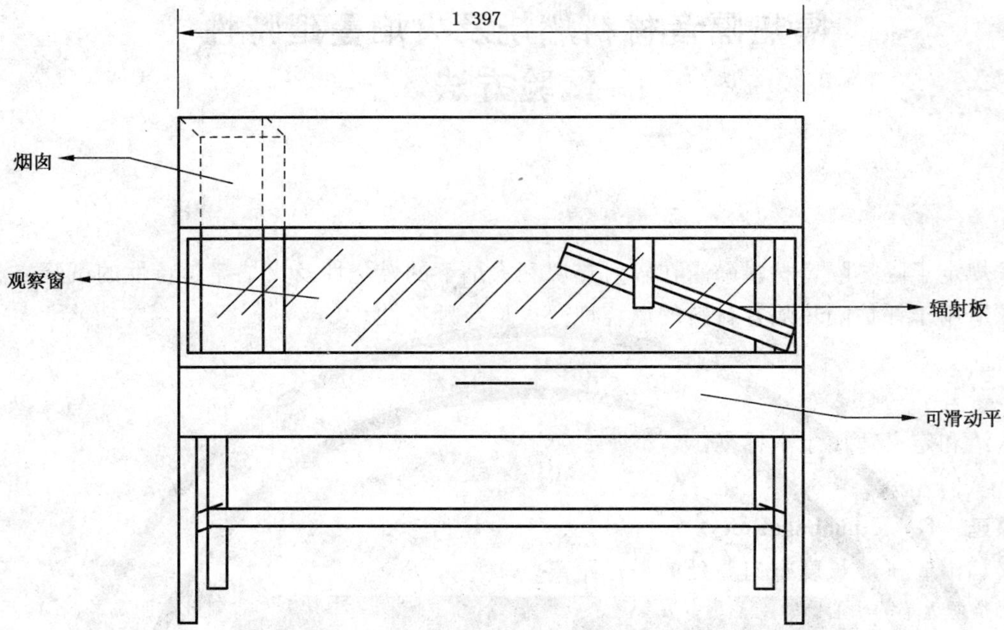

图 1 辐射板试验箱示意图

单位为毫米

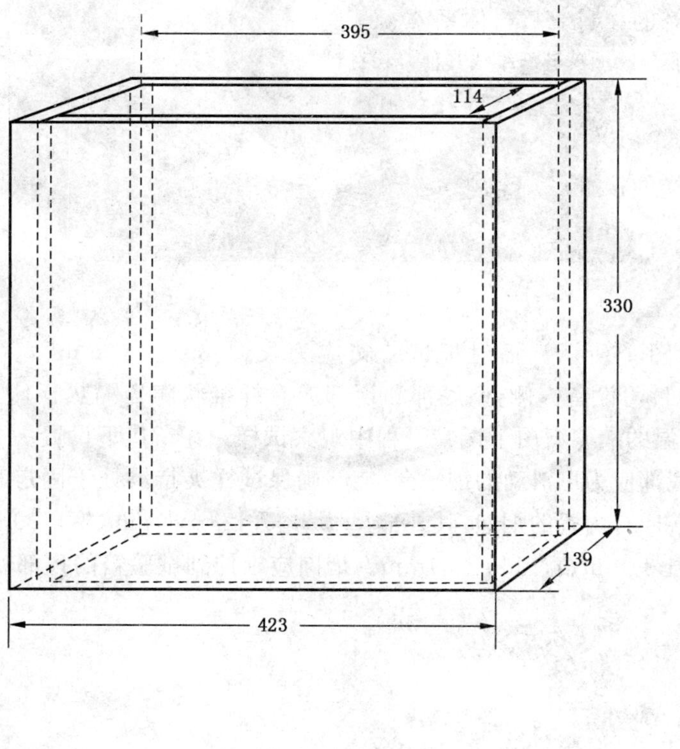

13 mm 的耐火板

1.6 mm 的耐腐蚀板

3.2 mm 的角钢

图 2 内部烟囱示意图

3.2 辐射热源

3.2.1 辐射热源分为电热板和丙烷气体板两种，应安装在铸铁或等效材料所制成的框架里。电热板应有六根 76 mm 宽的辐射条，且辐射条应垂直于电热板的长边。电热板应有长(470±3)mm、宽(327±3)mm 的辐射面(见图 3)，且能承受 704 ℃的温度。丙烷气体板应由耐火的多孔材料制成，有长(457±

3)mm、宽(305±3)mm 的辐射面(见图 4),且能承受 816 ℃的温度。

单位为毫米

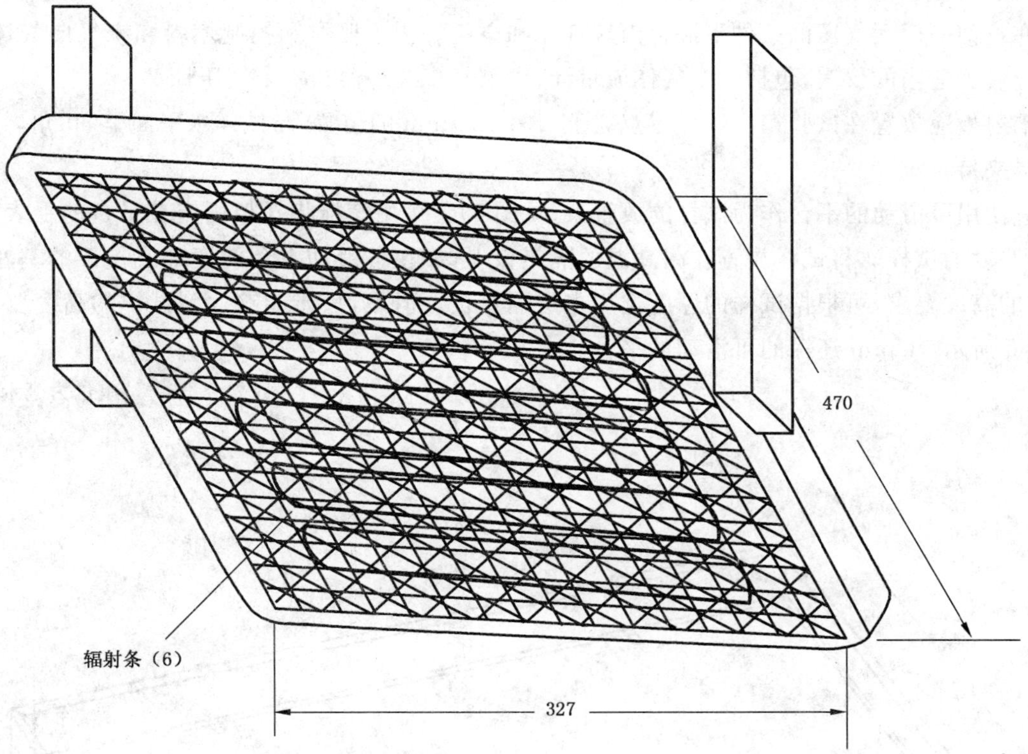

图 3　电热辐射板示意图

单位为毫米

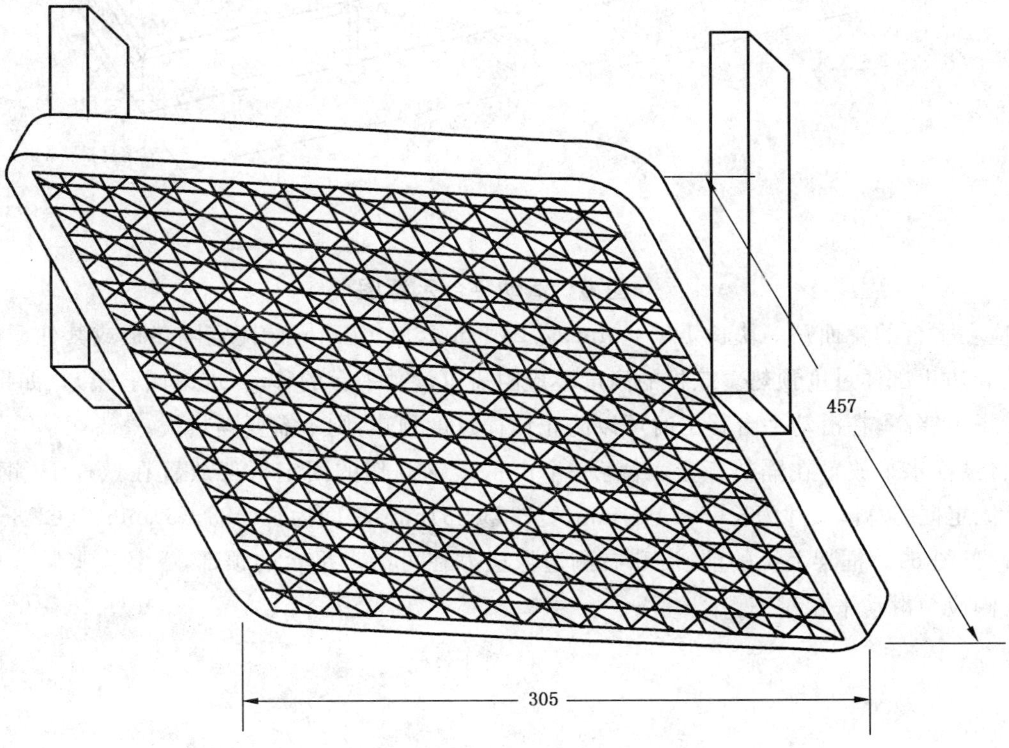

图 4　丙烷气体辐射板示意图

3.2.2 电热板的电源应为三相，且操作电压为 208 V，也可采用单相 240 V 的电热板。应使用固态功率控制器和微处理器为基础的控制器设置电热板的工作参数。

3.2.3 丙烷气体板使用丙烷（液化气）作为燃料。其燃料系统应由文氏（Venturi-Type）空气混合器组成，用于在近似一个大气压的条件下混合丙烷气体和空气。为了监测和控制燃料和空气向气体板的流动情况，应设置适当的仪表，包括一个气体流量计、一个气流调整器和一个气压计。

3.2.4 辐射板应放置在试验箱中试样零点之上（191±3）mm 的位置，与试样水平面呈 30°角。

3.3 试样夹持系统

3.3.1 应使用可滑动的平台作为试样的放置架（见图 5）。可用螺栓将托架固定在平台的上表面，以便安装不同厚度的试样。将试样放置在耐高温的隔热板上，靠在可滑动平台的底部或支架的基座上。为满足试样的高度要求，可根据试样的厚度选用多层隔热板。但是，只要能够达到试样的高度要求，也可采用比图 5 所示 51 mm 还深的可滑动的平台。

单位为毫米

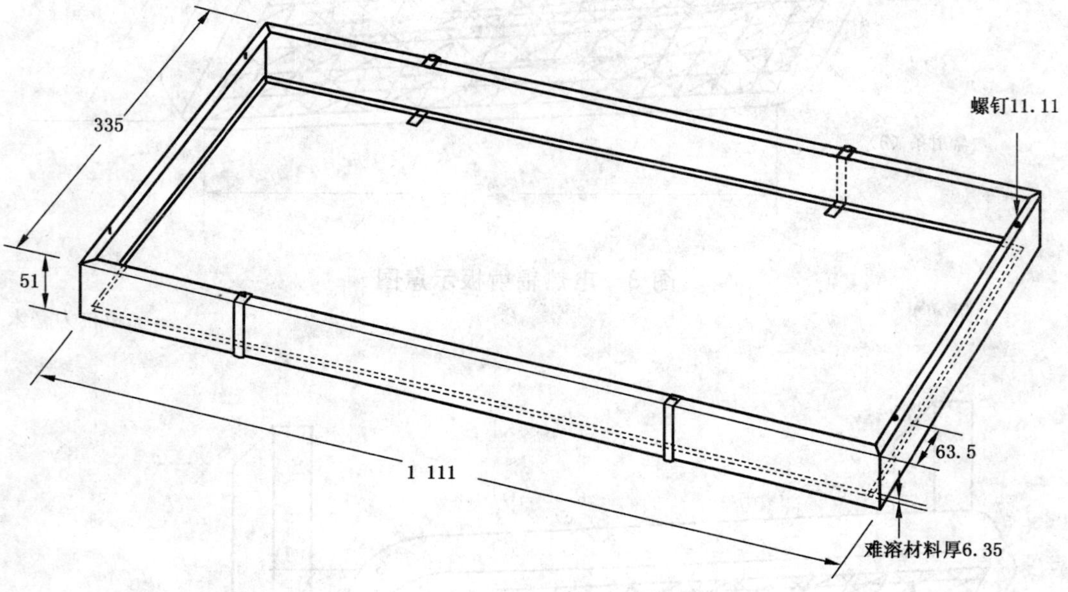

图 5 滑动平台示意图

3.3.2 应在平台的背面贴一块长 1 054 mm、宽 210 mm、厚 13 mm 的陶瓷隔热板或其他耐高温材料，用来隔热和防止试样过度预热。该板的高度不应阻碍可滑动平台的移动（进出试验箱）。如果该平台的背面加工得足够高，在滑动平台移出时可以防止试样过度预热，则不需要隔热板。

3.3.3 将试样水平放置在隔热板上，并将一个由低碳钢制作的固定框架放置在试样上，钢的厚度为 3.2 mm，固定框的总体尺寸为长（584±3）mm、宽（333±3）mm，中间为长（483±3）mm、宽（273±3）mm 的试样开口（见图 6）。框架上缘的前、后和右侧边缘应靠在可滑动平台的顶部，下缘应夹紧试样的四边，下缘的右侧应与滑动平台对齐。

单位为毫米

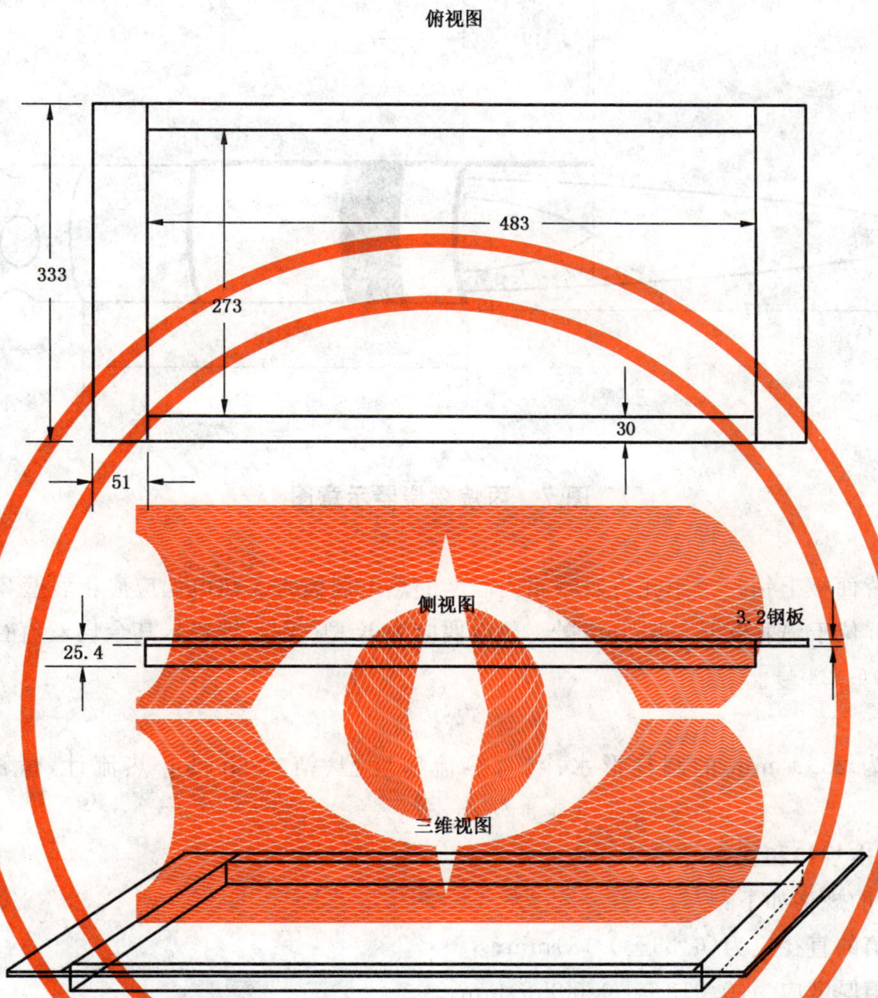

图6 试样框架示意图

3.4 燃烧器

燃烧器应是一个轴对称且带有孔径为 0.15 mm 的丙烷供气管的文氏点火装置。燃烧管的长度应为 71 mm。通过调节丙烷气流，使火焰中心产生 19 mm 的蓝色的内焰。在燃烧器的顶端应焊接一个长度为 19 mm 的指示装置（例如一个薄金属条），用来帮助设定火焰长度。火焰总长度应为 127 mm。应有将燃烧器从点火位置移开的装置，以保证火焰是水平的且高于试样平面至少 51 mm（见图 7）。

单位为毫米

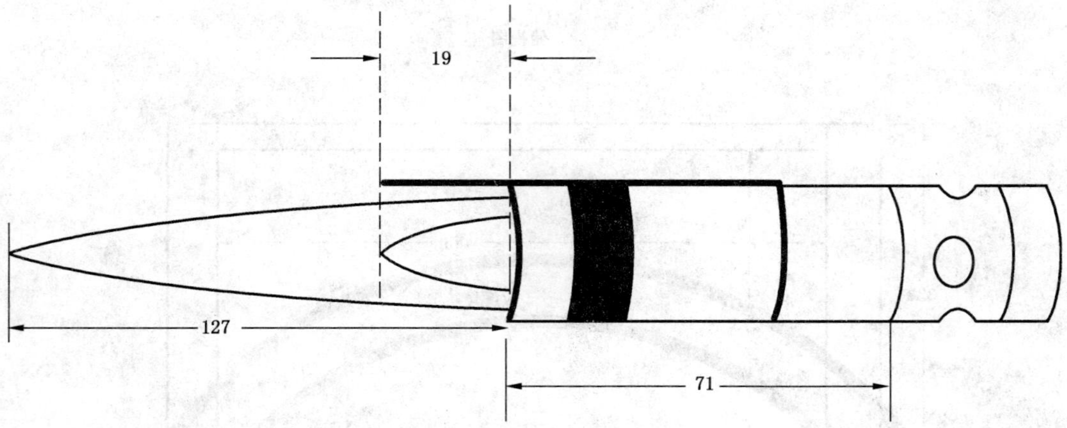

图7 丙烷燃烧器示意图

3.5 热电偶

应在箱的背面板上钻一个小孔将监测箱内温度的热电偶插入。热电偶应离箱后壁 279 mm,离箱壁右侧 292 mm,并位于辐射板下方 51 mm 处。热电偶应为 K 型(镍铬-镍铝),其金属丝直径为 0.511 mm [美国线规(AWG)24 号]。

3.6 热流计

热流计应为 25.4 mm 的圆柱形水冷、总热流密度型、箔式 Gardon 热流计,量程为(0～5.7) W/cm^2。

3.7 热流计校准规格和程序

3.7.1 热流计的规格如下:

——金属箔的直径应为(6.35±0.13)mm;

——金属箔厚度应为(0.013 0±0.002 5)mm;

——金属箔材料应是热电偶级的康铜;

——温度测量应是铜-康铜热电偶;

——铜中心线的直径应为 0.013 mm;

——整个检测表面应薄薄地涂一层发射率为 96%或更大的"黑天鹅绒"涂料。

3.7.2 热流计的校准要求如下:

——校准方法应用标准传感器进行校准;

——标准传感器应符合 3.6 的规定;

——标准传感器的基准应能溯源到国家标准或等同国际标准;

——传递热的方法应是以石墨板为介质来传递;

——石墨板应是电加热的,其两边应均有长、宽至少为 51 mm 的洁净表面区;其厚度为(3.2±1.6)mm;

——将两个传感器相对置于石墨板的中心点,并与石墨板保持相等距离;

——热流计与石墨板的距离应在 1.6 mm～9.5 mm 范围内;

——用于校准的范围应至少为(0～3.9)W/cm^2,且不大于(0～6.4)W/cm^2;

——使用的记录装置应能同时或者至少在 0.1 s 内记录两个传感器。

3.8 热流计支架

热流计的支架应用厚度为 3.2 mm 的钢板制成，其尺寸为长(333±3)mm(从前到后)、宽(203±3)mm，并应靠在可滑动平台的顶端。该支架有能够容纳 12.7 mm 厚的耐火板片材的开口，该开口应与可滑动平台的顶端齐平。热流计支架应有三个穿过支撑板的 25.4 mm 直径的热流计插孔。第一个插孔("零"点)的中心到辐射板表面的距离应为(191±3)mm；相邻两插孔的孔心距离应为 51 mm(见图 8)。

单位为毫米

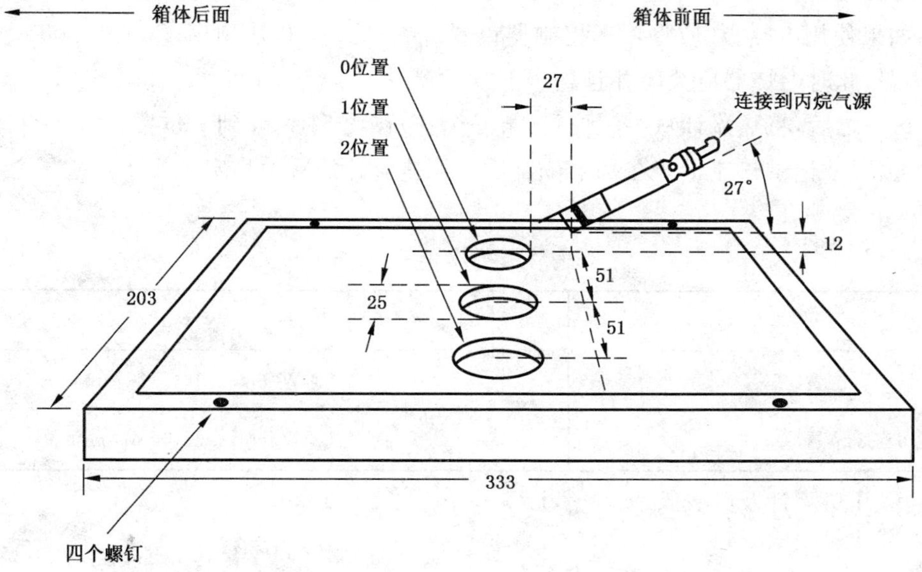

图 8 热流计支架示意图

3.9 仪表

应用量程满足需要且经校准的记录装置或计算机数据采集系统测量和记录热流计和热电偶的输出值。在校准期间，数据采集系统应至少每秒钟记录一次热流计的输出值。

3.10 计时装置

测量燃烧器火焰作用时间的计时装置为秒表或其他装置，其精度应为±1 s/h。

4 试样

4.1 试样制备

应至少制备和试验三个试样。如果使用了各向异性的薄膜铺覆材料，则经向和纬向均应进行试验。

4.2 组成

试样应包括隔阻结构中所用的所有材料(包括纤维、薄膜、织物、带子等)。热封装是制备玻璃纤维试样的较好方法，不能热封的包覆材料可以装订、缝合或粘贴，应沿接缝的长边固定并尽可能连续。试样的厚度应与安装在飞机上的材料厚度一致。

4.3 试样尺寸

非硬质的核心材料，例如玻璃纤维织物，应切割成长(584±6)mm、宽(318±6)mm；硬质材料，例如泡沫，应切割成长(584±6)mm、宽(292±6)mm，使其能够完全放进可滑动平台框架中并且其暴露的表面与框架开口齐平。

5 试样预处理

试验前应将试样置于温度为(21±2)℃、相对湿度为(55±10)%的环境下至少24 h。

6 仪器校准

6.1 将平台拉出试验箱，安装热流计支架(见图8)。将热流计插入第一个孔("零"位置)，并将平台推回试验箱。热流计中心到辐射板表面的距离应为(191±3)mm。在电热板加热之前，应确保热流计的表面是清洁的，并确保热流计有冷却水流动。

6.2 如果使用丙烷气体板，应在点燃气体后调节燃气、空气的混合气使其在"零"位置达到(1.700±0.085)W/cm^2。如果使用电热板，应将功率控制器设置成在"零"位置达到(1.700±0.085)W/cm^2。使设备达到稳定状态，此时燃烧器应关闭并且处于下方位置。

6.3 达到稳定状态之后，将热流计从"零"位置(第一个孔)移动51 mm到1位置，并记录热流量。再将热流计移动到2位置并记录热流量。在每个位置均应使热流计的数值稳定。表1给出了三个位置上典型的校准值。

表1 校准值表

"零"位置	1.70 W/cm^2
1位置	1.71 W/cm^2～1.69 W/cm^2
2位置	1.62 W/cm^2～1.63 W/cm^2

6.4 打开箱门，移开热流计及其支架。

7 试验程序

7.1 点燃燃烧器，确保燃烧器位于平台顶部上方至少51 mm处。燃烧器应直到试验开始才能置于试验位置。

7.2 将试样放置在可滑动平台的框架中，确保试样的表面与平台的顶部齐平。在"零"位置时，试样表面应在辐射板下方(191±3)mm。

7.3 在试样上方放置固定框架。在"零"位置时，试样与辐射板的距离应为(191±3)mm。由于薄膜、玻璃纤维组合在一起，应在薄膜铺覆物上切个小口以排除内部的空气。切口应为纵向的，长度为51 mm，位于距固定框架左边中点(76±13)mm的位置。

7.4 立即将可滑动平台推进试验箱中并关闭底门。

7.5 使燃烧器处于试验位置，同时启动计时器。燃烧器与试样的夹角应为27°，并位于试样上方约1 mm处(见图8)，燃烧器火焰应在"零"位置接触试样的中心。如图9所示的止动装置可使操作人员每次试验都能准确地定位燃烧器。

图9　丙烷燃烧器上动装置

7.6　试验进行15 s,然后将燃烧器移至试样上方至少51 mm的位置。

8　报告

8.1　详细描述试样。

8.2　报告试样发生的任何变化,如收缩、熔化等。

8.3　报告火焰蔓延距离。如果该距离小于51 mm,则报告合格(无需测量)。

8.4　报告火焰燃烧时间。

ICS 03.220.50
V 52

中华人民共和国国家标准

GB/T 25354—2010

航空集装器转运验收规范

Acceptance standards for the interchange of transferred unit load devices

2010-11-10 发布　　2011-02-01 实施

中华人民共和国国家质量监督检验检疫总局
中国国家标准化管理委员会　发布

前　言

本标准修改采用国际航空运输协会(IATA)机场操作手册 AHM340《航空集装器转运验收规范》(英文版)。

本标准与 IATA AHM340 的技术性差异为：

将 IATA AHM340 中第 1 章引言作为本标准的引言，增加了第 1 章“范围”。

本标准由中国民用航空局提出。

本标准由全国航空货运及地面设备标准化技术委员会(SAC/TC 359)归口。

本标准起草单位：中国民用航空总局航空安全技术中心。

本标准主要起草人：刘家伟、张咏梅、卿红宇、孙玲、杜伟军。

引　言

本标准为航空承运人在货物联运过程中验收集装器提供了依据。本标准不代表符合集装器使用(适航)许可的或可能危及飞行安全的允许损坏极限。

本标准可作为验收方剔除不合格集装器的依据,从而:

——避免发生由验收前存在的损坏导致集装器返还时提出索赔;

——确保集装器在返还前,在正常使用的前提下能多次完成货物转运。

航空集装器直接与航空器固定系统对接,且应符合对承运人运营进行政府监管的适航部门所规定的适航许可要求。

本标准确立了各类在用航空集装器可用性(适航性)的一般限制,且从属于每个承运人的进一步适航要求。

航空集装器的所有人有义务对集装器进行维修以使其处于适航状态。

航空集装器转运验收规范

1 范围

本标准规定了航空集装器(集装板、集装网、拱形集装棚和集装箱)在转运过程中的适航性验收要求。

本标准适用于航空集装器在航空转运过程中的适航性验收。

2 集装板

2.1 适用于所有集装板的要求

应检查集装板是否有擦伤、翘曲;板芯是否有裂口、孔洞或凹痕;边框是否有裂缝;板角和铆钉是否缺失,如图1和图5所示。

集装板边框不应有裂缝、板角不应缺失、锁轨不应缺失或损坏。

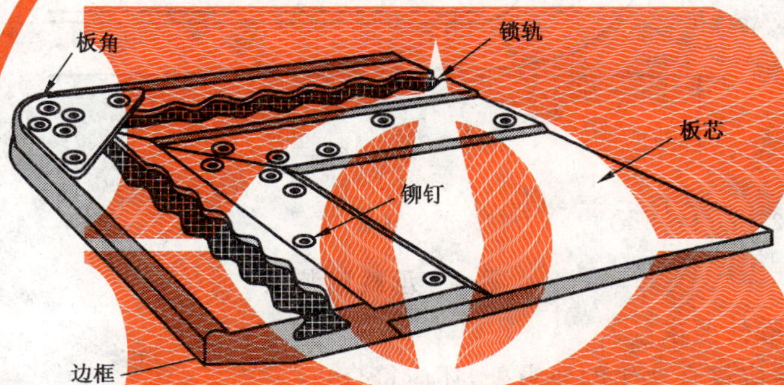

图1 集装板结构(全铝型)

此外,20英尺集装板的限动槽(见图2)不应出现损坏(缺失或部分破损)。

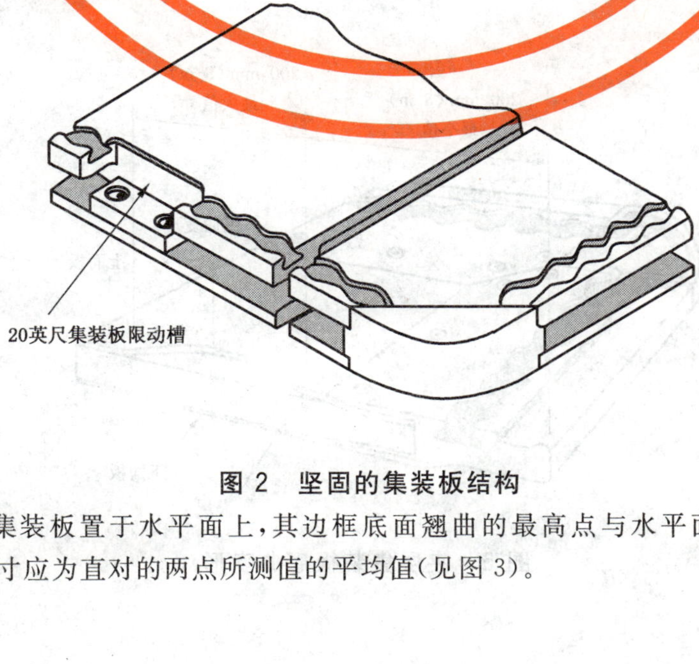

图2 坚固的集装板结构

在空载状态下,集装板置于水平面上,其边框底面翘曲的最高点与水平面的垂直距离应不大于50 mm(2 in)。该尺寸应为直对的两点所测值的平均值(见图3)。

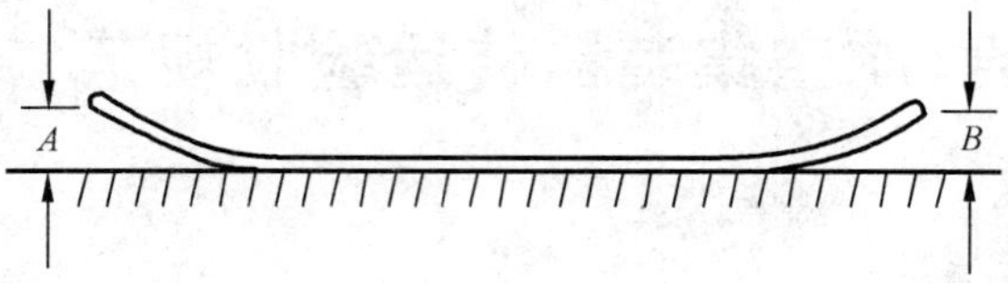

注：A 与 B 之和的一半的最大值为 50 mm(2 in)。

图 3　空载集装板

在承载条件下，集装板边框上表面到输送面的距离(H)应不大于 32 mm($1\frac{1}{4}$ in)(见图 4)。

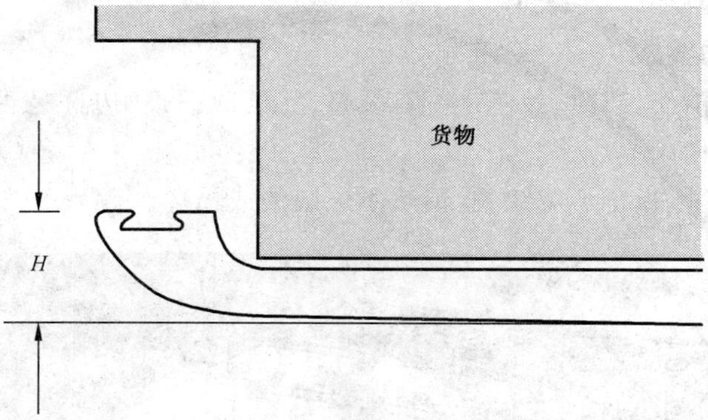

注：H 的最大值为 32 mm($1\frac{1}{4}$ in)。

图 4　承载集装板

2.2　对夹层集装板的额外要求

夹层结构集装板除应符合 2.1 的要求外，还应符合：

a)　集装板上板芯的损坏部位距集装板边缘不小于 200 mm(8 in)，内夹层未受损，且板芯翘曲变形不超过 200 mm(8 in)，为可接受的轻微损坏(见图 5)；

b)　集装板下板面不应有会导致装卸过度困难的凸凹不平。下板面距离集装板边缘不小于 200 mm(8 in)的损坏，为轻微损坏。上下板面翘曲变形应不大于 200 mm(8 in)，且板面和夹层不应有破损。

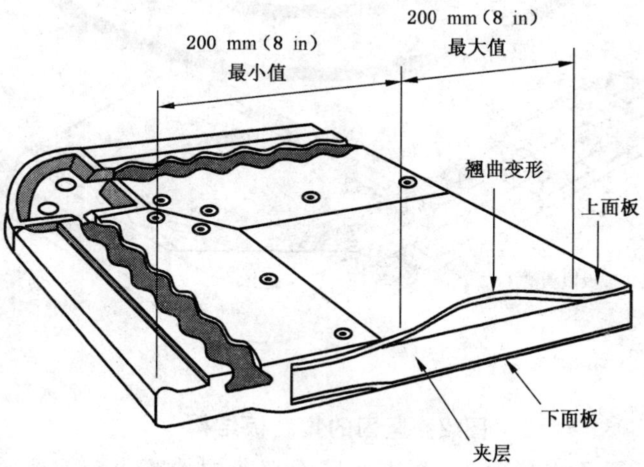

图 5　夹层集装板翘曲变形

3 集装网

应检查集装网的网绳是否有破损或磨损，检查金属构件是否缺失或损坏。

网绳不应有可见的磨损迹象。

网带和网绳不应有破损、割断或其他断开的现象。

非作用点不应破损、变形或压断；网带调节金属构件、带扣或集装板系缚配件不应缺失。

集装网套组件、网带、集装板系缚配件和网绳示例见图 6、图 7、图 8 和图 9。

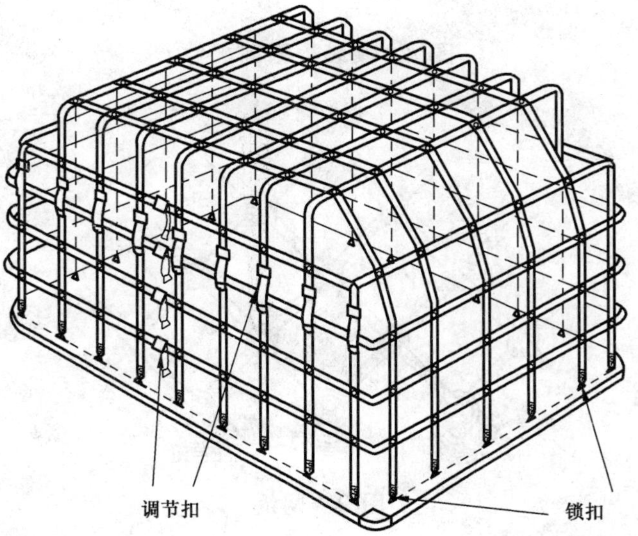

图 6　集装板与集装网的组合

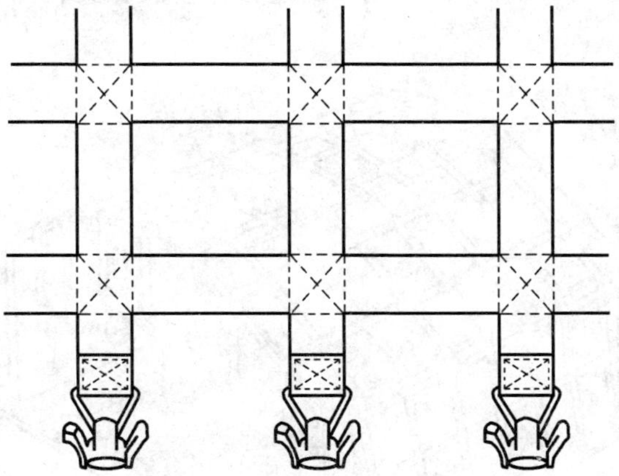

图 7　网带

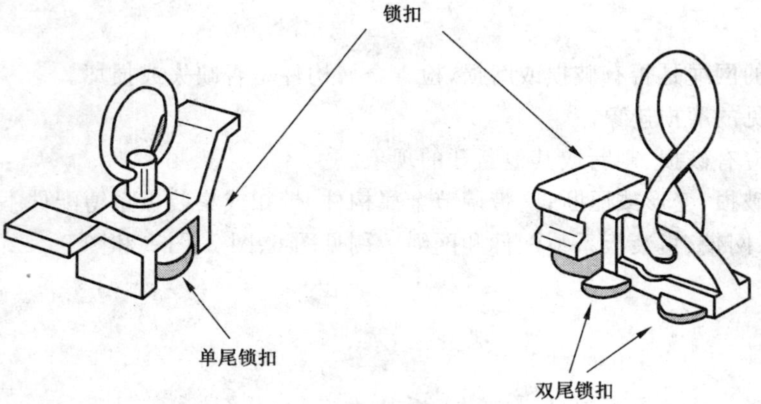

图 8 集装板系缚配件

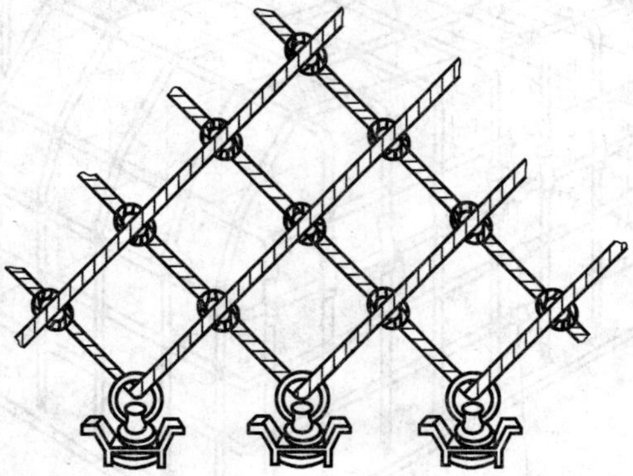

图 9 网绳

4 拱形非结构性集装棚(见图 10)

虽然拱形集装棚不需符合适航要求，但其常与航空集装板和集装网配套使用。应检查集装棚是否有裂缝、孔洞以及损坏的金属构件。

集装棚损坏向外凸出不应超出规定的外廓。

允许有少许集装棚连接件损坏或缺失，但剩余的连接件应能将集装棚固定在集装板上，确保其具有合格的外廓形状。

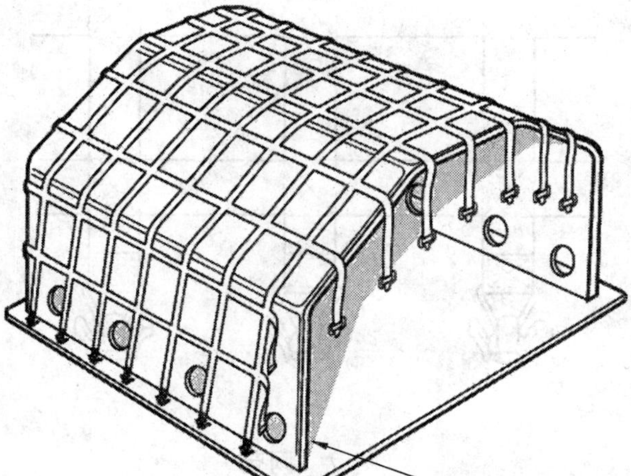

图 10 集装板和网以及拱形组合

5 集装箱

5.1 一般检查

应检查集装箱的箱体是否有孔洞、变形、翘曲，或板层剥离，箱门锁定装置或操作机件是否损坏或缺失。内部有货架的集装箱，应检查连接和锁定装置是否损坏或缺失。

5.2 夹层结构

除有特别说明外，夹层-叠层结构不应有大于 150 mm(6 in)的分离和层(剥)离。箱体上 1.5 m (5 ft)长度范围内破损不宜超过两处。

5.3 底板(或集装板)

第 2 章中的集装板验收要求适用于航空集装箱底板，包括 20 英尺集装箱(见图 11)底板的验收。

箱体连接件和装卸装置的基座、限动器不应有缺失、裂缝、磨损或其他损坏。

5.4 箱体

箱体不宜有直径大于 25 mm(1 in)的孔洞，孔洞与其他破损部位的间距不宜小于 305 mm(12 in)。箱体壁板上 1.5 m(5 ft)长度范围内破损不宜超过两处。

箱体顶板不应有孔洞，不应有超出正常外形的变形。

箱体的结构框架不应有裂痕和永久性形变。可有轻微的凹陷。框架上的铆钉、螺栓和其他连接装置不应松动或缺失。

5.5 箱门

箱门门板的变形不应影响箱门安全防护门锁的正常使用、或箱门锁定后，门板变形超出正常的弯曲。

门锁、合页或其他确保箱门处于锁闭、闩定位置的限位装置不应损坏或缺失。

门板上不宜有直径大于 25 mm(1 in)的孔洞。孔洞与其他损坏区域的间距不应小于 305 mm (12 in)。

一个门板上破损不宜超过两处。

装有网带的集装箱，按第 3 章的要求验收。

5.6 箱内货架

货架不宜有裂缝，其表层不宜与夹层剥离或与货架边缘分离。

货架的连接和锁定装置不应损坏或缺失。

货架不应有影响其安全连接与锁定的永久性变形或弯曲。

5.7 ISO 20 英尺集装箱板角(见图 11)

集装箱板角不应有缺失、裂纹、磨损或其他损坏。

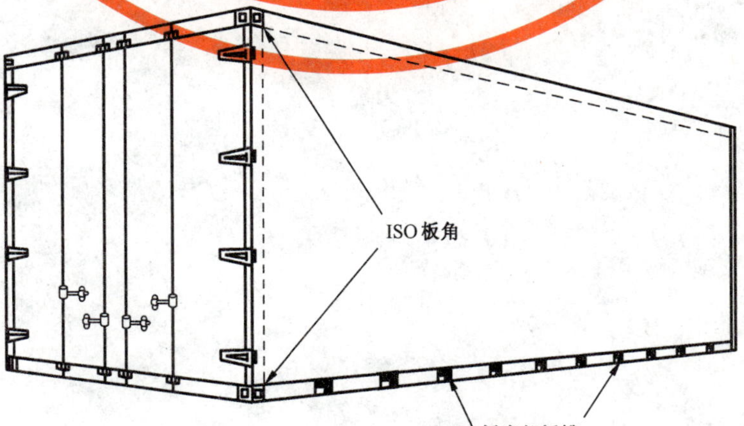

图 11 ISO 20 英尺集装箱

ICS 49.100
V 55

中华人民共和国国家标准

GB/T 25355—2010/ISO 11076:2006

航空器　地面除冰防冰液体法

Aircraft—Ground-based de-icing/anti-icing methods with fluids

(ISO 11076:2006,IDT)

2010-11-10 发布　　2011-03-01 实施

中华人民共和国国家质量监督检验检疫总局
中国国家标准化管理委员会　发布

前　言

本标准等同采用 ISO 11076:2006《航空器　地面除冰防冰液体法》(英文版)。

为便于使用,本标准做了下列编辑性修改:

——将“本国际标准”一词改为“本标准”;

——用小数点“.”代替作为小数点的逗号“,”;

——删除了国际标准的前言、引言。

本标准由中国民用航空局提出并归口。

本标准起草单位:中国民用航空局第二研究所。

本标准主要起草人:夏祖西、彭华乔、郭强、苏正良、于新华、赵芯、谢飞。

航空器 地面除冰防冰液体法

1 范围

本标准规定了航空器地面除冰防冰方法的最低要求，它与国际民用航空组织(ICAO)航空器地面除冰防冰操作手册(Doc.9640-AN/940)和相关规章一致，用以保证结冰条件下运输航空器的操作安全。本标准不对具体机型做详细规定。

本标准中的相关内容，优先采用航空器制造商出版的手册、程序或方法。

航空公司出版的手册、程序或方法对本标准的内容起补充作用。

运用本标准中的程序可有效清除严重影响航空器空气动力学特性以及操控特性的霜、冰或积雪。

本标准不包括采用机械方式除冰防冰。

2 规范性引用文件

下列文件中的条款通过本标准的引用而成为本标准的条款。凡是注日期的引用文件，其随后所有的修改单(不包括勘误的内容)或修订版均不适用于本标准，鼓励根据本标准达成协议的各方研究是否可使用这些文件的最新版本。凡是不注日期的引用文件，其最新版本适用于本标准。

GB/T 20856—2007 航空器 牛顿型除冰、防冰液 ISO Ⅰ型(ISO 11075:1993,IDT)

ISO 9001:2000 质量管理体系 要求

ISO 11077 航空 自推进式除冰车 功能要求

ISO 11078 航空器 除冰、防冰液 ISO Ⅱ型、ISO Ⅲ型、ISO Ⅳ型

ICAO doc 9640-AN/940 航空器地面除冰防冰操作手册

CCAR 121.649 在结冰条件下运行

JAR-OPS 1.035 质量体系

JAR-OPS 1.345 和 ACJ 1.345 冰和其他污染物，地面程序

CAR(加拿大民航规章) 第Ⅵ部分，第2节，操作和飞行制度，602.11条，航空器结冰

CAR(加拿大民航规章) 标准622.11，地面结冰操作

FAA AC 120-59 航空承运人内部评审大纲

FAA AC 120-60 地面除冰防冰程序

SAE AIR 9968 增稠型航空器除冰防冰液粘度试验

3 术语和定义

下列术语和定义适用于本标准。

3.1

活性霜 active frost

霜正在形成时的状态。

注：当航空器表面温度等于或低于0 ℃(32 ℉)以及在等于或低于露点时出现活性霜。

3.2

防冰 anti-icing

一种预防措施，可在有限时间(保持时间)内为已除冰的航空器表面提供保护，以阻止霜或冰的形成以及雪或半融雪的积聚。

3.3

防冰液(a)　anti-icing fluid (a)

在喷嘴处温度至少加热至60 ℃并符合GB/T 20856—2007规定的ISO Ⅰ型液。

3.4

防冰液(b)　anti-icing fluid (b)

在喷嘴处温度至少加热至60 ℃的水和ISO Ⅰ型液的混合液。

3.5

防冰液(c)　anti-icing fluid (c)

符合ISO 11078规定的ISO Ⅱ型液、ISO Ⅲ型液或ISO Ⅳ型液。

3.6

防冰液(d)　anti-icing fluid (d)

水和ISO Ⅱ型液、ISO Ⅲ型液或ISO Ⅳ型液的混合液。

注：ISO Ⅱ型防冰液、ISO Ⅲ型防冰液和ISO Ⅳ型防冰液通常不需加热即可喷洒在清洁的航空器表面，也可加热使用。

3.7

检查　check

经培训并具有资质的人员按相关标准逐项核查的过程。

3.8

透明冰　clear ice

附着在物体表面的一层纯净、透明、均匀、坚硬、光滑的冰。

3.9

浸冷机翼　cold-soaked wing

由于机翼油箱里的燃油温度很低(低于0 ℃)而使航空器机翼温度处于(部分处于)非常低的状态。

注：经过高空飞行后刚着陆或刚加注了低温燃油会导致此状态。下列因素对浸冷有影响：油箱里燃油的温度及油量、油箱的类型及位置、高空飞行的时间、加注燃油的温度及加注后的时间。

3.10

污染物　contamination

以各种冰冻或部分冰冻形式存在的水分，如霜、雪、冰或半融雪。

3.11

污染物检查　contamination check

对航空器表面污染物的检查以确定是否除冰。

3.12

除冰　de-icing

为使航空器获得清洁的表面，从航空器表面清除霜、冰、半融雪或雪的过程。

3.13

除冰防冰　de-icing/anti-icing

除冰、防冰程序的组合。

注：可用一步法或二步法完成。

3.14

除冰液(a)　de-icing fluid (a)

热水。

3.15

除冰液(b)　de-icing fluid (b)

符合GB/T 20856—2007规定的ISO Ⅰ型液。

3.16

除冰液(c)　de-icing fluid (c)

水和ISO Ⅰ型液的混合液。

3.17

除冰液(d)　de-icing fluid (d)

符合ISO 11078规定的ISO Ⅱ型液、ISO Ⅲ型液或ISO Ⅳ型液。

3.18

除冰液(e)　de-icing fluid (e)

水和ISO Ⅱ型液、ISO Ⅲ型液或ISO Ⅳ型液的混合液。

注：加热的除冰液具有较高的除冰效率。

3.19

冻毛毛雨　freezing drizzle

接触地面或其他暴露物体会结冰的细密小水滴[直径小于0.5 mm(0.02 in)]形成的液体降水。

3.20

冻雾　freezing fog

接触地面或其他暴露物体会结冰的大量悬浮的小水滴。

注：冻雾通常会使地面上的能见度低于1 km(5/8 mile)。

3.21

霜　frost

白霜　hoarfrost

饱和蒸汽在温度低于0 ℃(32 ℉)的地面或其他暴露物体上直接凝华形成的冰晶。

3.22

冰雹　hail

分散降落或积聚降落的直径在5 mm～50 mm(0.2 in～2.0 in)或大于50 mm(2.0 in)的小冰球或冰块形成的降水。

3.23

保持时间　holdover time

在保持时间指南中规定的天气条件下，防冰液阻止航空器受保护表面形成霜或冰以及积雪的预计时间。

注：见附录。

3.24

冰丸　ice pellets

通常是球状或不规则形状且直径小于或等于5 mm(0.2 in)的透明(冰粒)或半透明(小冰雹)的液体降水。

注：当冰丸落在坚硬的地面上时通常会反弹。

3.25

小冻雨　light freezing rain

尺寸小于0.5 mm且比毛毛雨分散或尺寸大于0.5 mm(0.02 in)接触地面或其他暴露物体会结冰的降水。

注：降水强度在6 min内不超过0.25 mm，即2.5 mm/h(0.10 in/h)或25 g/(dm^2·h)。

3.26

局部堆积的霜　local frost build-up

由于低温燃油或大量湿冷金属而使航空器机翼表面局部区域过冷形成的霜。

注：这种类型的霜不会覆盖整个机翼。

3.27

中冻雨和大冻雨　moderate and heavy freezing rain

接触地面会结冰的尺寸小于0.5 mm且比毛毛雨分散或尺寸大于0.5 mm(0.02 in)的液体降水。

注：降水强度在6 min内大于0.25 mm，即大于2.5 mm/h(0.10 in/h)或25 g/(dm^2·h)。

3.28

航空营运人　operator

符合民航规章的航空营运人证书持有者(AOC-持有者)。

3.29

雨或高湿度(在浸冷机翼上)　rain or high humidity (on cold-soaked wing)

当航空器机翼温度等于或低于0 ℃(32 ℉)时，正在机翼表面形成冰或霜的水。

3.30

雨夹雪(混合物)　rain and snow (mixture)

以雨和雪的混合物形式的降水。

3.31

半融雪　slush

冰或雪形成的水状混合物。

3.32

雪　snow

冰晶形式的降水，通常呈星形枝状或混有未分枝的冰晶。

注：在温度高于－5 ℃(23 ℉)时，结晶通常积聚成雪片。

3.33

雪粒　snow grains

由较扁平或拉长至直径小于1 mm(0.04 in)的白色不透明冰粒形成的降水。

注1：雪粒落在坚硬的地面上不会反弹或粉碎。

注2：按雪的气象条件计算雪粒的防冰时间。

3.34

雪丸　snow pellets

球状或圆锥状，直径约为2 mm～5 mm(0.08 in～0.2 in)的白色不透明冰粒形成的降水。

注：雪丸易碎；在坚硬的地面会反弹、破碎。

4　符号和缩写

下列符号和缩写用于本标准。

OAT outside air temperature　环境温度

FP freezing point　冰点

5　一般要求

航空器地面除冰防冰方法应符合本标准、ICAO Doc.9640-AN/940、国家民航规章和任何适用的地方法规的要求。

与航空器在寒冷天气下的操作有关的各种地方法规具有特殊性，应严格执行。

当有以下情况时，航空器不应起飞：

——在螺旋桨、风挡玻璃、动力装置及空速、高度计、爬升速率或飞行高度等仪表系统上有霜、雪、半融雪或冰时；

——在机翼、水平尾翼、操纵面、机身、机身与操纵面的间隙或操纵面与操纵面调整片的间隙有雪、半融雪或冰时；机翼上表面、安定面或操纵面有霜时。

起飞前应进行航空器表面污染物检查。

6 质量保证程序

航空营运人应建立一套涵盖其所有适用站点的质量保证程序以确保能正确除冰防冰。

该程序宜经过批准，除了满足本标准外，对于承运人，还应考虑内部评审大纲(JAR-OPS 1.035 或 FAA AC 120-59)的要求；对于非航空公司的转包商及代理机构，还应考虑 ISO 9001 或等同的有关标准的要求。

该程序应至少包含以下内容：

——审查；

——培训；

——方法和程序；

——培训记录；

——资质；

——出版物；

——设备和除冰防冰液。

应对所有除冰防冰操作进行审查以持续符合局方、营运人、生产商和代理机构发布的所有要求。

应对所有涉及除冰防冰操作的人员进行培训以确保所有操作正确进行。

应制定详细的方法和程序以确保与航空器除冰防冰有关的操作能安全、无误地完成。

应确保对所有除冰防冰人员的培训做好记录以保证该领域的培训和技术满足了所有要求。

除冰防冰人员应具有资质以确保所有操作正确进行。

应有书面的航空器除冰防冰操作手册以确保能正确完成相应工作。

应正确维护设备和除冰防冰液，使其质量合格。

7 人员培训和资质要求

7.1 人员资质

除冰防冰操作只能由经过培训并具有资质的人员完成。

提供除冰防冰服务的公司应有培训程序、资质认定程序和质量保证程序以监控和维持可接受的能力水平。

7.2 人员培训

应对飞行机组人员和地面人员进行初始培训和每年复训，以确保这些人员获得并完全了解航空器除冰防冰的政策和程序，包括新程序和以往的教训。

应通过涵盖 7.3 规定的全部培训科目的考试或评估来证明培训达到预期目的。

理论考试应符合当地最新考试要求。通过分数应是满分的 75%，只有通过考试的人员才具有资质。

对于航空器除冰防冰操作人员，应包括实际操作除冰防冰设备的培训。

7.3 培训科目

培训应至少包括以下内容：

——霜、冰、半融雪、雪和除冰液对航空器性能的影响；

——航空器除冰防冰液的基本性质，包括液体品质下降和残留物产生的原因及后果；

——从航空器表面清除霜、冰、半融雪、雪以及防冰的一般方法；

——通用除冰防冰程序和不同机型使用的特殊程序；

——要求的检查类型；

——除冰防冰设备操作程序，包括实际操作程序；

——安全防护；

——应急程序；

——保持时间表中除冰防冰液的使用和限制；

——防冰代码和联络程序；

——合同除冰防冰要求的特殊规定和程序(如果适用)；

——环境问题，比如除冰地点，流失报告，废液控制；

——新程序和以往冬季的教训。

7.4 记录

应保存人员培训和资质的记录以便查证。

8 除冰防冰液使用要求

8.1 环境

除冰防冰液是一种对环境有影响的化工产品。在使用时应避免不必要的流失，并应符合当地环保和卫生法规以及生产商提供的安全数据单的要求。

8.2 除冰防冰液的接收

8.2.1 概述

接收除冰防冰液时，应要求供应商提供由生产商签发的文件(如合格证书，检验证书)，还应目视检查以确认接收的产品无误。

宜进行冬季操作程序以确保除冰防冰液的品质下降没有超出生产商的要求。

8.2.2 ISO Ⅱ型液、ISO Ⅲ型液或 ISO Ⅳ型液取样程序

8.2.2.1 概述

为确保开始除冰防冰和起飞之间保持足够的安全裕度，用于航空器表面的除冰防冰液应在“原除冰防冰液生产商”规定的条件和正确的浓度下使用。由于除冰车(设备)加热和(或)输液部件可能对除冰防冰液产生影响，取样方法应模拟除冰防冰液的使用情况。

8.2.2 描述了被认可的收集样品的方法：在进行质量控制检查(见 8.2.3)之前，从在用的航空器除冰车(设备)收集喷洒出的 ISO Ⅱ型液、ISO Ⅲ型液或 ISO Ⅳ型液。

8.2.2.2 方法

取样之前，在地面或带有回收系统的铝板上放置一张清洁的聚乙烯薄膜(约 2 m×2 m)(如果已进行相关的喷洒测试，可采用等效方法)。根据取样时的风速、风向，可压紧聚乙烯薄膜边缘以防止移动。

喷嘴应距薄膜表面约 3 m，除冰防冰液应垂直喷洒到薄膜表面。

如果在常规除冰防冰中采用不同的喷洒模式和流速，应在防冰操作时典型的喷嘴设置(如细、中或粗)和流速下取样。

8.2.2.3 程序

取样时，应按要求选择流速和喷洒模式。

喷洒除冰防冰液清洗输液管道，清洗完毕后，从喷枪(喷嘴)处取样来检查样品浓度。

若折射率检查表明管道没有清洗干净，应重复清洗至取样的除冰防冰液浓度符合要求(某些除冰车可能需要喷洒超过 50 L 的除冰防冰液，才能彻底洗净输液管道)。

直接将足量的除冰防冰液喷洒到取样薄膜表面，收集 1 L 样品。

当采用聚乙烯薄膜取样时，应小心抬起取样聚乙烯薄膜的角，在清洁干燥的瓶中收集 1 L 样品。

8.2.2.4 参比除冰防冰液

应分别从储存设备、除冰车(设备)的液罐内各取 1 L 样品用作参比。

8.2.2.5 样品标识

在每个样品上贴标签并标注以下信息：

——除冰防冰液的牌号和类型；

——除冰车(设备)的标识；

——流速和喷洒模式；

——详细说明样品取自何处，例如喷嘴、储存罐或除冰车(设备)的液罐；

——混合液的浓度，例如100/0,75/25等；

——站点；

——取样日期。

8.2.3 航空器除冰防冰液检查程序

8.2.3.1 概述

本检查程序可保证航空器除冰防冰液质量持续符合安全标准。若发现差异，在使用除冰防冰液之前应进一步检查。

8.2.3.2 交付前检查

向包装桶内加注除冰防冰液前，应确认储存罐中除冰防冰液的牌号、浓度与装箱单内容一致。

向储存罐、除冰车加注除冰防冰液之前，应对每批交付产品抽样并检查。

按以下要求进行交付前检查。

ISO Ⅰ型液：

——按8.2.3.6.1进行目视杂质检查；

——按8.2.3.6.2进行折射率检查；

——按8.2.3.6.3进行pH值检查。

ISO Ⅱ型液、ISO Ⅲ型液和ISO Ⅳ型液：

——按8.2.3.6.1进行目视杂质检查；

——按8.2.3.6.2进行折射率检查；

——按8.2.3.6.3进行pH值检查；

——按8.2.3.6.4进行外场粘度检查。

8.2.3.3 除冰车内液体的检查

8.2.3.3.1 浓度检查

应每天从每辆在用除冰车的喷嘴处提取除冰防冰液或除冰防冰液与水的混合液样品。对于没有混合系统的除冰车，应在每次向液罐内(重)加注水和(或)除冰防冰液时提取混合液样品(取样前充分混合、搅拌确保混合均匀)。样品应妥善保存以防止沉淀产生。按8.2.3.6.2进行折射率检查。

对于没有混合系统的除冰车，可从除冰车液罐内取样，而不是从喷嘴处取样。

对于有按比例混合系统的除冰车，应使用操作时的流速和压力。待混合均匀并稳定后取样(见8.2.2.3)。

对于有自动混合控制系统的除冰车，折射率检查的时间间隔应由进行除冰防冰的公司决定并应符合系统设计要求。

8.2.3.3.2 热除冰防冰液的检查

除冰防冰液和(或)水的混合液应从除冰车的液罐内取样。原则上，取样时间间隔不宜超过两周，但也可按当地经验做适当调整。

按8.2.3.6.2进行折射率检查。

8.2.3.4 除冰防冰液实验室检查

在除冰季节的初期和中期应按航空公司的要求进行除冰防冰液的实验室检查。待检液应从所有的除冰车喷嘴处和在用的储存罐内取样。

对于增稠型除冰防冰液，按ISO Ⅱ型液、ISO Ⅲ型液和ISO Ⅳ型液的程序取样(见8.2.2)。

按以下要求进行实验室检查。

ISO Ⅰ型液：

——按8.2.3.6.1进行目视杂质检查；

——按8.2.3.6.2进行折射率检查；

——按8.2.3.6.3进行pH值检查。

ISO Ⅱ型液、ISO Ⅲ型液和 ISO Ⅳ型液：

——按 8.2.3.6.1 进行目视杂质检查；

——按 8.2.3.6.2 进行折射率检查；

——按 8.2.3.6.3 进行 pH 值检查；

——按 8.2.3.6.5 进行实验室粘度检查(不适用于从除冰的喷嘴处提取的样品)。

8.2.3.5　除冰防冰液外场检查

进行外场检查前，应完成站点检查。应从储存罐和除冰防冰设备喷嘴处取样。

对于增稠型除冰防冰液，按 ISO Ⅱ型液、ISO Ⅲ型液和 ISO Ⅳ型液的取样程序取样(见 8.2.2)。

按以下要求进行外场检查。

ISO Ⅰ型液：

——按 8.2.3.6.1 进行目视杂质检查；

——按 8.2.3.6.2 进行折射率检查；

——按 8.2.3.6.3 进行 pH 值检查。

ISO Ⅱ型液、ISO Ⅲ型液和 ISO Ⅳ型液：

——按 8.2.3.6.1 进行目视杂质检查；

——按 8.2.3.6.2 进行折射率检查；

——按 8.2.3.6.3 进行 pH 值检查；

——按 8.2.3.6.4 进行外场粘度检查。

8.2.3.6　除冰防冰液检查方法

8.2.3.6.1　目视杂质检查

——将除冰防冰液倒入一个清洁的玻璃瓶或其他透明容器中；

——检查各种杂质(例如锈粒、金属碎片、橡胶粒等)；

——可采用其他等效方法检查。

8.2.3.6.2　折射率检查

——确保折射仪已校准且清洁；

——将取自样品或喷嘴的一滴除冰防冰液滴在折射仪棱镜面上，关闭棱镜；

——读取示值，若折射仪温度不是 20 ℃时，应用生产商提供的修正参数进行修正；

——将示值与生产商提供的数值进行比较；

——清洁折射仪，放回盒内；

——可采用其他等效方法检查。

8.2.3.6.3　pH 值检查

——取一张 pH 试纸放入除冰防冰液中浸湿；

——从除冰防冰液中取出试纸，与比色卡比较，读取相应的 pH 值；

——将示值与生产商提供的 pH 值比较；

——可采用其他等效方法检查。

8.2.3.6.4　外场粘度检查

应采用落球法检查。在两根密封的玻璃管中，分别装有测试样品允许的最小粘度和最大粘度的参比除冰防冰液，第三根空玻璃管用于装待测样品：

——把样品加入清洁的玻璃管内；

——将钢球放入玻璃管中，装满除冰防冰液后密封；

——将玻璃管放回试验架，转到竖直方向让钢球到达每根玻璃管的底部；

——当三个钢球都达到玻璃管底部后，将试验架转动±180°至竖直方向；

——钢球以不同速度下落；

——中间钢球的速度应在其余两个钢球速度之间或与其中一个钢球速度相同；

——可采用其他等效方法检查。

8.2.3.6.5 **实验室粘度检查**

——按 SAE AIR 9968 或除冰防冰液生产商的说明书进行检查；

——测试时转子速度应为 0.005 s^{-1}(0.3 r/min)；

——应记录测试温度和转子号；

——将示值与生产商提供的粘度值进行比较；

——可采用其他等效方法检查。

8.3 **不同产品的混合**

若没有额外的质量鉴定，不应混和不同的产品。

8.4 **储存**

8.4.1 应使用专用容器储存除冰防冰液。

8.4.2 储存容器应适宜储存除冰防冰液，如除冰防冰液生产商指定的容器(不锈钢桶、塑料桶等)。由于可能产生电耦合导致增稠型除冰防冰液品质下降，应避免异种金属相互接触。

8.4.3 应在容器显著位置贴标签，避免污染。

8.4.4 每年应对容器进行腐蚀和(或)污染检查。若容器被腐蚀或污染，应维修或更换。为阻止气液界面和水汽腐蚀，宜将容器液面保持高液位。

注：若按 8.2.3 进行除冰防冰液质量检查，检查间隔可超过 1 年。

8.4.5 储存温度限制应满足生产商的说明书。

8.4.6 储存的除冰防冰液应例行检查确保没有品质下降或污染。

8.5 **泵送**

除冰防冰液在过度机械剪切作用下会导致品质下降，因此应使用合适的泵和喷嘴。泵送系统的设计应符合生产商的要求。

8.6 **输液管**

专用的输液管道应有明显标识以防止污染，并适于输送除冰防冰液。

8.7 **加热**

应按生产商的说明书对除冰防冰液加热。

对于 ISO Ⅰ型液，水分的损失可能影响空气动力学特性。

对于 ISO Ⅱ型液、ISO Ⅲ型液和 ISO Ⅳ型液，暴露在热的条件下和(或)水分损失可导致除冰防冰液粘度降低，使保持时间缩短。

除冰防冰液应按 8.2.3 定期检查。

注意：避免对除冰车内液体进行不必要的加热。延长或反复对除冰防冰液加热(直接或间接)会导致水分损失，从而使除冰防冰液品质下降。

以下任一情况或多种情况会促使除冰液品质下降：

——除冰防冰液用量不足；

——除冰车长时间处于加热系统开启的待机状态；

——储存罐中温度高；

——与除冰防冰液储存罐直接接触的储水罐温度高(储存罐之间没有绝热)。

8.8 **应用**

8.8.1 设备应符合 ISO 11077 的要求，在最初加注除冰防冰液之前应打扫干净以防止液体污染。

8.8.2 不应在封闭或通风不好的区域加热除冰车内的除冰防冰液。

8.8.3 应对喷嘴处除冰防冰液的品质定期检查。

9 污染物检查

除冰前需进行污染物检查。检查应包括 12.1～12.8 规定的内容以及航空器制造商推荐的内容。

应位于能够清楚观察这些部位的位置(例如从除冰车本身或从其他设备的合适部位)进行污染物检查。

除了12.2和12.8提及的霜外,所有污染物应通过除冰清除。若还需防冰,相应表面应进行一步法或二步法除冰防冰。

10 程序

10.1 除冰防冰需求

以下程序是航空器地面除冰防冰的推荐方法,采用该方法可提供符合空气动力学特性要求的清洁航空器。

当航空器表面被冰冻污染物污染时,在放行前应对航空器除冰。在航空器放行前,如果存在冰冻污染物并且有附着在航空器表面的可能时应防冰。若既需要除冰又需要防冰,可选择一步法或二步法(见3.13),这取决于天气条件、可用的设备、可用的除冰防冰液和期望获得的保持时间。若采用一步法,按10.2和10.3进行。

除冰防冰地点应尽可能靠近航空器起飞的跑道端口,以缩短除冰防冰和起飞之间的时间间隔。

注1:除冰防冰后,地面和设备表面可能湿滑。

关于除冰防冰液限制指南见11.1。

注2:在保持时间要求苛刻的情况,宜考虑在二步法的第二步使用未稀释的ISO Ⅱ型液、ISO Ⅲ型液或ISO Ⅳ型液。

10.2 除冰

10.2.1 概述

可采用热液体法、机械法、其他方法或多种方法联合使用来清除航空器表面的冰、雪、半融雪或霜。当用液体法和(或)红外技术除冰时,采用以下程序。

注1:如果其他方法能满足第12章的要求,也可用于除冰。

注2:在除冰防冰之前可采用预备程序。

为了清除大量冰冻污染物(比如雪、半融雪或冰),在得到营运人许可后,在除冰之前进行预备程序以减少乙二醇基除冰液的用量。

除冰的预备程序可采用不同方法(如扫除、压缩空气、加热、热水、有降低冰点作用的热液体)。若采用了预备程序,随后的除冰过程应确保清除所有的冰冻污染物,包括预备程序形成于表面或槽的污染物。

10.2.2 要求

在放行或防冰前,应清除航空器表面的冰、雪、半融雪和霜。

10.2.3 液体法除冰

10.2.3.1 概述

本节中规定了液体法清除冰冻污染物的程序。

为了达到最佳效果,应靠近航空器表面喷洒除冰液以减少热量损失。

注:除冰液的热量可有效融化霜以及轻微的积雪、半融雪和冰。对于较厚的冰雪则要求热量能松动冰冻污染物与航空器之间的附着;除冰液喷洒的冲击力可清除残留物。除冰液可在一段时间内阻止重结冰,这取决于航空器表面和环境温度、所用的除冰液、除冰液的浓度和天气条件。

10.2.3.2 除霜和除薄冰

宜使用可喷出固定锥状喷洒面的喷嘴设置。

注:这种方式利用的液滴最多,从而将热量最大限度的保留在除冰液中。如果靠近航空器表面喷洒热除冰液,那么只需少量即可融化冰冻污染物。

10.2.3.3 除雪

由于泡沫易与雪混淆,宜使用能有效冲掉冰冻污染物且产生泡沫最少的喷嘴设置。

所采用的程序取决于可用的设备以及雪的厚度和类型(例如干雪或湿雪)。一般而言,冰冻污染物越厚,所需除冰液流量越大,才能有效清除航空器表面的冰冻污染物。对于轻微的湿雪和干雪,可采用与除霜类似的程序。湿雪比干雪更难清除，采用高流量的除冰液更有效，冰冻污染物较少的情况除外。在某些条件下，可喷洒一定压力的热除冰液融化和冲掉冰冻污染物。如果雪紧紧地附着在航空器表面，可采用10.2.3.4的程序。堆积在航空器表面的大雪总是很难被清除，常需要消耗大量的除冰液。在这种情况下，应考虑在正常除冰程序之前以人工方式除雪。

10.2.3.4　除冰

应使用热除冰液松动附着在航空器表面的冰层。该方法利用了金属表面的高热传导率。

在靠近航空器的位置，以小于90°的角度近距离对着某点喷洒热除冰液，直至暴露裸露的航空器表面为止。热量将朝航空器表面各个方向传递，使其温度升高到冰点以上以松动航空器表面的冰冻污染物。多次重复该程序后，可松动大面积附着的冰或冻雪。然后根据堆积量，采用低速或高速喷洒除冰液的方式将冰冻污染物冲掉。

10.2.3.5　除冰液使用方法

10.2.3.5.1　概述

应采用以下方法有效清除雪和冰。

注：冰、雪或霜会稀释除冰液。使用足量热除冰液以确保不重结冰和清除所有被污染的除冰液。

10.2.3.5.2　航空器专用程序

某些航空器由于设计的不同，要求专用的除冰程序。参见航空器制造商指南。

10.2.3.5.3　机翼、机尾

从翼尖向翼根喷洒、从表面的高点向低点喷洒。根据航空器构型和当地条件可能要求使用不同的程序。

10.2.3.5.4　垂直面

从顶部向底部喷洒。

10.2.3.5.5　机身

沿着机身顶部中心线开始向外喷洒。根据航空器制造商手册的规定应确保机身没有冰和雪，允许有白霜。

10.2.3.5.6　起落架和轮舱

在此区域应尽量少使用除冰液。除冰液不应直接喷洒到轮子和刹车上，也不应喷洒到无拖把牵引机车的托架上。

可采用除冰液以外的其他方法（机械方式，压缩空气等）消除堆积物（如吹雪）。但是，对于已附着在航空器表面的堆积物，可使用热空气或热除冰液的方法除去。

10.2.3.5.7　发动机

在离港前，应采用机械方式清除发动机进气道的积雪。附着在进气道较低面、发动机风扇叶片（包括后面）或螺旋桨的冰冻污染物可采用热空气或其他发动机制造商推荐的方法清除。

10.2.4　红外除冰技术

10.2.4.1　本节规定了采用红外除冰技术除去冰冻污染物的程序。

注：关于设备要求的特殊信息，包括航空器地面除冰程序可在本标准的参考文献 FSAT 00-05 和 FSAW 00-02 中找到。

10.2.4.2　总体要求：在离开红外除冰设施和（或）防冰前应确认航空器表面的冰、半融雪、雪和霜已被清除。

10.2.4.3　红外除冰技术主要利用热量来松动冰冻污染物的附着。红外热量可持续融化和蒸发冰冻污染物。使用红外除冰技术除冰后，在湿的航空器表面需要喷洒热除冰液阻止重结冰。当环境温度等于或低于0 ℃（32 ℉）且不是除霜或除机翼前缘的冰时，应在红外除冰设施内向航空器喷洒热除冰液以阻止可能存在于航空器隐藏区域的水重结冰。

注：若航空器在起飞前需要使用额外的除冰防冰液，可采用常规的液体法除冰防冰。

10.2.4.4　应按第12章（除冰防冰后的航空器总体要求）的要求进行检查。

10.2.4.5　若需要防冰，应按照10.3的要求进行。若在红外除冰设施内防冰，防冰过程中应按要求调节红外能量的大小以阻止由于吹雪影响造成的冰冻污染物再堆积，并阻止防冰液受破坏。防冰液脱水会使品质下降。

10.3 防冰

10.3.1 概述

使用防冰液可在一段时间内阻止冰、雪、半融雪或霜附着或堆积在航空器表面。使用防冰液时，应采用以下程序。

为了有效防冰，在指定的清洁航空器表面(无冰冻污染物堆积)需要喷洒一层足够厚的防冰液。为使防冰效果最好，应采用未稀释的 ISO Ⅱ型液、ISO Ⅲ型液或 ISO Ⅳ型液。

防冰通常不必采用除冰中使用的高液压和高流速，若可能，泵速宜相应降低。喷枪口宜做调整以提供中等喷速。

注：用 ISOⅠ型液防冰时只能提供有限的保持时间。很短的保持时间几乎无用。

10.3.2 使用要求

在放行航空器时，当有冻雨、雪或其他冰冻污染物可能附着在航空器上时，应使用防冰液。

10.3.3 可选方法

过夜驻港以及在结冰条件下短停过站的航空器到达机场后(最好在卸货之前)，可使用防冰液防冰。

注 1：本操作可减小离港前冰的堆积并使随后的除冰更容易。

收到当地气象服务提供的有关霜、雪、冻毛毛雨、冻雨、冻雾的警告时，可在开始形成冰冻污染物之前，对清洁的航空器表面喷洒防冰液。

注 2：本操作可减少雪和冰附着的可能性或航空器表面冰冻污染物堆积并使随后的除冰更容易。

10.3.4 防冰液使用方法

注意：由于防冰液在机翼前缘、水平和垂直安定面上可能分布不均匀，宜检查这些表面以确保防冰液均匀覆盖。

防冰过程宜连续且时间尽可能短。

防冰宜尽可能接近起飞时间以最大限度利用保持时间。防冰液应均匀分布并在所有喷洒表面覆盖足够的厚度。为控制均匀性，在使用防冰液时应对所有航空器的水平表面进行目视检查。所需的防冰液量，以目视观察到液体刚刚开始从前缘或后缘滴落为宜。

注：防冰液的使用量参考欧洲航空公司协会(AEA)出版物。

从机翼的最高处开始防冰可使防冰液均匀覆盖机翼的前缘和后缘，效果最好。在垂直表面，应从顶部到底部防冰。

以下表面应防冰：

——机翼上表面和前缘；

——水平安定面上表面，包括前缘和升降舵上表面；

——垂直安定面和方向舵；

——机身上表面，取决于降水量和类别(发动机中置的航空器特别重要)。

10.4 在浸冷机翼区域防霜

10.4.1 概述

由于接触低温燃油和(或)靠近大量浸冷金属，机翼表面温度会远低于环境温度。因而这些区域的机翼表面会结霜，可能需要在离港前对整个机翼进行除冰防冰。

在上述情况下，为了不必对整个机翼除冰防冰，10.4 提供了过站时防止浸冷机翼油箱区域局部结霜的推荐程序。10.4 不能替代标准除冰防冰程序且须满足第 12 章的要求，10.4 也不排除任何根据航空器制造商手册规定的除冰防冰程序和检查要求。

10.4.2 程序

机翼表面与过冷燃油或浸冷金属接触，可能结霜，在这些区域应使用合适的设备喷洒未稀释的

ISO Ⅱ型液或 ISO Ⅳ型液。

适当的防冰液液膜应完全覆盖被处理区域。

注：限制条件见 10.4.3。

10.4.3 限制和预防

——防止局部霜污染的程序不应取代 10.1～10.3 的标准除冰防冰程序、透明冰检查或其他航空器制造商的要求，也不应取代航空器表面无霜、半融雪、雪和冰堆积的要求；

——防止局部霜污染的程序应仅在待处理航空器的营运人许可后，由经培训并具有资质的人员来实施；

——防止局部霜污染的程序应在航空器到达后立即在清洁的机翼上进行。最迟在霜开始形成时进行防冰，但在这种情况下，除冰防冰液的温度至少应在 50 ℃以上。在喷洒除冰防冰液与放行航空器期间遇降水和(或)预报在起飞前有降水时，应按 10.1～10.3 进行标准的除冰防冰程序；

——机翼应进行相同和对称的处理，即应在相同位置相同区域喷洒除冰防冰液，即使只有一侧机翼受到霜污染，也需要对两侧机翼都进行对称处理；

注意：若不满足要求，则可能导致空气动力学特性问题。

——由于没有对整个航空器或机翼表面除霜，因此保持时间不适用于局部防霜。

10.4.4 最后检查

在航空器离开停机位之前，应触摸检查两侧机翼的处理区域，目视检查未处理区域以确保两侧机翼都清洁无霜。使用的除冰防冰液应仍处于液态，并无失效迹象，比如颜色变白、光泽变差、变粘、出现冰晶等。

10.4.5 机组信息

以下信息应告知机组："局部防霜已完成"。

11 限制和预防

11.1 除冰防冰液相关限制

11.1.1 温度限制

11.1.1.1 二步法除冰防冰

采用二步法除冰防冰时，第一步使用的除冰防冰液冰点应不高于环境温度 3 ℃(5 ℉)(见表 A.1 和表 B.1)。

11.1.1.2 ISO Ⅰ型液

注意：作为浓缩液供应的 ISO Ⅰ型液在使用前应用水稀释，不应未稀释使用。对于例外的情况，应参考生产商文件。

无论采用一步法除冰防冰还是二步法除冰防冰的第二步，ISO Ⅰ型液混合液的冰点应至少低于环境温度 10 ℃(18 ℉)。

11.1.1.3 ISO Ⅱ型液、ISO Ⅲ型液和 ISO Ⅳ型液

用于除冰防冰的 ISO Ⅱ型液、ISO Ⅲ型液和 ISO Ⅳ型液低温使用限制为－25 ℃(13 ℉)。如果除冰防冰液的冰点比环境温度至少低 7 ℃，并能达到可接受的空气动力学特性时，其使用温度也可低于－25 ℃。最低使用温度应参考生产商文件。

11.1.2 使用限制

对已防冰的航空器，在任何情况下都不应在已受污染的防冰液上直接喷洒一层防冰液。

如需在起飞前再次进行处理，应重新进行除冰防冰以确保清除残留物(见表 A.1 和表 B.1)，不应只做防冰处理。

注意：反复使用 ISO Ⅱ型液、ISO Ⅲ型液和 ISO Ⅳ型液可能导致残留物在空气动力学静态区域、空

腔和间隙积聚。干的残留物在高湿度和(或)下雨环境中可能重新吸水并结冰,会妨碍飞行控制系统,因此应清除这些残留物。关于残留物的检查方法和频率、相关的维护要求和清洗航空器的建议,应咨询航空器制造商。在二步法除冰防冰的第一步采用热水或热的 ISO Ⅰ型液和水混合液可减少残留物的产生。

注:当检查残留物时,可通过喷水雾来便于检查。

11.2 航空器相关限制

除冰防冰液的使用应符合机体、发动机制造商的要求。

11.3 除冰防冰注意事项

11.3.1 采用热防冰液进行一步法除冰防冰。附着在航空器表面用于除冰的液体,具有有限的防冰效能。为获得所需的保持时间,应根据环境温度和天气条件选择防冰液的正确浓度(见表 A.1 和表 B.1)。

注意:机翼表面温度可能低于环境温度。若是此情况,可使用更高浓度的混合液(更多的乙二醇)以确保冰点缓冲。

11.3.2 在二步法除冰防冰的第一步应使用除冰液。应根据环境温度选择合适的除冰液,除冰后应单独喷洒防冰液保护相关表面以获得最佳的防冰效果。第二步使用防冰液。为获得所需的保持时间,应根据环境温度和天气条件选择防冰液的正确浓度(见表 A.1 和表 B.1)。

在第一步使用的除冰液结冰前(通常在 3 min 内)进行第二步防冰,如有必要应分区域进行。

第二步防冰时,使用的喷洒技术应喷洒足够量的防冰液以完全覆盖第一步中的除冰液(例如用 10.3.4 描述的方法)。防冰液的使用量,参考 AEA 出版物。若在已除冰区域重结冰,应重新进行第一步和第二步。

注意:机翼表面温度可能低于环境温度。若是此情况,可使用更高浓度的混合液(更多的乙二醇)以确保冰点缓冲。

11.3.3 所使用防冰液的保持时间应等于或大于从防冰开始到起飞之间的预计时间,预计时间由天气条件决定。

11.3.4 如果航空器的一侧被污染,应对称处理航空器,即航空器的左侧和右侧都应除冰防冰。

若机翼和(或)水平安定面、升降舵需除冰防冰时,除冰防冰液应覆盖航空器两侧的整个机翼和(或)整个水平安定面、升降舵。

注意:若不满足本要求,则可能导致空气动力学特性不符合要求。

11.3.5 在除冰和(或)防冰过程中,活动表面处于的位置应由航空器制造商指定。

11.3.6 在除冰和(或)防冰过程中,发动机通常是关闭的,但也可怠速运转。空调和(或)辅助动力装置(APU)供气关断活门应关闭或根据机体制造商或发动机制造商的推荐程序操作。

11.3.7 除冰防冰液不应直接喷洒到导线束和电子器件(插座,接线盒等)、刹车、机轮、排气装置或反推器上。

11.3.8 除冰防冰液不应直接喷入皮托管孔内、静压口或气流方向探测器的探头、迎角探测器。

11.3.9 应采取合适的预防措施减少除冰防冰液进入发动机、通风口和控制面。

11.3.10 除冰防冰液不应直接喷洒到驾驶舱或客舱玻璃上,以避免丙烯酸树脂产生银纹或渗入窗户的密封圈。

11.3.11 使用除冰防冰液前,应关闭所有舱门和窗户以阻止:

——厨房地板被湿滑的除冰液污染;

——弄脏内部装饰。

直到周围区域的冰或雪被清除后,才能打开舱门。

11.3.12 离港前应清除航空器前部区域的残留除冰防冰液,以避免在滑行或起飞过程中这些液体吹向航空器风挡玻璃。

11.3.13 若使用 ISO Ⅱ型液、ISO Ⅲ型液或 ISO Ⅳ型液,在离港前应清除其在驾驶舱窗户上留下的痕迹,特别要注意安装了雨刮器的窗户。

除冰防冰液可用经许可的清洁器和软布清除或用ISO Ⅰ型液冲洗清除。

11.3.14 起落架和轮舱应避免半融雪、冰和吹雪的污染。

11.3.15 从航空器表面清除冰、雪、霜或半融雪时,应防止除冰液进入和堆积在辅助进气口或控制面铰链区域,例如从机翼和安定面朝前缘和从副翼和升降舵朝后缘除雪。

11.3.16 航空器在进近过程中,下降穿越厚云层或降水区域时,表面可能会结冰。当目的地地面温度低时,收回的襟翼在静止和活动表面之间可能产生不易发现的冰。因此,起飞前检查这些部位并清除所有冰冻污染物非常重要。

11.3.17 冻雾条件下,在起动发动机前,应对风扇叶片的后面进行冰污染检查。对发现的堆积物应采用低流速的热空气源予以清除。

11.3.18 在除冰防冰后,应根据航空器机型(见相关手册)进行飞行控制检查。

11.3.19 在频繁进行除冰防冰后,应对空气动力学静态区域和空腔进行检查,以便发现增稠型除冰防冰液的残留物。检查时,可能需要打开盖板,具体细节和程序咨询航空器制造商。

11.4 预防透明冰

11.4.1 在航空器表面的雪或半融雪下面可能形成透明冰。每次除冰后应进行近距离检查以清除所有堆积物。

11.4.2 在油箱附近机翼的上表面和下表面可能形成透明冰。航空器在下列情况下易产生透明冰:

a) 在过站中,机翼温度一直远低于0 ℃(32 ℉);

b) 环境温度在−2 ℃~15 ℃(28 ℉~59 ℉)之间;

c) 当地面的航空器遇降水发生时;

d) 在机翼较低面产生霜或冰。

注1:a)、c)、d)条件存在时,其他温度下也易产生透明冰。

透明冰很难被发现。因此当满足以上条件或当不确定是否有透明冰时,为了确保清除所有的冰冻污染物,应在起飞前立即进行近距离检查。

注2:这种情况常发生在机翼温度较低和在过站中机翼油箱里存有大量低温燃油以及加油过程不足以升高燃油温度时。

12 除冰防冰后的航空器总体要求

12.1 概述

除冰防冰后,在起飞前,航空器关键表面应无霜、冰、半融雪和雪的堆积并与以下要求一致。

12.2 机翼,尾翼和操纵面

机翼、尾翼和操纵面应无冰、雪、半融雪和霜。根据航空器制造商手册规定,前、后翼梁之间由燃油引起的浸冷区域的机翼下表面允许有霜。

12.3 皮托管和静压口

皮托管和静压口应无冰、霜、雪和除冰防冰液残留物。

12.4 发动机

发动机进气道、尾喷口、冷却通风口、控制系统探测组件应无冰和雪。发动机风扇叶片或螺旋桨应无冰、霜和雪并转动灵活。

12.5 空调进气口和排气口

空调进气口和排气口应无冰、霜和雪。外流活门应清洁无阻塞。

12.6 起落架和起落架舱门

起落架和起落架舱门应无阻塞且无冰、霜和雪。

12.7 油箱通风孔

油箱通风孔应无冰、霜和雪。

12.8 机身

机身应无冰和雪。根据航空器制造商手册规定允许有霜。

12.9 飞行控制检查

根据不同的机型(见相关手册),除冰防冰后飞行控制功能的检查由外部观察员完成,这对于被冰或雪严重覆盖的航空器非常重要。

12.10 干的除冰防冰液残留物(防冰后,未飞行的航空器)

当航空器表面进行了防冰处理而没有飞行且没有降水时,除冰防冰液在表面会变干,形成干的残留物。这种情况下应对除冰防冰液的残留物进行检查和必要的清除。

12.11 特殊维护

应考虑除冰防冰液可能产生的副作用,这些副作用包括但不局限于干的和(或)重新吸水的残留物、腐蚀和滑润剂的清除。

13 除冰防冰后的检查

除冰防冰后,只有经培训并具有资质的人员检查后,航空器才能被放行。

检查应按第12章的要求进行,检查人员应位于能够清晰观察这些部件的位置(比如从除冰车上或另一高台)进行检查,范围应覆盖航空器所有的关键部件。发现任何污染物均应进一步除冰防冰,并重新检查。

在除冰防冰检查完成之前,不应传送防冰代码(见15.2)。

14 起飞前检查和起飞前污染物检查

14.1 起飞前检查

在除冰防冰结束后,机长应对环境进行持续监控。在起飞前,机长应对保持时间是否有效作出评估。

通常是在驾驶舱内进行检查。

14.2 起飞前污染物检查

当起飞前检查不能对航空器关键表面进行有效评估或超出使用的保持时间时,应进行关键表面的起飞前污染物检查。

起飞前污染物检查通常是在航空器外部进行。

起飞前污染物检查的替代方法是重新对航空器进行除冰防冰处理。

15 通讯程序

15.1 除冰防冰操作

航空器在除冰防冰结束后,只有在机长(PIC)被告知除冰防冰处理的类型后,才能被放行离港。

由具有资质的人员完成的标准格式通告应表明航空器的关键表面已检查并确认无冰、霜、雪和半融雪,此外,还应包括15.2中的防冰代码,使机长能估计在当时天气条件下的预期保持时间(见17章)。

远机位除冰防冰时,应指派1名地面除冰防冰人员,在整个除冰防冰过程中与机组保持良好的通讯联络。

15.2 防冰代码

参考除冰程序的最后步骤,并根据下述顺序记录信息告知机长:

a) ISO除冰防冰液类型,例如ISO Ⅰ型液、ISO Ⅱ型液、ISO Ⅲ型液和ISO Ⅳ型液;

b) 除冰防冰液的全名(牌号),仅对可能用到某一特定ISO Ⅱ型液和ISO Ⅳ型液产品的保持时间表时;

c) 混合液中防冰液的浓度(ISO Ⅰ型液除外),以体积百分比表示;

d) 除冰防冰最后步骤开始的当地时间(时、分);

e) 日期(按日、月、年或记录保存要求的格式,根据机组通告选择)。

示例:最后一步用的是75%的ISO Ⅱ型液,牌号为"Dexo,ADF XY-100"和25%的水的混合液,在当地时间2004年4月20日13:35进行了除冰防冰处理,记录如下:

Type Ⅱ/Dexo ADF XY-100/75%/13:35(20 April 2004)

向机长口头告知以下信息:

"您的防冰代码是:ISO Ⅱ型液,Dexo ADF XY-100,浓度75%,当地时间13时35分"。

在口头告知时,应加"浓度"一词,避免与产品名称混淆(产品名称可能含数字)。

15.3 除冰防冰后检查和将防冰代码告知机长

营运人应明确由哪个公司负责防冰后的检查并负责将防冰代码告知机长。

如果两个不同的公司参与除冰防冰和除冰防冰后的检查,应确保在检查完成之前不给出防冰代码。

除冰防冰公司应对除冰防冰负责,并将所有的除冰防冰信息告知进行除冰防冰后检查的公司。

将15.2a)~d)规定的信息告知机长,确认除冰防冰检查已完成且航空器是清洁的(见12章)。

15.4 撤离信号

在航空器再构型或移动航空器前,机长应收到地面除冰防冰人员已完成所有除冰防冰操作且所有人员和设备已撤离的确认信号。

15.5 应急程序

无论是在远机位还是在集中除冰机位完成除冰防冰,都应建立一套程序以确保安全迅速处理航空器或地面应急情况,并与机场应急措施一致。

15.6 航空器的移动

无论是在远机位还是在集中除冰机位完成除冰防冰,都应建立一套程序以确保航空器安全进入和离开除冰防冰区域。

16 远机位除冰防冰程序

16.1 通讯联络

在远机位除冰防冰过程中,机组人员和除冰防冰操作员(检查员)之间的双向通讯联络应畅通。通讯联络可通过报话机或VHF无线电进行。若使用VHF,在通讯联络过程中应使用航空器注册号或国籍登记号取代航班号。备选的通讯联络方式可使用电子信息板。若有冲突,应进行口头联络。在除冰防冰前后,所有必要信息应通过此方式告知机组(除冰防冰开始、需要关闭航空器系统才能除冰的部位、防冰代码等)。在告知防冰代码和滑行准备就绪后,可结束与机组人员的通讯联络。有关标准通讯用语见16.5。

16.2 滑行指导

当滑行进入远机位除冰防冰区域时,应准备滑行和停止的引导标志或停机坪调度员参与协助。如果采用无线电联系,进入除冰防冰区域之前从驾驶舱应能看见使用频段的信号。

16.3 通用指令

除冰防冰人员和机场方应采用NOTAM(飞行员告示)或当地AIP(机场信息出版物)的方式公布所有关于如何在远机位除冰防冰操作的必要信息。该信息应至少包括地点、标准滑行路线、除冰防冰区域、协调除冰防冰操作的方式、除冰防冰之前和过程中的联络方式以及关于滑行和停止引导的信息。

16.4 责任

在登机门进行起飞前检查的有资质的人员负责决定在航空器放行前是否需要除冰防冰。当需要除冰防冰时,应采用书面或口头的形式告知机长,由机长负责后续的除冰防冰事宜。除冰防冰后,应由经培训并具有资质的人员检查,并将防冰代码告知机长。此后,航空器的适航性由机长负责。

16.5 通讯用语

当进行远机位除冰防冰时,宜使用以下标准通讯用语:

——DAS(除冰防冰检查员):“刹车,确认航空器做好除冰防冰准备,告知特殊要求”。

当航空器做好除冰防冰构型后:

——PIC(机长):“已刹车,可开始除冰防冰并注意观察……(特殊要求,如机翼或襟翼下的冰、机翼上的透明冰、机身上的雪、起落架上的冰、Ⅳ型防冰液等)”;

——DAS:“现在开始除冰防冰并注意观察……(特殊要求,如机翼下方的冰等)。完成后,再告知您”。

当所有设备已撤离且所有检查已完成时:

——DAS:“除冰防冰已完成,防冰代码是……(加上所有必要的附加信息)。我将结束通讯联络。等待右边(左边)给出明确信号和(或)与地面(塔台)联系,等待滑行许可”;

——PIC:“除冰防冰已完成,防冰代码是……”。

17 保持时间

注意:大降水率、高湿度、高风速或喷流冲击波都可使保持时间降到规定的最低时间以下。当航空器表面温度低于环境温度时,保持时间也会缩短。因此,保持时间宜与起飞前检查结合使用。

保持时间由防冰液在航空器表面附着的情况而确定。对于一步法除冰防冰,保持时间起始于操作开始时;对于二步法除冰防冰,保持时间起始于最后一步(防冰)开始时。当冰冻污染物开始形成或堆积在已防冰的航空器表面上时,保持时间结束。

ISO Ⅰ型液可形成一层薄的湿液膜,在冻降水条件下只能提供有限的保持时间。鉴于它的这些性质,采用该类型的除冰防冰液不能通过增加浓度来获取额外的保持时间。

ISO Ⅱ型液、ISO Ⅲ型液和ISO Ⅳ型液含有假塑性增稠剂,能在航空器表面形成粘稠的湿液膜,在冻降水条件下能提供更长的保持时间。采用该类除冰防冰液能通过增加浓度来获取额外的保持时间,未稀释的除冰防冰液具有最长的保持时间。

保持时间指南给出了在降水条件下的参考保持时间表。由于许多可变因素影响保持时间,其不宜作为最小或最大的实际保持时间。实际保持时间会受当时特殊条件的影响而延长或缩短。保持时间表中的时间下限指示在中度降水过程中的预计保护时间,时间上限指示在小降水过程中的预计保护时间。

保持时间指南由一些组织、代理机构建立和发布。这些指南只用于制定操作计划,不能替代起飞前检查。

航空营运人(AOC持有者)应负责建立一套合适的保持时间指南,并与本标准结合使用。

保持时间指南不是本标准的一部分。在建立保持时间指南的过程中,航空营运人(AOC持有者)应使用以下机构发布的最新相关文件中的数据:

——欧洲航空公司协会(AEA);

——美国联邦航空局(FAA);

——加拿大运输部(TC);

——中国民用航空局(CAAC)。

保持时间指南的示例见表A.2和表B.2。对于最新的保持时间指南,参考附录中提及的组织或机构的文件。

保持时间指南使用的责任由使用者承担。

注1:为了完善保持时间指南,符合GB/T 20856—2007和ISO 11078标准规定的除冰液不必在冬季测试。对于已测除冰防冰液的特殊信息,参考美国联邦航空局或加拿大运输部网站(见附录A和附录B)。

注2:为了使用保持时间指南,应向除冰防冰液生产商咨询以获得除冰防冰液可用于航空器表面时的最小粘度值。

注3:品质下降的ISO Ⅱ型液、ISO Ⅲ型液或ISO Ⅳ型液可使用ISO Ⅰ型液的保持时间指南。如果ISO Ⅱ型液、ISO Ⅲ型液或ISO Ⅳ型液的粘度低于除冰防冰液生产商提供的最小限值,可认为其品质下降。品质下降的Ⅳ型液仅在保持时间试验验证后才可使用ISO Ⅱ型液的保持时间指南。

注4:也可获得单个液体产品的保持时间指南,这些“指定牌号”的除冰液保持时间不同于通用型的保持时间。

附 录 A

（规范性附录）

ISO Ⅰ型液与水的混合液的应用原则及预期保持时间示例

表 A.1 环境温度下的 ISO Ⅰ型液与水的混合液使用指南

<table>
<tr><th rowspan="3">环境温度
（OAT[a]）</th><th colspan="3">除冰防冰液最小浓度</th></tr>
<tr><th rowspan="2">一步法除冰防冰程序</th><th colspan="2">二步法除冰防冰程序</th></tr>
<tr><th>第一步：除冰</th><th>第二步：防冰[b]</th></tr>
<tr><td>≥－3 ℃（27 ℉）</td><td rowspan="2">热的混合液的冰点（FP[c]）必须低于环境温度 10 ℃（18 ℉）</td><td>热水或热除冰防冰液与水的混合液</td><td rowspan="2">热的混合液的冰点必须低于环境温度 10 ℃（18 ℉）</td></tr>
<tr><td>＜－3 ℃（27 ℉）</td><td>热的混合液的冰点不应高于环境温度 3 ℃（5 ℉）</td></tr>
<tr><td colspan="4">注意：在机翼蒙皮温度低于环境温度的情况下，可使用高浓度（高乙二醇含量）混合液以确保冰点缓冲。</td></tr>
<tr><td colspan="4">[a] OAT：环境温度。
[b] 在第一步除冰液结冰之前使用，典型是在 3 min 以内。
[c] FP：冰点。</td></tr>
</table>

喷嘴处的热除冰防冰液和水混合液的温度不能低于 60 ℃（140 ℉）。喷嘴处的温度上限不能超出除冰防冰液及航空器制造商的推荐值。本表为 ISO Ⅰ型液保持时间使用指南。如果对保持时间没有要求，喷嘴处的最佳温度为 60 ℃。使用Ⅰ型混合液的保持时间使用指南时，要求已做过除冰处理的表面上 ISO Ⅰ型液喷涂量至少为 1 L/m^2（2 gals/100 ft^2）。

表 A.2 不同天气条件下的 ISO Ⅰ型液混合液的预期保持时间示例

<table>
<tr><th rowspan="2">环境温度
（OAT[a]）</th><th colspan="7">不同天气条件下的近似保持时间/min</th></tr>
<tr><th>活性霜</th><th>冻雾</th><th>雪[b]和
（或）雪粒</th><th>冻毛毛雨[c]</th><th>小冻雨</th><th>浸冷机翼
上的雨</th><th>其他[d]</th></tr>
<tr><td>≥－3 ℃（27 ℉）</td><td>45</td><td>11～17</td><td>6～11</td><td>9～13</td><td>2～5</td><td>2～5</td><td rowspan="4">无推荐的保持时间</td></tr>
<tr><td>－3（27 ℉）～
－6（21 ℉）</td><td>45</td><td>8～13</td><td>5～8</td><td>5～9</td><td>2～5</td><td rowspan="3"></td></tr>
<tr><td>－6（21 ℉）～
－10（14 ℉）</td><td>45</td><td>6～10</td><td>4～6</td><td>4～7</td><td>2～5</td></tr>
<tr><td>＜－10（14 ℉）</td><td>45</td><td>5～9</td><td>2～4</td><td></td><td></td></tr>
<tr><td colspan="8">注意：恶劣的天气条件将会缩短保护时间。大降水率、高湿度、大风或喷流冲击波都可能使保持时间低于上述范围。航空器蒙皮温度低于环境温度（OAT）时，保持时间也会缩短。因此，上述时间只能与起飞前检查结合起来使用。</td></tr>
<tr><td colspan="8">注 1：选用 ISO Ⅰ型液和水的混合液以使混合液的冰点至少在实际环境温度的 10 ℃（18 ℉）以下。
注 2：在地面除冰防冰过程中所用的 ISO Ⅰ型液并不是为了而且也不能在飞行中提供防冰保护。</td></tr>
<tr><td colspan="8">[a] OAT：环境温度。
[b] 在小的“雨夹雪”天气条件下，使用小冻雨天气条件下的保持时间。
[c] 如果不能明确识别冻毛毛雨，使用小冻雨天气条件下的保持时间。
[d] 其他天气条件包括大雪、雪丸、冰丸、冰雹、中冻雨和大冻雨。</td></tr>
</table>

表 A.2 只是一个例子。有关保持时间的最新信息参考以下网站：

——AEA(欧洲航空公司协会)，http://www.aea.be/，在“出版物”下选择“除冰防冰”，打开“地面航空器除冰防冰建议”；

——FAA(美国联邦航空局)，http://www.faa.gov/library/manuals/examiners inspectors/8400/fsat，在最后一栏“FAA-经证明的更新除冰计划，冬天××××-××××”(在××××填写冬季的年份)；例如：对于 2003-2004 冬季，找到 FSAT 03-01。

——TC(加拿大运输部)，http://www.tc.gc.ca/civilaviation/commerce/holdovertime/menu.htm，选择“保持时间(HOT)指南”。

附 录 B
（规范性附录）
ISO Ⅱ型液、ISO Ⅲ型液、ISO Ⅳ型液与水的混合液的应用原则及预期保持时间示例

表 B.1 环境温度下的 ISO Ⅱ型液、ISO Ⅲ型液、ISO Ⅳ型液与水的混合液使用指南

环境温度(OAT[a])	除冰防冰液最小浓度		
	一步法除冰防冰程序	二步法除冰防冰程序	
		第一步:除冰	第二步:防冰[b]
≥−3 ℃(27 ℉)	热 ISO Ⅱ型液、ISO Ⅲ型液或 ISO Ⅳ型液[c] 50%	喷嘴处的温度至少是 60 ℃(140 ℉)的热水或热的 ISO Ⅱ型液、ISO Ⅲ型液和 ISO Ⅳ型液与水的混合液	ISO Ⅱ型液、ISO Ⅲ型液或 ISO Ⅳ型液 50%
−3 ℃(27 ℉)～−14 ℃(7 ℉)	热 ISO Ⅱ型液、ISO Ⅲ型液或 ISO Ⅳ型液[c] 75%	热的 ISO Ⅰ型液、ISO Ⅱ型液、ISO Ⅲ型液和 ISO Ⅳ型液与水的混合液，其冰点(FP[d])不得高于环境温度 3 ℃(5 ℉)	ISO Ⅱ型液、ISO Ⅲ型液或 ISO Ⅳ型液 75%
−14 ℃(7 ℉)～−25 ℃(−13 ℉)	热 ISO Ⅱ型液、ISO Ⅲ型液或 ISO Ⅳ型液[c] 100%		ISO Ⅱ型液、ISO Ⅲ型液或 ISO Ⅳ型液 100%
＜−25 ℃(−13 ℉)	ISO Ⅱ型液、ISO Ⅲ型液和 ISO Ⅳ型液如满足冰点低于环境温度 7 ℃(13 ℉)和满足空气动力可接受要求就可用于低于−25 ℃(−13 ℉)的环境温度。当不能使用 ISO Ⅱ型液、ISO Ⅲ型液和 ISO Ⅳ型液时，可考虑使用 ISO Ⅰ型液(见表 A.1)。		

注意 1:在机翼蒙皮温度低于环境温度的情况下，可使用高浓度(高乙二醇含量)混合液以确保冰点缓冲。若除冰防冰液结冰，不能对在油箱区域的机翼下表面产生霜或冰引起的浸冷机翼采用 50%的 ISO Ⅱ型液、ISO Ⅲ型液或 ISO Ⅳ型液防冰。

注意 2:防冰液量不够，特别是在二步法程序中的第二步，可能导致保持时间减少。尤其在第一步(除冰)使用 ISO Ⅰ型液混合液时会产生该现象。

注意 3:一些除冰防冰液仅能使用未稀释液。一些除冰防冰液的最低使用温度会不同。细节见除冰防冰液生产商的推荐。

[a] OAT:环境温度。

[b] 在第一步除冰液结冰之前使用，典型是在 3 min 以内。

[c] 清洁的航空器采用未加热的防冰液防冰。

[d] FP:冰点。

对于热的除冰防冰液和热的混合液，其喷嘴处的温度不能低于 60 ℃(140 ℉)。当第一步中使用的热除冰防冰混合液的冰点高于环境温度时，喷洒到航空器表面的除冰防冰液在喷嘴处的温度应至少是 60 ℃，已做过除冰处理的表面上，液体喷涂量至少为 1 L/m²(2 gal/100 ft²)。温度上限不应超过除冰防冰液和航空器制造商的推荐温度。

表 B.2　不同天气条件下的 ISO Ⅳ型液混合液的预期保持时间示例

<table>
<tr><th rowspan="2">环境温度
(OAT[a])</th><th rowspan="2">ISO Ⅳ型液在水中的体积分数/%</th><th colspan="7">不同天气条件下的大约保持时间</th></tr>
<tr><th>活性霜</th><th>冻雾</th><th>雪[b]和(或)雪粒</th><th>冻毛毛雨[c]</th><th>小冻雨</th><th>浸冷机翼上的雨</th><th>其他[e]</th></tr>
<tr><td rowspan="3">>0 ℃(32 ℉)</td><td>100</td><td>18 h</td><td>1 h 5 min～2 h 15 min</td><td>35 min～1 h 5 min</td><td>40 min～1 h 10 min</td><td>25 min～40 min</td><td>10 min～50 min</td><td rowspan="2"></td></tr>
<tr><td>75</td><td>6 h</td><td>1 h 5 min～1 h 45 min</td><td>30 min～1 h 5 min</td><td>35 min～50 min</td><td>15 min～30 min</td><td>5 min～35 min</td></tr>
<tr><td>50</td><td>4 h</td><td>15 min～35 min</td><td>5 min～20 min</td><td>10 min～20 min</td><td>5 min～10 min</td><td colspan="2" rowspan="7">无推荐的保持时间</td></tr>
<tr><td rowspan="3">−3 ℃(27 ℉)～0 ℃(32 ℉)</td><td>100</td><td>12 h</td><td>1 h 5 min～2 h 15 min</td><td>30 min～55 min</td><td>40 min～1 h 10 min</td><td>25 min～40 min</td></tr>
<tr><td>75</td><td>5 h</td><td>1 h 5 min～1 h 45 min</td><td>25 min～50 min</td><td>35 min～50 min</td><td>15 min～30 min</td></tr>
<tr><td>50</td><td>3 h</td><td>15 min～35 min</td><td>5 min～15 min</td><td>10 min～20 min</td><td>5 min～10 min</td></tr>
<tr><td rowspan="2">−14 ℃(7 ℉)～−3 ℃(27 ℉)</td><td>100</td><td>12 h</td><td>20 min～1 h 20 min</td><td>20 min～40 min</td><td>20 min[d]～45 min</td><td>10 min[d]～25 min</td></tr>
<tr><td>75</td><td>5 h</td><td>25 min～50 min</td><td>20 min～35 min</td><td>15 min[d]～30 min</td><td>10 min[d]～20 min</td></tr>
<tr><td>−25 ℃(−13 ℉)～−14 ℃(7 ℉)</td><td>100</td><td>12 h</td><td>15 min～40 min</td><td>15 min～30 min</td><td></td><td></td></tr>
<tr><td><−25 ℃(−13 ℉)</td><td>100</td><td colspan="7">ISO Ⅳ型液如满足冰点低于环境温度 7 ℃(13 ℉)和满足空气动力可接受要求就可用于低于−25 ℃(−13 ℉)的环境温度。当不能使用 ISO Ⅳ型液时，可考虑使用 ISO Ⅰ型液。</td></tr>
<tr><td colspan="9">注意：在恶劣天气条件下，保护时间会缩短。大降水率、高湿度、高风速或喷流冲击波情况下，保持时间会减少到下限值以下。当航空器蒙皮温度低于环境温度(OAT)时，保持时间也会减少。因此，给出的时间仅仅用于起飞前检查。</td></tr>
<tr><td colspan="9">注：在地面除冰防冰过程中所用的 ISO Ⅳ型液并不是为了而且也不能在飞行中提供防冰保护。</td></tr>
<tr><td colspan="9">a OAT：环境气温。
b 在小的“雨夹雪”的天气条件下，使用小冻雨天气条件下的保持时间。
c 如果不能确定地识别冻毛毛雨，使用小冻雨天气条件下的保持时间。
d 当环境温度低于−10 ℃(14 ℉)时，此状况下无推荐的保持时间。
e 其他条件包括大雪、雪丸、冰丸、冰雹、中冻雨和大冻雨。</td></tr>
</table>

表 B.2 只是一个例子。有关保持时间的最新信息参考以下网站：

——AEA(欧洲航空公司协会)，http://www.aea.be/，在“出版物”下选择“除冰防冰”，打开“地面

航空器除冰防冰建议”;

——FAA(美国联邦航空局)http://www.faa.gov/library/manuals/examinersinspectors/8400/fsat,在最后一栏“FAA-经证明的更新除冰计划,冬天××××-××××”(在××××填写冬季的年份);例如:对于2003-2004冬季,找到FSAT 03-01。

——TC(加拿大运输部),http://www.tc.gc.ca/civilaviation/commerce/holdovertime/menu.htm,选择“保持时间(HOT)指南”。

参 考 文 献

[1] ISO 9000:2000, Quality management systems—Fundamentals and vocabulary.

[2] AEA recommendations for de-icings/anti-icing of aircraft on the ground, 20th ed., September 2005.

[3] AEA Training Recommendations and Background information for De-icing/Anti-icing of Aircraft on the Ground.

[4] SAE ARP 4737G, Aircraft Deicing/Anti-icing Methods.

[5] SAE AMS 1424, Deicing/Anti-icing Fluid, Aircraft, SAE Type Ⅰ.

[6] SAE AMS 1428, Fluid, Aircraft Deicing/Anti-icing, Non-Newtonian, (Pseudoplastic), SAE Types Ⅱ, Ⅲ, and Ⅳ.

[7] SAE ARP 1971, Aircraft Deicing Vehicle—Self-Propelled, Large and Small Capacity.

[8] FSAT (Flight Standards information bulletin for Air Transportation), FAA-Approved De-icing Program Updates (look for latest update).

[9] FSAT 00-05 and FSAW 00-02, Approving infrared technology for aircraft ground de-icing/anti-icing facilities.

ICS 71.100.40
G 73

中华人民共和国国家标准

GB/T 25356—2010

机场道面除冰防冰液

Airport pavement deicing/anti-icing fluid

2010-11-10 发布　　2011-03-01 实施

中华人民共和国国家质量监督检验检疫总局
中国国家标准化管理委员会　发布

前　言

本标准与美国机动车工程师学会 SAE AMS 1435A《通用型机场跑道和滑行道用除冰防冰液》标准的一致性程度为非等效，本标准涉及的技术要求与 SAE AMS 1435A 标准内容相一致。

本标准由中国民用航空局提出。

本标准由全国航空货运及地面设备标准化技术委员会(SAC/TC 359)归口。

本标准起草单位：中国民用航空总局第二研究所。

本标准主要起草人：王航、李宏谱、周永超、梅拥军、佘金华、谢麟、郭强。

机场道面除冰防冰液

警告:本标准包含了对除冰防冰液材料的技术要求,但本标准并没有对不同型号除冰防冰液在操作过程中的混合相容性问题进行说明。不同型号的除冰防冰液混合可能会造成不利影响,使用者应熟悉除冰防冰液安全和正确的使用方法。本标准提及的原料、方法或操作过程可能涉及使用有害材料,但本标准并没有明确这些可能存在的危险。使用者有责任了解和掌握正确的方法,并且采取必要的预防措施以确保所有相关人员的健康和安全。某些除冰防冰液的组分可能具有轻微的毒性,应避免与人体皮肤和眼睛直接接触。作业人员应避免长时间地暴露于高浓度的产品蒸汽环境中。

1 范围

本标准规定了机场道面除冰防冰液(以下简称除冰防冰液)的一般要求、技术要求及试验方法、质量保证条款、包装、标志、产品说明书和储存等要求。

本标准适用于液态的机场道面除冰防冰产品,不适用于航空器除冰防冰产品。

2 规范性引用文件

下列文件对于本文件的应用是必不可少的。凡是注日期的引用文件,仅注日期的版本适用于本文件。凡是不注日期的引用文件,其最新版本(包括所有的修改单)适用于本文件。

GB/T 2828.1 计数抽样检验程序 第1部分:按接受质量限(AQL)检索的逐批检验抽样计划

GB/T 7466 水质 总铬的测定

GB/T 7468 水质 总汞的测定 冷原子吸收分光光度法

GB/T 7475 水质 铜、锌、铅、镉的测定 原子吸收分光光谱法

GB/T 7480 水质 硝酸盐氮的测定 酚二磺酸分光光度法

GB/T 7488 水质 五日生化需氧量(BOD_5)的测定 稀释与接种法

GB/T 11893 水质 总磷的测定 钼酸铵分光光度法

GB/T 11897 水质 游离氯和总氯的测定 *N*,*N*-二乙基-1,4-苯二胺滴定法

GB/T 11899 水质 硫酸盐的测定 重量法

GB/T 11914 水质 化学需氧量的测定 重铬酸盐法

GB/T 13266 水质 物质对蚤类(大型蚤) 急性毒性测定方法

GB/T 13267 水质 物质对淡水鱼(斑马鱼) 急性毒性测定方法

GB/T 23956 化工产品使用说明书编写规定

ASTM C 672 暴露于除冰化合物中的混凝土表面抗剥落性试验方法

ASTM D 56 泰格(Tag)密封试验器测定闪点的试验方法

ASTM D 93 宾斯基-马丁(Pensky-Martens)密封试验器测定闪点的试验方法

ASTM D 891 液体化学品的比重试验方法

ASTM D 1177 发动机防冻液的冰点试验方法

ASTM D 1193 试剂水标准

ASTM E 70 用玻璃电极测定水溶液的pH值试验方法

ASTM F 483 航空器维护用化学品全浸腐蚀试验的试验方法

ASTM F 484 接触液体或半液体化合物的丙烯酸类塑料应力银纹化的试验方法

ASTM F 485 清洗剂对未涂层航空器表面影响的试验方法

ASTM F 502 清洗及维护用化学品对航空器涂层影响的试验方法

ASTM F 519 航空器维护用化学品的氢脆试验方法

ASTM F 945 航空器发动机清洗剂对钛合金的应力腐蚀试验

ASTM F 1105 液体溶剂基航空器清洗剂的储存稳定性试验

ASTM F 1110 夹层腐蚀试验方法

ASTM F 1111 航空器维护用化学品对低脆性镀镉层的腐蚀试验方法

MIL-A-8625 铝及铝合金的阳极氧化

MIL-C-5541 铝及铝合金的化学转化膜

MIL-PRF-25690 单层的抗裂纹扩展的改性丙烯酸塑料片和成型件

MIL-P-83310 透明聚碳酸酯塑料片

SAE AMS 2470 铬酸阳极化处理的铝合金

SAE AMS 2475 镁合金防护处理

SAE AMS 2825 材料安全数据单

SAE AMS 4037 固溶热处理的 4.4Cu-1.5Mg-0.60Mn 铝合金薄板材和板材(2024,-T3 片,-T351 板)

SAE AMS 4041 4.4Cu-1.5Mg-0.60Mn 铝合金包铝薄板材和板材(2024 包铝和 1-1/2%包铝 2024-T3 片;1-1/2%包铝 2024-T351 板)

SAE AMS 4049 固溶沉淀热处理的 5.6Zn-2.5Mg-1.6Cu-0.23Cr 铝合金板包铝薄板材和板材(7075 包铝;-T6 片,-T651 板)

SAE AMS 4376 冷扎和局部退火的 3.0Al-2.5Mg-1.0Zn-0.20Mn 镁合金板材(AZ31B-H26)

SAE AMS 4911 退火的 6Al-4V 钛合金薄板材、带材和板材

SAE MAM 4911 退火的 6Al-4V 钛合金薄板材、带材和板材(公制)

SAE AMS 5045 最大含碳量为 0.25 的硬回火钢薄板材和带材

3 技术要求和试验方法

3.1 总则

本标准规定的除冰防冰液应能预防和去除机场跑道、滑行道和其他机动区域的冰、雪和霜。制造商可自行确定其产品的成分,成分中可包含如腐蚀抑制剂、尿素、甲酰胺等添加剂。产品性能应符合本标准的要求。本章所提及的除冰防冰液皆为商品浓度的除冰防冰液。

3.2 外观

目视检查,除冰防冰液应是均匀的,颜色一致,并且无表面结皮、结块以及不利于使用的异物。如果除冰防冰液需添色,应为蓝色。

3.3 闪点

按照 ASTM D 56 或 ASTM D 93 的规定进行试验。除冰防冰液闪点不应低于 100 ℃。如有争议,应以 ASTM D 56 的试验结果为准。

3.4 相对密度

按照 ASTM D 891 的规定进行试验。除冰防冰液比重的波动范围应在标准值±0.015 之内。

3.5 pH值

按照 ASTM E 70 的规定进行试验。除冰防冰液 pH 值应在 7.0～11.5 之间，并且 pH 值的波动范围应在标准值±0.5 之内。

3.6 冰点

按照 ASTM D 1177 的规定进行试验。除冰防冰液与 ASTM D 1193 Ⅳ型水以质量比 1∶1 稀释后，除冰防冰液冰点应低于－14.5 ℃。冰点值的波动范围应在标准值±4 ℃之内。

3.7 对航空器金属材料的影响

3.7.1 夹层腐蚀

按照 ASTM F 1110 的规定进行试验。除冰防冰液对试板的腐蚀程度不应超过 ASTM D1193 Ⅳ型水对照板。

夹层腐蚀试验应采用下列试验材料：

——QQ-A-250/4 2024-T3 无包覆铝合金，按 MIL-C-5541 3 类阿洛丁处理；
——QQ-A-250/4 2024-T3 无包覆铝合金，按 MIL-A-8625 Ⅰ型进行阳极氧化处理；
——QQ-A-250/5 2024-T3 包覆铝合金，按 MIL-C-5541 3 类阿洛丁处理；
——QQ-A-250/5 2024-T3 包覆铝合金，按 MIL-A-8625 Ⅰ型进行阳极氧化处理；
——QQ-A-250/13 7075-T6 包覆铝合金，按 MIL-C-5541 3 类阿洛丁处理；
——QQ-A-250/13 7075-T6 包覆铝合金，按 MIL-A-8625 Ⅰ型阳极氧化处理；
——QQ-A-250/13 7075-T6 包覆铝合金；
——QQ-A-250/12 7075-T6 无包覆铝合金，按 MIL-A-8625 Ⅰ型阳极氧化处理；
——QQ-A-250/12 7075-T6 无包覆铝合金；
——QQ-A-250/4 2024-T3 无包覆铝合金，在 495 ℃±5 ℃保温 40 min，然后在 100 ℃的水中进行急冷处理。

3.7.2 全浸腐蚀

按照 ASTM F 483 的规定进行试验。除冰防冰液不应使试板产生明显的腐蚀，也不应使试板单位面积的质量变化大于表 1 所列数据。除 SAE AMS 4376 板应测试 24 h 以外，其他试板材料应执行 ASTM F 483 的规定。

表 1 试板每 24 h 允许的最大质量变化

试板材料	质量变化/[mg/(cm^2·24 h)]
AMS 4037 铝合金，按照 AMS 2470 进行阳极化处理	0.3
AMS 4037 铝合金，在 495 ℃±5 ℃保温 40 min，然后在 100 ℃的水中进行急冷处理	0.3
AMS 4041 铝合金	0.3
AMS 4049 铝合金	0.3
AMS 4376 镁合金，按照 AMS 2475 进行重铬酸盐处理	0.2
AMS 4911 或 MAM 4911 钛合金	0.1
AMS 5045 碳钢	0.8

3.7.3 对低氢脆镀镉试板的影响

按照 ASTM F 1111 的规定进行试验。除冰防冰液不应使低氢脆镀镉试板每 24 h 的质量变化大于 0.3 mg/cm^2。

3.7.4 氢脆

按照 ASTM F 519 的规定使用 1a、1c 或 2a 试件进行试验。除冰防冰液不应使试件发生脆性断裂。

3.7.5 抗应力腐蚀

3.7.5.1 按照 ASTM F 945 方法 A 的规定进行试验。除冰防冰液不应使 SAE AMS 4911 或 SAE MAM 4911 钛合金试件表面出现裂纹。

3.7.5.2 按照 ASTM F 945 方法 A 的规定进行试验。使用 SAE AMS 4916 试件进行试验，详细报告除冰防冰液和对照溶液对试件的影响，试验结果仅作为资料报告。

3.8 对透明塑料的影响

3.8.1 按照 ASTM F 484 的规定，在 25 ℃±2 ℃下进行试验。除冰防冰液不应使符合 MIL-PRF-25690 要求的聚丙烯酸酯塑料发生裂纹、玷污或变色现象。

3.8.2 按照 ASTM F 484 的规定进行试验，在 25 ℃±2 ℃下对试件外表面加载 13.8 MPa 的拉伸应力，保持 30 min±2 min。除冰防冰液不应使符合 MIL-P-83310 要求的聚碳酸酯塑料发生裂纹、玷污或变色现象。

3.9 对涂层表面的影响

按照 ASTM F 502 的规定，在 25 ℃±2 ℃下进行试验。除冰防冰液不应使涂层硬度降低超过 1 个铅笔硬度级，也不应造成涂层出现条纹、变色或起泡。

3.10 对未涂层表面的影响

按照 ASTM F 485 的规定进行试验。除冰防冰液不应使试件表面产生任何需要抛光才能去除的可见污迹或残留物。

3.11 漂洗性能

3.11.1 准备一块 75 mm×200 mm 清洁透明的玻璃板，其表面应干燥无水迹。将玻璃板置于水平位置，然后将除冰防冰液倒在玻璃板上，使其布满整个玻璃板。将玻璃板倾斜约 45°，放置 10 min±0.5 min，然后在室温下水平放置 24 h±0.25 h。先用自来水漂洗 5 min～6 min，然后用 ASTM D 1193 Ⅳ型水漂洗，最后在室温下风干，检查玻璃板上应无可见痕迹。

3.11.2 按 3.11.1 的方法进行试验，除冰防冰液应能用自来水漂洗干净。

3.12 道面混凝土抗剥落性

按 ASTM C 672 规定的方法进行试验。将除冰防冰液与自来水以体积比 1∶3 混合，用以替代 ASTM C 672 中的氯化钙溶液。混凝土试件的制备应符合下列要求：

——按 ASTM C 672 规定的空气含量进行引气；

——最小水泥含量为 302 kg/m^3±6 kg/m^3；

——塌落度为 38 mm±13 mm。

允许一日内进行多个冻融循环，经过 50 个冻融循环后，道面混凝土试件表面的剥落程度应不超过 1 级。

3.13 储存稳定性

按照 ASTM F 1105 的规定进行试验。除冰防冰液在储存试验后不应出现分层、沉淀或增加浑浊度等现象。任何浑浊度的增加均应报告，轻微搅动后浑浊消失的情况是可接受的。

3.14 环保性能

除冰防冰液的制造商应提供下列信息资料：

——化学耗氧量(COD)，按照 GB/T 11914 的规定进行试验；

——生化耗氧量(BOD_5)，按照 GB/T 7488 的规定进行试验；

——水生生物毒性，按照 GB/T 13266 和 GB/T 13267 的规定进行试验；

——硝酸盐含量按照 GB/T 7480 的规定进行试验；

——总磷含量，按照 GB/T 11893 的规定进行试验；

——硫含量，按照 GB/T 11899 的规定进行试验；

——卤素含量，按照 GB/T 11897 的规定进行试验；

——铬含量，按照 GB/T 7466 的规定进行试验；

——汞含量，按照 GB/T 7468 的规定进行试验；

——铅、镉含量，按照 GB/T 7475 的规定进行试验。

4 质量保证条款

4.1 检验类别

4.1.1 验收检验

闪点(见 3.3)、相对密度(见 3.4)、pH 值(见 3.5)和冰点(见 3.6)属于验收检验项目，应对每一批产品进行测试。

4.1.2 定期检验

冰点(见 3.6)、对航空器金属材料的影响(见 3.7)、对透明塑料的影响(见 3.8)、对涂层表面的影响(见 3.9)、对未涂层表面的影响(见 3.10)、漂洗性能(见 3.11)以及道面混凝土抗剥落性(见 3.12)属于定期检验项目，除非买方明确提出定期检验的频率外，定期检验的频率由制造商确定，但一般应至少每两年检验一次。

4.1.3 试生产检验

试生产检验包括所有技术要求，在首次向买方提供除冰防冰液时应进行试生产检验。当除冰防冰液成分或生产工艺发生改变时应按照 4.4.2 的规定重新认可，当买方认为需要验证时也应进行试生产检验。

4.2 抽样和检验

4.2.1 应按照 GB/T 2828.1 的规定进行抽样。一个批次应是由同批原料经同一连续生产工艺生产的全部除冰防冰液产品，制造商应对每批次进行检验。

4.3 报告

4.3.1 制造商应为每批除冰防冰液提供一份检验报告，检验项目至少应包括 4.2.1 规定的技术要求，报告单应包括制造商的产品型号、名称、批号、依据的标准和数量。

4.3.2 制造商应向用户提供除冰防冰液的材料安全数据单,材料安全数据单的编制应符合 SAE AMS 2825 或等同文件的要求。

4.4 重新取样和重新检验

在以上检验中,所取样品任何一项不符合指定的要求,应对不合格的样品另外加抽三个样品进行检验。重新检验的样品若其中有任何一项不符合指定的要求,则该批产品应视为不合格。所有的检验结果都应报告。

5 包装、标志、产品说明书、运输和储存

5.1 包装

5.1.1 包装容器所用材料不应与除冰防冰液发生任何物理、化学作用。

5.1.2 包装容器的大小、形状由制造商根据用户的需求而定。

5.2 标志

5.2.1 包装容器至少应标明以下内容:

——产品名称、型号;

——商标;

——产品适航批准函证书号;

——制造商名称、地址、电话、邮编;

——批号、生产日期;

——数量规格;

——产品采用的标准编号。

5.2.2 包装容器上的标志应清晰、牢固。

5.3 产品说明书

5.3.1 总则

制造商应向用户提供产品说明书,产品说明书的编写应符合国家标准 GB/T 23956 的规定,并应包括以下条款的内容。

5.3.2 道面摩擦系数评估

制造商应在产品说明书中提醒:在飞机着陆之前,机场当局应确定施加除冰防冰液后跑道的摩擦系数满足要求。

5.3.3 对飞机电器(电子)电路的影响

制造商应在产品说明书中提醒使用方:对于乙二醇基的除冰防冰液,使用时液体可能会接触到飞机电器(电子)电路的配线或接头。如果电线开关绝缘出现故障或电路短路时,此类除冰防冰液所产生的放热反应可能会导致火灾发生。因此乙二醇基的除冰防冰液内应含有将这种潜在的火灾危险减少到最小的抑制剂。

5.3.4 对跑道及滑行道助航灯光回路的影响

制造商应在产品说明书中告知机场当局除冰、防冰液的使用可能导致跑道和滑行道助航灯光回路

产生故障。损害的可能性取决于助航灯光系统的状态、除冰防冰液产品的用量以及除冰防冰液进入电缆保护管的几率。在冬季的作业计划中，应对助航灯光系统进行全面评估。

5.4 储存

除冰防冰液应储存在通风、干燥、避光处，不应挤压，不应与强腐蚀性物品、易燃、易爆物品堆放一起。

ICS 23.140
J 72

中华人民共和国国家标准

GB/T 25357—2010

石油、石化及天然气工业流程用容积式回转压缩机

Petroleum, petrochemical and natural gas industries—Process positive-displacement rotary-type compressors

(ISO 10440-1:2007, Petroleum, petrochemical and natural gas industries—Rotary-type positive-displacement compressors—Part:1 Process compressors, MOD)

2010-11-10 发布　　　　2011-03-01 实施

中华人民共和国国家质量监督检验检疫总局
中国国家标准化管理委员会　发布

前　言

本标准修改采用了 ISO 10440-1:2007《石油、石化及天然气工业　容积式回转压缩机　第 1 部分:工艺流程压缩机》(英文版)。

本标准按照 ISO 10440-1:2007(第二版)重新起草,而 ISO 10440-1:2007 是根据 API Std 619,第四版,2004 年 12 月起草的。ISO 10440-1:2007 带有 API 619 的第五版将等同于它的意图。

本标准在采用国际标准时对技术内容进行了修改。这些技术性差异用垂直单线标识在它们所涉及的条款的页边空白处,技术性差异参见附录 K,其他差异如下:

——对 ISO 10440-1:2007 引用的其他国际标准用已被采用为我国的标准代替对应的国际标准。把原国际标准的引用文件列入附录 J。

——计量单位改用我国法定计量单位,并删除了括号内英制计量单位。

为便于使用,本标准还做了下列编辑性修改:

a) “本国际标准”一词改为“本标准”;

b) 用小数点“.”代替作为小数点的逗号“,”;

c) 删除了国际标准的前言。

本标准的附录 C、附录 D 和附录 E 为规范性附录,附录 A、附录 B、附录 F、附录 G、附录 H、附录 I、附录 J 和附录 K 均为资料性附录。

在本标准次条款或段落开头的点(·)表示要求采购方决定或提供进一步信息资料。该信息资料应在数据表上表明;另外应在报价申请书或在订货单上说明。

本标准由中国机械工业联合会提出。

本标准由全国压缩机标准化技术委员会(SAC/TC 145)归口。

本标准负责起草单位:上海电气压缩机泵业有限公司。

本标准参加起草单位:合肥通用机械研究院、沈阳鼓风机集团有限公司、无锡压缩机股份有限公司。

本标准主要起草人:程广庆、吴晖、施良时、韩丽娟、陈放、宋云、吴丰、蒋尚鸿、谭孟谞。

引　言

本标准的使用者宜于意识到为了特殊用途可能需要有进一步或不同的要求。本标准无意图限止卖方提供何种设备,或采购方为了特殊用途而接收、选择何种设备或工程方案,对有技术创新或发展之处,这可能是尤其合适的。对采购方提供替代选择的,卖方宜于确定对本标准的任何偏离,并提供详细说明。

本标准中,仅采用 SI 单位。SI 单位的专用数据表在附录 A 中提供。

石油、石化及天然气工业流程用容积式回转压缩机

1 范围

本标准对在石油、石化和天然气工业设施中，用于抽取真空或提高压力或两者都有的干螺杆和喷油螺杆回转压缩机（以下简称压缩机，见图1）规定了术语和定义、基本设计、辅助设备、检验、试验和装运准备及卖方资料等要求。是用作专门用途的工艺流程压缩机。

本标准不适用于一般的空气压缩机、液环式压缩机和叶片式压缩机。

注：标准空气压缩机包含在GB/T 25358—2010《石油及天然气工业用集装型回转无油空气压缩机》中。

2 规范性引用文件

下列文件中的条款通过本标准的引用而成为本标准的条款。凡是注日期的引用文件，其随后所有的修改单（不包括勘误的内容）或修订版均不适用于本标准，然而，鼓励根据本标准达成协议的各方研究是否可使用这些文件的最新版本。凡是不注日期的引用文件，其最新版本适用于本标准。

GB 150　钢制压力容器

GB 151　管壳式换热器

GB/T 193　普通螺纹　直径与螺距系列（GB/T 193—2003，ISO 261:1998，MOD）

GB/T 196　普通螺纹　基本尺寸（GB/T 196—2003，ISO 724:1993，MOD）

GB/T 197　普通螺纹　公差（GB/T 197—2003，ISO 965-1:1998，MOD）

GB/T 273.3—1999　滚动轴承　向心轴承　外形尺寸总方案（eqv ISO 15:1998）

GB/T 275—1993　滚动轴承与轴和外壳的配合

GB/T 1047　管道元件 DN（公称尺寸）的定义和选用（GB/T 1047—2005，ISO 6708:1995，MOD）

GB/T 1095　平键　键槽的剖面尺寸（GB/T 1095—2003，neq ASME B18.25.1M:1996）

GB/T 3098.1—2000　紧固件机械性能　螺栓、螺钉和螺柱（ISO 898-1:1999，IDT）

GB/T 3098.2—2000　紧固件机械性能　螺母　粗牙螺纹（ISO 898-2:1992，IDT）

GB/T 3141　工业液体润滑剂　ISO粘度分类（GB/T 3141—1994，eqv ISO 3448:1992）

GB 3836（所有部分）　爆炸性气体环境用电气设备

GB/T 3853　容积式压缩机验收试验（GB/T 3853—1998，eqv ISO 1217:1996）

GB/T 4604—2006　滚动轴承　径向游隙（ISO 5753:1991，MOD）

GB/T 4980　容积式压缩机噪声的测定

GB/T 5677—2007　铸钢件射线照相检测（ISO 4993:1987，IDT）

GB/T 6391—2003　滚动轴承　额定动载荷和额定寿命（ISO 281:1990，IDT）

GB/T 7216—2009　灰铸铁金相检验（ISO 945-1:2008，MOD）

GB/T 7306（所有部分）　55°密封管螺纹（GB/T 7306—2000，eqv ISO 7-1:1994）

GB/T 9112～9124—2000　钢制管法兰

GB/T 9239.1—2006　机械振动　恒态（刚性）转子平衡品质要求　第1部分：规范与平衡允差的检验（ISO 1940-1:2003，IDT）

GB/T 9443—2007　铸钢件渗透检测（ISO 4987:1992，IDT）

GB/T 10095.1—2008　圆柱齿轮　精度制　第1部分：轮齿同侧齿面偏差的定义和允许值

(ISO 1328-1:1995,IDT)

GB/T 12716　60°密封管螺纹(GB/T 12716—2002,eqv ASME B1.20.1-1992)

GB/T 13402　大直径碳钢管法兰(GB/T 13402—1992,neq API 605:1980)

GB/T 15169—2003　钢熔化焊焊工技能评定(ISO/DIS 9606-1:2002,IDT)

GB/T 15386　空冷式换热器

GB/T 16908—1997　机械振动　轴与配合件平衡的键准则(ISO 8821:1989,IDT)

GB/T 17241(所有部分)　铸铁管法兰(GB/T 17241—1998,neq ISO 7005-2:1988)

GB/Z 19414　工业用闭式齿轮传动装置(GB/Z 19414—2003,ISO/TR 13593:1999,IDT)

GB 19517　国家电气设备安全技术规范

GB/T 19805—2005　焊接操作工　技能评定(ISO 14732:1998,IDT)

GB/T 19866—2005　焊接工艺规程及评定的一般原则(ISO 15607:2003,IDT)

GB/T 19868.1—2005　基于试验焊接材料的工艺评定(ISO 15610:2003,IDT)

GB/T 19868.2—2005　基于焊接经验的工艺评定(ISO 15611:2003,IDT)

GB/T 19868.3—2005　基于标准焊接规程的工艺评定(ISO 15612:2004,IDT)

GB/T 19868.4—2005　基于预生产焊接试验的工艺评定(ISO 15613:2004,IDT)

GB/T 19869.1—2005　钢、镍及镍合金的焊接工艺评定试验(ISO 15614-1:2004,IDT)

GB/T 20801(所有部分)　压力管道规范　工业管道(neq ISO 15649:2001)

JB/T 4365—1997　专用的润滑、轴密封控制油系统(eqv API Std 614:1992)

JB 4708—2000　钢制压力容器焊接工艺评定

JB/T 4709—2000　钢制压力容器焊接规程

JB/T 4730(所有部分)　承压设备无损检测

JB/T 5439　压缩机球墨铸铁零件的超声波探伤

JB/T 5440　压缩机锻钢零件的超声波探伤

JB/T 5441　压缩机铸钢零件的超声波探伤

JB/T 5442　压缩机重要零件的磁粉探伤

JB/T 6431　容积式压缩机用灰铸铁件　技术条件

JB/T 6441　压缩机用安全阀

JB/T 6764—1993　一般用途工业汽轮机　技术条件

JB/T 6765—1993　特殊用途工业汽轮机　技术条件

JB/T 6908　容积式压缩机用钢锻件

JB/T 7912　商品紧固件的普通螺纹选用系列

JB/T 8466　锻钢件　液体渗透检验方法

JB/T 9104　容积式压缩机用球墨铸铁件技术条件

JB/T 9559　工业汽轮机用挠性联轴器(JB/T 9559—1999,neq API 671:1979)

压力容器安全技术监察规程

3　术语和定义

本标准应用了下列术语和定义。

注：容积式回转压缩机专用名词指南参见附录 B。

3.1

报警点　alarm point

警示要求校正动作以调整工况测量参数的预先设定值。

3.2

地脚螺栓　anchor bolts

用于把安装板固定到支撑结构(混凝土基础或钢结构)上去的螺栓。

注：压紧螺栓的定义参考条款3.14。

3.3

轴向剖分　axially-split

主接合面平行于轴中心线的剖分。

3.4

基架　baseplate

为一个或多个设备提供支撑和安装表面的结构件。

3.5

保证点　certified point

供方保证性能在本标准规定的偏差内的点。通常是正常运行点。

3.6

临界转速　critical speed

转子-轴承支承系统在共振状态的轴转速。

3.7

减压阀　depressurization valve

泄放阀。

压缩机的外置阀,用来释放压缩机或压缩机箱壳内气体压力到大气或火炬管网压力。

3.8

干螺杆压缩机　dry screw compressor

不用液体密封转子间隙和不用啮合转子来传动的螺旋式回转压缩机。

注1：用转子上的同步齿轮保证转子之间相互啮合关系并通过同步齿轮带动从动转子。

注2：在干螺杆压缩机中转子与转子不发生接触。

3.9

失效安全保护系统　fail safe

万一部件失效或对系统能源供应中断,将使设备回复到持久安全状态(停机和/或减压)的系统。

3.10

喷油螺杆压缩机　flooded screw compressor

润滑剂(与工艺流程气体相容的)喷射到压缩腔转子封闭螺旋线位置的螺旋式回转压缩机。

注：该润滑剂有助密封转子间隙并在转子之间形成油膜。在不设同步齿轮的情况下由一个转子带动另一个转子。

3.11

气/油分离器　gas/oil separator

承压设备,通常为容器,用来分离工艺气体中夹带的油。

3.12

仪表板　gauge board

用于支撑和放置仪表、开关和其他仪器的支架或平板。

注1：仪表板是开式的。

注2：仪表板不是仪表盘。仪表盘是柜式的。仪表盘的定义参考3.31。

3.13

一般用途　general-purpose application

通常是备用或非关键场合的应用。

3.14

压紧螺栓 hold-down bolts

将设备固定到安装板上去的螺栓。

3.15

液体动压轴承 hydrodynamic bearing

采用液体动压润滑原理的轴承。轴不接触轴承，轴承表面定向以相对运动形成油楔来支撑负荷。

3.16

进口容积流量 inlet volume flow

在压力、温度、可压缩性和气体组分，包括湿度的工况下，在压缩机吸入口法兰处，以容积流量单位表示的流率。

注：进口容积流量是实际容积流量的特例。实际容积流量可以是在特定位置如中间级或压缩机排气口的容积流量。实际容积流量不宜与进口容积流量互换使用。

3.17

进口分离器 inlet separator

用于分离工艺气体吸入气流中夹带的固体和液体污染物质的装置，通常是过滤器或容器。

3.18

最大许用压差 maximum allowable differential pressure

在最低吸气压力和排气压力等于安全阀设定值的最恶劣运行工况下压缩机内所允许的最大压差。

3.19

最大许用转速 maximum allowable speed

制造厂设计所允许的功率输入转子的连续运行最高旋转速度。

3.20

最高许用温度 maximum allowable temperature

在规定最高运行压力下输送规定流体时，制造厂设计的设备（或与此术语有关的任何部件）允许的最高连续温度。

3.21

最高许用工作压力 maximum allowable working pressure

在规定最高运行温度下输送规定流体时，制造厂设计的设备（或与此术语有关的任何部件）允许的最高连续压力。

3.22

最大连续转速 maximum continuous speed

如果制造和试验所证实的，机器在任何规定运行工况下能够连续运行规定流体的功率输入转子轴的最高旋转速度。

3.23

最大功率 maximum power

对任何规定运行工况，压缩机和由转子轴驱动的任何设备所需最高功率，包括压缩机卖方提供的任何设备（如脉冲抑制装置、工艺管路、中间冷却器、后冷却器和分离器）的影响。

注：规定工况的偏离所增加的功率，如安全阀的设置压力，不计入最大功率。

3.24

最大密封压力 maximum sealing pressure

在任何规定静止或运行工况时和启动或停机时密封系统要求的最高密封压力。

3.25

最低许用转速 minimum allowable speed

制造厂设计所允许连续运行的功率输入转子轴的最低旋转速度。

3.26

最低许用温度　minimum allowable temperature

制造厂设计的设备或其部件所允许的最低温度。

3.27

安装板　mounting plate

用于固定设备到混凝土基础上去的器件。

注：安装板可以是底板、基架或两者的组合。

3.28

正常运行点　normal operating point

期望正常运行时获得最佳效率的点。通常是保证的点。

3.29

观察检验　observed inspection

观察试验　observed test

通知采购方检查或试验的时间和如果采购方或其代表不到场，检查或试验应仍按进度表执行的检查或试验。

注：见证试验的定义参考3.58。

3.30

物主　owner

可以委托别的代理人作为设备的采购方的设备最后接收者。

3.31

仪表盘　panel

用于安装、显示和保护仪表、开关和其他仪器的机柜。

注：仪表盘不是仪表板。仪表盘是闭式的。仪表板的定义参考3.12。

3.32

齿槽切割气口频率　pocket-passing frequency

气体从转子齿槽切割排气口的频率。

注：齿槽切割气口频率(Hz)以转子旋转速度(转/分)乘转子上齿数的乘积除以60来计算。

3.33

承压机壳　pressure casing

机组所有静止承压零件的组合，包括所有接管和其他连接零件。

3.34

压力(容器)设计规范　pressure design code

由采购方规定或认可的公认的压力容器标准。

3.35

采购方　purchaser

对卖方发出订单和技术要求的代理商。

注：采购方可以是安装设备工厂的物主或物主委派的代理人。

3.36

径向剖分　radially split

主要接合面垂直于轴中心线的剖分。

3.37

额定转速　rated speed

100%转速　100% speed

要求符合任何规定运行条件的功率输入转子轴的最高旋转转速。

3.38

安全阀设定压力　relief valve set pressure

安全阀开始起跳的压力。

3.39

远程的　remote

远离设备或操作台,一般在控制房内。

3.40

所需流量　required capacity

由规定运行工况要求的最大进口容积流量。

3.41

转子　rotor

阳转子或阴转子组合件,包括转子体、轴和热套的轴套(如果提供)。

注:见图1。

3.42

转子体　rotor body

整体转子或组合转子上螺旋齿型部分。

3.43

转子副　rotor set

转子组由阳转子组件和阴转子组件两部件组成。对于干螺杆压缩机,包括同步齿轮和推力盘等回转零件。

3.44

密封阻断气　seal barrier gas

供给密封工艺气体(内)侧的新鲜气体。

3.45

密封缓冲气　seal buffer gas

供给双密封结构的密封件之间区域压力高于工艺气体压力的新鲜气体。

3.46

隔离密封气　separation seal gas

冲入密封和轴承之间或轴承座和大气之间区域的一定量惰性气体或空气。

3.47

停机平衡压力　settle-out pressure

压缩机停止运转后机内气体达到平衡时受到的最高压力。

注:这可能是环境温度、安全阀设定值和管路系统容积的作用。

3.48

停机设定点　shutdown set point

要求系统或设备自动或手动停机的被测参数预先设定值。

3.49

滑阀　slide valve

与压缩腔成整体,用于改变回转螺杆压缩机容积流量的装置。

注:见图B.2指引8。

3.50

底板　sole plate

供设备或供基架安装的板,并与基础灌浆在一起。

3.51

特殊用途 special-purpose application

设备用在关键设施中需要连续运行，并且通常不配置备用设备。

3.52

专用工具 special tool

非标或市场上买不到的工具。

3.53

备用设备 standby

能够立即自动或手动启动和连续运行的通常闲置设备或设备闲置部分。

3.54

热力安全阀 thermal relief valve

在封闭容积中由液体热膨胀致使释放压力的阀。

3.55

跳闸转速 trip speed

独立的紧急超速保护系统启动，使原动机停机的功率输入转子轴的旋转速度。

注：对本标准，交流电机的跳闸转速，除了变频驱动，是与在最大电网频率下电机同步转速相对应的转速。

3.56

成套的责任 unit responsibility

指的是协调包括订单供货范围内设备和所有辅助系统技术方面的责任。包括审查这些要素如功率要求、转速、转向、总体布置、联轴器、动态特性、噪声、润滑、密封系统、材料试验报告、仪表、管路、技术要求和部件试验一致性的责任。

3.57

卖方 vendor

供方 supplier

提供设备的团体。

注：卖方可以是制造厂或制造厂的代理，通常是为设施服务支持负责。

3.58

见证检验 witnessed inspection

见证试验 witnessed test

通知采购方检查或试验的时间并在检查或试验上安排控制点直到采购方或采购方代表参加的检查或试验。

4 通则

4.1 压力设计规范

• 压力设计规范应由采购方指定或认同。承压部件应执行压力设计规范和本标准的补充要求。

4.2 成套的责任

有成套责任的卖方应保证所有次卖方执行本标准。

•4.3 尺寸测量单位

采购方应指定供给本标准的数据、图样、器件(包括接合件)和设备应使用SI单位。

注：SI单位的专用数据表在附录A中提供。

5 基本设计

5.1 通则

5.1.1 典型的螺杆压缩机转子如图1所示。

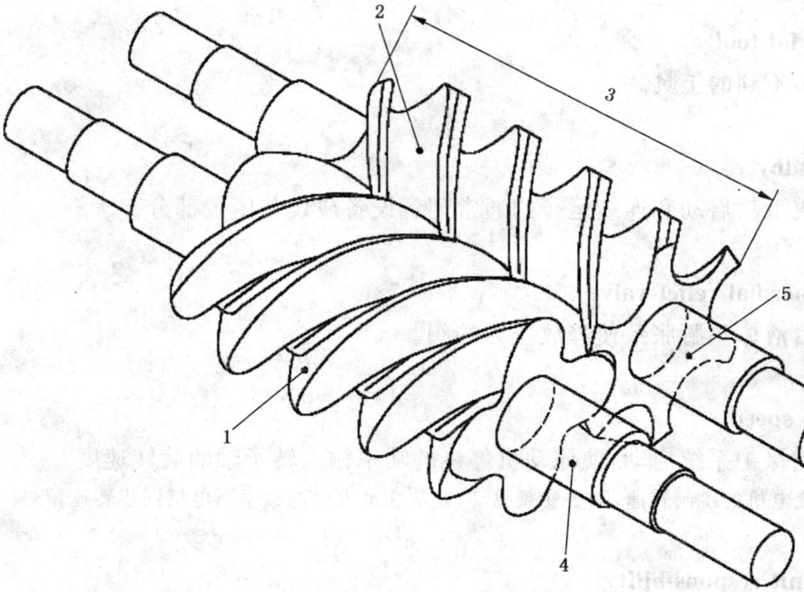

1——阳转子；

2——阴转子；

3——转子体；

4——轴端—阳转子；

5——轴端—阴转子。

图 1 螺杆压缩机转子

本标准涉及设备(包括辅助设备)的设计和制造应使设备有最低 20 年使用寿命，并至少能三年不间断运行。

这是一个公认的设计准则。

术语“设计”应单独应用于制造厂提供的设备的参数和特性。

术语“设计”不宜用在采购方询价和技术要求中，因为可能在理解合同中产生混淆。

5.1.2 卖方应对包括在订单范围内所有设备和辅助设备承担成套的责任。

•5.1.3 采购方应指定设备的正常运行点。

•5.1.4 采购方应指定其他所有运行点，包括启动工况，并应指明运行的保证点。

•5.1.5 采购方应指定停机平衡压力。如果在询价时该压力没指定，应被设定为就是正常排气压力。

注：如果实际停机平衡压力高于设定压力，对密封系统、传动轴系部件、安全阀和管路系统可能有不利影响。

5.1.6 由异步电机驱动的设备应以额定负荷条件的实际电机转速来额定。

5.1.7 设计的设备应在安全阀设定压力、规定最大压差和跳闸速度(见 5.1.12)同时出现的情况下安全运行而无损害。

注：这些条件下运转的驱动机功率可能不足够。

对机器随着变化的吸气和排气压力运行，最大许用压力或最大许用压差出现前可能达到最大许用温度。在这样情况下制造厂和采购方宜共同考虑和使用适合的保护控制以避免任何危害。控制可以包括但不限于排气温度或压差。

5.1.8 除非另有规定，冷却水系统应按表 1 给定条件设计。

表1 冷却水系统的条件

经过换热面的水速	(1.5～2.5)m/s
最大许用工作压力(MAWP)	>700 kPa(G)
试验压力(1.5倍MAWP)	>1 050 kPa(G)
最大压力降	100 kPa
最高进口温度	32 ℃
最高出口温度	50 ℃
最大温升	17 ℃
最小温升	10 ℃
水侧污垢系数	0.35 m²℃/kW
壳体腐蚀裕度	3.0 mm

如果最小温升和经过换热面的水速准则有抵触，卖方应通知采购方。经过换热面的水速准则意指把水侧污垢减到最低；最小温升准则意指把冷却水使用减到最低。如果其中存在抵触，对最后的选择将由采购方认可。

5.1.9 设备(包括管路和辅助设备)的布置应由采购方和卖方共同探讨。布置应为操作和维修提供足够的空间。

5.1.10 所有设备的设计应使便于维修迅速和经济。主要零件如机壳部件和轴承座的设计和制造应确保重新安装时准确对中。可以借助轴肩、圆柱定位销或键来实现。

5.1.11 对变速机器，设备的最大连续转速应不小于额定速度的105%，对恒速电机驱动应等于额定转速。

5.1.12 设备的跳闸转速应不小于表2的值。

表2 驱动机跳闸转速

驱动机型式	跳闸转速 (最大连续转速的%)
蒸汽透平	
—最大速度调节10%	115%
—最大速度调节<10%	110%
气体透平	105%
变速电机	110%
恒速电机	100%
往复发动机	110%

5.1.13 机器的备用和替换零件及所有提供的辅助设备应符合本标准的所有准则。

5.1.14 油箱、运动润滑零件，如轴承、轴封、高精度零件及仪表和控制元件的机壳应设计成在运行和闲置期间能把潮气、灰尘和其他外来物质的污染减到最少。

5.1.15 设备(机器、驱动机和辅助设备)应在试验台和它们基础上，按规定验收准则运行。安装后，机组联动的性能应是采购方和负有机组责任的卖方的共同责任。机器的性能还应考虑到以下情况：

a) 保证点的功率应不超过标定值的104%，要求流量无负偏差。

b) 压缩机卖方应确认机组能够在任何规定工况下连续运行。

c) 如有规定，压缩机卖方应确认机组在停机平衡压力或偏高的吸气压力下启动。

• d) 采购方应指定气体组分。采购方也可指定相关的克分子量、比热比(C_p/C_V)和压缩性系数(Z)。

e) 除非另有规定，卖方应使用流量的规定值、规定的气体组分和气体状态来计算相关的克分子重量、比热比(C_p/C_V)和压缩性系数(Z)。压缩机卖方应在标书的数据表上标明其数值并使用它们来计算性能数据。

• 5.1.16 如有规定，卖方应对采购方的管路和基础图样进行审核和提出意见。

• 5.1.17 如有规定，为了验证一致同意的准则(有关设计规范或标准)，卖方代表应见证：

a) 管路对中的检查，通过松开设备的主要法兰连接来执行。

b) 初始的轴对中检查。

c) 在操作温度下的轴对中。

注：许多因数可能不利于现场性能。如管路负荷、运转条件下的对中偏差、支撑结构不合理、装卸和组装时的变动等。

5.1.18 电机、电气部件和电气设备应适合于采购方指定的区域分类(级、组、分段和分区)。并应符合 GB 3836(所有部分)或 GB 19517 以及由采购方在标书上指定和提供的任何地方规程的适用部分的要求。

• 5.1.19 提供所有设备的声压级应是采购方和有成套责任的卖方共同努力的工作。卖方提供设备应符合规定的最大许用声压级。为了确定一致性，卖方应对设备每个倍频带都提供最大声压级和声功率级数据。

注：声源的声功率级在给定装置运行条件下可作为声源的特征。然而，声压级将随声源的环境和离声源的距离而变化。由于卖方不能控制设备所处的环境，因此卖方无法保证采购方的最大许用声压级要求。卖方只能控制设备的声功率级。

• 5.1.20 如有规定，卖方应提供防噪声的方法。其型式和安全要求应由卖方和采购方商定。

这些压缩机噪声往往会很大。要求用隔声罩来达到可接受的噪声级。压缩易燃或有毒气体时，为了便于操作和维修及清洗，对机器监控、防爆门和观察窗有要求的，这些因素宜在隔声罩设计和制造中加以考虑。

5.1.21 如果在排出气流中要求液体分离设备，技术要求应由采购方和卖方共同制定。

喷油螺杆压缩机有分离液体要求(见 5.10.3.1.1)，干螺杆压缩机如喷液也可能有分离液体要求。

• 5.1.22 所有设备(包括辅助设备)应适合于采购方指定环境条件下的运行。这些条件应包括安装是在户内(采暖或不采暖)还是在户外(有棚或无棚)、最高和最低温度、异常的湿度和含尘或腐蚀环境。

• 5.1.23 所有设备(包括辅助设备)应适合于使用采购方指定的公用设施条件的运行。

5.1.24 提供的螺栓连接应符合：

a) 螺纹加工细则应遵照 GB/T 193、GB/T 196、GB/T 197 和 JB/T 7912。

b) 在所有螺栓连接位置应提供足够的间距以能够使用套筒或梅花扳手。

c) 不应使用内角型、带槽螺母或蝶型螺栓连接，除非由采购方专门认可。

注：对空间位置有限定的，可以要求整体法兰面紧固件。

d) 大于等于 6 mm 的所有紧固件上(除去垫圈和无头定位螺钉)应有制造厂标记。对螺柱，应标记在旋螺母的外露端。

注：定位螺钉是一端带内六角的无头螺钉。

• 5.1.25 采购方宜明确在气流中固体或液体粒子的含量、大小和组分。

5.2 承压机壳

5.2.1 承压机壳应按卖方选择，根据 5.2.2 或 5.2.3 设计，机壳接合处的螺栓连接应按照 5.2.4。此外，承压机壳设计应保证：

a) 当同时出现最大许用工作压力(和相应温度)和最大许用接口负荷施加到所有接口的最坏综合情况时,运行无泄露或旋转和静止部件之间无接触;

b) 能承受水压试验。

5.2.2 用于承压机壳(包括螺栓连接)设计的任何材料许用拉伸应力在最高规定运行温度时应不超过材料的最小拉伸强度极限0.25倍。对铸造材料,许用拉伸应力应乘以表3所示的适合的铸造系数。

表3 铸造系数

无损检测型式	铸造系数
目视、磁粉和/或液体渗透	0.8
局部射线	0.9
超声波	0.9
全部射线	1.0

5.2.3 承压部件可以借助于有限元分析来设计,以提供符合压力设计规范和最大许用应力强度的设计极限,Σ_{max},以kPa表示,按修正公式(1)给出。在此,不要求按压力设计规范规定的制造数据报告格式、第三方检查和打印记。

$$\Sigma_{max}=\Sigma_{c}(p_{c}/150) \quad\quad (1)$$

式中:

Σ_c——应力强度,单位为千帕(kPa);

p_c——液压试验压力,以最大许用工作压力的%表示。

制造厂应说明材料性能的来源,以及其标书中应用的铸造系数。

5.2.4 应根据水压试验负荷和垫片预负荷,按5.2.2确定的许用拉伸应力来确定的机壳接合处螺栓连接总截面。预负荷应力应不超过螺栓材料最小屈服点的0.75倍。

注1:通常,挠曲是机壳设计中决定性的考虑因数。反而,拉伸极限或屈服强度很少作为限定因数。

注2:螺栓连接预负荷要求是为了防止由于周期性运行负荷变化而引起螺栓接合面上的卸载。

5.2.5 机壳的最大许用工作压力至少应等于规定的安全阀设定压力。如果安全阀设定压力不是由采购方规定,应由卖方规定(见5.1.7)。

5.2.6 除非另有规定,干螺杆压缩机系统压力保护应由采购方提供。

5.2.7 对喷油螺杆压缩机气体系统压力保护应由卖方提供并按JB/T 6441或采购方指定的其他准则确定规格。

5.2.8 如果有下述情况,机壳应由钢材制造:

a) 额定排出表压力超过2 750 kPa;

b) 排出温度超过260 ℃;

c) 气体是易燃或有毒的。

注:对可以使用铸铁机壳的情况,考虑到转子/机壳间隙小,为利于修补也可采用钢机壳。

5.2.9 机壳设计不应使用多个最大许用工作压力。如果采用冷却水夹套,夹套在上下机壳水腔之间应只能用外部接管连通。

5.2.10 轴向剖分机壳的主接合面应采用金属对金属接合用螺栓连接紧固。接合面应用与压缩介质相容的密封剂密封。不应采用垫片(包括条状式)。径向剖分机壳的主接合面可以加入垫片。这样的垫片应完全封闭。

5.2.11 每个轴向剖分机壳应有足够刚度,以使上半机壳拆卸和复位时不改变转子与机壳运行间隙。

5.2.12 机壳和支撑设计应有足够强度和刚度,以限制在联轴器法兰处由于许用压力、转矩及管路力和力矩最坏综合作用引起的轴端相对位置变化不超过50 μm。

5.2.13　支撑和找正螺栓应有足够刚度，以使通过横向和轴向调整螺钉来移动机器。

5.2.14　应提供调整螺钉、导向杆、机壳-定位销和/或其他适当装置以便于拆卸和重装。导向杆应有足够长度以防止拆卸和重装时机壳损坏内部零件和机壳用螺柱。上半机壳应设置吊耳或提供吊环螺钉，仅用以起吊其自身。整个机器的起吊方法应由卖方规定。

如果用启盖顶丝来分离接触面，对应面上应有顶启沉孔（锪孔或开槽）以避免连接面引起的渗漏。

•5.2.15　如果要求干螺杆压缩机抗腐蚀，应对不耐蚀的机壳壁采用覆盖层或镀层。其工艺可在覆盖或电镀前要求镗大内孔。

示例：对湿 CO_2 装置（碳酸）铸钢机壳壁可堆焊 2.5 mm～3.2 mm 厚不锈钢层。机壳宜镗大内孔以堆焊由06Cr20Ni11/16Cr23Ni13 不锈钢隔焊层，随后覆盖 06Cr20Ni11/06Cr17Ni12Mo2 焊层，组成的多层堆焊衬里。机壳宜在堆焊不锈钢后精加工。端面壁可用同样的衬里或镶嵌相容的不锈钢端扳。

卖方应在机壳设计标书中说明细节。

5.2.16　除了 5.1.24 的要求，承压机壳的螺栓连接应按 5.2.17 和 5.2.18 中规定提供。

5.2.17　除非由采购方认可带头螺栓，轴向剖分机壳的主连接面和径向剖分机壳与端盖的连接应优先采用螺柱。

在所有其他连接面应采用螺柱代替带头螺栓，必需安装六角头螺栓的要由采购方认可。

注：喷油螺杆压缩机通常设计为采用带头螺栓。

•5.2.18　如有规定，主机壳螺柱和螺母紧固应为采用液压拉紧。卖方提供的专用工具的使用步骤和范围应由双方共同商定。

5.2.19　承压零件中应尽量不用螺纹孔。为防止机壳承压截面的泄露，除了腐蚀裕度，钻孔和螺孔四周和底部留有的金属厚度应至少等于公称螺栓直径的一半。螺孔深度应至少为螺柱直径的 1.5 倍。

5.2.20　安装面应符合以下准则：

a)　表面粗糙度 Ra（算术平均偏差）最低要求为 6.3 μm；

b)　为防止软支承，平面度偏差应在 25 μm 内；

c)　每个安装面应加工到直线每 330 mm 安装面平面度在 13 μm 内；

d)　不同的安装面应相互平行，偏差在 50 μm 内；

e)　上加工面或锪孔平面应平行于安装面。

压紧螺栓孔应垂直于各安装面，为便于设备对中，直径上比压紧螺栓适当加大。如果锪孔，其直径应为螺栓孔的两倍以上。

5.2.21　设备底脚应提供垂直调节螺钉，并应钻便于定位销使用的导向孔。

5.3　机壳接口

5.3.1　承压机壳上管路接口的所有开孔或接管口径应大于等于 DN20 并应符合 GB/T 1047。尺寸 DN32、DN65、DN90、DN125、DN175 和 DN225 不应采用。

5.3.2　除了 5.3.6 允许的螺纹接口的地方，所有接口应为法兰式并尽量用螺柱连接。所有接口应适合于机壳的最大许用工作压力。工艺气体主要进出接口应按规定确定方位。法兰式接口与机壳的连接方式可以整体铸造，或对可焊材料的机壳，可以由承插焊或对接焊接管子接头或转换件构成，并应以对接焊或承插焊法兰端接。

5.3.3　与机壳焊接的接管应符合机壳的材料要求，包括冲击值，而不是连接管路的要求（见 5.11.4.5）。所有连接件的焊接应在壳体水压试验前完成。

5.3.4　机壳应设置一个排放口。

5.3.5　尺寸小于等于 DN40 的对焊接口，应用焊接衬套或撑板来加强。

5.3.6　对主工艺气路以外的接口，如果无法采用法兰式和螺柱连接的接口，经采购方认可，管子尺寸不超过 DN40，如下情况可使用螺纹接口：

a) 在不可焊接材料上，如铸铁；

b) 维修重复拆装必需的(重装和组装)；

c) 空间有限制的。

5.3.7 机壳的螺纹接管或焊接接管不宜长于150 mm，并对尺寸DN25及以下至少应采用管壁厚度(管壁号)Sch160无缝管和对DN40管壁厚度(管壁号)至少应Sch80。

5.3.8 管路接管应采用焊颈或承插焊法兰。

5.3.9 接管和法兰材料应符合5.3.3的要求。

5.3.10 管螺纹的螺孔和凸台应符合GB/T 7306(所有部分)或GB/T 12716。

5.3.11 不要求连接管路的螺孔应用实心钢螺塞堵住。这些螺塞至少应符合承压机壳的材料要求。以后可能要求拆卸的螺塞，其材料应具有防腐性。不允许使用塑料螺塞。所有螺孔上应用与工艺气体相容的并适合于温度要求的螺纹润滑剂。螺纹密封胶带或螺纹密封剂不应使用。

5.3.12 除了5.3.13～5.3.16中规定外，按用途，法兰应执行GB/T 9112～9124或GB/T 17241(所有部分)，或GB/T 13402。

5.3.13 铸铁法兰应为平面，并执行GB/T 17241(所有部分)的尺寸要求。

注：一般用途设备，可以考虑放松厚度要求。对大多数机械用途宁可增加厚度。

5.3.14 除铸铁法兰以外。其他的法兰应执行GB/T 9112～9124或GB/T 13402的尺寸要求。

5.3.15 加厚或加大的非标(超规格)法兰应在布置图上标出全部尺寸。

5.3.16 法兰背面应全平面加工或锪平，并应采用贯穿螺栓连接设计。

5.3.17 机加工和用螺柱连接的接口应符合GB/T 9112～9124或GB/T 17241(所有部分)，GB/T 13402的表面加工和钻孔要求。应提供安装螺柱和螺母，每个螺柱两端1.5圈螺纹应倒去。

5.3.18 不符合GB/T 9112～9124或GB/T 17241(所有部分)，GB/T 13402的机加工和用螺柱连接的接口及法兰要求采购方的认可。除非另有规定，卖方应为这些非标接口提供配对法兰、螺柱和螺母。

5.3.19 要把接管负荷减到最小并便于管路安装，机加工法兰应平行于总布置图所示的平面，偏差在0.5°以内。螺柱或螺栓孔应对平行于设备主轴线的中心线跨中布置。

5.3.20 所有采购方连接件应便于拆卸，而不需要移动设备或设备的主要零件。

5.4 外力和外力矩

5.4.1 压缩机应设计成每个接管上至少能承受如附录C列出的外力和外力矩。卖方应以表格形式对每个接管提供许用的力和力矩。

消声器可以要求附加支撑。

5.4.2 机壳和支撑应有足够的强度和刚度以限制压力、转矩和许用力和力矩引起的联轴器对中挠曲变形，偏差不超过50 μm。

一般不推荐使用膨胀节来限制管路力和力矩。然而如果使用，在膨胀节的挑选和位置上宜加以注意，防止脉冲或膨胀变形或两者同时可能引起的早期疲劳。膨胀节不宜在易燃或易爆设施中使用，除非由采购方专门认可。

5.5 回转部件

5.5.1 转子

5.5.1.1 转子应有足够刚度以防止在最不利的规定工况下，转子体和机壳之间及带同步齿轮的转子体之间的接触。分体式转子的转子体与端轴应永久地固定，以防止任何情况下发生相对移动。转子上结构焊缝应为全熔的连续焊缝，并应焊后热处理，使用合格的程序和焊工。

注：只有干螺杆有带同步齿轮的转子体。

5.5.1.2 除非另有采购方认可，轴应采用锻钢件。

• 5.5.1.3 如果规定或如果安装振动和/或轴位移探头，探头探测区轴颈(径向振动和轴位移)都应符合如下要求：

a） 与轴承的轴颈同轴；

b） 探头每侧至少一个探头头部直径的间距，上面没有打印、刻痕或表面不连续，如油孔或键槽；

c） 不应喷涂金属、装轴套或电镀；

d） 最终表面粗糙度最大为 0.8 μm；

e） 经退磁和其他措施处理后，电气和机械合成总跳动不超过最大允许峰间振幅的 25％或以下值，取大者：

1） 径向振动探头探测区，6 μm；

2） 轴位移探头探测区，13 μm。

5.5.1.4 每组转子应在阳转子和阴转子上打印统一识别号。该号应打在联轴器相反的轴端或维修时不易损坏的区域。

5.5.1.5 轴头应符合 JB/T 9559 的要求。

5.5.1.6 所有轴的键槽应有符合 GB/T 1095 的圆角半径。

5.5.2 同步齿轮-干螺杆压缩机

5.5.2.1 同步齿轮应由锻钢制造，精度等级应至少为 GB/T 10095.1—2008 的 5 级。同步齿轮应为斜齿轮，参见图 B.1。使用系数应符合相关标准。

5.5.2.2 带同步齿轮的转子之间啮合关系应是可调的，调节后应可靠锁紧。调节和锁紧措施应有可操作性。齿轮封闭腔应不得接触工艺气体。

5.5.2.3 在更换密封件必须拆除同步齿轮时，应无须拆开径向剖分机壳而能重新调整转子。

5.5.2.4 螺杆压缩机的同步齿轮应有和转子一样的旋向（右旋或左旋）以减小轴向位置的变动对转子同步的影响。

5.5.2.5 机壳端盖应便于拆卸或可提供检查孔，以利同步齿轮的检查。

5.6 轴密封

5.6.1 通则

5.6.1.1 应设置轴密封以限止或防止工艺气体的泄漏。

5.6.1.2 密封应适合于开车、停机或停机平衡过程中和采购方规定的任何其他特殊运行工况下，可能发生的吸入和排出参数的变化。

注：密封是否受到吸入或排出参数影响取决于密封的位置和密封系统的结构。

•5.6.1.3 采购方可以指定密封压力，该压力至少符合 5.6.1.2 的要求。

5.6.1.4 轴密封和密封支持系统设计应能使压缩机在工艺流程联网前与密封系统一起安全增压。

5.6.1.5 对低温设施，系统应有预防措施使密封油在机内排液口维持在其倾点温度以上。

5.6.1.6 轴密封宜便于检查和更换，无需拆卸轴向剖分压缩机的上半机壳或径向剖分机组的两端轴承座。

注：在有些设计中密封元件的检修可能要求拆卸机壳。

•5.6.1.7 轴密封按采购方规定可以是 5.6.3～5.6.4 中叙述的一种或它们的组合型式，或共同认可的其他型式。零部件的材料应满足使用要求。

5.6.1.8 如果工艺气体或密封介质是有毒或易燃的，除了主密封外还要求增设隔离密封防止介质泄漏到大气或轴承座。隔离密封宜在运行中，当主密封失效时应能起到瞬时应急密封的作用。串联密封中辅助密封或单独的单端面或双端面密封可用作隔离密封。常用隔离密封的布置见图 2 和图 3。

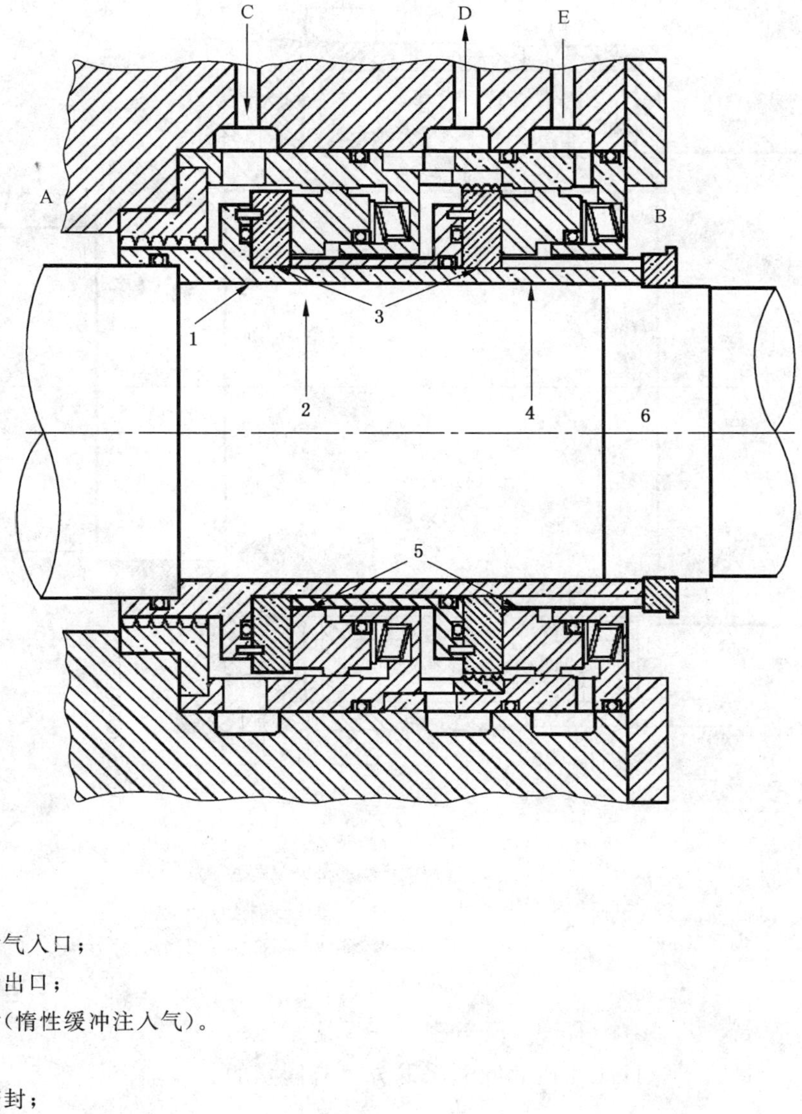

A——气体侧；

B——大气侧；

C——过滤密封气入口；

D——气体泄漏出口；

E——隔离密封(惰性缓冲注入气)。

1——轴套；

2——主基本密封；

3——旋转座；

4——辅助密封或隔离密封；

5——静密封；

6——压缩机转子中心线。

图 2　干气密封—串联结构

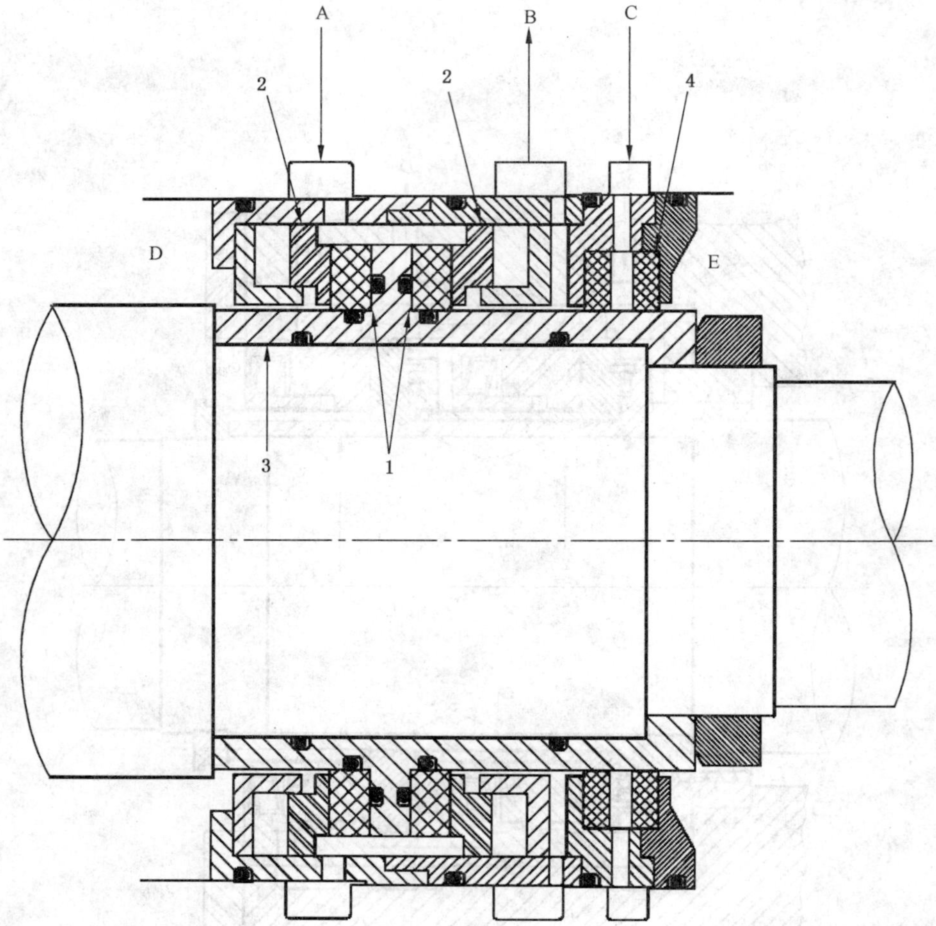

A——过滤密封气入口；
B——气体泄漏出口；
C——阻断/隔离密封清洁、干气供应；
D——气体侧；
E——大气侧。

1——动密封；
2——静密封；
3——轴套；
4——阻断/隔离密封。

图 3　干气密封—双端面结构

5.6.1.9　供应干气密封的干螺杆压缩机和除非采购方另有同意的其他轴密封型式，应有缓冲气体注入每组密封。

5.6.2　密封供气系统

• 5.6.2.1　宜供采购方选择的密封供气系统如下：

a)　密封阻断气；

b)　密封缓冲气；

c)　隔离密封气。

此外，卖方应对规定运行工况说明使用哪种密封气。

5.6.2.2　如果提供阻断气注入系统，卖方应说明对气体的要求，包括压力、流量、露点和过滤精度。

• 5.6.2.3　如有规定，卖方应提供完整的密封供气系统，包括系统示意图和材料清单。控制方法、结构、材料和供应范围应由采购方和卖方共同商定。

5.6.2.4　如要求使用阻断或缓冲气，气体应经过滤、干燥并无残留的污染物。密封气源可以取自压缩机排气口或中间点。可以使用一种替代密封气源，并在开车或停机和为阻断密封时能够予以使用。

5.6.2.5　干气密封的供气系统应符合 JB/T 4365。

5.6.3 干螺杆压缩机的轴密封

5.6.3.1 迷宫密封

如果采购方认同，迷宫密封(常用密封如图4所示)除了迷宫组件外还可以与节流环组合使用。迷宫组件可以是静止的或转动的。

A——大气侧；

B——气体侧。

1——迷宫；

2——轴套；

3——螺旋式油封；

4——螺旋式放空、清洗或吹扫口；

5——压缩机转子中心线。

图4 迷宫轴封

5.6.3.2 节流环密封

节流环密封(常用密封如图5所示)应包括装在保护圈或隔环内的碳环或其他适合材料的环。密封可以干运行或带密封液运行。

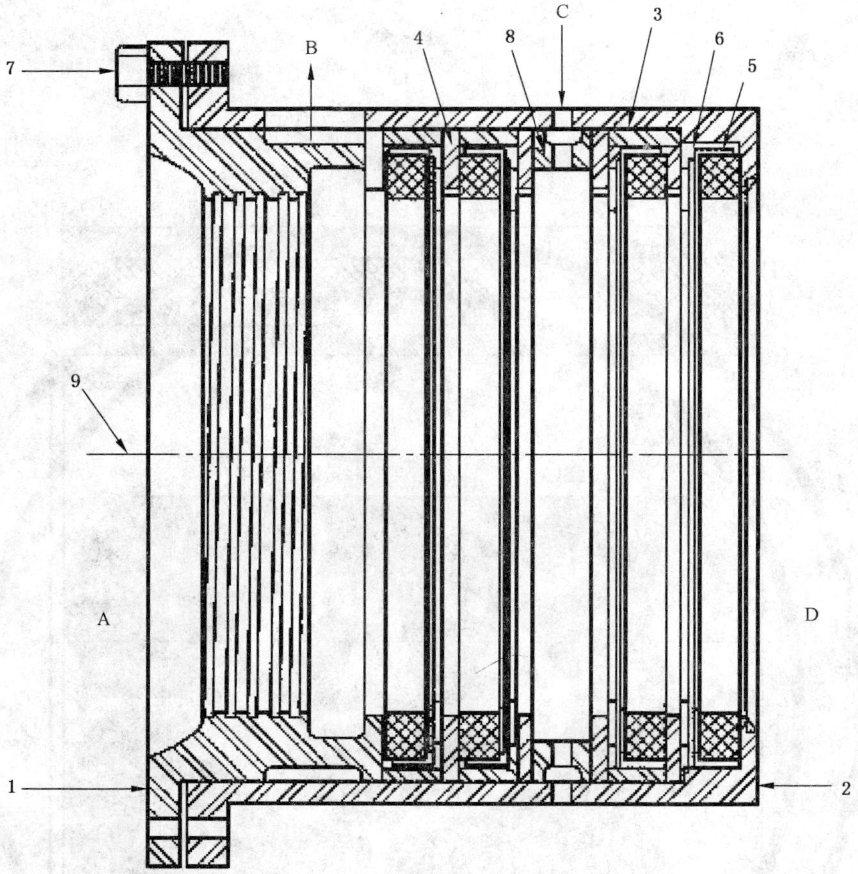

A——大气侧；
B——放空至大气；
C——清洗；
D——气体侧。
1——螺旋式迷宫；
2——密封盒；
3——隔环；
4——隔圈；
5——密封组件；
6——波形弹簧；
7——螺钉；
8——间隔环；
9——压缩机转子中心线。

图5 节流环密封(抽气型)

5.6.3.3 机械密封

5.6.3.3.1 单端面机械密封(常用密封如图6所示)应设置迷宫和抛油环或节流环,以把泄漏到大气或压缩腔的油量减到最小。密封油或其他适合液体可由符合5.10的润滑油系统或独立系统供给。

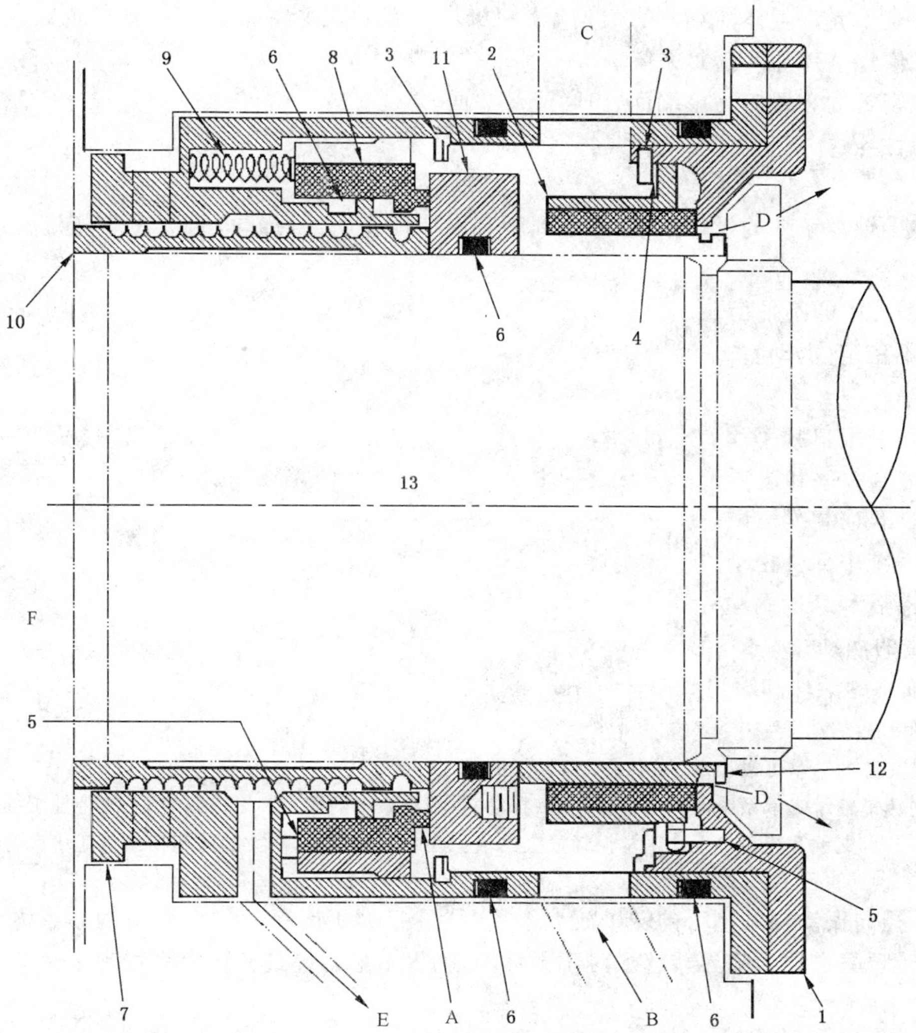

A——密封面；
B——密封油进油；
C——密封油回油；
D——密封油回油；
E——泄漏油排放；
F——气体侧；
G——大气侧。
1——密封套压盖；
2——密封套；
3——挡圈；
4——波形弹簧；
5——防转销；
6——O 形圈；
7——密封盒；
8——静环；
9——压缩弹簧；
10——轴套；
11——动环；
12——传动销；
13——压缩机转子中心线。

图 6 机械密封(油冷)

5.6.3.3.2 机械密封应具有自闭性能，以防止停机和失去密封油压时气体向外泄漏。

5.6.3.4 干气密封

•5.6.3.4.1 密封应按规定为单端面、双端面或串联排列。

5.6.3.4.2 常用的串联布置如图 2 所示，带隔离密封的双端面布置如图 3 所示。

注 1：通常会使用其他变型，取决于特殊用途。

注 2：存在单向旋转的可能性。

注 3：密封会泄漏出少量密封气。

5.6.4 喷油螺杆压缩机轴密封

5.6.4.1 机械密封(常用密封如图 6 所示)应设置迷宫和抛油环或节流环，以把泄漏到大气的油量减到最小。密封油可以由符合 5.10 的润滑油系统供给。

5.6.4.2　如规定不允许气体泄漏到大气时，压缩机应设置独立密封液系统的双端面密封。对制冷装置，还必须考虑惰性气体注入密封系统。

5.6.4.3　干气密封的布置应为单端面、串联或双端面。

5.7　动力学特性

5.7.1　通则

5.7.1.1　在转子轴承系统的设计中，应考虑到所有周期性作用力（扰动）的潜在源，应包括，但不限于，以下扰动源：

a)　转子系统中的不平衡；
b)　油膜不稳定（涡动）；
c)　内摩擦；
d)　齿槽切割气口频率；
e)　齿轮啮合频率和边频带；
f)　联轴器不对中；
g)　转子系统中部件松动；
h)　气流滞后和摩擦涡动；
i)　非同步的涡动；
j)　滚动轴承的滚珠和滚道频率；
k)　电网频率。

注 1：扰动潜在源的频率可以小于、等于或大于转子的转速。

注 2：施加到转子轴承支承系统的周期性作用力（扰动）频率与系统的固有频率一致时，系统将处于共振状态。共振的转子轴承支承系统会出现比正常振动放大的值。在临界转速下，放大的值和相位角变化率与系统中阻尼的量有关。

5.7.1.2　如果径向振动探头测得的转子放大系数（见图 7）大于或等于 2.5，对应的频率称为临界转速，并对应的轴旋转频率也称为临界转速。对于本标准，临界阻尼系统是其放大系数为小于 2.5 中的一种。

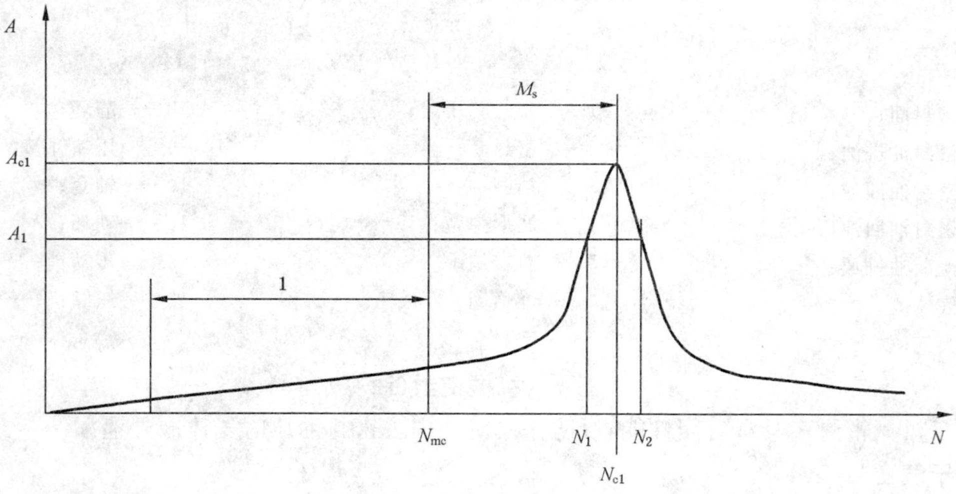

1——运行速度范围；
A——振动振幅；
A_{c1}——在 N_{c1} 处振动振幅；
A_1——在 N_{c1} 处振动振幅的 0.707；
M_s——隔离区；
N——转子速度；
N_{c1}——转子第一临界速度，中心频率；
N_{mc}——最大连续速度，105%额定速度；
N_1——在 0.707×振幅峰值处初始（较小）速度；
N_2——在 0.707×振幅峰值处最终（较大）速度；
N_2-N_1＝在半功率点处峰值宽。

注：振幅系数 $A_F=N_{c1}/(N_2-N_1)$。

图 7　转子-特性曲线图

5.7.1.3 在卖方供货范围和影响转子振动振幅的结构支承系统中，共振不应出现在规定运行转速范围或规定隔离区内(见5.7.1.4)。结构支承的有效刚度应在转子轴承支承系统的动态分析中考虑。

注：结构支承系统的共振会对转子振动振幅有不利影响。

5.7.1.4 转子应为刚性轴，其第一实际横向临界转速至少为最大许用转速的120%。除非另有规定，不要求进行横向临界转速分析。

注：基于实际积累，证明机器是刚性轴设计。

5.7.2 扭振分析

5.7.2.1 对电机驱动机组和包括齿轮箱机组、三台或三台以上连接机器(不包括任何齿轮箱)组成的机组，或有规定时，持有机组成套责任的卖方应确保进行整个连接机组的扭转振动分析，并应对配套后必须符合5.7.2.2～5.7.2.5要求的任何变更负有指导责任。

5.7.2.2 扭转固有频率的激励可能有许多来源，其可能是转速起的作用，宜在分析中考虑。激励应包括但不限于下列的来源：

a) 齿轮特性，如不平衡、节距误差和周节误差；

b) 周期性的工艺气体脉冲；

c) 扭矩瞬时变化，如同步电机的启动和发电机相对相或相对地的电压电流偏差；

d) 由电机、往复发动机和容积式回转型机器引起的扭转激振；

e) 来自液力、电动调速器和变频驱动装置的控制回路共振；

f) 一倍和二倍线性频率；

g) 运行转速或所有旋转元件的速度；

h) 齿槽切割气口频率；

i) 变频驱动的谐波频率。

5.7.2.3 机组轴系的扭转固有频率应比在规定运行转速范围(从最小至最大连续速度)内任何可能的激励频率高10%或低10%。

5.7.2.4 宜避免运行转速在二倍或以上倍数的扭振共振频率，或在系统中发生相应的激励频率时，应表明对扭转振动没有不利影响。除了运行转速的倍数，不是运行转速作用或是非同步性扭转激励，应在扭振分析中考虑，并应表明没有不利结果。这些频率的鉴别应是采购方和卖方共同的责任。

注：如使用变速驱动机，可能在运行范围中所有转速的倍数上不可能避开扭振临界。

5.7.2.5 如果计算的扭转共振落在5.7.2.3规定的范围内(并采购方和卖方已商定无法将临界转速从频率范围的极限中排除)，应进行应力分析以证明对机组整个轴系没有不利结果。在该分析中关于激励的大小和阻尼的程度作的假设应清晰地叙述。该分析的验收准则应由采购方和卖方共同商定。

5.7.2.6 除了5.7.2.2～5.7.2.5要求的扭振分析，卖方应对同步驱动机组和/或变速电机进行瞬时扭转振动分析。该分析的验收准则应由采购方和卖方共同商定。

5.7.3 振动与平衡

5.7.3.1 回转部件的主要零件，如轴和同步齿轮等应单独校动平衡，达到GB/T 9239.1—2006 G2.5级或更小。如果是带单个键槽的裸轴校动平衡，键槽应按照GB/T 16908用半键填满。相隔180°但不在同一横截面内的键槽也应填满。对裸轴应记录初始平衡校正值。安装在轴上的零部件也应按照GB/T 16908—1997中叙述“半键规则”作动平衡。根据平衡品质级别G和工作转速n确定的许用剩余不平衡度可见图D.7。

5.7.3.2 转子和同步齿轮无键连接应作配合记号。该组合件(包括所有回转件)应校验动平衡。不应有外露的键和空键槽。最大不平衡应符合GB/T 9239.1—2006的G2.5级。

• 5.7.3.3 如有规定，应采用GB/T 9239.1—2006中G1.0级的平衡品质级别，或者按公式(2)计算每个面的最大许用剩余不平衡U_{max}，以g.mm表示。

$$U_{max}=6\ 350\ W/N \quad \cdots\cdots(2)$$

式中：

W——部件质量(对部件)，单位为千克(kg)；或每个动平衡机轴颈(对转子)的负荷，单位为千克(kg)；

N——最大连续转速，单位为转每分钟(r/min)。

注：压缩机气体力和气体力的脉动力远远大于由不平衡引起的力。

5.7.3.4　转子动平衡机的标定应按照动平衡机制造厂程序和周期校验，至少每年一次。

• 5.7.3.5　如有规定，剩余不平衡校核应按照附录D进行。

5.7.3.6　制造厂试验期间，转子经过动平衡校验的机器，在最大连续转速或规定运行转速范围内其他转速下，应测量机壳振动速度，或如有规定，对干螺杆压缩机应按照规定测量轴振动。除非另有规定，干螺杆压缩机和喷油螺杆压缩机的振动极限值应分别符合表4和表5的规定。

表4　干螺杆压缩机的振动极限值

	液力轴承[a,b,c,d]	滚动轴承[a,b]
轴承座上测量		
在运行范围内任何转速的振动 全振幅 在运行转速以外但低于跳闸转速许用振动可增加	 V_u<5.0 mm/s RMS 50%	 V_u<8.0 mm/s RMS 50%
邻近轴承轴上测量		
在运行转速范围内任何转速的全振幅振动 在运行转速以外但低于跳闸转速许用振动可增加	"A"应为 $(1.03\times10^7/n)^{1/2}$ (μm) 或50%轴承间隙的较小值 50%	
[a] V_u 为偏心速度。 [b] RMS为均方根值。 [c] A 为偏心峰峰值。 [d] n 为转每分的最大连续转速(r/min)。		

表5　喷油螺杆压缩机的振动极限值

轴承座上测量	液力轴承[a,b]	滚动轴承[a,b]
在运行范围内任何转速的振动 全振幅 在运行转速以外但低于跳闸转速许用振动可增加	 V_u<8.0 mm/s RMS 50%	 V_u<8.0 mm/s RMS 50%
注：喷油螺杆压缩机的脉冲油引起的附加振动。用液力轴承喷油螺杆压缩机高于用滚动轴承机器的压缩比和/或排出压力运行。		
[a] V_u 为偏心速度。 [b] RMS为均方根值。		

5.7.3.7　如果采用轴振动探头，应测量和记录电的和机械的径向跳动值，其方法是将转子轴颈中心线处对准V形座，然后盘动转子，在探头位置中心线两侧各一个探头头部直径范围内，用非接触振动探头和百分表测量径向跳动值。

5.7.3.8 在每个探头位置转360°，电的和机械的径向跳动的准确记录，应附在机械试验报告内。

5.7.3.9 如果卖方能演示存在电的和机械的径向跳动，最大值按表4计算值的25%或6.5 μm，取大者，该值可以同工厂试验期间测得振动信号进行矢量叠加。

5.8 轴承

5.8.1 通则

5.8.1.1 轴承配置应如下：滚动向心和推力轴承、液体动压径向和滚动推力轴承或液体动压径向和推力轴承。每根轴应由两个径向轴承和一个双面轴向（推力）轴承定位，止推轴承可以与一个径向轴承组合来支承。除非另有规定，轴承型式和配置应按表6和表7中规定来选择。

表6 轴承选择

条　件	轴承型式和布置
对滚动轴承向心和推力轴承的速度和寿命在极限内 及 机械能通量在极限以下	滚动元件向心和推力
对滚动轴承向心轴承的速度和寿命超过极限 而 推力轴承速度和寿命在极限内 及 机械能通量在极限以下	液体动压径向和滚动推力 或 液体动压径向和推力
对滚动轴承向心和推力轴承的速度和寿命超过极限 或 机械能通量在极限以上	液体动压径向和推力

表7 轴承极限

极限因数	条　件	
滚动轴承转速	因数[a] $N \cdot d_m$ 对压力油润滑轴承不超过以下值[b]： 轴承型式	$N \cdot d_m$
	向心： 单列球轴承 圆柱滚子轴承	500 000
	向心： 圆锥滚子轴承 滚珠轴承	350 000
	推力： 单列球轴承	350 000
	推力： 双列角接触 圆锥滚子轴承	300 000 250 000
滚动轴承寿命	基本额定值 L_{10}，按GB/T 6391—2003在额定工况连续运行至少50 000 h，并在最大径向和轴向负荷及额定转速至少32 000 h。 注：计算的轴承寿命取决于润滑油的清洁、过滤精度。在喷油螺杆压缩机中，有腐蚀性和/或被污染的工艺气体会大大地缩短轴承实际寿命。	

表 7（续）

极限因数	条　件
能量密度	机器的额定功率(kW)和额定转速[r/min]的乘积等于或大于 4.0×10^6 kW/min 时，则要求使用液体动压径向心和推力轴承。

[a] N 为旋转速度，r/min；
d_m 为轴承平均直径$(d+D)/2$，mm；
D 为轴承外径，mm；
d 为轴承内径，mm。
[b] 对定向(喷射)润滑油布置的喷油螺杆压缩机，对向心和推力球轴承允许的 $N\cdot d_m$ 因数可以根据轴承制造厂的建议增加。

5.8.1.2　推力轴承规格的确定应考虑全部运行范围包括最不利的规定运行工况的连续运行。推力负荷的计算应包括但不局限于运行因数：

a)　来自所有直径变化的台阶推力；
b)　级的反作用力和级的压差；
c)　在所有进出口接管处压力变化；
d)　来自驱动机或驱动设备的外负荷，如 5.8.1.3 和 5.8.1.4 中叙述的；
e)　最高瞬间负荷。

5.8.1.3　来自金属挠性联轴器的推力应根据联轴器制造厂准许的最大许用挠度来计算。

5.8.1.4　如果一个推力轴承承受两个或两个以上转子推力(如在齿轮箱内)，应采用力的合成，数值为矢量叠加。

这些力反向设计时，可以互相抵扣(如齿轮力对定义的气体力)。

• 5.8.1.5　如有规定，对干螺杆压缩机液体动压推力和径向轴承，应配有根据规定安装的轴承-金属温度传感器。参见图 B.5 和图 B.6。

注：通常对喷油螺杆压缩机不测量轴承温度。

5.8.2　滚动轴承

5.8.2.1　滚动轴承应按以下方式来定位、固定和安装：

a)　轴承应采用轴肩、凸缘或其他可靠的定位方式定位在轴上；不应采用止动环和弹簧垫圈来定位；
b)　轴承以过盈配合固定在轴上，并以径向间隙配合到机壳里，两者都要符合 GB/T 275 的推荐值；
c)　轴承应直接安装在轴上，不应使用轴承衬套。

5.8.2.2　单列深沟球轴承按 GB/T 273.3，应采用比 GB/T 4604—2006 中 3 组大的标准内部间隙。

5.8.2.3　滚动轴承应按照以下选择：

a)　滚动推力轴承可为单列深沟球轴承，在轴承承载能力内同时承受轴向推力和径向负荷并满足 5.8.1 的要求；
b)　如果负荷超过单列深沟轴承承载能力，应使用配对的单列角接触轴承；
c)　除非另有规定，应以成对双向布置，需要由卖方确定轴承间隙或预负荷以适合于用途和符合轴承寿命要求，见表 7；
d)　滚动推力轴承应用锁紧螺母和适当方法紧固在轴上；
e)　对径向负荷不应使用四点接触球轴承，不应使用带装球槽的轴承。

5.8.3　液体动压轴承

5.8.3.1　液体动压径向轴承应符合 5.8.3.1.1～5.8.3.1.3。

5.8.3.1.1　液体动压径向轴承应具有衬套型或瓦块型，有钢背巴氏合金并可替换。轴承应配防转销并应可靠地在轴向紧固。

5.8.3.1.2　当机组在各规定运行转速下包括任何共振工况不管有无负荷运行时，轴承设计应能抑制液体动压不稳定性，并在允许轴承间隙的整个范围内提供足够阻尼以限制转子振动振幅在最大规定振幅以下(见表4和表5)。

5.8.3.1.3　轴承设计应避免不正确的定位。

5.8.3.2　液体动压止推轴承应符合5.8.3.2.1～5.8.3.2.4。

5.8.3.2.1　液体动压止推轴承工作侧应浇有巴氏合金，多扇形、自动找平的可倾瓦块型或采购方认可的型式，按能在所有规定运行工况(包括最大许用压差)下连续运行来确定尺寸。副止推侧推力瓦块或多扇形推力面应浇巴氏合金并配置可靠的润滑。

5.8.3.2.2　除非另有规定，应提供可替换的止推环并应可靠地锁紧到轴上以防止微振磨损。

5.8.3.2.3　止推轴承设置应能调节排气端面间隙和轴承游隙或施加预负荷。

5.8.3.2.4　液体动压止推轴承应以不超过轴承制造厂的极限负荷额定值的50%来选择。极限负荷额定值是指连续运转时将产生最小容许的油膜厚度没引起失效的负荷或将在瓦块上最高温度部位不超过巴氏合金的蠕变发生或屈服强度的负荷，取其中小者。在确定止推轴承尺寸中，对每个特殊用途应考虑以下情况：

a)　轴转速；
b)　巴氏合金的温度；
c)　轴承瓦块的挠曲；
d)　最小油膜厚度；
e)　供油量、黏度、进油温度；
f)　轴承的结构；
g)　巴氏合金种类；
h)　油膜的扰动性。

液体动压止推轴承尺寸的确定应经采购方审核和认可。

5.9　轴承座

5.9.1　压力润滑液体动压轴承的轴承座布置应使油起泡减到最少。排放系统应足够维持油泡沫面在轴端密封以下。止推轴承排油口应为切向的，并在控制环上半部分内，或如不使用控制环，排油口应在止推轴承盒内。

5.9.2　轴承座上油的接口应符合5.3。

5.9.3　通过轴承和轴承座的油温升高在最不利的规定运行工况下应不超过30 ℃。轴承排油口油温应不超过80 ℃。轴承座进口油温超过50 ℃时，对轴承设计、油的流动和许用温升应给予专门考虑。在这情况下轴承座出口油温度可超过80 ℃。

注：喷油螺杆压缩机可以要求相对高些的进口油温以防止工艺气体中的冷凝液形成。不能维持足够油温可能导致润滑油的乳化或污染。

5.9.4　如果轴承座要求水冷却，在上下部箱体水腔之间应只能有外部接口，不应有可能使水泄漏进油箱的结合面密封垫片或螺纹接口。如果使用冷却盘管(包括配件)，材料应为非铁质的金属材料并不应有内部接头。管子外径至少应为12 mm，壁厚至少应为1.0 mm。

5.9.5　压缩机箱体的出轴处应设置轴密封和挡液板；不应使用唇形密封。密封和挡板应用无火花材料制造。密封的设计应能有效地把油挡回箱体并防止外来物进入箱体。

• 5.9.6　如有规定，对干螺杆压缩机应采取措施，在每个轴承上安装两个径向振动探头，在每个转子上一个轴向位移探头和一个每转一脉冲的探头，参见图B.3和图B.4。探头安装应按保护要求规定。

注：一些较小机器由于空间限制，不适合装接近探头。

• 5.9.7　如有规定，轴承座应按保护要求配备永久安装的地震式振动传感器。紧固件螺纹应为M8。

• 5.9.8　如有规定，应提供一个安装磁性地震式振动测量仪的平面。

5.10 润滑油和密封油系统

5.10.1 通则

5.10.1.1 除非另有规定,应提供压力油系统,按用途在不同压力下为以下设施供油:

a) 驱动机和驱动设备的轴承(包括齿轮箱);

b) 调速器和控制油系统;

c) 与润滑油系统合用的密封油系统;

d) 转子内部冷却;

e) 喷油压缩机的压缩腔,包括滑阀。

• 5.10.1.2 如果采购方规定,应提供安全阀,仅用于封闭设备热膨胀的保护(如冷却器或过滤器)。采购方应在示意图上安全阀符号旁标志"热力"。

5.10.2 干螺杆压缩机

5.10.2.1 如果公用油系统向一个机组的两个或以上设备(如一个压缩机、一个齿轮箱和一个电机)供油,机组成套方应确保油系统满足所有设备的要求。润滑油的兼容性需要用户和所有次卖方共同认可。在个别设备中可能存在显著的差异。

注:用于公用油系统的通常润滑剂是符合 GB/T 3141 中等级 32 或 46 的矿物油。

5.10.2.2 除非另有规定,轴承和轴承座应使用符合 GB/T 3141 的矿物油。

5.10.2.3 除非另有规定,干螺杆压缩机的压力油系统应执行 JB/T 4365 的要求。

• 5.10.2.4 如有规定,应提供符合 JB/T 4365 要求的与基架连在一起的油箱。

• 5.10.2.5 如有规定,应提供符合 JB/T 4365 要求的全流量轴驱动油泵。

注:该泵通常由齿轮箱低速轴驱动。

5.10.3 喷油螺杆压缩机

5.10.3.1 通则

5.10.3.1.1 喷油螺杆压缩机应使用压力油箱和分离器。

喷油螺杆压缩机油系统设计要考虑以下特性:

a) 润滑油与工艺气体接触;

b) 润滑油系统形成工艺流程系统的一个部分;

c) 润滑油系统是封闭的;

d) 润滑油压是排气压力产生的。在有些情况下可不用油泵(由压差驱动)。

常用的油系统在附录 E 中描述。

5.10.3.1.2 油系统应采用与工艺气体兼容的润滑剂。兼容性问题可以包括,但不限于如下:

a) 稀释;

b) 脱气;

c) 腐蚀;

d) 黏度变化;

e) 水气吸收;

f) 油对工艺流程的影响;

g) 轴密封型式。

5.10.3.1.3 如果对润滑油成分有要求,应由采购方提出。

注:常用的润滑油系统和它们布置的实例见附录 E。

5.10.3.1.4 任何规定运行工况的排气温度应至少高于工艺气体组分和水蒸气露点 10 ℃。

5.10.3.1.5 选定压缩机排气接口与第一个油分离器之间的气体接管大小应能承受脉冲、高容比混相流和振动负荷。

5.10.3.1.6 列于下面的润滑和密封油系统部件应符合 JB/T 4365 的要求。

a) 转换阀;

b) 计量表；

c) 加热器。

管路见 6.5.1 和 6.5.2。

5.10.3.2 **油过滤器**

油过滤器应符合 JB/T 4365 和以下的要求。

a) 供轴承、密封和控制油的油过滤器宜有 10 μm 颗粒(过滤比 $\beta \geqslant 200$)的过滤精度和 99.5%的清除效率；

b) 对压缩腔供(喷射)油的油过滤器精度应由卖方和采购方商定。

5.10.3.3 **冷却器**

• 5.10.3.3.1 应提供符合 JB/T 4365 的单独油冷却器。冷却器应按规定为液冷、管壳或板式，或空冷式。内置式油冷却器是不容许的。

卖方的标书应包含冷却器的全部细节。

• 5.10.3.3.2 如有规定，应提供双联冷却器。应按全部热负荷选定每个冷却器。

5.10.3.3.3 除非另有规定，选定冷却器应能带走任何规定工况的全部热负荷。

5.10.3.4 **油泵**

5.10.3.4.1 除非另有规定，应按 JB/T 4365 提供双泵。至少一个泵由电机驱动。

• 5.10.3.4.2 如有规定，或认同可以提供单泵。

注：在有些系统，泵仅要求用来开车。

5.10.3.4.3 泵的上游应提供粗过滤器。

5.10.3.5 **油分离器**

5.10.3.5.1 对喷油螺杆压缩机应按 5.10.3.5.1～5.10.3.5.5 中规定提供一个或多个油分离器。

• 5.10.3.5.2 应规定分离器在保证点工艺气流中允许的含油量(质量的百万分之多少)。

注 1：除保证点外的其他运行工况含油量可能会增加。

注 2：对含油量上有严格限制的设备可要求多个分离器。

• 5.10.3.5.3 分离器应按 GB 150 和《压力容器安全技术监察规程》设计。

5.10.3.5.4 除非另有规定，分离器应由碳钢制造，有 3 mm 腐蚀裕度。

介质有腐蚀性的设备或时常与大气接触的内部零件，宜采用奥氏体不锈钢。

• 5.10.3.5.5 分离器应有以下特性和附件：

a) 要为避免频繁加油和为防系统停机提供足够裕度的容积。应有至少 2 min 的存油时间。在标书中卖方应注明提议的分离器尺寸和存油时间以及最高、最低和正常运行液位。见图 E.4；

注：存油时间为了充分脱气以保持油的特性。

b) 设置凝聚过滤内件和冲击挡板，达到规定的含油量；

c) 除非另有规定，法兰式安全阀符合 6.4.4.6 的要求；

d) 分离器内部的维修和清洁用法兰式开口尺寸至少 150 mm；

e) 分别设置单独的法兰式放空、过滤器排放(二次回油，如应用)、回油、加油和排液接口；

f) 法兰式、铠装液位计；

g) 气体进口导流挡板；

h) 引导油位降到最低运行液位以下加油和回油接口上的导流管；

i) 油出口前的消涡器；

j) 如有规定，对液位开关、压差表、压力表、油温调节器入口、油温调节器出口和电加热器，设置单独的法兰式接口；

k) 如有规定，对温度计和/或温度开关，设置单独的奥氏体不锈钢套管式接口；

l) 如有规定，配置温控电加热器。

5.11 材料

5.11.1 通则

5.11.1.1 制造厂应按规定的运行和现场环境条件(见5.11.1.7)选择制造的材料并应符合本标准或采购方要求。

对辅助管路材料的要求见6.5。制造厂选择的材料宜由采购方审核和认可。

5.11.1.2 所有主要部件的制造材料应在卖方标书中清楚地说明。材料应以适用的国家标准牌号来标记,包括材料等级,见表F.1。如果非标牌号,卖方在标书中应给出力学性能、化学成分和试验要求等。

如果没有现成的国家标准,可使用公认的其他标准。

•5.11.1.3 如有规定,铜或铜合金不应用来制造与工艺气体接触的机器或辅助设备的零件。镍铜合金、轴承巴氏合金和沉淀-硬化不锈钢不受该限制。

5.11.1.4 卖方应指定可选择的试验和检验程序(见5.11.1.2)以确保材料满足使用。并应列在标书中。

采购方可以指定附加的可选择试验和检验程序,尤其是用于关键部件或在关键设施中材料。

5.11.1.5 旋转或滑动的外部零件(如控制联动的接头和调节机构)应选用适合于现场环境的防腐材料。

5.11.1.6 次要零件如螺母、弹簧、垫圈、垫片和键,至少应有相当于相同环境中指定零件的耐腐蚀性。

•5.11.1.7 采购方应指明存在于流动介质、工艺气体和现场环境中任何腐蚀介质(包括微量),包括可能引起应力腐蚀破坏的组分。

注:有关的常见介质为硫化氢、胺、氯化物、氰化物、氟化物、环烷酸和连多硫酸。

5.11.1.8 加工会产生表面硬化、用焊接奥氏体不锈钢堆焊或修补暴露于可能加速晶间腐蚀的环境的零件,应由低碳钢或稳定性好的材料制造。

注:除非堆焊晶间腐蚀不敏感的过渡层,含碳大于0.1%的表面堆焊层或硬化表面可使低碳组分和结构稳定性好的奥氏体不锈钢都对晶间腐蚀产生敏感。

5.11.1.9 在使用奥氏体不锈钢或易咬合材料的螺柱和螺母,在配合处,应用适合温度要求和与规定工艺气体相容的防咬剂来润滑。

注:是否使用防咬剂,要达到予负荷的扭矩值将有明显差异。

5.11.1.10 如果采购方已指明在气体中含有硫化氢,与气体接触的材料应符合抗硫化应力破坏的要求。铁质材料应限于屈服强度不超过620 N/mm^2 和硬度不超过H22RC(240HRB)。如有要求,焊接加工的零件应焊后热处理,以使焊缝和热影响区符合屈服强度和硬度要求。

注:考虑正常运行、开车、停机、闲置备用、倒车或异常工况如催化剂再生,确定可能存在湿 H_2S 的量是采购方的责任。

在许多应用中,少量的湿 H_2S 就要求采用防硫化应力腐蚀破坏材料。当已知存在微量湿 H_2S,湿 H_2S 含量不确定时,采购方宜在数据表上注明要求采用抗硫化应力腐蚀破坏材料。

5.11.1.11 卖方应以避免可能导致电解腐蚀的条件来选择材料。不能避免时,采购方和卖方应商定材料的选择和必需的预防措施。

注:如果带较大电势差的不同材料放置在有电解溶液的地方,可能导致贵重材料的严重腐蚀。材料的选择可参考有关手册。

5.11.1.12 适用的地方,材料和铸造系数应等于设计规范的要求。按规范中规定,不要求出具制造厂数据报告。

注:冲击要求见5.11.5。

5.11.1.13 低碳钢对环境或低温会有切口敏感性和易于脆性断裂。不应使用粗晶粒奥氏体钢。应使用完全脱氧,细晶粒的正火钢。

5.11.1.14 "O"形圈材料应适合于所有规定的用途。选择用于高压的"O"形圈应给予特殊考虑,以确保在压缩机快速降压中它们不会被损坏。

注:快速降压的敏感度取决于"O"形圈接触哪种气体、材料的配方、介质的温度、降压的速率和降压循环的次数。

5.11.1.15 承压连接用螺栓连接材料的最低品质要求，对铸铁机壳应为碳钢(如 GB/T 3098.1—2000 的6.8级)，对钢铸件应为高温合金钢(如 GB/T 3098.1—2000 的 8.8 级)。应使用碳钢螺母(如 GB/T 3098.2—2000 的 6 级或 8 级)。空间有限制的地方，应使用表面硬化的碳钢螺母。对温度低于 −30 ℃，应使用低温螺栓连接材料。

5.11.2 **铸件**

5.11.2.1 **通则**

5.11.2.1.1 铸件应完好，并无疏松、热裂、缩孔、气泡、裂纹、氧化皮、砂眼和其他类似的有害缺陷。铸件表面应经喷砂、喷丸、化学脱垢等方法清理。铸模-分型飞边和浇口与冒口的残留应铲除、锉光或磨平。

5.11.2.1.2 压力铸件中应尽量少使用芯撑。需要芯撑的地方，它们应清洁和无锈蚀(允许电镀)，其组分应能与铸件相容。

5.11.2.1.3 材料规范不包括的所有修补应经采购方认可。

5.11.2.1.4 不应有由于堵塞、焊接或综合形成的全封闭型芯空腔。

5.11.2.2 **承压铁质铸件的修补**

5.11.2.2.1 除了 5.11.2.2.2、5.11.2.2.3 和 5.11.2.2.4 中许可外，承压铁质铸件不应修补。

5.11.2.2.2 可焊的钢铸件应用焊接来修补，采用根据规定要求的合格焊接程序。重要焊接修补后在液压试验前，修补完的铸件应给予焊后热处理以确保消除应力和焊缝与母体金属的机械性能连续性及随后机械运行时尺寸的稳定性。

5.11.2.2.3 灰铸铁可在 JB/T 6431 规定限制范围内用堵塞法来修补。堵塞孔应采用液体渗透仔细检查，确定所有缺陷已被清除。

5.11.2.2.4 球墨铸铁在 JB/T 9104 规定限制范围内可以用堵塞法来修补。堵塞孔应采用液体渗透仔细检查，确定所有缺陷已被清除。

5.11.2.3 **球墨铸铁件**

5.11.2.3.1 球墨铸铁件应按 JB/T 9104 生产。

注：球墨铸铁通常还称为球状铁或球状石墨铁。

5.11.2.3.2 在浇铸终了铸造的基尔或 Y 试块至少应与主要铸件的最厚截面一样厚。该试块应作拉伸强度和硬度试验，并应作显微检查。微观检查的石墨球状分类应按照 GB/T 7216。

关键截面一般是指厚壁截面、变截面、高应力点截面，如油孔、转子内腔和法兰。通常，凸缘和类似截面不认为是铸件的关键截面。如果一个铸件的关键截面有不同厚度，平均尺寸的基尔或 Y 试块可以按 JB/T 9104 或其他公认材料规范选择。最低品质等级宜由采购方和卖方商定。

5.11.2.3.3 摆锤式 V 缺口冲击试样至少一组(三件)，取自试块厚度三分之一处，应由每个基尔(附铸)试块或 Y 试块上靠近拉伸试样的材料制成。所有三件试样在室温下冲击值应不低于 11 J 且平均冲击值不低于 14 J。

5.11.2.3.4 每个浇铸包应取一个"铸态"试样，作化学分析。

5.11.2.3.5 布氏硬度试验应在实际铸件适宜的关键截面如截面变化处、法兰和其他方便的位置如机壳腔上进行。进行硬度试验前应消除表面铸皮影响。试验还应在铸件端部代表最初和最后浇铸截面的位置进行。这些硬度试验除了基尔或 Y 试块上的试验应按 5.11.2.3.2 进行。

5.11.3 **锻件**

5.11.3.1 除非另有采购方和卖方商定，锻件材料应从 JB/T 6908 或附录 F 中选择。

5.11.3.2 材料规范不包括的所有修补应须经采购方认可。

5.11.4 **焊接件**

• 5.11.4.1 以下要求应符合表 8 的技术规范：

a) 焊接和焊补应执行的程序；

b） 焊接和焊补的检查应执行的程序；

c） 执行焊接、焊补和检查的操作者的验证要求。

如有规定或采购方同意，可以使用替代的规范和标准。

表 8 焊接要求

要求	应用规范或标准
焊工/操作者验证	GB/T 15169、GB/T 19805
焊接程序验证	适用的材料技术条件，材料技术条件不包含焊接程序的地方按 GB/T 19866、GB/T 19868.1、GB/T 19868.2、GB/T 19868.3、GB/T 19868.4、GB/T 19869.1、JB 4708
非受压结构焊接如基架或支撑	JB/T 4709
坡口的磁粉或液体渗透检查	JB/T 4730
焊后热处理	适用的材料技术条件或压力设计规范（如 GB 150）
机壳制造焊接的焊后热处理	适用的材料技术条件或压力设计规范（如 GB 150）

5.11.4.2 卖方应对所有修补和焊补的审核负责，以确保它们的程序、热处理和无损检测都符合要求。焊补前后应用相同方法来无损检测，修补后的检验对磁性材料应按照 7.2.2.1 的磁粉方法，对非磁性材料应按照 7.2.2.1 的液体渗透方法。除非另有规定，重要修补应在修补前须经采购方审核。

5.11.4.3 重要修补前应通知采购方。重要修补是指等同或超过以下准则的缺陷的修补：

a） 运动零件的修补；

b） 准备焊补的承压零件，开挖深度超过部件壁厚 50%或任何方向长于 150 mm 的修补；

c） 所有修补的总面积超过零件表面积的 10%。

5.11.4.4 在组合转子上焊缝的所有表面应用磁粉或着色渗透方法来检验。

5.11.4.5 锻造或锻造和铸造组合制造的承压机壳应遵照 5.11.4.6～5.11.4.9 中规定的条件。

5.11.4.6 坡口应按 5.11.4.1 和表 8 要求用磁粉或液体渗透检测来检查。

5.11.4.7 焊缝的可达表面应在背面铲平或磨平并再焊后热处理后，用磁粉或液体渗透检测来检查。

5.11.4.8 承压零件焊缝，包括机壳与轴向和径向法兰的焊缝应为全焊透焊缝。

5.11.4.9 按照规定要求焊后热处理的材料制造的机壳，无论厚度多少都应热处理。

5.11.4.10 承压机壳与连接件的焊接应按 5.11.4.11～5.11.4.15 的规定。

• 5.11.4.11 除了 5.11.4.1 的要求，如有规定，特殊焊缝应经 100%射线、磁粉检验，超声波或液体渗透检验。

• 5.11.4.12 如有规定，推荐的接口设计在制造前应提交认可。图样上应表明焊缝型式、尺寸、材料和焊前与焊后热处理要求。

5.11.4.13 所有焊缝应按 5.11.4.1 和表 8 的要求。

5.11.4.14 如有要求，焊后热处理应在所有焊缝包括管路焊缝完成后实施。

5.11.4.15 与合金钢机壳焊接的辅助管道应具有机壳材料相同性能或用低碳奥氏体不锈钢。其他相容材料经采购方认同后方可使用。

5.11.5 低温设备

• 5.11.5.1 采购方应指明用于冲击试验的最低设计金属温度及压力和其他材料要求。

通常，这是最低周围环境温度或最低工艺气体温度中的较低者；然而采购方也可以根据工艺气体的性能，如减压时自动致冷，来指定最低设计金属温度。

5.11.5.2 为避免脆裂，低温设备用材料和结构应适应于按照规定的规范和其他要求的最低设计金属温度。考虑运行、维修、运输、安装、投产和试验期间可能发生的情况，采购方和卖方应商定必需的专门的预警措施。

对卖方提供可能经受低于延性-脆性转变温度的钢制承压零件，在制造方法、焊接程序和材料的选择中宜加注意。

标准中许多材料，发布的设计许用应力是依据最低拉伸性能。一些标准在沸腾、半镇静、全镇静、热轧和正火材料之间不加区分，也不考虑生产材料晶粒精粗。卖方在材料选择中宜预定设备工作温度在−30 ℃和40 ℃之间。

5.11.5.3　所有碳钢、低合金钢和高合金钢承压部件包括接管、法兰和焊接件应按规定的要求做冲击试验。对规定不包含的材料和厚度，采购方宜指明具体要求。

注：冲击试验可以不要求，这取决于最低设计金属温度，热的、机械的和周期的负荷及控制厚度。

冲击试验要求的指导性厚度应是以下的较大者：

a）最大对接接头的公称厚度；

b）压力容器的最大公称截面，除了：

1）结构上支撑截面，如底脚或支腿；

2）为提高刚性来减少轴偏移而要求增加厚度的截面；

3）机械特性的附属结构或内部结构，如夹套或密封腔要求的结构截面。

c）公称法兰厚度的四分之一，包括轴向剖分机壳的分型法兰厚度（公认主法兰应力不是表层应力）。

冲击试验的结果应符合规定的最小冲击能要求。

5.12　铭牌和转向箭头

5.12.1　铭牌应牢靠地固定在设备和辅助设备主要件的醒目位置。

5.12.2　转向箭头应浇铸或固定在每个旋转设备主要件的醒目位置。

5.12.3　铭牌和转向箭头（如有）应为奥氏体不锈钢或镍-铜合金。固定销钉应为同样材料。不允许焊接。

5.12.4　铭牌上应清晰地打印或蚀刻以下内容：

a）卖方名称；

b）系列号；

c）尺寸、型式和型号；

d）额定流量；

e）采购方的项目或其他标记；

f）最大连续速度；

g）最大机壳工作压力；

h）液压试验压力；

i）最大许用温度。

6　辅助设备

6.1　驱动机

6.1.1　通则

6.1.1.1　驱动机应具有规定的型式，它的规格应满足最大规定运行工况，包括外部齿轮箱和/或联轴器的损失，并应符合询价单和订单中相应的技术要求。驱动机应能在询价单中规定的公共设施和现场条件下运行。

6.1.1.2　驱动机的规格应适合规定流程变化，例如介质的压力、温度或性能及工厂启动条件的变化。

6.1.1.3　驱动机应能在规定工况下启动，其启动方法应由采购方和卖方商定。驱动机的启动转矩应超过被驱动设备的速度-转矩特性要求。

6.1.1.4 承载负荷质量大于225 kg的支撑脚应提供垂直起重螺钉。

6.1.2 电机

6.1.2.1 采购方应指定电机的型式、特性和附件,包括但不限于以下内容:

a) 电气特性;
b) 启动条件,包括启动时预期的电压降;
c) 外壳的型式;
d) 声压级;
e) 区域分类;
f) 绝缘型式;
g) 要求的服务系数;
h) 环境温度和海拔高度;
i) 传动损失;
j) 规定的温度测试仪表、振动传感器和加热器;
k) 辅助设备(例如电机-发电机机组、通风机和仪表);
l) 振动验收准则;
m) 用于变频驱动。

6.1.2.2 驱动电机应执行适用的标准。电机应以服务系数1.0来额定。电机额定值应至少为任何额定运行工况要求的最大功率(包括齿轮箱和/或联轴器损失)的110%。应考虑驱动机和被驱动设备两者的启动工况,还应考虑这些工况会不同于正常运行工况的可能性。

注:110%适用于项目的设计阶段。试验后,由于被驱动设备的性能偏差,该裕度可能达不到。

6.1.2.3 在电压降到公称电压的80%或其他规定的值时,电机的启动转矩应符合被驱动设备的要求,并且电机应在15 s内或采购方和卖方商定的其他时间段内加速到全速。

6.1.3 汽轮机

• 汽轮机应按采购方规定执行JB/T 6765或JB/T 6764。汽轮机的规格应在任何规定运行工况和对应速度下,连续供给不少于被驱动设备(包括齿轮箱和/或联轴器损失)最大功率要求的110%。汽轮机应在采购方规定的最小输入和最大排出工况对应的速度下传递其额定功率。

注1:110%适用于项目的设计阶段。试验后,由于被驱动设备的性能偏差,该裕度可能达不到。

注2:为防止尺寸过大或为获得较高运行效率或兼顾两者,希望以规定正常功率或选择额定功率的百分率代替规定最低热降条件下的额定功率来限定汽轮机容量。

6.1.4 齿轮传动装置

• 齿轮传动装置应按规定执行GB/Z 19414。

6.2 联轴器和防护罩

6.2.1 除非另有规定,驱动机与被驱动设备之间的挠性联轴器和防护罩应由被驱动设备制造厂提供。

6.2.2 联轴器和防护罩应执行JB/T 9559。联轴器种类、型式和安装配置应由采购方与驱动机和被驱动设备的卖方商定。

6.2.3 轴的配合要求,键槽尺寸(若有)及由于端窜动和热胀引起的轴端位移量应提供给供应联轴器的卖方。

注:以上通常由被驱动设备的卖方或驱动机卖方提供。

6.2.4 联轴器和轴接合处应至少能够传递联轴器的额定功率。

6.2.5 如机械运转试验要求,联轴器采购方应提供一个转矩模拟器(见7.3.3)。

试验台联轴器宜模拟合同联轴器转矩。

6.3 安装板

6.3.1 通则

• 6.3.1.1 设备应按规定提供底板或基架(总称为安装板)。

注:典型安装板图样参见附录G。

6.3.1.2 安装板的上下面和安装在其上面任何单独底脚的安装面应相互平行。表面粗糙度 *Ra* 应不大于 125 μm。

6.3.1.3 如果支撑的一个点负荷质量等于或大于 225 kg，安装板应提供轴向和横向的水平调节螺钉，尺寸等于或大于垂直调节螺钉。调整这些调节螺钉的搭子应固定到安装板上，而不妨碍设备和调节螺钉或垫片的安装和调整。应采取预防措施防止结合的填隙表面被设备底脚中的垂直调节螺钉损坏。可以采用另外的提升设备方法来抽去或插入垫片，或水平地移动设备，如使用液压千斤顶。用调节螺钉提升或水平移动的设备太重，宜采用这样的方案。调节螺钉应电镀防锈。

6.3.1.4 机械支承的设计应能限制压力、转矩和允许的管路应力等最不利的综合作用引起的轴端相对位移，偏差在 50 μm 内。

6.3.1.5 如果设备采用轴中心线对称支撑，其底脚或类似结构的设计应能使用水平调节螺钉来移动机器。

6.3.1.6 除非另有规定，机器安装在混凝土基础上应使用环氧树脂灌浆。灌浆准备和安装应按照相关规定。

6.3.1.7 地脚螺栓不应用于设备与安装板的紧固。

6.3.1.8 安装板应符合如下要求：

a) 安装板不应为安装其他附属设备而钻孔。

b) 安装板应提供找平螺钉。如果采购方认同，可提供找平用斜垫铁代替找平螺钉。

c) 接触灌浆的安装板应有至少 50 mm 平面圆角。

d) 所有机械的安装表面在加工后应立刻防锈处理。

e) 安装板应超过设备底脚外三侧各 25 mm。

f) 安装板加工面粗糙度 *Ra* 应不大于 6 μm。

6.3.1.9 对中垫片应对压紧螺栓和垂直调节螺钉跨中，还应比设备底脚至少伸出 5 mm。

6.3.1.10 除非另有规定，地脚螺栓应由采购方提供。

6.3.1.11 固定设备到安装板上去的压紧螺栓和所有调节螺钉应由卖方提供。

6.3.1.12 设备安装设计应按照相关规定。

6.3.2 基架

6.3.2.1 如果规定用基架，采购方应指明安装在其上面的主要设备。除非采购方和卖方共同商定可以采用多段组合，基架应为单个制造的钢构件。多段组合基架应有机加工的配合表面来定位，并应用螺栓连接一起，确保正确的现场重装。

注：因受运输的限制，标称长度大于 12 m 或标称宽度大于 4 m 的基架可以多段组合。

6.3.2.2 基架应延伸到传动部件下，以能盛贮这些部件的泄漏。

• 6.3.2.3 如有规定，基架设计应便于光学、激光或其他仪表基座的使用，能在现场来正确找平。其细节应由采购方和卖方商定。如果采用找平基座或标靶，对基础上基架和安装的设备，它们应便于使用。并应提供可卸保护盖。对柱架式安装基架（见 6.3.2.4）找平基座或标靶应靠近支撑点。对非柱架式安装基架基座或标靶宜位于每个角上。如果是长机组，增加的找平基座应处于居中位置。

• 6.3.2.4 如有规定，结构件下没有连续灌浆基架应设计为柱架式安装（即，在规定点有足够刚性来支撑）。基架设计应由采购方和卖方共同商定。

6.3.2.5 基架应至少有四个吊耳。起吊装好设备的基架不应产生永久变形和损坏基架或设备。

6.3.2.6 基架底部结构件之间应敞开，除非油箱与基架组成一体。如果基架设计为灌浆的，其灌浆孔应提供净面积至少 130 cm^2，并在各个围堰截口内每边尺寸不少于 75 mm。这些孔应设置在所有载重结构件下面以便灌浆。孔在安装好设备后应便于灌浆。孔应有 13 mm 凸起侧边，如果液体可能冲击暴露的灌浆区，应加上最薄 1.5 mm 厚度的金属盖。在基架的每个围堰口中最高点上应提供直径至少 13 mm 的排气孔。

6.3.2.7 除非另有规定，在基架上面的所有行走和工作区域应覆盖防滑面板。

6.3.2.8 基架的各安装底平面的平面度应在 0.1 mm 内。

注：一个平面内的多个安装平面允许使用同一水平基础。

6.3.2.9 所有基架上安装平面应：

a) 全部组合后再机加工；

b) 机加工的装配面的平面度在 4.2 μm/100 mm 内；

c) 各个装配面应相互平行，偏差在 50 μm 内；

d) 要求各装配面在同一平面内的单个机壳，其各装配面平面度应在 2.5 μm 内，以防止有软支承。

6.3.3 底板和次底板

• 6.3.3.1 如果规定用底板，除了 6.3.1 的要求，它们应符合 6.3.3.2 和 6.3.3.3 的要求。

6.3.3.2 在螺栓连接位置应提供足够的工作空间，以便使用标准内套筒或外套筒扳手并能使用水平和垂直调节螺钉来移动设备。

6.3.3.3 底板应为有足够厚的钢板，以传递从设备底座到基础的预计负荷，板厚不应少于 40 mm。

• 6.3.3.4 如有规定，次底板应由卖方提供。

6.3.3.5 如规定次底板，应为至少 25 mm 厚度的钢板。次底板配合表面粗糙度应与底板的相适应。

6.4 控制和仪表

6.4.1 通则

• 6.4.1.1 卖方应提供完整的压缩机性能数据，以使采购方为启动和所有规定运行工况设计控制系统。如果采购方请求，卖方应审核全部压缩机控制系统与卖方提供控制设备的相容性。

6.4.1.2 仪表及安装应执行采购方的技术要求，并且除非另有规定，仪表及安装应执行 JB/T 4365 的要求。

• 6.4.1.3 采购方应指定控制器件、仪表和控制仪表盘要求。附录 A 中数据表可以用于注明要求。

6.4.1.4 除非另有规定，控制器件和仪表设计应能户外安装，并应符合按 GB 3836(所有部分)中详述的 IP65 要求。

6.4.1.5 仪表和控制器件的设计和制造应适用于规定的区域分类(类、组和区或区域)。

6.4.1.6 所有导线管、铠装电缆和支撑的设计和安装应既能容易拆卸又不会受损，并其安放位置要不妨碍轴承、密封或设备内件的拆卸。

6.4.2 控制系统

• 6.4.2.1 压缩机可以根据吸入压力、排出压力、流量或这些参数的组合来控制。控制方法有吸入节流、转速调节、滑阀容积控制或冷却旁路。控制系统可以是机械的、气动的、液压的、电气的或它们的各种组合。系统可以手动操作或可以带手动替换的自动操作。采购方应指定控制信号源、其灵敏度和范围及由供方提供的设备。

注：对喷油螺杆压缩机，旁路可不要求冷却。

6.4.2.2 变速驱动的控制信号应传递到调节驱动机的转速控制系统。机器的转速应随控制信号成线性变化。除非另有规定，控制和运行转速范围应从最高连续转速到任何规定运行工况要求的最低转速的 95% 或最高连续转速的 70% 的低者。

• 6.4.2.3 如有规定，应提供控制模式的组合。

注：通常，对多用途或多种气体应用，限定机器转速范围是必需的。

• 6.4.2.4 如果规定恒速驱动，控制信号应传递到压缩机滑阀流量控制(如果提供)，或管路中控制阀。

6.4.2.5 控制信号的全程范围与被驱动设备的要求运行范围相对应。除非另有规定，最大控制信号应与最高连续转速或最大流量相对应。

6.4.3 仪表和控制仪表盘

• 6.4.3.1 如规定时，应提供仪表盘，并应包括被驱动设备和驱动机用所有安装在仪表盘上的仪表。这些仪表盘应根据采购方的要求设计和制造。仪表盘必须独立位于机组的基础上或另外位置。操作者从驱动机控制点看仪表盘上仪表应清晰可见。应提供灯光试验按钮。应规定安装在仪表盘上的仪表。

• 6.4.3.2 除非另有规定，仪表盘应由至少 3 mm 厚的钢板制造，并且是加强的，自支撑的和顶侧封闭的。如有规定，仪表盘背面应封闭以减小触电的危险，防止受损，或能为安全或防腐蚀而充气。所有仪表应齐平地安装在仪表盘前面，所有紧固件应防腐蚀。

• 6.4.3.3 仪表盘应完整地组装、排管、接线，现场只要求连接采购方的外部管路和线路。对控制器件和仪表如果机组上要求多于一个线路接点，应提供从带接线柱的单独终端接线盒接到每个开关或仪表的接线。每个终端若有接线盒应安装在机组上或其基座上。终端接线条、开关和仪表上所有线头和接线柱应加带标识套管。仪表盘内侧线路应整齐地穿引在导管里或固定在电缆架上。

6.4.3.4 由卖方提供的控制器件和仪表的内部连接管路及线路，应仅在运输限制时才可拆下。

6.4.4 仪器

6.4.4.1 通则

• 对所有仪表型式，采购方应指定从测量点到仪表的连接金属管线附件。

6.4.4.2 转速表

• 如有规定，对变速机组应提供转速表。应规定其型式、范围和显示装置。除非另有规定，转速表应由驱动机卖方提供，其最小测试范围为最高连续转速的 0%～125%。

6.4.4.3 振动和位置探测器

• 6.4.4.3.1 如有规定，应提供、安装和校准非接触振动和轴向位移传感器。参见图 B.3 和图 B.4。

• 6.4.4.3.2 如有规定，应提供、安装和校准地震振动转换器。

• 6.4.4.3.3 如有规定，应提供和校准振动和轴向位移监视器。

6.4.4.4 轴承温度监测器

• 如有规定，应提供、安装和校准轴承温度监测器。参见图 B.5 和图 B.6。

注：由于尺寸限制，在小型压缩机上有可能不能够安装轴承温度监测器。在喷油螺杆压缩机上，轴承温度监测器可能是不实际的。

6.4.4.5 滑阀位置显示器

如提供滑阀，应提供仪表来显示滑阀的位置。

6.4.4.6 安全阀

6.4.4.6.1 卖方应提供卖方成套范围的安全阀。其他安全阀宜由采购方提供。卖方报价单应列出所有安全阀，并应清晰地表明卖方所供范围。

6.4.4.6.2 安全阀的规格、选择和安装应符合安全阀制造厂的要求。安全阀还应符合 JB/T 6441。卖方应确定供应范围内所有安全阀的规格和设定压力，并推荐其外购设备其他方所供安全阀的规格和设定压力。安全阀的规格和设定压力应考虑到设备故障的所有可能性。

6.4.4.6.3 除非另有规定，安全阀阀体应是钢制的。

• 6.4.4.6.4 如有规定，对可能被隔离阀阻断的辅助设备或冷却水夹套应提供热力安全阀。

6.4.4.7 压缩机减压阀

• 如有规定，卖方应供应安装在管路系统中的减压阀。

6.4.4.8 停机隔离阀

• 如有规定，卖方应在进气和排气终端点两处提供停机隔离阀。

注：由于小的封闭容积或高的停机平衡压力，关闭隔离阀开车是不可能的。

6.4.4.9 流量显示器

6.4.4.9.1 在每个通大气的排油回路中应提供流量显示器。

6.4.4.9.2 除非另有规定，流量显示器应为：

a) 法兰式；

b) 在双侧带玻璃圆窗型；

c) 钢体结构；

d) 直径不小于油管内径的一半；

e) 能够清晰显示最小油量；

f) 为便于观察通过管路的流量，每个流量显示器宜带有玻璃窗(牛眼)并垂直安装。

6.4.5 **报警和停机**

6.4.5.1 **通则**

6.4.5.1.1 应提供报警/停机系统，若设定参数之一达到报警点应激发报警和若设定参数之一达到停机点应激发停机。

•6.4.5.1.2 采购方宜指定要求的报警和跳闸值，可以包括表9中所列的。

表9 仅报警或报警并停机要求的条件

条　件
轴向位移过大
超速
机组故障停机
备用润滑油泵的启动
备用密封油泵的启动
径向轴振动过大
机壳或轴承座振动过大
绕组温度过高
轴承温度过高
压缩机排出温度过高
进排气压差过大
吸入空气过滤器压差过大
分离器的液位过高
润滑油过滤器压差过大
密封油过滤器压差过大
推力轴承回油温度过高
润滑油进油温度过高或过低
润滑油箱液位过高或过低
密封油压力过高或过低
密封油温度过高或过低
密封油箱液位过高或过低
流到压缩机水夹套冷却液流量过小
密封阻尼气体压力过低
润滑油压力过低

6.4.5.1.3 卖方应告知采购方考虑到维护设备所必需的附加报警和/或停机。

6.4.5.1.4 采购方应指定由设备卖方应该供应的报警/停机的范围。

6.4.5.1.5 除非另有规定，除了停机传感装置外，应提供必需的调节阀和短接开关或接通中继线，以便在设备运行中来更换仪表和部件。如果对停机传感装置规定用隔离阀，卖方应提供在开启位置锁住阀门的手段。

6.4.5.2 **报警**

6.4.5.2.1 对于某些系统，尤其是基于传统的直接作用仪表所建立的那些系统，完全符合6.4.5.2.2～6.4.5.2.9的规定可能是难以实现的。

6.4.5.2.2 对每个停机参数，停机点前就应设置相关的报警点。

•6.4.5.2.3 按规定任何报警参数达到报警点应激发一个声响的警告或一个闪烁的灯光或两者都有。应能确定是哪个参数激发报警。

•6.4.5.2.4 按规定任何停机参数达到停机点应引起停机并应激发一个声响的警告或一个闪烁的灯光或两者都有，其应区分于相关报警。应能确定是哪个参数激发停机。

6.4.5.2.5 如果报警/停机系统的任何部件工作不正常，应激发报警，并应区分于设备工作不正常导致的报警。

注：为达到这个要求，可能要求增加冗余传感器。

6.4.5.2.6 如果停机系统中部件的任何工作不正常导致系统不能够识别停机条件，设备应自动停机并应激发报警。该报警应区分于设备(失效保护系统)的工作不正常导致的停机。

•6.4.5.2.7 如果规定非失效保护系统，导致系统不能够识别报警条件的失效也应做到所有其他报警和停机依然保持功能。

6.4.5.2.8 设备在运行时应有可能试验各种报警功能的每个部件。这样的试验不应要求解除任何停机功能。

6.4.5.2.9 除了最后停机装置(电路断路器、蒸汽断开装置和节流阀、燃料阀等)之外，设备在运行时应能试验各种停机功能的每个部件。与停机功能有关部件的试验不应要求解除任何其他停机功能或任何报警功能。

注1：开关试验时，允许所有报警旁路。

注2：为达到这个要求，可能要求增加冗余传感器。

6.4.5.3 **过程记录器**

• 如有规定，报警/停机系统应装有一个过程记录器以记录报警/停机的发生过程。

注：通常分散控制系统(DCS)的专门过程记录器不可能有足够快的搜索率。

6.4.5.4 **报警器**

•6.4.5.4.1 如有规定，万一由单个事项引起多个报警和/或停机，报警/停机系统应装有先出报警器便于显示哪个参数首先达到报警点和哪个参数首先达到停机点。先出报警器不能并入联合控制和监测系统的地方，应提供单独的报警器。

6.4.5.4.2 如果规定报警器要有先出功能，是作为单独的仪表还是并入作为联合控制和监测系统，运行次序应如下：

a) 达到报警或停机的第一个参数应引发光和声报警器都动作；

b) 报警或停机应揿一个共有的报警消音按钮来确认；

c) 报警或停机被确认时，声响装置应消音但灯光应持续保留，灯亮应持续到报警或停机条件消除为止；

d) 如果又有一个参数达到报警或停机点，灯光应回到闪烁状态并声响装置应动作，即使早先的报警/停机条件已被确认并仍然存在。

6.4.5.4.3 如果先出报警器功能由独立仪表提供，该仪表应安装在就地仪表盘上。报警或停机动作，应有约25%备用点，并应单独提供远程显示接口。

6.4.5.5 **报警和断开装置**

6.4.5.5.1 **通则**

• 采购方宜指明报警和断开装置是否是变送器或开关。

注：变送器是传送测量变化信号值到远程端装置的仪表(例如报警中继、显示、过程控制计算机)。

6.4.5.5.2 **就地安装激发开关**

6.4.5.5.2.1 如果报警或停机功能由就地安装开关激发，除了6.4.5.5.2.7和6.4.5.5.2.8注明的，每个报警开关和每个停机开关应提供单独外壳，并位于便于检查和维修之处。

6.4.5.5.2.2 应提供最小容量 5 A 220 V AC 和 0.5 A 120 V DC 牢固密封的单刀双掷开关。不应采用水银开关。

6.4.5.5.2.3 采购方应指明开关是否应连接成常开(断开)或常闭(接通)来激发报警和停机。

6.4.5.5.2.4 报警和断开开关不应在柜壳外调节。

6.4.5.5.2.5 报警和停机开关的柜壳应符合 6.4.6.2 的要求。

6.4.5.5.2.6 压力开关的传感元件应为不锈钢件(奥氏体型不锈钢)。由降压驱使的低压开关应配备压力表、泄放阀或放空接口,如有规定,配双切换和泄放双阀组,以允许试验时控制降压。由升压触发的高压开关应配备带阀试验接口以便试验时能使用手提泵升压。采用的配备宜由采购方规定。

6.4.5.5.2.7 按规定,温度应由热电偶或热电阻温度传感器来测量,并应与就地仪表盘内的仪表连接。除了报警和停机应连接到独立的仪表外,可以使用多点仪表,并应为每个温度探测提供独立的报警或停机触点(无源开关)。每个报警和停机点应单独可调。

6.4.5.5.2.8 振动和/或轴向位移开关应符合制造厂的要求,见 6.4.4.3。

6.4.5.5.2.9 液位开关应有安装在能与相联容器隔离的独立封闭空间内,型式为浮球式或磁平衡浮子式。应提供带阀试验接口以能使液位按需要人为地升或降来试验开关的功能。

6.4.6 电气系统

6.4.6.1 电气系统应符合 JB/T 4365。

6.4.6.2 为防止偶然的接触,所有终端条、继电器、开关和其他激发零件应安装在封闭箱柜内。电力线应与仪表和控制信号线在封闭箱柜内分隔尽可能远。设备运行(例如对报警试验或调节)中可能要求打开的封闭箱内侧,对所有终端条和其他电压超过 50 V 的带电暴露零件应提供护套或覆盖层。在电气设备周围应提供维修空间或符合相应规范。

6.5 管路

6.5.1 通则

6.5.1.1 管路设计、接口制作、试验和检查应按照规定的规范和标准。管路的焊接应采用经评定的程序由合格的操作者来实施,施焊人员及程序的评定应符合规定的标准,例如 GB/T 20801(所有部分)和 GB/T 15169、GB/T 19805。

6.5.1.2 管路系统应包括管路、截止阀、调节阀、安全阀、减压阀、孔板、温度计、温度表和温度计套管、压力表、流动窥视镜及所有相关的放空和排液接口。

6.5.1.3 卖方应按规定提供所有管路系统,包括主机组底架、油站底座或辅助底架界限内安装的附属设备的管路连接。管路在台架边缘应以法兰接口为终接。如果设备机组规定采用底板,则设备机组管路系统的范围由采购方界定。采购方宜仅提供设备机组和底架以外设备之间的连接管路。

6.5.1.4 管路系统设计应达到以下要求:

a) 适当的支撑和防护,以防止振动或装运、运行或维修引起的损坏;

b) 适当弹性和足够空间,便于操作、维修和清洁;

c) 布置整洁有序,与机器外形相协调而不妨碍进出;

d) 使用放空阀或使用无集气管路布置来消除气穴;

e) 不拆除管道的低位排液。

6.5.1.5 管路应最好用弯管和焊接来制造,使法兰和管件的使用减到最少。仅在设备接口、底座边缘和为便于维修允许采用法兰连接。在其他部位的法兰使用须经采购方的认可。除了三通和异径接头,对拥挤区域为便于管子布置才允许使用焊接管件。除了(有采购方认可)对空间或进出必需之外,不应使用螺纹接口。不应使用管子衬套。

6.5.1.6 管子堵塞应按照 5.3.6。

6.5.2 附属设备系统管路

除非另有规定,附属设备系统管路应按照 JB/T 4365。

除非另有规定，供油管路，包括管件(除了松套法兰)，应为不锈钢。对喷油螺杆压缩机，油过滤器上游的管路材料应由采购方和卖方商定。

注：喷油螺杆压缩机系统中油分离器和油过滤器上游的管路的材料通常为碳钢。

6.5.3 仪表管路

除非另有规定，仪表管路应按照 JB/T 4365。

6.5.4 工艺流程管路

•6.5.4.1 应规定卖方供应的工艺流程管路的范围和要求。

6.5.4.2 6.5.1 的要求应用于卖方供应的工艺流程管路。

•6.5.4.3 如有规定，卖方应审核所有管路、辅助设备和容器(例如脉冲抑制装置、中间冷却器、后冷却器、分离器、集液罐、空气吸入过滤器和膨胀节)和紧靠设备前后的支撑的设计。采购方和卖方应商定该审核的范围。

6.5.4.4 对喷油螺杆压缩机，压缩机排出端和分离容器之间的中间连接管路应以不多于一半积液下运行来定尺寸，并应至少有 1：24 的坡度以确保排向分离器。

6.6 中间冷却器和后冷却器

•6.6.1 如有规定，卖方应在每个压缩级之间提供水冷管壳式中间冷却器。

•6.6.2 采购方应指定是否应由卖方提供后冷却器。

•6.6.3 水冷管壳式中间冷却器和后冷却器应按数据表上采购方的规定，按照 GB 151 和 GB 150 的规定设计和制造。

注意：热交换器及其支撑结构对脉冲的诱发振动有敏感性。

6.6.4 除非另有采购方认可，中间冷却器和后冷却器的结构和布置应在抽管芯时无需拆除管道或压缩机部件。冷却水应走管程。

6.6.5 固定管板冷却器应有进入气道的检查孔。壳体上爆破片(在管子失效情况下保护壳体)应经采购方专门认可时方能使用。

6.6.6 如果规定空气冷却器，应按照 GB/T 15386。

6.6.7 除非另有规定，用于中间冷却器的空气冷却热交换器应有自动温度控制。该控制可以用百叶窗、变速风扇、变栅距风扇、旁路阀或这些组合的手段来达到。建议的控制系统要采购方认可。

6.6.8 除非另有规定，可以提供套管式中间冷却器和后冷却器。仅采购方认可后可以提供翅片式套管设计。

•6.6.9 中间冷却器应按规定可安装在机器上或独立安装。

•6.6.10 结构的材料应为数据表上规定的材料。

6.6.11 如果冷凝液分离和收集设备由卖方提供，它们应包括如下：

a) 带手动旁路的自动排放凝液筒；
b) 在收集罐上装有带截止阀和放空阀的铠装玻璃液位计；
c) 在收集罐上装有高液位报警和断开用独立接口和液位开关；
d) 收集罐要提供约定的储存容量，并根据预期正常冷凝速率，在高液位报警和跳闸之间有 5 min 时间间隔的储量。

•6.6.12 如有规定，卖方应提供压缩机级之间和中间冷却器和后冷却器之间预制的管路。级间管路应执行 GB/T 20801(所有部分)。

6.7 吸入空气过滤器

6.7.1 除非另有规定，为了空气压缩机从大气吸气，卖方应提供干式多级高效吸入过滤器。高效过滤器应能够除去 97％颗粒度≥100 μm 粒子。清洁的过滤器最大压降应不超过 1.2 kPa。

6.7.2 空气吸入过滤器应适合于户外安装，最好水平安装，并应提供天气防护罩和百叶窗。为能应对现场异常情况，如沙尘暴等，吸入过滤器可高出压缩机上面一定距离。

• 6.7.3 每个过滤器应按规定提供压差显示传感器或压差显示器和开关。

6.7.4 过滤器设计应能在机组运行时更换第一级(预过滤器)的滤芯。

如果要特殊过滤器应在采购方询价单或数据表中注明。

6.7.5 除非另有规定,对过滤器外壳和吸入管路要求镀锌层。

6.8 吸入分离器

6.8.1 采购方应通知制造厂工艺气流中夹带的液体或固体颗粒的种类和数量。

注1:吸入分离器除不掉的固体颗粒通过喷油螺杆压缩机,会聚积在排出分离器内,并会损害压缩机油泵、转子轴承座和转子。

注2:一些污染物质,尤其是催化金属粒子如铁,会增加油氧化的速率,并会分解油和极性添加剂(例如抗磨剂和抗压剂、抗氧化剂和分散剂)。

• 6.8.2 如有规定,卖方应在压缩机整套装置前提供高效吸入分离器,除去来自工艺气流的液体和固体颗粒。

注1:液体可能会过分稀释再循环油流,特别在开车或加压时。

注2:液体可能携带溶解由于进口压降和压缩热的蒸发而析出的固体。

注3:许多固体颗粒最好在吸入分离器中随分离液体一起除去。

6.8.3 如果规定吸入过滤/分离器,应提供经过过滤器的压差显示器和报警开关。

如果要特殊过滤器应在采购方询价单或数据表中注明。

6.8.4 除非另有规定,应提供奥氏体型不锈钢或高强度耐蚀合金(蒙乃尔)[1)]旋翼或筛网型除雾器。如果提供筛网型除雾器,筛网的前后应加支撑。

6.9 干螺杆压缩机用脉冲抑制器/消声器

6.9.1 脉冲和噪声抑制的必要性、范围、分析应由采购方和卖方商定。

注1:设计压缩机和管路系统时,要考虑整个运行范围,包括在变速运行的整个转速范围,气体各种工况的温度、压力的变化范围以及吹除气的间歇运行工况。

注2:在螺杆压缩机中,气体的流动是不稳定的,但是以一系列叠加到稳定(平均)流上的流动脉冲来流经管路。流动脉冲的特性由压缩机的大小和运行工况(排量、速度、转子、压力等等)确定。来自管路系统的机械的和声学的扰动是脉冲振幅和频率、气体的热物理性能和管路系统的特性(布置、支撑、自然频率等等)作用的结果。

注3:螺杆压缩机产生常是三维的脉冲。此外考虑大直径容器或管路组合的高频率造成环绕的模式更重要。

6.9.2 除非另有规定,每一级的吸入和排出脉冲抑制器/消声器应由压缩机制造厂提供。它们的基本功能应在可闻声音频率范围内,既达到脉冲的最大实际衰减又不超过6.9.3规定的压降限制。

6.9.3 除非另有商定,通过脉冲抑制器/消声器压降应不超过以下值:

a) 吸入消声器:在脉冲抑制器/消声器入口处绝压的1%;

b) 排出消声器:在脉冲抑制器/消声器出口处绝压的2.5%。

压降应在数据表中阐明,并应在要求功率的计算中加以考虑。

在低压和真空的情况下,压降可以超过1%的限制以达到必需的脉冲衰减。

注:对运行工况变化大的机器(例如:速度、气体相应分子质量),上面叙述的限定在所有情况下不可能都达到。

6.9.4 峰间振幅值,p_{pp},以管线侧平均绝压的百分比表示,在吸入和排出消声器的工艺流程管路一侧上应不超过管线侧平均绝压的2%或公式(3)的计算值,取较小者:

$$p_{pp}=28.6/P_{AM}{}^{1/3} \qquad \cdots\cdots(3)$$

式中:

P_{AM}——绝对管线侧压力,单位为千帕(kPa)。

6.9.5 脉冲抑制器/消声器相对于压缩机接口法兰的方位应由采购方和卖方共同商定。

注:脉冲抑制器/消声器直接安装在压缩机法兰上可得到最大消声效果。

---

1) 高强度耐蚀合金(蒙乃尔)是商业上现有的相应产品。该信息对本标准的用户给出了便利,并不构成该产品的担保。

6.9.6 脉冲抑制器和消声器宜用外包隔声层。可以考虑其他替代措施，但应随报价单提交所要替代措施的全部细节。

6.9.7 除非另有认可，在气流中存在污染物可能造成最终阻碍流动的场合，不应使用扩散器或小孔板分隔气流的装置。然而如果使用这样装置，应便于清洗。

•6.9.8 如有规定，脉冲抑制器/消声器的卖方应提供详细图样，以便能对脉冲抑制器/消声器和采购方管路系统一起进行声学特性的单独研究。

•6.9.9 碳钢壳体最小腐蚀裕度应为 3 mm。如果腐蚀性气体要求使用碳钢之外的材料，材料和要求的腐蚀裕度应由采购方规定。采购方应在数据表上注明压缩特殊气体的碳钢或非碳钢材料的腐蚀裕度。非碳钢壳体材料的厚度应等于或大于碳钢要求的厚度，包括碳钢的腐蚀裕度。内部零件最小厚度应为 6 mm。

•6.9.10 脉冲抑制器/消声器应符合规定的 GB 150，并设计压力应不小于规定的安全阀设定值。脉冲抑制器/消声器除了按静态工况设计外，工作循环次数超过容器的预期寿命和脉冲负荷特性时，按动负荷设计。

6.9.11 所有焊缝应为连续的全焊透焊缝。

6.9.12 在每个脉冲抑制器/消声器进出接管上应提供 DN20 接头。对压缩机运行时可能聚积液体的每个腔室应提供最小 DN25 外排放接头。单独的腔室排放不能实施和隔板延伸到容器壁的地方，经采购方认可在隔板中可以使用圆凹槽开口。内部零件的布置应确保在所有运行工况下液体流向排放接口。应考虑排放开口对消声器特性的影响。

6.9.13 除非另有规定，进口脉冲抑制器/消声器的进口接管和出口脉冲抑制器/消声器出口接管位置在允许的地方应提供两个法兰式 DN25 接口，而对采购方高温报警或停机元件的指针式温度计和其套管的安装无相互影响。

6.9.14 小于等于 DN40 接口应加两个平面角支撑以避免由于脉冲引发振动的断裂。

6.9.15 除非采购方另有规定，所有引到脉冲抑制器/消声器的主要接口应为法兰式。

•6.9.16 如有规定，应提供尺寸 DN150 检查口并配有盲法兰和垫片以便进入每个腔室。直径小于 500 mm 容器上也可提供 DN150 检查口。

注：在有些消声器上开检查口是不可行的。

6.9.17 侧面进入的主接管接口应加金属补强圈，补强圈面积等于切去面积(不包括接口管壁的金属厚度)。

•6.9.18 结构应适合于户外运行。如有规定，脉冲抑制器/消声器上应提供隔声层抱箍。所有接口和铭牌不应被隔声层遮挡。

6.10 专用工具

6.10.1 如果要求拆卸、安装或维修设备用的专用工具或装置，应计入在报价单内并作为设备原始供货的一部分。对多机组安装，专用工具或装置的数量应由采购方和卖方商定。这些专用工具应在制造厂安装和试验时，进行使用并加以论证。

6.10.2 如提供专用工具，它们应用单独结实的金属箱包装并标记“专用工具用(标签/项目号)”。每个工具应打印记或贴标签以表明其用途。

7 检验、试验和装运准备

7.1 通则

•7.1.1 采购方宜指定在检验和试验中参与的范围。

•7.1.2 如有规定，采购方代表、卖方代表或双方，应依据检验员检查表(如附录 H 中提供的)经草签、注明日期以示一致，并在装运前把完整的检查表呈送给采购方。

7.1.3 卖方提前通知后，采购方代表有权进入所有卖方或次卖方设备正在生产、试验或检查的工厂。

7.1.4 卖方应将采购方的检查和试验要求通知次卖方。

7.1.5 如果已指定检查和试验，采购方和卖方应协调制造控制点和验收人员的来访。

7.1.6 采购方宜指定需要见证和观察检查或试验的提前通知量。

7.2 检验

7.2.1 通则

7.2.1.1 卖方应保存以下数据至少20年：

a) 必需的和规定的材料合格证书，如试验报告；
b) 能证明已符合要求的试验数据和结果；
c) 无论正常制造过程的还是修补工序的所有热处理验证记录；
d) 质量控制试验和检验结果；
e) 全部修补清单；
• f) 如有规定，最后组装维护和运转间隙；
g) 采购方规定的其他数据或按适用标准和规则要求的数据，见8.3.1.1。

7.2.1.2 承压零件在规定检验和试验完成前不应喷漆。

注：有些材料可能要求涂底漆以防腐蚀。

•7.2.1.3 除了5.11.4.1的要求，采购方可以指定以下要求：

a) 应进行表面和次表面检测的零件；
b) 要求检测的类型，如磁粉，液体渗透，射线或超声波检测。

7.2.2 材料检验

7.2.2.1 要求或规定焊缝或材料进行射线、超声波、磁粉或液体渗透检验时，应选用表10的准则，除非另有已规定的相应程序和验收准则。

表10 无损检测方法与验收标准

检测类别		球墨铸铁件	铸钢件	锻件	焊接件
射线	方法	—	GB/T 5677	—	JB 4730
	验收标准	—	购卖双方商定	—	GB 150
超声波	方法	JB/T 5439	JB/T 5441	JB/T 5440	JB 4730
	验收标准	JB/T 9104	购卖双方商定	JB/T 6908	GB 150
磁粉	方法	JB/T 5442	JB/T 5442	JB/T 5442	JB 4730
	验收标准	JB/T 9104	购卖双方商定	JB/T 6908	GB 150
液体渗透	方法	—	GB/T 9443	JB/T 8466	JB 4730
	验收标准	—	购卖双方商定	购卖双方商定	GB 150
注：射线和超声波检验不适用于灰铸铁。					

7.2.2.2 如果需要，卖方应审核设备的设计并应执行比7.2.2.1要求的综合限制更严格的准则。

7.2.2.3 超出7.2.2.1限制的缺陷应除去，由规定的检验方法确定已符合引用的质量标准。

7.2.3 机械检验

7.2.3.1 设备组装期间，应检查每个部件(包括整体铸入的通道)和所有管路及附件以确保它们已清洁并无外来异物、锈蚀和铁屑。

7.2.3.2 所有油系统部件应符合JB/T 4365的清洁要求。

•7.2.3.3 如有规定，在封头焊到筒体上、容器和换热器被封口或管路最后组装之前，采购方可以检查设备和全部管路和附件的清洁度。

•7.2.3.4 如有规定，通过试验应验证零件硬度、焊缝和热影响区在许用值内。试验的方法、范围、文件和见证要求应由采购方和卖方共同商定。

7.3 试验

7.3.1 通则

7.3.1.1 设备应按照7.3.2和7.3.3进行试验。采购方可以规定其他的试验，见7.3.4。

7.3.1.2 在首次安排运转试验前至少6周，卖方应将机械运转试验和所有规定的选择运转试验(见7.3.4)的详细程序包括所有监测参数的验收准则提交采购方审核和评定。

7.3.1.3 卖方应在设备准备试验日期前不少于五个工作日通知采购方。如果试验是重新安排的，卖方也应在新试验日期前不少于5个工作日通知采购方。

7.3.2 液压试验

7.3.2.1 压缩机铸件的承压零件应按照规定进行液压试验，试验压力至少为最大许用工作压力的1.5倍并不低于150 kPa表压。试验液体的温度应高于试验材料的脆性转变温度。

注1：脆性转变温度是材料遭受完全脆性断裂无明显塑性变形时的最高温度。

注2：对气体承压零件，液压试验是部件的整体力学性能试验，并不是渗漏测试。

7.3.2.2 如果零件试验在某个温度下操作，而材料的强度低于该材料在该试验温度的强度，那么液压试验压力应乘上一个系数，该系数是等于试验温度材料的最大许用工作应力除以最大许用温度的最大许用工作应力的值。使用的应力值应符合GB/T 20801(所有部分)对管路或GB 150对容器给出的值。如此获得的压力应是液压试验应执行的最低压力。数据表应列出实际的液压试验压力。

对试验材料该要求的适用性宜在液压试验前加以验证，由于钢的许多牌号性能在温度200 ℃以下不会明显改变。

7.3.2.3 用以试验奥氏体不锈钢材料液体的氯化物含量应不超过50 mg/kg(质量的百万分之50)。为防止因蒸发干燥的结果在奥氏体不锈钢上氯化物的沉积，在试验结束时，应从试验零件上去除所有残留的液体。

注：氯化物含量加以限制，为了防止应力腐蚀破坏。

7.3.2.4 试验应保持足够的时间，以便零件在压力下有可能进行全面检查。承压零件和连接处至少30 min既无泄漏又无渗漏时，液压试验应被认为是合格的。大的或重的承压零件或综合系统，经采购方和卖方商定可要求延长的试验时间。

组装的机壳液压试验使用的垫片应与随机壳所供的产品垫片具有相同设计。

7.3.3 机械运转试验

7.3.3.1 机械运转试验前的要求

7.3.3.1.1 机械运转试验在机器中应使用产品的轴密封和轴承。

7.3.3.1.2 对规定的试验机组，所有油压和黏度应与卖方运行说明书中推荐的运行值一致。对压力润滑系统，应监测每个轴承的油流量。

7.3.3.1.3 试验台的油过滤精度应为10 μm(过滤比$\beta \geqslant 200$)(见5.10.3.2)。任何试验开始前，过滤器后油系统部件应符合JB/T 4365的清洁度要求。

7.3.3.1.4 由油雾系统润滑的轴承应进行预润滑。

7.3.3.1.5 应检查全部连接和接口的密封性，并应排除任何泄漏。

7.3.3.1.6 应检查用于测试的全部警示、保护和控制装置，并按要求作调整。

7.3.3.1.7 最好用产品的联轴器进行试验。

7.3.3.1.8 使用7.3.3.1.9～7.3.3.1.11规定仪表确定的振动特性应作为对机器验收或拒收的依据(见5.7.3.6)。

7.3.3.1.9 制造厂试验装备应包括有机壳振动的监测设施。

试验时，宜使用制造厂仪表，并能记录水平和垂直方向的振动数据。

注：压缩机设备的外形可能会限制测量装置的位置。

7.3.3.1.10 所有采购方的振动测试设施都应在试验时使用。如果振动探头不是设备卖方提供，或如果采购的探头与制造厂显示设施不兼容，那么应使用符合精度要求的制造厂装置和显示设施。

7.3.3.1.11 如果规定和提供非接触振动探头，制造厂试验装备应包括有连续监测和绘制每分钟转数、峰间位移和相位角（x-y-y'）能力的仪表。振动位移图像和相位信号也应通过示波器监测。

7.3.3.2 机械运转试验的转速要求

7.3.3.2.1 机械运转试验应在最大连续转速下运行至少 4 h。

7.3.3.2.2 变速设备以近似 10%转速增量从最小许用转速提到最大连续转速，并在最大连续转速运转，直到轴承温度、润滑油温度和轴振动已趋稳定。

注：在最小许用转速以下运行会损害设备。

7.3.3.2.3 变速设备的转速应提到跳闸转速（见表 2）并应至少运转 15 min。

7.3.3.2.4 变速设备的转速应降到最大连续转速并应连续运转 4 h。

7.3.3.3 机械运转试验期间的要求

7.3.3.3.1 机械运转试验期间，所有试验设备的机械运行状态良好和试验仪表工作正常。测得的振动值按用途应不超过表 4 或表 5 的规定极限，并应对运行转速范围全程作记录。

7.3.3.3.2 设备以最大连续转速和试验技术协议规定的其他转速运行时，应对除了同步频率外的其他频率的振幅进行频谱分析。作为最低要求，该频谱分析应覆盖从 0.25 至 8 倍最大连续转速的频率范围，但不多于每分钟 90 000 个循环次数（1 500 Hz）。如果任何不连续的振幅、非同步振动，不包括另一个转子和其谐波的频率，超过按表 4 或表 5 中定义的许用全振动的 20%，或就齿槽切割气口频率及其谐波来说超过许用全振动的 75%，采购方和卖方应作进一步调查研究，对可能涉及附加试验的要求达成一致意见。

注 1：对螺杆压缩机，在齿槽切割气口频率和其谐波，或另一个转子频率和其谐波的振动，是常见的，并可能是组成按 5.7.3.6 限制的总振动值的主要部分。

注 2：对于在齿槽切割气口频率和其谐波的振动，该附加试验可以要求模拟该合同的相对分子量的闭合回路试验。

•7.3.3.3.3 如有规定，对采购方和卖方商定的所有振动数据应作记录并提供一份复印件给采购方。

•7.3.3.3.4 如有规定，润滑油和密封油进口压力和温度应在操作手册允许的范围内变化。这种变化应在 4 h 的试验期间进行。

7.3.3.4 机械运转试验完成后的要求

7.3.3.4.1 如有轴承或密封件的更换或改装，或有为纠正机械的或性能的缺陷要求更换或改装其他零件的情况，初始试验不能验收，并最后的制造厂试验应在这些缺陷纠正后重新运转。

•7.3.3.4.2 如有规定，订购的备用转子与机组同时制造时，每组备用转子也应按照本标准的要求给予机械运转试验。

7.3.3.4.3 机械运转试验完成后，用于有毒、有害、易燃、或富氢等其他规定气体时，每台组装的压缩机机壳，还应按 7.3.3.4.4 和 7.3.3.4.5 规定进行试验。

7.3.3.4.4 机壳（包括端密封）应用惰性气体加压至最大密封压力或最大密封设计压力（按采购方和卖方商定），保压至少 30 min，并经肥皂泡沫试验或其他经认同的试验以检查气体泄漏。如果机壳或机壳连接处无泄漏，试验应被认为是合格的。

试验气体相对分子量宜近似于合同的气体相对分子量。低相对分子量合同气宜考虑氦气，高相对分子量宜考虑氮气或 R22 制冷气。

7.3.3.4.5 机壳（安装或没安装端密封）应加压到额定排气压力，保压至少 30 min，并经肥皂泡沫试验或其他经认同的试验以检查气体泄漏。如果机壳或机壳连接处无泄漏，试验应被认为是合格的。

注：7.3.3.4.4 和 7.3.3.4.5 的要求可能需要两个独立的试验。

7.3.3.5 热运转

7.3.3.5.1 干螺杆压缩机，4 h 机械试验运转前应进行热运转。压缩机应在最大连续转速，同时稳定在规定的运行工况的最高运行温度加 11 ℃作为排气温度,运行至少 30 min。

注 1:在规定工况下与实际运行温度有关的热运转温度,不是安全阀设定值或最大许用的运行温度。较高温度运行要求过大内部间隙导致正常运行工况下降低容积效率。

注 2:喷水密封和高泄漏率的机器上,存在无法达到热运转温度的可能性。

高排气温度停机点宜设置在热运转温度以下。

7.3.3.5.2 对使用油密封的压缩机机组,空气的运转试验排气温度达 120 ℃时,应实施改进的试验程序以消除油-空气的高温危害。改进的试验程序由采购方和卖方商定。

7.3.4 选定试验

7.3.4.1 通则

如有规定,应进行 7.3.4.2～7.3.4.13 所述制造厂试验。试验细节应由采购方和卖方共同商定。

7.3.4.2 性能试验

• 机器应按照 GB/T 3853 试验。见 5.1.15a)。

按 7.3.3.1.9～7.3.3.1.11 中规定的试验期间,应测量和记录振动值。

7.3.4.3 整套机组试验

• 组成整套机组设备如压缩机、传动装置、驱动机和辅助设备,在机械运转试验期间应一起试验。如有规定,应进行扭转振动测量以验证卖方的分析。对扭转试验,需要包括所有主要旋转部件。可以进行整套机组试验来代替规定的每种设备的单独试验或除了规定的每种设备的单独试验外再加整套机组试验。

7.3.4.4 减速试验

• 如规定非接触探头,应绘制 4 h 运转前后的同步振动的振幅和相位角随转速减速变化曲线图。还应绘制滤波(每转一次)和非滤波振动值图表。如有规定,这些数据还应以极座标形式绘制提供。图上标出点的转速范围应从 400 r/min 至规定的驱动机跳闸转速。

7.3.4.5 串联试验

• 在机械运转试验期间,串联布置的机器应使用制造厂的驱动机和油系统进行串联驱动试验。

7.3.4.6 传动装置试验

• 如果驱动轴系中采用单独齿轮箱,在机械运转试验期间应与机器机组一起试验。

7.3.4.7 氦密封试验

• 承压零件,如压缩机机壳和气缸,应用氦气在最大许用工作压力下进行气体泄漏试验。试验应把机壳浸没在水里进行。水温应高于制造零件材料的脆性转换温度。应保持最大许用工作压力至少 30 min,不允许有水泡。作为替代方法,如果由采购方认可,可采用肥皂泡试验或其他认可试验来检查。

如果压送气体的摩尔质量小于 12,或气体含有大于 0.1 mol%的硫化氢,宜规定进行氦密封试验。

7.3.4.8 声压级试验

• 声压级试验应按照 GB/T 4980 或其他认可标准。

注:由于运行工况和管路系统的不同,在测试台上的声压级试验不能代表现场的声压级。

7.3.4.9 辅助设备试验

• 辅助设备,如油系统、传动装置和控制系统,应在卖方的制造厂进行试验。辅助设备试验的细节应由采购方和卖方共同拟定。

7.3.4.10 试验后检验

• 如有规定,压缩机、传动装置和驱动机在机械运转试验合格后,应拆开、检查和重装。采购方宜指定在试验后检查前后是否需应进行 7.3.3.4.3 要求的气体试验。

7.3.4.11 全压/全负荷/全速试验

• 全压/全负荷/全速测试的目标和细节应由采购方和卖方共同拟定。该试验可用机械运转试验取代。

7.3.4.12 **液压装配联轴器毂/轴配合的试验**

• 运转试验后，应检查毂/轴的配合标志以确保液压装配联轴器的过盈配合。

7.3.4.13 **备件试验**

• 备件如联轴器、齿轮和密封件应按规定进行试验。

注：备用转子的机械试验按7.3.3.4.2进行。

7.3.5 **试验数据**

每个需见证的机械、性能和选定试验一完成就应立刻把记录的试验数据的复印件交给见证人。

采购方和卖方应共同认同试验数据已符合试验技术要求中验收准则。

7.3.6 **试验报告**

• 如有规定，卖方应在认可时间内，按"卖方图样和资料要求"(参见附录I中示例格式)提供试验报告。

7.4 **装运准备**

7.4.1 设备应按规定的装运型式作准备，包括需要时对转子的固定。固定的转子应用不锈钢丝系上防腐的标签作出标识。装运准备应使设备适合于从启运之日起6个月的户外贮存，轴承和密封件除了检查外，运行前不要拆卸。如果预期设备贮存期较长，采购方宜对有关程序与卖方磋商。

7.4.2 卖方应向采购方提供设备抵达后开车前，在施工现场保持设备贮存完整性的说明。

7.4.3 设备所有试验和检验完成后，并已由采购方放行，应作装运准备。准备应包括如下：

a) 除了加工面外，装运、贮存或交付使用期间可能腐蚀的所有外表面，应至少涂上一层制造厂标准油漆。油漆不应含有铅或铬酸盐。

注1：奥氏体不锈钢通常不油漆。

b) 除了防腐材料外加工面应涂上防锈剂。

c) 设备内部应保持清洁；无刻痕、焊渣和外来物；并喷涂或刷涂可用溶剂去除的防锈剂。应旋转转子将防锈剂通过所有开口喷入。

d) 轴承座内表面和油系统碳钢部件应涂与润滑油相容的油溶性防锈剂。

e) 任何接触润滑油的油漆都应是防油的。如果使用合成润滑油，应采取专门的预防措施以保证与油漆的兼容性。

f) 永久的内部涂层应与工艺气体、冷却介质和润滑油相容。

• g) 如有规定，法兰口应提供至少5 mm厚的金属板，带弹性垫片和至少4个螺栓封口。对螺柱连接孔口，应使用预定用途的所有螺母以确保封口。每个开口应铅封以至防护盖不会被脱开且密封不破坏。

h) 螺纹口应提供钢管帽或圆头钢堵。决不应使用非金属(如塑料)管帽或管堵。

注2：上述是装运用管堵；永久性管堵按5.3.11规定。

i) 焊接坡口应封口以防潮气和损伤。

j) 起吊点和吊耳处应清晰地标识在设备或设备包装箱上。起吊应按安装手册规定。

k) 设备应标识项目和系列号。单独发运的材料应牢固地贴上标明所用设备的项目和系列号的防腐金属标签。箱装设备应附带双份装箱清单，发运箱内外各一份。

l) 采购备用转子副时，应准备它在不采暖的户内贮存至少三年时间。转子副应防锈处理，并应放置在缓挥发性防腐剂的气雾屏障的包装袋套内。转子应按国内或出口规定装箱。转子和托架支撑区之间应垫采购方认可的3 mm厚的弹性材料[不能用四氟乙烯(TFE)或聚四氟乙烯(PTFE)]。探头测量区的挡板上应标记"探头区-切勿碰伤"。如有规定，转子应竖立贮存。应在联轴器端支撑，固定支架应能支撑1.5倍的转子重量而不损伤轴。固定支架使用的说明应包括在安装、操作及保养手册里。

注3：TFE和PTFE不推荐为托架支撑衬垫，因为它们会冷流并浸入轴表面。

m) 轴关键区域如轴颈、端面密封、探头测量区和联轴器配合部位都应加上单独防腐挡板来保护，以防止偶发事故的机械损伤。

n) 散装部件应浸蜡处理或置于塑料袋中，并用硬纸板箱包装。散装件应在装运箱中可靠地固定。

7.4.4 采购设备上的辅助管路接头应有打印或永久性标签，并与卖方的接口表或总布置图一致。还应标明用途和接口名称。

7.4.5 轴承组件应完全防止潮气和灰尘的进入。如袋装挥发性防腐剂安放在大空档内来吸潮，袋应系在便于拆下的地方。如可能，袋应安装在金属丝笼内，系在法兰盖上，并应由不锈钢丝系着的防腐标签显示袋的位置。

7.4.6 一份制造厂的安装说明书应随设备一起包装和发运。

7.4.7 为装运而需拆除的辅助管路接头应有便于重装的相配记号。

•7.4.8 如有规定，机器配装的管路、中间冷却器等的装备和组装应在装运前在卖方制造厂完成。

•7.4.9 如有规定，卖方应提供适合于起吊设备和设备包装箱的起吊工具。

起吊工具可以包括加长杆、吊钩和吊索。

8 卖方资料

8.1 通则

8.1.1 卖方提供的资料按 8.2 和 8.3 的规定。

8.1.2 在传递函件(封面)、标题页和图纸上标题栏或另外显著位置应标记以下资料：

a) 采购方/用户的团体名称；

b) 工程/项目号；

c) 设备项目号和用途名称；

d) 询价单或采购方订单号；

e) 询价单或采购方订单中规定的任何其他识别标志；

f) 卖方识别投标号、制造厂订单号、系列号或完全识别返回函件要求的其他参考号。

•8.1.3 应举行协调会议，最好在卖方的制造厂，且在采购委托后 4～6 周内进行。除非另有规定，卖方应在会议前准备和分发该会议的议程，至少应包括以下项目的评述：

a) 采购方订单、供货范围、成套责任、次卖方项目和通讯途径；

b) 数据表；

c) 适用的技术规范和预先约定对技术规范的偏离；

d) 资料发送、生产和试验的进程表；

e) 质量保证大纲和程序；

f) 检验、简化处理和试验；

g) 辅助系统的简图和材料清单；

h) 设备、管路及辅助系统的实际方位，包括操作与维修通道；

i) 联轴器选择和额定值；

j) 定推力和径向轴承尺寸，预计负荷和特殊配置；

k) 密封的运行和调节；

l) 转子动态分析(按要求，横向的，扭转的和瞬态扭转的)；

m) 设备性能，替代运行工况、启动、停机和任何运行限制；

n) 任何脉动或振动分析的范围和细节；

o) 仪表和控制元件；

p) 要求设计审核的项目的识别标志；

q） 检验，相关验收准则和试验；

r） 简化处理；

s） 其他技术事项。

8.2 投标

8.2.1 通则

卖方应把原始的标书和规定数量的副本一起寄到询价文件上所述地址。标书至少应包括8.2.2和8.2.3中规定的资料和严格按照本标准的设备及其所有部件和辅助设备的专门陈述。如果设备及其部件和辅助设备不能严格按照本标准时，卖方标书还应列出每个偏离细节和解释的清单。卖方应提供足够的细则以能使采购方评价提议的可替换设计。所有相应之处应按8.1.2所列清晰地作出标志。

8.2.2 图样

8.2.2.1 “卖方图样和资料要求”格式(参见附录I中举例)上表明的图样应包括在卖方的标书内。至少应包括以下内容：

a） 标注每种机器机组或撬装式箱体的总体尺寸、维修间距尺寸、总重量、装配重量和每个项目的最大维修重量的总布置图或外形图；还应表明旋转方向及采购方主要接口的规格和位置；

b） 提议的设备的剖面详图；

c） 所有辅助系统包括燃料、润滑油、控制和电力系统的示意图，还应包括材料清单；

d） 起吊整套机器或多台机器、箱体和主要部件及辅助设备的方法的简图(此信息可以包括在上面的a)项规定的图样上)。

8.2.2.2 如果采用“通用”图样、示意图和材料清单，它们应标上质量和尺寸，以反映建议实际的设备和范围。

8.2.3 技术资料

标书中应包括以下资料：

a） 采购方数据表与列入其中的完整卖方信息及充分说明报价细目文件；

b） 预期的噪音数据(5.1.19)；

c） 表明按照卖方同意的传递所有规定资料进度的“卖方图样和资料要求”格式(参见附录I)；

d） 收到订单后几周内告知设备装运的进度表；

e） 物主存在的机器互换性的主要易损件清单；

f） “开车”和正常维修用的推荐备件清单；

g） 提供维修用专用工具清单；

h） 在数据表上规定的现场工况下，开车、运行和闲置期间要求任何气候防护和冬季防寒的说明，应清晰地表明采购方提供的防护以及包括在卖方供应范围内的防护；

i） 公用工程设施要求的全部造册，例如蒸汽、水、电、气体和润滑油(包括要求润滑油的量和供应压力，油传递的热负荷)和辅助驱动机铭牌功率额定值和运行功率要求。近似数据应加以定义并清楚地标明；

j） 5.11.1.4要求的材料的任何选定或附加试验和检验的说明；

k） 不论是采购方在询价单中规定的还是本标准要求的任何特殊要求的说明；

l） 与推荐机器相类似的，并已安装运行(运行工况与询价单中规定工况相似)机器的业绩清单；

m） 为保护设备完善要求的任何开车、停机和运行的限定；

n） 作为替代设计而要求采购方验收的部件清单；

o） 对恒速机组，卖方应提出在超压或提高流量情况下能遵循的程序，以降低功率消耗；

p） 卖方提供的所有要求的安全阀清单；

q） 对喷油螺杆压缩机，卖方应说明分离容器中油液滞留时间、最高和最低液位和容量。

8.2.4 曲线图

卖方应提供完整的性能曲线图，运行图上标明其限制。对恒速设备，参见数据表上的运行点。

8.2.5 选定试验

卖方应对采购方规定或卖方建议的每个特殊或选定试验提供使用程序的大纲。

8.3 合同资料

8.3.1 通则

8.3.1.1 应由卖方按照认同的“卖方图样和资料要求”格式提供合同资料，参见附录I中示例。

8.3.1.2 每张图纸的右下角应有标题栏，含有确认日期、8.1.2中规定的标识数据、修改号和日期及标题。包括次卖方项目的其他文件里，也应提供类似信息。

8.3.1.3 采购方一收到卖方资料应就迅速地审核；然而，该审核不应成为允许偏离订单中任何要求的理由，除非专门书面商定。在资料已审核和接受后，卖方应提供规定数量的确认副本。

8.3.1.4 卖方资料的全套清单包括在首次发布主要图样内。该清单应包含标题、图号和传递每个列出项目的进度表。该清单应前后参照附录I中关于“卖方图样和资料要求”格式的资料。

8.3.2 图样和技术数据

卖方提供的图样和技术数据中信息应完整，和8.3.5规定的手册一起，采购方可以用来正确地安装、运行和维修采购设备。所有合同图样和资料应清晰明了(最小8号字体，即使从大尺寸绘图缩小)，应覆盖“卖方图样和资料要求”格式的范围(参见附录I示例)并应有满足应用的详细说明。

8.3.3 进度报告

卖方应在规定时限内提交进度报告给采购方。

注：这报告的内容参考I.2oo)。

8.3.4 零件清单和推荐备件

8.3.4.1 卖方应提交所有设备和附属装置的全套零件清单。这些清单应包括零件名称、制造厂唯一的零件号、结构材料(用适用的标准标识)。每个零件应完整地标识，并显示在合适的剖面、装配型局部剖面或爆破视面等比例图样上。可互换的零件也应这样标识。对标准尺寸修改的或满足特殊性能要求的零件应用专用零件号唯一地标识。标准采购的项目，应用制造厂的名称和零件号标识。

8.3.4.2 卖方应对全套零件清单里的每个零件，说明推荐为开车或维修备件的所有零件和推荐的贮存数量。这些宜包括卖方原始标书中不包括的次卖方推荐备件。

8.3.5 安装、操作、维修和技术数据手册

8.3.5.1 通则

卖方应提供足够数量的书面说明书和采购方能安装、运行和维修所有采购设备的必需图样。该信息应编辑成一本(或多本)手册，带有显示8.1.2所列信息的封面页，索引页和有标题及图号的参考附图的整套清单。以上手册应为采购设备专用手册。“通用”手册是不接受的。

8.3.5.2 安装手册

设备正确安装要求的所有资料应编辑成手册，其发布应不迟于最后确认图样发布时间。据此，其可以与操作和维修手册分开。本手册应包含对中和灌浆程序、正常和最大公用设施要求、重心、装配起吊预防措施和程序及所有其他安装资料。应包括8.2.2和8.2.3中规定的与正确安装有关的所有图样和资料作为本手册的一部分；也可见I.2ll)中说明。

8.3.5.3 操作和维修手册

提供含有所有要求的操作和维修说明的手册，应不迟于所有规定试验成功完成后的2周，除了涉及在所有规定工况的操作要求，本手册还应包含在任何规定的极端环境条件下的操作要求，也可见1.2 mm中说明。

8.3.5.4 技术资料手册

如有规定，卖方应30天内提供采购方全套制造厂试验的技术资料手册，也可见1.2ss)中说明。

附 录 A
（资料性附录）
通用数据表

容积式	工程号＿＿＿＿＿＿　项目号＿＿＿＿＿＿
回转压缩机	采购方订单号＿＿＿＿＿＿　日期＿＿＿＿＿＿
数据表	申请号＿＿＿＿＿＿
SI 单位制	询价号＿＿＿＿＿＿
	页码　第　1　页　共　9　页　编制＿＿＿＿＿＿

○图样单位：○SI　(4.3)

1	用于：○投标　○采购　○竣工　日期＿＿＿＿　修改＿＿＿＿						
2	用于＿＿＿＿　机组＿＿＿＿						
3	地点＿＿＿＿　系列号＿＿＿＿						
4	用途＿＿＿＿　需要数＿＿＿＿						
5	制造厂＿＿＿＿　型号＿＿＿＿　驱动机＿＿＿＿						
6	注：○　由采购方填写　□　由制造厂填写						
7	运行工况						
8		正常	额定	其他工况(5.1.4)			
9	（单台机组所有数据）	(3.28)(5.1.3)		A	B	C	D
10							
11	○　保证点(√)(5.1.4)						
12	○　输送气体(也可见第 2 页)						
13	○　所需流量 m^3/h (0.101 3 MPa 和 0 ℃)(干气)(3.40)						
14	○　质量流量 kg/h-(湿气)(干气)						
15	吸入工况：　○　压缩机吸入法兰　○　客户接口						
16	○　压力 kPa-(绝压)						
17	○　温度(℃)						
18	○　相对湿度(%)						
19	○　平均摩尔质量(M)						
20	□　$c_P/c_V(k_1)$或(k_{AVG})(5.1.15d)						
21	□　压缩性系数(Z_1)或(Z_{AVG})(5.1.15e)						
22	□　吸入流量，(m^3/h)(3.16)						
23	排出工况：　○　压缩机排出法兰　○　客户接口						
24	○　压力 kPa-[绝压]						
25	□　温度(℃)						
26	□　$c_p/c_V(K_2)$或(K_{AVG})						
27	□　压缩性系数(Z_2)或(Z_{AVG})						
28	□　露点(℃)						
29	○　带出油量(mg/kg)[1)]						
30	□　所需 kW(包括所有损失)						
31	□　转速(r/min)						
32	□　压力比(R)						
33	□　容积效率(%)						
34	□　消声器 Δp/kPa(6.9.3)						
35	○　停机平衡压力-kPa[绝压](5.1.5)						
36	□　性能曲线号						
37	1) 等同于不推荐的 ppm						
38	过程控制						
39	方法：○　滑阀						
40	○　旁路从＿＿＿＿至＿＿＿＿						
41	○　旁路：○　手动　○　自动						
42	○　转速变化从＿＿＿＿至＿＿＿＿						
43	○　其他＿＿＿＿						
44	信号：○　信号源＿＿＿＿						
45	○　型式＿＿＿＿						
46	○　范围：对气动控制＿＿＿＿r/min 在 kPa＿＿＿＿和＿＿＿＿r/min 在＿＿＿＿						
47	○　其他＿＿＿＿						
48	运行：○　特殊用途(3.51)　○　一般用途(3.13)						
49	○　连续　○　间歇　○　备用　○　干螺杆　○　喷油螺杆						
50	附注：除非另有注明，所有压力为表压。						
51							
52							
53							

容积式
回转压缩机
数据表
SI单位制

工程号________ 项目号________
修改________ 日期________
页码 第 2 页 共 9 页 编制________

1	气体组分(5.1.15d)		正常	最大	其他工况				附注
2	○ 摩尔% ○				A	B	C	D	
3		摩尔质量							
4	空气	28.966							
5	氧气	32.000							
6	氮气	28.016							
7	水蒸气	18.016							
8	一氧化碳	28.010							
9	二氧化碳	44.010							
10	硫化氢	34.076							(5.11.1.10)
11	氢气	2.016							
12	甲烷	16.042							
13	乙烯	28.052							
14	乙烷	30.068							
15	丙烯	42.078							
16	丙烷	44.094							
17	异丁烷	58.120							
18	正丁烷	58.120							
19	异戊烷	72.146							
20	正戊烷	72.146							
21	正己烷以上								
22									
23									
24	○ 腐蚀性								(5.11.1.7)
25	○ 固体粒子								(5.1.26)
26	○ 液体粒子								(5.1.25)
27	○ 抗 H_2S 材料								(5.11.1.10)
28	总计								
29	平均摩尔质量								

30	现场数据:			噪声技术规范:(5.1.19)
31	位置			○ 应用于机器
32	○ 户内 ○ 采暖 ○ 有遮棚			见技术规范________
33	○ 户外 ○ 不采暖 ○ 部分侧墙			○ 应用于周边区域
34	○ 级别 ○ 夹层楼面 ○________			见技术规范________
35	○ 要求防冻○ 要求热带气候			隔声罩:(5.1.20)○ 要 ○ 不要
36	○ 海拔________m 大气压________kPa(绝压)			声级________dB 在________m________
37	○ 环境温度的范围:	干水银温度计	湿水银温度计	dB 基准值:20 MPa
38	现场额定℃			应用技术规范:
39	正常℃			
40	最高℃			○ 声学的________
41	最低℃			○ 电机________
42	电气区域分类:(5.1.18,GB 3836)			________
43	○ 类别________等级________分段________			________
44				涂漆:
45	异常工况:○ 灰尘 ○ 烟气			○ 制造厂标准
46	○ 其他________			○ 其他________
47	________			
48	________			装运:
49	________			○ 国内 ○ 出口 ○ 要求出口装箱
50	○ 卖方持有成套的责任(3.56)________			○ 长期贮存________月
51				
52	附注:________			
53	________			

容积式
回转压缩机
数据表
SI 单位制

工程号________ 项目号________
修改________ 日期________
页码 第 3 页 共 9 页 编制________

☐ 转速：	☐ 轴：(5.5.1.2)
最大，连续(3.22)____r/min 跳闸(3.55)____r/min	材料________
最大线速度________m/s(在最大运行转速下)	转子端直径(mm)____ 联轴器端直径(mm)____
最低许用转速________r/min	轴端：☐ 锥形 ☐ 圆柱形(5.5.1.5 和 5.5.1.6)
☐ 横向临界转速：(5.7.1.4)	轴套：
第一临界________r/min	○ 在轴密封________☐ 材料________
阻尼________ 非阻尼________	☐ 同步齿轮：(5.5.2)
振型________	尺寸(mm)阳________ 阴________
横向临界转速-基础：	材料________ 型式________
○ 阻尼不平衡响应分析	☐ 轴密封：(5.6)
☐ 其他型式分析：________(指定)	○ 密封系统型式(5.6.1.7)________
☐ 齿槽切割气口频率________Hz	☐ 内部油泄漏保证(cc/min/每个密封)________
☐ 扭转临界转速：(5.7.2)	☐ 密封气类型(5.6.2.1)________
第一临界________r/min	☐ 密封气流量(每个密封)
第二临界________r/min	正常：________kg/hr 在________MPa
☐ 振动：(5.7.3.6)	最大：________kg/hr 在________MPa
机壳________mm/s RMS(均方根值)	☐ 轴承座结构：(5.9)
轴________mm/s RMS(均方根值)	型式(分体，整体)________ 中分面________
☐ 旋转方向，从被驱动端观察：☐ 顺时针 ☐ 逆时针	材料________
☐ 机壳：	☐ 液体动压径向轴承：(标识最高负荷轴承 5.8.3.1)
型式________	型式________ 跨距________(mm)
壳体剖分型式________	面积__(mm^2)负荷：实际__(N/mm^2)许用__(N/mm^2)
材料________○ 金属覆层(5.2.10)________	瓦块数________ 转子在________或________瓦块之间
运行：○干 ○ 喷射________液体	瓦块材料________
厚度(mm)________腐蚀裕度(mm)________	巴氏合金类型________厚________(mm)
最大许用工作压力________MPa	○ 温度传感器(5.8.1.5)________
安全阀设定值________MPa	○ 温控 ○ 电阻式热探测器 型式________
累加极限________MPa	每个轴承处数量________
泄漏试验气体____压力：____MPa(7.3.3.4.3)	☐ 滚动径向轴承：(5.8.2)
试验压力：氦气(7.3.4.7)___MPa 水压(7.3.2)___MPa	型式：________，Ndm________
最高许用温度____℃ 最低运行温度____℃	________
冷却水夹套☐________☐________	________
☐ 转子：(5.5.1)	能量密度：________(kW r/min)
直径(mm)：阳________阴________	☐ 液体动压推力轴承：(标识最高负荷轴承 5.8.3.2)
齿数：____阳________阴________	型式________
结构型式：________	制造厂________ 面积________(mm^2)
制造方式________	负荷：实际________(N/mm^2)许用________(N/mm^2)
材料________	瓦块数________
最大屈服强度(N/mm^2)________	瓦块材料________
布氏硬度：最大________最小________	巴氏合金型式________厚________(mm)
转子长径比(L/D)阳________阴________	○ 温度传感器(5.8.1.5)________
转子间隙(mm)________	○ 温控 ○ 电阻式热探测器 型式________
________	每个轴承处数量________
________	☐ 滚动推力轴承：(5.8.2)
内部冷却：☐是________☐ 否________	型式：________，Ndm________
	________
	________
	能量密度：________(kW r/min)

附注：________
____
____

容积式
回转压缩机
数据表
SI 单位制

工程号________ 项目号________
修改________ 日期________
页码 第 4 页 共 9 页 编制________

□ 流程接口-压缩机壳体(5.3):

	规格	额定值	密封面	方位
吸入				
排出				

□ 流程接口-客户分界面:

吸入				
排出				

□ 壳体-许用管路的力和力矩:(5.4)

	吸入		排出			
	力	力矩	力	力矩	力	力矩
	N	Nm	N	Nm	N	Nm
轴向 x						
垂直向 y						
与水平⊥ z						

轴向 x						
垂直向 y						
与水平⊥ z						

□ 其他接口:

用途	序号	规格	型式	额定值
润滑油进口				
润滑油出口				
密封油进口				
密封油出口				
机壳排液				
放空				
冷却水进口				
冷却水出口				
液体喷射				
油喷射				
清洗:				
轴承座				
轴承和密封之间				
密封和气体之间				

振动探测器:(6.4.4.3)
○ 按照:________
○ 型式 □ 地震式 □ 位移式
□ 型号________
○ 制造厂________
○ 每个轴/机壳处数量________总数量________
○ 振荡探测器供应方________
○ 制造厂________ □ 型号________
○ 监视器供应方________
○ 位置________ □ 装入________
○ 制造厂________ □ 型号________
□ 标度范围________ ○ 报警:□ 设置在________
○ 停机:□ 设置________ ○ 时间延迟________s
○ 相位基准变换器________

轴向位置探测器:
○ 按照________
○ 型式________ □ 型号________
○ 制造厂________ □ 不需要________
○ 振荡探测器供应方________
○ 制造厂________ □ 型号________
○ 监视器供应方________
○ 位置________ □ 装入________
制造厂________ □ 型号________
□ 标度范围 ○ 报警 □ 设置在________
○ 停机 □ 设置在________ ○ 时间延迟________s

联轴器:(6.2)
○ 按照 JB/T 9559________
其他(指定)________

	驱动机-压缩机或驱动机	齿轮箱-压缩机
○ 种类		
□ 型号		
○ 安装半联轴器		
○ 要求间隔套		
○ 限制端浮动要求		
○ 要求转矩模拟器		
□ 联轴器额定值 kW/100 r/min		
□ 有键(1个)或(2个)或液压装配		

基架和底板:(6.3.2 和 6.3.3)
底板用于 ○ 压缩机 ○ 齿轮箱 ○ 驱动机
基架
○ 通常(位于压缩机、齿轮箱和驱动机下)
○ 仅位于压缩机下 ○ 其他________
○ 铺设防滑面板 ○ 开式结构:
○ 防滴漏边缘 ○ 带开式排液 ○ 辅助板
○ 设备用水平调节螺钉
○ 适合于点支撑
○ 适合于周边支撑
○ 环氧树脂灌浆/环氧树脂底层

润滑油系统(5.10)
○ 润滑油制造厂________
○ 润滑剂型号________ 等级(GB/T 3141)________
○ JB/T 4365—1997 润滑油系统(5.10.2.3 和 5.10.3、附录 D)
○ 普通(5.10.2.1) ○ 专用系统
○ 油过滤器(5.10.3.2)
○ 油冷却器(5.10.3.3.)型式________ 数量________
○ 油泵(5.10.3.4.) 型式________ 数量________
○ 油分离器(5.10.3.5)
□ 型式________ 数量________
□ 油带出量________(mg/kg)________(L/d)
□ 存油时间________(min)
○ 安全阀 ○ 液位计
□ 液位开关 □ 压差计
□ 电加热器

容积式

回转压缩机　　　　工程号________ 项目号________

数据表　　　　修改________ 日期________

SI 单位制　　　　页码　第　5　页　共　9　页　编制________

公用工程条件：(所有单位为表压)

	蒸汽		驱动机		加热	
吸入 最小	____	MPa	____ ℃	____	MPa	____ ℃
正常	____	MPa	____ ℃	____	MPa	____ ℃
最大	____	MPa	____ ℃	____	MPa	____ ℃
排出 最小	____	MPa	____ ℃	____	MPa	____ ℃
正常	____	MPa	____ ℃	____	MPa	____ ℃
最大	____	MPa	____ ℃	____	MPa	____ ℃

电气：

	驱动机	加热	控制	停机
电压				
频率				
相位				

冷却水：

温度，进水________℃回水最大________℃

压力，正常________MPa　设计________MPa

最小回水________MPa　最大许用压差________MPa

水源________

仪表空气：

最大压力________MPa　最小________MPa

☐ 公用工程总消耗：

冷却水________m^3/h

蒸汽，正常________kg/h

蒸汽，最大________kg/h

仪表空气________Nm^3/h

电力(驱动机)________kW

车间检验和试验：(7.1)	要求	见证	观察
车间检验(7.1.5)	○	○	○
水压(7.3.2)	○	○	○
氦气泄漏(7.3.4.7)	○	○	○
机械运转(7.3.3)	○	○	○
备用转子机械运转(7.3.3.4.2)	○	○	○
壳体泄漏试验(7.3.3.4.3)	○	○	○
性能试验(气体)(空气)(7.3.4.2)	○	○	○
整套机组试验(7.3.4.3)	○	○	○
使用制造厂润滑和密封系统	○	○	○
使用产品润滑和密封系统(7.3.4.9)	○	○	○
使用制造厂振动探头，电温控	○	○	○
使用产品振动和轴向位移探头，	○	○	○
使用产品地震式传感器	○	○	○
使用产品探测设备	○	○	○
压缩机压力至全运行压力	○	○	○
拆卸-试验后重装压缩机(7.3.4.10)	○	○	○
噪声级试验(7.3.4.8)	○	○	○
串联试验(7.3.4.5)	○	○	○
辅助设备试验(7.3.4.9)	○	○	○
全负荷试验(7.3.4.11)	○	○	○
剩余不平衡校核(5.7.3.5)	○	○	○

☐ 质量(kg)：

压缩机____齿轮箱____驱动机____基础____

转子：压缩机____驱动机____齿轮箱____

压缩机上机壳________

润滑油站________密封油站________

最大的维修(标志)________

总装运质量________

☐ 空间要求(mm)：

整个机组：长____宽____高____

润滑油站：长____宽____高____

密封油站：长____宽____高____

其他：

☐ 推荐吸入前直管段直径

○ 对采购方管路和基础卖方的复核和评定(5.1.16)

○ 现场卖方代表的观察(5.1.17)

○ 压缩机、齿轮箱和驱动机上要求光学找正平面

○ 要求横向临界转速分析报告(5.7.1.4)

○ 要求扭振分析报告(5.7.2.1)

○ 安装扭转轴振动传感器的机壳

○ 协调会议(8.1.3)

吸入和排出装置：

○ 要求高效吸入分离器(6.8.2)

○ 吸入空气过滤器压差显示器型式________

○ 脉冲抑制器供应方________

○ 供应备件(8.2.3.1)

○ 转子组件

○ 密封　　○垫片、O 形圈

○ 开车/委托

○ 两年的供应量

○ 其他________

附注：________

容积式
回转压缩机
数据表
SI 单位制

工程号________ 项目号________
修改________ 日期________
页码 第 6 页 共 9 页 编制________

卖方返回前必须对本规范表提供所有相应的资料。
项目号________ 装置________ 工程号________
制造厂________

1	引用规范:(6.4.1.2)	适用规范: ○ GB 3836
2	JB/T 4365 ○ 是 ○ 否	区域分类:
3	________	○ 地区____级别____类别____
4	________	○ 区域:类别____级别____组别____ ○ 无危险
5	________	电机控制和仪表电压:
6	________	电压____相数____频率____
7	________	报警和停机电压:
8	________	电压____相数____频率____或____直流
9	就地控制仪表盘:(6.4.3)	
10	提供由:□ 卖方 □ 采购方 □ 其他________	
11	□ 独立式 □ 全天候 □ 全封闭 □ 额外断路	
12	□ 隔振器 □ 电热丝加热器 □ 充气接口	
13	□ 信号器:提供由:□ 卖方 □ 采购方 □ 其他________	
14	信号器位置在 □ 就地仪表盘 □ 主控制台	
15	□ 用户接口由卖方引到终端盒	

16	仪表供应:		
17	○ 压力表:	制造厂________	规格和型式________
18	○ 温度计:	制造厂________	规格和型式________
19	○ 液位计:	制造厂________	规格和型式________
20	○ 压差表:	制造厂________	规格和型式________
21	○ 压力开关:	制造厂________	规格和型式________
22	○ 压差开关:	制造厂________	规格和型式________
23	○ 温度开关:	制造厂________	规格和型式________
24	○ 液位开关:	制造厂________	规格和型式________
25	○ 控制阀:	制造厂________	规格和型式________
26	○ 压力安全阀:(6.4.4.6)	制造厂________	规格和型式________
27	○ 热安全阀:(6.4.4.6.4)	制造厂________	规格和型式________
28	○ 视流指示器:(6.4.4.9)	制造厂________	规格和型式________
29	○ 气流指示器:	制造厂________	规格和型式________
30	○ 防振设备:	制造厂________	规格和型式________
31	○ 转速表:(6.4.4.2)	制造厂________	规格和型式________
32	○ 电磁阀:	制造厂________	规格和型式________
33	○ 信号器:(6.4.5.4)	制造厂________	规格和型式________
34	○ 减压阀:(6.4.4.7)	制造厂________	规格和型式________
35	○ ________	制造厂________	规格和型式________

36	注: □ 卖方提供			○ 采购方提供		
37	压力表要求	就地	就地	功能	就地	就地
38	功能	安装(3.12)	仪表盘(3.31)		安装(3.12)	仪表盘(3.31)
39	润滑油泵排出____	□ ○	□ ○	调节控制油____	□ ○	□ ○
40	润滑油过滤器压差____	□ ○	□ ○	调节控制油压差____	□ ○	□ ○
41	润滑油供应____	□ ○	□ ○	主蒸汽在____	□ ○	□ ○
42	密封油泵排出____	□ ○	□ ○	第一级蒸汽____	□ ○	□ ○
43	密封油过滤器压差____	□ ○	□ ○	蒸汽室____	□ ○	□ ○
44	密封油供应(每个等级)____	□ ○	□ ○	废蒸汽____	□ ○	□ ○
45	密封油差分器____	□ ○	□ ○	抽取蒸汽____	□ ○	□ ○
46	参照气体____	□ ○	□ ○	蒸汽喷射器____	□ ○	□ ○
47	平衡管线____	□ ○	□ ○	压缩机吸入____	□ ○	□ ○
48	密封喷射器____	□ ○	□ ○	压缩机排出____	□ ○	□ ○
49	充气密封____	□ ○	□ ○	________	□ ○	□ ○
50	油/气凝聚过滤器压差____	□ ○	□ ○	________	□ ○	□ ○
51	________	□ ○	□ ○	________	□ ○	□ ○

容积式

回转压缩机　　工程号________ 项目号________

数据表　　修改________ 日期________

SI 单位制　　页码 第 7 页 共 9 页 编制________

卖方返回前必须对本规范表提供所有相应的资料。

项目号________ 装置________ 工程号________

制造厂________

温度计要求：

功能	就地安装(3.12)	就地仪表盘(3.31)	功能	就地安装(3.12)	就地仪表盘(3.31)
润滑油从每处排出	☐ ○	☐ ○	冷却器油进口和出口	☐ ○	☐ ○
压缩机轴颈轴承	☐ ○	☐ ○	密封油出口	☐ ○	☐ ○
驱动机轴颈轴承	☐ ○	☐ ○	压缩机吸气	☐ ○	☐ ○
齿轮箱轴颈轴承	☐ ○	☐ ○	压缩机排气	☐ ○	☐ ○
压缩机推力轴承	☐ ○	☐ ○	润滑油箱	☐ ○	☐ ○
驱动机推力轴承	☐ ○	☐ ○	润滑油供应________	☐ ○	☐ ○
齿轮箱推力轴承	☐ ○	☐ ○	________	☐ ○	☐ ○

其他仪表：

☐ ○ 驱动机启动/停止　☐ 就地仪表盘　☐ 独立仪表盘　☐ 主控制室

☐ ○ 视流指示器;每个轴颈和推力轴承及每个联轴器回路线

☐ ○ 视流指示器;每个密封油回路线

☐ ○ 液位计,润滑和/密封油箱,密封油集油器和密封油高位油箱

☐ ○ 振动和轴位置探头和接近探测器

☐ ○ 振动和轴位置显示读数设备

☐ ○ 振动读数位于:☐ 就地仪表盘　☐ 独立仪表盘　☐ 主仪表板

☐ ○ 透平速度传感器

☐ ○ 透平速度指示器

☐ ○ 透平速度指示器位于:☐ 就地仪表盘　☐ 主仪表板

☐ ○ 遥控变速器——安装在就地仪表盘

☐ ○ 报警器和确认开关

报警和停机开关:(6.4.5.2)

功能	报警	跳闸	功能	预报警	跳闸
☐ ○ 润滑油压力过低	____	____	☐ ○ 透平振动	____	____
☐ ○ 润滑油过滤器压差过高	____	____	☐ ○ 透平轴向位置	____	____
☐ ○ 密封油过滤器压差过高	____	____	☐ ○ 齿轮箱振动	____	____
☐ ○ 润滑油箱油位过低	____	____	☐ ○ 齿轮轴向位置	____	____
☐ ○ 密封油箱油位过低	____	____	☐ ○ 压缩机电机停机	____	____
☐ ○ 密封油位过高	____	____	☐ ○ 跳闸和节流阀关闭	____	____
☐ ○ 密封油位过低	____	____	☐ ○ 高透平蒸汽密封泄漏	____	____
☐ ○ 密封油压过高	____	____	☐ ○ 高压缩机推力轴承温度	____	____
☐ ○ 密封油压过低	____	____	☐ ○ 高压缩机轴颈轴承温度	____	____
☐ ○ 辅助密封油泵启动	____	____	☐ ○ 高驱动机推力轴承温度	____	____
☐ ○ 辅助润滑油泵启动	____	____	☐ ○ 高驱动机轴颈轴承温度	____	____
☐ ○ 密封油出口温度(冷却器)过高	____	____	☐ ○ 高齿轮箱推力轴承温度	____	____
☐ ○ 吸入分离器液位过高	____	____	☐ ○ 高齿轮箱轴颈轴承温度	____	____
☐ ○ 压缩机排出温度过高	____	____	☐ ○ 压缩机压差	____	____
☐ ○ 压缩机振动	____	____	☐ ○ 低密封气压力	____	____
☐ ○ 压缩机轴向位置	____	____	☐ ○ 高凝聚气/油过滤器压差	____	____
☐ ○ 润滑油供应温度过高	____	____	☐ ○	____	____

触头：

报警触头应:☐ 打开　☐ 闭合至声报警和正常　☐ 激发　☐ 断开激发

停机触头应:☐ 打开　☐ 闭合至跳闸和正常　☐ 激发　☐ 断开激发

注:正常工况是压缩机在运行中

其他：

○ 要求仪表标记

○ 报警和停机开关应单独分开

基架和油站界限内采购方电气和仪表接口应为：

☐ 引出至终端盒　☐ 直接由采购方制造

关于仪表的注解：________

____

____

容积式
回转压缩机
数据表
SI 单位制

工程号________ 项目号________
修改________ 日期________
页码 第 8 页 共 9 页 编制________

应用于:○投标 ○采购 ○竣工
用于________ 机组________
地点________ 被驱动设备________
装置________ 需要数________
制造厂________ 型号________ 系列号________
注:○ 由采购方填写 □ 由制造厂填写

电机设计数据	电机设计数据(续)
应用规范	启动:(6.1.2.1b)
○________ ○________	○ 全电压 ○ 电压降________%
○ (6.1.1.2)________	○ 负载 ○ 无负载
○________	○ 电压骤降________%
现场数据:	振动:
○ 地区____级别____类别____	○____标准 ○____标准 ○____
○ 区域:类别____级别____组别____○ 非危险区	噪声:
○ 海拔高度____m○ 环境温度:最高____℃,最低____℃	○____标准 ○____标准 ○____
非正常工况:○ 灰尘 ○ 烟气	附属设备
○ 其他________	○ 基架 ○ 底板 ○ 定子移位
驱动系统:	○ 制造厂标准风扇 ○ 无火花风扇
○ 直接连接 ○ 齿轮箱 ○ 其他____	○ 直流励磁:
电机型式:	□ 要求________kW________V
○ 鼠笼感应 ○ 设计标准________	由:○ 采购方 ○ 制造厂
○ 同步________	说明________
○ 功率因数________	○ 封闭式集电环:
励磁 ○ 无刷 ○ 集流环	○ 清洗:介质________压力________MPa
○ 由电机制造厂供电场放电电阻	○ 防爆非清洗
○ 绕线转子感应	○ 强制通风
○________	□ m^3/h________压降________mmH_2O柱
外壳:	○ 轴承温度装置:
○ 全封闭风扇冷却	○ 位置________
○ 全封闭水冷却 ○ 全封闭惰性气体流体,采用____气体	○ 说明________
○ 双壁碳钢管	○ 设置报警在________℃停机在________℃
○ 供水:压力________MPa 温度________℃	○ 空间加热器:
○ 水许用压差________MPa 和温升________℃	□____kW ○____V____相____Hz
○ 水侧最小腐蚀裕度________mm	○ 管套最高温度________℃
和污垢系数________	绕组温度探测器:
○ 供(空气)(气体)压力________MPa	○ 热敏电阻:数量/相________
○________	型式:○ 正温度系数 ○ 负温度系数
○ 气候防护,型式________	温度开关:○ 是 ○ 否
○ 强制通风	○电阻温度:探测器:数量/相________
○ 开式防滴漏	□ 电阻材料________□________欧姆
○ 开式	选择开关和指示器,由:○ 采购方 ○ 制造厂
○ Eexe ○ Eexpe	□ 最高定子绕组温度:
○ Eeexd(e) ○ Exnxp/Exn	报警在________℃ 停机在________℃
基本数据:	绕组温度探测器和空间加热器引线:
○ ____电压____相____赫兹	○ 在同一个导管盒
□ 铭牌功率____kW 服务系数(6.1.2.1g)________	○ 在单独导管盒
○ 同步转速 r/min	○ 安排不同防护的电机:
○ 绝缘:级别________型式________	○ 自平衡初始电流方法
○ 温升:________℃高于________℃由________	○ 电流互感器说明________
________ ________ ________	○ 延长引线 □ 长________m
	○ 浪涌电容器________

容积式

回转压缩机　　工程号____________　项目号____________

数据表　　修改____________　日期____________

SI 单位制　　页码　第 9 页　共 9 页　编制____________

附属设备(续)	制造厂数据(续)
○ 避雷器	轴承:型式________润滑________
○ 电流计用互感器	要求润滑油:________l/min 在________MPa
○ 说明________	总轴端浮动________
定主导管盒规格为:	限制端浮动至________
○ 主电机引线　○ 型式:________	电机转子:□ 整体　□ 剖分
○ 绝缘　○ 非绝缘	电机轮毂:□ 整体　□ 剖分
○ 不同防护用电流互感器(安装方________)	对全封闭水冷和全封闭惰性气体流体电机:
○ 浪涌电容器(安装方________)	要求冷却水________m^3/h
○ 避雷器(安装方________)	冷却水温升________℃　压降________MPa
○ 电流计用电流互感器(安装方________)	要求(空气)(气体)____m^3/h　维持压力____mmH_2O柱
○ 电气间隙	要求曲线:基于在额定电压下电机饱和:
○ 空气过滤器:	
□ 制造厂________　□ 型式________	○ 速度对转矩(也在________%额定电压)
制造厂数据	○ 速度对功率因数
制造厂________	○ 速度对电流
机座号________全负荷 r/min(感应)________	重量(kg):
效率:　全负荷____　3/4 负荷____　1/2 负荷____	净重________装运重量________
功率因数(感应):全负荷____　3/4 负荷____　1/2 负荷____	转子重量________最大安装重量________
电流(额定电压):全负荷________堵转________	最大维修重量(标志)________
堵转功率因数________	尺寸(mm):
堵转耐压时间(冷启动)________	长________宽________高________
转矩(Nm):全负荷________	**车间检查和试验**
堵转________启动(同步)________	要求　见证
最小(感应)________牵入(同步)________	车间检查　○　○
最大(感应)________失步(同步)________	试验按○　○　○　○
________	制造厂标准车间试验　○　○
开路时间恒定________s	浸入试验　○　○
对短路端子故障的对称影响:	特殊试验(列表在下)
在 1/2 周期________在 5 周期________	________　○　○
电抗:次瞬态(X″d)________	________　○　○
瞬态(X′d)________同步(Xd)________	________　○　○
交流定子电抗________欧姆　在________℃	________　○　○
额定 kVA________	涂漆:
在全电压和堵转(同步)时的 kVA 起动功率________%	○ 制造厂标准
在全电压和 95%转速时的 kVA________%	○________
在失步(同步)时在第一转差周期上定子中最大线电流	装运:
________A	○ 国内
加速时间(电机仅在额定电压)________s	○ 出口
加速时间(电机和负荷在 85%额定电压)________s	○ 要求出口装箱
转子/磁场 WK^3 在电机轴(Nm^2)________	附注:________
面对联轴器端的转向________	________
每小时启动次数________	________
________	________
磁场放电电阻________欧姆	________
额定励磁场电压________(直流)	________
在 25 ℃时励磁场电抗________欧姆	________
在满负荷和额定功率因数的励磁场电流________A	________
励磁场电流:最大________A　最小________A	________
励磁场　□ 可变电阻器　□ 要求不变电阻	________
供应由	

附 录 B
（资料性附录）
容积式回转压缩机的专用名词

图 B.1 和图 B.2 给出了通用的专用名词。图 B.3～图 B.6 为有关振动和温度探头的布置示例。

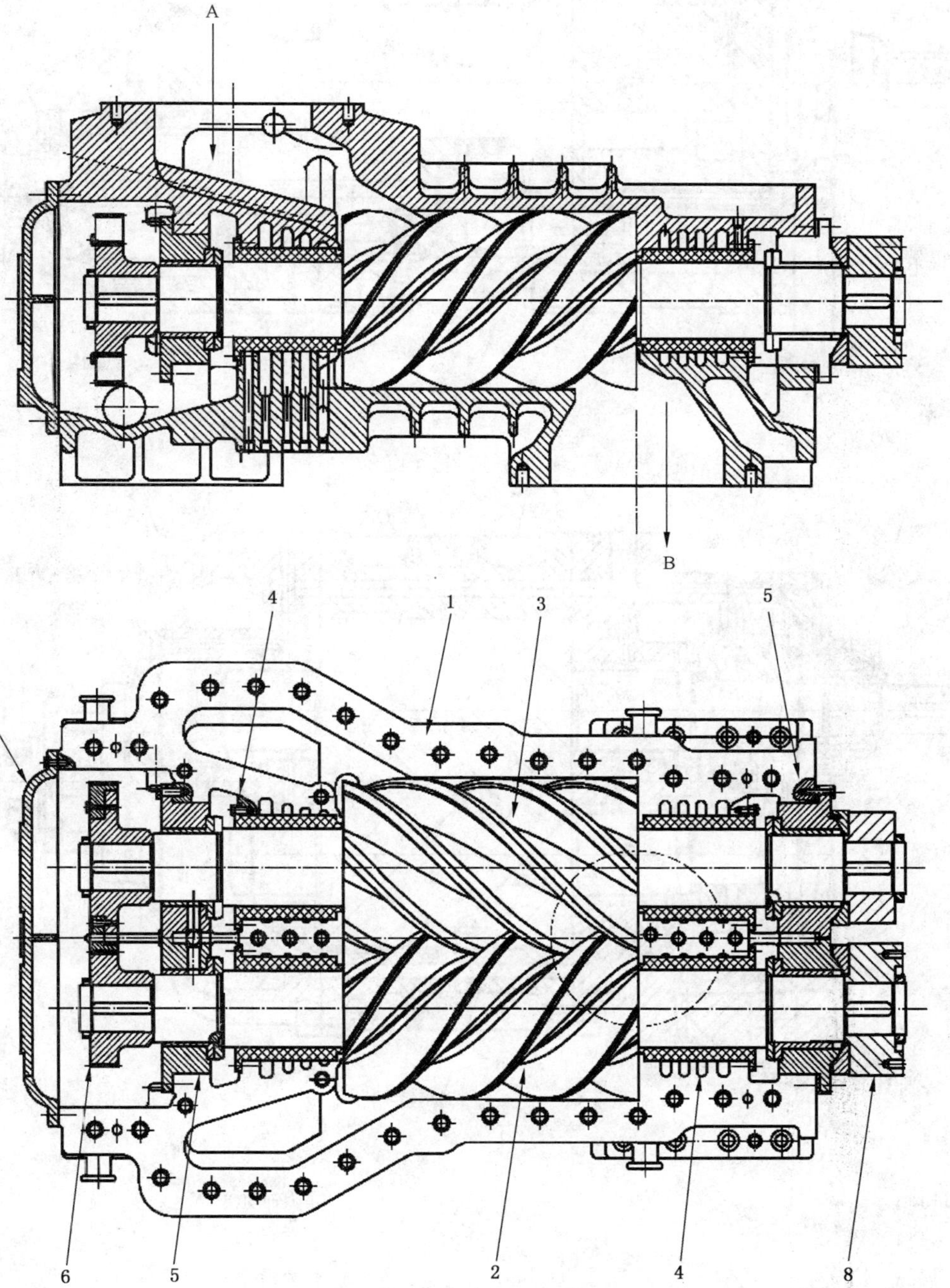

A——进口；
B——出口；
1——机壳；
2——阳转子；
3——阴转子；
4——轴密封；
5——径向/推力轴承；
6——同步齿轮；
7——端盖；
8——主动轴。

图 B.1 干式螺杆压缩机的剖面

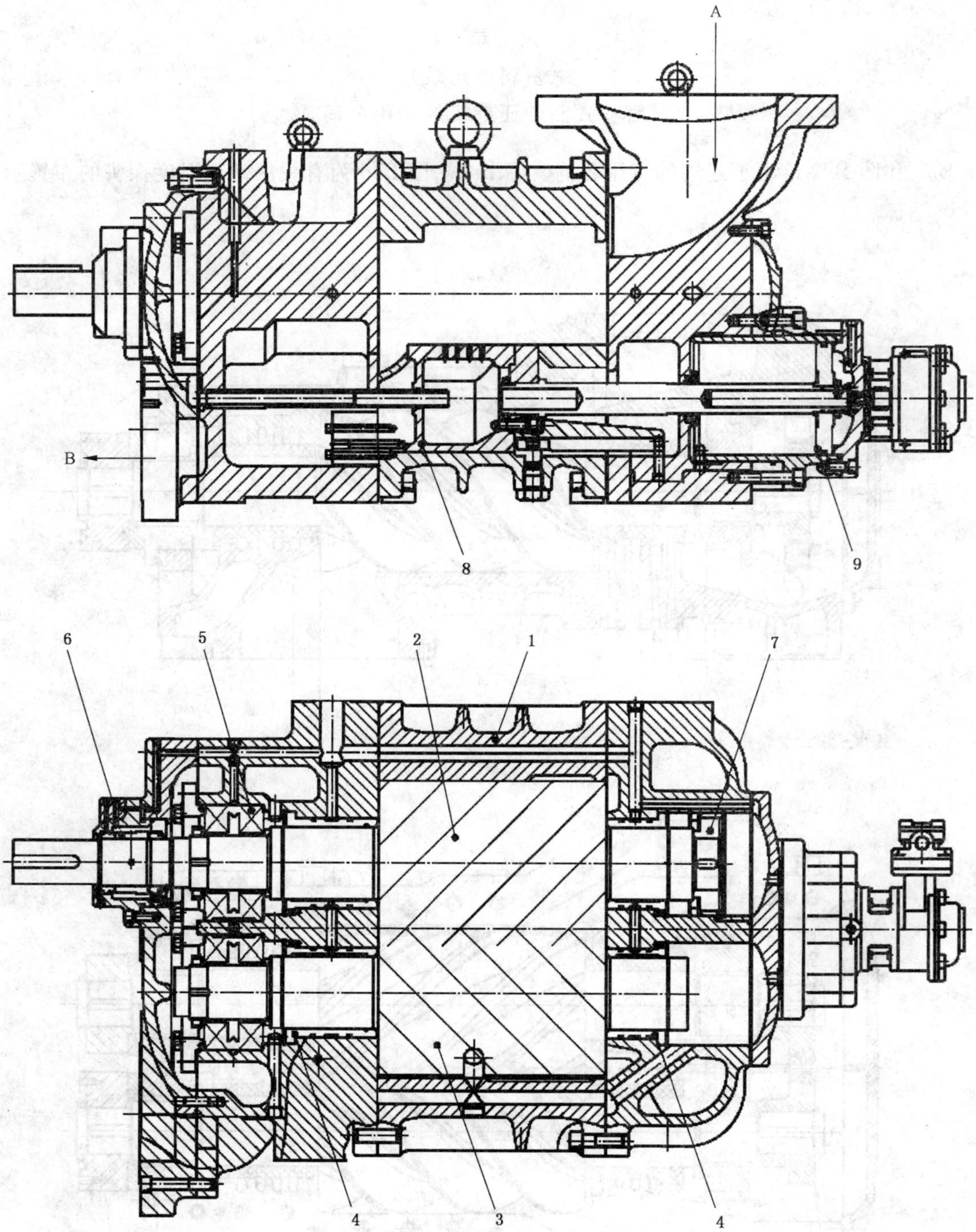

A——进口；

B——出口；

1——机壳；

2——阳转子；

3——阴转子；

4——径向轴承；

5——推力轴承；

6——轴密封；

7——平衡活塞；

8——功率调节滑阀；

9——双作用液力活塞。

图 B.2 喷油螺杆压缩机的剖面

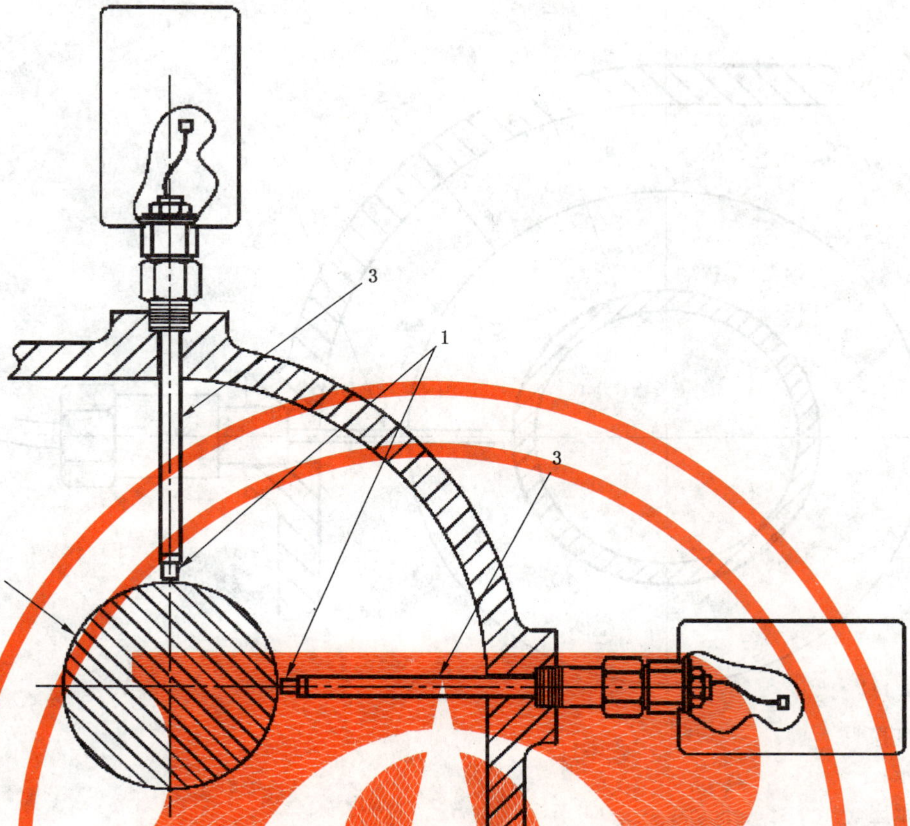

1——振动探头；
2——轴颈；
3——探头柄。

图 B.3 径向振动探头的布置

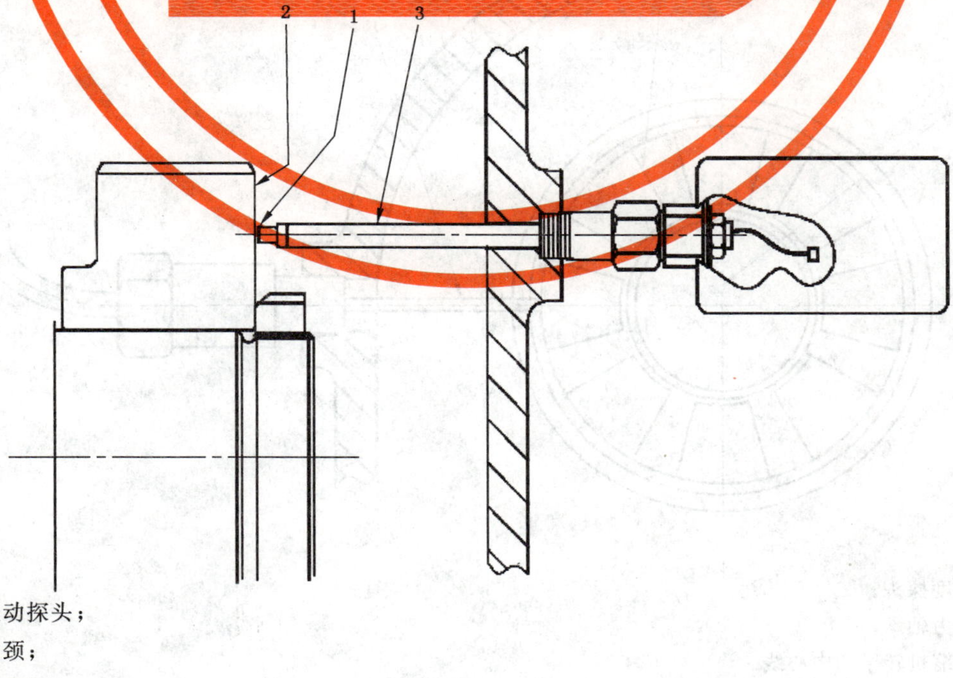

1——振动探头；
2——轴颈；
3——探头柄。

图 B.4 轴向振动探头的布置

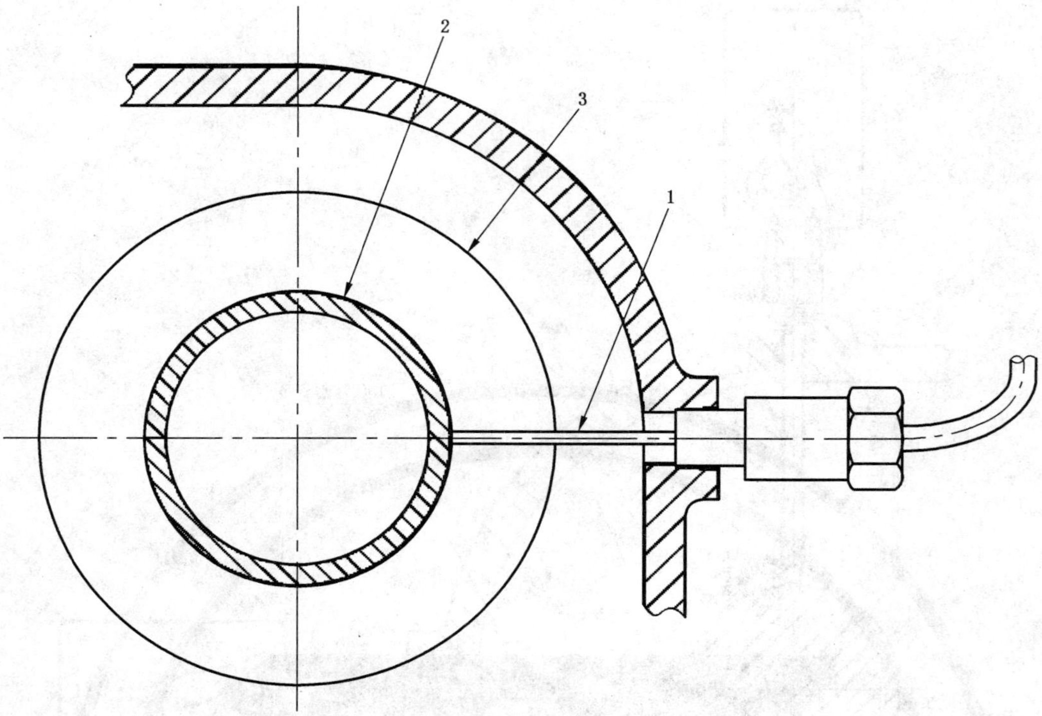

1——温度探头；

2——轴承；

3——轴承座。

图 B.5 径向轴承温度探头的布置

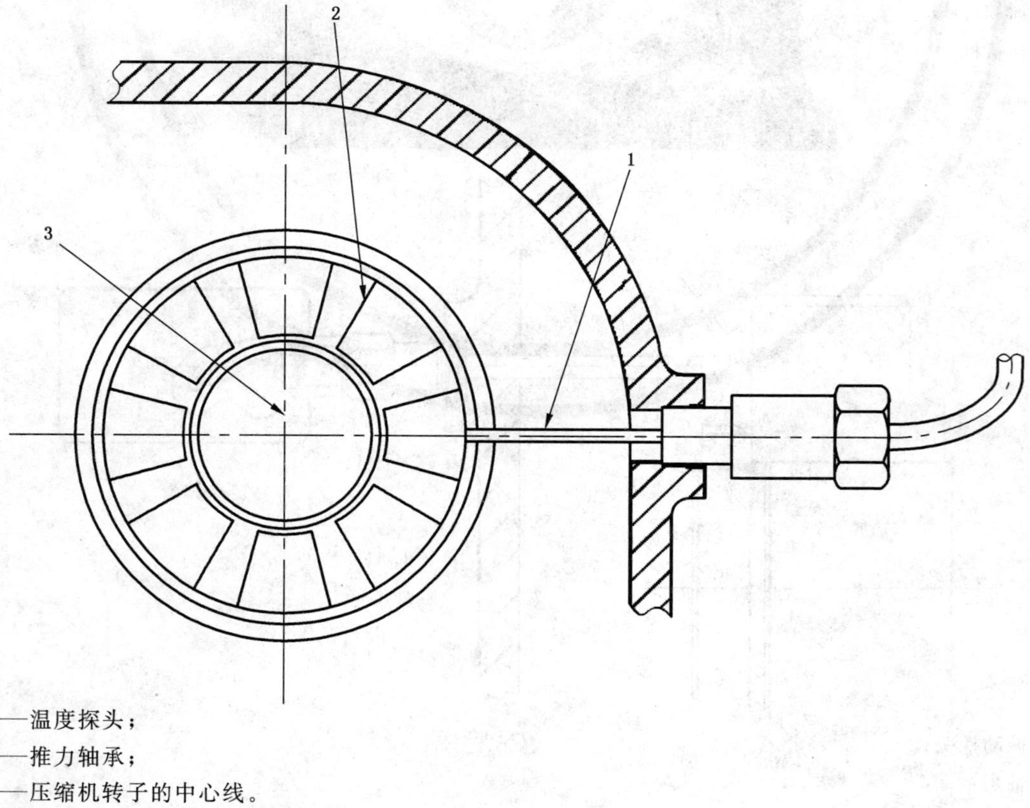

1——温度探头；

2——推力轴承；

3——压缩机转子的中心线。

注：可选择的配置可以包含电阻温度计(RTD)或热电偶。

图 B.6 推力轴承温度探头的布置

附 录 C
（规范性附录）
力 和 力 矩

C.1 通则

作为最低要求，压缩机设计应使每个接管上能承受表 C.1 和 C.2 所列的外力和外力矩。卖方应以表格形式对每个接管提供许用力和许用力矩。

这些许用力和力矩的值仅与压缩机结构有关。它们与连接管道、法兰和法兰连接螺栓的许用力和力矩无关，这些值不应超过适用规范和管理机构规定的许用应力。

负荷可以由采购方和卖方之间商定增加，然而，这是将预期运行负荷减到最小的推荐值。

表 C.1 和表 C.2 中没有给出的接管尺寸，许用力和许用力矩应由采购方和卖方之间商定。

表 C.1 许用力

力/N	接管公称尺寸 DN								
	100	150	200	250	300	350	400	450	500
F_x	1 368	2 094	2 815	3 328	3 960	4 908	5 772	6 492	6 182
F_y	3 434	5 253	7 052	8 349	9 938	12 294	14 455	16 269	15 490
F_z	2 336	3 383	4 527	5 178	5 992	6 662	7 492	8 499	8 270
F_r	4 373	6 590	8 841	10 373	12 261	14 819	17 274	19 469	18 615
注：接管公称尺寸 DN 以毫米表示。									

表 C.2 许用力矩

力矩/Nm	接管公称尺寸 DN								
	100	150	200	250	300	350	400	450	500
M_x	2 069	2 754	3 672	4 212	5 097	6 232	7 316	9 605	9 191
M_y	1 253	2 126	2 836	3 648	4 190	5 656	6 781	7 153	6 762
M_z	1 253	1 698	2 264	2 814	3 334	4 491	5 450	7 153	6 762
M_r	2 724	3 871	5 163	6 242	7 393	9 539	11 367	13 949	13 264
注：接管公称尺寸 DN 以毫米表示。									

C.2 公式

x、y 和 z 轴在图 C.1 中定义。

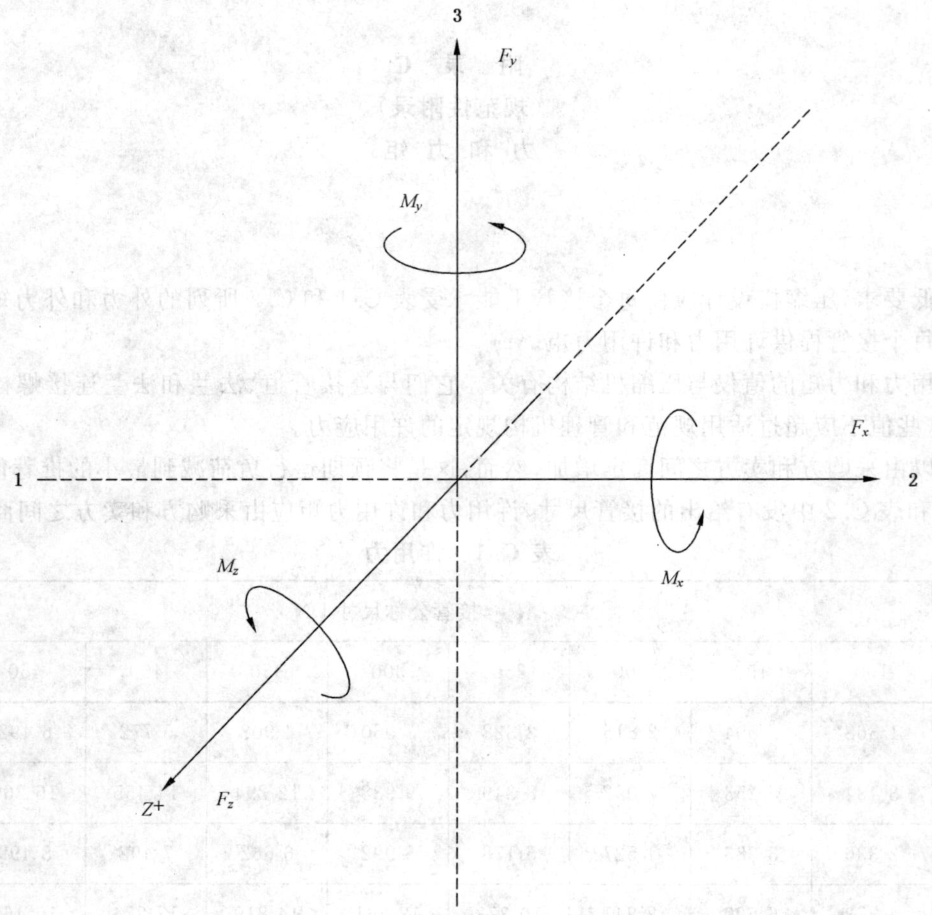

1——驱动端；

2——与压缩机轴平行的轴；

3——垂直轴。

图 C.1 轴的定义

合力 F_r 由公式(C.1)给出：

$$F_r = \sqrt{F_x{}^2 + F_y{}^2 + F_z{}^2} \quad \cdots\cdots\cdots (C.1)$$

F_x、F_y 和 F_z 分别是沿着 x、y 和 z 轴的分力。

合力矩 M_r 由公式(C.2)给出：

$$M_r = \sqrt{M_x{}^2 + M_y{}^2 + M_z{}^2} \quad \cdots\cdots\cdots (C.2)$$

M_x、M_y 和 M_z 分别是围绕着 x、y 和 z 轴的力矩。

附 录 D
（规范性附录）
剩余不平衡的测定程序

D.1 范围

本附录叙述了用于测定机器转子中径向不平衡的程序。尽管一些平衡机可以建立读出不平衡的精确量，但标定可能是错误的。唯一可靠的测定方法是用一个已知不平衡量来检定转子。

D.2 定义

剩余不平衡是平衡后剩留在转子中不平衡的量。除非另有规定，剩余不平衡量以克·毫米表示。

D.3 最大许用的剩余不平衡

D.3.1 每个平面的最大许用剩余不平衡应按照 5.7.3.1 或 5.7.3.3 计算。

D.3.2 如果每个轴颈上的实际静负荷是未知的，假定总的转子质量平均地由轴承支撑。例如，一个质量 2 720 千克的双轴承转子假定施加给每个轴颈 1 360 千克质量。

D.4 剩余不平衡检查

D.4.1 通则

D.4.1.1 当平衡机读数表明转子已平衡在规定的公差内，残余不平衡检验应在转子卸下平衡机前进行。

D.4.1.2 为检验剩余不平衡，一个已知的试验质量按顺序吸附在转子每个齿的相同半径处[即，相同力矩(克·毫米)]。检验是采用 D.4.2 规定的程序在每个校正平面上运转和每个平面上的读数制成表并标绘在极坐标图上。

注：配重的数量等于转子上齿数。

D.4.2 程序

D.4.2.1 选择相当于最大许用剩余不平衡值的一至两倍之间的试验质量和半径[例如：如果 U_{max} = 488.4 gmm，试验配重宜引起 488.4 gmm～976.8 gmm 的不平衡]。该试验质量和半径应足够以使在 D.4.2.5 中得出的曲线图包含了极坐标图的原点(见图 D.1～图 D.6)。

D.4.2.2 从最终已知配重点开始，划分出每个齿上的径向位置。在该平面最终已知配重部位附近加上试验质量。证实平衡机有反应并在范围内，为剩余不平衡检验选择图表。

D.4.2.3 证实平衡机有适当地反应(即，传感器或显示器无故障)。例如，如果试验质量加在最终已知配重点上，第一仪表读数宜至少为试验质量加上之前取得读数的两倍。小的或没有仪表读数通常表示转子没有平衡到正确的偏差、平衡机灵敏不够的或者平衡机存在故障(即，错误拾取)。无论什么错误，应在继续进行剩余检查前纠正。

D.4.2.4 移动试验质量并把它附加到转动中每个试验位置(即，对六齿的转子从初始试验质量位置起 60°、120°、180°、240°和 300°)。重复初始位置作为剩余不平衡工作表上的重复性的一次检验。所有验证应只采用平衡机上一个灵敏度范围来进行。

D.4.2.5 在极坐标图工作表上对剩余不平衡，绘出平衡机振幅读数相对于试验质量的角度位置(非平衡机相位角)曲线，并计算出剩余不平衡的量(见工作表，图 D.4 和图 D.6)。当试验平衡块放置在转子剩留配重点上时出现最大读数；当试验平衡块放置在转子配重点对面时出现最小读数(轻点)。绘出点宜形成一个围绕着极座标图纸原点的近似圆。平衡机的角度位置读数宜近似于试验平衡块的位置。最大偏差(最高读数)就是重点(代表剩余不平衡的平面)。图 D.1 和图 D.2 给出了空白的工作表。

D.4.2.6 对每个平衡平面重复 D.4.2.1～D.4.2.5 所描述的步骤。如果在任何一个平衡平面上超出了规定的最大许用剩余不平衡值,转子应更精确地作平衡和进行再检验。如果在任何一个平衡平面上作出平衡修正,那么在所有平衡平面应重复进行剩余不平衡检验。

客户：______

工作/项目号：______

原设备制造商设备出厂编号：______

转子识别号：______

修理采购订单号：______

卖方工作号：______

校正平面(左或右)—使用简图 ______平面

作平衡转速 [ ] r/min

最大转子运行转速，N [ ] r/min

静态轴颈质量，W，最接近该校正平面 [ ] kg

试验质量半径，R，试验质量放置所在半径 [ ] mm

计算最大许用剩余不平衡值，U_{max}，按 5.7.3.1 或 5.7.3.3：

SI 单位：$U_{max}=\frac{6\ 350\times W}{N}=\frac{6\ 350\times}{\quad}=$ [ ] g mm

计算试验不平衡值，U_T：

试验不平衡值，U_T，为 U_{max} 和 $2\times U_{max}$ 之间 U_{max} 至 $2\times U_{max}$ (选择倍数为) [ ]

SI 单位： [ ] 至 [ ] = [ ] g mm

计算试验质量，W_T：

试验质量，$W_T=\frac{U_T}{R}=\frac{[\ ]\ \text{g mm}}{[\ ]\ \text{mm}}=$ [ ] g

获得试验数据并填入表格：

位置	转子上试验质量角度位置	平衡机读数	
		幅度 g	相位角 (°)
1	0°		
2	60°		
3	120°		
4	180°		
5	240°		
6	300°		
重复 1	0°		

转子外形简图：

转子简图

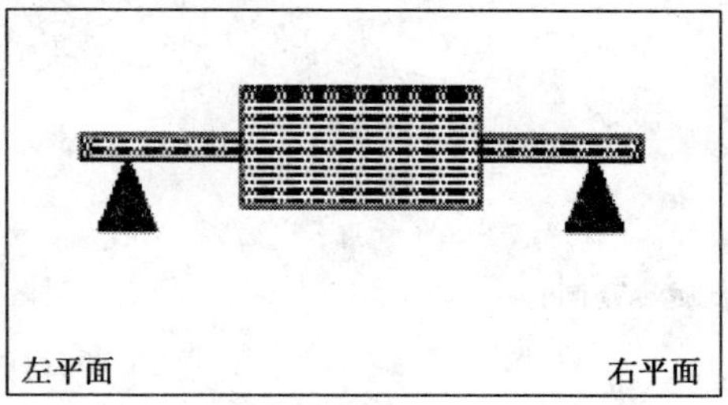

转子平衡用半键

(如需要为明了加简图)

位置	质量

程序：

第一步：在极座标上绘出平衡机幅度对试验质量旋转角度曲线(图 D.2)以使适合最大和最小值。

第二步：位于极座标上的点宜密集地近似一个圆。如不是，则可能记录数据出错，试验宜重复。

第三步：确定最大和最小平衡读数。

第四步：使用工作表(图 D.2)，剩余不平衡计算确定要求的 Y 和 Z 值。

第五步：使用工作表(图 D.2)，计算转子中剩留的剩余不平衡。

第六步：证实确定的剩余不平衡已等于或小于最大许用剩余不平衡，U_{max}。

注：

1) 试验角度位置宜参照转子上键或一些其他永久性标志。优先位置为每转一次的标志(对相位参考转换器)。

2) 重复 1 的平衡机幅度读数宜与位置 1 的相同，表明重复性。

3) 出错的主要原因是没有对每个试验质量位置保持相同半径。

操作：______ 日期：______ 审核：______ 日期：______

图 D.1 剩余不平衡工作表

客户：＿＿＿＿＿＿＿＿

工作/项目号：＿＿＿＿＿＿＿＿

原设备制造商设备出厂编号：＿＿＿＿＿＿＿＿

转子识别号：＿＿＿＿＿＿＿＿

修理采购订单号：＿＿＿＿＿＿＿＿

卖方工作号：＿＿＿＿＿＿＿＿

校正平面(左或右)—使用简图 ＿＿＿＿＿＿＿＿平面

剩余不平衡极座标

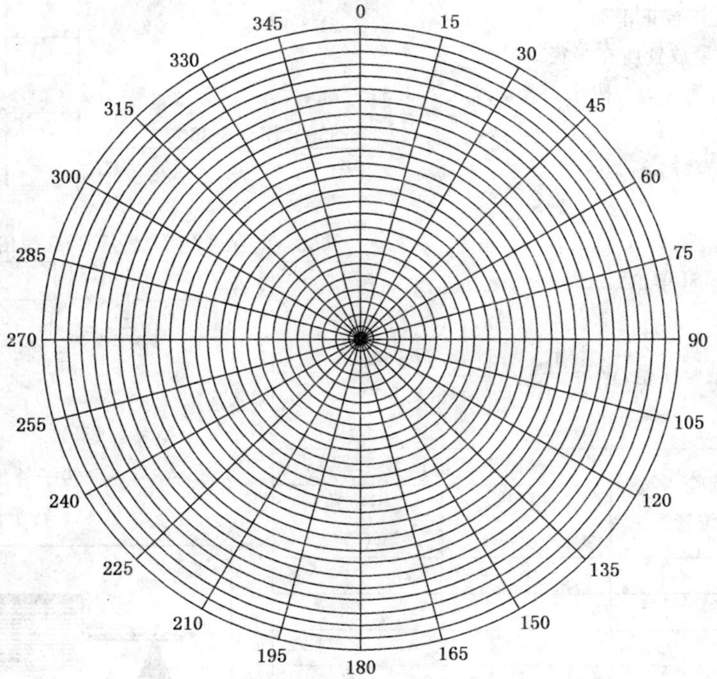

转子旋转方向：　□ 逆时针　□ 顺时针　　相位划定：　□ 逆时针　□ 顺时针

计算 Y 和 Z 值：

最大幅度值为：□ g　　最小幅度值为：□ g

Y=(最大－最小)/2=(□ － □)/2= □ g

Z=(最大＋最小)/2=(□ ＋ □)/2= □ g

剩留在转子上剩余不平衡＝

	U_T	×	Y	/	Z			
SI 单位：	□	×	□	/	□	=	□	g mm

许用不平衡偏差＝U_{max}＝ □ g mm

结论：剩留在转子上剩余不平衡等于或小于许用不平衡偏差？

□ 通过　　□ 失败

□ 接收　　□ 最终　　□ 其他：＿＿＿＿＿＿

操作：＿＿＿＿＿＿日期：＿＿＿＿＿＿审核：＿＿＿＿＿＿日期：＿＿＿＿＿＿

图 D.2　剩余不平衡极座标工作表

客户：ABC 精炼公司

工作/项目号：00-1234

原设备制造商设备出厂编号：C-1234

转子识别号：1234C4320

修理采购订单号：PO 12345678

卖方工作号：工厂-00-1234

校正平面(左或右)—使用简图：左 平面

平衡转速：800 r/min

最大转子运行转速，N：6 900 r/min

静态轴颈质量，W，最接近该校正平面：530.7 kg

试验质量半径，R，试验质量放置所在半径：381 mm

计算最大许用剩余不平衡值，U_{max}，按 5.7.3.1 或 5.7.3.3：

SI 单位：

$$U_{max}=\frac{6\ 350\times W}{N}=\frac{6\ 350\times 530.7}{6\ 900}=\boxed{488.4}\ \text{g mm}$$

计算试验不平衡值，U_T：

试验不平衡值，U_T，为 U_{max} 和 $2\times U_{max}$ 之间　　U_{max} 至 $2\times U_{max}$　（选择倍数为）1.6

SI 单位：488.4 至 976.8 = 781.4 g mm

计算试验质量，W_T：

$$\text{试验质量},W_T=\frac{U_T}{R}=\frac{781.4\ \text{g mm}}{381\ \text{mm}}=\boxed{2.051}\ \text{g}$$

获得试验数据并填入表格：

位置	转子上试验质量角度位置	平衡机读数 幅度 g	平衡机读数 相位角 (°)
1	0°	1.60	358
2	60°	1.11	59
3	120°	1.58	123
4	180°	2.21	182
5	240°	3.00	241
6	300°	2.30	301
重复 1	0°	1.58	359

转子外形简图：

转子简图

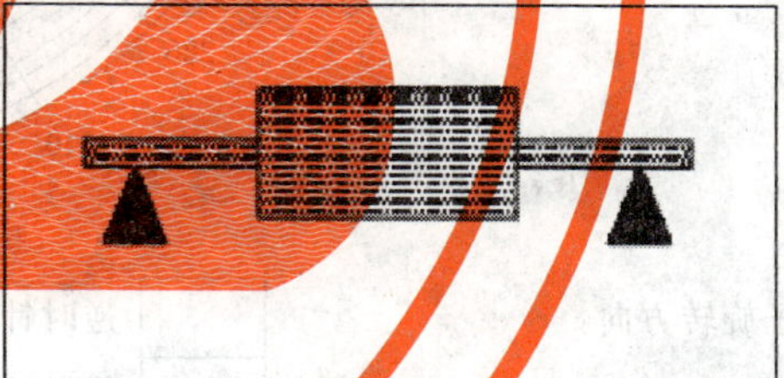

转子平衡用半键

（如需要为明了加简图）

位置	质量

程序：

第一步：在极座标上绘出平衡机幅度对试验质量旋转角度曲线(图 D.2)以使适合最大和最小值。

第二步：位于极座标上的点宜密集地近似一个圆。如不是，则可能记录数据出错，试验宜重复。

第三步：确定最大和最小平衡读数。

第四步：使用工作表(图 D.2)，剩余不平衡计算确定要求的 Y 和 Z 值。

第五步：使用工作表(图 D.2)，计算转子中剩留的剩余不平衡。

第六步：证实确定的剩余不平衡已等于或小于最大许用剩余不平衡，U_{max}。

注：

1） 试验角度位置宜参照转子上键或一些其他永久性标志。优先位置为每转一次的标志(对相位参考转换器)。

2） 重复 1 的平衡机幅度读数宜与位置 1 的相同，表明重复性。

3） 出错的主要原因是没有对每个试验质量位置保持相同半径。

操作：______________ 日期：______________ 审核：______________ 日期：______________

图 D.3　剩余不平衡工作表—左平面样本

客户： ABC精炼公司

工作/项目号： 00-1234

原设备制造商设备出厂编号： C-1234

转子识别号： 1234C4320

修理采购订单号： PO 12345678

卖方工作号： 工厂-00-1234

校正平面(左或右)—使用简图 左 平面

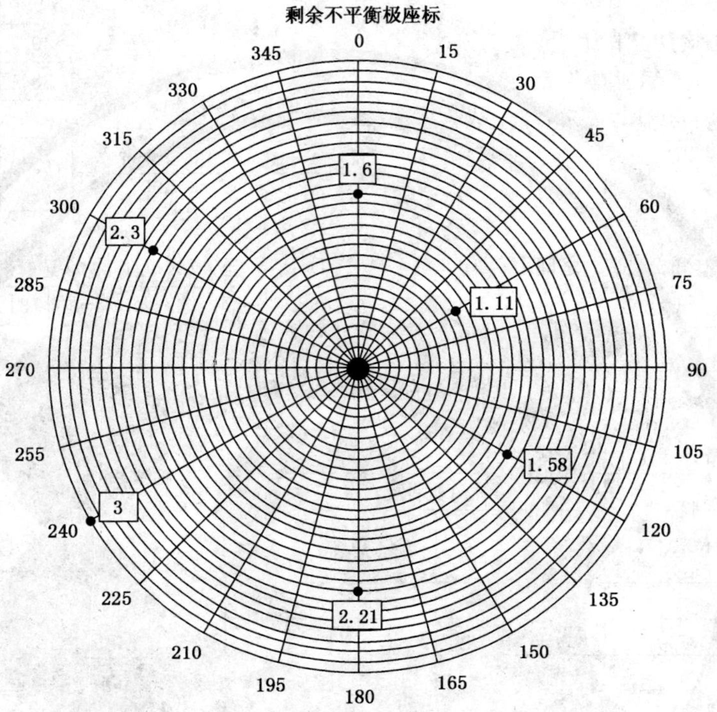

转子旋转方向： [×] 逆时针 [ ] 顺时针　　相位划定： [ ] 逆时针 [×] 顺时针

计算 Y 和 Z 值：

最大幅度值为：	3.00 g		最小幅度值为：		1.11 g
Y=(最大－最小)/2=(	3.00	－	1.11	)/2=	0.95 g
Z=(最大＋最小)/2=(	3.00	＋	1.11	)/2=	2.06 g

剩留在转子上剩余不平衡＝

	U_T	×	Y	/	Z	=	
SI单位：	7.81	×	0.95	/	2.06	=	359.3 g mm

许用不平衡偏差＝U_{max}＝ 488.4 g mm

结论：剩留在转子上剩余不平衡等于或小于许用不平衡偏差?

[×] 通过　[ ] 失败

[ ] 接收　[ ] 最终　[×] 其他：W/O修整成品

操作： CJ,TR* & RC　日期： 5/24/2000　审核： CC　日期： 5/24/2000

图 D.4　剩余不平衡极座标工作表—左平面样本

客户：	ABC 精炼公司
工作/项目号：	00-1234
原设备制造商设备出厂编号：	C-1234
转子识别号：	1234C4320
修理采购订单号：	PO 12345678
卖方工作号：	工厂-00-1234
校正平面(左或右)—使用简图	右 平面

平衡转速	800	r/min
最大转子运行转速，N	6 900	r/min
静态轴颈质量，W，最接近该校正平面	571.5	kg
试验质量半径，R，试验质量放置所在半径	203	mm

计算最大许用剩余不平衡值，U_{max}，按 5.7.3.1 或 5.7.3.3：

SI 单位：
$$U_{max}=\frac{6\ 350\times W}{N}=\frac{6\ 350\times 571.5}{6\ 900}=\boxed{525.9}\ \text{g mm}$$

计算试验不平衡值，U_T：

试验不平衡值，U_T，为 U_{max} 和 $2\times U_{max}$ 之间　　U_{max} 至 $2\times U_{max}$　（选择倍数为）1.6

SI 单位：　525.9 至 1 051.9 = 841.5 g mm

计算试验质量，W_T：

$$\text{试验质量},W_T=\frac{U_T}{R}=\frac{841.5\ \text{gmm}}{203\ \text{mm}}=\boxed{4.14}\ \text{g}$$

获得试验数据并填入表格：

位置	转子上试验质量角度位置	平衡机读数	
		幅度 g	相位角 (°)
1	0°	4.60	3
2	60°	4.20	58
3	120°	4.70	121
4	180°	5.20	180
5	240°	5.80	235
6	300°	5.10	301
重复 1	0°	4.60	2

转子外形简图：
转子简图

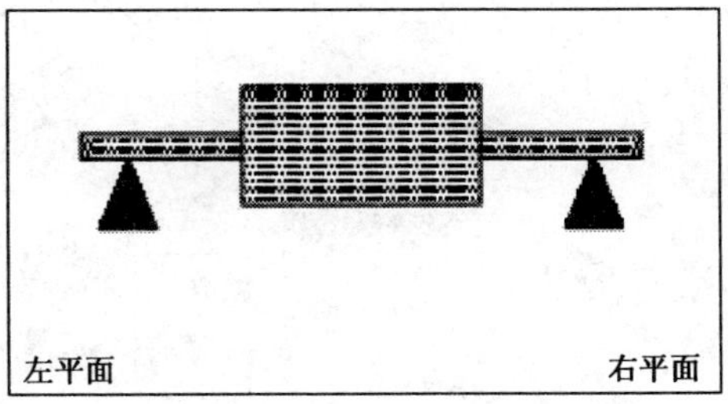

程序：

第一步：在极座标上绘出平衡机幅度对试验质量旋转角度曲线(图 D.2)以使适合最大和最小值。

第二步：位于极座标上的点宜密集地近似一个圆。如不是，则可能记录数据出错，试验宜重复。

第三步：确定最大和最小平衡读数。

第四步：使用工作表(图 D.2)，剩余不平衡计算确定要求的 Y 和 Z 值。

第五步：使用工作表(图 D.2)，计算转子中剩留的剩余不平衡。

第六步：证实确定的剩余不平衡已等于或小于最大许用剩余不平衡，U_{max}。

转子平衡用半键
（如需要为明了加简图）

位置	质量

注：

1）试验角度位置宜参照转子上键或一些其他永久性标志。优先位置为每转一次的标志(对相位参考转换器)。

2）重复 1 的平衡机幅度读数宜与位置 1 的相同，表明重复性。

3）出错的主要原因是没有对每个试验质量位置保持相同半径。

操作：________ 日期：________ 审核：________ 日期：________

图 D.5　剩余不平衡工作表—右平面样本

客户：ABC 精炼公司

工作/项目号：00-1234

原设备制造商设备出厂编号：C-1234

转子识别号：1234C4320

修理采购订单号：PO 12345678

卖方工作号：工厂-00-1234

校正平面(左或右)—使用简图　右　平面

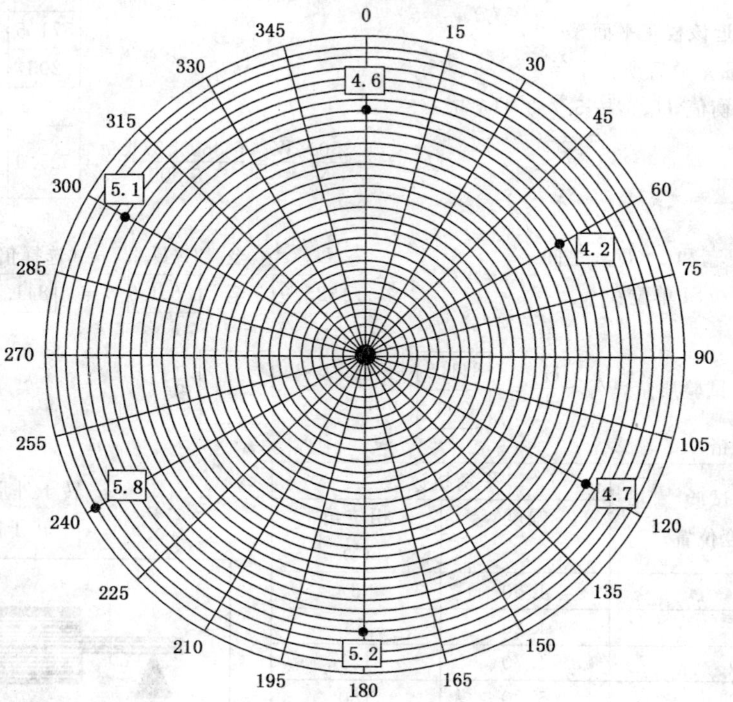

转子旋转方向：　[×] 逆时针　[ ] 顺时针　　相位划定：　[ ] 逆时针　[×] 顺时针

计算 Y 和 Z 值：

最大幅度值为：[5.80] g　　最小幅度值为：[5.20] g

Y=(最大－最小)/2=([5.80] － [4.20])/2= [0.8] g

Z=(最大＋最小)/2=([5.80] ＋ [4.20])/2= [5.0] g

剩留在转子上剩余不平衡＝

	U_T	×	Y	/	Z			
SI 单位：	841.5	×	0.8	/	5	=	134.6	g mm

许用不平衡偏差＝U_{max}＝ [525.9] g mm

结论：剩留在转子上剩余不平衡等于或小于许用不平衡偏差？

[×] 通过　　[ ] 失败

[ ] 接收　　[ ] 最终　　[×] 其他：W/O 修整成品

操作：CJ,TR* & RC　日期：5/24/2000　审核：CC　日期：5/24/2000

图 D.6　剩余不平衡极座标工作表—右平面样本

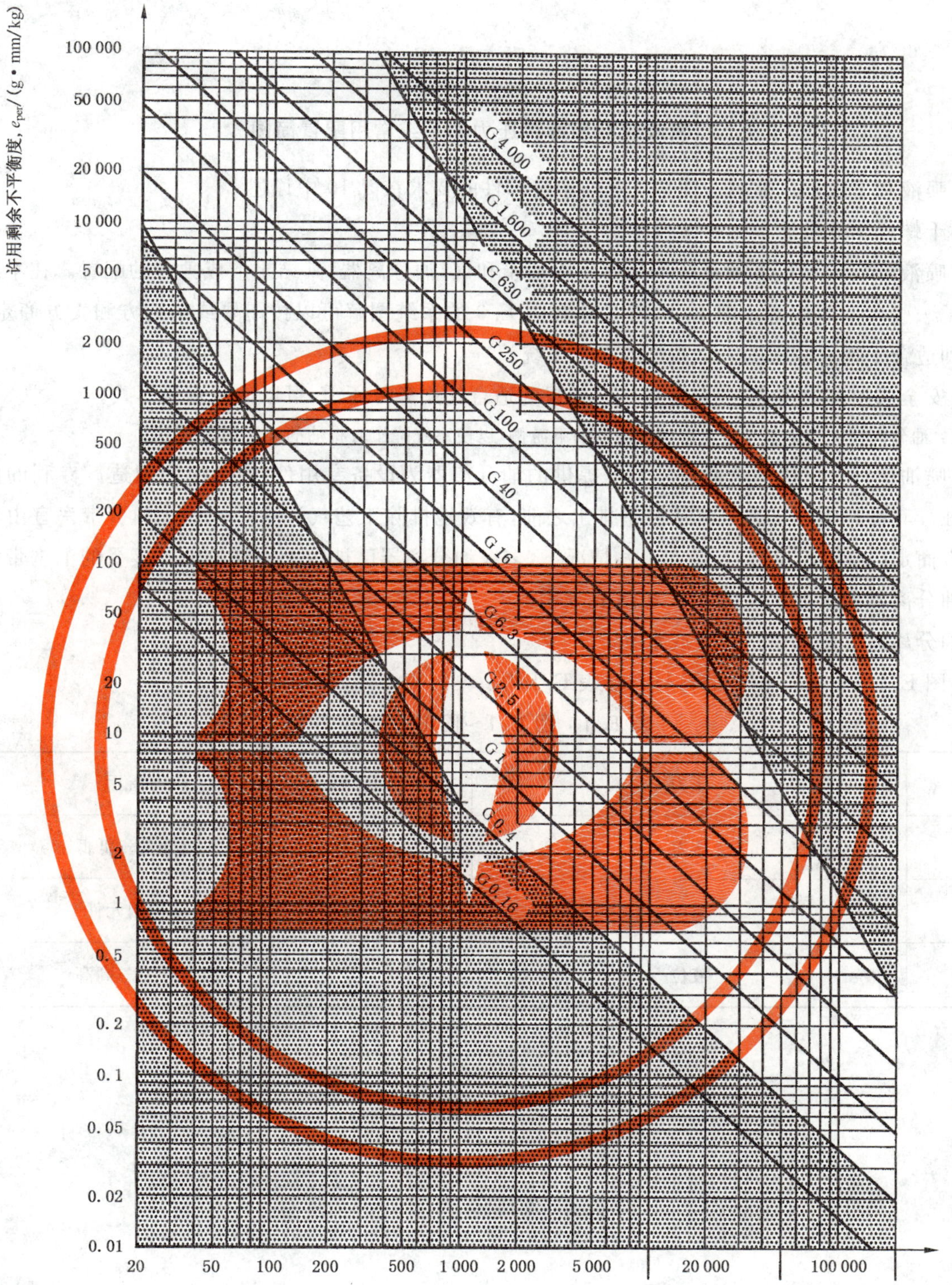

注：基于一般经验，白色区域是通常使用的区域。

图 D.7 根据平衡品质级别 G 和工作转速 n 确定的许用剩余不平衡度

(GB/T 9239.1—2006 图 2)

附 录 E
（规范性附录）
喷液螺杆压缩机压力油系统常用配置简图

E.1 喷液和干螺杆压缩机的油系统和油系统部件的要求在5.10中详述。

E.2 干螺杆压缩机油系统的图解包括在JB/T 4365。

E.3 喷液螺杆压缩机在油系统中配有压力油箱和气/油分离器，其结果形成独有的配置。在本附录中给出了一些典型的配置。图E.1、图E.2和图E.3的系统图解可以按需要或采购方和卖方商定修改，以得到适合于特殊应用的一个系统或多个系统。

E.4 安全阀图解为角式，最普通模式。如果为适合使用条件所需，可以使用直通模式。

注：油分离器的安全阀布置在凝聚过滤器的下游侧，以使系统降压时将油的损失降到最小。

E.5 喷油螺杆压缩机的滑撬集装架上提供的油分离器为设备专用件，通常应用制造厂专利的内部设计特征。其设计为在工艺气流从腔室排出之前，有效地排除工艺气流中带的油。油携带率宜由卖方和采购方商定（见5.10.3.5.2）。在一些情况下，多级油分离器已被用于达到较低可接受的油携带率。典型的油分离器配置显示在图E.4和图E.5中。

油分离器方位可以是垂直或水平。

E.6 图E.1～图E.3使用的符号列在表E.1中。

表E.1 图E.1～图E.3所用符号

P	压力	PI	压力指示
PD	压差	PDSLL	压差开关—低低
T	温度	TE	温度检测元件
L	液位	TSHH	温度开关—高高

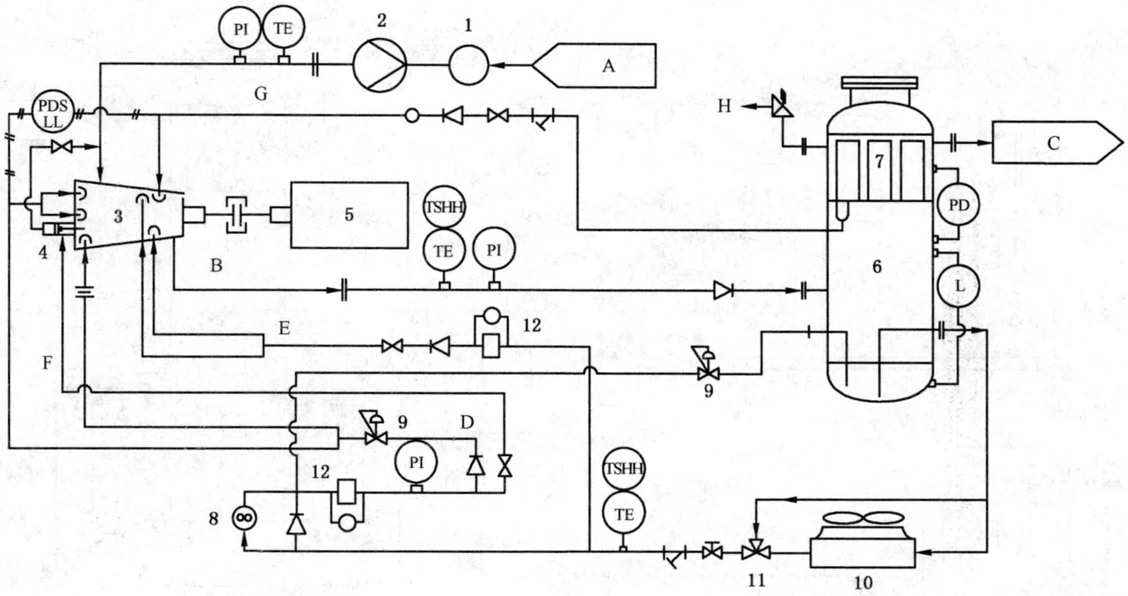

系统部件：
1——进口除尘器；
2——粗滤器；
3——压缩机；
4——滑阀；
5——电机；
6——油分离器；
7——凝聚元件；
8——油泵；
9——压力控制阀；
10——油冷却器；
11——温控阀；
12——油过滤器。

气体/油/冷却水流：
A——吸入气；
B——排出气和油；
C——排出气；
D——润滑和密封油；
E——喷油；
F——控制油；
G——油回收；
H——安全阀排出。

图 E.1 常用配置 1

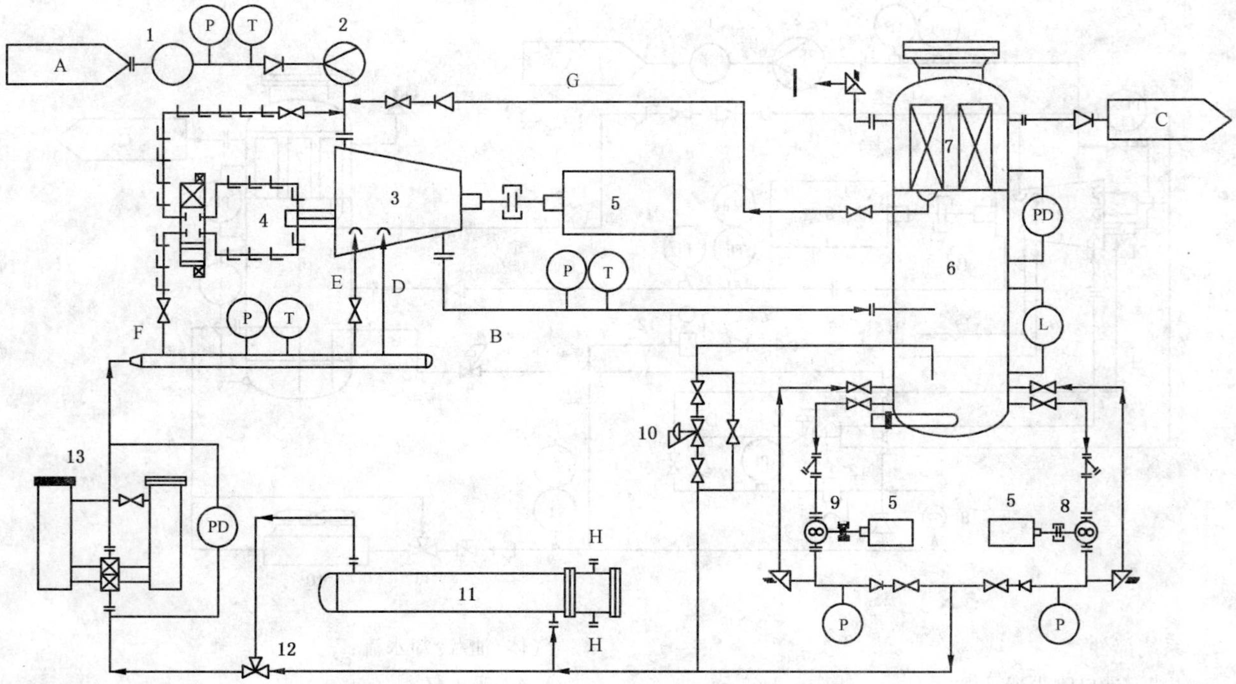

系统部件：

1——进口除尘器；

2——粗滤器；

3——压缩机；

4——滑阀；

5——电机；

6——油分离器；

7——凝聚元件；

8——油泵；

9——油泵(备用)；

10——压力控制阀；

11——油冷却器；

12——温控阀；

13——油过滤器。

气体/油/冷却水流：

A——吸入气体；

B——排出气和油；

C——排出气体；

D——润滑和密封油；

E——喷油；

F——控制油；

G——油回收；

H——冷却水；

I——安全阀排出。

图 E.2 常用配置 2

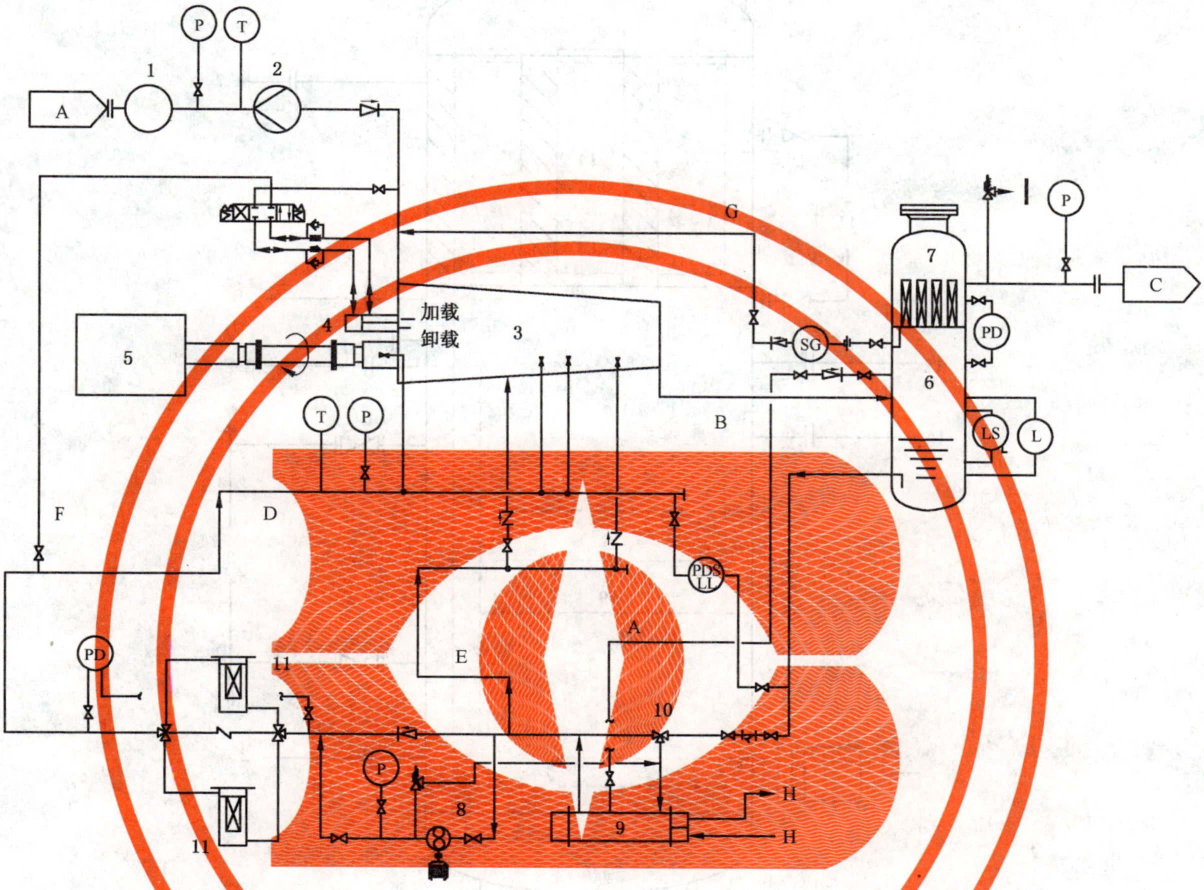

系统部件：
1——进口除尘器；
2——粗滤器；
3——压缩机；
4——滑阀；
5——电机；
6——油分离器；
7——凝聚元件；
8——油泵；
9——油冷却器；
10——温控阀；
11——油过滤器。

气体/油/冷却水流：
A——吸入气体；
B——排出气和油；
C——排出气；
D——润滑和密封油；
E——喷油；
F——控制油；
G——油的回收；
H——冷却水；
I——安全阀排出。

图 E.3 常用配置 3

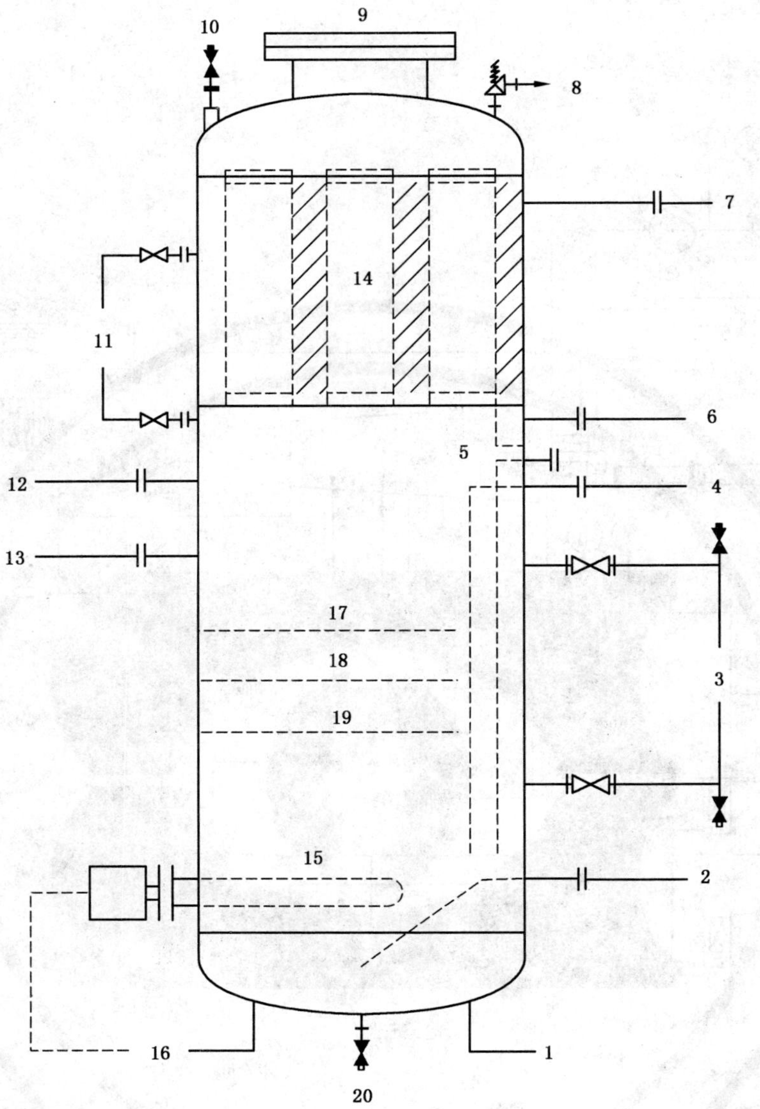

1——温度装置；
2——接油泵或冷却器出油口；
3——液位计(铠装)；
4——来自压差控制阀的回油；
5——加油口；
6——凝聚油排放；
7——排气接口；
8——安全压力阀；
9——检查孔；
10——放空口；
11——压差表；
12——油泵安全阀回油；
13——来自压缩机排气接口的气和油；
14——凝聚过滤元件；
15——电加热器；
16——温控装置；
17——最高液位；
18——正常液位；
19——最低液位；
20——排放口。

图 E.4 带内部凝聚腔的油分离器

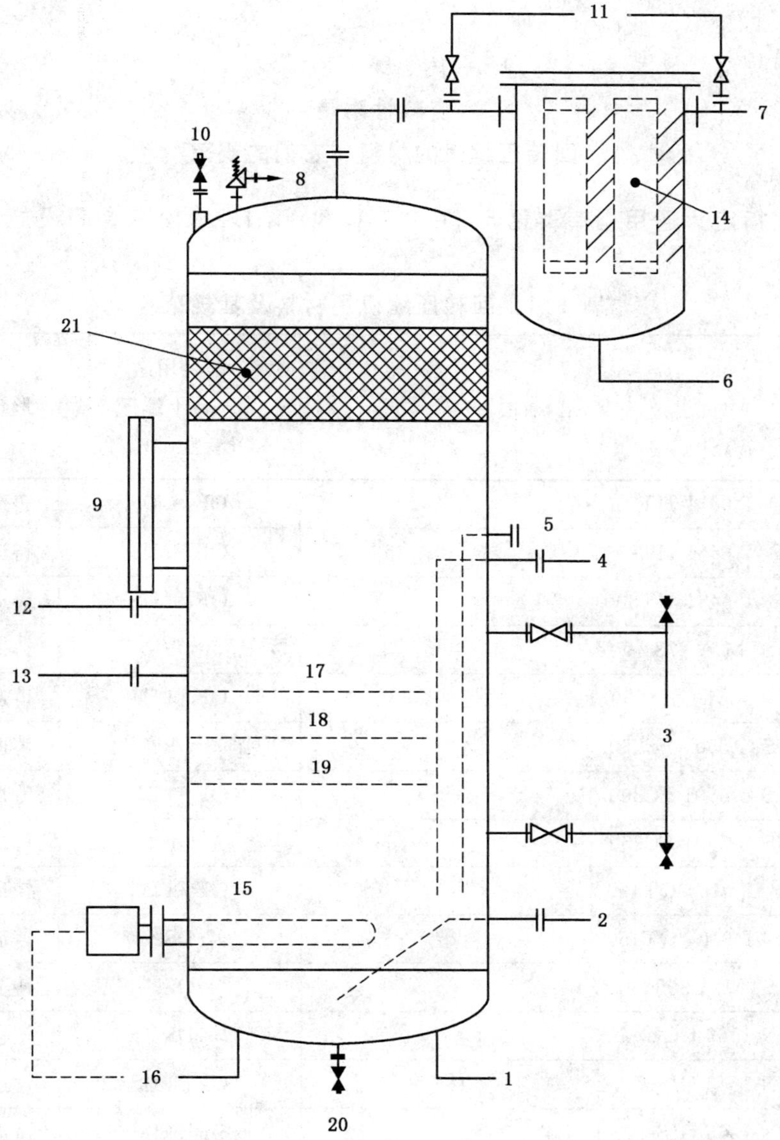

1——温度装置；

2——接油泵或冷却器出油口；

3——液位计(铠装)；

4——来自压差控制阀的回油；

5——加油口；

6——凝聚油排放；

7——排气接口；

8——安全压力阀；

9——检查孔；

10——放空口；

11——压差表；

12——油泵安全阀回油；

13——来自压缩机排放接口的气和油；

14——凝聚过滤元件；

15——电加热器；

16——温控装置；

17——最高液位；

18——正常液位；

19——最低液位；

20——排放口；

21——除雾器垫。

图 E.5　带外部凝聚腔的油分离器

附 录 F
（资料性附录）
回转压缩机的材料和它们的规范

注意—表 F.1 指定为通用指南。见 5.11.1.1 和 5.11.1.2。没有专门设施复验能力的则不宜使用。

表 F.1 回转压缩机用材料及其规范

部件	材料	规范及牌号	材料用途 DS=干螺杆 OF=喷油螺杆	形式	材料的温度限定[a] ℃	
					最低	最高
机壳（铸造）	灰铁	JB/T 6431 HT200	OF 和 DS	铸造	—	—
	灰铁	JB/T 6431 HT250	OF 和 DS	铸造	—	—
	灰铁	JB/T 6431 HT300	OF 和 DS	铸造	—	—
	灰铁	ASTM A 278 40 级	OF	铸造	−29	260
	灰铁	EN 1561 GJL-250	OF 和 DS	铸造	−10	250
	灰铁	JIS G 5501 FC250	OF	铸造	−29	232
	灰铁	JIS G 5501 FC300	OF 和 DS	铸造	−29	232
	灰铁	JIS G 5501 FC350	OF	铸造	−29	232
	球铁	JB/T 9104 QT400-15	OF 和 DS	铸造	—	—
	球铁	JB/T 9104 QT450-10	DS	铸造	—	—
	球铁	ASTM A 395,60 级	OF	铸造	−29	260
	球铁	EN 1563 GGG 40.3	DS	铸造	−20	300
	球铁	EN 1563 GJS-400-15	OF 和 DS	铸造	−10	250
	球铁	EN 1563 GJS-400-18-LT	OF 和 DS	铸造	−20	300
	钢	GB/T 11352 ZG230-450	OF 和 DS	铸造	—	—
	钢	GB/T 11352 ZG270-500	OF 和 DS	铸造	—	—
	钢	ASTM A 216 WCB 级	OF 和 DS	铸造	−29	400
	钢	EN 10213(全部)GP240 GH	OF 和 DS	铸造	−10	300
	钢	EN 10213(全部)GS-21Mn5	OF	铸造	−46	343
	钢	JIS G 5152 SCPL1	OF	铸造	−45	350
	钢	JIS G 5152 SCPL11	OF 和 DS	铸造	−60	350
	钢	JIS G 5152 SCPL21	OF	铸造	−75	200
	钢	JIS G 5152 SCPL31	OF	铸造	−100	200
	钢	JIS G 5250 SCW480	OF 和 DS	铸造	−29	399
	钢	JIS G 5121 SCS13	DS	铸造	−196	350
	不锈钢	GB/T 2100 ZG20Cr13	DS	铸造	—	—
	不锈钢	GB/T 2100 ZG07Cr19Ni9	DS	铸造	—	—

表 F.1（续）

部件	材料	规范及牌号	材料用途 DS＝干螺杆 OF＝喷油螺杆	形式	材料的温度限定[a] ℃ 最低	 最高
机壳（铸造）	不锈钢	ASTM A 351 CF3、CF3M、CF8、CF8M 级	DS	铸造	−196	343
	不锈钢	ASTM A 351 CF3、CF3M 级	DS	铸造	−195	345
	不锈钢	ASTM A 743 CA6-NM 级	DS	铸造	−195	345
	不锈钢	EN 10213（全部）GX3 CrNiMo13-4	DS	铸造	−105	300
	不锈钢	EN 10213（全部）GX5 CrNiMoNb19-11-2	DS	铸造	−200	300
	不锈钢	JIS G 5121 SCS14	DS	铸造	−196	350
	不锈钢	JIS G 5121 SCS5/13Cr-4Ni	DS	铸造	−196	350
轴	球铁	JB/T 9104 QT700-2	OF	铸造	—	—
	球铁	JIS G 5502 FCD700	OF	铸造	−29	350
	钢	GB/T 699 35	DS	锻造	—	—
	钢	GB/T 699 40	OF 和 DS	锻造	—	—
	钢	GB/T 699 45	OF 和 DS	锻造	—	—
	钢	GB/T 3077 40Cr	OF 和 DS	锻造	—	—
	钢	GB/T 3077 35CrMo	OF 和 DS	锻造	—	—
	钢	GB/T 3077 42CrMo	OF 和 DS	锻造	—	—
	钢	AISI 1030-1035	OF	锻造	−29	399
	钢	AISI 1040-1050	OF 和 DS	锻造	−29	343
	钢	ASTM A 350 LF2	OF	锻造	−45	—
	钢	ASTM A 668 D 级-1030 级碳钢	DS	锻造	−29	399
	钢	EN 10083（全部）25CrMo4	DS	锻造	−10	300
	钢	EN 10083（全部）C45N	OF	锻造	−29	399
	钢	JIS G 4051 S30C	OF 和 DS	锻造	−10	450
	钢	JIS G 4051 S45C	OF	锻造	−10	450
	钢	JIS G 4051 S55C	OF	锻造	−10	450
	钢	JIS G 4105 SCM430	DS	锻造	−30	400
	钢	SAE 1137	OF	锻造	—	—
	不锈钢	GB/T 1220 06Cr19Ni10	DS	锻造	—	—
	不锈钢	GB/T 1220 022Cr17Ni12Mo2	DS	锻造	—	—
	不锈钢	ASTM A 473 304L 型	DS	锻造	−196	400
	不锈钢	ASTM A 473 316L 型	DS	锻造	−196	400
	不锈钢	ASTM A 479 1 级 410 型	DS	棒料	−59	345
	不锈钢	EN 10088（全部）X3CrNiMo13-4	DS	锻造	−105	300
	不锈钢	EN 10088（全部）X17CrNi16-2	DS	锻造	—	—

表 F.1(续)

部件	材料	规范及牌号	材料用途 DS=干螺杆 OF=喷油螺杆	形式	材料的温度限定[a] ℃	
					最低	最高
轴	不锈钢	JIS G 3214 SUS F 6NM/13Cr-4Ni	DS	锻造	−105	300
	不锈钢	JIS G 3214 SUS 304	DS	锻造	−196	400
	不锈钢	JIS G 3214 SUS 316	DS	锻造	−196	400
	不锈钢	JIS G 3214 SUS 405	DS	锻造	−10	400
转子体	球铁	JIS G 5502 FCD600	OF	铸造	−29	260
	球铁	JIS G 5502 FCD700	OF	铸造	−29	350
	钢	GB/T 699 35	OF 和 DS	锻造	—	—
	钢	GB/T 699 45	OF 和 DS	锻造	—	—
	钢	GB/T 3077 35CrMo	OF 和 DS	锻造	—	—
	钢	AISI 1030-1045	OF 和 DS	锻造	−29	399
	钢	ASTM A 350 LF2	OF	锻造	−45	149
	钢	ASTM A 668 D 级-1030 级碳钢	DS	锻造	−29	399
	钢	EN 10083(全部)25 CrMo4	DS	锻造	−10	300
	钢	EN 10083(全部)C45N	OF	锻造	−29	399
	钢	JIS G 3221 SFCM 930S	OF	锻造	−29	399
	钢	JIS G 4051 S30C	OF 和 DS	锻造	−10	450
	钢	JIS G 4051 S45C	OF	锻造	−10	450
	钢	JIS G 4051 S55C	OF	锻造	−10	450
	钢	JIS G 4105 SCM430	DS	锻造	−30	400
	钢	SAE 1137	OF	锻造	—	—
	不锈钢	GB/T 1220 1Cr13	DS	锻造	—	—
	不锈钢	GB/T 1220 2Cr13	DS	锻造	—	—
	不锈钢	GB/T 1220 06Cr19Ni10	DS	锻造	—	—
	不锈钢	GB/T 1220 022Cr17Ni12Mo2	DS	锻造	—	—
	不锈钢	ASTM A 473 431 型	DS	锻造	—	—
	不锈钢	ASTM A 473 304L 型	DS	锻造	−196	400
	不锈钢	ASTM A 473 316L 型	DS	锻造	−196	400
	不锈钢	ASTM A 479 1 级 410 型	DS	棒料	−59	345
	不锈钢	EN 10088(全部)X3CrNiMo13-4	DS	锻造	−105	300
	不锈钢	JIS G 3214 SUS 405	DS	锻造	−10	400
	不锈钢	JIS G 3214 SUS F 6NM/13Cr-4Ni	DS	锻造	−105	300
	不锈钢	JIS G 3214 SUS 304	DS	锻造	−196	400
	不锈钢	JIS G 3214 SUS 316	DS	锻造	−196	400

表 F.1(续)

部件	材料	规范及牌号	材料用途 DS=干螺杆 OF=喷油螺杆	形式	材料的温度限定[a] ℃ 最低	最高
脉冲装置	球铁	EN 1563 GGG 40.3	DS	铸造	−20	300
	钢	JB 4726 20	OF 和 DS	锻造	—	—
	钢	JB 4726 16Mn	OF 和 DS	锻造	—	—
	钢	GB 713 Q245R	OF 和 DS	板材	—	—
	钢	GB 713 Q345R	OF 和 DS	板材	—	—
	钢	GB/T 8163 20	OF 和 DS	管材	—	—
	钢	GB 6479 20	OF 和 DS	管材	—	—
	钢	ASTM A 516-60	DS	板材	—	—
	钢	ASTM A 516-70 制造为 A 593	OF 和 DS	板材	−46[b]	—
	钢	ASTM A 105	OF 和 DS	锻造	−29	—
	钢	ASTM A 106B	OF 和 DS	管材	−29	—
	钢	ASTM A 516 70 级	DS	板材	−46	—
	钢	EN 10025(全部)S235JRG2-1	DS	板材	−10	400
	钢	EN 10213(全部)GP240 GH	DS	铸造	−10	300
	钢	EN 10216(全部)P265 GH/HII	DS	板材	−10	400
	钢	JIS G 3103 SB410	OF 和 DS	板材	0	350
	钢	JIS G 3103 SB480	OF 和 DS	板材	0	350
	钢	JIS G 3106 SM400B	OF 和 DS	板材	0	350
	钢	JIS G 3115 SPV315	OF 和 DS	板材	−10	350
	钢	JIS G 3454 STPG370-S	OF 和 DS	管材	−10	350
	钢	JIS G 3115 SPV235	OF 和 DS	板材	−10	350
	不锈钢	JB 4728 0Cr18Ni9	DS	锻造	—	—
	不锈钢	GB/T 4237 0Cr18Ni9	DS	板材	—	—
	不锈钢	ASTM A 213 TP316L	DS	板材	—	—
	不锈钢	ASTM A 312 316 型	DS	管材	−195	—
	不锈钢	ASTM A 312 304 和 316 型	OF 和 DS	管材	−195	—
	不锈钢	ASTM A 240-316 型	DS	板材	−195	—
	不锈钢	ASTM A 333-6 级	DS	管材	−46	—
	不锈钢	EN 10088(全部)X5CrNi18-10	DS	板材	−196	400
	不锈钢	EN 10088(全部)X5CrNiMo17-12-2	DS	板材	−196	400
	不锈钢	EN 10088(全部)X6CrNiMoTi17-12-2	DS	板材	−196	400
	不锈钢	EN 10088(全部)X6CrNiTi18-10	DS	板材	−10	400
	不锈钢	EN 10213(全部)GX3 CrNiMo13-4	DS	铸造	−105	300

表 F.1(续)

部件	材料	规范及牌号	材料用途 DS=干螺杆 OF=喷油螺杆	形式	材料的温度限定[a] ℃	
					最低	最高
脉冲装置	不锈钢	JIS G 4304 SUS304	OF 和 DS	板材	−196	400
	不锈钢	JIS G 4304 SUS316	OF 和 DS	板材	−196	400

[a] 压缩机的运行温度限定可能不同,但应在材料温度限定内。

[b] 对运行温度应进行冲击试验。

附　录　G
（资料性附录）
常用安装板配置

本附录的图显示了底板（图 G.1）和基架（图 G.2）的配置。

1——辅助板；
2——安装板；
3——带头螺栓；
4——任选整层灰浆层；
5——地脚螺栓；
6——地脚螺栓管套灰浆密封；
7——垫片；
8——找平调节螺钉；
9——垫片入口灰浆层；
10——找平板；
11——环氧灰浆；
12——非结合填充；
13——地脚螺栓管套。

图 G.1　常用安装板配置—带辅助板的底板

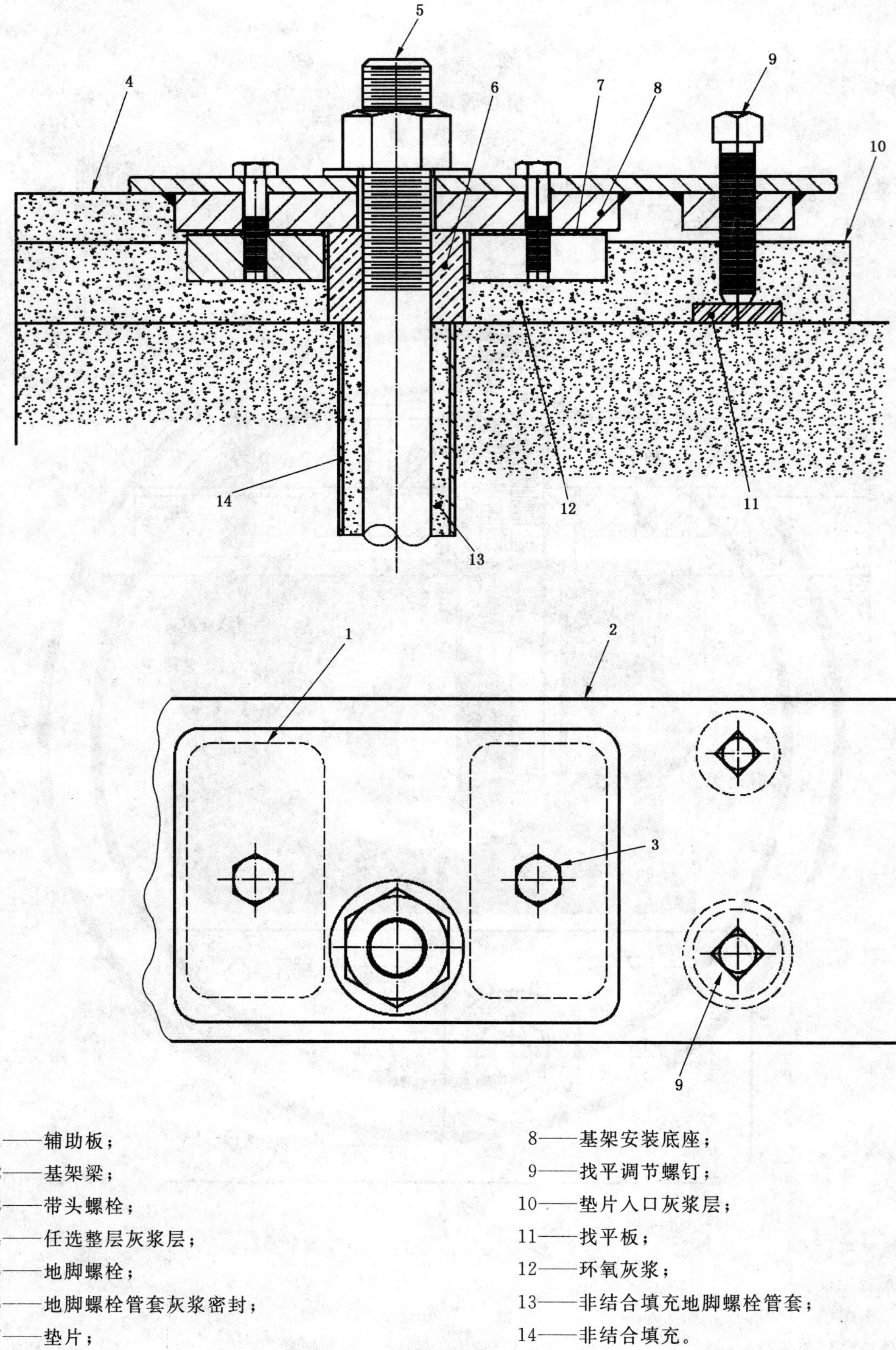

1——辅助板；
2——基架梁；
3——带头螺栓；
4——任选整层灰浆层；
5——地脚螺栓；
6——地脚螺栓管套灰浆密封；
7——垫片；
8——基架安装底座；
9——找平调节螺钉；
10——垫片入口灰浆层；
11——找平板；
12——环氧灰浆；
13——非结合填充地脚螺栓管套；
14——非结合填充。

图 G.2 常用安装板配置—带辅助板的基架

附　录　H
（资料性附录）
检验员检查表

项目	参考条款	检验日期	检验员	状况
材料检验	7.2.2			
管路制造和安装	6.5.1.1、6.5.4.2			
液压试验	7.3.2			
热运转	7.3.3.5			
机械运转试验	7.3.3			
气体泄漏试验	7.3.3.4.3			
选定试验				
性能试验	7.3.4.2			
整套机组试验	7.3.4.3			
减速试验	7.3.4.4			
串联试验	7.3.4.5			
传动装置试验	7.3.4.6			
氦密封试验	7.3.4.7			
声压级试验	7.3.4.8			
辅助设备试验	7.3.4.9			
试验后检验	7.3.4.10			
全压/全负荷/全速试验	7.3.4.11			
液压装配联轴器毂/轴配合试验	7.3.4.12			
备件试验	7.3.4.13			
附加试验一按规定				
内部清洁度检查	7.2.3			
管路				
油箱				
轴承座				
齿轮箱				
冷却器				
过滤器				
其他				
铭牌和旋转箭头	5.12			
总尺寸和接口位置[a]				
法兰尺寸和表面粗糙度[a]				

续表

项目	参考条款	检验日期	检验员	状况
地脚螺栓布置和规格[a]				
装运的准备				
防腐蚀—外部	7.4.3a)			
	7.4.3b)			
防腐蚀—内部	7.4.3c)			
防腐蚀—润滑表面	7.4.3d)			
所有开口的封闭	7.4.3g)			
	7.4.3h)			
	7.4.3i)			
设备铭牌资料	5.12.4			
设备标识	7.4.3j)			
管路接口标识(标签)	7.4.4			
附加检验—按要求				

[a] 对论证图样检查。

附 录 I
（资料性附录）
通用卖方图样和资料要求

I.1 通则

本附录包含了发放记录(进程表)，再加上进程表中字母数字混合表示项目的代表性叙述。

容积式回转压缩机 卖方图样和资料要求	工程号________ 项目号________ 第 1 页 共 2 页 由________ 日期________ 修改________

标书[a] 投标者应提供______份由∨表示所有项目的资料副本

复核[b] 卖方应提供______套副本和______份表明图样和资料的电子文件

最终[b] 卖方应提供______套副本和______份表明图样和资料的电子文件

卖方应提供______套操作和维修手册

发放记录

标书[a]	复核[b]	最终[b]	文件	复核-卖方预定交付资料期限[c]	复核-收到卖方资料日期	复核-资料返回卖方日期	卖方预定交付资料期限[c]	最终-收到卖方资料日期
			a. 已确认有尺寸的外形图和接口表					
			b. 剖面图和材料单					
			c. 转子组件图和材料单					
			d. 止推轴承组件图和材料单					
			e. 轴颈轴承组件图和材料单					
			f. 密封组件图和材料单					
			g. 联轴器组件图和材料单					
			h. 油密封简图和材料单					
			i. 油密封组件图和接口表					
			j. 油密封部件图和数据					
			k. 油润滑/油控制简图和材料单					
			l. 油润滑系统组件图和布置图					
			m. 油润滑部件图和数据					
			n. 油分离器容器布置					
			o. 喷射系统简图					
			p. 电气及仪表简图和材料单					
			q. 电气及仪表布置图和接口表					
			r. 进口容量、功率和排气温度对压缩比和转速曲线					
			s. 启动扭矩对转速曲线					
			t. 振动分析数据					
			u. 横向临界转速分析报告					
			v. 扭转临界转速分析报告					
			w. 瞬时扭转临界转速分析报告					
			x. 法兰许用负荷					
			y. 联轴器对中示意图					
			z. 焊接程序					
			aa. 合格的压力试验记录					
			bb. 机械运转试验记录					

[a] 标书的图样和资料论证或者竣工时是不需要的。

[b] 采购方应在本栏中用本格式末尾给出的术语指出拟定提交材料的时间。

[c] 投标者应填写反映其实标配给进度的这两栏，并且标书应包括这份格式。

容积式回转压缩机 卖方图样和资料要求	工程号＿＿＿＿＿＿项目号＿＿＿＿＿＿ 第 2 页 共 2 页 由＿＿＿＿＿＿ 日期＿＿＿＿＿＿修改＿＿＿＿＿＿

标书[a] 投标者应提供＿＿＿份由∨表示所有项目的资料副本

复核[b] 卖方应提供＿＿＿套副本和＿＿＿份表明图样和资料的电子文件

最终[b] 卖方应提供＿＿＿套副本和＿＿＿份表明图样和资料的电子文件

卖方应提供＿＿＿套操作和维修手册

发放记录

最终-收到卖方资料日期

卖方预定交付资料期限[c]

复核-资料返回卖方日期

复核-收到卖方资料日期

复核-卖方预定交付资料期限[c]

文 件

标书	复核	最终	文件	复核-卖方预定交付资料期限	复核-收到卖方资料日期	复核-资料返回卖方日期	卖方预定交付资料期限	最终-收到卖方资料日期
			cc. 性能试验记录					
			dd. 转子做平衡记录					
			ee. 转子机械和电气径向跳动					
			ff. 竣工数据表					
			gg. 竣工尺寸和/或数据					
			hh. 消声器图和数据					
			ii. 中间冷却器/后冷却器图和数据					
			jj. 无损检测程序和验收准则					
			kk. 特殊和选定试验的程序(见 7.3.4)					
			ll. 安装手册					
			mm. 运行和维修手册					
			nn. 备件推荐单					
			oo. 工程、制造和交付进程表(进度报告)					
			pp. 图样清单					
			qq. 装运清单					
			rr. 维修专用工具清单					
			ss. 技术数据手册					
			tt. 材料安全性数据表					
			uu. 储存、包装和装运程序					
			vv. 轴承巴氏合金强度对温度曲线					

[a] 标书的图样和资料论证或者竣工时是不需要的。

[b] 采购方应在本栏中用本格式末尾给出的术语指出拟定提交材料的时间。

[c] 投标者应填写反映其实标配给进度的这两栏，并且标书应包括这份格式。

没有采购方图样审核容许继续进行制造(如果同意)宜在采购订单中说明。

注：对图样和资料要求的详细说明，见条款 I.2。

所有图样和资料发送地址＿＿＿＿＿＿＿＿＿＿＿＿＿＿＿＿＿＿

术语：

——S:装运前星期数

——F:工厂订购后星期数

——D:认可的图样收到后星期数

卖方＿＿＿＿＿＿＿＿＿＿＿＿＿＿＿＿＿＿

日期＿＿＿＿＿＿＿＿＿卖方参考＿＿＿＿＿＿＿＿＿

签名＿＿＿＿＿＿＿＿＿＿＿＿＿＿＿＿＿＿

(签名确认所有说明书的接收)

I.2 文件

下列清单叙述了的I.1中字母数字混合表示的项目：

a) 已确认有尺寸的外形图，包括
   1) 尺寸，额定值和所有用户接口的位置，
   2) 近似总质量和吊运质量，
   3) 总尺寸、维修间隙和拆卸间隙，
   4) 轴线高，
   5) 基架的尺寸(如提供)，安装螺栓孔的直径、数量和位置及螺栓必须穿过的金属厚度、推荐的间隙、重心和基础设计细节，
   6) 消声器的位置(如提供)，
   7) 旋转方向；
b) 剖面图和材料单，包括
   1) 轴颈轴承间隙和公差，
   2) 转子浮动量(轴向)，
   3) 密封间隙(轴和内部迷宫)和公差，
   4) 转子齿间啮合间隙，
   5) 同步齿轮间隙；
c) 转子组件图和材料单，包括
   1) 活动止推环的轴向位置，面向
      i) 每个转子齿端，
      ii) 每个径向探头，
      iii) 每个轴颈轴承中心线，
      iv) 相位角槽口，
      v) 联轴器面或轴端，
   2) 止推环组件详细说明，包括
      i) 止推环-轴配合公差，
      ii) 同轴度(或径向跳动)公差，
      iii) 锁紧螺母要求的扭矩，
      iv) 止推环表面粗糙度要求，
      v) “热套”安装的预热方法和温度要求，
   3) 联轴器安装用已标尺寸的轴端，
   4) 材料单；
d) 止推轴承组件图和材料单；
e) 轴颈轴承组件图和材料单；
f) 密封组件图和材料单；
g) 联轴器组件图和材料单，包括许用不对中公差；
h) 油密封简图和材料单，包括
   1) 稳态和瞬时油流量和压力，
   2) 控制，报警和跳闸设定值，
   3) 热负荷，
   4) 公用设施要求，包括电、水和空气，
   5) 管路，阀门和孔板尺寸，

6） 仪表,安全装置和控制流程图,
7） 控制阀,
8） 材料单;

i） 油密封组件图和接口表;布置,包括尺寸、额定值和所有用户接口位置;

j） 油密封部件图和数据,包括
1） 泵和驱动机:
ⅰ） 已确认标尺寸的外形图,
ⅱ） 剖面图和材料单,
ⅲ） 机械密封图和材料单,
ⅳ） 对泵和电动机完整的数据格式,
2） 高位油箱,油箱和集油槽:
ⅰ） 制造用图,
ⅱ） 最高,最低和正常液面,
ⅲ） 设计计算,
3） 冷却器和过滤器
ⅰ） 制造用图,
ⅱ） 冷却器的完整数据格式,
4） 仪表
ⅰ） 控制器,
ⅱ） 开关,
ⅲ） 控制阀,
ⅳ） 压力表;

k） 油润滑/油控制简图和材料单,包括
1） 稳态和瞬时油流量和压力,
2） 控制、报警和跳闸设定值,
3） 供温和热负荷,
4） 公用设施要求,包括电、水和空气,
5） 管路,阀门和孔板尺寸,
6） 仪表,安全装置和控制流程图(如果应用包括滑阀),
7） 控制阀;

l） 油润滑组件图,包括尺寸、额定值和所有用户接口的位置;

m） 油润滑部件图和数据,包括
1） 泵和驱动机:
ⅰ） 已确认标尺寸的外形图,
ⅱ） 剖面图和材料单,
ⅲ） 机械密封图和材料单,
ⅳ） 离心泵的性能曲线,
ⅴ） 泵和驱动机完整的数据格式,
2） 冷却器、过滤器和油箱:
ⅰ） 制造用图,
ⅱ） 油箱最高、最低和正常液面,
ⅲ） 冷却器完整的数据格式,
3） 仪表

ⅰ） 控制器，

ⅱ） 开关，

ⅲ） 控制阀，

ⅳ） 压力表；

n） 油分离器布置图，包括

1） 外形图，

2） 内部零件细节，

3） 按设计规范的计算；

o） 喷液系统简图和材料单，包括每个喷油点的稳态和瞬间流量和压力；

p） 电气和仪表简图，包括

1） 振动警告和停机限值，

2） 轴承温度警告和停机限值，

3） 润滑油温度警告和停机限值，

4） 材料单；

q） 电气和仪表布置图和接口表；

r） 对每个机壳（气缸）应标注进口气量，制动功率和排气温度与压缩比和速度的曲线；带变速驱动机的压缩机对额定速度的 80％、90％、100％和 105％应有曲线图；

s） 转速对扭矩曲线，包括提供电机驱动机的承载负荷惯量，曲线图应都放在同一页上；

t） 振动分析数据，包括

1） 转子齿数，

2） 气口数，

3） 传动装置和齿式联轴器的齿数；

u） 横向临界转速分析，包括

1） 使用的分析方法，

2） 轴承和支撑刚度的图示及其在临界转速的影响，

3） 转子不平衡响应曲线的图示，

4） 外伸力矩的图示及其对临界转速的影响，

5） 轴颈静态负荷，

6） 刚度和阻尼系数，

7） 可倾瓦块的几何结构和形状，包括

ⅰ） 瓦块中心角度，

ⅱ） 枢轴间隙，

ⅲ） 瓦块间隙，

ⅳ） 预负荷；

v） 扭转临界转速分析，包括但不局限于以下：

1） 使用的分析方法，

2） 质量弹性系统的图示，

3） 识别质量弹性系统中的每个部件的质量力矩扭转刚度的表格，

4） 扰动源的图示（转每分），

5） 扭转临界转速和偏离的图示（模式形状图）；

w） 对所有同步电机驱动机组的瞬间扭转分析；

x） 所有用户接口法兰许用负荷，包括对基准点的预期热移动；

y） 对中图，包括冷态和瞬间对中及运行时允许的不对中限值；

z) 制造和修补的焊接程序；
aa) 液压试验记录和气体泄漏试验记录；
bb) 机械运转试验记录，包括但不局限于以下：
  1) 油流量，压力和温度，
  2) 振动，包括启动和减速时振幅和相位角对转每秒的 X-Y 曲线，
  3) 轴承金属温度，
  4) 观察临界转速（如有），
  5) 如有规定，实时振动数据的磁带记录；
cc) 按照 GB/T 3853 的性能试验记录和报告；
dd) 转子作平衡记录，包括按照附录 D 的残余不平衡报告；
ee) 转子按照 5.7.3.8 的机械和电气径向跳动；
ff) 竣工数据表；
gg) 竣工尺寸和数据，包括
  1) 轴或轴套尺寸，在
    ⅰ) 止推环，
    ⅱ) 每个密封部件，
    ⅲ) 每个转子，
    ⅳ) 每个迷宫，
    ⅴ) 每个轴颈轴承，
  2) 每个迷宫腔，
  3) 每个轴套密封部件，
  4) 每个轴颈轴承的内径，
  5) 止推轴承轴向跳动，
  6) 止推轴承，轴颈轴承和密封间隙，
  7) 冶金和热处理，对
    ⅰ) 轴，
    ⅱ) 止推环，
    ⅲ) 硬度读数（当 H_2S 在流程气体中规定时）；
hh) 消声器图和数据，包括
  1) 外形图，
  2) 数据表，包括每个倍频带的动态插入损失、压力损失和结构的材料，
  3) 按设计规范的计算；
ii) 中间冷却器/后冷却器图和数据，包括外形图；
jj) 按采购方订单数据表中或卖方图样和数据格式分项的无损检测试验程序和验收准则；
kk) 任何特殊和选定试验的程序（见 7.3.4）；
ll) 以下叙述安装手册（见 8.3.5.2）：
  1) 储存程序，
  2) 基础方案，
  3) 灌浆细节，
  4) 安放设备、装配程序、部件质量和起吊图，
  5) 联轴器对中图[按以上项目 y)]，
  6) 管路说明，包括法兰许用负荷，
  7) 用于驱动机/被驱动设备机组的综合外形图，包括地脚螺栓位置，

8） 拆卸间隙；

mm） 运行和维修手册叙述如下：

1） 开车，

2） 正常停机，

3） 紧急停机，

4） 运行限定，其他运行限定和从零到跳闸间不希望转速的列表，

5） 润滑油介绍和技术规范，

6） 日常运行程序，包括推荐的检验日程表和程序，

7） 说明，对

ⅰ） 转子在机壳中的拆装，

ⅱ） 转子的堆放程序，

ⅲ） 轴颈轴承的拆装（对于可倾瓦块轴承，说明应包括圆柱塞规带公差的通/止尺寸），

ⅳ） 止推轴承的拆装，

ⅴ） 密封的拆装（包括最大和最小间隙），

ⅵ） 止推环的拆装，

ⅶ） 轮类零件重铲刮程序，

ⅷ） 镗孔程序和扭矩值，

8） 性能数据，包括

ⅰ） 显示已论证的轴转速对现场额定功率曲线，

ⅱ） 显示环境温度对现场额定功率曲线，

ⅲ） 显示输出功率轴转速对扭矩曲线，

ⅳ） 显示增量功率输出对水/汽系统喷射率曲线，

ⅴ） 热耗纠正因素（可选择），

ⅵ） 止推轴承性能数据，

9） 振动分析数据，按以上项目 t）到 w），

10） 竣工数据，包括

ⅰ） 竣工数据表，

ⅱ） 建造尺寸或数据，包括组装间隙，

ⅲ） 液压试验记录，按以上项目 aa），

ⅳ） 机械运行试验记录，按以上项目 bb），

ⅴ） 转子作平衡记录，按以上项目 dd），

ⅵ） 在每个轴颈转子的机械和电气径向跳动，按以上项目 ee），

ⅶ） 关键部件的物理和化学的出厂证明，

ⅷ） 所有规定的选定试验的记录，

11） 图和数据，包括

ⅰ） 已论证带尺寸外形图和接口表，

ⅱ） 横截面图和材料单，

ⅲ） 转子组件图和材料单，

ⅳ） 止推轴承组件图材料单，

ⅴ） 轴颈轴承组件图和材料单，

ⅵ） 密封部件图和材料单，

ⅶ） 油润滑简图和材料单，

ⅷ) 油润滑组件图和接口表，

ⅸ) 油润滑部件图和数据，

ⅹ) 电气和仪表简图和材料单，

ⅹⅰ) 电气和仪表组件图和接口表，

ⅹⅱ) 调节器和控制、跳闸系统的数据，

ⅹⅲ) 跳闸和节流阀门结构图；

nn) 按照8.3.4，带推荐储存数的备件表；

oo) 进度报告和交付日程表，包括卖方采购齐全和研制生产重要阶段；报告应包括所有主要部件的工程、采购，制造和试验进程表；计划和实际数据和完成百分率应该在进程表里对于每个研制生产新阶段加以标明；

pp) 图样清单，包括最后的修改数量和数据；

qq) 发运清单，包括将被单独发运所有主要部件；

rr) 提供维修的特殊工具清表(见6.10)；

ss) 技术数据手册，包括以下

1) 竣工采购方数据表，按以上项目ff)，

2) 审核性能曲线，按以上项目cc)，

3) 按照8.2.2的图样，

4) 竣工组件间隙，

5) 按照8.3.4的备件清单，

6) 振动数据，按以上项目l)，

7) 报告或图，按以上项目u)、v)、w)、y)、bb)、cc)、dd)和ee)，

8) API数据表；

tt) 材料安全性数据表；

uu) 储存、包装和发运程序；

vv) 轴承巴氏合金强度对温度曲线。

附 录 J
（资料性附录）
国际标准的引用文件和参考文献

J.1 国际标准的引用文件

ISO 7(所有部分) 螺纹用作压力密封的管螺纹

ISO 261 ISO普通米制螺纹 总方案

ISO 262 ISO普通米制螺纹 螺钉、螺栓和螺母的选用规格

ISO 281 滚动轴承 动载荷额定值和额定寿命

ISO 724 ISO普通米制螺纹 基本尺寸

ISO 945[1] 铸铁 石墨显微结构的标定

ISO 965(所有部分) ISO普通米制螺纹 公差

ISO 1217 容积式压缩机 验收试验

ISO 1328-1:1995 圆柱齿轮 ISO精度系列 第1部分:有关相应齿侧面偏差的定义和允许值

ISO 1940-1:2003 机械振动 常(刚性)态转子的平衡量要求 第1部分:平衡公差的技术要求和验证

ISO 3448:1992 工业液体润滑剂 ISO粘度分类

ISO 3744 声学 用声压噪声源声功率级的测定 在基本自由场中反射平面范围内工程法

ISO 5753:1991 滚动轴承 径向内间隙

ISO 6708 管道元件 公称直径(公称尺寸)的定义和选择

ISO 7005-1 金属法兰 第1部分:钢法兰

ISO 7005-2 金属法兰 第2部分:铸铁法兰

ISO 8821 机械振动 平衡 轴和配件键准则

ISO 10437 石油、石化和天然气工业 蒸汽轮机 特殊用途应用

ISO 10438(所有部分) 石油、石化和天然气工业 润滑、轴密封和控制油系统及辅助设备

ISO 10441 石油、石化和天然气工业 机械功率传递用挠性联轴器 特殊用途应用

ISO 13691 石油和天然气工业 高速特殊用途传动装置

ISO 13706 石油、石化和天然气工业 空气冷却式热交换器

ISO 15649 石油和天然气工业 管道

ISO 16812 石油、石化和天然气工业 管壳式热交换器

IEC 60079(所有部分) 爆炸性气体环境用电气设备

ANSI/ABMA 标准7 与基本范围方案一致的米制径向滚珠和滚子轴承的轴和轴承座配合(除了锥子轴承)[2]

ANSI/ABMA 标准20 滚珠、圆柱滚子和球面滚子径向轴承 米制设计

API RP 500 石油设备上电力装置的配置分级划为1级,部分1和部分2的推荐作法[3]

API 520(所有部分) 精炼厂压力释放装置的规格、选择和安装

ANSI/API 526 法兰式钢压力释放阀

---

1) 属于按ISO 945-1修订版,铸铁显微结构的标定 第1部分:用目视分析的石墨分类。

2) 美国轴承制造商协会,2025 M Street,NW,Suite 800,Washington,DC 20036,USA.

3) 美国石油学会,1220 L Street NW,Washington,DC 20005-4070,USA.

ANSI/API 611 石油、化学和气体工业装置用一般用途蒸汽轮机

ANSI/API 613 石油、化学和气体工业装置用特殊用途传动装置

ANSI/API 670 机械防护系统

ANSI/API 671 石油、化学和气体工业装置用特殊用途联轴器

API 677 石油、化学和气体工业装置用一般用途传动装置

API RP 686:1996 机械装置和装置设计

ASME B 1.1 统一英制螺钉螺纹 UN 和 UNR 螺纹型式[4)]

ASME B 1.20.1—1983 管螺纹 一般用途(英制)

ASME B 16.1 铸铁管法兰和法兰配件:25、125 和 250 级

ASME B 16.5 管法兰和法兰配件

ASME B 16.11 承插焊和螺纹的锻钢管件

ASME B 16.42 可锻铸铁管法兰和法兰配件;150 和 300 级

ASME B 16.47 大直径钢法兰:NPS 26 至 NPS 60

ASME B 17.1 键和键槽

ASME 锅炉和压力容器规范 第Ⅴ部分 无损检测

ASME 锅炉和压力容器规范 第Ⅸ部分 焊接和钎焊的评定

ASTM A 247 测定铁铸件中石墨显微结构的标准试验方法[5)]

ASTM A 278 温度 650 ℉及以下承压铸铁件的标准规范

ASTM A 320/A320M-05 低温装置用合金钢和不锈钢螺栓连接材料的标准规范

ASTM A 395/A395M-99 用于高温的铁素体球墨铸铁受压铸件的标准规范

ASTM A 536 球墨铸铁件的标准规范

ASTM E 94 射线检验标准指南

ASTM E 709 磁粉检验标准指南

ASTM E 1003 水压渗漏试验标准试验方法

ANSI/AWS D1.1/D1.1M 结构焊接规范 钢[6)]

IEEE 841 石油和化学工业 IEEE 标准 重载全封闭风冷(TEFC)鼠笼型异步电机 370 kW (500 HP)及以下[7)]

NACE MR 0103 腐蚀性石油精炼环境中抗硫化应力破坏材料[8)]

NEMA 250 电气设备用外壳(最大 1 000 Volts)[9)]

NEMA SM 23 机械驱动装置用蒸汽轮机

NFPA(防火)30 可燃和易燃液体规范[10)]

NFPA(防火)70-05 2005 国家电气规范

TEMA 标准级 C[11)]

TEMA 标准级 R

---

4) 美国机械工程师协会,Three Park Avenue,New York,NY 10016-5990,USA.

5) 美国试验和材料协会,100 Bar Harbor Drive,West Conshohocken,PA 19428-2959,USA.

6) 美国焊接协会,550 North LeJeune Road,Miami,FL 33136,USA.

7) 美国电气和电子工程师学会,445 Hoes Lane,Piscataway,NJ 08855-1331,USA.

8) 美国全国腐蚀工程师协会,1440 South Creek Drive,Houston,Texas 77084-4906,USA.

9) 美国电气制造商协会,1300 N. 17th Street,Suite 1847,Rosslyn,VA 22209,USA.

10) 美国全国防火协会,1 Batterymarch Park,Quincy,MA 02269-9101,USA.

11) 美国管式换热器制造商协会,有限公司,25 North Broadway,Tarrytown,NY 10591,USA.

J.2 参考文献

[1] ANSI/ABMA 9 球轴承的额定负荷和疲劳寿命.

[2] ANSI/AGMA ISO 1328-1 圆柱齿轮 ISO 精度制 第1部分:轮齿同侧齿面偏差的定义和允许值[12].

[3] ANSI/ASA S2.19-1999(R2004) 美国国家标准机械振动 刚性旋转体的平衡质量要求 第1部分:允许残余不平衡的确定.

[4] API 683 石油、化学和气体工业中机械设备用质量改进手册.

[5] API 541 缠绕鼠笼式异步电机 500马力及以上.

[6] API 546 无刷同步电机 500 kVA 及以上.

[7] ANSI/API 612 石油、石化和天然气工业 蒸汽轮机 特殊用途.

[8] API 614-99 石油、化学和气体工业装置的润滑、轴密封和控制油系统及辅助装置.

[9] ANSI/API 661 一般炼油装置用空气冷却热交换器.

[10] ASME 锅炉及压力容器规范 第Ⅷ卷 压力容器.

[11] ANSI/ASME B31.3 流程气管道.

[12] ASTM A 515/A 515M 中间和高温装置用压力容器碳钢板标准规范.

[13] ASTM A 105/A 105M 管道用途碳钢锻件标准规范.

[14] ASTM A 106/A 106M 高温装置用碳钢无缝钢管标准规范.

[15] ASTM A 193/A 193M-06 高温或高压装置和其他特殊用途合金钢和不锈钢螺栓连接材料标准规范.

[16] ASTM A 194/A 194M-06 高压或高温装置或两者的螺栓用碳钢和合金钢螺母标准规范.

[17] ASTM A 213/A 213M 锅炉、过热器和热交换器用铁素体和奥氏体无缝管标准规范.

[18] ASTM A 216/A 216M 适用于高温装置熔焊的碳钢铸件标准规范.

[19] ASTM A 240/A 240M 一般用途压力容器用铬和铬镍不锈钢板、薄板和带材标准规范.

[20] ASTM A 307-04 60 000PSI 抗拉强度碳钢螺栓和螺柱标准规范.

[21] ASTM A 312/A 312M 焊接和强冷作奥氏体不锈钢无缝管标准规范.

[22] ASTM A 333/A 333M 低温装置用焊接无缝管标准规范.

[23] ASTM A 350/A 350M 管件用要求切口韧性试验碳钢和低合金钢标准规范.

[24] ASTM A 351/A 351M 承压零件用奥氏体铸件标准规范.

[25] ASTM A 473 不锈钢锻件标准规范.

[26] ASTM A 479/A 479M 锅炉和其他压力容器用不锈钢棒和型材标准规范.

[27] ASTM A 516/A 516M 中度和低温装置用压力容器碳钢板标准规范.

[28] ASTM A 563-04 碳钢和合金钢螺母标准规范.

[29] ASTM A 668/A 668M 一般工业用碳钢和合金钢锻件标准规范.

[30] ASTM A 743/A 743M 一般用途抗腐蚀铬铁、铬镍铁铸件标准规范.

[31] EN 1561 铸件 灰铸铁[13].

[32] EN 1563 铸件 球墨铸铁.

[33] EN 10213(所有部分) 承压用途钢铸件技术交付条件.

[34] EN 10083(所有部分) 淬火和回火钢.

[35] EN 10088(所有部分) 不锈钢.

---

12) 美国齿轮制造商协会,500Montgomery Street,Suite 350,Alexandria,VA22314-1581 USA.

13) 全欧标准化委员会,36 rue de Stassart,B-1050 Brussels,Beigium.

［36］ EN 10025(所有部分) 结构钢热轧产品.

［37］ EN 10216(所有部分) 承压用途无缝钢管 技术交付条件.

［38］ JIS G3103 锅炉和压力容器用碳钢和钼合金钢板[14].

［39］ JIS G3106 焊接结构用轧钢.

［40］ JIS G3214 压力容器用不锈钢锻件.

［41］ JIS G3221 一般用铬钼钢锻件.

［42］ JIS G3454 压力装置用碳钢管.

［43］ JIS G4051 机械结构用碳钢.

［44］ JIS G4053 机械结构用低合金钢.

［45］ JIS G4304 热轧不锈钢板、薄板和带材.

［46］ JIS G5121 一般用途抗腐蚀铸钢.

［47］ JIS G5152 低温和高压装置用钢铸件.

［48］ JIS G5201 焊接结构 用离心铸钢管.

［49］ JIS G5501 灰铁铸件.

［50］ JIS G5502 球墨铸铁件.

［51］ NACE 腐蚀工程师参考手册.

［52］ API 619 石油、石化和天然气工业用回转式正排量压缩机,第四版,2004 12 月.

［53］ ISO 10440-2 石油和天然气工业 回转式正排量压缩机 第 2 部分:集装式空气压缩机(无油).

［54］ API 660 壳管式热交换器,第七版.

14） 日本标准协会,4-1-24 Akasaka Minato-ku,Tokyo 107-8440,Japan.

附　录　K
（资料性附录）
与 ISO 10440-1:2007 的技术性差异及其原因

K.1　ISO 10440-1:2007 的引用文件与我国标准的对照

ISO 10440-1:2007 的引用文件与我国标准的对照见表 K.1。

表 K.1　ISO 10440-1:2007 的引用文件与我国标准的对照

ISO 10440-1 引用文件	我国相应标准	采标程度
ISO 7(所有部分)　螺纹用作压力密封的管螺纹	GB/T 7306(所有部分)　55°密封管螺纹	eqv ISO 7-1:1994
ISO 261　ISO 普通米制螺纹　总方案	GB/T 193—2003　普通螺纹　直径与螺距系列	MOD ISO 261:1998
ISO 262　ISO 普通米制螺纹　螺钉、螺栓和螺母的选用规格	JB/T 7912　商品紧固件的普通螺纹选用系列	
ISO 281　滚动轴承　动负荷额定值和额定寿命	GB/T 6391—2003　滚动轴承　额定动载荷和额定寿命	IDT ISO 281:1990
ISO 724　ISO 普通米制螺纹　基本尺寸	GB/T 196—2003　普通螺纹　基本尺寸	MOD ISO 724:1993
ISO 945　铸铁　石墨显微结构的标定	GB/T 7216—1987　灰铸铁金相	neq ISO 945:1975
ISO 965(所有部分)　ISO 普通米制螺纹　公差	GB/T 197—2003　普通螺纹　公差	MOD ISO 965-1:1998
ISO 1217　容积式验收试验　验收试验	GB/T 3853—1998　容积式压缩机验收试验	eqv ISO 1217:1996
ISO 1328-1:1995　圆柱齿轮　ISO 精度系列　第 1 部分:有关相应齿侧面偏差的定义和允许值	GB/T 10095.1—2008　圆柱齿轮　精度制　第 1 部分:轮齿同侧齿面偏差的定义和允许值	MOD ISO 1328-1:1995
ISO 1940-1:2003　机械振动　刚性转子的平衡量要求　第 1 部分:平衡允差的技术要求和验证	GB/T 9239.1—2006　机械振动　恒态(刚性)转子平衡品质要求　第 1 部分:规范与平衡允差的检验	MOD ISO 1940-1:2003
ISO 3448:1992　工业液体润滑油　ISO 粘度分类	GB/T 3141—1994　工业液体润滑剂　ISO 粘度分类	eqv ISO 3448:1992
ISO 3744　声学　用声压噪声源声功率级的测定　在基本自由场中反射平面范围内工程法	(GB/T 3767—1996　声学　声压法测定噪声源声功率级　反射面上方近似自由场的工程法)采用压缩机行业标准:GB/T 4980 容积式压缩机噪声测定	eqv ISO 3744:1996
ISO 5753:1991　滚动轴承　径向内间隙	GB/T 4604—2006　滚动轴承　径向游隙	MOD ISO 5753:1991
ISO 6708　管道元件　公称直径(公称尺寸)的定义和选择	GB/T 1047—2005　管道元件的公称通径	MOD ISO 6708:1995
ISO 7005-1　金属法兰　第 1 部分:钢法兰	GB/T 9112～9124—2000　钢制管法兰	neq ISO 7005-1:1992
ISO 7005-2　金属法兰　第 2 部分:铸铁法兰	GB/T 17241(所有部分)　铸铁管法兰	neq ISO 7005-2:1988

表 K.1(续)

ISO 10440-1 引用文件	我国相应标准	采标程度
ISO 8821　机械振动　平衡　轴和配件的键准则	GB/T 16908—1997　机械振动　轴与配合件平衡的键准则	idt ISO 8821:1989
ISO 10437　石油、石化和天然气工业　蒸汽轮机　特殊用途应用	JB/T 6765—1993　特殊用途工业汽轮机技术条件	
ISO 10438(所有部分)　石油、石化和天然气工业　润滑、轴密封和控制油系统及辅助设备	JB/T 4365—1997　专用的润滑、轴密封控制油系统	eqv API Std 614-1992
ISO 10441　石油、石化和天然气工业　机械功率传递用挠性联轴器　特殊用途应用	JB/T 9559　工业汽轮机用　挠性联轴器	NEQ API 671-1979
ISO 13691　石油和天然气工业　高速特殊用途传动装置	GB/Z 19414　工业用闭式齿轮传动装置	IDT ISO/TR 13593:1999
ISO 13706　石油、石化和天然气工业　空气冷却热交换器	GB/T 15386　空冷式换热器	
ISO 15649　石油和天然气工业　管道	GB/T 20801(所有部分)　压力管道规范　工业管道	NEQ ISO 15649:2001
ISO 16812　石油、石化和天然气工业　管壳式热交换器	GB 151—1999　管壳式换热器	
IEC 60079(所有部分)　爆炸性气体环境用电气设备	GB 3836(所有部分)　爆炸性气体环境用电气设备	eqv IEC 60079
ANSI/ABMA 标准 7　与基本范围方案一致的米制径向滚珠和滚子轴承的轴和轴承的配合(除了锥子轴承)	GB/T 275—1993　滚动轴承与轴和外壳的配合	
ANSI/ABMA 标准 20　滚珠、圆柱滚子和球面滚子型径向轴承　米制设计	GB/T 273.3—1999　滚动轴承　向心轴承　外形尺寸总方案	eqv ISO 15:1998
API RP 500　石油设备上电力装置的配置分级为 1 级,部分 1 和部分 2 的推荐作法	无对应	
API 520(所有部分)　精炼厂压力释放装置的规格、选择和安装	JB/T 6441—1992　压缩机用安全阀	
ANSI/API 526　法兰式钢压力释放阀		
ANSI/API 611　石油、化学和气体工业装置用一般用途蒸汽轮机	JB/T 6764—1993　一般用途工业汽轮机技术条件	
ASNI/API 613　石油、化学和气体工业装置用特殊用途传动装置	GB/Z 19414　工业用闭式齿轮传动装置	IDT ISO/TR 13593:1999
ANSI/API 670　机械防护系统	无对应	
ANSI/API 671　石油、化学和气体工业装置用特殊用途联轴器	JB/T 9559　工业汽轮机用　挠性联轴器	NEQ API 671-1979
API 677　石油、化学和气体工业装置用一般用途传动装置	GB/Z 19414　工业用闭式齿轮传动装置	IDT ISO/TR 13593:1999
API RP 686:1996　机械装置和机械设计	无对应	

表 K.1（续）

ISO 10440-1 引用文件	我国相应标准	采标程度
ASME B 1.1　统一英制螺钉螺纹　UN 和 UNR 螺纹型式	无对应,因删除英制单位不需该标准	
ASME B 1.20.1—1983　管螺纹　一般用途(英制)	GB/T 12716—2002　60°密封管螺纹	eqv ASME B 1.20.1—1992
ASME B 16.1　铸铁管法兰和法兰配件:25、125 和 250 级	GB/T 17241(所有部分)　铸铁管法兰	neq ISO 7005-2:1988
ASME B 16.5　管法兰和法兰配件	GB/T 9112～9124—2000　钢制管法兰	neq ISO 7005-1:1992
ASME B 16.11　承插焊和螺纹的锻钢管件	无对应	
ASME B 16.42　可锻铸铁钢法兰和法兰配件:150 和 300 级	无对应 本行业不用该类法兰	
ASME B 16.47　大直径钢法兰:NPS26 至 NPS60	GB/T 13403—1992 大直径碳钢法兰	neq API 605:1980
ASME B 17.1　键和键槽	GB/T 1095—2003　平键　键槽的剖面尺寸	neq ASME B18.25.1M—1996
ASME　锅炉和压力容器规范　第Ⅴ部分:无损检测	GB 150　钢制压力容器 压力容器安全技术监察规程 GB/T 9443—2007　铸钢件渗透检测 JB 4730　压力容器无损检测 JB/T 8466　锻钢件　液体渗透检验方法 JB/T 5439　压缩机球墨铸铁零件的超声波探伤 JB/T 5441　压缩机铸钢零件的超声波探伤	GB/T 9443—2007 IDT ISO 4987:1992
ASME　锅炉和压力容器规范　第Ⅷ部分:压力容器建造规则		
ASME 锅炉和压力容器规范　第Ⅸ部分:焊接和钎焊的评定		
ASTM A 247　测定铁铸件中石墨显微结构的标准试验方法	GB/T 7216—1987　灰铸铁金相	neq ISO 945:1975
ASTM A 278　温度 650 ℉及以下承压灰铸铁件的标准规范	JB/T 6431—1992　容积式压缩机用灰铸铁件　技术条件	
ASTM A 320/A 320M-05　低温装置用合金钢和不锈钢螺栓连接材料的标准规范	无对应	
ASTM A 395/A 395M-99　用于高温的铁素体球墨铸铁受压铸件的标准规范	JB/T 9104—1999　容积式压缩机用球墨铸铁件技术条件	
ASTM A 536　球墨铸铁件的标准规范		
ASTM E 94　射线检验标准指南	GB/T 5677—2007　铸钢件射线照相检测	IDT ISO 4993:1987
ASTM E 709　磁粉检验标准规程	JB/T 5442　压缩机重要零件的磁粉探伤 JB 4730　压力容器无损检测	
ASTM E 1003　水压渗漏试验标准试验方法	无对应	
ANSI/AWS D1.1/D1.1M　结构焊接规范　钢	无对应	

表 K.1(续)

ISO 10440-1 引用文件	我国相应标准	采标程度
IEEE 841 石油和化学工业 IEEE 标准 重载全封闭风冷(TEFC)鼠笼型异步电机 370 kW(500 HP)及以下	无对应	
NACE MR 0103 腐蚀性石油精炼中抗硫化应力破坏材料	无对应	
NEMA 250 电气设备用外壳(最大 1 000 Volts)	无对应	
NEMA SM 23 机械驱动装置用蒸汽轮机	无对应	
NEPA(防火)30 可燃和易燃液体规范	无对应	
NEPA(防火)70-05,2005 国家电气规范	GB 19517—2004 国家电气设备安全技术规范	
TEMA 标准级 C	GB 151 管壳式换热器	
TEMA 标准级 R		

K.2 本标准与 ISO 10440-1:2007 的技术性差异及其原因

本标准与 ISO 10440-1:2007 的技术性差异及其原因见表 K.2。

表 K.2 与 ISO 10440-1:2007(E)的技术性差异及其原因

章条号	差 异	原 因
2 及引用文件处	引用文件改成国内标准或文件,对无相应国内标准的改成定性要求	国外标准文件在国内使用不便,,改用国内标准文件便于本标准的贯彻
3.32	pocket-passing frequency 应为“气穴通过频率”改成“齿槽切割气口频率”	通俗
3.47	settle-out pressure 应为“稳定压力”改成“停机平稳压力”	明了
4.4	“4.4 法定要求”删除	适应国情
5.1.12	蒸汽透平原为 NEMA SM 23 的调速级别改成具体调速范围	NEMA SM 23 国内无相应标准
5.1.17	原 API 686,只提定性要求	国内无相应标准
5.1.18	转为我国标准。见表 K.1	适应国情
5.1.24	转为我国标准。见表 K.1	适应国情
5.2.3	英制计算公式删除	本标准删除了英制单位
5.2.7	转为我国标准	见表 K.1
5.2.15	材料改成我国牌号	适应国情
5.2.20	锪孔 3 倍改成 2 倍	2 倍已足够
5.3.1	转为我国标准。见表 K.1	适应国情
5.3.2	“应用”改成“尽量用”	采用带头螺钉有了余地
5.3.10	转为我国标准。见表 K.1	适应国情

表 K.2（续）

章条号	差　　异	原　　因
5.3.11	“按照 ASME B 16.11 堵住”被删除标准	无对应
5.3.12	转为我国标准。见表 K.1	适应国情
5.3.13	转为我国标准。见表 K.1	适应国情
5.3.14	转为我国标准。见表 K.1	适应国情
5.3.17	转为我国标准。见表 K.1	适应国情
5.3.18	转为我国标准。见表 K.1	适应国情
5.5.1.3e)	“退磁到 API 670 规定级别”被删除标准	无对应
5.5.1.5	转为我国标准。见表 K.1	适应国情
5.5.1.6	转为我国标准。见表 K.1	适应国情
5.5.2.1	转为我国标准。见表 K.1	适应国情
5.6.2.5	转为我国标准。见表 K.1	适应国情
5.6.3.2	密封室法兰边补剖面线	原图有误
5.7.3.1	转为我国标准。见表 K.1	适应国情
5.7.3.2	转为我国标准。见表 K.1	适应国情
5.7.3.3	转为我国标准。见表 K.1。英制计算公式删除	适应国情。本标准删除了英制单位
5.7.3.6	“按照 API 670 测量”被删除标准	无对应
5.8.1.5	“根据 API 670 安装”被删除标准	无对应
5.8.2.1b)	转为我国标准。见表 K.1	适应国情
5.8.2.2	转为我国标准。见表 K.1	适应国情
5.9.6	“按 API 670 规定”被删除标准	无对应
5.9.7	“按 API 670 配备”被删除标准	无对应
5.10.2.1 注	转为我国标准。见表 K.1	适应国情
5.10.2.2	转为我国标准。见表 K.1	适应国情
5.10.2.3	转为我国标准。见表 K.1	适应国情
5.10.2.4	转为我国标准。见表 K.1	适应国情
5.10.2.5	转为我国标准。见表 K.1	适应国情
5.10.3.1.6	转为我国标准。见表 K.1	适应国情
5.10.3.2	转为我国标准。见表 K.1	适应国情
5.10.3.2a)	“应有 10 μm”改成“宜有 10 μm”	留有余地
5.10.3.3.1	转为我国标准。见表 K.1	适应国情
5.10.3.4.1	转为我国标准。见表 K.1	适应国情
5.10.3.5.3	转为我国标准。见表 K.1	适应国情
5.11.1.2	国际标准改成国家标准	便于本标准的贯彻
5.11.1.3	删除国外材料牌号	适应国情

表 K.2（续）

章条号	差　　异	原　　因
5.11.1.10	NACE MR 0103 材料改成定性要求	无对应
5.11.1.12	“压力设计规范”改成定性要求	无对应
5.11.1.15	螺栓连接用螺柱和螺母采用我国标准的相应机械性能等级	便于本标准的贯彻
5.11.2.1.3	“ASTM或其他国际公认”被删除	适应国情
5.11.2.2.2	“根据规定的压力设计规范要求”被删除	适应国情
5.11.2.2.3	转为我国标准。见表 K.1	适应国情
5.11.2.2.4	转为我国标准。见表 K.1	适应国情
5.11.2.3.1	转为我国标准。见表 K.1	适应国情
5.11.2.3.2	转为我国标准。见表 K.1	适应国情
5.11.3.1	转为我国标准。见表 K.1	适应国情
5.11.4.1 表 8	转为我国标准。见表 K.1	适应国情
5.11.4.9	“按照规定压力设计规范要求”规范被删除	适应国情
5.11.5.3	国际公认的标准这如 ASME 规范和 ANSI 标准中许多材料，规范被删除	无对应
5.12.3	（UNS NO4400）国外牌号被删除	适应国情
5.12.4	“5.13　品质　设备质量保证大纲准则参考 API 683。”被删除	适应国情
6.1.2.1e)	“根据 API RP 500 或等效的国际标准”被删除	适应国情
6.1.2.2	“适用的国际公认标准（例如 API 541 或 API 546）。API 541 或 API 546 功率范围以下的电机应按照 IEEE 841。”改成“适用标准”	无对应
6.1.3	转为我国标准。见表 K.1	适应国情
6.1.4	转为我国标准。见表 K.1	适应国情
6.2.2	转为我国标准。见表 K.1	适应国情
6.3.1.6	“按照 API RP 686-96，第 5 章。”改成“按照相关规定。”	无对应
6.3.1.9	“按照 API RP 686-96，第 7 章，”标准被删除	无对应
6.4.1.2	转为我国标准。见表 K.1	适应国情
6.4.1.4	转为我国标准。见表 K.1	适应国情
6.4.4.3.1	“按照 ANSI/API 670”被删除	无对应
6.4.4.3.2	“按照 ANSI/API 670”被删除	无对应
6.4.4.3.3	“按照 ANSI/API 670”被删除	无对应
6.4.4.4	“按照 ANSI/API 670”被删除	无对应
6.4.4.6.2	转为我国标准。见表 K.1	适应国情
6.4.5.5.2.2	AC 的电压改成 220 V	我国国情

表 K.2（续）

章条号	差　异	原　因
6.4.5.5.2.6	“AISI 标准 300 型”改成“奥氏体型”	适应国情
6.4.5.5.2.8	“符合 ANSI/API 670 要求”改成“符合制造厂要求”	无对应
6.4.6.1	转为我国标准。见表 K.1	适应国情
6.4.6.2	“符合适应规范，如 NFPA 70:2005，条款 110。”改成“符合相应规范。”	无对应
6.5.1.1	转为我国标准。见表 K.1	适应国情
6.5.2	转为我国标准。见表 K.1	适应国情
6.5.3	转为我国标准。见表 K.1	适应国情
6.6.3	转为我国标准。见表 K.1	适应国情
6.6.6	转为我国标准。见表 K.1	适应国情
6.6.12	转为我国标准。见表 K.1	适应国情
6.7.1	“≥1 μm 粒子”改成“≥100 μm 粒子”	原国际标准有误，因英制为 0.004 in
6.8.4	“AISI 标准 300 型”改成“奥氏体型”	适应国情
6.9.10	改成我国自己的压力容器标准和规程	便于标准的贯彻
7.2.2.1	具体内容改成一个表格	看起来明了
7.2.3.2	转为我国标准。见表 K.1	适应国情
7.3.2.1	“按照 ASTM E 1003 进行”标准被删除	无对应
7.3.2.2	转为我国标准。见表 K.1	适应国情
7.3.3.1.3	转为我国标准。见表 K.1	适应国情
7.3.4.7	“更多信息见 ASTM E 1003”被删除	无对应
7.3.4.8	转为我国标准。见表 K.1	适应国情
7.4.2	“按 API RP 686-96 第 3 章”标准被删除	无对应
附录 B 图 B.1	加了缺的线，擦了不应有的剖面线	原图有误
图 B.2	擦了不应有的线，改成我国“第一角画法”	原图有误。适应国情
附录 C	删除了英制数值表	适应国情
附录 D	增加了图 D.7 根据平衡品质级别 G 和工作转速 n 确定的许用剩余不平衡度（GB/T 9239.1—2003 图 2）	便于使用
附录 F	增加了我国的材料	便于使用
附录 G	改成我国“第一角画法”	适应国情